水电站机电设计技术丛书

水力机械

丛书总主编：邵建雄 梁 波 王华军
本 册 主 编：田子勤 王建华 刘景旺

长江出版社
CHANGJIANG PRESS

图书在版编目(CIP)数据

水力机械 / 田子勤，王建华，刘景旺主编.
—武汉：长江出版社，2019.12
（水电站机电设计技术丛书）
ISBN 978-7-5492-6850-4

Ⅰ.①水… Ⅱ.①田… ②王… ③刘… Ⅲ.①水力机械—
机械设计 Ⅳ.①TK7

中国版本图书馆 CIP 数据核字(2019)第 300586 号

水力机械　　田子勤 王建华 刘景旺 主编

出版策划：郭利娜
责任编辑：郭利娜
装帧设计：蔡丹
出版发行：长江出版社
地　　址：武汉市解放大道 1863 号　　邮　　编：430010
网　　址：http://www.cjpress.com.cn
电　　话：(027)82926557(总编室)
(027)82926806(市场营销部)
经　　销：各地新华书店
印　　刷：武汉市金港彩印有限公司
规　　格：787mm×1092mm　1/16　32.5 印张　920 千字
版　　次：2019 年 12 月第 1 版　2019 年 12 月第 1 次印刷
ISBN 978-7-5492-6850-4
定　　价：158.00 元

SHUIDIANZHANJIDIANSHEJIJISHUCONGSHU

《水电站机电设计技术丛书》

编　委　会

第一分册 《水力机械》

编　委　会

前言

水电站机电工程是水利水电工程的重要组成部分，是实现防洪、发电、航运效益和各种功能的重要保证，直接影响工程的技术水平、建设工期、运行环境和综合效益。水电站机电设计具体涉及：电站接入电力系统、水轮发电机组及其辅助设备；电气主接线、主要电气设备、厂用及坝区供电、过电压保护及接地、照明；计算机控制、继电保护、内外通信；消防、通风采暖、给排水；电力拖动及控制和机电设备总体布置。

长江水利委员会于20世纪50年代成立了机电设计处（现为长江勘测规划设计研究院机电工程设计研究院，以下简称“长江设计院机电院”），半个多世纪来长江设计院机电院完成建成、在建的国内外大中型水电站40余座，装机总容量超过4000万kW，这些电站装设的机组涵盖了各种型式的水轮发电机组。

随着三峡、葛洲坝、构皮滩、隔河岩、高坝洲、水布垭、彭水、亭子口等诸多大型、特大型水利水电工程的建成，我国水电站的机电设计及装备水平得到了极大的提高。特别以葛洲坝、三峡工程这样大型、特大型水电工程为代表，其工程规模和装机容量、电站运行条件、机电设计单项技术难题及整体机电设计集成难度等方面均为当时国内外首屈一指。在60多年水电建设历程中，几代机电工程设计人员推陈出新、革故鼎新，针对工程建设中出现的技术难题大力开展设计研究，提出了百余项设计研究课题，50余项重点科研攻关课题，包括：700MW巨型水轮发电机组参数优化、巨型机组蜗壳埋设方式、变顶高尾水隧道过渡过程关键技术、各种型式的高压配电装置绝缘配合技术、长垂直大电流离相封闭母线技术、大型枢纽接地技术、大型发电机内部故障分析及保护配置技术、电站计算机监控系统关键技术、大型发电机励磁系统关键技术、大型水利枢纽500kV交流出线技术、大型通航设施（船闸、升船机）电力拖动及控制技术等。通过上述课题的设计研究和技术创新，长江设计院机电院取得了大量创新成果，共获得国家级科技进步奖10余项，省、部级科技进步奖和优秀工程设计奖20余项，主编及参加国家标准、部颁标准、行业标准超过30余部，获得国家专利40余项。

60多年来，长江设计院机电院设计建成投运的每一座水电站如同一座座历史丰碑，经过多类型、全过程水电工程建设的实践，博采众长、开拓创新，解决了一系列复杂的技术难题，铸就并汇集了具有当今世界先进水平的水电站机电技术，促进了国内外水电站机电设计技术的发展和进步。

本丛书对长江设计院设计完成和运行多年的水电站机电工程设计进行了全面系统的梳理、总结和归纳，提炼出具有规律性、普遍性、经验性和适用性的技术和设计要点。丛书分为《水力机械》《电气一次》《电气二次》《消防暖通》《工程实例》五册。全套丛书内容翔实、资料丰富、专业齐全，既从理论和实践上总结分析，又简要描述了各项目的工程特性、系统组成、主要设备参数和总体机电设备布置的实施方案以及运行后相关系统和设备的更新情况，具有较深厚的技术价值和丰富的史料价值，为水电工程的机电设计、运行和管理提供了很好的参考和借鉴。

本丛书在编撰编写过程中得到了袁达夫、熊腾晖、易卜吉、舒廉甫、梁建行、汪祖禄、董博文等教授级高级工程师的审稿和指导，袁达夫教授级高级工程师还对全书进行了校对，他们作为长江水利委员会机电工程设计事业的开拓者和实践者，为本丛书提出了很多宝贵的意见，在此表示衷心的感谢；同时也感谢长江设计院副总工程师覃利明和研发中心的倾力指导和大力支持。

限于编者的水平和经验，本丛书的错误和不当之处在所难免，敬请同行专家和广大读者赐教指正。

编　者

2019年12月

目 录

第一篇 水轮机

第二篇 水轮发电机

第三篇 调速系统

第四篇 励磁系统

第五篇 调节保证设计

附 录

第一篇

水轮机

第1章 概 述

60多年来，长江设计院机电院设计了众多有代表性和世界先进水平的水电工程，包括20世纪60年代鸭河口、陆水、丹江口水电站，70—80年代葛洲坝水电站，80—90年代万安、隔河岩、锁金山、王甫洲水电站，20世纪90年代至今的三峡、水布垭、高坝洲、亭子口、彭水、构皮滩、银盘、马来西亚沐若、兴隆、葛洲坝水电站改造设计巴基斯坦帕春、巴基斯坦Neelum-Jhelum(以下简称NJ)、厄瓜多尔美纳斯，以及目前正在建设的安哥拉卡卡、白河、金沙江金沙、乌东德水电站等，除抽水蓄能机组外，涵盖了具有世界先进水平各种形式的水轮发电机组。其中，葛洲坝水电站水轮机转轮直径达11.3m、单机容量达170MW，是当时国内外最大的轴流转桨式机组；三峡水电站机组为世界上首次选用单机容量700MW(最大容量840MVA)的混流式水轮发电机组，不仅是当时国内单机容量最大的混流式水轮发电机组，也是当今世界单机容量700MW级大型混流式机组之一，水轮发电机额定电压首次选用了20kV，对于840MVA的三峡大型水轮发电机，除采用半水内冷方式外，还在世界上率先采用了经我国自主研制开发的全空冷和蒸发冷却方式，另外正在建设中的乌东德水电站选用单机容量850MW混流式水轮发电机组，其投产发电时将创已投产发电水轮发电机单机容量的世界之最。

长江设计院机电院通过上述水电站工程设计实践，积累了丰富的工程设计经验，并将研究成果用于工程，不仅优化了设计方案、降低了工程投资，而且提高了设计水平，特别是解决了工程建设中出现的必须攻克的技术难题。例如，具有苛刻运行条件的三峡巨型水轮发电机组能否长期安全稳定运行，成为当时国内外同行关注的焦点，通过长期设计研究，长江设计院机电院提出了一套较完整、系统的稳定运行措施，有效地降低了三峡水电站水轮机压力脉动幅值，基本消除了高水头高部分负荷压力脉动峰值带，经三峡水电站水轮发电机组各种运行方式的验证，该措施是正确有效的，一举解决了这一世界性难题。这只是60多年来攻克的众多技术难题中的一例。

到目前为止，长江设计院机电院设计的电站基本情况以及取得的主要成果综述如下：

1.1 电站基本情况

长江设计院机电院设计装设的混流式水轮发电机组、轴流式水轮发电机组、灯泡贯流式水轮发电机组、冲击式水轮发电机组等的相关情况见表 1.1-1，机组主要参数见表 1.1-2。

表 1.1-1　　各工程所在地及工程建设相关单位

<table>
<tr><th>水轮发电机组类型</th><th>水电站名称</th><th>所在地</th><th>所属水系</th><th>业主单位</th><th>设计单位</th><th>机组安装单位</th><th>机组供货商</th></tr>
<tr><td rowspan="10">混流式水轮发电机组</td><td>丹江口</td><td>湖北丹江口市</td><td>汉水</td><td>丹江管理局</td><td rowspan="10">长江设计院</td><td>葛洲坝工程局</td><td>苏联、东电、希科、阿尔斯通</td></tr>
<tr><td>隔河岩</td><td>湖北长阳县</td><td>清江</td><td>清江水电开发有限责任公司</td><td>葛洲坝工程局</td><td>GE，哈电</td></tr>
<tr><td>三峡</td><td>湖北宜昌</td><td>长江</td><td>中国长江三峡集团有限公司（以下简称“三峡集团公司”）</td><td>葛洲坝工程局，水电八局，水电四局</td><td>VGS，阿尔斯通，哈电，东电</td></tr>
<tr><td>彭水</td><td>重庆彭水苗族土家族自治县</td><td>乌江</td><td>重庆大唐彭水水电开发有限公司</td><td>水电八局</td><td>阿尔斯通</td></tr>
<tr><td>亭子口</td><td>四川广元</td><td>嘉陵江</td><td>嘉陵江亭子口水利水电开发有限公司</td><td>葛洲坝工程局</td><td>水轮机：福伊特；发电机：东芝（杭州）</td></tr>
<tr><td>水布垭</td><td>湖北五峰</td><td>清江</td><td>清江水电开发有限责任公司</td><td>葛洲坝工程局</td><td>东电，哈电</td></tr>
<tr><td>构皮滩</td><td>贵州余庆</td><td>乌江</td><td>华电贵州乌江水电开发有限责任公司</td><td>水电八局</td><td>水轮机：哈电；发电机：阿尔斯通，东电</td></tr>
<tr><td>沐若</td><td>马来西亚沙捞越州</td><td>拉让河流域沐若河</td><td>马来西亚沙捞越州能源公司</td><td>水电八局</td><td>哈电</td></tr>
<tr><td>木星土</td><td>云南省迪庆</td><td>尼汝河支流洛吉河</td><td>浙江瓯能集团公司</td><td>葛洲坝工程局</td><td>杭州杭资通用发电设备有限公司</td></tr>
<tr><td>乌东德</td><td>云南、四川界河河段</td><td>金沙江</td><td>三峡集团公司</td><td></td><td>福伊特，阿尔斯通（GE）</td></tr>
</table>

续表

水轮发电机组类型	水电站名称	所在地	所属水系	业主单位	设计单位	机组安装单位	机组供货商
混流式水轮发电机组	旭龙	右岸隶属云南德钦县羊拉乡，左岸隶属四川省得荣县	金沙江	国电集团	长江设计院	正在进行预可行性研究设计	
	孟东	位于中国、缅甸、泰国、老挝四国交界处	萨尔温江	由中方联合体、泰国国际公司、缅甸政府和缅甸IGE公司共同投资开发。中方联合体由三峡集团公司、南方电网公司和中水集团组成（三峡集团公司为牵头单位）		正在进行可行性研究设计	
轴流式水轮发电机组	葛洲坝	湖北宜昌	长江	工程由国家投资，当时的国家建委、水电部、一机部牵头管理协调，技术上由林一山为首的葛洲坝工程技术委员会全面负责	长江设计院	葛洲坝工程局	哈电，东电
	万安	江西万安	赣江				东电
	高坝洲	湖北枝城	清江	清江水电开发有限责任公司		葛洲坝工程局	东电
	银盘	重庆武隆区杨家沱	乌江	重庆大唐国际武隆水电开发有限公司		水电八局	浙富
	金沙	四川攀枝花	金沙江	四川省能源投资集团有限责任公司		水电七局	阿尔斯通(GE)

续表

水轮发电机组类型	水电站名称	所在地	所属水系	业主单位	设计单位	机组安装单位	机组供货商
轴流式水轮发电机组	白马	重庆市武隆区白马镇	乌江	重庆大唐国际武隆水电开发有限公司	长江设计院	正在进行可行性研究设计	
灯泡贯流式水轮发电机组	王甫洲	湖北老河口	汉江	王甫洲水电公司	长江设计院		奥地利伊林公司
	兴隆	湖北	汉江	南水北调工程局			天重
	陶岔	湖北	汉江	南水北调工程局			浙富
冲击式水轮发电机组	锁金山	湖北省五峰县湾潭镇	湾潭河	横渡口水电有限责任公司	长江设计院		列宁格勒金属工厂(LMZ)
	电源电站	缅甸克钦邦	恩梅开江	中电投云南国际电力投资有限公司		水电十四局	重庆水轮机厂
	美纳斯	厄瓜多尔昆卡	胡邦河	国家电力公司(CELEC EP)		水电八局	哈电
	扎拉	西藏察隅县	玉曲河	大唐玉曲河水电开发有限公司		正在进行可行性研究设计	

注:哈电——哈尔滨电机厂有限责任公司(原哈尔滨电机厂),东电——东方电气股份有限公司(原东方电机厂),浙富——浙江富春江水电设备股份有限公司,福伊特——上海福伊特西门子水电设备有限公司,阿尔斯通——天津阿尔斯通水电设备有限公司(2016 年已被 GE 公司收购),VGS——VOITH、GE、SIEMENS 三家公司组成的联合体,天重—天津天重重型机器有限公司。

表 1.1-2　　电站及机组主要参数汇总表

水电站名称		装机规模（MW）	装机台数（台）	单机功率（MW）	水轮机型式	发电机型式	首台机组投产日期(年.月)
丹江口	前期	900	6	150	混流式	伞式	1968.10
	大坝加高	900	6	150(170)	混流式	伞式	2010.4
隔河岩		1200	4	300	混流式	伞式	1993.6
三峡		22400	32	700	混流式	伞式	2003.7
彭水		1750	5	350	混流式	伞式	2008.2
亭子口		1100	4	275	混流式	伞式	2013.8
水布垭		1840	4	460	混流式	伞式	2007.7
构皮滩		3000	5	600	混流式	伞式	2009.7
马来西亚沐若		9440	4	236	混流式	悬式	2014.11
木星土		120	2	60	混流式	悬式	2012.12
巴基斯坦 NJ		1062	4	265.5	混流式	悬式	2018.4
乌东德		10200	12	850	混流式	伞式	在建
葛洲坝	改造前	2715	2	170	轴流式	伞式	1981.7
			19	125			
	改造后	3190	2	170	轴流式	伞式	2013.6
			19	150			
万安	原设计	400	4	100	轴流式	伞式	1990.11
	5 号扩机	510	4	100	轴流式	伞式	2006.2
			1	110			
高坝洲		252	3	84	轴流式	伞式	1999.12
银盘		600	4	150	轴流式	伞式	2011.4
金沙		560	4	140	轴流式	伞式	在建
王甫洲		109	4	27.25	贯流式	灯泡式	
兴隆		50	2	25	贯流式	灯泡式	
陶岔		40	4	10	贯流式	灯泡式	
锁金山		45	3	15	冲击式	悬式	1995.6
电源电站		99	3	33	冲击式	悬式	2011.9
美纳斯		270	3	90	冲击式	悬式	2018.10
扎拉		1020	4	255	冲击式	悬式	可研

1.2 电站及机组主要特点

近30年来,我国的水电建设实现了高速发展,长江设计院从20世纪60年代建成鸭河口水电站,至今已投产或在建的各类型的国内外近百座水电站中,涵盖了不同型式的水电站并具有鲜明的特点。

1.2.1 电站型式多样化

主要型式及代表性水电站如下:

(1)坝后式厂房

三峡左右岸水电站,亭子口水电站,丹江口水电站等。

(2)河床式厂房

葛洲坝水电站,银盘水电站,高坝洲水电站,万安水电站,金沙水电站等。

(3)引水式地下厂房

三峡地下水电站,水布垭水电站,构皮滩水电站,乌东德左右岸水电站,厄瓜多尔美纳斯水电站等。

(4)引水式地面厂房

隔河岩水电站,马来西亚沐若水电站,大龙潭水电站,老挝谢潘水电站,巴基斯坦卡洛特水电站等。

(5)半地下式厂房

银盘水电站,巴基斯坦卡洛特水电站,黄金峡水电站等。

1.2.2 长引水系统水电站

近年来,兴建长引水系统的水电站日益增多,对电站及机组的调节性能要求越来越高。例如:缅甸伊江上游水电项目施工电源水电站引水系统长度为11343m;厄瓜多尔美纳斯水电站引水系统长度为13897m;西藏扎拉水电站引水系统长度为5505m;巴基斯坦NJ水电站引水系统长度为28500m。

1.2.3 调压室位置各具特色

在长输水系统(包括引水系统和尾水系统)水电站中,为了保证机组在过渡过程工况下的稳定运行,根据引水系统或尾水系统长度、电站参数和电网要求,分别在引水系统不同位置设置不同类型的调压室。

(1)上游调压室水电站

马来西亚沐若水电站,大龙潭水电站,木星土水电站,厄瓜多尔美纳斯水电站,老挝谢潘水电站等。

(2)下游调压室水电站

三峡地下水电站(采用阻尼井、变顶高尾水隧洞),构波滩水电站(二机共同调压室)彭水水电站(变顶高调压室),乌东德水电站(二机一室变顶高)等。

(3)同时设有上、下游调压室电站

巴基斯坦 NJ 水电站。

1.2.4 高水头、大容量混流式机组

混流式水轮机适用的水头范围为 30～700m,在大于 300m 的高水头段,由于受混流式转轮特点、结构以及材料的制约,设计和制造的难度较大,尤其是高水头、大容量的混流式机组的难度更大。长江设计院设计的高水头、大容量混流式机组的代表水电站有:最高水头为 410.5m 的木星土水电站,单机功率为 60MW;最高水头为 324.0m 的马来西亚沐若水电站,单机功率为 236MW;最高水头为 420.0m 的巴基斯坦 NJ 水电站,单机功率达 265.5MW;最高水头为 689.6mm 的老挝谢潘水电站,单机功率达 124MW,为目前世界上在建和已建水电站中高水头、大容量混流式机组难度最大的水电站之一。

1.2.5 世界级的水轮机转轮直径

水轮机的制造难度与运行水头和转轮直径密切相关,运行水头越高、转轮直径越大,水轮机的制造难度就越大。长江设计院设计的大型水电站较多,混流式水轮机和轴流式水轮机的转轮直径均为世界之最。例如,三峡水电站混流式水轮机的转轮直径均在 10.0m 左右,其中哈电制造的转轮直径达 10.248m,为世界上最大的混流式水轮机转轮直径;葛洲坝水电站 170MW 机组水轮机转轮直径达 11.3m,为世界上最大的轴流式水轮机转轮直径;正在设计中的金沙江银江水电站,其转轮直径达 7.9m,为目前国内最大的灯泡贯流式水轮机转轮直径,与巴西杰瑞水电站贯流式水轮机转轮直径相同。

1.2.6 国内首次采用单机功率 700MW 机组

在三峡水电站兴建之前,我国水电机组的设计、制造均处于单机功率为 300MW 级的水平,通过三峡工程的实践,我国水轮发电机组的设计、制造得到了跨越式的发展,单机容量的设计制造已提高到 700MW 级。

三峡工程左岸水电站、右岸水电站和地下水电站共 32 台单机功率 700MW(最大容量混流式水轮发电机组),电站总装机规模达 22500MW(含电源电台 2 台 50MW 混流式水轮发电机组),属国内首次采用单机功率为 700MW(最大容量 840MVA)的混流式水轮发电机组。

1.2.7 电站的水头变幅大

一般情况下,混流式水轮机适应的水头变幅最高水头与最低水头的比值范围为 1.5 以下,轴流式水轮机适应的水头变幅为 3.0 以下,当水头变幅范围大于上述值时,其水轮机运行的稳定性会受到很大影响,水轮机的制造难度大为增加,为确保水头变幅大的机组能够安全稳定运行,对工程设计是一个巨大的挑战。例如,三峡水电站的水头变幅为 1.85,是当今世界 700MW 级及以上巨型混流式水轮机中运行水头变幅最大的机组,它能否安全稳定运行成了工程设计需要研究解决的关键问题,也是国内外同行关注的焦点;葛洲坝水电站水头

变幅为 3.26;金沙江金沙水电站水头变幅为 3.35;乌江白马水电站水头变幅为 4.39。

1.2.8 首次对大型轴流式水轮发电机组进行改造

葛洲坝水电站建成于 20 世纪 80 年代,经过近 20 年的运行,机组部件老化,通过设计研究和多次水轮机模型试验,最终确定了改造方案,在不改变水轮机转轮直径和土建结构的情况下,将 19 台机组的额定功率由 125MW(134MW)提高到 150MW,这是国内首次对大型轴流式水轮发电机组进行全面改造。

1.2.9 万里长江第一坝(葛洲坝)

葛洲坝水利枢纽工程是万里长江干流上建设的第一坝。20 世纪 70 年代华中地区缺电较为严重,同时为长江三峡工程兴建做好实战准备,毛泽东主席在 1970 年 12 月 26 日批示:"赞成兴建此坝。"葛洲坝水电站是在长江干流上建成的第一座水电站,拥有全部国产的 21 台轴流转桨式水轮发电机组,是我国民族工业的一面旗帜。单机容量 170MW 机组的水轮机转轮直径 11.3m,为当今世界之最。葛洲坝水电站的轴流转桨式机组荣获国家科技进步特等奖和我国大型发电设备第一枚国家级质量金奖。

1.2.10 举世瞩目的长江三峡工程

中国革命先行者孙中山先生于 1919 年在《实业计划》中最早提出兴建三峡工程,中华人民共和国成立后党和国家领导人毛泽东、周恩来、邓小平等人亲自过问三峡工程的建设问题。1992 年 4 月 3 日在第七届全国人民代表大会第五次会议上,全国人大代表投票通过了《关于兴建三峡工程决议》,由国家最高权力机关来决定是否建设这一项工程,这在我国还是第一次。

三峡工程集防洪、发电、航运、水资源利用等综合利用功能于一体,不仅具有显著的经济效益,还具有显著的环境效益和社会效益,是实现国家可持续发展战略的跨世纪的宏伟工程,必将成为中国历史进程中的一座丰碑!

三峡水电站由左岸电站、右岸电站和地下电站组成,分别装设 14 台、12 台、6 台国内首次采用、单机功率达 700MW 的混流式水轮发电机组;另外位于左岸升船机右侧的电源电站,装设两台 50MW 具有黑启动功能的混流式水轮发电机组,因此,三峡水电站装机共 34 台、总装机容量为 22500MW,多年平均发电量为 890 亿 kW·h,为当今世界第一水电站,2003 年 7 月三峡左岸电站首批机组开始发电。

1.3 水轮发电机组的技术进步

近 30 年来,不同类型机组水电站的建成,尤其是三峡水电站、葛洲坝水电站及改造机组的成功投入运行,以及目前正在建设的乌东德水电站、金沙水电站、银江水电站,是我国水电建设跨越式发展的里程碑,代表了当今世界水轮发电机组的先进水平;为解决水轮发电机组在工程设计、制造技术等各方面遇到的技术问题,开展了大量的设计研究工作,取得了丰硕的研究成果、长足的技术进步,使我国在水轮发电机组工程设计、机组制造迈入世界先进行列！这表现在以下 10 个方面。

1.3.1 单机功率迈入 700MW 级、800MW 级、1000MW 级

水轮发电机组的单机容量与水电工程的建设规模、机组制造的可能性及电力系统允许接入最大单机容量等有关。目前，我国跨大区电力系统已联网，对水电站单机容量选择已不构成制约因素。当水电站的装机容量确定后，单机容量和装机台数的选取，主要与水利枢纽的布置、机组和电气设备制造能力、水电站运行安全灵活性、工程造价等因素有关。从水电建设的实践表明，当水电站的装机容量确定后，只要设备制造可能，一般情况是选取较大的单机容量对工程建设有利。例如，三峡工程在可行性研究阶段确定电站装机容量为 17680MW，对装设 26 台、24 台、22 台机组方案，相应的单机容量为 680MW、737MW、804MW 三种方案进行了综合的比较，结果表明：机组单机容量愈大、装机台数越少的方案，所需水电站的前沿长度愈小，利于枢纽工程布置，既减少了工程投资又可以增加施工期的发电量，因此采用较大单机容量的机组较为有利。从国内外机组和电气设备的制造能力、确保设备质量出发，三峡工程最后选用额定单机功率为 700MW、最大容量 840MVA 的方案。

目前，正在建设的乌东德、白鹤滩水电站与三峡水电站一样经方案比选论证，分别选用单机功率为 850MW、1000MW 水轮发电机组。

三峡水电站 700MW 巨型机组采用的是集工程设计、制造、材料、安装、运行等各方面最新研究的创新技术而成，为我国金沙江梯级开发采用 800MW 级、1000MW 水轮发电机组奠定了基础，开创了我国水电机组向特大容量制造的新局面，标志着我国水电机组的制造水平迈入世界先进行列。

1.3.2 机组参数不断提高

机组主要参数的选择决定了机组的性能，关系到电站在各种工况下能否安全稳定运行及工程造价。在选择机组的性能参数时，对水轮机追求先进的能量指标、要求在运行区内不产生空化、尽量减小各种工况下的压力脉动值。对水轮发电机除追求先进的能量指标外，应科学合理地选择与电压等级相匹配的电气参数及冷却方式等，始终把机组长期安全稳定运行放在设计的首位。

在国内外水电工程建设中，对机组性能参数选择和彼此间匹配不当，导致机组不能正常运行的情况时有发生。长期的设计研究表明：一是由于受水力、泥沙、稳定运行等条件的限制，机组的各种性能参数彼此间互相制约，如比转速或比速系数的提高受到能量、空化和稳定性等因素的制约，比转速高，水轮机最优效率好，但高效率区范围变小，平均效率下降；又比如提高单位转速可以减轻机组重量，但同时加大了转轮内水流速度，对空化和泥沙磨损不利，对材料、结构提出更高的要求。因此，在选择性能参数时，应重视研究各种参数相互配合的最优范围，研究参数对机组整体性能及运行稳定性的影响，经综合比选后，追求机组参数相互匹配，获得机组整体性能最优。二是在比选机组性能参数时，将世界上各同类机组的最优参数堆积起来绝不是性能优良的高参数机组，应结合电站的实际特点和运行方式，追求各

参数间最优的合理配合，以求得机组整体性能的最优为目标，综合平衡后，确定合适的机组参数。三是机组性能参数选择，应将机组的稳定性放在首位，追求先进的能量指标、空化性能和利于机组稳定运行的机械和电气参数。

自 20 世纪 90 年代以来，随着水轮发电机组设计和制造技术的进步，对水轮机要求高比速、高效率、大流量已成一种趋势。在水电建设中对机组主要参数的选择也遇到一些新问题，主要表现在：

三峡水电站采用的额定容量 700MW（最大容量 756MW、视在容量 840MVA）机组与伊泰普、大古力、古里Ⅱ等水电站装设的 700MW 水轮发电机组相比，表示水轮机适应水头变幅的特征水头如最高水头与最低水头、最高水头与额定水头的比值分别由 1.32～1.61、1.06～1.25 提高到 1.85、1.40，三峡水电站 710MW 的水轮机在当今的 700MW 级及以上巨型混流式水轮机中，是运行水头变幅最大的机组，这一方面扩宽了水轮机适应水头变幅大的运行范围，有利于水能资源的利用，但同时也增加了机组性能安全稳定运行的设计制造难度。

额定水头的选取是关系到水电站的发电效益、水轮机的水力特性和机组安全稳定运行、机组控制尺寸和重量等方面的一个关键综合参数，影响到水轮机效率、进口边空化、叶道涡、压力脉动带等方面。应重视对大型机组额定水头的选定，对动能规划、发电效益、机组运行稳定性和制造难易进行全面的比选论证。

设计水头是水轮机最高效率点对应的水头。设计水头的选择，既需要保证高水头工况下水轮机运行的稳定性，又要兼顾低水头的出力、空化和泥沙磨损。针对三峡水轮机情况，研究表明，提高设计水头有利于水轮机在高水头区的稳定运行，因此在设计中打破常规选择，要求设计水头不小于加权平均水头 98m。研究表明，提高设计水头对水轮机稳定运行有利，与机组制造厂协商，左岸电站两种品牌的水轮机的设计水头分别选用 103m、101m。

水轮机效率加权因子是根据多年积累的水电站水文资料、水库运行调度原则，以及电站在电网中的地位、电站运行方式、机组台数、负荷分配等综合因素确定的，指导水轮机的高效率分布区，以提高水轮机的加权平均效率，增加电站年发电量。

在 20 世纪 70—80 年代投产的 700MW 级水轮机（如大古力、古力、伊泰普等水电站）真机最高效率为 94.5%～95.8%，模型最高效率为 91.7%～93.3%，而三峡水轮机真机效率达到 96.50%，水轮机模型最高效率达到 94.61%；代表水轮机综合性能的水轮机比转速，三峡水电站达到 261.7m·kW，比速系数为 2349，比国内已生产大型混流式水轮机比速系数约 2100 有较大提高。轴流转桨式水轮机参数水平高表现在：葛洲坝水电站 170MW 水轮机额定点单位流量为 2050L/s，这在当时是惊人之举，现在也是高水平；葛洲坝水电站 170MW 和 125MW 水轮机比速系数分别为 2557、2505（改造后 150MW 水轮机比速系数达 2730）。

1.3.3 提高机组稳定性措施

众所周知，由于混流式水轮机叶片不能随运行工况的变化而改变，水轮机只有在最优工况的小范围运行区为无涡区，在该范围内水轮机尾水管内不会出现涡带且压力脉动较小，当偏离最优工况运行时，会潜在产生尾水管涡带、叶道涡流、空化、高水头部分负荷压力脉动带等不稳定运行因素，要在水电站运行水头范围内，实现调度自如的安全稳定运行，是巨型混流式水轮机所面临的世界性难题；大容量水轮发电机组突出表现在结构尺寸加大后，导致产生机组振动、推力负荷加大和轴系稳定、热膨胀引起的铁芯翘曲、线棒与铁芯间产生相对位移、气隙和磁拉力不均匀、磁轭与转子圆盘的挂接等问题，使大型水轮发电机组的安全稳定运行问题凸显出来。三峡机组具有单机容量大、水头变幅大、过机水流含有一定泥沙等苛刻的运行条件，在700MW巨型混流式水轮机是首次碰到的。若机组不能在三峡水电站水头范围内实现安全稳定运行，则水轮发电机组的选择是失败的，更谈不上三峡工程发挥巨大的效益。工程设计单位自始至终将此问题作为设计研究的重中之重，为了攻克该问题，曾研究过变速运行的变极发电机、交流励磁、变频、设初期和后期转轮等方案。由于单机容量过大，这些方案有的在技术上短时期内不可能成熟，有的使机组制造复杂反而影响了运行可靠性，有的在工程实施中增加更换转轮工序致使机组安装和水电站运行带来困难，因此都被一一否定，最后决定采用一种能适应三峡水库分期蓄水、不同水头段都能安全稳定运行的机型。

为了确保三峡水电站水轮机能够稳定运行，对影响三峡水轮机稳定性的各种因素进行了研究，提出了提高水轮机稳定运行的措施：①从电量平衡、水力特性、经济性入手，对工程设计、水轮机主要参数、转轮和流道水力设计等方面进行综合优化，经模型试验和真机运行的验证成功地降低了三峡右岸水电站水轮机压力脉动幅值，基本消除了高水头高部分负荷压力脉动峰值带这一世界性难题。②建立水轮机稳定性考核体系，在整个运行水头范围内，首次提出了按水头、负荷分区对水轮机尾水管、无叶区等各测量部位压力脉动幅值的量化考核稳定性指标，并在设计中将水轮机模型的稳定性试验列为验收试验的项目之一。③设置发电机最大容量。④将机组运行划分为安全运行区、许可运行区、禁止运行区。⑤采用带水轮机模型和试验成果进行投标，进行同台对比复核试验，以达到择优选取的目的。⑥机组靠厂房结构支撑，需研究机组在运行时与厂房结构密切相关的水电站抗震和蜗壳埋设方式等问题。研究选用蜗壳外围混凝土最佳的浇筑方式后，选取水轮机模型试验代表性工况的压力脉动曲线，再换算到真机的实时水力脉动曲线作为激振力，对水电站水工建筑物结构是否会产生局部共振，进行三维仿真动应力响应计算。⑦补压缩空气。除通过发电机轴顶部在转轮下方安装自然补气系统外，在顶盖、底环、基础环等部位预留了强迫补气管。⑧转轮叶片出水边进行修型，避免转轮叶片的出水边产生卡门涡列与叶片产生共振。

大型水轮发电机的结构尺寸加大后，发电机的刚度、强度特别是刚度的问题十分突出，需从发电机的机械和电磁设计综合研究解决。例如，定子机座要能承受最大的不平衡磁拉力，要求机座有足够的刚度，定子机座同时又要能承受定子铁芯与机座间温差造成的温度应力，要求机座有适当的挠度，以求得这两种矛盾的统一，出现了浮动机座和斜支撑结构；发电机转子普遍采用圆盘式结构，刚度大，重量轻，转子磁轭与支架的连接多采用径向、切向复合键，径向复合键的紧度颇为重要，它与材料、应力、安装工艺、振动等因素综合研究解决；转子支架的垂直挠度是一个重要指标，三峡水电站发电机要求转子支架最大垂直挠度不大于

1.5mm；为确保机组安装调试质量，三峡工程从工程实际出发制定了“700MW 水轮发电机组安装标准”。

从上述内容可以看出，对涉及机组安全稳定运行的相关因素首次进行了全面系统的设计研究，将研究取得的丰硕成果应用在三峡机组的工程设计、设备制造、电厂运行中，解决了高部分负荷区压力脉动过大、运行水头变幅过大的巨型混流式水轮发电机组安全稳定运行的世界难题，确保了三峡 700MW 级巨型水轮发电机组在各种运行工况下的长期安全稳定运行。上述研究成果已被国内同类机组如向家坝、溪洛渡等大型水电站广泛采用。

1.3.4　新结构、新材料的研究和应用

在三峡工程建设中，水电重大装备国产化，成功地走出了一条通过技术引进消化吸收、再自主研发创新、制造出具有自主知识产权国内品牌的成功之路。水轮发电机组单机功率 700MW 级机组已在三峡工程投入运行，经各种水头的考核运行表明，机组性能良好，这与机组采用新结构、新材料是分不开的。如混流式水轮机早期只应用在高水头的“X”形叶片，目前已在大型混流式水轮机上得到广泛应用，由于“X”形叶片转轮，对其叶片尺寸加宽加长，叶型平滑，能降低局部损失，提高效率，减小空化系数、转轮出口环量和出口涡带强度，有利于解决传统转轮所不能适应的水头变幅大的难题，提高了水头变幅大的混流式水轮机运行稳定性，在运行水头范围内无空化，并扩大了无叶道涡区域。另外，还采用了减薄流线形固定导叶出水边厚度，以减少或避免卡门涡的产生；适当加长上冠尺寸或采用新型的半锥形泄水锥结构，利于提高水力稳定性。转轮叶片、上寇、下环、泄水锥均采用高强度、高硬度、抗中等腐蚀的 ASTMAGrCA-6NM 不锈钢材料。

发电机定子机座和上机架采用斜支撑结构或滑动式基座，径向热膨胀力可以由斜支撑的弹性扭转变形吸收或使基座产生位移，防止了铁芯翘曲，减小了由短路引起的对基础的作用力；铁芯与机座的连接采用双鸽尾筋结构；采用上端压板与机座环板无连接的穿心螺杆压紧结构等成熟可行的结构。转子采用具有斜支臂的圆盘式转子；转子磁轭与支架采用径向、切向复合键的连接或在不同紧度时采用不同措施，如采用弹性梁结构；推力轴承的多支点弹性支撑的薄瓦结构，瓦材采用钨金。发电机定子线棒绝缘采用多胶或少胶环氧粉云母热压成型 F 级绝缘结构，从而使发电机额定电压提高到 20kV，为单机容量 800～1000MW 水轮发电机采用更高的额定电压奠定了基础。

1.3.5　先进的水轮机模型开发手段和模型装置

通过技术引进和自主研发，水轮机水力设计和模型试验技术得到迅速发展，可用计算机对水轮机模型进行多方案优化设计，如对转轮流态进行有限元数值模拟计算分析用的 CFD 软件，可在计算机上对多个转轮进行优化，选优者进行模型转轮试验，减少了模型转轮试验的次数。对模型过流部件均采用数控车床加工，采用高精度仪表及三坐标测绘仪测量几何尺寸，加工精度高于 IEC 标准以减少水力损失。采用光纤内窥镜和闪频仪进行转轮内的流态观测，以了解在高水头部分负荷作用下叶道涡的形成和发展，叶片负压面的空化现象。对

叶道涡和尾水管涡带进行同步动态摄像，测试技术用计算机数据采集和处理系统，提高了试验台的精度。目前，国内外著名制造厂试验台的综合测量精度为±(0.2～0.3)%。

1.3.6 先进的计算手段，提高设计质量

发电机设计全面开发了各种计算和分析软件，包括电磁设计计算软件、机械应力计算软件、通风和热计算软件、绕组端部电磁场和温度场计算软件、综合性的优化设计软件，等等。

计算机的应用提高了设计质量，使过去许多用物理模拟方法完成的工作，改由用计算机多方案仿真计算进行比选，优化了结构及参数，提高了精度，简化了工作量，同时降低了成本。

1.3.7 水轮发电机冷却技术的发展

目前，大型水轮发电机可采用的冷却方式已趋成熟，即全空冷和内冷两大类。采用的冷却介质不同，内冷又可以分为半水内冷和蒸发冷却两种型式。选用何种冷却方式，关系到水轮发电机参数选择、结构设计、重量和造价以及是否能长期安全稳定运行等，是水轮发电机需要解决的关键问题之一。通过近十几年来以国内为主，对水轮发电机冷却技术进行了重点探索，取得了长足进步并走在世界前列。

1.3.7.1 全空冷

全空冷方式发电机因结构简单、运行维护方便从而得到广泛采用，随着水轮发电的容量增大、额定电压升高、发电机定子直径和定子高度的增加，使发电机内风量和风速均匀分布变得困难，从而引起发电机定转子线棒和定子铁芯的温度分布不均匀，冷却效果差，导致铁芯产生翘曲和线棒与铁芯的相对位移，特别对开停机频繁的机组更是如此，危及安全运行。在20世纪90年代，根据当时的风冷技术，经论证全空冷水轮发电的容量为700MVA左右，当时世界上已投入运行的700MW水轮发电机多数采用半水内冷方式，考虑到当时我国对巨型水轮发电机缺少运行经验，且三峡水电站又是调峰电站，从安全出发三峡左岸水电站水轮发电机选用了半水冷方式。在运行中时有发生少数水接头滴漏水，曾产生过由于长期处在微振环境中汇流环冷却水管接头松动，水接头漏水导致三相短路故障。另外，半水冷方式需纯水处理装置和相应的冷却管路，需要占厂房空间，在地下厂房中布置增加困难。为此，对三峡右岸水电站水轮发电机冷却方式进行重新论证，设计推荐部分机组采用全空冷。为了提高风冷效果，哈电对全空冷方式、降低运行温度且使温度均匀分布、减小热应力、避免铁芯翘曲、适应启停机频繁等问题开展了试验研究，如风循环系统和风沟的合理设置、风道密封、减少风损、发电机座应对温度应力的措施等，国内自主研发全空冷技术取得了巨大进步。2007年8月世界上首台最大容量840MVA全空冷水轮发电机经型式试验后投入运行，至今运行良好，达到工程设计的要求，突破了全空冷水轮发电机单机容量设计制造传统上限，为设计制造更大的全空冷水轮发电机如800MW、1000MW创造了条件。

1.3.7.2 内冷

采用的冷却介质不同，内冷又可以分为半水内冷和蒸发冷却两种形式。

(1)半水内冷方式

发电机定子绕组采用半水内冷方式,定子铁芯和转子采用空冷方式。为消除线棒端部接头的相互影响,国内外普遍采用水、电接头分开的方式,水接头在制造厂内完成焊接工作,在现场采用特氟龙软管进行连接。电接头在现场采用感应银铜焊,采用上述改进技术后,漏水问题基本得到解决。采用生活纯净水作为水循环系统初始水,不需要另设一套将自来水加工成纯净水的处理系统,纯水处理装置的占地面积减小约 2/3。

(2)蒸发冷却方式

蒸发冷却利用水轮发电机立式结构的特点,在线棒的空芯股线中注入低沸点、无毒、无污染、高绝缘、不燃和不腐蚀的冷却介质,当线棒通过电流电阻发热所产生的热量,使介质温度升高达到沸点时,介质产生汽化,已汽化部位形成混合(气态占大部分、液态占小部分)二相流体,其密度小于未沸腾集液管中液态介质的密度,在重力场作用下产生压差,当动力压头大于沿程阻力时,形成自循环,带有热量的二相流进入冷凝器,与冷凝器内的冷却水进行热交换,热量被冷却水带走,二相流被汽化部分的介质又重新变成液态,进入回液管、下集液管,在压头的作用下,再重新进入线棒,构成封闭式自循环系统。我国从 20 世纪五六十年代开始对蒸发冷却的基本理论、冷却介质特性等方面进行研究。随着基础研究取得的成果,1983 年在云南大寨水电站,额定功率 10MW、额定转速 1000r/min 的蒸发冷却水轮发电机投入运行;1992 年在陕西安康水电站,额定功率 50MW、额定转速 214.3r/min 的蒸发冷却水轮发电机投入运行,通过上述水电站的工业试验,验证了蒸发冷却的原理、冷却介质选用等基础研究取得的成果,为巨型水轮发电机的采用奠定了基础。为在 700MW 级容量水轮发电机上采用,21 世纪初又进行 1/4 支路真机水轮发电机仿真试验,主要有以下几个方面:①蒸发冷却水轮发电机的设计原则。②从环保出发,对蒸发冷却介质的物理、化学、生理、电弧作用下等性能试验研究,优选介质。③静态液位选择。④铁芯、线棒限值温度的确定。⑤整体冷却系统的仿真计算。⑥蒸发冷却水轮发电机总体结构布置等。⑦监测、保护系统等问题进行设计研究,为蒸发冷却技术应用在三峡地下电站 840MVA 水轮发电机上铺平了道路。2011 年 11 月世界上首台 840MVA 蒸发冷却水轮发电机成功投入运行,试验表明,性能参数满足工程设计要求,运行良好。

1.3.8 蜗壳埋设方式的研究和应用

对广为使用的大型混流式水轮机,其蜗壳及外围混凝土结构联合承载了在各种运行工况下机组的重量和作用力,又是厂房结构下部的基础结构,采用钢结构的蜗壳体形复杂,致使流道、蜗壳及外围混凝土结构受力复杂。蜗壳的埋设方式关系到流道、外围混凝土结构和厂房整体结构的动、静力特性,对结构安全、机组安全稳定运行、工程量等方面有着直接影响,特别是对大型混流式水轮机的蜗壳,采用何种埋设方式引起各方关注。

蜗壳埋设方式有弹性垫层、充水保压、直埋三种方式。20 世纪国外已投入运行的 700MW 级水轮机组蜗壳都采用了保压浇筑混凝土的方式。三峡水电站蜗壳最大断面直径达 12.4m，HD 值达 1773m^2，容积约 6000m^3，是目前世界上混流式水轮机最大的蜗壳，对其采用的埋设方式存在着不同意见，为弄清这个问题，并为今后大型蜗壳的埋设方式的选择提供借鉴，为此进行了蜗壳埋设方式的专题研究，从理论研究到工程实践结果表明，弹性垫层、充水保压埋设方式可行，并首次推荐采用垫层与直埋组合的蜗壳埋设方式。

1.3.9 机组改造潜力大

按照国内标准和 IEC 标准的规定，轴流式和灯泡式水轮机的预期寿命为 25～50 年；混流式、水斗式和定桨式水轮机的预期寿命为 30～50 年；发电机、变压器的预期寿命为 25～40 年。因此，20 世纪 90 年代以前投入运行的水电站均已进入改造期，机组及其相关设备改造的市场潜力巨大，水电站改造后的效益可观。

20 世纪 60 年代建成的丹江口水电站，配合南水北调大坝加高工程，对水电站 6 台混流式机组进行了改造，于 2013 年 6 月全部改造完成。改造后水轮机的加权平均效率提高了 3.07%，每年可增加发电量约 1.0 亿 kW·h。

20 世纪 80 年代建成的葛洲坝水电站，对机组改造进行了多种方案的研究，前期试验性改造的 3 号和 14 号机组已于 2006 年投产发电，机组功率由 125MW 提高到 146MW。在试验性改造机组成功的基础上，目前正在进行机组改造的方案是将电站 19 台单机功率为 125MW 的机组提高到 150MW。改造后的首台 150MW 机组已于 2014 年初投产发电，计划到 2022 年 19 台机组全部改造完成。改造后水轮机的加权平均效率提高约 3.03%，发电机效率提高约 0.55%，电站每年可增加发电量约 6.30 亿 kW·h。

1.3.10 科学的水轮机效率加权因子计算方法

长期以来，由于研究对象的数据量巨大，且电网调度过程的不确定性，工程中往往采用减小水文、动能系列和周期或者是采用定性的方法确定水轮机效率加权因子，这些加权因子与水电站实际运行有较大差距，反映在水电站建成后实际运行加权因子与原拟定加权因子不同或差异较大，从而导致开发的水轮机运行特性与水电站运行特性达不到最优匹配，造成机组实际效率下降、振动、转轮裂纹等后果。

科学的水轮机效率加权因子量化计算方法，采用多种理论和方法，在旬电量平衡的基础上，制定了水调和电调的综合优化调度方案。调度方案符合水电站的开发目标，保证了水电站和机组的最优运行方式。水轮机效率加权因子的拟定方法有利于水轮机水力开发目标与水电站开发目标的一致，从而提高工程的安全稳定性及经济效益。该方法已在长江设计院设计的构皮滩、金沙、银江、石泉(改造项目)等工程上应用。

《水轮机效率加权因子量化方法》已获得国家知识产权局颁发的发明专利证书(证书编号为:2132216)。

第 2 章　水轮机选型设计

2.1　基本准则

2.1.1　选型设计原则

1)水轮机的性能应能很好适应水库调度、电站各种运行方式的要求,在水电站运行水头范围内,水轮机应能按预想出力安全稳定运行,具有良好的能量、空化、压力脉动值等性能指标。

2)在额定水头下应使机组达到额定功率,在低于额定水头时机组受阻容量尽可能小,使水电站效益最大化。

3)一座水电站对水轮机机型和单机容量选择时,应结合工程的枢纽布置、土建工程量、内外交通、机电设备制造、电站接入电力系统等方面的实际,进行综合技术经济比较,择优选取。

2.1.2　基本要求

1)必须充分考虑水电站的运行特点,如动能、电力系统、枢纽布置等对水轮发电机组的要求。

2)机组台数应满足电站运行调度灵活的要求,并使水电站在功率范围内具有较高的效率,机组台数一般不少于 2 台。

3)对大型水电站及分期开发的水电站,应考虑水库初期蓄水低水头发电的运行要求。

4)低于额定水头时,机组受阻容量尽可能小,以获得较大的电量效益。对汛期下泄流量较大的电站,可酌情考虑留有一定的导叶开口,以备在汛期利用部分下泄流量获得季节性电能。

5)应考虑水电站机电主要设备及部件,特别是重大部件的运输条件。一般情况下对混流式水轮发电机组应考虑水轮机转轮、发电机上(下)机架中心体、转子中心体、推力头(镜板)及升压变压器等运输的要求;轴流式水轮发电机组应考虑水轮机轮毂,发电机下机某中心体和转子中心体整体运输要求;灯泡贯流式水轮发电机组应考虑水轮机轮毂、导水机构、灯泡体的运输;冲击式水轮发电机应考虑水轮机转轮、发电机上(下)机某中心体和转心中心体整体运输要求。小型水电站首先应考虑水轮机座环、发电机定子和转子的整体运输。

6)对于装机容量较大的水电站,在单机容量及机组尺寸的选择上应考虑设备制造能力及设计水平。

7)在高海拔地区,应考虑高海拔对水轮机空化性能、发电机通风冷却效果和电气绝缘的影响。

8)机组应具有适应特殊自然条件的能力。如在多泥沙河流上的水电站,其水轮机应有良好的抗磨性;在腐蚀性河流或海域上的水电站,其水轮机应具有防腐的能力。

9)对于高水头或泥沙含量较大、水轮机检修频繁的电站,宜考虑转轮下拆方案的可行性。

2.1.3　主要工作内容

选型设计的主要工作有以下几个方面:

1)根据确定的水电站装机规模进行机型、单机容量和机组台数的比较;

2)通过参数法或特性曲线法初选水轮机参数;

3)根据确定的单机容量计算水轮机转轮直径;

4)选择机组同步转速;

5)确定水轮机允许吸出高度;

6)估算水轮机重量;

7)计算水轮机蜗壳、尾水管主要控制尺寸;

8)确定发电机的功率因数值及电压等级;

9)计算和选择发电机合适的极距;

10)计算飞逸转速,并判别发电机转子的机械特性;

11)计算定子铁芯尺寸(包括直径和高度);

12)初选发电机的结构型式;

13)计算发电机的外形主要控制尺寸;

14)估算发电机重量;

15)计算并选择发电机飞轮力矩;

16)估算机组设备的造价;

17)初步确定水轮机、发电机主要控制尺寸。

2.2　机组型式、单机容量及装机台数

2.2.1　基本资料

工程的基本资料是水电站机组选型设计的基础,应将水电站长系列的水文气象资料、水库调度原则、电站运行方式等方面进行综合分析,找准水情、水库调度、电站运行的特点及规律,是选择适用于该水电站的水轮发电机组的基础。在进行机组选型设计之前,一般应及时向动能、水文等相关专业索取、收集、了解和协调如下资料:

1)水电站特征水头参数如最高水头、最低水头、加权平均水头、初期发电水头;

2)水电站上下游水位如设计洪水位、正常蓄水位、防洪限制水位、死水位，汛期最高尾水位、最低尾水位等；

3)坝址和电站位置的水位流量关系曲线、最大流量、最小流量、多年平均流量、生态流量、最小通航流量、水库的调节特性和调度方式等；

4)对于梯级开发的河流，选择单机容量时，还要考虑梯级水电站、航运的流量匹配等；

5)水质化学成分，包括 pH 值和硬度等；

6)河水泥沙含量、泥沙类别和级配、泥沙成分及硬度；

7)水电站装机容量、水电站保证功率及开发方式；

8)装机年利用小时数；

9)水电站在系统中的作用和地位，如调峰、调频、基荷、调相运行等；

10)水电站的设备运输条件；

11)电站所在地的气象资料、海拔高度、重力加速度和水的密度等；

12)输水系统布置及其水力特性；

13)电站及水库调度运行方式。

2.2.2 水轮机型式比较

重点对适用水头范围相重叠的机型进行比较。

2.2.2.1 各种型式水轮机的适用范围

由于水电站所在地的水力资源、开发利用功能不同，导致水轮机工作水头、引用流量的不同，而水轮机又受到自身能量特性、空化性能、稳定性和强度条件的制约，水轮机的适用水头和流量必须控制在一定范围内，只有在合适区域的范围内运行，水轮机才具有良好的性能。根据众多水电站的工程实践和多年的运行经验表明，各种型式的水轮机适用的水头范围大致是：

(1)混流式水轮机

适用水头范围一般为 30～700m，与混流式水轮机的适用水头范围相重叠的机型有轴流式水轮机和冲击式水轮机(由于斜流式水轮机应用较少，这里不进行比选)。

(2)轴流式水轮机

适用水头范围一般为 3～80m，叶片数为 3～9。我国石门水电站的最高水头为 78.0m，意大利涅姆比亚(Nembia)水电站的最高水头达 88.0m，均采用了轴流转桨式水轮机。与轴流式水轮机的适用水头范围相重叠的机型有贯流式水轮机、混流式水轮机。

(3)灯泡贯流式水轮机

适用水头范围一般为 3～30m，叶片数为 3～5。我国洪江水电站的最高水头为 27.3m，美国 Lamence 水电站的最高水头达 31.5m，均采用了灯泡贯流式水轮机。与灯泡贯流式水轮机的适用水头范围相重叠的机型有轴流式水轮机。

(4)冲击式水轮机

适用水头范围一般为300～1700m，实际已达1883m(瑞士 Bieudron 水电站)。与冲击式水轮机的适用水头范围相重叠的机型主要是混流式水轮机。

不同机型的适用水头范围见表2.2-1。

表2.2-1　不同机型的适用水头范围

水轮机型式	适用水头范围(m)
灯泡贯流式	3～30
轴流式	3～80
混流式	30～700
冲击式	300～1700

当水电站水头处于不同机型的重叠水头时，应结合水电站的具体情况对不同型式的水轮机进行比较。

2.2.2.2　混流式水轮机和冲击式水轮机的比选

1)冲击式水轮机转轮露出水面，不存在因抗空蚀要求而增加开挖问题；冲击式水轮机转轮在大气压力下工作，其空蚀磨损较混流式轻，多集中在针阀、喷嘴和水斗等部位，检修、维护方便，转轮检修工作量小；冲击式水轮机转轮空蚀磨损与运行负荷变化关系不大，而混流式水轮机在某些工况下运行时，空蚀磨损破坏加剧较明显。对于含沙量较大的河流，采用冲击式水轮机对减轻空蚀磨损有一定的优势。

2)冲击式水轮机效率随负荷的变化平缓，对负荷的适应性较强，且能根据出力变化自动切换喷嘴数，运行区域宽广，可在25%～100%的功率范围内稳定运行。混流式水轮机适应负荷调节范围较冲击式小，尤其在40%负荷以下时效率较低，且通常不能稳定运行。

3)冲击式水轮机无轴向水推力，立式机组的推力轴承只承受转动部分的重量，因而可以简化推力轴承结构。

4)冲击式水轮机具有双重调节机构，易将压力上升和转速上升控制在较低的数值；冲击式水轮机的单位飞逸转速为混流式水轮机的65%～80%，在结构上可以将飞逸转速限制在较低数值。

5)混流式水轮机的单位流量一般较冲击式水轮机大。当水头高、水中含沙量多时，因受到空化磨蚀的限制，混流式水轮机实际采用的单位流量有时反比冲击式水轮机的小。

6)混流式水轮机的最高效率比冲击式水轮机一般高1.0%～2.0%；冲击式水轮机，当负荷变化时效率的变化较混流式水轮机小，但当水头变幅较大时混流式水轮机效率较冲击式水轮机变化小。因此，冲击式水轮机适用于水头变幅小、作调频运行的电站。

7)对尾水位变幅不大的水电站，冲击式水轮机转轮装在最高尾水位之上，虽然损失了部分水头，但可简化厂房排水设施，有时甚至可以取消尾水闸门。

8)冲击式水轮机结构相对简单，安装、维护、检修较方便，受磨蚀部件少。混流式水轮机在 600m 水头段制造难度大、结构复杂，检修工作量大。

2.2.2.3 混流式水轮机和轴流式水轮机的比选

1)一般情况下，当水电站的水头变幅较大，且最高水头与最低水头的比值大于 1.8 ($H_{max}/H_{min}>1.8$)时，应优先选择具有双重调节的轴流转桨式水轮机，可获得较高的能量指标，而且具有较宽广的稳定运行区域。

2)轴流式水轮机的叶片少，过流面积大，其引用单位流量和单位转速均超过混流式水轮机，因此比转速较混流式水轮机高，可以减小机组尺寸，且效率曲线平坦，机组运行稳定性好，但空化系数较大，增加了水电站的开挖量。混流式水轮机由于没有限制水流的轮毂，因而空化性能较好。

3)轴流式水轮机的水推力系数为混流式的 2～4 倍，因而推力负荷大。

4)轴流转桨式水轮机结构较复杂，单位重量价格高。

5)轴流转桨式水轮机的运行、维护成本高于混流式水轮机。

2.2.2.4 轴流式水轮机和灯泡贯流式水轮机的比选

1)《水力发电厂机电设计规范》(DL/T 5186—2004)中推荐，对于最高水头 20.0m 及以下的径流式水电站，宜优先选用贯流式水轮机。随着技术的不断进步和成熟，贯流式水轮机的最大应用水头有所提高，目前最高水头在 25m 左右选用贯流式水轮机已趋成熟，如甘肃炳灵水电站的最高水头为 25.7m，陕西汉江蜀河水电站的最高水头为 26.3m，已经运行的洪江水电站 5 叶片灯泡贯流式水轮机的最高水头为 27.3m。

2)贯流式水轮机没有水平拐弯的蜗壳和立面拐弯的肘形尾水管，机组为卧式布置，水流平顺流态好，水力损失小，因此贯流式水轮机限制工况的引用单位流量大，效率高；采用直锥扩大型尾水管的能量恢复系数高达 0.9，而常规弯肘形尾水管的能量恢复系数在 0.75 以下，因此贯流式水轮机限制工况的引用单位流量比轴流式水轮机约提高 30%以上，相同单位流量工况点的效率高 5%左右。

3)贯流式机组 GD^2 较小，转速升高值较大，稳定性较差，不适于在系统中作调频运行。贯流机组不做调相运行。

4)在相同直径、水头下，灯泡贯流式水轮机出力比轴流式水轮机约提高 30%以上；当水头和单机容量相同时，灯泡贯流式水轮机转轮直径比轴流式水轮机约减小 15%，重量约减少 25%。灯泡贯流式机组全部处于水下，机组应具有严密的密封结构和良好的通风、散热和防潮性能，结构复杂，贯流式机组单位重量价格高。

5)灯泡贯流式机组运行、维护、检查和修理比较困难，轴流转桨式水轮机的运行、维护成本高于混流式水轮机。

6)对尾水位变幅不大的电站，冲击式水轮机转轮装在最高尾水位之上，虽然损失了部分水头，但是可简化厂房排水设施，有时甚至可以取消尾水闸门。

7）在地质条件和土建结构允许的情况下，采用灯泡贯流式机组可减少土建工程量，节约工程投资。

2.2.2.5 应考虑的其他因素

机组选型设计的优劣，直接关系到工程的枢纽布置和土建投资、水电站相关机电设备的选型和投资、电站安全稳定运行和发电效益等方面，以求得水电站工程总体效能最优，是水电站工程设计的关键问题之一。在水轮发电机组选型设计时应及时与相关专业间彼此沟通、协作，考虑相关因素。例如：

1）水电站开发目标和运行方式；

2）工程的枢纽布置特别是水工建筑物的布置方式、要求及地质条件；

3）规划论证的水电站装机规模，涉及单机容量和装机台数的选择；

4）水电站低水头出现的概率及超低水头对发电的要求；

5）水电站在电力系统的地位，对电站接入电力系统及运行方式的技术要求；

6）机组运行维护的成本；

7）水电站的运输条件；

8）投资方对兴建该水电站的总体规划的要求等。

2.2.3 单机容量、装机台数

水电站总装机容量、机组型式确定后，选择机组的单机容量和装机台数成为首要问题。长江设计院众多工程实践表明，机组单机容量愈大、装机台数越少的方案，所需电站的前沿长度愈小，利于枢纽工程布置，减少工程投资又可增加施工期的发电量，只要机电设备能制造、重大件运输无问题，一般采用较大单机容量的机组较为有利。

对单机容量和装机台数的选取，主要与水电站的枢纽布置、机组和电气设备制造能力、电站运行安全灵活性、工程施工期发电量、工程造价等因素有关，应通过技术经济综合比选确定，技术经济比较时应考虑如下因素：

1）水电工程枢纽的总体布置；

2）满足电力系统对水电站安全稳定运行、最大单机容量、电力电量调度灵活性、对在汛期和非汛期输出功率等方面的要求；

3）应能适应水库的调节特性、水头和流量特性，电站机组的运行方式和大修等方面的要求；

4）水电站对外交通的运输通道和运输能力；

5）机组和相应电气设备制造能力；

6）电站的保证功率、年最大利用小时；

7）河流及过机泥沙特性；

8）河流的最小引用流量（生态、航运、灌溉等要求）；

9)海拔及抗地震级别;

10)对于梯级开发的河流,选择单机容量时,还要考虑梯级水电站、航运的流量匹配;

11)为了满足水电站运行灵活和机组检修的要求,水电站机组台数不宜少于两台。在可能的情况下,为了方便电气主接线的设计,机组台数宜选择偶数。

在考虑上述因素的基础上,拟定不同的单机容量和机组台数方案,分别计算各方案的机电设备投资、土建的投资及不同方案的发电量等进行技术经济比较,择优选取。在技术经济指标相当时,宜选择较大的单机容量。

2.3　水轮机主要控制尺寸、重量、材料

水电工程建设实践表明,水电工程在进行工程立项、预可行性研究阶段,当水电站的装机容量、单机容量、装机台数确定后,在枢纽布置设计时,需要提供机组段的尺寸及最大运输部件的尺寸及运输重量,以便确定电站厂房尺寸、对外运输及枢纽内交通的布置设计;按国家有关规定可行性报告审批后,即可开工兴建水电工程,此时厂房等土建工程需要出开挖图,必须有较准确的厂房机组段尺寸,作为电站厂房出开挖图的依据,而此时机组等主要设备还未进行招投标,不可能得到制造厂提供的准确资料,只能根据设计经验估算提供相关尺寸,若提供机组段尺寸过小,虽减少了土建工程量,但限制了机组最优机坑尺寸的选取,制约机组性能甚至不能安全运行。若提供机组段的尺寸过大,土建工程量增加,提高工程投资。上述的不利影响,随着工程建设规模的扩大,特别是像长江三峡这样特大型水电工程,机组段等尺寸若估算误差过大,将造成极为严重的后果。

为了较准确地提供机组段尺寸、重大部件运输重量及尺寸等数据,长江设计院在工程设计中采取了:

1)充分收集分析国内外已投入运行相似机组的资料,并与有资格制造预想机组的国内外制造厂进行充分交流,要求各制造厂提出机组段尺寸、重大部件运输重量及运输尺寸作为工程的参考。

2)为了求得机组优良性能,经设计研究后对制造厂提出限制性要求,如长江三峡工程根据多年的设计研究成果,对水轮机蜗壳和尾水管的控制尺寸、吸出高度、安装高程等,经机电单项技术设计专家组审查同意后,提供的机组段尺寸等资料,出电站厂房开挖图,又作为今后编制机组招标文件的依据,给机组投标者提出了限制要求。

工程实践表明:采取上述措施后,由长江设计院设计的水电工程预先确定的机组段尺寸及重大部件运输重量和尺寸,既准确又满足了工程建设的进度要求。

2.3.1　水轮机主要控制尺寸

水轮机主要控制尺寸部件包括蜗壳和尾水管。在电站的早期设计阶段,工程设计单位必须根据电站参数和采用的机型,对水轮机主要控制尺寸进行预估并进行电站厂房设计和布置。可见,水轮机主要控制尺寸既是一个技术参数,也是一个经济指标,确定一个合适的蜗壳和尾水管控制尺寸至关重要。

2.3.1.1 混流式水轮机

(1)蜗壳

混流式水轮机蜗壳分为金属蜗壳和混凝土蜗壳。一般情况下,最高水头小于40m时,采用混凝土蜗壳;水头大于40m时,采用金属蜗壳。由于混流式水轮机采用混凝土蜗壳的工程较少,主要针对金属蜗壳的控制尺寸估算进行分析。

一般情况下,蜗壳 X 向尺寸决定了电站厂房的机组段长度,蜗壳 Y 向尺寸决定了电站厂房的跨度。在《水电站机电设计手册》中,根据当时已有的几种机型,提供了图解法和解析法两种计算蜗壳控制尺寸的方法。随着近年水轮机水力开发技术水平的大幅提高,在不同水头段已开发出了很多优秀的转轮,并且这些转轮经过了实际工程的检验。因此,在电站初步设计阶段,利用不同水头段的已有转轮统计资料,进行蜗壳尺寸的预估是可行的,在招标设计阶段再根据中标厂家的资料进行微调或适当修正。混流式水轮机金属蜗壳控制尺寸见表2.3-1。

表2.3-1　　混流式水轮机金属蜗壳控制尺寸

水头段(m)	蜗壳 X 向相对尺寸	蜗壳 Y 向相对尺寸
400～300	$2.5D_1$～$3.0D_1$	$2.5D_1$～$3.1D_1$
300～200	$2.9D_1$～$3.2D_1$	$2.8D_1$～$3.2D_1$
200～100	$3.1D_1$～$3.5D_1$	$2.9D_1$～$3.5D_1$
＜100m	$3.3D_1$～$3.6D_1$	$3.3D_1$～$3.5D_1$

注:D_1 为水轮机转轮进口直径。

(2)尾水管

混流式水轮机尾水管的控制尺寸,尤其是尾水管的高度,与水轮机的能量、空化和稳定性密切相关,也涉及厂房的土建工程量。因此,尾水管控制尺寸的选择不仅是一个技术参数,同时也是一个经济指标。

一般情况下,混流式水轮机尾水管采用弯肘形尾水管。尾水管的高度决定了厂房机组段的开挖深度,地下式电站的尾水管宽度决定了尾水洞的大小及开挖方案的可行性,因此,应确定一个合适的尾水管控制尺寸,使水轮机能够高效、稳定运行。

尾水管高度是指导水机构底环平面至尾水管底板之间的距离。近年来,在工程实际中通常采用导叶中心高程(水轮机安装高程)到尾水管底板之间的距离为尾水管高度。

早期,为了节约工程投资,尾水管的高度较矮,有些电站的尾水管高度只有 $2.0D_1$ 左右,且认为低比速水轮机可选择较矮的尾水管,高比速水轮机可适当加高尾水管。随着近年水轮机水力开发水平的不断提高,对尾水管的尺寸和形状有了比较充分的认识,水轮机尾水管对水轮机能量指标尤其是水轮机的稳定性具有重要作用。

根据统计资料,明厂房电站、地下式电站的混流式水轮机尾水管相对控制尺寸见

表 2.3-2。

表 2.3-2 混流式水轮机尾水管相对控制尺寸

名称	明厂房尾水管	地下厂房高窄形
尾水管相对高度	$2.7D_1 \sim 3.1D_1$	$3.3D_1 \sim 3.6D_1$
尾水管相对宽度	$2.4D_1 \sim 2.9D_1$	$1.3D_1 \sim 1.9D_1$
尾水管相对长度	$4.5D_1 \sim 5.2D_1$	$5.7D_1 \sim 7.0D_1$

注：D_1 为水轮机转轮进口直径。

2.3.1.2 轴流式水轮机

(1)蜗壳

轴流式水轮机蜗壳分为混凝土蜗壳和金属蜗壳。由于轴流式水轮机的应用水头较低，采用金属蜗壳的工程很少，因此，主要针对混凝土蜗壳的控制尺寸估算进行分析。

混凝土蜗壳分为平顶形蜗壳和梯形蜗壳。

平顶形蜗壳的蜗壳顶部与座环上平面齐平，因此蜗壳底板与座环下平面的距离较远，断面下伸太大，水流在各个断面分布不均匀，靠近导叶中心线处流速高，底部流速低，离导叶中心线越远，流速越低，存在很大的流速差，水力损失大。它的优点是：可以缩短机组的轴系尺寸，有利于导叶接力器的布置。梯形蜗壳在座环上平面向上伸出一段距离，水流分布较平顶形蜗壳均匀，在理想情况下采用接近于对称的梯形断面最好。由于平顶形蜗壳的水流特性不是很好，工程中采用的较少。因此，主要针对梯形蜗壳的控制尺寸估算进行分析。

梯形蜗壳在座环上平面向上伸出的距离与土建专业要求的蜗壳顶板混凝土厚度、水轮机层的高度及机组轴系长度有关。因此，要根据具体电站综合考虑确定蜗壳顶板伸出的高度，在一般情况下断面上伸距离是下伸距离的 1/2～1/3。推荐的轴流式水轮机梯形蜗壳控制相对尺寸见表 2.3-3。

表 2.3-3 轴流式水轮机梯形蜗壳控制尺寸

序号	名称	相对尺寸
1	蜗壳进口相对宽度	$2.65D_1 \sim 2.9D_1$
2	蜗壳进口相对高度	$1.35D_1 \sim 1.7D_1$
3	座环下平面(底环)至蜗壳底板相对高度	$0.62D_1 \sim 1.0D_1$
4	座环上平面至蜗壳顶板高度	$0.21D_1 \sim 0.35D_1$

注：D_1 为水轮机转轮进口直径。

(2)尾水管

轴流式水轮机一般用于径流式电站，明厂房。通过大量的工程实践，尤其是在葛洲坝机组改造及葛洲坝电站扩机研究过程中，对轴流式水轮机进行了大量的水力设计研究和多次模型试验及同台对比试验，对轴流式水轮机的特性有了更充分的了解。根据统计资料及水轮机模型开发成果，轴流式水轮机尾水管控制尺寸见表 2.3-4。

表 2.3-4　轴流式水轮机尾水管控制尺寸

序号	名称	相对尺寸	备注
1	尾水管相对高度	$2.8D_1 \sim 2.9D_1$	到导叶中心高程
2	尾水管相对宽度	$2.75D_1 \sim 3.05D_1$	
3	尾水管相对长度	$4.5D_1 \sim 4.8D_1$	

注：D_1 为水轮机转轮进口直径。

2.3.1.3　冲击式水轮机

冲击式水轮机尾水流道见图 2.3-1，配水环管的流道见图 2.3-2。水轮机流道的控制性尺寸统计数据较少，目前在项目的设计前期阶段均是按照经验公式进行计算所得，计算方法见表 2.3-5。冲击式水电站水轮发电机的控制尺寸选择方法与其他机型的发电机选择方法一致，在此不再进行叙述。

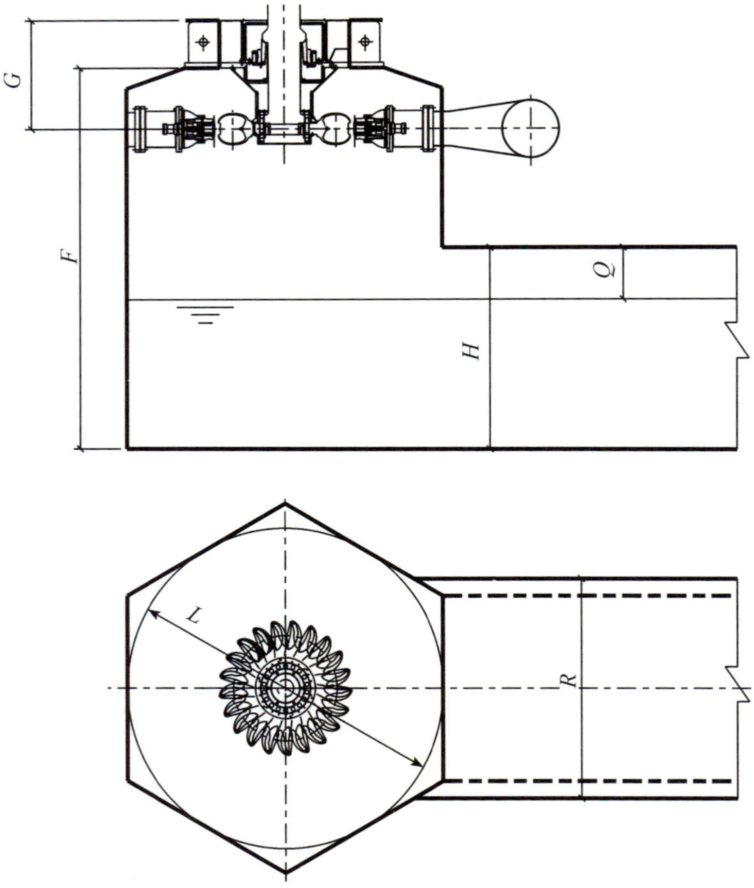

图 2.3-1　尾水流道示意图

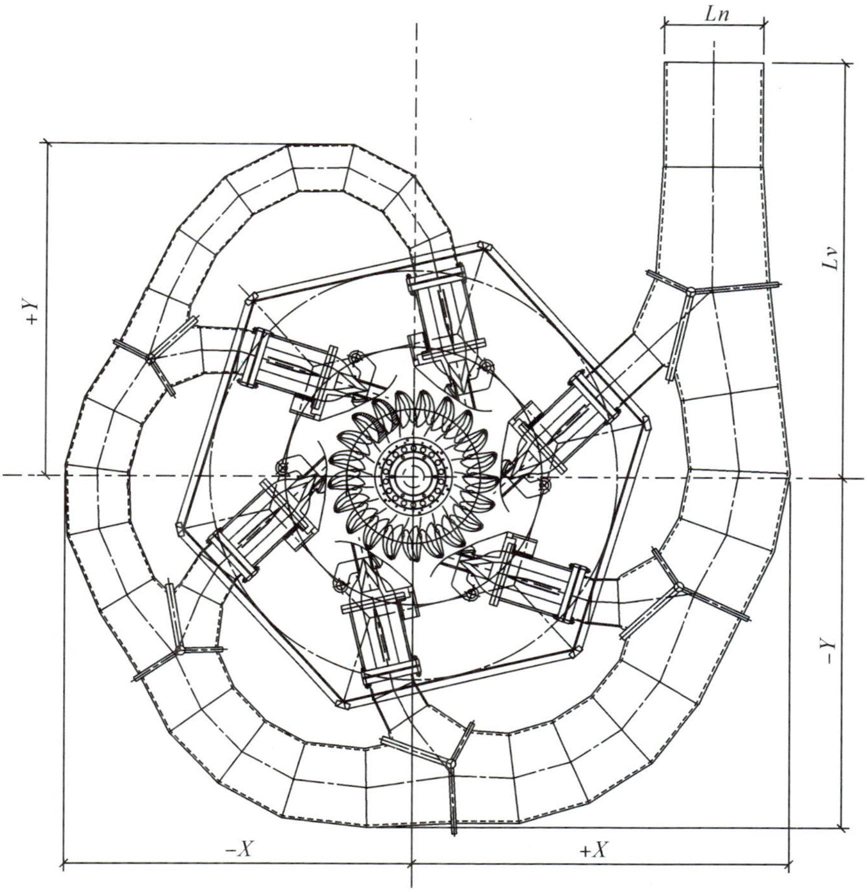

图 2.3-2 配水环管的流道示意图

表 2.3-5 流道尺寸经验计算公式表

序号	名称	代号	计算公式	备注
1	水轮机机坑直径	L	$1.65D$	D:转轮外径
2	转轮中心至机坑顶部距离	G	$0.196+0.376D$	
3	转轮中心至尾水渠底板	F	$1.09+0.71D_{机}$	$D_{机}$:机坑直径
4	尾水渠高度	H	$0.62+0.513D_{机}$	
5	尾水渠宽度	R	$1.28+0.37D_{机}$	应通过流速进行计算复核
6	配水环管			
7	$+X$ 方向		$(0.595+0.694D_{机})\times1.15$	
8	$-X$ 方向		$(0.362+0.68D_{机})\times1.12$	
9	$+Y$ 方向		$(0.7D_{机}-0.219)\times1.17$	
10	$-Y$ 方向		$(0.43+0.7D_{机})\times1.08$	
11	机组中心与进水管中心距离		$1.58D$	

2.3.2 水轮机重量

在《水电站机电设计手册》中，水轮机重量估算曲线基本上与实际工程相吻合。在近些年的机组招投标过程中，有些投标人提供的水轮机重量比《水电站机电设计手册》中水轮机重量估算曲线的重量高 20%～30%。

2.3.3 水轮机部件材料

水轮机主要部件材料及许用应力的选择，对水轮机的安全稳定运行是至关重要的。一般情况下，应选择经工程实践证明的可靠材料，关键部位应采用较低的工作应力。在设计中，所有部件应留有足够的安全系数，对那些承受交变应力、振动或冲击应力的部件应特别重视，都应具有足够的刚度、强度及寿命期内的疲劳强度。

在水轮机主要部件材料的选择上，各设计院和设备制造商有各自的经验和习惯，因此，水轮机主要部件的材料会略有差异。特大型电站，有些常规材料已不能满足工程要求，需要采用一些新的材料，如乌东德水电站水轮机蜗壳材料已采用 800MPa 级高强度钢板，牌号为 B780CF，过渡板材料为 S690QL，系大型混流式机组首次采用。

在主要部件材料的工作应力取值方面，通过大量的工程实践对水轮机各主要部件的受力状况有了更多的认识，因此，对各主要部件的许用应力提出了不同的要求。尤其是转轮叶片的许用应力，早期一般要求 1/4～1/3 屈服强度，有些电站转轮叶片不同程度发生了疲劳破坏或产生裂纹，为此在三峡水电站和水布垭水电站设计中，长江设计院明确要求水轮机转轮叶片的许用应力为材料屈服强度的 1/5，效果良好。

目前，在电站机组设备采购招标文件中要求的水轮机主要部件常用材料和许用应力值见表 2.3-6。

表 2.3-6　　水轮机主要部件常用材料和许用应力值

序号	部件名称	材料牌号	要求的许用应力
1	转轮（含叶片、上冠、下环）	ZG04Cr13Ni4Mo、ZG04Cr13Ni5Mo、ZG04Cr13Ni6Mo、ZG06Cr13Ni4Mo、ZG06Cr13Ni5Mo、ZG06Cr13Ni6Mo、A743-92CA-6NM、A176-90S41500	$1/5\sigma_s$（且不超过 110MPa）
2	主轴	锻钢 20SiMn、锻钢 ASTM A668 Gr. D	$1/4\sigma_s$
3	顶盖	Q235B、Q345、A283-91Grc、A573Gr485、S355J2G3-Z35（顶盖外法兰）、Q235-B-Z35（顶盖外法兰）	$1/4\sigma_s$
4	座环过渡板	B610CF、ADB610D、WDB620、S500Q、S690QL（乌东德）	$1/3\sigma_s$
5	座环固定导叶	Q235-B、Q345-B、Q345-C、SM490B、S550Q、S500Q、S460N	$1/5\sigma_b$
6	座环上下环板	S355J2G3-Z35、S500Q-Z35、16MnR-Z25、A537 Classl	$1/3\sigma_s$
7	蜗壳	B610CF、ADB610D、WDB620、A724GrC、B780CF（乌东德）	$1/3\sigma_s$

续表

序号	部件名称	材料牌号	要求的许用应力
8	活动导叶	ZG04Cr13Ni4Mo、ZG06Cr13Ni4Mo、A743-92CA-6NM、A176-90S41500	$1/3\sigma_s$
9	尾水管里衬	Q235-B、A283-91Grc	$1/3\sigma_s$
10	底环	Q235-B、A283-91Grc	$1/3\sigma_s$
11	控制环	Q235B、ASTM A36	$1/3\sigma_s$

注：σ_s 为材料的屈服强度，σ_b 为材料的极限抗拉强度。

2.4 水轮机模型试验

2.4.1 对水轮机模型试验的要求

不同的水电站，其水库特性、动能参数、运行方式、在电网的地位和作用、装机容量和台数、枢纽布置、保证出力、泥沙特性等方面均不相同，各具特点。因此，水轮机的综合性能必须与水电站的上述各方面固有的特性相适应，水轮机才会具有良好的能量特性、空化性能及可接受的水力脉动值，机组才能长期安全稳定运行，实现水电站效益最大化。

为达上述目的，只有针对性开发出适应该水电站最优的水轮机模型，制造厂目前对转轮流态用 CFD 有限元数值模拟计算分析软件，在计算机上对多个转轮进行优化，选优者进行水轮机模型试验来验证转轮的特性是否满足要求。因此，水轮机模型试验是对工程设计、水轮机设计制造过程中不可或缺的一个环节。

在水轮机采购招标文件中，必须对水轮机模型开发的技术条件提出完整、全面的要求。在三峡工程机组招投标的过程中，为了确保投标者水轮机转轮特性的可信度，要求投标者带针对水轮机模型转轮和相应试验报告投标，由招标方找第三家对投标者的水轮机模型进行复核试验，这样做招标人应提前向各投标人提出水轮机模型开发的技术条件。工程实践证明，这是行之有效的方法，已被国内许多水电工程所采用。

对水轮机模型开发、试验要求：

(1)电站概况及基本资料

对电站的地理位置、流域概况、水库特性、气象条件、上下游水位及其流量关系、特征水头、发电效益、泥沙特性、地震状况、电站及机组运行方式及要求等进行描述。

(2)标准和规范

1)确定水轮机水力开发和模型试验应遵循的相关标准(主要是国内外及 IEC 等标准)。

2)确定水轮机主要部件的应力水平和安全系数。

(3)运行条件

1)明确水电站任务、水库调节特性、机组运行方式、水轮机运行范围、水电站下游水位流量关系曲线或数据。

2)明确水库及过机的泥沙含量和级配、排沙运行方式等。

3)明确水电站输水系统的布置方式、调压井的设置情况、调节保证参数、输水系统的损失等。

(4)水轮机型式及性能要求

1)明确水轮机型式、流道的布置方式及其结构型式。

2)明确水轮机额定功率(最大功率)、水头参数、水轮机安装高程等。

3)规定蜗壳及尾水管的平面和高度等控制尺寸。

4)明确不同水位或水头时,最小过机流量的要求。

5)规定不同水头和不同负荷时,水轮机效率加权因子。

6)规定水轮机在不同水头时的预想功率。

7)规定水轮机模型的最高效率、加权平均效率、额定点效率。明确模型与真机之间的效率换算方法或计算公式。

8)规定水轮机的稳定运行范围及稳定性指标。有些水头变幅较大的水电站可采取分区规定的方法,对水轮机提出不同的稳定要求。

9)对水轮机模型试验时的观测项目,如叶道涡、卡门涡、叶片头部正压面和负压面的空化提出明确要求。

10)规定水轮机的空化特性、空化安全系数以及抗磨蚀性能等要求。

11)对水轮机的轴向水推力、飞逸特性、导叶水力距、导叶漏水量等提出要求。

12)规定水轮机模型综合特性曲线的绘制要求,以及曲线的种类(主要包括能量、初生和临界空化、叶片头部空化、叶道涡和卡门涡、稳定运行范围、压力脉动)。

13)对水轮机的模型和真机的相似性、可靠性提出要求。

2.4.2 水轮机模型

对模型的设计和制造提出要求:

1)水轮机模型包括从蜗壳进口到尾水管出口整个流道;蜗壳和尾水管流道的长度;模型与复核试验台的安装和连接;观察转轮叶片进口边空化、气泡、脱流和叶道涡情况的装置等。

2)规定模型转轮直径。

3)规定压力脉动测点的数量和安装位置。

4)规定主要部件,尤其是尾水管锥管和肘管的材料,以便观察水流特性。

2.4.3 水轮机模型初步试验及试验报告

2.4.3.1 水轮机模型初步试验

投标者为投标所需做的水轮机模型试验,一般要求为:

1)规定模型试验、观测的项目和内容,如效率试验、空化试验、水推力试验、飞逸转速试验、导叶水力矩试验、蜗壳测流压差试验、压力脉动试验、流态观测试验(叶道涡、卡门涡、叶片进口正、背面空化及尾水管涡带)、补气试验等。

2)明确试验水头、试验水温、水中含气量等。

3)规定电站空化系数的参考面高程。明确除飞逸试验外的试验项目均应在电站空化系数条件下进行,其试验结果更能反映水电站的实际运行情况。

4)规定导叶开度和桨叶转角的间隔。

5)明确临界空化系数与初生空化系数的定义,及空化安全系数。

6)明确压力脉动幅值的定义、压力脉动采样的速率和时间。

7)明确观测项目的具体内容,并对观测项目进行拍照和录像。应分析和确定相应原型高水头部分负荷区的压力脉动和各种负荷下转轮叶片进口边脱流、出口边卡门涡和尾水管压力脉动的振幅、频率。

8)明确水轮机效率、功率和流量的换算方法、公式。

2.4.3.2 水轮机模型初步试验报告

规定水轮机模型初步试验报告的编制目录和内容。报告应包含全部的试验结果和曲线。

2.4.4 水轮机模型试验

这是机组中标制造厂按合同要求完成的模型试验和验收试验。

(1)水轮机模型初步试验

由制造厂完成的工厂试验。

(2)水轮机模型同台对比试验

由几个投标人在业主单位规定的水轮机模型试验台上进行模型同台对比试验。

(3)水轮机模型验收试验

由中标人完成工厂水轮机模型初步试验后,由业主组织进行的水轮机模型验收试验。

(4)水轮机模型第三方见证试验

由中标人完成工厂水轮机模型初步试验后,在业主批准的第三方试验台上完成的水轮机模型验收试验。

(5)水轮机模型最终验收试验

可以是在水轮机卖方工厂完成的、由业主参加的水轮机模型验收试验;也可以是在第三方试验台上完成的、由业主参加的水轮机模型见证试验。

2.4.5 三峡水电站水轮机模型试验

长江设计院对三峡水电站水轮机模型试验设计研究后,对水轮机的运行条件、运行工况以及运行要求进行了充分研究,针对三峡水电站的具体情况,对水轮机的开发提出以下要求。

2.4.5.1 重点技术要求

对三峡水电站的特征水头、水库调度方式等方面经设计研究后，对水轮机模型转轮提出的重点技术要求为：

(1)水轮机效率

在技术设计中，根据电站的特定运行条件，对三峡水轮机的效率进行了分析，认为三峡水电站在额定工况运行历时短，不宜提出额定效率的要求；模型水轮机的最优效率应大于 93.1%。

在机组招标设计中，根据三峡水电站特定的运行方式，对三峡水轮机总的能量要求是：在确保机组稳定可靠运行的前提下，要求整个运行水头范围内的发电效益最大。根据三峡水电站运行条件，在水头 $H \geqslant 78.5$m 时为电站无弃水期，水轮机应有尽可能高的效率，且高效率区宽广，以获得较高的加权平均效率，在水头 $H < 78.5$m 时为弃水期，水轮机应具有较大的预想出力，以充分利用长江充沛的水量，从而使水轮机在全年所能发出的电量最多。

(2)设计水头

三峡水轮机 H_d 的选择，既要重点保证高水头工况的稳定性，同时要兼顾低水头的空蚀和泥沙磨损问题。考虑到三峡水电站围堰发电、初期运行的时间较短，仅有数年，且只有汛期才会出现低水头为 61～71m，概率较小。其次，三峡水电站出现低水头时为汛期，天然来水流量大，水轮机在导叶全开、发预想出力的工况下运行，基本不存在部分负荷运行工况。第三，三峡水电站低水头为 61～71m，下游尾水位高，对改善水轮机空蚀和稳定性提供了良好条件。基于上述因素，三峡水电站应按后期的水头条件设计，在此基础上照顾初期运行条件的要求，在性能上首先确保水轮机在高水头运行工况的稳定性和效率，再兼顾低水头的运行特性。三峡水电站加权平均水头为 90.1m。在电站产生弃水时，水轮机的效率在经济上已无实际效益，三峡水电站弃水期历时较长，弃水期的发电量约占电站全年发电量的 1/3，故从能量效益出发，水轮机的设计水头不应按电站加权平均水头选取。根据上述分析，三峡水电站水轮机 H_d 应不小于 90.1m，具体数据由制造厂根据其设计经验和模型试验的结果确定。

(3)压力脉动指标

在水轮机不补气的条件下，原型水轮机和模型水轮机尾水管的压力脉动控制值如下：

1)水头小于或等于额定水头 80.6m，出力为 70%～100%该水头的预想出力，$\Delta H/H$ 不大于 5%。

2)水头从额定水头 80.6m 至水轮机发 767MW 时的最低水头，出力为 497MW 至 100%预想出力，$\Delta H/H$ 不大于 5%。

3)水头从水轮机发 767MW 的最低水头至最高水头 113m，出力从 497MW 至 767MW，$\Delta H/H$ 不大于 6%。

4)在各种水头下的其他运行工况，其 $\Delta H/H$ 最大值不超过 8%。

为验证水轮机模型的水力性能，根据合同文件规定，从右岸电站开始，投标者应带及相应的试验报告投标，三峡集团公司委托第三方对模型转轮进行复核试验，中标后由三峡集团公司组织进行目击验收。

2.4.5.2　左岸电站水轮机模型

三峡左岸电站水轮机阿尔斯通水轮机的第一次模型验收试验于 1998 年 7 月 23 日至 8 月 17 日在挪威图鲁汉姆市克瓦纳水力试验室进行；三峡左岸电站 VGS 水轮机的第一次模型验收试验于 1998 年 8 月 16 日至 9 月 10 日在德国海登海姆 VOITH 水力试验室进行。

试验结果表明，两个供货商的模型试验压力脉动指标均没有全面达到合同保证值的要求。双方签字的验收意见认为："考虑到三峡电站水轮发电机组稳定运行的极端重要性，三峡集团公司不同意接受两家的水轮机模型试验结果，要求进行补充研究并进行试验，进一步提高水轮机的稳定性，特别是减小高水头下尾水管的压力脉动。"

三峡左岸电站阿尔斯通水轮机第二次补充目击模型验收试验分别于 1999 年 1 月 7—18 日仍在挪威图鲁汉姆市克瓦纳水力试验室进行，VGS 水轮机第二次补充目击模型验收试验于 1999 年 4 月 5—23 日在加拿大拉辛(Lachine)GE 水力试验室 4 号试验台进行。补充目击模型试验的结果表明，尽管两个供货集团的模型水轮机的压力脉动仍然没有全面满足合同要求，但高水头的稳定性有所改善。三峡集团公司决定有条件接受两个供货商的模型水轮机。

2.4.5.3　右岸电站水轮机模型

在三峡右岸机组招标前，长江设计院对三峡右岸机组参数进行了优化研究，额定水头可为 80.6m 或 85.0m，机组额定转速可为 71.4r/min 或 75.0r/min，由投标者选择，同时委托哈电、东电进行了水轮机转轮和流道的优化设计研究，要求采用先进的 CFD 优化设计方法和先进的计算软件对水轮机流道部件进行优化设计。在总结左岸机组招标合同执行的基础上，结合东电、哈电两厂对水轮机模型试验的初步结果，在机组招标文件编制中除对尾水管水压脉动提出要求外，增加了"导叶后、转轮前区域的压力脉动的要求，并对高部分负荷压力脉动进行了明确定义为：在水轮机模型试验中，在尾水管和导叶后、转轮前区域测点测得的压力脉动，$\Delta H/H \geqslant 4\%$且 $f/f_n \geqslant 1$，发生的区域一般在高部分负荷工况。要求在规定的运行范围内，尾水管和导叶后转轮前区域测点应尽量避免产生高部分负荷压力脉动现象。

分别对阿尔斯通、哈电和东电的水轮机模型试验进行了目击见证，结果表明：三个制造厂的试验值均在合同规定的保证值之内，顺利通过验收试验。哈电、东电的模型试验成果与国外厂商的模型试验成果在同一个水平上，效率、稳定性达到了国际先进水平，水轮机水力设计实现了国内自主设计而且有所创新突破。

2.4.5.4　地下电站水轮机模型

三峡地下电站水轮机的基本条件与左、右岸电站基本条件大体一致，由于地下电站的尾水管型式为高窄型(左、右岸电站尾水管型式为坝后型)。此外，从加权因子看，地下电站在高、低水头段的比重都比较大。这意味着汛期低水头要利用弃水尽量多发电，而在高水头区则需要更好满足调节性能，因此，对于地下电站的水轮机在关注高水头稳定性的同时，要兼顾低水头满负荷运行时的机组稳定性和汛期发电效益。

三峡地下电站机组用议标方式确定制造厂，在右岸电站机组合同基础上补充签订，因此，各供货制造厂均在三峡右岸水轮机模型基础上对地下电站水轮机模型配高窄型尾水管进行了流道优化。对三个制造厂的水轮机模型目击见证验收结论为："地下电站与右岸的能量、空化等指标相当，稳定性指标有所改善，满足三峡地下电站运行条件要求，模型验收试验予以通过。"

第3章 混流式水轮机

3.1 混流式水轮机选用

3.1.1 混流式水轮机应用现状

近年来，我国混流式水轮机得到了广泛应用，尤其是以三峡工程为代表的巨型水轮发电机组的成功运行，使我国在混流式水轮机的水力开发、结构设计以及对新材料、新工艺、新结构的应用方面取得了长足的进步，达到了世界先进水平。进入21世纪以来，国内有多个水电站采用单机功率在700MW及以上的混流式水轮发电机组，投入运行已逾60台。正在兴建的乌东德、白鹤滩水电站都采用单机功率分别达850MW、1000MW的机组，是当今世界单机容量最大的混流式水轮发电机组，这是中国的首创!

随着研发能力的不断提高，在70m及以下水头段，近年开发出了一些具有结构简单、运行维护成本较低的优质混流式转轮，已被工程普遍采用。在高水头段，瑞士Ackersand水电站最高水头达720m，机组功率3800kW；奥地利Ross-hag电站最高水头为672m，机组功率58.4MW；原西德Hornberg电站最高水头为652m，机组功率262MW；长江设计院正在进行施工设计的老挝谢潘水电站最高水头为689.6mm，单机功率达124MW，采用混流式水轮发电机组，属高水头、大容量混流式机组，是目前世界上已建和在建水电站中机组的设计制造难度最大的水电站之一。

3.1.2 电站运行水位、水头

长江设计院设计采用混流式水轮机已建和在建水电站的库水位、特征水头见表3.1-1、表3.1-2。

表3.1-1 水电站库水位

电站名称		上游水位(m)				下游水位(m)		
		正常蓄水位	校核洪水位	汛限	最低尾水位	正常高水位	校核洪水位	最低尾水位
丹江口	前期	157.0	161.4	149.0	139.0	100.1	102.5	88.5
丹江口	大坝加高	170.0	173.8	161.8	145.0	99.2	100.2	88.5
隔河岩		200.0	204.4	193.6	160.0		100.0	78.0

续表

电站名称		上游水位(m)				下游水位(m)		
		正常蓄水位	校核洪水位	汛限	最低尾水位	正常高水位	校核洪水位	最低尾水位
三峡	初期	156.0	170.0	135.0	135.0	76.6		62.0
	后期	175.0	180.4	145.0	145.0	76.4	83.1	62.0
彭水		293.0	296.66	287.0	278.0	261.52	266.66	211.4
亭子口		458.0	463.05	447.0	438.0	388.87	389.77	370.2
水布垭		400.0	404.0	391.8	350	226.8	229.4	197.0
构皮滩		630.0	634.54	626.24	585.0	483.61	490.46	430.7
沐若		540.0	547.0		515.0	228.0	237.0	224.0
木星土		1910.5	1912.54		1905	1509.5	1512.0	1500.0
乌东德		975.0	977.79	952.0	945.0	848.73	850.68	811.6

表 3.3-2　　水电站特征水头

电站名称		最高水头(m)	平均水头(m)	额定水头(m)	最低水头/异常最低水头(m)
丹江口	前期	67.2	59.3	63.5	49.2
	大坝加高	80.3	70.07	63.5	57.0
隔河岩		121.5	108.9	103.0	80.7
三峡		113.0	90.1	左岸 80.6,右岸和地下 85.0	71.0(初期 61.0)
彭水		81.6	71.8	67.0	53.6/44.0
亭子口		85.4	77.53	73.0	62.13
水布垭		203.0	189.9	183.5	147.0
构皮滩		200.0	186.15	175.5	144.0
沐若		324.0	303.2	300.0	287.0
木星土		410.5	390.0	384.0	377.4
乌东德		163.4	144.1	137.0	106.0

3.1.3 电站运行方式

电站及机组的运行方式与该水电工程的功能、水电站在电网中的地位和作用、水库特性和调度方式、机组台数和容量等密切相关,掌握水库的调度规律、了解电站的运行方式,是选好水轮发电机组的基础条件之一。每个水电站的运行方式均有其各自的特点,下面以具有代表性的丹江口、隔河岩、三峡、亭子口、构皮滩、木星土等水电站进行说明。

(1)丹江口水电站

丹江口水利枢纽完成大坝加高工程后,首要任务仍然是保证汉江中下游防洪安全,其次是供水(灌溉)、发电及航运,即发电服从调水、调水服从生态、生态服从防洪安全。水库的调度运用方式如下:

1）在汛期，当不发生洪水时，水库运用水位不得超过防洪限制水位；当发生洪水时，按既定洪水调度原则调洪，洪水过后库水位消落至防洪限制水位，腾出防洪库容。

2）入库径流经水库调节，按补偿需要流量下泄，同时发电。

3）根据水库调节能力、引水渠首过水能力等，在满足防洪及中下游用水要求的前提下，尽可能多引水。

丹江口大坝加高后供电范围仍为华中电力系统，并仍为电力系统中主要调峰、调频电源，其发电指标与初期规模引水 15 亿 m^3 同系列相比，电站保证出力基本相同，但保证率提高到了 96.5%，在额定水头以下运行时间每年 10 天左右。在初期条件下，水轮机经常运行范围为 57～63.5m。大坝加高后，水轮机经常运行水头为 66～76m，电站年平均水头抬高逾 10m，水轮机绝大部分时间在额定水头 63.5m 以上区间运行。

（2）隔河岩水电站

隔河岩水电站位于鄂西南长江支流清江中游，地理位置适中，为不完全年调节水库，是华中地区不可多得的调节性能相对较好的水电站。电站在系统中主要承担调峰、调频任务，电站机组不仅开停机频繁，且有全厂停运的可能性。

清江为山区性河流，发电调度维持高水位对多发电量有利，拟定的水库调度方式为：防洪限制水位（或正常蓄水位）和死水位之间的区域为保证出力区，按保证出力发电，只有库水位充蓄到正常蓄水位或防洪限制水位而径流出力大于保证出力时，才加大出力发电。

电站保证出力为 187MW，电站无综合利用要求的约束，在满足总的水库调度原则下，通过日调节方式最大限度地参与电网的调峰、调频运行。

（3）三峡水电站

三峡工程是治理、开发、保护长江的关键性工程，具有防洪、发电、航运、水资源利用等巨大综合效益。水库调度基本方式为：三峡水库正常蓄水位 175m，汛期 6 月中旬到 9 月底水库为防洪腾出库容，一般维持在防洪限制水位至 145m，每年 10—11 月（也可能提前至 9—10 月）水库蓄水至 175m，至次年 5 月库水位逐步消落 145m，在枯水季水库尽力维持在高水位运行，以利于多发电。

由上可知，由于三峡工程将长江中下游防洪放在第一位，水库调度必然造成三峡水电站特有的水头变化大的特点。另外，为充分利用三峡 221 亿 m^3 防洪库容，减缓长江中下游防洪工作压力，依据水情和气象预报，执行对中小洪水进行拦蓄调度，此时水库坝前水位有时可超过 160m，对增加发电量有利。

（4）亭子口水电站

根据亭子口水利枢纽开发任务主次关系，拟定水库运行方式有以下几种。

1）主汛期（6 月下旬至 8 月底）：水库运用遵行以防洪为主的原则，维持防洪限制水位，库水位不因兴利（灌溉、发电、航运）要求超过防洪限制水位，按天然入库径流满足灌溉及城乡供水和发电用水，超过电站最大过水能力的水量从泄洪设备下泄，确保大坝安全。

2)蓄供水期(9月1日至次年5月底):贯彻以发电、灌溉为主,兼顾航运的调度原则。9月1日水库自防洪限制水位开始蓄水,蓄水运用中根据发电和灌溉不同保证率,确定灌溉及城乡供水满足程度,余水充蓄水库,直至正常蓄水位。水库蓄满后,当入库流量大于电站保证出力用水和灌溉需水要求时,加大发电出力,维持正常蓄水位运用,即在灌溉保证正常供水的前提下,尽量提高发电效益;当入库流量小于满足电站保证出力用水和灌溉及城乡供水要求时,按保证出力用水和灌溉及城乡供水工作,不足水量由水库供水;至枯水期末(5月底)库水位消落至死水位。

3)汛前(6月上、中旬):当遭遇设计枯水年以内年份,库水位在5月底至6月可不消落至死水位,但在尽量加大发电用水的前提下,控制库水位6月中旬末降至防洪限制水位;当遭遇设计枯水年及其以外年份,枯水期末库水位不得低于死水位,以保证灌溉对渠首水位的要求,发电用水和灌溉用水量可适当减少,并利用汛前较丰来水充蓄水库。

(5)构皮滩水电站

构皮滩水电站具有年调节性能,与上游已建的和在建的乌江干流梯级枢纽联合运用,电站具有多年调节性能。电站建成后将作为骨干支撑电源,承担调峰、调频和事故负荷备用等,机组每天开停机次数多、机组增减负荷频繁。要求机组能在尽可能大的负荷范围内稳定运行,最大限度地满足电网的调度要求。

构皮滩水库的控制运用水位为:水库正常蓄水位630m,死水位585m,为了乌江中下游防洪、配合长江中下游地区防洪,构皮滩水库6—7月以626.24m防洪限制水位运行,8月以628.12m防洪限制水位运行。

根据对1951—1999年共49年径流系列操作、统计,构皮滩水电站额定水头175.5m以上的出现频率约为91%,在电站加权平均水头186.15m及以上的出现概率约为67%,说明电站绝大部分时间将在水轮机额定水头以上运行。

(6)木星土水电站

木星土水电站建有日调节水库,库水位一般在正常蓄水位1910.5m和死水位1905m之间变动。当入库流量大于机组最大过流能力时,电站机组满发,多余水量弃水,电站停止日调节,水库维持在正常蓄水位运行;当入库流量小于机组最大过流能力时,电站根据电网需求运行,一般在系统低谷时段停止发电,水库蓄水,在系统用电高峰或部分平段时段发电,水库放水直到消落至死水位为止。

3.2 参数选择

3.2.1 额定水头、设计水头

额定水头是机组发出额定功率时的最低水头,是电站水库调度运行的特征参数。它的确定关系到电站的发电效益、水轮机的水力特性、机组安全稳定运行和机组控制尺寸等方面的一个综合参数。

水轮机额定水头应根据水电站动能和水轮机运行特性，由动能和水力机械专业协商后共同确定。额定水头的选择根据电站运行水头和功率范围，应考虑水库调节特性和调度原则、电站运行方式、加权平均水头和电力电量平衡、水轮机运行特性及稳定运行要求、电站在电网中的作用、过机水流有无泥沙、输水系统水力损失、机组制造的难易及土建工程量等方面因素，经综合比选后，择优选取。

考虑到我国电力系统容量不断扩大，受阻功率多为汛期季节性电能，在选择额定水头时既要考虑到高水头区运行的稳定性，又要兼顾低水头的出力，减少受阻功率。混流式水轮机额定水头宜在加权平均水头的 0.95～1.0 范围内选取，也可将最大净水头与额定水头的比值小于 1.15 作为参考。一般情况下，额定水头的选取不能过低，使最高水头与额定水头的比值不能过大，否则，高水头区水轮机的稳定运行范围变小，甚至进入不稳定运行区。对于水头变幅较大的水电站，对水轮机的运行特性要求较高，额定水头的选择应将水轮机的运行稳定性放在首要地位。

以三峡工程为例，初期和后期的水头范围分别为 61～94m 和 71～113m，水轮机需在 61～113m 水头范围内运行，水头变幅大。同时，汛期水头低，径流量很大，机组应尽量利用流量满发，而枯水期水头高，来水量较小，要求水轮机稳定高效运行，经过多年论证、计算比选，提出额定水头为 80.6m，基本上兼顾了高、低水头的运行要求。根据三峡左岸电站水轮机模型试验结果，高水头稳定性未全面达到合同保证值，为进一步提高三峡右岸电站机组运行的稳定性，从 1999 年开始对右岸电站水轮机额定水头选用 80.6m、83.0m、85.0m、90.0m、95.0m 等 5 种方案及主要参数再次进行全面论证研究。研究表明：考虑到左岸电站 14 台 700MW 机组已按额定水头 80.6m 设计，按照长系列水文资料和左岸电站水轮机运转特性曲线的发电量计算结果，当右岸电站 12 台机组额定水头提高到 85.0m 时，发电量减少不多，对三峡水电站的总发电效益影响不大，有利于稳定运行，因此，右岸电站和地下电站额定水头可从 80.6m 提高到 85.0m。

水轮机设计水头是水轮机最优效率点对应的净水头，也称水轮机最优工况水头，属水轮机的特征水头。它选择的合理与否，直接影响着水轮机的性能参数、运行稳定性，以及水轮机运行时偏离最优工况的程度。为了提高水轮机在较高水头区域运行时的水力稳定性，可使水轮机设计水头接近或略高于加权平均水头。一般推荐最大净水头与设计水头的比值为小于 1.10 作为参考，最小净水头与设计水头的比值大于或等于 0.65。

工程实践表明，由于制造厂商提供的水轮机模型特性各异，其设计水头也不同，因此，水轮机设计水头一般由厂家根据水轮机效率加权因子以及对水轮机性能的要求综合考虑确定。如三峡水电站加权平均水头为 90.1m，在招标文件中建议水轮机设计水头不低于 90.1m，具体数值由投标厂家确定。通过水轮机模型试验，国外两个供货商的水轮机设计水头分别为 108.4m 和 107.0m。

3.2.2 水轮机比转速、比速系数

3.2.2.1 比转速 n_s、比速系数 K

提高比转速可减小机组尺寸，降低机组造价和厂房建设费用，有显著的经济效益，但提高比转速也就意味着增加水轮机中的流速，其运行稳定性、抗磨性能、抗空化性能有可能相应降低，应根据水电站的具体条件和机组制造水平经综合比选后确定。

水轮机比转速的计算公式为：

$$n_s = 3.13 n_{11} \sqrt{Q_{11} \eta}$$

从上述公式可知，若要提高水轮机比转速可提高单位转速 n_{11}，也可提高水轮机的使用单位流量 Q_{11} 和效率 η。

为了对各种水轮机参数进行比较，目前国内外都用比速系数 $K = n_s H^{0.5}$，一般比速系数 K 大，水轮机参数相对较高，K 小的水轮机参数相对较低。

随着比转速的提高，机组的尺寸可以做得更小，可降低机组造价，提高经济效益。随着机组单机容量的不断增大和水轮机技术的发展，水轮机的比转速有提高的趋势，当前某些混流式水轮机的比速系数 K 值已超过 2500。

目前，计算比转速的统计公式较多，有代表性的为 $n_s = 235.6/H^{0.538}$ 和 $n_s = 47406/(H^{0.538} + 108.5)$。$n_s = 235.6/H^{0.538}$ 是早年对国内外上百座水电站的统计结果，$n_s = 47406/(H^{0.538} + 108.5)$ 是考虑了水轮机比转速的最新发展，位于统计电站的外包络线位置。两个统计公式对应的统计曲线见图 3.2-1，该图给出了大中型混流式水轮机比转速随额定水头变化的关系。

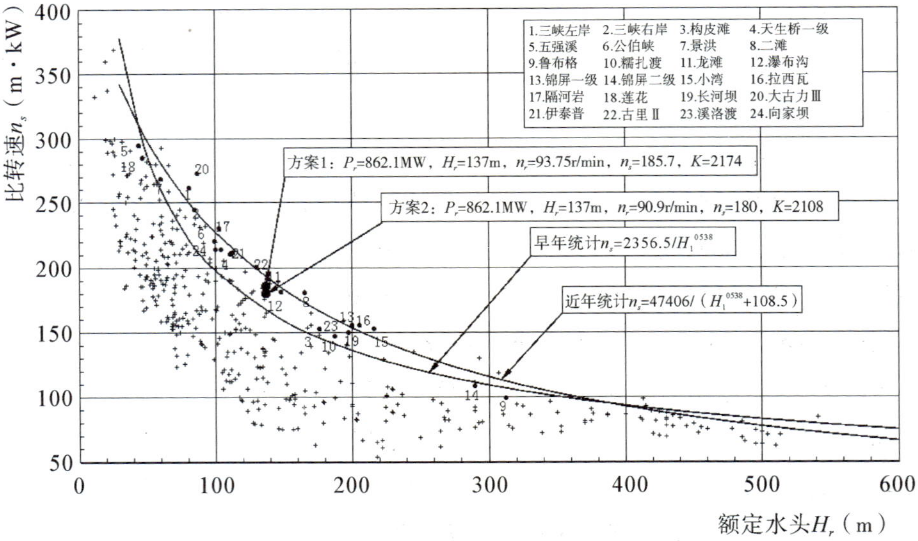

图 3.2-1 大中型混流式水轮机额定水头与比转速关系统计曲线

为了检验关系曲线的时效性，在图 3.2-1 中又点入了溪洛渡、向家坝、小湾、拉西瓦、二滩、锦屏一级、锦屏二级、景洪、糯扎渡、构皮滩、隔河岩、天生桥一级、五强溪以及三峡左岸、

三峡右岸等水电站的数据。近年来投入运行的这几座大型水电站，在相当程度上反映了水轮机比转速的当前水平。从图 3.2-1 中可以看出，三峡左岸、隔河岩、小湾和拉西瓦水电站的比转速较高，位于曲线的右上侧，其余水电站均在 $n_s=47406/(H^{0.538}+108.5)$ 曲线附近。可以认为，$n_s=47406/(H+108.5)$ 曲线用于当前水轮机的选型设计是比较合适的。

3.2.2.2 比转速选定

长江设计院设计的三峡、水布垭、构皮滩、隔河岩、彭水等水电站不同机组的比转速及比速系数见表 3.2-1。

表 3.2-1　　各水电站不同机组的比转速及比速系数

电站名称及机组		最高水头(m)	额定水头(m)	额定转速(r/min)	水轮机额定功率(MW)	机组额定功率(MW)	比转速(m·kW)	比速系数
丹江口(大坝加高)		80.3	63.5	100	154(173.5)	150(170)	218.9/232.3	2189/2323
隔河岩		121.5	103.0	136.4	310	300	231.4	2349
三峡左岸		113.0	80.6	75.0	710	700	261.7	2349
三峡右岸、地下		113.0	85.0	75.0	710	700	244.9	2258
三峡右岸、地下(阿尔斯通)		113.0	85.0	71.4	710	700	249	2237
彭水		81.6	67.0	85.4	355.4	350	265.6	2174
亭子口		85.4	73.0	100	280.6	275	248	2121
水布垭		203.0	183.5	150	466.3	460	151.7	2055
构皮滩		200.0	175.5	125	608.2	600	152.6	2022
沐若		324.0	300.0	300	239.5	236	117.6	2037
木星土		410.5	384.0	600	61.22	60	87.4	1712
乌东德	福伊特	163.4	137.0	90.91	862.1	850	180.1	2108
	阿尔斯通	163.4	137.0	93.75	862.1	850	185.72	2174

从表 3.2-1 可以看出，各电站的水轮机比转速基本处于图 3.2-1 中统计曲线附近，符合统计规律，没有片面追求过高的水轮机参数，重点是确保机组运行的稳定性。

在三峡水电站的设计过程中，对比转速的选择进行了长期的设计研究，并与国内外著名制造厂进行了多次的技术交流。国内外已生产的大型水轮机和国外工厂对三峡水轮机建议方案的比转速和水头关系曲线见图 3.2-2。

从图 3.2-2 可以看出，近十余年来，国外生产的大型水轮机和各制造厂对三峡水轮机建议方案的比速系数 K 值都在 2300 左右。在三峡工程机电设计考察小组赴美国、巴西、委内瑞拉三国访问期间，与设计大古力、伊泰普、古里水电站的各设计单位进行了交流，对三峡水轮机在额定出力点时的比速系数 K 值，都倾向采用 2300 左右。鉴于上述，结合三峡工程各种运行方式，并应达到三峡工程投入运行时的世界先进水平等方面综合考虑，三峡水电站水轮机比速系数采用 2300 左右较为适合，比转速选用 261.7～249m・kW，均可安全稳定运行。由于三峡左岸水电站第一批机组从国外采购，可采用国际的先进技术，且比转速 261.7m・kW 的机组价格较低，故三峡水电站水轮机比转速优先选用 261.7m・kW，相应的比速系数为 2349。

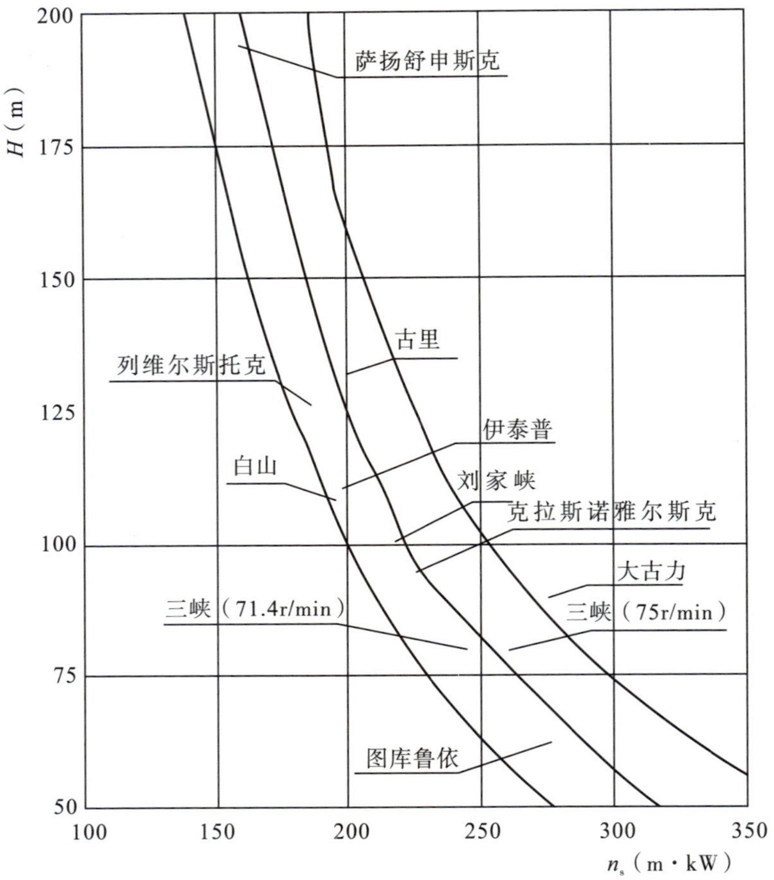

图 3.2-2　国外工厂对三峡水轮机建议方案的比转速和水头关系曲线

3.2.3　水轮机单位参数

3.2.3.1　单位参数统计分析

水轮机单位参数是指水轮机的单位转速和单位流量，与水轮机的比转速参数、水电站水能水头条件及运行方式、水轮机水力设计及机组的安全经济运行密切相关。

从机组安全经济运行出发，对于相同出力、水头、同步转速的水轮机而言，提高单位转速意味着采用较小的单位流量和较大的转轮直径，但单位转速过高会使转轮出口相对流速上升，影响水轮机的空化、磨损、运行稳定性，单位转速的上升还会引起单位飞逸转速以大致相同的比例上升，导致转动部件的离心应力升高并影响轴系稳定性。反之，提高单位流量意味着采用较小的单位转速和水轮机转轮直径，但过高的单位流量往往会导致过流速度偏高，特别是轴面流速偏高，恶化水轮机的综合性能。

要满足某一比转速，可以采用不同的单位转速和单位流量的组合关系实现，只有单位转速和单位流量合理匹配，才能实现良好的水力设计和水力性能。国内外水电站的实际运行经验表明，水轮机的综合性能(效率、空化系数、压力脉动相对值)优劣，在很大程度上与单位转速和单位流量的匹配好坏有关，只有当单位转速和单位流量处于最优匹配时，才可能获得最优的水轮机综合性能。

在未进行水力设计前，一般采用经验或统计关系分析单位转速和单位流量的匹配，再通过水力设计和模型试验优化，最终确定综合性能优良的单位参数匹配关系。

国内外有关制造厂在总结众多混流式水轮机性能参数的基础上，提出了混流式水轮机单位参数和比转速之间合理匹配的统计曲线。混流式水轮机单位转速与比转速的统计关系曲线见图 3.2-3，最高水头与使用单位流量的统计关系曲线见图 3.2-4。

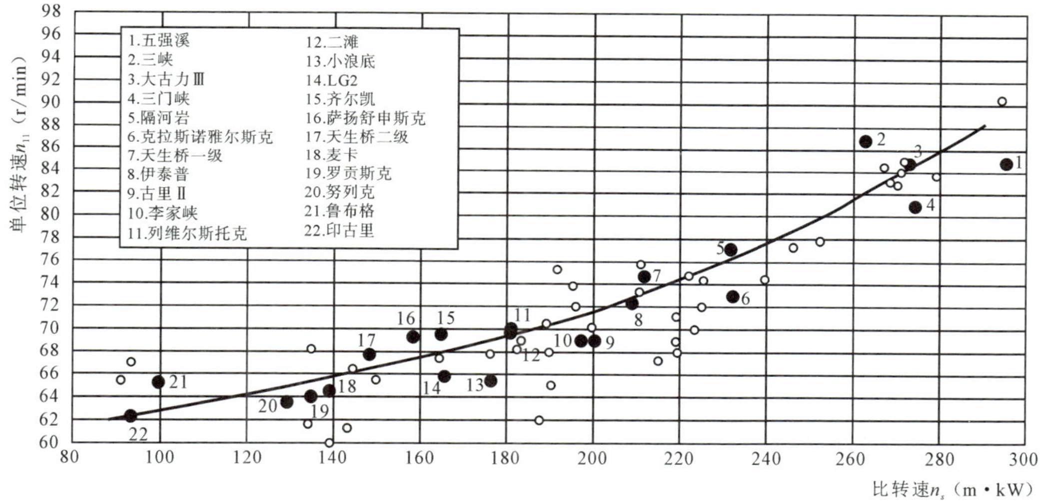

图 3.2-3　混流式水轮机单位转速与比转速的统计关系曲线

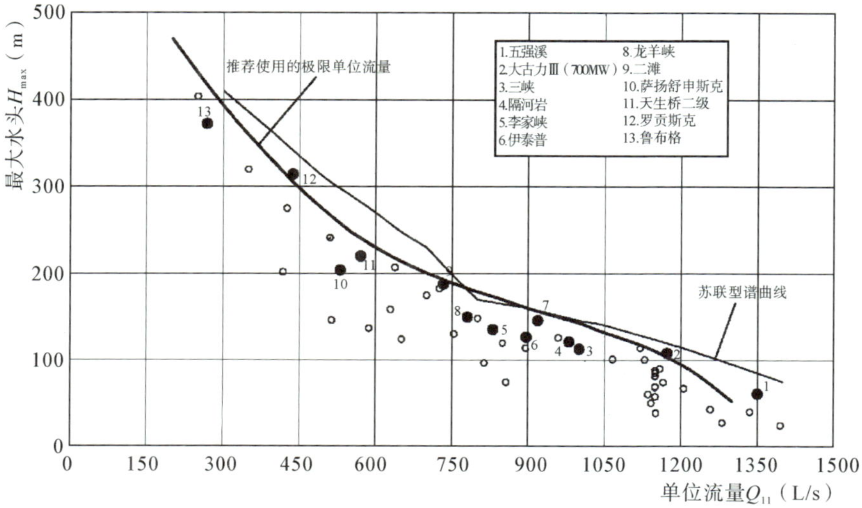

图 3.2-4　最高水头与使用单位流量的统计曲线

3.2.3.2 单位参数选定

长江设计院设计的三峡、水布垭、构皮滩等水电站不同水轮机的单位参数见表 3.2-2。

从表 3.2-2 可以看出，各水电站的水轮机单位参数基本处于图 3.2-3、图 3.2-4 中统计曲线附近，符合统计规律。

三峡水电站水轮机比转速为 261.7～249m·kW，其对应的单位转速为 72.0～79.0r/min，额定点单位流量为 972～1162L/s。在单项技术设计阶段，国内外制造厂推荐的三峡水电站 700MW 机组的水轮机额定单位流量等参数见表 3.2-3。

表 3.2-2　　各水电站不同水轮机的单位参数

电站名称及机组		最优单位转速 (r/min)	最高水头单位转速 (r/min)	最优单位流量 (m^3/s)	额定单位流量 (m^3/s)	最大水头 (m)	额定水头 (m)	额定转速 (r/min)	转轮直径 (m)	额定流量 (m^3/s)
丹江口（大坝加高）		66.4	64.25	～0.95	1.1469	80.3	63.5	100	5.758	303
隔河岩		75.702	71.03	0.8912	0.972	121.5	103.0	136.4	5.74	325.0
三峡左岸	VGS	72.2	66.33	0.772	1.255	113.0	80.6	75.0	9.525	995.6
	阿尔斯通		69.15		1.1503	113.0	80.6	75.0	9.8	991.8
三峡右岸	东电		66.62		1.1454	113.0	85.0	75.0	9.88	941.27
	阿尔斯通	66.984	64.48	0.8323	1.1673	113.0	85.0	71.4	9.6(D_2)	991.8
	哈电		72.31		1.0144	113.0	85.0	75.0	10.248	982.15
三峡地下	东电	69.61	69.71	0.8357	1.0459	113.0	85.0	75.0	9.88	941.27
	天阿	65.07	64.48	0.8008	1.1673	113.0	85.0	71.4	9.6(D_2)	991.8
	哈电	74.1	72.31	0.654	1.0144	113.0	85.0	75.0	10.248	982.15
彭水		79.0	72.61	1.091	1.1966	81.6	67.0	85.4	7.68(D_2)	577.7593.1
亭子口		71.79	72.54	0.8031	1.1177	85.4	73.0	100	6.703	429.07
水布垭		67.6	62.85	0.446	0.575	203.0	183.5	150	5.97	277.6
构皮滩		64.05	61.87	0.483	0.578	200.0	175.5	125	7.0	375.2
沐若		66.66	64.17	0.2797	0.3354	324.0	300.0	300	3.85(D_1)	86.1
		48.48	46.67	0.5287	0.6341	324	300	300	2.8(D_2)	86.1
木星土（长短叶片）		61.69	62.19	0.441	0.2037	410.5	384.0	600	2.1(D_1)	17.6
		36.5	36.8	0.441	0.5817	410.5	384.0	600	1.2426(D_2)	17.6
乌东德	福伊特	61.83	60.77	0.6677	0.7854	163.4	137.0	90.91	8.545(D_2)	671.2
	阿尔斯通	61.47	59.8	0.70215	0.8675	163.4	137.0	93.75	8.15(D_2)	674.48

表 3.2-3　　国内外制造厂推荐的三峡水电站 700MW 机组的水轮机额定单位流量

参数＼工厂	日立	Voith	GEC	LMZ	奈尔皮克	国内
水轮机额定出力(MW)	710	710	710	710	710	710
转轮直径(m)	～10	10	～9.85	9.87	9.89	9.85
额定单位流量(m^3/s)	～1.077	1.082	～1.117	1.109	1.086	1.116

从表 3.2-3 可知，三峡水电站水轮机额定出力 710MW 时，各工厂推荐的水轮机额定工况的单位流量值为 1.077～1.117m^3/s。

根据国内外水力设计经验，对于水头一定的水轮机，高效率容易在合适的流量时实现，一般来说，超过最优单位转速和单位流量的最佳配合，最优效率和平均效率都将随比转速的提高而有所降低，不稳定运行范围也有可能扩大，而且提高混流式水轮机的使用单位流量，还将增加电站挖深，从而导致电站土石方开挖量和水下建筑物造价的增加。近些年来，由世界一些著名厂家制造的一些国内外大型机组，在运行中都不同程度地出现了一些问题。例如，大古力Ⅲ、古里Ⅱ等，尤其是由世界上 3 个著名厂家日立、GE、DBS 制造的巴基斯坦塔贝拉水电站 14 台机组都发生了不同程度的振动和裂纹，我国的岩滩、五强溪、二滩、李家峡、小浪底等水电站转轮叶片也出现了裂纹，出现这些问题的原因是多种多样的，但过分追求高参数是需引起注意的原因之一，影响电站安全稳定运行，并需要投入大量的人力、物力、财力对机组进行检修和维护，造成电站的附加经济损失。在三峡水电站 700MW 机组主要参数的选择中吸取了上述经验，将机组运行稳定性放在首位，确保机组的整体性能最优，经设计研究后，该用的高参数或低参数就得用，这是工程设计单位应遵守的一条原则。

3.2.4　水轮机主要指标

3.2.4.1　水轮机效率

水轮机效率是评价水轮机能量特性的重要指标，直接影响电站的发电效益。随着水轮机设计技术水平的提高和采用现代化的加工工艺，水轮机效率得到较大的提高。由于三峡水电站装机台数多、总装机容量大，若机组的效率提高 0.5%，三峡水电站相当于增加了 9.1 万 kW 的装机容量，因此，提高效率一直是工程设计单位追求的目标之一。长江设计院设计的部分大中型水电站不同机组的水轮机效率见表 3.2-4。国内部分大型水电站水轮机模型和原型最高效率统计见表 3.2-5。

从表 3.2-4、表 3.2-5 可以看出，最近几年投入运行的大型水电站的水轮机真机最高效率基本上都大于 96.0%，水轮机加权平均效率基本上都在 94.0%以上，其能量指标均达到了当时的世界先进水平。

表 3.2-4　　各水电站不同机组的水轮机效率(真机)

电站名称及机组		最优效率(%)	额定点效率(%)	加权平均效率(%)	效率修正值(%)
丹江口		96.2($\Delta\eta$1.73)	92.1	90.13	
隔河岩		95.29	94.48	92.41	1.99
三峡左岸	VGS	96.80($\Delta\eta$1.54)	90.47($\Delta\eta$1.46)	94.39($\Delta\eta$1.52)	两步法修正
三峡左岸	阿尔斯通	96.36($\Delta\eta$1.77)	91.15($\Delta\eta$2.05)	94.01($\Delta\eta$1.67)	两步法修正
三峡右岸	东电	96.27($\Delta\eta$1.68)	90.75($\Delta\eta$1.73)	94.34($\Delta\eta$1.78)	两步法修正
三峡右岸	阿尔斯通	96.581($\Delta\eta$1.518)	93.8($\Delta\eta$1.46)	95.03($\Delta\eta$1.49)	两步法修正
三峡右岸	哈电	96.39($\Delta\eta$1.75)		94.05($\Delta\eta$1.67)	两步法修正
三峡地下	东电	96.46($\Delta\eta$1.71)	91.73($\Delta\eta$1.64)	94.26($\Delta\eta$1.66)	两步法修正
三峡地下	天阿	96.56($\Delta\eta$1.55)	93.8($\Delta\eta$1.49)	94.82($\Delta\eta$1.5)	两步法修正
三峡地下	哈电	96.28($\Delta\eta$1.79)	87.84($\Delta\eta$1.76)	93.96($\Delta\eta$1.78)	两步法修正
彭水		96.48	92.11	94.23	1.56
亭子口		96.51	91.62	93.69	1.47
水布垭		95.93	93.87	93.42	1.56
构皮滩(哈电)		96.728($\Delta\eta$1.558)	94.386($\Delta\eta$1.496)	95.235($\Delta\eta$1.485)	两步法修正
沐若		96.29($\Delta\eta$1.73)	95.03($\Delta\eta$1.73)	95.22($\Delta\eta$1.72)	两步法修正
木星土		94.42	92.5	93.42	0.98
乌东德	福伊特	96.58($\Delta\eta$1.7)	95.94($\Delta\eta$1.6)	95.77($\Delta\eta$1.6)	两步法修正
乌东德	阿尔斯通	96.5($\Delta\eta$1.64)	95.33	95.74	两步法修正

表 3.2-5　　国内部分大型水电站水轮机模型和原型最高效率统计表

参数 / 电站名称	最高水头(m)	模型最高效率(%)	真机最高效率(%)	真机加权平均效率(%)
二滩	189	94.46	96.05	
小浪底	141.7	94.4	95.85	
天生桥一级	143	94.74	96.2	
天生桥二级(5号,6号)	204	93.56	94.5	
龙滩	154/179	94.75		94.91
锦屏一级	240	94.8	96.393	94.99
小湾	251	94.74		
拉西瓦	220	94.62	96.14	95.01

3.2.4.2　水轮机空化系数和吸出高度

水轮机空化性能直接影响水电站土建工程量、投资、机组安全稳定运行、检修周期和使用寿命，因此水轮机应具有良好的空化性能，并合理选取水轮机的空化系数。原型水轮机的空蚀破坏还与制造和安装质量、运行工况是否合适等因素有关。水轮机空化系数分为初生空化系数 σ_i 和临界空化系数 σ_c。初生空化系数是在模型试验中，在合同规定的条件下，目测观测到转轮 3 个叶片上同时开始产生气泡时的空化系数；临界空化系数是指与规定的能量下降值相联系的空化系统（如效率下降 1%表示为 σ_1、效率下降 0.5%表示为 $\sigma_{0.05}$、效率下降 0.2%表示为 $\sigma_{0.02}$）。电站空化系数 σ_p 表示在电站运行条件下的空化系数（过去称为"装置空化系数"）。

目前确定电站空化系数的主要方法：一是按水轮机模型试验出现初生气泡时的初生空化系数，并留有一定裕度来确定电站空化系数，以满足水轮机"无空化运行"的要求；二是采用外特性法，即效率下降点的空化系数值（临界空化系数），并留有一定裕量来确定电站空化系数。

在计算和选择电站空化系数（或吸出高度）时应注意以下问题：

1）计算额定工况下的水轮机允许吸出高度，以最高水头、最低水头或可能的其他控制工况进行复核。一般情况下，混流式水轮机的允许吸出高度受额定工况控制。

2）水电站所在的海拔高度对水轮机吸出高度影响较大，海拔高度越高，要求的水轮机吸出高度越小，即土建开挖越深。通常情况下，海拔高度每升高 900m，相应的大气压力降低 1m 水柱。

3）水轮机额定工况点临界空化系数与模型水轮机的性能和单位流量的引用大小有很大的关系，要综合考虑后确定合适的额定工况点（临界空化系数）。

4）根据《水轮机、蓄能泵和水泵水轮机模型验收试验》（GB/T 15613.1—2008）规定的要求一致，一般采用与无空蚀工况效率相比，效率降低 1%时的空化系数作为临界空化系数，即 σ_1。

5）空化系数是通过模型试验获得的，由于模型与真机之间存在一定的差异，因此应对模型曲线上的空化系数进行修正。一般情况下，水头越小，修正系数越大，由于修正系数取值比较困难，目前通行的方法是采用空化安全系数（水电站空化系数 σ_p 与水轮机临界空化系数 σ_c 的比值）进行修正。《水力发电厂机电设计规范》（DL/T 5186—2004）建议：对于清水条件下运行的水轮机空化安全系数为 1.1～1.6；对于多泥沙水流条件下运行的水轮机空化安全系数为 1.3～1.8，当临界空化系数采用 σ_1 时，宜取大值。根据水电站的实际运行经验，混流式水轮机空化安全系数取值宜不小于 1.5。

6）在计算吸出高度时，应注意水轮机空化系数是 σ_s、σ_1、$\sigma_{0.5}$、$\sigma_{0.2}$ 还是 σ_i，它们之间的差异较大，不同的空化系数应采用不同的安全系数。如果采用初生空化系数 σ_i 计算水轮机吸出高度，在一般情况下初生空化安全系数为 1.05～1.1。

在一般情况下，大中型水电站的水轮机均要进行模型试验，从而获得综合性能优良的水轮机转轮。空化性能试验是在电站空化系数条件下进行的，其参考面高程均为导叶中心线。空化性能的评判标准主要是初生空化系数和临界空化系数（或安全裕量）是否满足规定的要求，不同的电站临界空化系数 σ_c 采取了不同的取值标准，如三峡、亭子口水电站采用的是

σ_s，水布垭、沐若等水电站采用的是σ_1，而构皮滩水电站采用的是$\sigma_{0.2}$。由于σ_s是采用绘图的方法确定临界空化系数，在模型验收试验过程中往往会产生争议，因此目前普遍采用的是σ_1，σ_1指与无空化工况效率相比，效率降低1%时的空化系数。初生空化系数σ_i定义为随着吸出水头的减小，即尾水管内真空度的增加，在3个转轮叶片表面开始出现可见气泡时所对应的空化系数。

各水电站水轮机在不同水头和不同负荷工况时的空化安全裕量见表3.2-6。

表3.2-6　　各水电站水轮机在不同水头和不同负荷工况的空化安全裕量汇总表

电站名称		初生空化安全裕量 (σ_p/σ_i)	临界空化安全裕量 (σ_p/σ_s)	临界空化安全裕量 (σ_p/σ_1)
三峡左岸	阿尔斯通	1.0～1.82		
	VGS	1.2～2.2		
三峡右岸	哈电	＞1.1	2.213～3.42	
	东电	1.21～2.16		
	阿尔斯通	1.36～3.05	1.89～3.19	
三峡地下	哈电	1.1～2.0	2.34～3.8	
	东电	1.22～2.21	1.63～2.74	
	阿尔斯通	1.27～1.71	1.74～2.49	
沐若		1.21～1.72		2.18～2.87
构皮滩				1.139～2.637($\sigma_{0.2}$)
亭子口		1.33～1.7	2.22～2.87	
彭水				
隔河岩				
水布垭		1.11～2.58		1.55～6.8
乌东德	VOITH	1.6～2.5		3.4～6.0
		3.4～6.0		
	阿尔斯通			2.1～2.78
				2.1～4.86

从表3.2-6中可以看出，各水电站水轮机初生空化安全裕量基本在1.1以上，临界空化安全系数基本在1.6以上(构皮滩采用$\sigma_{0.2}$除外)，说明各水电站水轮机安装高程的选择是合适的，为机组的安全稳定运行创造了条件，使得水轮机在其运行范围内可以做到无空化运行。

3.2.4.3　水轮机稳定性及控制指标

(1)基本情况

水轮机的稳定性是一个比较复杂的综合性问题，引起水轮机不稳定的主要因素是水力、机械、安装、运行等。

1)水力。

水力方面引起水轮机不稳定的主要原因是:水轮机参数选择及各参数之间不合理匹配;转轮及流道设计不合理。

混流式水轮机的叶片是固定的,固定的叶片进口角与转动的活动导叶出流相对应,只有一个最优对应位置,这时转轮具有最高效率。当水轮机偏离最优工况运行时,叶片进口附近会产生脱流,叶片出口会产生漩流,其漩流会在尾水管中形成涡带,这是混流式水轮机在偏离最优工况运行时都会产生的一种不稳定流动现象,部分负荷或过负荷都会产生漩流,它是混流式水轮机的一种固有特性。大量的试验研究表明,尾水管中涡带所产生的压力脉动幅值大,频率低,是机组振动的最主要根源。随着机组尺寸的加大,转频降低,尾水管涡带的压力脉动将具有更大的危害性。

在部分负荷或过负荷工况运行时,由于叶片进口角与活动导叶出流角很不匹配,在叶片进口边产生正面或背面脱流现象。叶片背面脱流对机组振动影响较大,背面脱流一般发生在低于最优单位转速一定区域内,因此最高水头对应的单位转速离最优单位转速近一些,对机组稳定性有很大好处。

另外,还有转轮出水边叶型不当产生卡门涡列引起的振动、水轮机迷宫止漏装置的自激振动、机组过渡过程不稳定等。

2)机械。

机械方面引起机组不稳定运行的主要原因包括:由于机组整体刚度小,抗振能力差,导致机组转动轴系统不稳定;转轮的静平衡不达标;转轮止漏环加工圆度超标或轴法兰平面度和垂直度不满足设计要求;过流部件如导叶、固定导叶、叶片等共振;补气系统不能正常补气或补气量不足等等因素都可能导致机组不能运行。

3)安装。

安装质量没有达到标准要求,在运行中造成转轮止漏环间隙不均匀、机组轴线对中不良、导轴承瓦间隙调整不当等,危及机组稳定运行。

4)运行。

混流式水轮机固有特性表明,一台水轮发电机组,结合水电站各种运行方式的实际,有一个稳定运行的预想出力范围,运行中偏离这个运行范围越远,引起机组不正常振动越厉害,会导致转轮叶片开裂等情况的发生,从而危及安全运行。

从上述可知,引起机组振动的原因较多,从工程设计到机组安装、电站运行各个环节。长江设计院通过长期的设计研究和大量的工程实践,对提高机组运行稳定性已总结出一套系统完整的有效措施,主要有以下 4 点:

①工程设计单位必须结合不同水电站的特点优选出合适的水轮机参数,并提出对水轮机尤其是水轮机模型相关参数的技术要求。

②对水轮机模型进行优化,使其能量、空化、压力脉动等各项性能指标均达到较高水平。

水轮机各部位压力脉动小，确保叶道涡初生线和发展线处在保证运行范围之外，确保叶片进水边正背面的脱流区远离保证的运行范围，防止叶片和导叶出水边运行时出现可见卡门涡，提高机组运行的稳定性。

③对机组结构进行精心设计，确保机组轴系稳定，加强机组的整体刚度，提高抗振能力，且各部件不发生共振。

④严控安装质量。机组安装、试验过程中的各个工序和环节必须受控，使其各项指标和参数控制在技术规范要求的范围内。

(2)稳定性及控制指标

影响水轮发电机组安全稳定运行的主要因素是水力振动、机械振动和电磁振动。对于水轮机来说，当水流在通过水轮机过流部件时自然会引起压力脉动和水力扰动，水力振动是机组运行不可避免的固有特性，不同程度上都存在着振动和摆度，只是压力脉动幅值的大小而已。水轮机设计的任务是如何将水力振动限制在机组能长期安全运行可接受的范围内，经设计研究、工程实践提出了水轮机各个部位的压力脉动值的控制指标及相应监测部位，应在水轮机的蜗壳、尾水管、无叶区等部位分别装设有监测点，以便测量在不同水头、不同负荷时水轮机不同部位的压力脉动值。

为了验证我们提出的机组能稳定运行的水力脉动控制指标是正确的，如三峡水电站700MW水轮发电机组进行了稳定性运行专项试验。由于水轮机水力测量的工况多、数据信息量大，这里仅以100m水头段的三峡水电站、200m水头段的构皮滩水电站、300m水头段的马来西亚沐若水电站三个具有代表性水电站的水力脉动数据进行说明。三峡水电站采用测量数据、构皮滩水电站采用测量曲线、沐若水电站采用等压力脉动线的不同方式进行表达。

1)三峡水电站。

以三峡右岸电站为代表进行说明，表中所列的合同保证值，即为长江设计院提出的保证机组能安全稳定运行的水轮机水力脉动控制值。

①右岸电站哈电水轮机。

a. 压力脉动。

右岸电站哈电水轮机尾水管锥管 $0.3D_2$ 下游测点压力脉动试验结果见表 3.2-7，右岸电站哈电水轮机导叶后、转轮前区域压力脉动试验结果见表 3.2-8，右岸电站哈电水轮机尾水管（$-Y$ $0.3D_2$）高部分负荷压力脉动试验结果见表 3.2-9。

通过对高部分负荷压力脉动试验，在距尾水管锥管进口 $0.3D_2$ 处及导叶后、转轮前区域测点未发现混频幅值 $\Delta H/H \geqslant 4\%$ 且 $f/f_n \geqslant 1$ 的现象。

b. 叶道涡及卡门涡现象。

对电站特征水头 78.5m、85.0m、91.0m、94.0m、100.0m、105.0m、110.0m、113.0m 共 9 个水头进行了叶道涡抽查试验，试验在电站特征水头对应的电站空化系数下，从叶道涡充分发展的工况开始，逐步调节导叶开度改变试验工况，直至叶道涡完全消失，最后确定叶道涡的初生工况点。

表 3.2-7　右岸电站哈电水轮机尾水管锥管 0.3D_2 下游测点压力脉动试验结果

水头(m)	水轮机出力范围	压力脉动的双振幅值 $\Delta H/H_m$(%)	
		验收试验值	合同保证值
61～85	各水头下 70%～100%预想出力	5.8	6
85～113	497MW～预想出力或 767MW	4	6
出力为 767MW 的最低水头～113	767～852MW	2.2	4
61～85	空载～各水头下 70%预想出力	12	8
85～113	空载～497MW	10	8

表 3.2-8　右岸电站哈电水轮机导叶后、转轮前区域压力脉动试验结果

水头(m)	水轮机出力范围	压力脉动的最大双振幅值 $\Delta H/H_m$(%)	
		验收试验值	合同保证值
61～85	各水头下 70%～100%预想出力	4	6
85～113	497MW～预想出力或 767MW	3	6
出力为 767MW 的最低水头～113	767～852MW	3	4
61～85	空载～各水头下 70%预想出力	8.8	8
85～113	空载～497MW	4.2	8

表 3.2-9　右岸电站哈电水轮机尾水管(−Y 0.3D_2)高部分负荷压力脉动试验结果

序号	水头(m)	最大幅值 $\Delta H/H$(%)(模型)		频率 $f/f_n \geq 1$	
		验收试验值	合同保证值	验收试验值	合同保证值
1	113	无	无	无	无
2	110	无	无	无	无
3	105				
4	100	无	无	无	无
5	94	无	无	无	无
6	90	无	无	无	无
7	85				
8	78.5	无	无	无	无
9	71	无	无	无	无
10	61	无	无	无	无

右岸电站哈电水轮机叶道涡观察结果见表 3.2-10，卡门涡观察结果见表 3.2-11。

表 3.2-10　　右岸电站哈电水轮机叶道涡观察结果

H(m)	水轮机出力(MW)	
	验收试验值	合同保证值
78.5	267.35	275
85.0	274.94	255
91.0	325.17	275
94.0	336.27	296
100.0	436.43	330
105.0	453.36	384
110.0	474.16	430

表 3.2-11　　右岸电站哈电水轮机卡门涡观察结果表

H(m)	水轮机出力(MW)	
	验收试验值	合同保证值
85.1	730.30	无
85.2	729.59	无
93.9	830.78	无

观察结果表明，叶道涡初生线在保证稳定运行的区域外，运行范围内无可见卡门涡。

②右岸电站东电水轮机。

a. 压力脉动。

右岸电站东电水轮机尾水管锥管 $0.3D_2$ 下游测点压力脉动试验结果见表 3.2-12，右岸电站东电水轮机导叶后、转轮前区域压力脉动试验结果见表 3.2-13，右岸电站东电水轮机导叶后、转轮前高部分负荷高频率压力脉动带范围见表 3.2-14。

表 3.2-12　　右岸电站东电水轮机尾水管锥管 $0.3D_2$ 下游测点压力脉动试验结果

水头(m)	水轮机出力范围	压力脉动的双振幅值 $\Delta H/H_m$(%)	
		验收试验值	合同保证值
61～85(额定水头)	各水头下 70%～100%预想出力	2.9	6
85～113	497MW～预想出力或 767MW	4.6	6
出力为 767MW 的最低水头～113	767～852MW	1.2	4
61～85	空载～各水头下 70%预想出力	8.9	8
85～113	空载～497MW	7.5	8

表 3.2-13 右岸电站东电水轮机导叶后、转轮前区域压力脉动试验结果

水头(m)	水轮机出力范围	压力脉动的最大双振幅值 $\Delta H/Hm$(%)	
		验收试验值	合同保证值
61～85	各水头下 70%～100%预想出力	6.3	6
85～113	497MW～预想出力或 767MW	5.3	6
出力为 767MW 的最低水头～113	767～852MW	4.3	4
61～85	空载～各水头下 70%预想出力	5.7	8
85～113	空载～497MW	5.2	8

表 3.2-14 右岸电站东电水轮机导叶后、转轮前高部分负荷高频率压力脉动带范围

序号	水头(m)	$\Delta H/H \geqslant 4\%$ 且 $f/f_n \geqslant 1$ 的出力范围(MW)		最大幅值 $\Delta H/H$(%)(模型)		频率 $f/f_n \geqslant 1$	
		验收试验	合同保证	验收试验值	合同保证值	验收试验值	合同保证值
1	113	528～604		4.3		13	
2	105	570～616	560～585	4.3	5.0	13	13
3	98	507～543		4.7		13	
4	88.88	441～479		4.6		13	
5	85.0	444～452	460～480	4.4	5.0	13	13
6	78.5	422～447		4.4		13	
7	67.0	328～409		4.6		13	
8	61.0	314～372		5.6		13	

验收试验表明，在运行范围内，无叶区存在 13 倍转频的压力脉动带。在水头 61～85m，出力从空载到 70%预想出力范围内，尾水管锥管段距尾水管进口 $0.3D_2$ 下游测点处最大混频压力脉动为 8.9%，高于 8%的合同保证值；在水头 61～85m，出力 70%～100%预想出力范围内，导叶后、转轮前最大混频压力脉动为 6.3%，高于 6%的合同保证值；在出力为 767MW 的最低水头～113m，767～852MW，导叶后、转轮前最大混频压力脉动为 4.3%，高于 4%的合同保证值。在距尾水管锥管段 $0.3D_2$ 处测点未发现 $\Delta H/H \geqslant 4\%$ 且 $f/f_n \geqslant 1$ 的现象。

b. 叶道涡及卡门涡现象。

右岸电站东电叶道涡观察结果见表 3.2-15。

表 3.2-15 右岸电站东电叶道涡观察结果表

H(m)	水轮机功率(MW)	
	验收试验值	合同保证值
61.0	277.85	275.86
85.0	413.93	412.0
113.0	487.35	484.6

c. 压力脉动试验分析。

一是高部分负荷高频压力带。从频率特性上分析，尾水管测点在各水头高部分负荷区域内，其水压脉动的第一主频均为0.2～0.6倍转频，该转频为典型的低频水压脉动，是由尾水管中的偏心涡带引起的，这种低频涡带的特点已得到学术界的认同，并被大量模型试验所证实。导叶后、转轮前两个测点的水压脉动频率则表现为单一的13倍转频频率，该频率是由转轮叶片数13和机组转速造成的，其产生机理也十分明确。蜗壳进口测点的频率主要为1倍转频，但从幅值上看，其混频双幅值很小，均小于4%，而且分频相对值很小，均小于2%，其能量很小。从试验结果的频谱分析上看，三个测量部位的频率成分一样，没有也不可能形成转轮前后区域的水压脉动共振。

二是大量试验表明，任何混流式转轮在无叶区测点都存在着叶片转频的压力脉动，只是在频谱分析上所对应的幅值分量不一样，有的是第一主频，有的是第二主频，有的是其他主频。高部分负荷压力脉动带的典型特征是无叶区及其他部位存在着频率为1～4倍f_n的压力脉动，$13f_n$压力脉动不是高部分负荷压力脉动的特征。东电开发的D399转轮在无叶区没有出现1～4倍f_n的压力脉动，而仅出现$13f_n$的压力脉动，频率成分比较单纯。

三是在水头113.0m时，在空载到497MW负荷范围内，尾水管0.3D_2测点混频幅值小于5.3%，其频率主要为0.3倍转频以下。在497MW至710MW负荷范围内，随着负荷的增加，混频幅值逐渐减小，其频率仍为0.3倍转频以下。在710MW至852MW负荷范围内，水轮机进入无涡区运行，压力脉动幅值小于1.5%，分频幅值则远小于1%，尾水管水压脉动的能量很小。对于导叶后、转轮前的测点，在空载至满负荷范围内，压力脉动幅值变化不大，均小于5%，频率为13倍转频。蜗壳进口测点在空载至710MW负荷范围内，压力脉动幅值小于2%，频率为0.3倍转频以下，在710MW至852MW负荷范围内，压力脉动幅值小于1.5%，随负荷变化平坦，频率主要为0.3倍转频。

四是在水头85.0m时，在空载到497MW负荷范围内，尾水管0.3D_2测点混频幅值小于8%，其频率主要为0.25倍转频以下。从497MW至580MW负荷范围内，随着负荷的增加，混频幅值逐渐减小，在580MW负荷时约为2%，频率为典型的低频涡带频率，即0.25倍转频左右。在580MW至710MW负荷范围内，尾水管中为无涡区或呈现纺锤状值涡带，此时尾水管混频幅值很小，约为1.5%，频率为1倍转频以下，分频幅值远小于1%。对于导叶后、转轮前的测点，在空载至710MW负荷范围内，频率为13倍转频，压力脉动幅值变化不大，均小于5.8%。蜗壳进口测点在空载至最大开度范围内，压力脉动幅值均小于3%，频率成分在300MW以下为2倍转频，在300MW至470MW负荷范围内为0.25倍转频，在470MW以上为1～2倍转频，混频与分频幅值都很小，其能量有限。

五是在水头61.0m时，在空载至260MW负荷范围内，尾水管0.3D_2测点混频幅值小于8.9%，其频率主要为20%～60%转频，在260MW至380MW负荷范围内，随着负荷的增加，混频幅值逐渐减小，其频率为0.25倍转频左右，该区域为尾水管偏心涡带区，由于运行水头低，从380MW至该水头预想出力范围内，混频幅值均小于3.5%，水轮机处于无涡区运行，频率主要为 20%～60%倍转频，分频幅值很小。对于导叶后、转轮前的测点，在空载至 280MW 负荷范围内，混频幅值均小于 5%，频率以 13 倍转频为主。在 280MW 至该水头最大出力范围，水压脉动值逐渐增大，最大幅值为 6%左右，绝对幅值为 3.6m 左右，频率仍然以 13 倍转频为主。对于蜗壳进口测点，在所有出力范围内混频幅值均小于 5%，频率低于 1 倍转频。

从以上分析可知，在高水头运行时，尾水管混频相对幅值较小，最大绝对幅值为 6.0m 左右；在低水头运行时，虽然尾水管最大混频相对幅值为 8.9%，但是绝对幅值仅 5.4m 左右。在频率特性上，尾水管以 20%～60%转频的低频为主，导叶后、转轮前的水压脉动频率以 13 倍转频为主，蜗壳进口以低于 1 倍转频为主，混频幅值均小于 5%。

③右岸电站阿尔斯通水轮机。

右岸电站阿尔斯通水轮机锥管 $0.3D_2$ 下游侧压力脉动峰—峰测定幅值与合同规定值见表 3.2-16，右岸电站阿尔斯通水轮机导叶和转轮之间的顶盖压力脉动峰—峰幅值保证值见表 3.2-17，右岸电站阿尔斯通水轮机导叶和转轮之间的顶盖高负载压力脉动见表 3.2-18。

表 3.2-16　右岸电站阿尔斯通水轮机锥管 $0.3D_2$ 下游侧压力脉动峰—峰测定幅值与合同规定值

水头(m)	水轮机出力范围	最大压力脉动测定值 $\Delta H/H$(%)	最大压力脉动保证值 $\Delta H/H$(%)
从 61m 至额定净水头	70%～100%该水头预想出力	1.09	5
从额定水头至 113m	497～767MW，或该水头最大预想出力	5.59	5
从水轮机产生预想出力为 767MW 所需的最小净水头至 113m	767～852MW	0.96	3
从 61m 至额定水头	空载至 70%该水头最大预想出力	8	8
从额定水头至 113m	空载至 497MW	7.62	8

表 3.2-17　右岸电站阿尔斯通水轮机导叶和转轮之间的顶盖压力脉动峰—峰幅值保证值

水头(m)	水轮机出力范围	测得的最大压力脉动值 $\Delta H/H$(%)	合同规定的最大压力脉动值 $\Delta H/H$(%)
从 61m 至额定净水头	70%～100%该水头最大预想出力	3.18	4
从额定水头至 113m	497～767MW，或该水头最大预想出力	4.54	4
从水轮机产生预想出力为 767MW 所需的最小净水头至 113m	767～852MW	1.56	3
从 61m 至额定水头	无载至 70%该水头最大预想出力	4.01	6
从额定水头至 113m	无载至 497MW	5.63	6

表 3.2-18　　右岸电站阿尔斯通水轮机导叶和转轮之间的顶盖高负载压力脉动

序号	水头(m)	出力范围$\Delta H/H\geqslant 4$且$f/f_n\geqslant 1$(MW)	最大压力脉动$\Delta H/H$(%)	频比$f/f_n\geqslant 1$
			模型	模型
1	113	无	无	无
2	110	无	无	无
3	105	无	无	无
4	100	无	无	无
5	94	537	4.54	2.22
6	90	509	4.54	2.22
7	额定净水头	486	5.29	2.3
8	78.5	无	无	无
9	71	无	无	无
10	61	无	无	无

2)构皮滩水电站。

①压力脉动。

根据验收要求，在a_o=4～28mm，对H_p=200m、H_p=186.15m、H_p=175.5m、H_p=144m各点进行了压力脉动验收试验，试验水头30m，试验是在电站空化条件下进行的，压力脉动幅值为混频峰峰值，按97%置信度取值，试验结果见图3.2-5。

验收试验结果表明：在电站运行水头范围内，水轮机在45%～100%预想功率范围内，各测点尾水管压力脉动的幅值小于5%，优于性能要求的6.5%。

②成像观测。

根据验收要求，对叶道涡初生线、叶道涡发展线、叶片正背面脱流线进行了观测。观测结果表明，当H=186.15m时叶道涡出现在45%额定出力以下，当H=200m时叶道涡出现在65%额定出力以下。在以上两点连线右上方运行区域内没有出现叶道涡。在电站运行水头区域内，叶片没有出现正背面脱流现象。

③国外中立试验台验收试验。

由于构皮滩水电站水轮机单机容量为600MW，属于巨型机组之一，国内制造厂对此还是第一次独立开发研制，故对构皮滩水电站水轮机进行了两次转轮模型验收：工厂转轮模型验收和国外中立验台转轮模型验收。

在国内验收试验完成后，于2005年7月在瑞士洛桑EPFL-STI-ISE-LMH试验台进行了复核验收试验，主要结论：①水轮机模型最高效率、加权平均效率、额定点效率与国内模型验收试验基本一致；②水轮机空化性能满足目标规定值；③水轮机模型在运行区域内没有出现空化现象，叶片没有出现脱流现象；④水轮机模型各工况测点的压力脉动幅值能满足目标规定值。

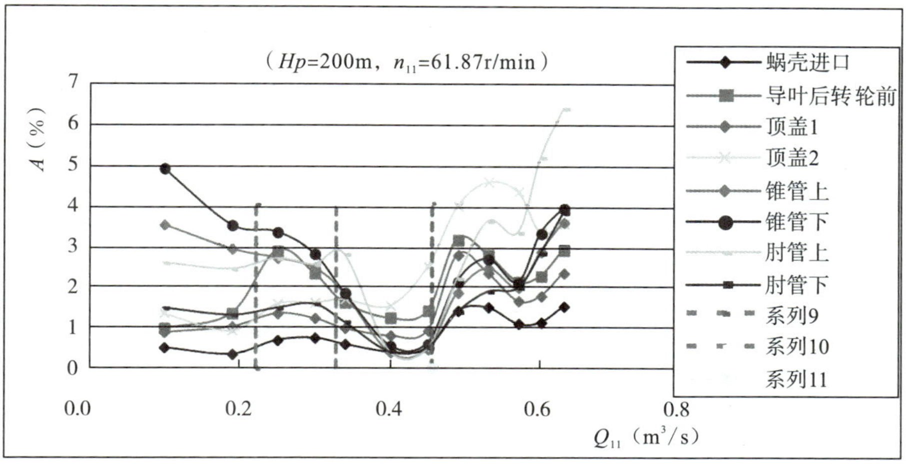
（Hp=200m，n11=61.87r/min）
A（%）
Q11（m3/s）
0
1
2
3
4
5
6
7
0.0
0.2
0.4
0.6
0.8
蜗壳进口
导叶后转轮前
顶盖1
顶盖2
锥管上
锥管下
肘管上
肘管下
系列9
系列10
系列11

(a)

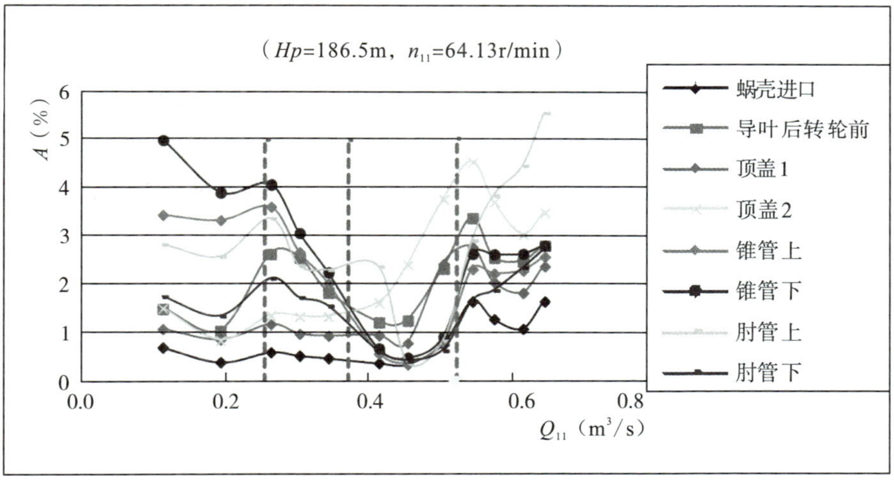
（Hp=186.5m，n11=64.13r/min）
A（%）
Q11（m3/s）
0
1
2
3
4
5
6
0.0
0.2
0.4
0.6
0.8
蜗壳进口
导叶后转轮前
顶盖1
顶盖2
锥管上
锥管下
肘管上
肘管下

(b)

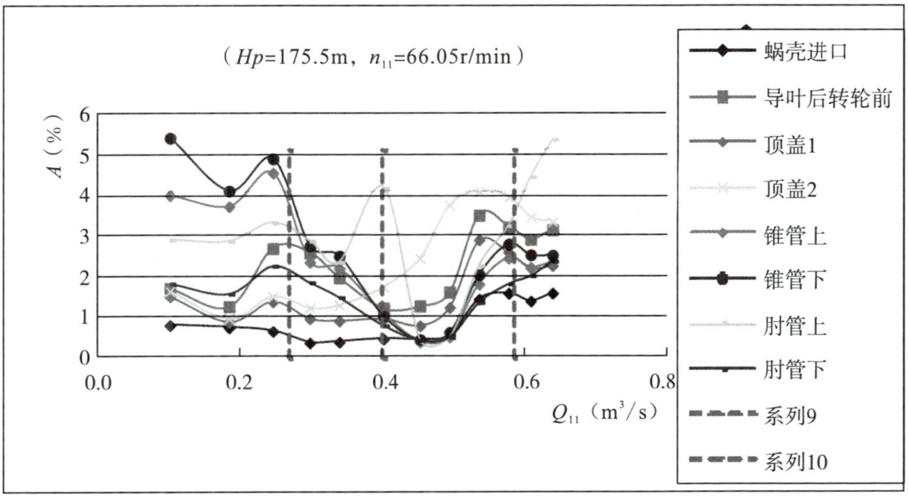
（Hp=175.5m，n11=66.05r/min）
A（%）
Q11（m3/s）
0
1
2
3
4
5
6
0.0
0.2
0.4
0.6
0.8
蜗壳进口
导叶后转轮前
顶盖1
顶盖2
锥管上
锥管下
肘管上
肘管下
系列9
系列10

(c)

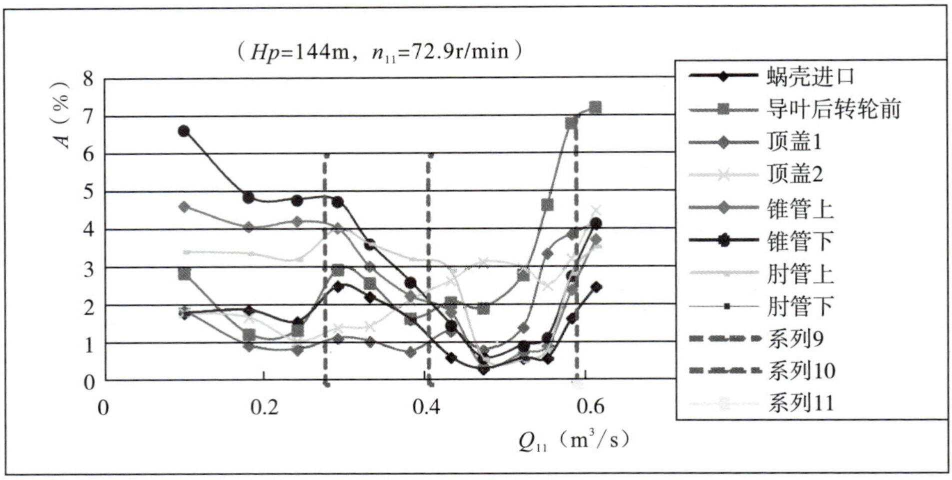

(d)

图 3.2-5　构皮滩水电站模型试验压力脉动试验结果

3)沐若水电站。

压力脉动试验的测点位置为:在蜗壳进口处布置 1 个测点,导叶后转轮前 $+Y$、$-Y$ 向各一个测点,锥管上、下游 $0.3D_2$ 处各一个测点,锥管上、下游 $1.0D_2$ 处各一个测点。压力脉动试验覆盖了整个运行范围,对各测点进行计算机同步测量,采样速率为 2000Hz,采样时间为 10s。选取了原型机水头 279m、300m 和 316m 三个水头的不同开度下的压力脉动试验,试验结果见图 3.2-6 至图 3.2-12。

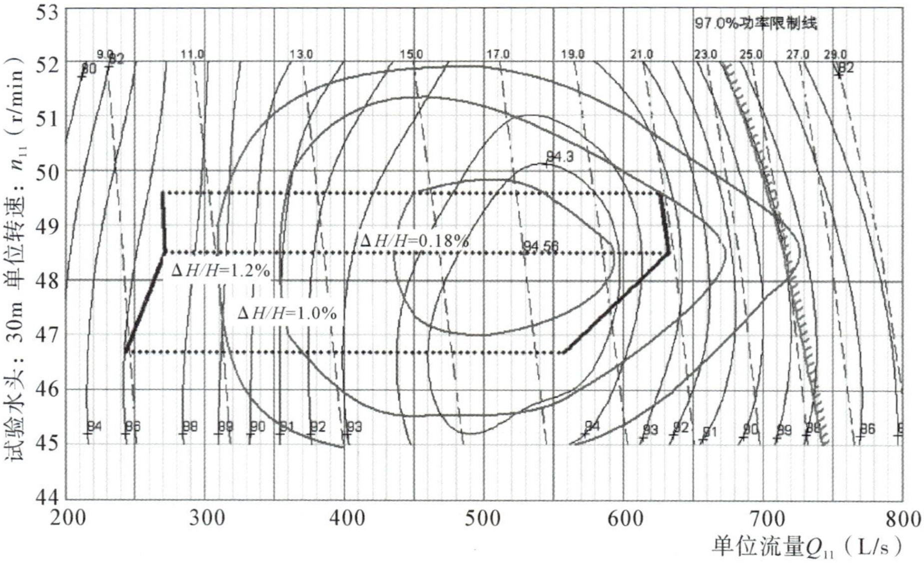

图 3.2-6　沐若水电站模型试验等压力脉动曲线(蜗壳进口)

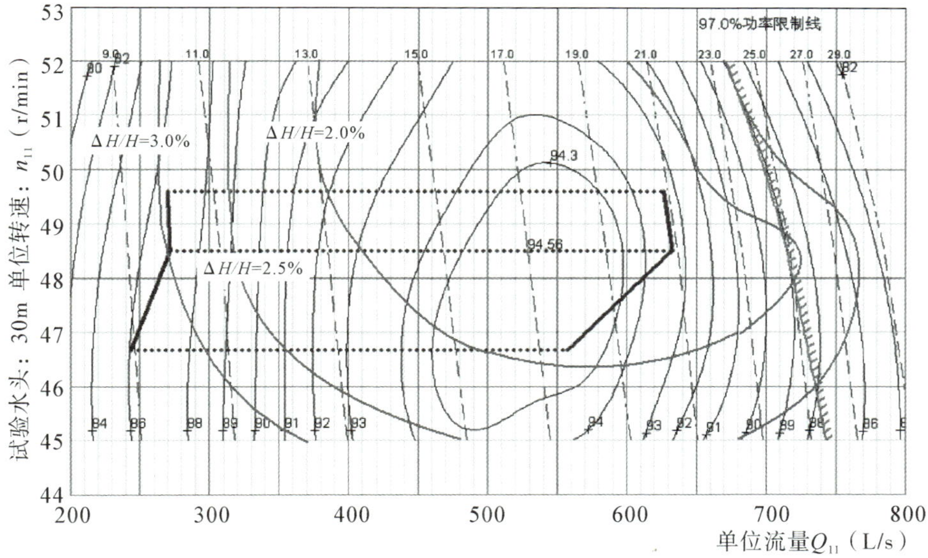

图 3.2-7 沐若水电站模型试验等压力脉动曲线(导叶后转轮前+Y)

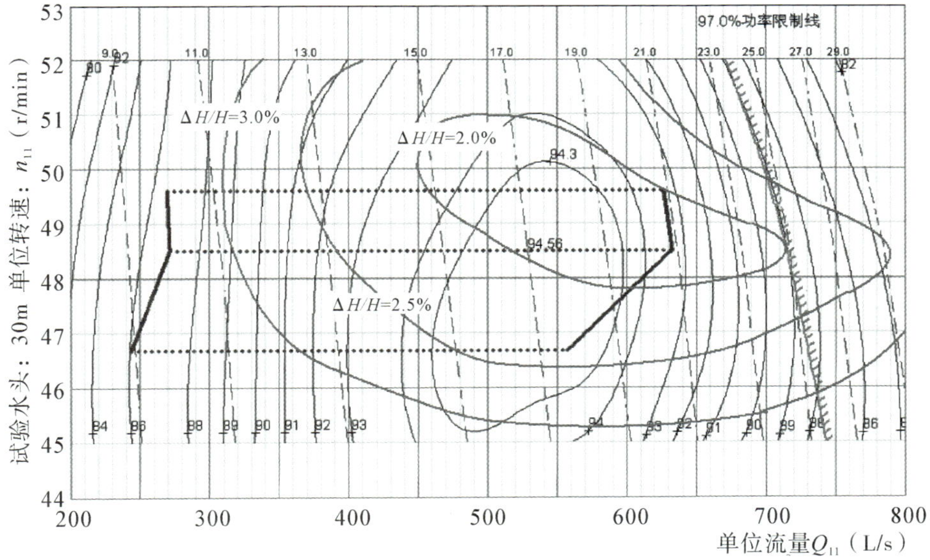

图 3.2-8 沐若水电站模型试验等压力脉动曲线(导叶后转轮前−Y)

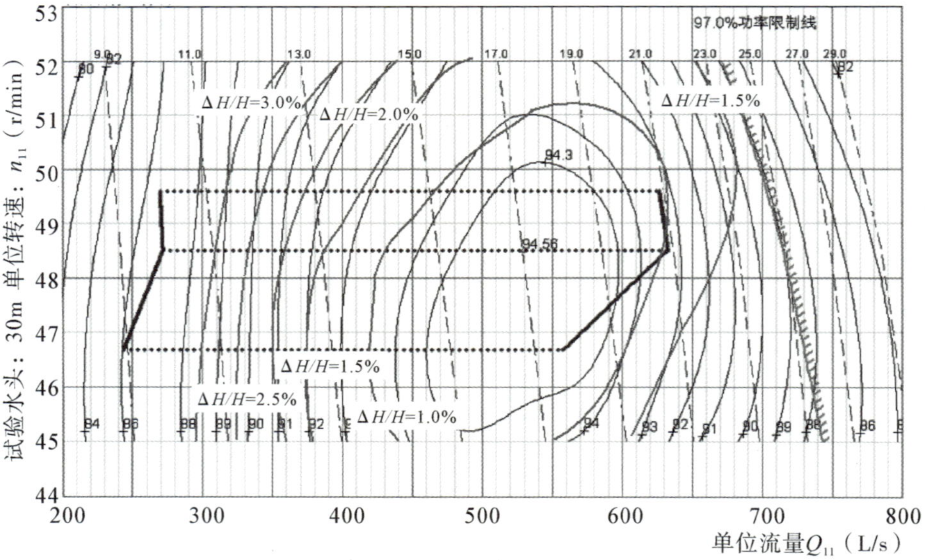

图 3.2-9　沐若水电站模型试验等压力脉动曲线(锥管上游 0.3D_2)

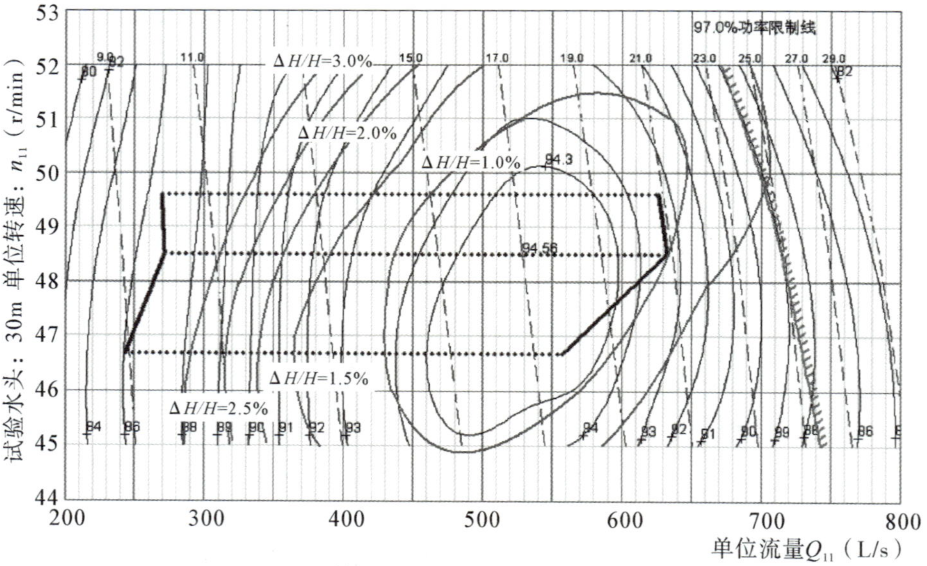

图 3.2-10　沐若水电站模型试验等压力脉动曲线(锥管下游 0.3D_2)

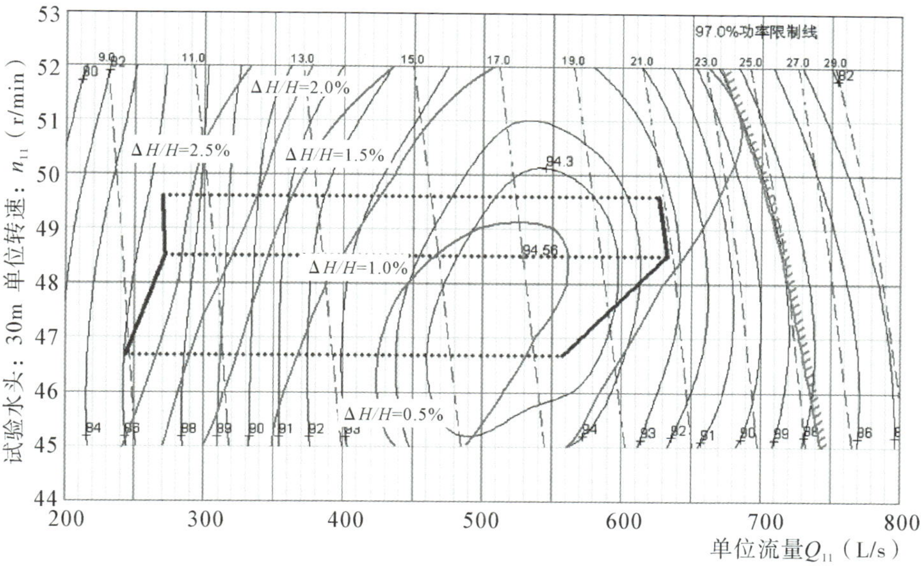

图 3.2-11　沐若水电站模型试验等压力脉动曲线(锥管上游 1.0D_2)

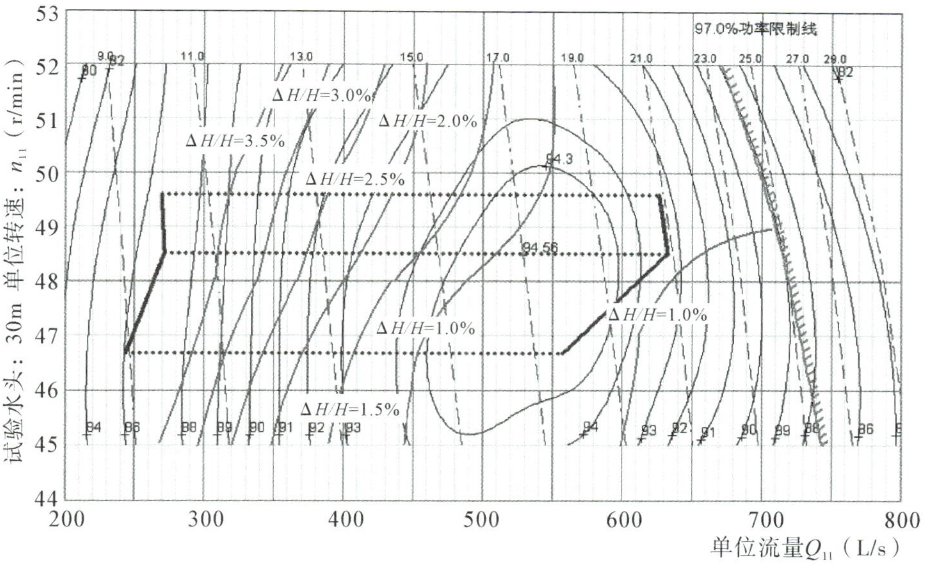

图 3.2-12　沐若水电站模型试验等压力脉动曲线(锥管下游 1.0D_2)

从上述可知，具有代表性的三峡、构皮滩、沐若水电站水轮机不同部位测点的压力脉动值均在合同保证值的范围内。多年的运行实践表明，机组能长期安全稳定运行，说明长江设计院为确保水轮发电机组长期安全稳定运行，从三峡水电站开始，首先提出量化的压力脉动指标是正确的。

3.2.5　安装高程

一般情况下，大中型混流式水轮机为立式布置，水轮机安装高程是指导叶中心高程。水轮机安装高程的确定将直接影响水轮机的空化性能、运行稳定性、土建的开挖量。混流式水轮机主要用于中高水头的水电站，一般情况下水电站尾水位变幅较大，而安装高程与下游水位直接相关，因此确定水轮机安装高程时应考虑如下因素：

1）安装高程的确定必须满足水轮机各种工况下允许吸出高度的要求。

2）当装有1～2台机组时，设计尾水位宜采用1台水轮机50%额定流量所对应的下游尾水位；当装有3～6台机组时，设计尾水位宜采用1～2台水轮机额定流量或按水电站接近保证功率运行所对应的下游尾水位；当装有6台以上机组时，设计尾水位宜采用2～3台水轮机额定流量或按水电站接近保证功率运行所对应的下游尾水位。除此之外还应考虑最小下泄流量的要求。

3）对于梯级水电站，应考虑下游梯级水电站水库运行水位的影响。

4）对具有通航要求和生态流量要求的水电站，应考虑通航流量和生态流量对下游尾水位的影响。

5）一般情况下，对电站不同水头、不同流量、不同机组功率对应的不同下游尾水位分别计算，经分析比较后，确定合适的水轮机安装高程。水轮机安装高程不一定受额定工况点控制。

6）对于尾水管（洞））较长的水电站，应结合电站过渡过程计算成果，在确保机组安全稳定运行的前提下确定水轮机安装高程。

7）有些水电站由于地质的原因，对水轮机安装高程或尾水管底板高程有特殊要求，需要充分协商后确定既能满足水轮机运行要求，又能满足土建或地质要求的水轮机安装高程。

3.3 关键技术设计研究

3.3.1 混流水轮机运行的稳定性

3.3.1.1 问题的提出

运行稳定性是指在运行水头范围内的各种方式下水轮发电机组按预想出力能长期安全稳定运行，工程设计应将其放在首要地位。由于混流式水轮机转轮叶片不能随运行工况的变化而改变，水轮机只有在最优工况的较小范围内为无涡区，在该范围内水轮机尾水管内不会出现涡带且压力脉动较小。当偏离最优工况运行时，机组将出现由各种因素导致的在运行中产生各种不稳定运行问题并存在空化破坏的潜在危险。对混流式机组特别是对于运行水头变幅大的机组，运行稳定性问题比较突出，近年来，单机容量与三峡水电站接近的国外伊泰普、大古力、古里等水电站的机组在运行中存在不稳定运行区域，1992年投产的单机功率440MW的巴基斯坦塔贝拉水电站水头变幅很大，13号和14号机组在运行中由于偏离最优工况运行，致使机组振动严重，造成尾水管破裂、转轮叶片产生裂纹等严重事故。

国内20世纪80—90年代相继投产部分大型混流式水轮机，在运行中也出现一些不稳定运行的情况，导致水轮机叶片产生裂纹等不正常现象，造成重大经济损失和不良影响。例如，大朝山、岩滩、小浪底、二滩、李家峡、五强溪、天生桥一级水电站等都出现过这样的问题。

3.3.1.2 影响混流式水轮机稳定性的因素

混流式水轮机的运行区域划分见图3.3-1。

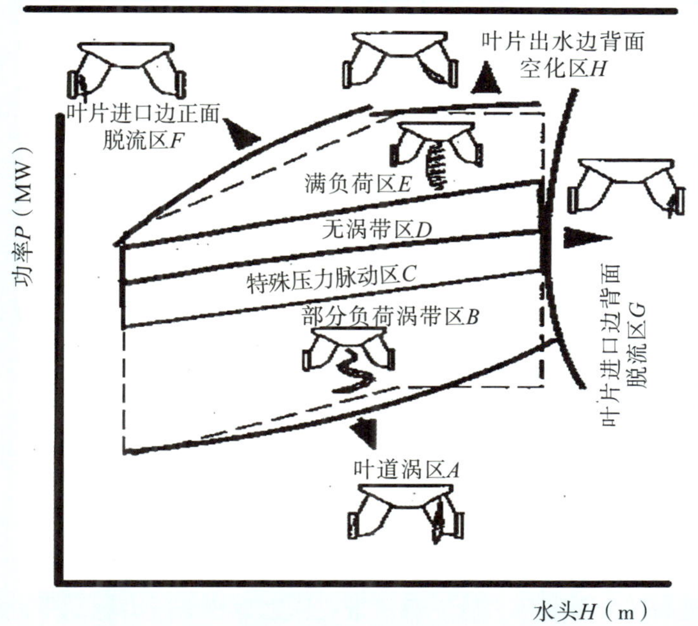

图 3.3-1　混流式水轮机运行区域划分

影响混流式水轮机稳定性的水力因素为：

(1)尾水管涡带

尾水管涡带，即图中区域 B，主要出现在无涡区外的小负荷区域，是混流式水轮机在部分负荷工况下必然出现的一种现象，也是影响混流式机组稳定性的重要因素之一。根据国内外混流式机组运行的经验表明，随着机组尺寸增加，尾水管涡带对机组稳定性的影响也在增大。

(2)叶道涡流

叶道涡流是机组振动发生的激振源。叶道涡主要发生在小负荷。相对开度较小的运行工况，即图 3.3-1 中区域 A。初生叶道涡的强度较弱，不会对机组造成危害，一般也不足以引起振动。但当叶道涡发展到严重程度时，就会在叶片负压面造成空化。

叶道涡出现的根本原因是混流式水轮机进口水流对叶片冲击脱流和转轮内部二次流的形成。当混流式水轮机从最优水头向高水头变化时，如果导叶开度一定，水头增加必然导致叶片出口流速增大，从而增大转轮进口水流相对于叶片的冲角，并在叶片背面引起脱流形成漩涡。当高水头运行时，导叶开度越小，叶片进口背面的流动分离越大，漩涡强度越大。这种漩涡可能出现在叶片进口背面的任何地方，但因下环附近的流速更大，漩涡强度也更大。受转轮内二次流的影响，叶片进口背面的脱流通常翻卷成一端附着于上冠表面的涡层，并沿叶间流向下游。从理论上讲，这种叶道涡的强度与转轮进口水流的冲角、二次流的大小及稳定程度以及漩涡在转轮内掠过的路径成正比，因此，转轮尺寸越大，叶道涡在转轮内引起的压力脉动也越大，这就是中高比转速大型混流式水轮机通常会因叶道涡产生高频振动的原因。叶道涡的上端以转轮上冠内表面为边界，由于沿着漩涡转轮内有二次流存在，因此不同的转轮设计，叶道涡也表现出不同的特性。当叶道间二次流较小且稳定时，叶道涡表现出稳定的特性，反之，如果二次流较大且不稳定，则叶道涡也是不稳定的。受不稳定二次流的干扰，这种叶道涡极不稳定，从而造成严重的高频水压脉动，并伴随有大的不规则水力冲击，将导致严重的水力振动问题。

(3)空化

当水轮机远离设计工况运行时，转轮内部将出现形态各异的空化现象。其中，叶片进口边空化尤其是叶片进口边背面空化最具有破坏性，混流式水轮机在远离设计工况过高或过低水头下运行时，入口水流与进口边的“进口冲击”是进口边空化的主因。混流式水轮机运行在高/低水头工况下，由于水流冲角大，易在叶片进口负压面/正压面产生空化，见图 3.3-1 中区域 F、区域 G 和区域 H。叶片进口边的空化危害性较大，除对转轮叶片产生破坏外，对机组的稳定性也会产生很大的影响。

(4)高部分负荷压力脉动

混流式水轮机高部分负荷压力脉动峰值带或称之为特殊压力脉动带，被发现于 20 世纪 90 年代，最早由前苏尔寿爱舍维斯公司和瑞士联邦工业大学水力机械研究所在水轮机模型试验中发现。当时在模型试验中观察到的高部分负荷压力脉动带主要存在于中低水头高比转速(n_s>210m·kW)混流式水轮机中，但近年来在很多高水头水电站某些转轮的模型试验中也发现存在高部分负荷压力脉动带。

高部分负荷特殊压力脉动区 C 在最优运行区 D 和部分负荷涡带区 B 之间，具有以下典型特征：①模型试验发现，高部分负荷压力脉动带通常出现在 65%～90%最优流量范围，有时为同一水电站设计不同的转轮，由于转轮设计上的差异，这一范围可能在 65%～85%最优流量区，也可能存在于 70%～90%最优流量区，但从总体来讲，这一高部分负荷压力脉动带均出现在高部分负荷区。迄今，还未有发现在 50%最优流量以下的部分负荷发现该压力脉动带。②当模型水轮机在高部分负荷压力脉动带区域运行时，在水轮机其他过流部件的各处出现共振。③在高部分负荷压力脉动带运行时，水轮机流道各部位如蜗壳进口、无叶区、尾水管锥管、肘管和扩散段的压力脉动出现同步增大，且幅值高，某些工况点压力脉动振幅可达净水头的 30%。④在高部分负荷压力脉动带运行时，水轮机流道各部位的压力脉动主频是转频的 1～4 倍，有随负荷增加而增大的趋势，且各部位压力脉动的相位也大致相同。

3.3.1.3 改善水轮机运行稳定性的对策

三峡工程采用的 700MW 级混流式水轮机，运行水头变幅大是同类水轮机的世界之最，1998 年对 VGS、阿尔斯通水轮机模型转轮进行了验收，能量和空化指标满足合同要求，某些区域的压力脉动值未达到合同保证值，在高水头运行区存在一个带宽 20～50MW 的水力脉动超标区，可能影响机组运行的稳定性和调节性能，因此，对模型转轮进行了有条件验收。此问题引发国内众多机电专家的高度关注。如何确保三峡机组的安全稳定运行成了问题的焦点，在总结左岸电站机组参数选择的基础上，1999 年 11 月三峡集团公司机电工程部提出了以提高水轮机运行稳定性为主要研究目标，由长江设计院牵头，哈电、东电参加，对三峡工程右岸电站水轮机参数进行研究。长江设计院分析了影响混流式水轮机稳定性的因素，并对提高机组的运行稳定性进行了多年的设计研究及工程实践，提出了系统改善水轮机运行稳定性的技术措施并应用于三峡机组中。

(1)合理选择和优化水轮机的主要参数

在对混流式水轮机参数选择时，应将其稳定性放在首位，在此基础上合理确定水轮机的参数，如比转速、单位参数以及设计水头，并考虑是否设置发电机最大容量等。设计水头的大小决定了高低水头运行工况偏离最优工况的程度，对水头变幅较大的水电站，合理选择是改善水轮机运行稳定性的有效措施之一。三峡水轮机设计水头的选择，既要重点保证高水头工况的稳定性，同时又要兼顾低水头的空蚀和泥沙磨损问题。根据分析，初步确定三峡水电站水轮机设计水头应不小于加权平均水头 90.1m。巴基斯坦装设单机容量 440MW 水轮发电机组的塔贝拉水电站，由于设计水头选择不当，在高水头运行时产生剧烈振动，造成水轮机严重破坏，考察并分析塔贝拉水电站机组运行情况后，结合三峡水电站水头变幅较大的实际，从提高水轮机高水头区运行稳定性出发，提高了水轮机的设计水头，并采取与制造商共同协商确定的措施。具体数据由制造厂根据其设计经验和模型试验的结果确定。三峡工程哈电水轮机的设计水头 105m，东电水轮机设计水头 101.63m，VGS 水轮机设计水头 103m，阿尔斯通水轮机设计水头 101m。

(2)设置发电机最大容量

由于水头变幅很大，致使在高水头发额定出力时，导叶开度仅为 55%。国内外大型机组运行实践表明，在 60%开度以上运行时稳定性较好，在小开度运行时易出现水力不稳定现象。如大古力水电站和伊泰普水电站在 30%～60%开度区域出现明显振动。为了改善水轮机高水头运行的稳定性，提出了发电机组设置最大容量的问题，并对最大容量设置增加 6%、9%、12%(即机组有功功率分别为 742MW、763MW 和 784MW)三种方案进行了分析研究。不同厂家最高水头 113.0m 各工况下的水轮机开度值见表 3.3-1。

表 3.3-1　最高水头 113.0m 各工况下的水轮机开度值　(单位:%)

工况	厂家	
	1	2
70%Pr	42.2	41.0
84.5%Pr	50.6	44.7
100%Pr	57.5	55.0
106%Pr	61.0	56.4
109%Pr	62.5	57.1
112%Pr	64.4	60.0

从表3.3-1可以看出，在最高水头113.0m，三种方案的水轮机导叶开度分别增加1.4%～3.5%、2.1%～5%和5%～6%，设置最大容量越大，对提高水轮机稳定运行越有利。但受发电机容量增大导致尺寸、重量、造价增加的制约；另外发电机容量的增加，使发电机电压配电装置的额定电流和短路电流增加，不仅增加造价且使制造难度大大增加；设置发电机最大容量，使三峡水电站机组尺寸有所增加，刚度相对减小，在相同的尾水管压力脉动的条件下可能导致机组振动有所加重，从经济上分析，设置发电机最大容量也并不可取。在与国外制造厂技术交流中，普遍认为水轮机在高水头区能稳定运行，发电机不需要设置最大容量，但考虑到：①国内对700MW机组是首次采用，没有经验，设置发电机最大容量后可使机组高水头运行区的调度范围扩宽，可使水轮机在更高的效率区运行，可增加少量电量；②三峡水电站在电力系统中所处的重要位置；③发电效益是三峡工程回收工程投资收益的主要来源。经综合比选后，设置发电机最大容量为安全稳定运行留有裕度出发，确定发电机容量增加8%的方案，即发电机的容量从777.8MVA增加至840MVA。

(3)优化转轮设计，注重稳定性试验

在水轮机模型研制和试验阶段，应根据水电站特定的水头条件和运行方式，合理选择水轮机模型的水力参数，合理设计转轮和其他通流部件的形状，尽可能避免在转轮叶片进口产生“撞击”涡流，并将尾水管涡带和压力脉动幅值控制在较小的范围内，这是改善水轮机稳定性的最根本的途径。三峡水电站水轮机模型试验中，要求按全模拟进行研究，并与三峡水电站整个水头变化范围的各种运行工况相对应，观察和研究水流的流态与空化、脱流和稳定性有关的各种现象。对周期性的水压脉动，即使幅值较小，也应分析和研究可能对原型水轮机产生的危害。特别注重高水头各种负荷工况下的叶道涡流和尾水管涡带，对各种工况下的涡流和涡带的频率，尾水管压力脉动的幅值和频率进行测量，并作定量分析；对低水头工况，着重观测大开度工况下的叶道涡流和尾水管涡带。此外，还将三峡水电站水轮机模型的稳定性试验列为验收试验的重要项目之一，并尽量提高其试验水头，使模型水轮机的稳定性能达到或优于规定的稳定性能指标。

(4)建立水轮机稳定性考核体系

混流式水轮机在不同水头和负荷工况下运行时，引起机组振动或尾水管压力脉动的振源不同，应根据各区域振源的特性，制定考核指标。为此：①在整个运行水头范围内，首次提出了按水头、负荷分区对水轮机尾水管、无叶区等各测量部位压力脉动幅值的量化考核稳定性指标。例如，在小负荷区域运行时，引起振动或压力脉动的主要因素是叶道涡，在制定考核指标时应根据叶道涡的特性来确定。②将水轮机模型的稳定性试验列为验收试验的项目之一。

(5)将机组运行划分为安全运行区、许可运行区、禁止运行区

根据对三峡水电站机组运行特点及机组能达到的技术水平，提出了水轮机稳定运行区，并在招标文件中明确规定：①水头小于或等于额定水头，水轮机出力为相应水头预想出力的70%～100%；②水头从额定水头至水轮机发767MW的最低水头，水轮机出力从497MW至

100%预想出力；③水头从水轮机发 767MW 的最低水头至最高水头 113m，水轮机出力从 497MW 至 852MW。根据稳定运行的标准，结合真机运行监测试验结果与水轮机转轮模型试验结果对照分析，将电站机组运行区域划分为安全运行区、许可运行区、禁止运行区，作为三峡电厂发电调度的依据。

(6)带水轮机转轮模型和试验成果进行投标

从有利于机组制造商推出优质转轮投标并验证其真实性，从三峡右岸电站开始采用带水轮机模型和试验成果进行投标，进行同台对比复核试验，择优选取。

(7)三峡—葛洲坝电力调度至 220kV、500kV 母线

对国内 10 个大型水电站的水轮发电机组运行工况进行了调查，发现不少水轮机转轮发生裂缝等事故，与发电调度没有使机组避开不稳定运行区有关。目前的技术水平，混流式水轮机还不能做到在任何水头下发任何出力的电力，应尽可能使水轮机在性能优良的区域中运行，也就是说，在机组的正常运行区内运行是稳定安全的，电厂的运行人员对此较了解，而电力调度是确保电网供需平衡，在一般情况下不必调度到机组，调度到母线，有利于机组安全稳定运行期的延长，经国务院批准的三峡调度规范中明确了这个调度原则。

(8)适当增加机组的刚度

对大型机组，由于尺寸大，刚度相对偏小，在主要部件结构设计中，除按常规的设计方法以确定强度和刚度外，还应留有较大的安全裕度，以增大部件的刚度和抗振性。

(9)采取自然补气并充分预留各种可能的补气措施

对于巨型水轮机，自然补气几乎是唯一可行的减轻涡带压力脉动的有效措施。根据已投入运行的水轮机的经验，装在尾水管内的十字架补气和短管补气方式的效果不佳，对大型水轮机，由于尾水管尺寸大，若设置十字架或短管，运行的可靠性差，通常采取设置通过主轴中心的自然补气系统。模型试验表明，通过大轴中心孔补入约 0.3%水轮机流量的自然空气，尾水管的压力脉动即降低到正常水平，可以满足合同文件的规定值。

实践证明，在真机上，只要补气量充足，效果也是明显的，但由于模型试验和真机实际的补气压力的差异，两者的补气量不相似，因此，在根据模型换算真机的补气管径时应考虑上述压差的影响，否则，补气管径将偏小。根据水电站考察和调研了解，近来发现有些水电站，如隔河岩、二滩和李家峡等，主轴自然补气管径偏小，补气量不足，隔河岩水电站已将补气管径由 ϕ300 增大至 ϕ500，二滩等水电站拟准备增大补气管径。现阿尔斯通和 VGS 设计的主轴自然补气管分别为 2 根 *DN*450 和 1 根 *DN*500。除设置通过主轴中心的自然补气系统外，在水轮机的结构设计和水电站设计中，在适当位置(顶盖、底环和基础环)预留补压缩空气的管道，供将来必要时采用。根据已运行的大型水轮机的经验，从水轮机顶盖和底环处向转轮叶片进口处补压缩空气，对改善水轮机在高水头运行时的稳定性有良好效果，如小浪底首台机组在启动过程中出现大轴明显抖动，并伴有异常噪音以及初期运行中转轮出现裂纹等问题，通过采用叶片出口边修型、增大导叶开启速率、在机组启动过程中向水轮机转轮区

域补一定量的压缩空气等综合措施后，机组现已正常安全运行。但采取压缩空气补气，水电站内需设置专用的压缩空气系统，同时水轮机补压缩空气还会使水轮机的效率下降0.1%～0.3%。显然，补压缩空气方式是一种被迫采取的技术措施。

根据上述水电站机组处理问题的经验，考虑三峡水电站的重要性，防止目前无法认识和预计的因素，导致水轮机的稳定性差，危及机组的安全运行，对三峡左岸、右岸及地下电站均预留了压缩空气补气的管路，在水电站设计中也预留了补气管道和布置压缩空气系统的场地。

(10)对转轮叶片出水边进行修型

避免转轮叶片的出水边产生卡门涡列与叶片产生共振，根据实际情况对转轮叶片出水边进行修型。

(11)机组稳定运行与厂房结构相关问题的研究

1)电站抗震研究。

在国内如岩滩水电站运行中，发生过由于水轮机的水力脉动激发发电机层楼板的局部振动，导致布置在发电机层楼板上的电气设备误动，不能安全运行。在左岸电站水轮机模型验收试验中发现部分水力脉动值不能满足合同要求，特别是在高水头区部分负荷时存在特殊压力脉带，过大的水力脉动是否会激发电站厂房部分结构的共振，若出现这种情况将危及电站安全稳定运行。为此，长江设计院会同有关院校，利用水轮机模型试验在各种运行工况下测得水力脉动的时程曲线，在国内首次对电站厂房的动力影响进行计算，并在135～139m水位对机组运行工况下的厂房土建结构振动进行了实测，结果表明，动力影响监测结果与计算结果基本一致，振动应力和位移都在设计的安全范围内不会产生共振。

2)蜗壳埋设方式研究。

蜗壳及外围混凝土结构联合承载了机组在各种运行方式下的重量和各种作用力，又是厂房下部的基础结构，采用钢结构蜗壳的体形复杂，导致流道和蜗壳、外围混凝土结构受力复杂。蜗壳埋设方式关系到流道、外围混凝土结构和厂房整体结构的动静力特性，对结构安全、机组稳定运行、工程量等方面有着直接影响，三峡水电站蜗壳最大断面直径达12.4m、蜗壳外径34.83m、容积约6000m^3、HD值达1730m^2，是目前世界上混流式水轮机最大的蜗壳，采用何种埋设方式引起各方关注！当今蜗壳的埋设方式一般有三种，即保压浇筑蜗壳外围混凝土、蜗壳表面敷设弹性垫层浇筑外围混凝土和蜗壳直接浇筑外围混凝土，究竟采用何种浇筑方式，国内专家意见不一。对左岸电站14台蜗壳借鉴国外工程经验，并从有利于减小机组振动出发，采用了保温保压浇筑方式。工程实践表明，这种浇筑方式在施工过程中需增加闷头、密封环、保温保压装置等辅助设施，施工程序多，延长直线工期又增加了费用，在地下厂房中受厂房空间的限制要实施该方案存在较大的困难。为了适应三峡地下电站和金沙江一批大型地下电站建设的需要，需要研究在国外巨型蜗壳还没有使用过的弹性垫层、直埋这两种埋设方式，在三峡集团公司的支持下，长江设计院会同国内有关高校、研究所和机组制造厂，从总结和提高保压方案的设计理论与施工技术，同时为垫层、直埋方案的安全可靠提供参照，对保压、垫层、直埋等方案的结构动、静力特性进行同等深度的对比研究；对垫层方案的敷设范围和垫层材料主要性能参数进行优化；按线弹性和非线性对直埋方案的配筋进行了计算，并进行了物理模型试验。研究表明，采用直埋方案由于钢筋用量太大和发电机下机架不均匀上抬量过大，不可取，推见弹性垫层和直埋相结合的组合方案。三峡工程机组 32 台，蜗壳埋设采用组合方案 2 台、垫层方案 8 台、保压方案 22 台，当今世界在同一电站的巨型水轮机蜗壳同时采用三种埋设方式，不但促进了蜗壳埋设方式技术的进步，又为巨型水轮机蜗壳埋设方式优选提供了经验，开创了世界水电建设史的先河。

3.3.2 真机试验及运行

2008 年开始至 2012 年三峡工程每年从 145m 水位蓄水至正常设计水位 175m，进入试验性蓄水，长江设计院做了以下两个方面的工作：①为了验证三峡水电站 8 个品牌 700MW 水轮发电机组在各种水位、不同运行方式下的性能，为验收做好准备；②在对大型水电站的水轮发电机组运行工况调查中发现，不少水轮机转轮发生裂缝等事故，经设计研究与发电调度没有使机组避开不稳定运行区密切相关，三峡水电站机组台数多，为不重蹈 5 台不同机组的稳定运行区间覆辙，对 8 个品牌 700MW 水轮发电机组在不同水头段下的稳定运行工况进行试验，为划分各种品牌的稳定运行区、限制运行区和禁止运行区提供科学依据，为此长江设计院提出了“三峡工程试验蓄水期 700MW 水轮发电机组的试验项目”，得到三峡集团公司批准。

试验结果表明：各品牌机组性能满足合同要求。不同机组的稳定运行区间见表 3.3-2 和图 3.3-2 至图 3.3-6。

表 3.3-2　　5 台不同机组的稳定运行区间

机组号	6 号	8 号	16 号	21 号	26 号
毛水头约 106m(上游水位 172.5m)					
禁止运行区(MW)	80～510	80～505	80～530	80～560	80～497
限制运行区(MW)		505～530	530～560		497～525
稳定运行区(MW)	510～756	530～756	560～756	560～756	525～756
毛水头约 80m(上游水位 145.5m)					
禁止运行区(MW)	80～410	80～390	80～380	80～435	80～370
限制运行区(MW)		390～415	380～415		370～400
稳定运行区(MW)	410～700	415～700	415～670	435～680	400～630

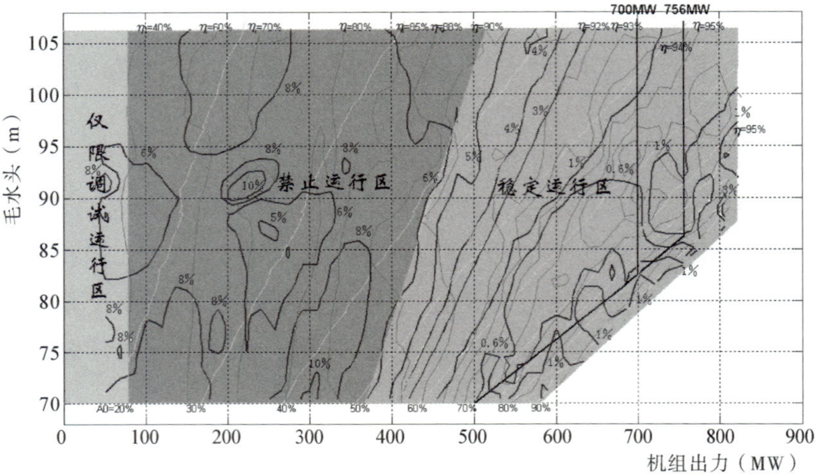

图 3.3-2　按运行标准划分 6 号运行区域

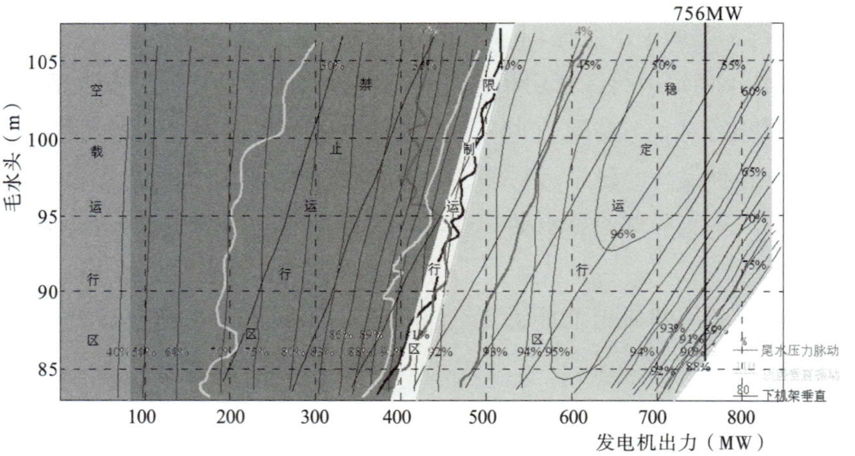

图 3.3-3　按运行标准划分 8 号运行区域

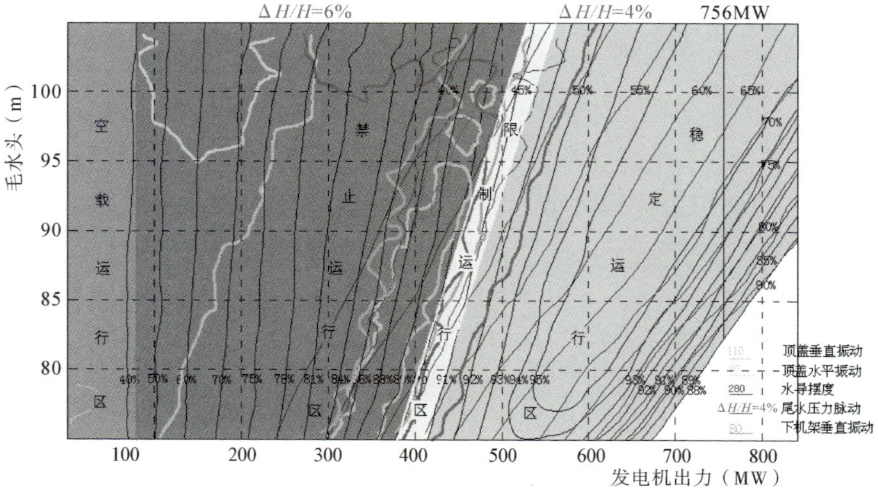

图 3.3-4　按运行标准划分 16 号运行区域

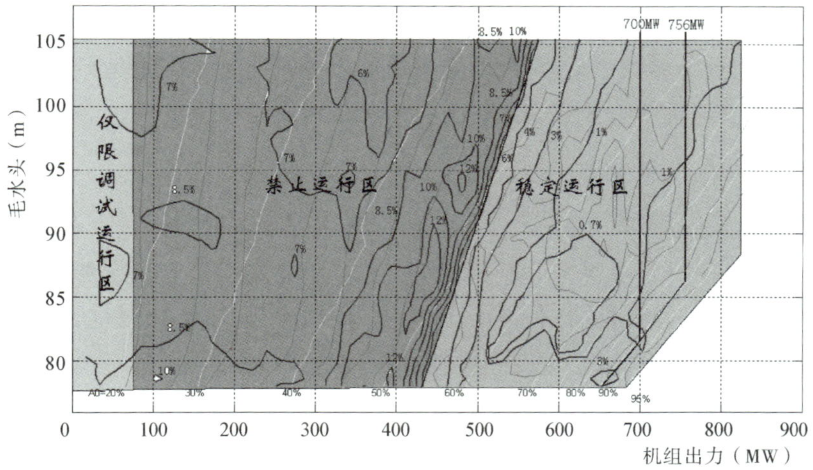

图 3.3-5 按运行标准划分 21 号运行区域

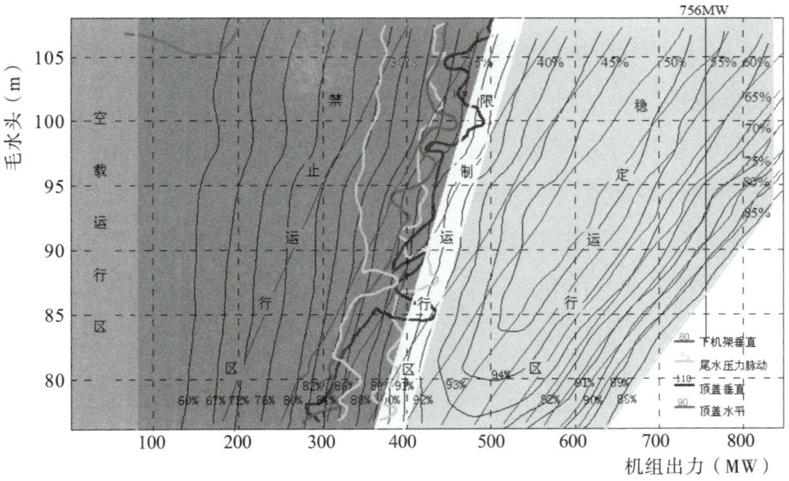

图 3.3-6 按运行标准划分 26 号运行区域

3.3.3 蜗壳埋设方式

3.3.3.1 问题的提出

大型机组蜗壳尺寸较大，受力条件复杂，蜗壳与座环不仅要承受很高的动静水力、机组转动部分的承载和其他作用力，这些力都要传递给蜗壳周围的混凝土承受，可见埋设方式涉及厂房的结构安全、机组的运行稳定性，是设计中必须解决的关键技术问题之一。

目前，国内外大型水电站水轮机蜗壳的埋入方式大致有三种。

（1）直接埋入法

属于蜗壳钢衬与钢筋混凝土联合承载结构，一般用于高水头水电站，特别是抽水蓄能水电站。设计研究表明，此种埋设方式在大型混流式水轮机中由于蜗壳外围混凝土几乎要承载全部的蜗壳承受的压力，外围混凝土钢筋配筋量增加较大，不仅增加了造价和施工难度，失去了蜗壳按100%承受内水压力设计条件的作用,而且使发电机下机架对角线支臂在蜗壳内水压力作用下导致不对称上抬,对放置在下机架上的推力轴承安全运行产生不利影响,是不可取的埋设方式,已被组合式蜗壳埋设方式所替代。

(2)外敷弹性垫层埋入法

钢蜗壳外围一定范围敷设弹性软垫层浇筑混凝土的方式称为垫层方案。这是国内常用的蜗壳埋设方式,如丹江口水电站、隔河岩水电站、三峡右岸电站和三峡地下电站等,该方案可较充分发挥钢蜗壳的承载能力,使混凝土结构受力较合理,软垫层对蜗壳具有一定的约束作用,可吸收蜗壳振动位移,减小混凝土结构的振动荷载。

(3)充水保压埋入法

通过向蜗壳内充水,将蜗壳内的水压力保持在一定值的状态下浇筑外围混凝土的方式,保压压力一般为0.5～0.9倍设计压力。

三峡水电站水轮机蜗壳的HD值较高,蜗壳容积约6000m^3,是当今世界最大的混流式水轮机蜗壳,有些专家对采用垫层方案能否达到保压方案同样的效果表示关切,对在压力脉动作用下蜗壳及外围混凝土的动力响应、过渡板的受力状况等问题更为关注。为了科学有据地搞清直埋、保压、垫层等方案各自的性能特点、最佳的选用条件等问题,2005年4月三峡集团公司委托长江设计院牵头并会同长江科学院、大连理工大学等单位,对上述埋设方式,在各种运行方式下流道(含蜗壳、过渡板、座环等部位)及外围混凝土的整体结构进行动静应力计算分析,对埋设方案进行优化等。同时,请哈电、东电分别对垫层和保压方案流道的刚强度进行复核计算。

3.3.3.2 设计研究

(1)概述

鉴于当时国内外还没有700MW机组采用垫层方案的工程实例,并认为保压方案有利于减小机组振动,对机组安全运行有利,因此,左岸电站14台700MW水轮机蜗壳外围混凝土浇筑都采用了保压方案。左岸电站的工程实践表明,保压方案与垫层方案相比,每台机组蜗壳外围混凝土钢筋增加约108t;需增设蜗壳密封环和闷头;由于蜗壳外围混凝土浇筑的季节不同,为了弥补机组运行期实际水温与浇筑外围混凝土时水温的温差,在冬季浇筑时对容积约为6000m^3蜗壳中的水需保温保压,而在夏季浇筑时需降温保压或适度减小保压水头,又增加了规模较大的保温保压装置;直线工期平均增加约1.5个月。鉴于上述原因,长江设计院于2003年1月提出建议,在右岸电站选择1～2台机组采用垫层方案。三峡集团公司经研究决定17号、18号、25号、26号机组蜗壳采用垫层方案,15号机组蜗壳采用组合方案,并对直埋、保压、垫层三种蜗壳埋设方式从理论到工程实践开始进行同等深度的设计研究,包括仿真计算、模型试验和现场监测等。

1)边界条件。

对共同应遵守的边界条件进行分析,作出相应的规定:

①控制标准。

对于现行规范没有规定的一些控制标准进行分析，如下机架基础变形标准、座环顶部整体柔度标准、动力反应控制标准、裂缝控制标准等，经设计研究并通过专家评审确认后，作为三峡工程控制标准。

②作用载荷。

对机组流道的静、动荷载及机组运行的静、动荷载进行分析，确定合适的严重组合工况，作为研究的主要工况，有利于工程安全运行。

③材料特性。

材料特性包括混凝土受拉软化曲线分析、垫层材料力学指标分析等。

④模型边界。

模型边界包括混凝土与钢构件黏结滑移关系分析、混凝土与钢构件间初始缝隙分析、混凝土裂缝模拟分析等。

⑤探讨非线性理论钢筋混凝土配筋、裂缝分布和开度的计算方法，使之更符合水电站厂房蜗壳结构的实际。

2)静力计算分析。

①线弹性理论配筋计算。

蜗壳与混凝土联合受力结构线弹性应力、变形计算，根据混凝土结构的应力图形进行配筋设计，并复核裂缝分布及开度。

②非线性理论配筋复核。

采用非线性理论对钢衬钢筋混凝土结构进行配筋复核，描述在内水压力等荷载作用下混凝土裂缝的发展、分布、开度，及钢衬、混凝土、钢筋的应力、变形。根据裂缝控制标准和结构受力，检验和进一步确定配筋方案。

③非线性理论静力计算。

根据最终配筋方案，对钢衬钢筋混凝土结构作三维非线性静力计算，描述在内水压力等荷载作用下混凝土裂缝的发展过程、裂缝分布和裂缝开度，钢衬、混凝土和钢筋的应力、变形，以及蜗壳—座环整体扭转位移和结构变形。研究重复荷载对结构应力和变形的影响。探讨施工期和运行期温度变化对结构应力和变形的影响。

3)动力计算分析。

①动力响应计算。

计算在机组振动激振力(机械、电磁和水力脉动)等外荷载作用下，结构的动力响应，给出振动的双峰振幅、速度、加速度、动应力以及局部结构的应力集中程度。研究的重点是：选择水轮机模型试验的若干典型工况，根据模型相似律换算至原型机组实时压力脉线，作为作用在蜗壳及其外围混凝土整体结构激振力，对蜗壳和外围混凝土整体结构进行有限元动态响应计算并进行敏感性分析。

②计算蜗壳结构的整体振动频率和振型。

对共振进行复核，并论证评价开裂对整体结构刚度的影响。

③座环与蜗壳柔度计算。

机组轴系运行稳定性与蜗壳、座环及外围混凝土的柔度密切相关，机组制造厂对工程提出具体要求。座环与蜗壳柔度计算主要是分析在单位荷载作用下结构的变形，从而确定结构的水平径向柔度。重点分析结构开裂前后的整体柔度，论证混凝土开裂状态下的整体柔度的变化，以及对机组稳定性的不利影响。

④疲劳分析。

根据静力、动力计算的成果，并依据制造厂提出的材料疲劳强度特性，复核在脉动压力动荷载作用下结构的疲劳强度和使用寿命。在混凝土开裂状态下，对流道结构金属材料的疲劳强度、混凝土材料开裂状态和长期交变动态荷载作用下的耐久性与疲劳评价。

通过上述计算分析研究，不同埋设方式对机组振动、稳定运行作出评价。

4)仿真模型试验。

静力模型试验。对于组合直埋方案进行了仿真模型试验。采用逐级加载与反复加载的方式，通过内埋测量元件(包括钢筋计、应变计、位移计、裂缝计等)和外部表面测量系统，研究结构应力应变，确定混凝土初裂荷载，测量钢衬、钢筋和混凝土的应力，研究裂缝的初生和发展规律，测量不同内压荷载下的裂缝分布和裂缝宽度，以及钢衬和钢筋的应力、塑性极限等试验成果分析。

分析模型与原型边界条件不同对试验成果的影响，如模型流道存在闷头和密封环、动力相似与静力相似等。将试验成果与计算成果进行对比分析，重点是找出差别，分析差别产生的原因。通过试验成果的反馈分析，可以验证计算成果的可靠性，对计算模型和计算参数进行修正，得到更加合理的数值仿真成果。

5)安全监测。

2003 年 7 月三峡左岸电站首台机组发电，2007 年 6 月三峡右岸电站首台机组发电，至 2008 年 10 月三峡左右岸共 26 台机组均已发电运行。为监测三峡不同埋设方式蜗壳在施工过程中及运行期的变形、受力等情况，并为以后类似的大型蜗壳埋设方式的选择提供科学依据，在三峡左右岸电站选取了部分典型机组蜗壳进行监测。蜗壳监测主要以右岸电站为主，共对 8 台机组进行了监测，这 8 台机组的监测项目较全，仪器布置较全面和完整。对左岸 4 台机组进行了监测，但以 10 号机组监测项目及测点较全面、监测数据较完整。在充水调试期间，对直埋组合方案发电机下机架对角线支臂在静水压力作用下的不对称上抬量进行监测。经过对蜗壳三种埋设方式的设计研究、工程实践和真机监测，以上几种埋设方法均有成功的应用经验，至于采用哪一种埋设方式较优，只能结合工程的实际条件，比选后择优选取。上述成果为今后进一步优化奠定了基础。

三峡工程 32 台 700MW 机组，其中 21 台机组采用保压埋设方案、9 台机组采用垫层埋设方案、2 台机组采用组合埋设方案。

（2）保压埋设方案

蜗壳保压浇筑混凝土首先要选择好合理的保压水头。保压水头指在浇筑混凝土的过程中钢蜗壳中心高程处的静压水头。保压埋设方案可能出现以下三种工作状态：①当运行工作水头低于保压值时，钢蜗壳的自由变形值小于保压浇筑混凝土时蜗壳的膨胀值，因而处于独立工作状态，蜗壳基本不受外围混凝土约束，即蜗壳与外围混凝土结构之间大部分存在间隙。②当运行工作水头达到保压值或略高于保压值时，钢蜗壳产生一定的自由变形后大部分与混凝土结构接触，并开始向混凝土结构传递内水压力，蜗壳的变形开始受到混凝土结构的约束，其结构刚度有较大提高。③当运行工作水头较多地超过保压值时，蜗壳产生一定的自由变形后进入与外围混凝土联合受力工作状态。在此状态，蜗壳与混凝土之间绝大部分紧密贴合，超过保压值的那一部分水头的内水压力绝大部分将由外围混凝土结构承担。

为保证机组安全稳定运行，保压水头的选择应保证机组在长期运行的水头范围内，钢蜗壳与混凝土能大部分紧密接触，提高整体刚度，兼顾短期运行的工况，减小混凝土承载比，保持混凝土完整性，使混凝土配筋合理，施工方便，节约工程造价。

在三峡水电站蜗壳保压水头选择中，对三峡工程分期蓄水、分三阶段逐步抬高运行水位的蜗壳承受静水压的分布概率进行了分析计算。围堰发电期 3 年，运行水位 135m，蜗壳静压水头 78m；初期运行计划 6 年（实际运行 3 年），夏季水位 135m，冬季水位 156m，蜗壳静压水头 99m；永久运行期夏季水位 145m，蜗壳静压水头 88m，冬季水位 175m，蜗壳静压水头 118m。从以上可以看出，135m 水位围堰发电期运行时间较短，不能作为保压水头选择的依据，应予以兼顾。枯水期运行水位 175m、汛期运行水位 145m 是三峡水电站长期的运行水位，是保压水头选择的依据。因此，重点对保压水头 78m 和 70m 进行了比较。若选用 78m 作为保压水头，正好是 135m 水位运行蜗壳承受的静水压力，如考虑了施工蜗壳水温与冬季运行水温差别后，冬季运行钢蜗壳与外围混凝土之间大部分没有紧密接触；若选用 70m 作为保压水头，正好是长期运行蜗壳承受最小静压水头的 0.8 倍（88m×0.8=70.4m），这样虽增加外围混凝土的压力，需增加配筋，提高了整体刚度，对长期运行增加了安全裕度，保压水头最终选用了 70m。与机组制造商阿尔斯通、VGS 协商后，根据他们的经验，保压水头也按长期运行蜗壳承受最小静压水头的 0.8 倍选取，同意保压水头选用 70m。

保压水头选择除研究运行水位这一主要因素外，从机组的安全运行出发，还需综合考虑以下影响保压水头选择的其他因素：

1）土建结构。

如果将保压水头定得偏低，蜗壳外围混凝土承载力增加，对结构不利，机组运行偏于安全。如三峡水电站，蜗壳采用 70m 保压水头，相对 78m 水头保压值，蜗壳外围混凝土结构受力增加约 13%的内水压力，相应的混凝土结构配筋量也就有一定的增加。

2）温度影响。

研究表明，蜗壳内水温的变化对其变形非常敏感。经计算，水温升高 1℃，相当于蜗壳内水压增加约 2.0m·WC，见图 3.3-7。长江水温随季节变化较大，对三峡坝址来说，冬季最低水温为 9℃左右，夏季最高水温为 26℃左右，最高水温与最低水温相差约 17℃。由于蜗壳浇筑混凝土时间较长，一般需 4～5 个月，还需一年四季都能进行混凝土浇筑，因此，在蜗壳充水浇筑混凝土的过程中，为了减少水温变化导致对水头保压值的影响，在控制蜗壳内水压值的同时，对蜗壳内的水温或水压也应予以控制，采用保温保压的方式浇筑蜗壳外围混凝土。考虑到三峡水电站在一年四季各种水温和水头条件下，使蜗壳与外围混凝土能大部分紧密配合，提高蜗壳和混凝土结构的整体刚度，混凝土浇筑时蜗壳内水温控制在 18℃较好，但允许水位控制存在一定误差，将水温控制在 16～22℃范围内是合适的，见图 3.3-8。

3)机组运行稳定性。

为保证机组的稳定运行，作为水轮发电机的基础，蜗壳和座环及外围混凝土必须有足够的整体刚度和强度。

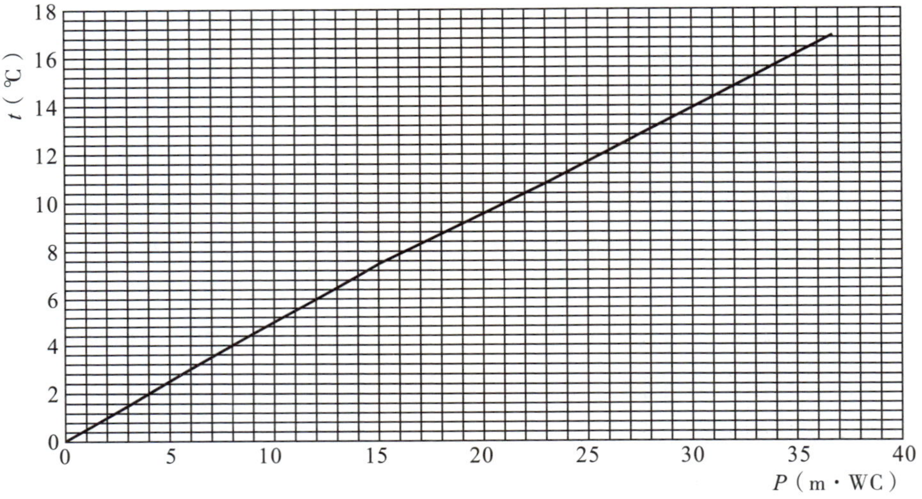

图 3.3-7　三峡蜗壳内水温与水压等价曲线

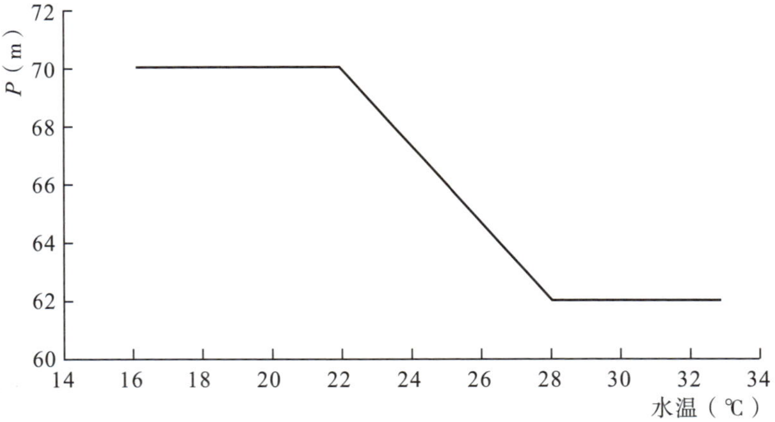

图 3.3-8　保温时水压与水温关系曲线

在确定了上述方案后，从确保混凝土的浇筑质量、满足施工总体进度、能全天候浇筑二期混凝土和方便施工等方面出发，对蜗壳保温保压浇筑二期混凝土提出了全面的施工技术要求，并进一步明确在保压浇筑蜗壳二期混凝土时蜗壳内压力水的区域温差应控制在 21±1℃范围内，蜗壳内平均水温不得低于 16℃，也不得高于 22℃。压力变幅在±1m 范围内。冬季浇筑蜗壳二期混凝土时，蜗壳内水体采取加温保温措施；夏季高温条件下浇筑蜗壳二期混凝土时，当蜗壳内平均水温超过 22℃时，采取降温措施或将保压水头按温度与压力关系曲线适当调低，但不得低于 62m 水头，通过分析比较最终决定采用降温措施。

(3)垫层埋设方案

1)垫层材料。

蜗壳采用垫层埋设的关键之一是垫层材料的选择。在已建水电站采用垫层方案的工程中，垫层材料的材质、品种很多，诸如聚苯乙烯泡沫板、聚乙烯泡沫板、软木、羊毛织物、油毡等。这些材料均属非线性材料，且将其用作垫层材料各自都存在一些缺点。在选择弹性垫层材料时，应对材质、弹模、厚度等综合考虑，择优选取。根据三峡水电站垫层方案对垫层材料各参数的要求，经比选后认为采用高压聚乙烯闭孔泡沫板(PE)较合适，因为这种材料相对其他垫层材料相比有复原率高、无吸水性、耐气候性、耐化学药品性、耐老化性、环保好等优点。

除垫层材料选择外，还对垫层材料的弹模分别为 1.5MPa、2.5MPa、3.5MPa、5MPa、10MPa，厚度为 10mm、20mm、30mm、40mm、60mm，敷设范围为腰线上(2m 和 1m)，腰线、腰线下(1m 和 2m)等的方案经比选后认为：垫层材料的弹模取 2.5MPa 较好，选用 3.5～5MPa 也可以，厚度取 30mm 较好，敷设范围在腰线下 1m 较好。三峡水电站蜗壳外敷弹性垫层的材料见表 3.3-3。

表 3.3-3　　三峡水电站蜗壳外敷弹性垫层的材料

序号	检测项目	单位	指标
1	密度	kg/m^3	130±10
2	吸水率	%	≤5
3	弹性模量	MPa	4.0±0.4
4	变形模量(相对形变 25%)	MPa	1.1±0.1
5	压缩强度(相对形变 10%)	MPa	≥0.25
6	压缩永久变形率(50%、72h、23℃、卸荷后放置 24h)	%	≤11
7	抗拉强度	MPa	≥0.9

2)弹性垫层敷设范围。

机组运行荷载中，蜗壳承受切向水推力、顶盖垂直水压力及水导轴承径向力等荷载，这些荷载通过座环、蜗壳应能直接传递到混凝土整体结构中，利于机组安全稳定运行。弹性垫层敷设范围设计时，对座环与蜗壳相连接的过渡板部位及蜗壳的鼻端，考虑到此范围内体形变化导致受力复杂，从安全出发，应加强这些部位混凝土的约束作用，在一定范围内不能敷设垫层，采用直埋方式，视情况还可采取提高混凝土标号的方法来解决该部位混凝土结构的承载能力。

经分析，三峡水电站采用垫层埋设方案的机组，距机坑里衬 2.5～3m 水平距离范围的蜗壳顶部和鼻端不敷设垫层（图 3.3-9），并将该部位的混凝土标号由原 250 号提高到 400 号（一般为蜗壳顶高程以下），以确保混凝土结构对蜗壳及座环的约束作用，以改善过渡板附近的受力。垫层方案可减少混凝土结构的承载力，蜗壳底部由于承受压力，蜗壳与外围混凝土一般是紧贴的，从改善和控制混凝土结构受力状态和利于机组稳定运行出发，敷设范围有所限制，因此，垫层敷设范围往往控制在蜗壳上部及腰部附近。

经综合比选，三峡蜗壳垫层埋设方案采用外敷垫层至蜗壳腰线，距机坑里衬 2.5～3m 范围内采用直埋方案，采用高压聚乙烯闭孔泡沫板，垫层厚度取 30mm，弹模为 2.5MPa。

（4）组合埋设方案

直埋方案的优点是工序简单、工期短，在设计研究过程中发现：

一是直埋方案的蜗壳需承担 90%以上的内水压力，不仅增加蜗壳外围混凝土配筋、造价，导致蜗壳配筋施工难度增加，施工质量难以保证，失去了钢蜗壳按承受 100%内水压力设计的作用。

二是由于大型机组蜗壳 *HD* 值高，外围混凝土相对较薄，承担很大的内水压力后，导致裂缝范围和宽度较大，作为机组支承体的厂房水下结构的整体刚度和抗振性能可能会有所降低，变形将有所增加，对机组安全稳定运行造成不利影响。

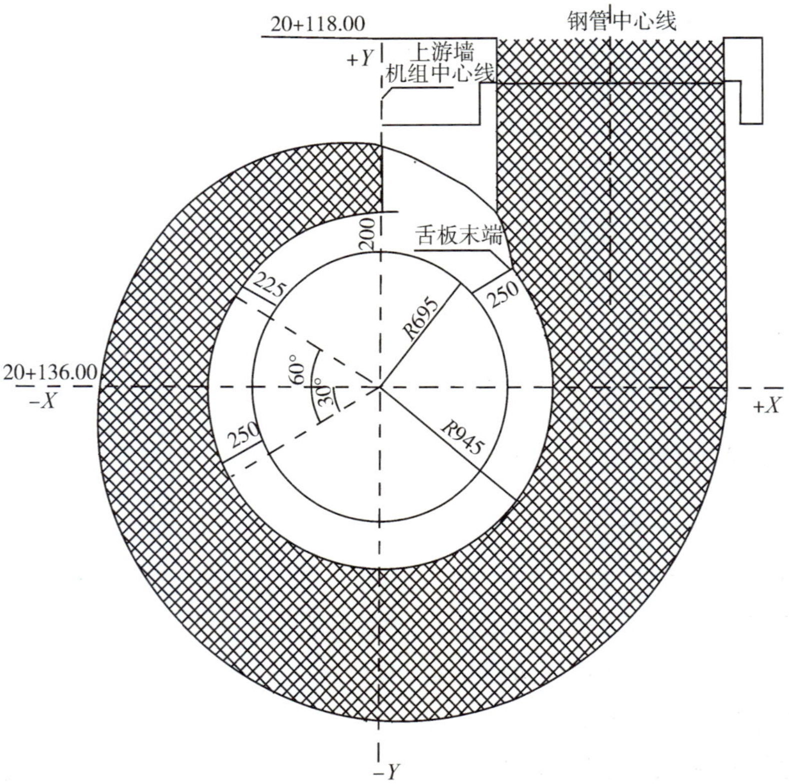

图 3.3-9　垫层敷设范围示意图

三是由于蜗壳结构断面从进口到尾端逐渐变小，在蜗壳内水压力作用下，其上部混凝土承受的压力是不均匀的，导致发电机下机架支臂不均匀上抬，影响布置在发电机下机架上的推力轴承的安全稳定运行。一般来说，蜗壳断面越大，发电机下机架上对称支臂的不均匀上抬量越大，对推力轴承布置在下机架上的方案，从推力轴承安全运行出发，如何控制发电机下机架的基础不对称的上抬量是至关重要的。

鉴于上述，大型混流式水轮机的蜗壳不宜采用直埋方式，为了发挥施工工序简单、工期短的优点，提出了直埋与弹性垫层的组合方案，克服单纯直埋方案所存在的问题，成了设计研究的重点。

1)控制标准。

在设计研究中提出了研究结果应达到的标准为：

①发电机下机架支臂对角线基础允许的最大不对称上抬量，制造厂要求不大于0.4mm，经水工各种方案的设计研究，要达到此值困难很大，已投入运行的垫层和采用保压埋设方式的蜗壳，发电机下机架支臂也存在基础对角线不对称上抬量，但机组能安全运行。为此，将三峡水轮发电机下机架支臂基础对角线不对称上抬量控制在不大于1.2mm，与垫层和保压埋设方式相当。

②蜗壳外围钢筋混凝土，不能有贯穿性裂缝，表面裂缝宽控制在0.3mm内。

③按环向主应力对蜗壳外围钢筋混凝土进行配筋。

2)控制不对称上抬量的措施。

发电机下机架产生不对称上抬量源于蜗壳断面的不对称，导致传递到发电机下机架支臂基础的内水压力不均匀，减小不对称上抬量，最好的方法是使蜗壳内水压力能较均匀地传递到发电机下机架支臂基础上，于是提出了在直埋方式的基础上，在蜗壳大截面部分，即钢蜗壳传递内水压力面积较大的部分敷设能部分吸收内水压力的弹性垫层，使蜗壳传递到发电机下机架支臂基础的内水压力较均匀，垫层敷设范围一般在蜗壳的第一、四象限，敷设面积的大小视具体情况计算后择优选取。三峡水电站15号机组组合埋设方案是在直埋方案基础上，在蜗壳上部敷设一定范围的弹性垫层。计算表明，可明显减小下机架基础的结构变形，见表3.3-4。

表3.3-4　　配筋6ϕ40各方案基础板上抬量　　(单位:mm)

方案	1	2	3	4	5	6
垫层范围	7.5m	0°	0°+C40混凝土	45°+C40混凝土	7.5m+C40	45°+C40
定子基础	1.86	1.64	1.43	1.21	2.844	1.161
下机架基础	2.17	1.74	1.53	1.3	1.997	1.213

由表3.3-4可知，方案1与方案2比较，垫层敷至蜗壳0°比敷至直管段7.5m处，定子基础相对上抬量减小11.8%，下机架基础相对上抬量减小19.8%；方案3与方案4比较，垫层敷至蜗壳45°比敷设蜗壳0°，定子基础相对上抬量减小15.4%，下机架基础相对上抬量减小

15%；方案5与方案6比较，垫层敷至蜗壳45°比敷至7.5m处，定子基础相对上抬量减小59.2%，下机架基础相对上抬量减小39.3%。由此可见，随着垫层范围扩大，结构变形明显减小，垫层敷设至蜗壳45°断面、蜗壳顶部设1层厚约2m的C40混凝土，基础相对上抬量与保压方案基本相当。

3)控制混凝土裂缝。

混凝土表面允许最大裂缝宽度按规范取0.3mm，为保证结构整体性与刚度，不出现贯穿性裂缝。增加配筋能有效减小裂缝宽度，配筋5ϕ40或6ϕ40能控制表面裂缝宽度不超过0.3mm，但增加配筋不能完全控制贯穿性裂缝产生，还需局部提高混凝土的标号。

三峡水电站15号机组直埋方案和组合方案计算表明，组合方案配筋减少40%～103%，混凝土裂缝分布基本不变，钢筋应力和裂缝宽度有所减小，下机架基础相对上抬量减小3%～17%。组合方案较好地解决了减小蜗壳外围混凝土的承载力、减少钢筋配量、方便施工、降低工程造价等问题，又能使发电机下机架支臂不对称的上抬量控制在允许范围内，这种改建的直埋方式称为组合埋设方式，在大型混流式水轮机的蜗壳埋设中颇有使用前景。

3.3.4 初期转轮研究

3.3.4.1 问题的提出

大型水电站由于建设周期较长，为了发挥工程效益，一般采用分期蓄水发电的方式。例如，三峡工程最终采用"一级开发，一次建成，分期蓄水，连续移民"的开发方案，经坝前水位135m围堰发电期，转入坝前水位156m初期运行期，最后进入坝前设计水位175m运行。水轮机初期运行水头范围为61～90m，后期运行水头为71～113m，时间跨度长达18年。要求机组既能适应围堰期低水位运行，又能适应水位分期升高，最终至设计水位运行，而且使发电效益最大化，这是摆在长江设计院面前的一道难题。

3.3.4.2 设计研究

为了适应分期蓄水，长江设计院曾对水轮发电机组采用双速发电机、交流励磁、变频调速等方案进行过研究。研究表明，有的方案技术尚不成熟，有的方案技术过于复杂而被放弃，最后集中到研究以下三种方案：

一个转轮方案。按照三峡工程前后期的运行水头范围，设计制造一种型式的转轮。

更换水轮机转轮方案。初期和后期分别采用不同的转轮，即水轮机除转轮外的各部件，按后期水头条件设计制造，部分水轮机转轮按初期水头条件制造，到适当时期更换成后期转轮。

采用两种不同参数机组方案。按初期条件选择和设计的机组，应兼顾后期运行条件，使水轮机效率不至降低过多。按后期条件设计的机组，应能在初期条件下安全运行。这一方案，可不更换机组任何部件，两种参数的机组台数，要根据初期和后期的水头条件、水电站在电力系统的工作位置、初期运行的历时等因素，综合分析研究确定。这一方案，在国外大型水电站已有先例，如委内瑞拉的古里水电站，分期开发，选用不同参数的机组。

(1)按后期条件选择机组参数

即水轮机、发电机均按后期条件设计制造，单机容量 680MW(重新可行性论证单机容量为 680MW、初步设计增至 700MW)，转速 75r/min，初期不更换机组任何部件。经分析，国外混流式水轮机，当水轮机运行在设计水头的 65%～125%、出力为 60%～100%的功率范围内，均能保证机组安全稳定运行。国内已建的某些水电站，为提前发电，亦曾在低于 65%的平均水头下安全发电。如丹江口水电站，水头范围 58～86m，曾在 37m 水头开始运行，为平均水头 71m 的 52%，三峡初期最低水头为 61m，为后期平均水头 90.1m 的 62.1%，且三峡围堰发电期为 3～4 年，只有在发生特大洪水时，下游尾水位抬高，导致水头减少，经分析，水头为 56m，其流量将达 80000m^3/s，历时很短，故影响甚小。

(2)更换转轮方案

发电机、水轮机除转轮外的各部件，按后期水头条件设计制造，水轮机转轮则按初期水头条件选择参数，并兼顾后期更换转轮时的技术要求，机组容量仍为 680MW。这种过渡方案，在国外如苏联于 1972 年和 1979 年在努列克和萨扬舒申斯克水电站有了工程实践先例，技术上可行，并有很大的经济效益。按初期水头条件设计初期转轮，单位过流量和最优单位转速较大，在初期运行时平均效率较后期水轮机高，机组的预想出力增大，三峡工程汛期水量充沛，可多获得电能，但存在后期需更换部分水轮机转轮，于是后期需购置水轮机转轮和拆装转轮，更换工期较长，被更换的转轮又无法利用，导致费用增加。

根据哈尔滨大电机研究所、哈尔滨电机厂和东方电机厂对初期和后期运行的转轮研究表明，采用初期临时转轮的水轮机功率和后期永久转轮水轮机功率的增值数据见表 3.3-5。

表 3.3-5　　临时转轮与永久转轮出力增值数据表

水头(m)	56	61	71	77	80.6	93
ΔN 出力增值(MW)	49	45	36.5	30	0	0

根据上述资料，研究了不装设初期临时转轮和装设 6 台、10 台、14 台和 26 台初期临时转轮诸方案，各方案在施工期和电站全部机组投产后电量见表 3.3-6。

从表 3.3-6 可以看出，采用临时转轮，施工期可多发电量，以装 6 台计累计多发电量 39.2 亿 kW·h，每台机组平均增加电量 6.5 亿 kW·h，装设更多的临时转轮机组，累计发电量亦相应增大，但每台均增加电量相对减少，如装 26 台临时转轮方案，为 3.2 亿 kW·h。电站全部机组投产后，在初期运行条件下，装设临时转轮多发电量 0.735 亿～0.950 亿 kW·h。经粗算，更换一台临时转轮(含转轮拆装费)为 1400 万元人民币左右，经济分析表明，只需 3 年左右增加的发电量，就可以抵偿，经济上是可取的。但需要考虑到三峡工程围堰发电期和初期(156m)运用期时间可能缩短的因素。

表 3.3-6　施工期和电站全部机组投产后电量计算表

工程开工后的年份		机组投产台数	不装设临时转轮发电量(亿 kW·h)	装设不同台数临时转轮发电量(亿 kW·h)			
				6 台	10 台	14 台	26 台
施工期	12	2	35.5	37.4	37.4	37.4	37.4
	13	6	213.9	225.1	225.1	225.1	225.1
	14	10	345.5	353.7	359.2	359.2	359.2
	15	14	518.5	524.2	528	531.8	531.8
	16	18	583.4	588.37	591.8	594.8	598.1
	17	22	644.9	649.5	652.6	655.7	661.8
	18	26	692.1	694.8	696.6	698.5	703.9
	累计		3033.8	3073	3090.3	3102.5	3117.3
	累计差值		0	39.2	56.5	68.7	83.5
电站全部机组投产后	年发电量		699.3	705.0	707.9	710.7	718.4
	年发电量差值		0	5.7	8.6	11.4	19.1
	一台临时转轮机组增加的年发电量		0	0.95	0.86	0.814	0.735

注：表中各项差值，均以不装设临时转轮方案为基准进行比较。

根据各制造厂就初期低水位运行时机组运行性能和运行效益分析计算，适应三峡工程分期蓄水运用的机组过渡方案，可行性研究阶段经对全电站应用不同台数初期转轮的综合评估，推荐采用更换转轮台数按 4～6 台考虑。

(3)方案选择

在机组招标时，分析了各投标厂提供的永久转轮性能参数和分期蓄水过渡措施后认为，投标厂针对三峡水电站特点开发的转轮的性能参数有了很大的提高，可在三峡水电站全水头段范围内安全稳定运行，低水头段水轮机的预想出力，永久转轮和临时转轮方案相差不大，不需要更换转轮，该方案对工程建设和电厂运行有利，故最终确定采用一个转轮即永久转轮方案。三峡水电站多年运行经实践检验表明，选择该方案是正确的。

3.3.5　转轮现场加工

3.3.5.1　问题的提出

我国很多水电站的地理位置处于偏远的山区，交通十分不便，受铁路、公路和水路运输条件的限制，机组的主要部件尤其是大型水电站的水轮机转轮，由于其尺寸大、重量重，不能整体运至电站，必须将转轮分部件或将转轮分瓣运至电站，然后到现场再加工成整体。转轮现场加工主要有三种方案。

1)将转轮的上冠、下环和叶片分件运至工地，然后加工成整体转轮。

2)将转轮在设备厂加工成整体后,将整体转轮切割成需要的瓣数,运至工地,然后加工成整体转轮。

3)将转轮的上冠、下环分件后,由于其尺寸巨大,还不能满足部件整体运输的要求,必须将上冠和下环分至需要的瓣数运至现场,然后到现场将分瓣的上冠、下环和叶片加工成整体转轮。

国内巨型机组转轮现场制造转轮情况见表 3.3-7。

表 3.3-7　国内巨型机组转轮现场制造转轮情况一览表

电站名称	台数×单机装机容量(MW)	转轮外形尺寸(直径×高度)(mm)	转轮重量(t)	叶片数	上冠分瓣	下环分瓣	整体分瓣
三峡	26×700	10600×5290	440	15	整体	整体	
龙滩	9×700	8020×5278	267	13	整体	整体	
小湾	6×700	6700×3260	147	15	整体	整体	
拉西瓦	6×700	7008×3411	182	15	整体	整体	
构皮滩	5×600	7128×2877	157	16	直切大小 3 瓣	4 瓣	
景洪	5×350	8962×4850	247	13	整体	3 瓣	
瀑布沟	6×600	7180×3407	230.5	15			2 瓣
二滩	6×550	6360×3131	119	13			2 瓣

注:三峡仅右岸少数转轮现场制造,左岸和右岸其他厂家转轮均采用整体运输。

由表 3.3-7 可见,受运输条件限制,构皮滩水轮机转轮采用了最多的分件分瓣运输现场加工制造方式,因此必须对水轮机转轮现场加工关键技术进行研究。

以下仅以构皮滩水电站水轮机转轮现场加工方案进行描述。

3.3.5.2　技术难点

水轮机转轮是水轮机的核心部件,其质量好坏直接影响到机组的性能参数和安全稳定运行。因此,对叶片型线要求高,转轮均采用五轴数控加工。构皮滩水电站装机容量为3000MW,在西南电力系统中占有极其重要的地位。单机容量为 600MW,对大型水轮机而言,运行的稳定性放在首位,由于地处深山峡谷,转轮不能整体运输,若采用整体转轮分瓣(两瓣或多瓣)方案,则必须切割水轮机转轮叶片,现场焊接无疑会造成叶片型线的损坏,设计研究后,水轮机转轮不采用分瓣运输方案,采用转轮分件、分瓣运输现场组焊加工成整体的运输方案。

受运输条件的制约,构皮滩水电站水轮机转轮运输只能采用:将转轮的上冠直切成 3 瓣,下环径向分成 4 瓣,转轮叶片 16 片,1 个转轮被分割为 23 块的运输方案。这样虽然方便了运输,但是转轮分件、分瓣较多,增加了现场加工难度,主要表现在:

1)现场转轮制造包括部件的组装、焊接、焊接残余应力的消除、机械加工、检验和转轮平衡等工艺复杂。

2)转轮工地制造工艺过程必须针对转轮技术要求、现场条件及交货期等要求制定。合理确定转轮现场加工厂房及厂房内工位布置、加工设备的型式及数量。

3)现场地理环境复杂、交通不便,配套困难,需合理配置辅助设施,组织好消辅材料的供给和管理。

4)分件分瓣新型结构,缺乏成功制造经验。

针对上述难点,必须制定科学合理的管理、技术和工艺方案。实践表明,构皮滩转轮现场的成功制造与科学的组织、严格的技术管理密不可分。

3.3.5.3 主要工艺方案

构皮滩转轮上冠最大外径 6842mm,下环最大外径 7128mm,尺寸均超过运输极限,因此上冠分成 3 瓣,下环分为 4 瓣,上冠分瓣见图 3.3-10。

图 3.3-10 上冠分瓣示意图

上冠采用直切分为 3 瓣方式为巨型水轮机首次采用,减小了上冠运输尺寸和运输重量,从而满足运行要求,并为转轮上冠在工地焊接减少了焊接工作量、焊接变形和残余应力和工地加工余量,为缩短交货期创造了条件。

上冠经精加工后在工地现场将 3 瓣拼组焊成整圆,转轮装配前上冠需进行消除应力退火热处理。由于构皮滩水电站转轮的水头较高,上冠的应力水平也较高,因此,3 瓣上冠的拼焊缝需要完全熔透,焊缝的最大厚度达 200mm。

对分瓣的转轮上冠在工地现场组焊后,不再对上冠过流面进行机械加工,这在国内外均没有先例。特别是转轮上冠为焊接性较差的马氏体不锈钢,如何保证超大厚度界面的焊接质量和上冠组焊后的尺寸精度具有很大的挑战性,存在着相当大的难度。选择合适的对接坡口型式;采用电加热方式进行预热并在对称位置进行坡口正背面交替立焊,并采用合理的焊接顺序;同时在焊接过程中采用逐层捶击焊道的方法降低焊接应力并随时监测上冠的变形情况,确保焊接质量、严格控制焊接变形;焊后进行消除应力热处理,采用专用工具对上冠的变形情况进行检查,对照上冠流道型线样板对上冠拼焊缝及流道型线进行打磨,保证型线偏差。

下环分瓣在现场组焊与上冠类似。

3.3.5.4 工艺过程

(1)转轮工地组装场地

所需场地:需 2 个焊接用场地、1 个加工用场地、1 个平衡用场地、退火炉场地、翻身场地,见图 3.3-11。

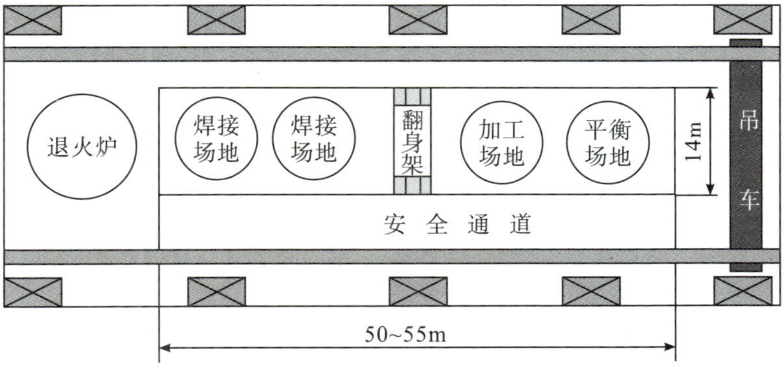

图 3.3-11 转轮工地制造的厂房工位布置

(2)下环拼焊

整个转轮下环由 4 瓣组成,在制造厂内组圆精加工后分瓣运至工地,在工地现场组焊成整圆后,不再进行下环过流面的机械加工,应确保较小的下环圆度公差,以符合现场转轮叶片的装配要求。

转轮下环运到工地现场组圆后,针对圆度偏差较大的情况,对 1/4 瓣下环进行了刚性拉紧的处理办法,对于有变形的下环装配前可采用火焰校正的方法将其修正到图纸尺寸。同时为了控制焊接变形,将 4 瓣下环的对接焊缝设计为非熔透的双面“U”形坡口,有效地减少了焊接量;而且 4 瓣下环合缝处的焊接由 4 名焊工在对称的位置同向、同速进行分段退步焊接。在焊接过程中采用逐层捶击焊接的方法,达到消除焊缝中的焊接残余应力和减小焊接变形的目的。

(3)上冠拼焊

根据上冠的几何形状,在保证焊接量最小的前提下,选择最佳的上冠分瓣位置和对接坡口形式。

将上冠立放,采用电加热方式进行预热并在对称位置进行坡口正背面交替立焊,并采用合理的焊接顺序,同时在焊接过程中采用逐层捶击焊接的方法降低焊接应力,并随时监测上冠的变形情况,确保焊接质量、严格控制焊接变形。

焊后进行消除应力热处理,采用专用工具对上冠的变形情况进行检查,对照上冠流道型线样板对上冠拼焊缝及流道型线进行打磨,保证型线偏差。

(4)转轮的装配

转轮叶片的装配按照专门的计算机程序对叶片进行配重,以取得各个叶片的最佳排列顺序和最小的焊后不平衡重量。

转轮的装配采用倒装法，分别将转轮的上冠、下环放在条形支撑架上，然后按照顺序依次装配16个叶片，并控制转轮进口高度，留有适当的焊接收缩量。同时控制水平平面度，控制上冠与下环的同轴度，最后采用专门的检查工具对转轮叶片的进出口角度和型线等关键尺寸进行检查，以确保转轮的装配质量。

(5)转轮的焊接

1)转轮焊接材料的选择。

目前，多数采用与转轮母材具有相同材质的马氏体不锈钢焊接材料焊接转轮，如三峡、戈兰滩、直孔等项目。因为在目前可获得的转轮焊接材料中，马氏体不锈钢焊接材料的综合性能是最好的，也是未来较长时间内水轮机转轮焊接领域将被广泛采用的焊接材料。

2)焊接方法及工艺评定。

由于大型转轮工地现场焊接工作量大，如采用焊条手工电弧焊，其工作效率低下，将严重影响生产周期，故选择熔化极气体保护焊。熔化极气体保护焊的优点是焊丝熔覆效率高，焊道清理时间短，提高了生产效率，可有效缩短制造周期。

3)焊前预热。

由于马氏体不锈钢焊接材料在焊接过程中容易产生冷裂纹，为了保证焊接质量并避免冷裂纹的产生，尽量减少焊缝应力水平，转轮在焊接时进行预热和后热处理是最有效的手段之一。

大型整体不锈钢转轮工地现场焊接时，预热用电热板采用专门的工具分别固定在转轮上冠的背面、转轮下环的外表面和靠近叶片与上冠、下环的焊接区的叶片表面(双面)。

4)焊接工艺过程。

叶片的定位焊：对于构皮滩水电站，由于采用大钝边结构，无需清根，该定位焊缝将作为结构焊缝的一部分。

转轮叶片与上冠、下环"T"形接头坡口焊缝的焊接：该焊缝一般分为两种形式，即清根焊透型和大钝边型。清根焊透型根据叶片厚度通常在焊接一定厚度时，在适当位置对背面焊缝进行清根、打磨，PT探伤合格后交替完成全部焊缝的焊接，其缺点是工作量大、焊接周期长。大钝边型转轮叶片与上冠、下环"T"形接头坡口焊缝的焊接分为两个部分，即打底焊和坡口焊缝的正式焊接。该类型焊缝转轮进、出水边一般有一定长度的清根焊透焊缝，该焊缝的焊接要求与清根型转轮相同。

转轮的焊接由多名焊工分两班在对称位置同时、同向、同速进行"多层、多道焊"，交替焊接叶片与上冠、下环的"T"形接头的坡口焊缝，直至将叶片坡口及根部加强圆角完成。需要说明的是国外在转轮焊接过程中多采用在滚轮架上通过焊接操作机或1～2名焊工进行焊接。这样做的优点是焊接位置较好，可以采用操作机进行焊接。由于施工条件较好、难度小，对焊工的技能和体力要求相对较低。这样做的缺点是生产效率较低，需大型变位设备，制造周期长。构皮滩水电站采取转轮立式焊接方案，其优点是不需要大型变位设备，可同时实现多人焊接，生产效率高，制造周期短；缺点是焊接位置复杂，对焊工的操作技能要求高。

转轮翻身：为了保证转轮的焊接质量，必须使叶片与上冠、下环的焊接坡口处于相对较好的焊接位置，避免焊接难度大的仰焊位置的出现，因此，转轮在焊接和铲磨过程中必须多次翻转，对重达 200～300t 的转轮进行多次翻转确实不是一件很容易的事情，为此必须设置一套专门的转轮翻身装置。

(6)转轮的无损探伤

为了进一步缩短直线工期，探伤工作在保证质量的前提下，与焊接、铲磨等工序穿插进行。在焊接下环时，在满足探伤要求的上冠一侧进行 UT 探伤；在焊接上冠时，在满足探伤要求的下环一侧进行 UT 探伤。转轮焊缝的超声波探伤(UT)将在不同的时段分多次进行。

(7)转轮的焊后消除应力热处理

对于马氏体不锈钢焊接材料而言，焊后进行消除应力热处理是必需的。

根据对近几年国内投入商业运行的大型转轮的裂纹产生原因的分析，这与转轮内部残余应力较高从而导致转轮产生疲劳裂纹是不无关系的。针对工地焊接的转轮使用了马氏体不锈钢焊接材料，为了将产生疲劳裂纹导致开裂的概率减至最小，转轮焊接后必须进行适当的消除应力热处理。

(8)转轮的加工

1)转轮的铲磨。

转轮的铲磨贯穿于转轮制造的整个过程，对转轮最终的精度影响较大。在转轮焊接后、退火前进行转轮的粗磨，退火后进行精磨，加工完后还需对转轮进行加工面与非加工面的过渡处理。

2)转轮加工前的划检。

转轮加工前的划检确定转轮的水平中心线、水轮机中心线、转轮的旋转中心，确定转轮各面及圆的加工余量，因此说划线是转轮最终加工的基础。

(9)转轮静平衡

目前，工地转轮的静平衡采用钢球静板式和静液压轴承式两种。如转轮总重量不大于 200t，可采用钢球镜板平衡方式；如转轮总重量大于 200t，应采用静液压球轴承平衡方式，见图 3.3-12。构皮滩转轮总重量为：147605kg，小于 200t，因此采用钢球镜板平衡方式，最终在下环止漏环外圆 R 为 356.4cm 处，所挂重物不大于 16.6kg，则静平衡合格。

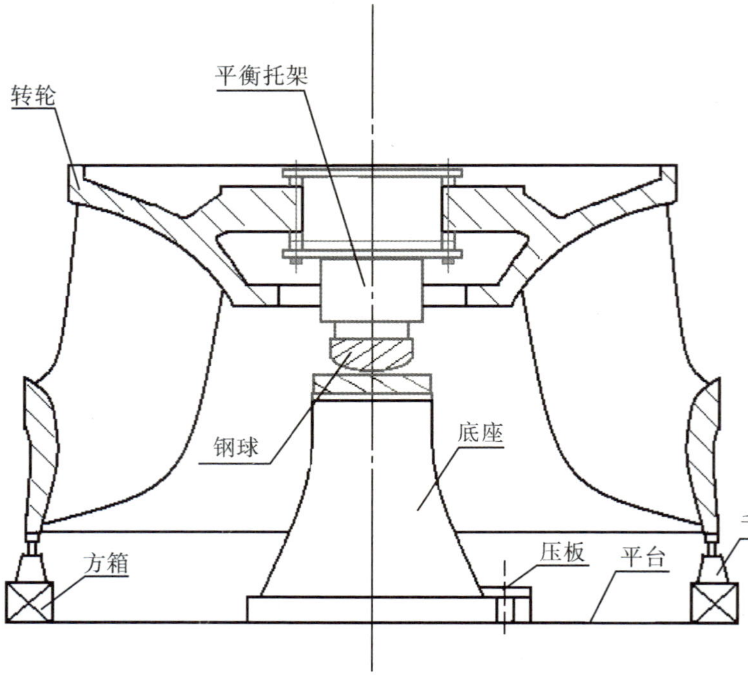

图 3.3-12　转轮静平衡示意图

3.3.5.5　残余应力测试结果及分析

(1)转轮残余应力测试

水轮机转轮是在现场通过焊接技术进行加工制造,在生产过程中不可避免地会产生焊接残余应力,在多数情况下残余应力的存在是有害的,它将直接影响到结构的工作寿命及正常使用,目前大多数水轮机都需要通过退火处理以降低残余应力。

为了摸清转轮焊接区、热影响区及附近区域相关部位退火后残余应力的情况,采用电测盲孔法,对构皮滩首台水轮机转轮退火后进行了残余应力测试,测试在转轮反位工况下进行。选取 13 号叶片的正压侧和负压侧的两个关键部位进行焊接残余应力测试。

具体的测试部位包括叶片上冠进水边正压侧、下环出水边负压侧共两个区域,各分别布置 3 个测点,测点总数为 6 个。

(2)转轮残余应力测试结果

测试得到的释放应变按照测试方法原理中的计算公式计算出第一主应力 σ_1、第二主应力 σ_2 和方向角 φ,等效应力 σ_e 按照第四强度理论计算。

首台水轮机转轮 13 号叶片各测点退火后残余应力测试结果见表 3.3-8。

(3)转轮残余应力测试结果分析

水轮机转轮 13 号叶片材料的屈服强度为 550MPa,其 1/2 为 275MPa。

退火后 13 号主应力最大值为 274.27MPa,接近于屈服强度的 1/2,位于上冠进水边的正压侧;等效应力最大值为 238.16MPa,平均等效应力为 113.46。通过退火可以较好地消除叶片的焊接残余应力。

表 3.3-8　首台水轮机转轮 13 号叶片各测点退火后残余应力测试结果

测点编号	第一主应力 σ_1(MPa)	第二主应力 σ_2(MPa)	等效应力 σ_e(MPa)	方向角 φ
1 号 A1	274.27	154.54	238.16	−3.1
1 号 A2	169.35	104.81	148.04	−0.71
1 号 A3	−31.12	−41.99	37.75	0.11
1 号 A4	43.36	−109.44	136.39	−0.9
1 号 A5	50.77	−10.00	56.44	−0.7
1 号 A6	−17.62	−70.95	63.99	−15.8

3.3.5.6　主要结论

构皮滩水电站转轮现场组焊加工成整体方案，除采用分件运输外，更将上冠、下环分件部件进行大胆分瓣，上冠采用弦切方式直切 3 瓣，下环采用径向切割分成 4 瓣，叶片 16 片，转轮共分割为 23 块，是巨型转轮分件分瓣最多的转轮，不仅大大方便了运输，而且焊接金属量减至最少。机组投入运行后运行稳定，转轮叶片未出现裂纹现象。实践表明，专题研究提出的现场焊接加工制造工艺，不仅可行而且保证了转轮的加工制造质量。该课题的研究和应用成功，不仅解决了构皮滩水电站的转轮运输问题，更为偏远地区更大尺寸和更大重量转轮的运输和现场制造提供了宝贵经验。

3.3.6　水轮机效率加权因子

3.3.6.1　问题的提出

水轮机效率加权因子是指导水轮机模型水力开发的重要参数之一，它与水轮机高效率区在水轮机综合特性运行曲线中的位置、水轮机的稳定运行区域并使水电站获得发电效益最大化直接相关。只有当水轮机参数与水电站动能参数一致或接近时，才能充分发挥水轮机的运行性能。

长期以来，由于研究对象的数据量巨大，且电调过程的不确定性，工程中往往采用减小水文动能系列和周期或者是采用定性的方法确定水轮机效率加权因子，这些加权因子与水电站实际运行有较大差距，反映在水电站建成后实际运行加权因子与原拟定加权因子不同或差异较大，从而导致开发的水轮机运行特性与水电站运行特性达不到最优匹配，造成机组实际效率下降、振动，转轮裂纹等后果。

长江设计院经过多个工程经验，在长达 30～50 年长系列时空变化复杂的水文动能特性基础上，进行水调和电调的电力电量平衡研究，摸索出了一套计算水轮机效率加权因子的计算方法，代替过去定性分析或简单计算加权因子的方法，大大提高了水轮机面向水电站特性开发的针对性。

3.3.6.2 选用加权因子应遵循的原则

从众多水电站工程设计实践中，长江设计院总结出加权因子应遵循的原则有以下几点。

1）水轮机效率加权因子研究应以水电站长序列水能调度计算成果为基础。

2）电量平衡应符合水电站水能调度原则，为简化计算，以旬为基础进行电量平衡计算。

3）电量平衡应符合水电站动能特性和运行特性。不同水电站应针对水电站动能条件、调频调峰特性，制定出与电站动能特性和运行特性相匹配的多目标优化方案。

4）机组预想出力应符合水轮机运行特性，在效率低和稳定性差的区域安排较少的机组台数和运行时间等。

5）采用程序实现量化计算。并根据量化计算结果，对负荷变化方向的权重进行适当调整。

3.3.6.3 加权因子计算方法

（1）水头因子分布

根据水电站径流系列水能调节计算成果，统计各水头段分布的旬数，然后以水电站特征水头进行分段，代表水头段按特征水头的中间值进行分段。

如果在某些特征水头中间值分段的旬平均水头统计计算频率太过集中，将不利于水轮机特性曲线在高度方向拉高，有必要使水头分布的概率在高水头或低水头方向适当拉开。

（2）出力因子分布

出力因子研究采用旬电量平衡法、多目标优化法、统计法等技术手段，量化水电站的出力权重因子分布。主要方法是：以长序列动能调度计算成果为统计样本，按旬电量平衡为基本单元进行寻优，形成长序列动能调度计算成果所有旬的旬电量平衡寻优方案，在所有寻优方案中进行不同代表水头不同代表出力的权重统计计算，得出水电站的电量权重因子分布。主要方法简要如下：

旬电量平衡加权因子评估法以水电站长序列水能调度计算成果为依据，将不同代表水头下，旬平均出力代表的旬电量分配到水电站机组出力组合中，代表水头即为水电站特征水头，其权重代表了长系列水能调度的相近水头出现的概率。机组出力组合包括了开机台数、以百分比表达的机组负荷和日运行时间，当前旬水头下的机组出力组合代表了以旬电量为基本单元的旬电量平衡出力组合，代表水头下所有旬的旬电量平衡出力组合代表了水电站某特性水头下所有的旬电量平衡出力组合。其各自组合的比例即为相应的权重。

电站水能调度旬电量与电站电力调度水轮机出力及其运行时间所产生的发电量要求按旬平衡，如代表水头 H_1 下的第 i 旬电力电量平衡要满足下式要求：

$$N_{1i}\times 24=K_{1i1}\times 100\% Pr\times t_{1i1}+K_{1i2}\times 90\% Pr\times t_{1i2}+K_{1i3}\times 80\% Pr\times t_{1i3}+K_{1i4}\times 70\% Pr\times t_{1i4}+K_{1i5}\times 60\% Pr\times t_{1i5}+K_{1i6}\times 50\% Pr\times t_{1i6}\tag{3.3-1}$$

其中：

$$t_{1i1}+t_{1i2}+t_{1i3}+t_{1i4}+t_{1i5}+t_{1i6}=24 \qquad (3.3\text{-}2)$$

$$k_{1i1},K_{1i2},K_{1i3},K_{1i4},K_{1i5},K_{1i6}\leqslant \text{电站机组台数} \qquad (3.3\text{-}3)$$

显然，满足上述方程有无数个解。因此，研究中要根据加权因子的计算原则，根据水电站旬出力 N_{1i} 大小制定电力电量平衡总体目标，采取多目标多方案平衡法，按给定目标约束条件下的平衡精度最高原则进行优化，选择满足水电站来水条件、符合水电站运行方式（如调频调峰等）、平衡精度最高的优化旬电量平衡方案。具体过程如下：

1）根据水电站旬出力 N_{1i} 大小制定电力电量平衡总体目标。N_{1i} 大小以机组容量的比值表征，电力电量平衡总体目标按 50%、60%、70%、80%、90%、100%预想出力的开机台数和运行时间的组合表征。开机台数和运行时间，一方面要考虑旬出力 N_{1i} 大小，另一方面要考虑水电站的运行方式以及水轮机的运行特性，制定不同水电站出力（以单机容量的百分比表示）不同机组负荷的多目标多方案总体平衡目标。机组运行时间和开机台数的设定具有以下 5 个方面特点。

①由于低负荷时机组效率低、稳定性差，对 50%Pr、60%Pr 下的开机台数应根据水电站装机台数和电站保证出力，确定机组台数，以维持水电站厂用电或低负荷热备用运行，且在水电站出力较小时给予较大的可变运行时间寻优，在水电站出力较大时给予较小的可变运行时间寻优或不给予运行时间。

②为满足电网调峰要求，根据水电站来水量，赋予机组开机台数远大于水电站平均出力要求。

③在满足水电站调峰运行要求的同时，在水轮机高效率区给予较大的开机台数和运行时间。

④在水电站发电出力接近装机容量时，所有机组按接近满负荷满发。

⑤总体目标中通过开机台数和开机时间体现了水电站水能特性、水轮机运行特性、水电站运行特性的要求。

2）以总体目标为边界条件，求出满足式（3.3-1）至式（3.3-3）的所有解，将这些解统一取名为总体目标约束条件下的旬电量平衡所有可能方案的集合。

3）对旬电量平衡所有可能方案的集合进行优化寻优，优化寻优的结果取名为旬电量平衡寻优方案。

4）对长系列所有旬的旬电量平衡进行优化寻优，得出长系列所有旬的旬电量平衡寻优方案，所有旬的旬电量平衡寻优方案取名为旬电量平衡寻优集合。

5）在旬电量平衡寻优集合中进行不同代表水头不同代表出力的权重统计计算，得出水电站水头出力分布加权因子。

代表水头代表出力的权重因子表达式为：

$$\eta=\sum(k_i\times t_i)|_{H_i,\%P_r}/\sum(k\times t) \qquad (3.3\text{-}4)$$

式中：$\sum(k_i\times t_i)|_{H_i,\%P_r}$——代表水头、代表出力下的所有开机台数 k 和开机时间 t 的乘积；

$\sum(k\times t)$——旬电量平衡寻优集合中所有代表水头代表出力下的所有开机台数 k 和开

机时间 t 的乘积。

上述寻优目标及寻优过程是基于不同水电站运行方式在旬电量平衡基础上的优化，优化过程中充分考虑了水电站水调平衡、电调平衡及机组特性。

上述过程采用计算程序计算，由于优化的目标不同，赋予了程序按水电站旬平均出力大小进行动态调整的能力，始终保持水电站旬电量与机组旬出力的平衡，这就是所谓的电力电量平衡加权因子评估法。

电力电量平衡加权因子评估法的精度主要取决于水库的水能调度精度和电网的电力调度精度，当水库的水能调度和电网的电力调度与设计预期的调度一致，则加权因子能充分反映水电站的运行特性。一般而言，水电站水库的调度方案是在30～40年的水文资料的基础上按水电站综合目标最大化确定的，因而具有较高的准确度，而电调受电网的影响具有随机性，上述寻优过程及最终目标，将使水轮机具有较宽的效率圈，电调在总体服从水调的条件下，能保证水轮机性能的充分发挥。

3.3.7 三峡电站装机进度

研究电站装机进度的目的：一是根据现有条件和手段确定电站的投产发电时间，依据装机进度确定各个施工安装节点时间（如明确土建交面给机电安装的时间），确定机组及其辅助设备的交货时间、各个工序间的协调安排等；二是根据电站要求的投产发电时间，倒排电站装机进度，必须具备或需增加的安装条件如安装场地、起吊设施（增加施工期设备）、安装队伍数量等。

电站装机进度是一项系统工程。研究的关键点：应研究确定电站机组关键部件所需的直线安装工期、安装工艺、工序衔接、典型单机进度、电站各机组装机进度的衔接、安装场地的确定和科学调度使用、设备采购供货进度的确定等问题，随工程建设进度，是一个不断修正的动态过程。

三峡水电站装设单机容量700MW混流式水轮发电机组32台，不仅装机台数多且是当时国内最大的水轮发电机组，国内没有安装过更谈不上有可借鉴的安装经验，且还应考虑三峡水电站机组等重大装备交货厂商多、安装单位多、加快装机进度等特点，更重要的是电站的装机进度关系到土建进度与装机进度、各种机电设备交货期等的科学、合理衔接，关系到三峡工程建设的总进度和发电效益，这不仅是国内有关方面和三峡集团公司极为关注的问题，也是长江设计院必须回答的问题。

3.3.7.1 安装条件的确定

在确定电站装机进度前，必须确定安装应具备的条件，如电站厂内起吊设备的型式和起吊重量、安装场地和安装工位的设置、现场运输及加工条件等。

（1）起吊条件

电站必须具有起吊最大部件的能力，三峡水轮机整体转轮重量约为500t、发电机定子整体重量约为960t、发电机转子的重量为1800t，可见起吊设备的容量受发电机整体转子起吊的控制，发电机整体转子加起吊平衡梁重约 2100t，因此选用 2 台 1200t 桥机并车起吊，其他设备如水轮机转轮、发电机定子等用 1 台桥机即可整体吊装。

(2)安装场地

安装场地的设置与电站装机台数、机组容量和装机进度要求有关，一般而言机组台数多、装机进度要求快，则安装场地相应要求大。按照规范，安装场地的面积按满足一台机组扩大性检修的需要确定，具体而言应以摆放机组五大部件来控制，主要有发电机转子、发电机上机架、水轮机转轮、水轮机顶盖和推力支架或水轮机支持盖，也可按统计法匡算，安装间长度可取 1.25～1.5 倍机组段长度。工程实践表明，按上述确定的安装场往往无法满足电站安装进度的要求，特别是对多机组的电站更是如此。经设计研究，多机组电站安装间面积应根据需要增大或加设副安装间，为此，三峡左岸电站设有 3 个安装场，安Ⅰ段与进场公路同高程，为设备运输通道，可摆放上机架；安Ⅱ段与发电机层同高，设有 1 个发电机转子工位，并可摆放水轮机转轮；安Ⅲ段在主厂房中间部位，也与发电机同高，设有 1 个发电机转子工位，并可摆放顶盖。3 个安装场总长度为 104.6m，是机组段长度 38.3m 的 2.73 倍，即使这样，在安装过程中定子下线还利用了专用机坑和在本机坑内进行，采取了这些措施后才满足左岸电站装机进度“6·5·3”的要求。右岸电站在左岸电站的基础上还适当加大了安Ⅱ段的面积，并在电厂左端增设了面积为 38m×20m 的临时辅助安装场，在此基础上实现了装机进度“6·6”。

(3)机组安装工作面

土建工程按照设计和规范要求施工完毕，经过交接验收，达到机组安装作业所需的场地和相关工作面具备机组安装所需的条件时，土建施工单位向机组安装单位交出工作面，交面的时间是机组安装的起始时间。土建交面时间是水电站建设直线工期中的关键节点，制约机组安装的起始时间并影响水电站首台机组发电和电站总装机完成时间。

在机电设备安装过程中应避免雨水的侵袭，安装时一般要求电站厂房全部封顶，三峡工程多机组厂房，如按电站厂房全部封顶后才开始机电设备安装，势必大大推迟装机进度，在设计研究后提出厂房封顶超前一个机组段，即实行“$n+1$”厂房封顶，为第 n 机组段提供遮风挡雨的机组安装条件。

(4)机组设备交货进度

在大型水电工程的施工中，一般将机组埋件部分交由土建承包商完成，机组埋件的交货时间必须与土建的施工进度密切配合，以不影响土建施工进度为原则。为确保机电设备的交货时间，在安排交货期时，应考虑设备的运输时间、设备达到工地开箱联检时间、设备工地检测或试验或解体检测时间以及设备缺陷返工处理时间等因素对交货期的影响。总之，一般应根据电站的总装机进度和土建施工进度，倒排机组和其他机电设备的交货期并留有适当的余度。三峡水电站机组交货进度按土建承包商提交机组安装工作面的时间，提前 2 个月考虑。

国产机组设备以出厂时间为交货时间，国外机组设备以达到上海港时间为交货时间。

(5)一些问题的考虑

对装机台数多的大型水电站，为加快装机进度可考虑：①机电安装单位可能有 2 个或 3 个，三峡左岸电站机电安装单位 3 个，右岸电站 2 个，为了减少施工单位间的干扰，应考虑安装场地、起吊设备的设置和安排有利于安装单位间的合理使用，如需要，也可适当增加临时安装场地和临时起吊设备。②为了确保大型水轮发电机定子的安装质量，工程实践表明，定子机座可在本机坑外组圆，为防止起吊变形推荐定子叠片和下线在本机坑进行。

3.3.7.2 关键部件直线安装工期

对大型混流式机组而言，典型单机安装关键工序流程一般为：尾水管安装→二期混凝土浇筑→基础环、座环安装→蜗壳安装→机坑里衬安装→二期混凝土浇筑至发电机层→座环加工→定子吊装→定子下线、耐压试验→推力架和轴承安装→转子吊装→发电机装配→机组充水试运行。研究发现转轮、主轴和导水机构安装可与定子下线平行作业，不占用直线安装工期。

三峡水轮发电机组有发电机转子、定子、下机架、水轮机转轮、顶盖等主要部件组成，要确定单机安装进度，首先要确定各关键部件的安装直线工期，经国内外调查并结合三峡 700MW 水轮发电机组各主要部件的实际，统计国外大型水电站机组发电机转子和定子安装工期见表 3.3-9，国内外制造商和安装公司建议三峡安装工期见表 3.3-10。

表 3.3-9　国外大型水电站机组发电机转子和定子安装工期表

电站	古里Ⅱ	大古力	伊泰普	萨扬舒申斯克
单机容量(MW)	600	600	700	640
定子安装工期(月/天)	6.5/195	7.5/225		
转子安装工期(月/天)	6/180	7.8/234		
总直线工期(月/天)	30/900	29/870	27(不含尾水管)/810	28.5/855

表 3.3-10　国内外制造商和安装公司建议三峡工期

单位	建议方案			
工期(天)	GEC 公司	西门子·福伊特	地勘所	葛洲坝工程局
定子安装工期(天)	225	450	249	300
转子安装工期(天)	105	315	170	180
总直线工期(天)	870	1290	615(不含尾水管)	810

在深入分析与研究的基础上，推荐三峡左岸电站机组安装各部工序工期确定为：尾水管安装 60 天，基础环、座环安装 45 天，蜗壳安装 165 天，机坑里衬安装 15 天，座环现场加工 30 天，定子机座组装、铁芯叠片、铁损试验 130 天，定子吊装 10 天，定子下线、耐压试验 160 天，转子装

配、耐压试验 165 天，导水机构预装 60 天，转轮、主轴和导水机构安装 65 天，推力支架、推力轴承安装 45 天，转子吊装 10 天，发电机装配及机组总装 75 天，机组充水试运行 60 天。

机电安装实践证明，设计研究推荐的电机转子安装工期为 165 天，工程实际平均安装工期 175 天，定子安装工期为 300 天。

3.3.7.3 单台机组直线安装工期

在已研究确定机组关键部件直线工期的基础上，由此确定的三峡水电站空冷机组典型单机安装直线工期为 31 个月，半水冷或蒸发冷却机组安装直线工期为 33 个月。三峡左岸电站机组实际的安装工期见表 3.3-11。

表 3.3-11 三峡左岸电站机组实际的安装工期 （单位：天）

项目名称	2 号	5 号	3 号	6 号	4 号	1 号	10 号	7 号	8 号	11 号	12 号	13 号	14 号
定子组装叠片	152	126	152	138	136	121	119	176	107	121	125	118	144
定子下线及附件安装	352	166	198	147	148	106	99	80	154	170	183	151	165
转子组装	271	264	181	173	198	197	179	200	172	193	231	165	172
转子吊装	1	1	1	1	1	1	1	1	1	1	1	1	1
下机架组装	140	139	48	57	99	55	91	36	53	100	67	100	100
下机架安装	57	108	76	37	6	28	25	48	22	66	40	45	91
励磁系统安装	75	71	61	59	45	57	58	27	13	90	50	146	146
座环加工	101	27	102	45	12	136	11	187	95	22	14	86	107
导水机构预装	79	119	85	74	93	44	77	43	10	58	50	32	28
水轮机大件安装	119	137	100	56	43	94	22	75	50	62	37	25	35
机组总装	205	162	58	42	25	54	36	36	22	26	36	37	34
机电联合调试	54	51	26	17	10	10	22	10	16	15	2	—	—
充水试运行	30	36	15	24	14	10	27	13	13	15	14	15	12

注：按投产顺序排列，由于 9 号机组转轮推迟近一年时间交货，故未予统计。

从表 3.3-11 可以看出，随着安装经验的积累，单机所需时间有所缩短，机组装机速度逐台加快。

3.3.7.4 电站安装进度

(1)电站装机进度的编制

确定电站的装机进度有两种方式：一种是根据土建交面时间、设备供货进度和机组安装工位，顺排电站的装机进度；另一种是首先确定电站投产目标，然后根据机组安装工位的设置，倒排电站的安装进度，并由此调整确定土建交面和设备供货必须保证的时间安排。在三峡工程编制电站装机进度中，综合使用了上述两种编制方式。

在确定了单台机组安装进度后，结合电站土建交面进度、机组关键部件安装场地的设置和安装条件的差异，进行电站总装机进度的编制。电站各机组投产间隔与机组关键部件占用的专用组装工位工期密切相关，设计研究发现并总结出：单台机组的安装、调试总工期加上关键部件同一工位，组装转换所必需的最短间隔时间，即为另一机组的投产时间，依此类推安排全电站各机组的投产时间。

(2)相关问题的设计研究

1)如何安排不同品牌机组装设的机坑号。

左岸电站14台700MW水轮发电机组，其中8台由阿尔斯通供货，6台由VGS联营体供货，从有利于机组安装出发，对两个供货商的机组怎样分配装设机坑号较好进行了多方案的设计研究，最后集中到方案一：单间隔式布置，即1号机组为VGS、2号机组为阿尔斯通的交替布置，其设备交货的顺序也按这样的要求所规定的时间写入合同。方案二：三间隔式布置，1～3号和7～8号为VGS机组，4～6号和9～12号为阿尔斯通机组。研究中发现单间隔式布置，不同的安装承包商所负责的机组段相互交错，存在较严重的施工干扰，且设备的摆放受到制约，对安装进度不利；三间隔式布置同一品牌的机组相对集中，减少了施工干扰，能较充分利用有限的空间摆放安装设备，有利于两个机电安装单位同时进行机电设备安装，机组和机电设备的供货得到保证，有利于加快装机进度，最终采用了三间隔式布置方案。

2)电站加快装机进度的研究。

初期根据初步设计审定的三峡左岸电站装机进度为“2·4·4·4”，即4年装完14台700MW水轮发电机组。左岸电站若提前一天完成装机可多获施工期增发电量约257万kW·h，可见发电效益巨大，考虑到：①左岸电站有6台机组地处岸坡，具有提前进行土建开挖的条件并予以实施，土建交面时间可大大提前，对加快机组安装进度极为有利。②左岸电站设有两个专用的转子安装工位，再加上其他措施，研究表明，一年可完成6台发电机转子的安装。③考虑到国内首次安装700MW水轮发电机，首台装机时间相对较长，但随着已装机组台数的增加取得了经验，后续机组安装调试时间将逐步缩短等因素，对加快左岸电站装机并结合土建交面和设备供货时间一起进行设计研究，比较了“3＋4＋4＋3”“4＋4＋4＋2”“3＋5＋6”“4＋6＋4”等方案，结果表明上述方案都可行，争取实现“3＋5＋6”方案和“4＋6＋4”方案。

最终三峡左岸电站实际装机进度为“6＋5＋3”方案，创造了一年投产6台700MW机组的世界纪录，获得了巨大的经济效益。左岸电站机组安装投产时间见表3.3-12。

三峡右岸电站装机进度在左岸电站“6＋5＋3”方案的基础上，适当加大了安Ⅱ段的面积，在安Ⅱ段设两个转子组装的固定工位和利用电站左端增设一个面积为38m×20m的临时辅助安装场，用于转子与中心体的焊接，实现了装机进度“6＋6”方案，提前一年完成三峡左右岸电站26台机的装机任务。右岸电站机组安装投产时间见表3.3-13。

表 3.3-12　　左岸电站机组安装投产时间表(按投产顺序排列)

项目	供货方	开始安装时间(年-月-日)	投产发电时间(年-月-日)
2 号发电单元	VGS	2001-11-12	2003-07-10
5 号发电单元	阿尔斯通	2001-11-20	2003-07-16
3 号发电单元	VGS	2002-04-11	2003-08-12
6 号发电单元	阿尔斯通	2002-05-08	2003-08-29
4 号发电单元	阿尔斯通	2002-09-20	2003-10-28
1 号发电单元	VGS	2002-09-27	2003-11-22
10 号发电单元	阿尔斯通	2003-02-22	2004-04-07
7 号发电单元	VGS	2003-03-06	2004-04-28
8 号发电单元	VGS	2003-09-23	2004-08-24
11 号发电单元	阿尔斯通	2003-07-12	2004-07-26
12 号发电单元	阿尔斯通	2003-10-18	2004-11-19
13 号发电单元	阿尔斯通	2004-02-27	2005-04-24
14 号发电单元	阿尔斯通	2004-07-01	2005-07-19
9 号发电单元	VGS	2004-03-23	2005-09-11

表 3.3-13　　右岸电站机组安装投产时间表(按投产顺序排列)

机组编号	22 号	26 号	21 号	18 号	25 号	20 号	17 号	24 号	16 号	19 号	23 号	15 号
投产时间(年-月-日)	2007-06-08	2007-07-10	2007-08-20	2007-10-18	2007-11-05	2007-12-05	2007-12-29	2008-04-25	2008-06-27	2008-07-02	2008-08-22	2008-10-28

(3)加强协调、管理

按达到安装质量标准要求的前提,能否实现电站已制定的预装机进度,与工程设计、各种机电设备按合同保质按时到货、与电站土建进度、机电安装单位、工程监理、电力部门等参建各方密切相关,在安装工序流程的各个接口都与上述参建各方需及时协调,涉及面广,环节众多,在机电安装调试的全过程中必须加强协调、管理,业主起着主导和保证作用,特别是对装机台数多和多个机电安装单位承担安装的大型水电站更是如此。在安装过程中会出现和发生各种各样的问题,必须根据动态条件对机组和其他机电设备的进度进行及时调整,如土建交面进度的提前和推迟、机组设备到货推迟并发现设备在制造过程中缺陷需要处理、优化施工措施等。

在机电安装管理方面,总结水电建设经验,最重要的是安装质量的管理。众多的工程实践证明,没有合格的安装质量就不可能实现预想的安装工期,要搞好机电安装质量管理的核心:一是明确考核标准。机电设备的安装标准、程序、工艺等方面严格按机电设备已有的规程规范、工程设计文件和各种设备安装使用说明书严格执行,上述文件既是机电设备安装调试的指导,更是考核机电设备安装是否达到了质量要求判别的依据。在三峡 700MW 首批机组安装时，考虑当时还没有标准可依且要确保安装质量，便于对安装质量判别，三峡集团公司专门制定《700MW 水轮发电机组安装质量标准》。二是加强工序管理。必须对上一道工序检验合格后才能进入下一道工序，如发现上一道工序不合格，应进行分析并找出发生不合格的原因，提出改进和防止再犯的措施，对发生的安装缺陷进行处理并检验合格后才能进入下一道工序，也是保证下一道工序安装质量的基础，若对这一道工序的缺陷不做处理就进入下一道工序，在今后的安装工序或调试中必然会暴露出来，到时返工的时间更长，甚至会影响机组安装的预想总工期，因此做老实人、办老实事，真正做到将确保安装质量放在第一位，才能确保电站预想工期的实现，这是从三峡工程建设中得出的一条重要经验。

第 4 章　轴流式水轮机

4.1　轴流式水轮机选用

4.1.1　轴流式水轮机运用现状

在轴流式水轮机适用水头范围的高水头区域，采用轴流式水轮机时，由于结构设计的原因，需要增加转轮叶片数、加大轮毂比和增加叶片厚度，从而引起空化系数的升高，将使土建开挖量大增。为了减少开挖量，不得不选取较小的单位流量。如意大利涅姆比亚水电站的最高水头为 88m，选择了 8 个叶片的转轮，限制工况点单位流量仅为 0.475m^3/s，相当于 250～300m 水头段混流式水轮机的引用流量，比起同样条件下装设的混流式机型的转轮直径加大了约 40%，从经济的角度考虑是不合适的。

与轴流式水轮机适用水头范围相重叠的贯流式水轮机和混流式水轮机近年来有了较大的发展。贯流式水轮机的使用最高水头，已由原来的 20m 提高到了 30m 左右，且最低水头约为 2m，因此在 30m 以下水头段，从水力机械专业的角度考虑，贯流式水轮机具有一定的优势，近年来，有许多水电站选择了贯流式水轮发电机组。在 70m 左右水头段，近年也开发出了比较优秀的混流式水轮发电机组，其结构简单、运行维护成本较低等原因，实际工程中已普遍采用。

鉴于上述，当前工程兴建中采用轴流式水轮机的应用水头范围有缩小的趋势，一般在 6～50m。

当今世界，轴流式水轮机转轮直径大于 10m 的水电站均在国内，如采用轴流转桨式水轮机的葛洲坝水电站，转轮直径为 11.3m、10.2m；乐滩水电站转轮直径为 10.4m；桐子林水电站转轮直径为 10.1m；在建的大藤峡水电站转轮直径为 10.4m；金沙水电站转轮直径为 10.65m。葛洲坝水电站 170MW 机组的水轮机转轮直径为 11.3m，为世界之最。

轴流式水轮发电机组的单机功率已达 200MW，如水口水电站和大藤峡水电站。

4.1.2　电站运行水位、水头

长江设计院设计采用轴流式水轮机已建和在建水电站的特征水位、特征水头分别见表 4.1-1、表 4.1-2。

表 4.1-1　　各水电站特征水位

类别	名称	水位(m)				
		葛洲坝	万安	高坝洲	银盘	金沙
上游水位	设计蓄水位	66.0	100.0	80.0	218.61	1025.3
	校核洪水位	67.0	100.7	82.9	225.47	1022.0
	最低水位	63.0	90.0	78.0	211.50	1020.0
下游水位	正常高尾水位	58.65	71.60	56.7	217.00	1016.1
	校核洪水位	60.7	84.83	58.4	223.57	1019.49
	通航最低尾水位	39.0	67.70	40.0		

表 4.1-2　　各水电站特征水头　　(单位:m)

名称	葛洲坝		万安		高坝洲	银盘	金沙
	原设计	与三峡联合运行	正常	初期			
最高水头	27	27.0	32.3	28.3	40.0	35.12	26.8
平均水头	20.5	20.14	25.3	22.3	35.4	29.66	19.9
额定水头	18.6	18.6	22.0	22.0	32.5	26.50	16.8
最低水头	8.3	9.1	15.0	12.0	22.3	13.0	8.0

4.1.3　国内外大中型轴流转桨式水轮机的主要参数

20 世纪 80 年代后国内外大中型轴流转桨式水轮机的主要参数见表 4.1-3。

表 4.1-3　　20 世纪 80 年代后国内外大中型轴流转桨式水轮机的主要参数

序号	电站名称	额定水头(m)	额定功率(MW)	额定转速(r/min)	转轮直径(m)	比转速(m·kW)	比速系数 K	单位流量(m^3/s)	投入运行年代
1	水口	47	204	107	8.0	393	2694	1.132	1993(哈电)
2	波黑 Visegrad	45.2	111	136	6.02	400.2	2691		1989(东芝)
3	舒里宾(俄罗斯)	40	230	93.8	8.5	447.2	2828	1.44	1983
4	LAJEADO(巴西)	39.1	180	100	8	433.9	2713	1.316	2001
5	里加Ⅲ(瑞典)	39	181.7	107.1	7.5	468	2923	1.518	1981
6	Brisay(加拿大)	37.5	193	94.7	8.6	448.3	2745	1.3	1990
7	Caruachi(委内瑞拉)	35.6	180	94.7	7.8	462.0	2757	1.594	1993
8	平班	34.0	135	107.4	7.22	480.6	2802	1.495	2002
9	巴西 Lajeado	34.0	183.48	100.0	8.0	521.7	3042		1998(福伊特)
10	高坝洲	32.5	85.8	125	5.8	471.9	2690	1.575	1999(东电)
11	铜街子	31.0	154	88.2	8.5	473.2	2635	1.413	1992(东电)

续表

序号	电站名称	额定水头(m)	额定功率(MW)	额定转速(r/min)	转轮直径(m)	比转速(m·kW)	比速系数 K	单位流量(m^3/s)	投入运行年代
12	龙口	31.0	102.5	93.8	7.1	410	2286		2009(天阿)
13	深溪沟	30.0	168.4	90.9	8.5	531.3	2910	1.623	2010(浙富)
14	加拿大 Brilliant Extension	30.0	122.45	94.74	7.6	472.3	2587	1.344	2005(阿尔斯通)
15	四川枕头坝	29.5	183.6	83.3	8.75	519.3	2820	1.631	2015.8(浙富)
16	加拿大 LG1	27.5	116	85.7	7.85	463.5	2431	1.48	1989(阿尔斯通)
17	拉佛际 2(加拿大)	27.4	153.3	85.7	8.45	535.3	2802	1.713	1996
18	银盘	26.5	152.6	83.3	8.8	541.2	2786	1.653	2011(浙富)
19	巴西 Peixe Angical	26.36	168.8	85.7	8.6	589.5	3026	1.93	2003(福伊特)
20	大藤峡	25.0	204.1	68.2	10.4	551.16	2756	1.6464	在建(浙富)
21	WANAPUM(美国)	24.4	111.86	85.7	7.747	528.5	2611	1.769	1995
22	甘肃大峡	23.0	75	75	7	487	2336		1996(中国东芝)
23	巴西 Sao Salvador	22.84	124.5	94.74	8.0	669.5	3200	~1.856	2002(福伊特)
24	万安	22.0	103	76.9	8.5	518.0	2430	1.581	1990(东电)
25	万安 5 号机	22.0	115.3	76.9	8.5	548	2571		2005(东电)
26	广西大化	21.5	103	76.9	8.5	533.1	2472	1.636	1985
27	YACYRETA(阿)	21.3	154	71.4	9.5	612	2824	1.986	1994(福伊特)
28	草街	20.0	128.2	68.18	9.5	577.2	2582	1.731	2008(福伊特)
29	桐子林	20.0	153.1	66.67	10.1	616.8	2759	1.8337	2015(哈电)
30	乐滩	19.5	153.1	62.5	10.4	597	2636	1.881	2005(哈电)
31	大化扩机	19.0	112.24	71.4	9.0	603	2629		2010(哈电)
32	巴西 Estreito	18.94	138.65	69.23	9.5	652.4	2840	1.93	2007(福伊特)
33	克里赛(加拿大)	18.9	96.2	78.26	8.1	616.0	2678	2.042	2002
34	葛洲坝	18.6	175.5	54.6	11.3	592	2553	2.052	1981
35	葛洲坝	18.6	129	62.5	10.2	581	2506	1.839	1982
36	葛洲坝改造(3 号、14 号)	18.6	149.5	62.5	10.2	629.8	2716	2.057	2006(哈电、东电)
37	葛洲坝 150MW	18.6	153	62.5	10.2	632.9	2730	2.0573 2.113	2013(哈电、东电)

续表

序号	电站名称	额定水头(m)	额定功率(MW)	额定转速(r/min)	转轮直径(m)	比转速(m·kW)	比速系数 K	单位流量(m^3/s)	投入运行年代
38	福建沙溪口	17.5	75	75	8	583	2439	~1.832	1987（中国东芝）
39	金沙	16.8	142.9	57.7	10.65	641.29	2628	2.05	在建(GE)
40	青海苏只	16.0	75	71.4	8.4	620	2480	~1.9	2005（中国东芝）
41	西津	15.5	67.7	71.4	8	604.1	2378	1.983	2002
42	巴西 Baixo Lguacu	15.5	119	66.7	9.7	748	2945	~2.35	在建（阿尔斯通）
43	小峡	13.8	59.28	68.2	8.3	624	2318		2002（安德里茨）
44	委内瑞拉 Caruachi	Hmax 35.6	180	94.7	7.8				1993（安德里茨）
45	亚社雷塔 Yacyreta	21.3	154	71.4	9.5	612.3	2826	1.905	1994—1998

4.1.4 电站及机组运行方式

(1)葛洲坝水电站

根据长江流域综合利用规划，葛洲坝水利枢纽是三峡水利枢纽下游的反调节水库和航运梯级，是三峡水利枢纽的组成部分。它的主要任务是消除三峡水电站日调节时下游不稳定流在三峡坝址以下到南津关三峡出口约40km峡谷河道对通航的严重影响，改善这一段航道和宜昌港区的航行条件，并利用该河段的落差发电。

葛洲坝水电站自1981年7月首台机组投产发电以来，平均年运行小时数在6000小时以上，部分机组实际运行小时数超过8000小时，与同类水电站年均4000～4500小时运行小时相比，机组运行小时数高。

三峡水电站、葛洲坝水电站梯级联合运行后，葛洲坝水库运行水位的确定与三峡水库的运行方式和三峡水电站的调峰幅度相关。考虑到电力市场的需求，三峡水电站尽可能承担一定的日负荷调峰任务。葛洲坝水利枢纽的主要任务是对三峡水电站日调节下泄的非恒定流过程进行反调节，在保证航运安全和畅通(按设计标准)的条件下充分发挥发电效益。在三峡工程设计时，对三峡水电站日调节、葛洲坝水电站反调节运用进行了大量的物理模型实验和数学模型分析，经综合研究推荐葛洲坝水电站反调节运行水位为63～66m，日平均水位为64.5m。

葛洲坝水库不同运行水位，将导致两座梯级水电站总发电量的变化。当葛洲坝入库流量大于 20000m^3/s 时，葛洲坝水库显示出“水库和河道”的双重特性，此时，葛洲坝水库对三峡水电站坝下水位的顶托影响会“削弱”，此时适当抬高葛洲坝水库运行水位，葛洲坝水电站增加的电量将超过三峡水电站减少的电量，即葛洲坝汛期水位偏高运行对两座梯级水电站总的发电量更有利。

(2)万安水电站

万安水电站的任务是发电、防洪、航运、灌溉、养殖等综合利用。合理处理好发电与防洪的关系，是水库优化调度的中心任务。经研究，为满足下游防洪的要求和尽量减轻赣州市洪水季节的淤积，拟定防洪限制水位为 90m。为了不过多加重库尾赣州市的防洪负担，拟定防洪高水位为 100m。

从尽可能增加水库的调节能力，以增加电站容量和电量效益，拟定设计蓄水位为 100m。这样水库防洪和兴利库容(100m 与 90m 之间容积)完全重叠，做到一库两用，较好地解决了防洪与发电的矛盾。

(3)高坝洲水电站

高坝洲水电站有一定的调节库容，具有日调节能力，为满足系统调峰及航运要求，电站可按不同季节进行下述方式调试操作，以获取最大的经济效益。在枯水期(12 月至次年 4 月)为保证 120m^3/s 的航运流量，电站按航运基荷 40MW 运行，多余来水量用于调峰运行；其他时段(5—11 月)，长江水量比较大，宜都站长江旬平均水位在 40m 高程以上，基本满足大坝下游河道航运需要，高坝洲水电站可以不考虑下泄航运流量，其入库水量用于径流发电并尽可能参与调峰运行(与隔河岩水电站同步调峰运行)。

(4)银盘水电站

银盘水电站的主要任务是发电和航运，是上游彭水电站的反调节水库，建成后可解除彭水电站的航运基荷。水库根据反调节的要求设置日调节库容，水库日运行方式为：为了满足下游航道的通航，在电力系统日负荷低谷时段(彭水电站不发电)，银盘水电站担任基荷，发电下泄流量不少于 345m^3/s，以满足库区及其下游航运对最小水深的要求。在电力系统日负荷高峰时段(彭水电站担任调峰、调频任务，释放不恒定流)银盘水电站承担部分腰荷。

银盘水库每天的库水位在正常蓄水位 215m 和死水位 211.5m 之间变化。

(5)金沙水电站

金沙水电站正常蓄水位 1022m，死水位 1020m，调节库容 1120 亿 m^3，水库具有日调节能力。电站保证出力 207MW，装机容量 560MW，相应多年平均年发电量 25.07 亿 kW·h，向四川电网送电，主要供电攀枝花市，将主要承担系统基荷和腰荷。金沙水电站是上游观音岩水电站的反调节梯级拟定水库，具体日运行方式为：

1)汛期。

观音岩水电站不承担日调峰任务时，金沙水电站坝前水位维持在正常蓄水位 1022m 运行，发生洪水时按“敞泄”方式操作。

2)枯水期。

观音岩水电站承担日调峰任务时,金沙水电站承担反调节任务,具体日运行方式为:在低谷时段观音岩水电站下泄最小流量($350m^3/s$)时,金沙水库下基荷流量为 $439m^3/s$,逐步放空调节库容;平段金沙水库不调蓄,来多少泄多少;待峰荷时段观音岩水电站加大发电流量时,金沙水库存蓄部分水量充蓄调节库容;库水位每天在正常蓄水位 1022m 和死水位 1020m 之间波动。

4.2 主要参数选择

4.2.1 额定水头

轴流式水轮机多用于径流式水电站,额定水头选取关系到水能利用和机组制造的难易,应根据水电站动能、水轮机运行特性和制造的可能性,由动能和水力机械专业协同比选确定。考虑到径流式水电站水库基本无调节功能,一般上游水位变化比较小,水轮机水头主要取决于水电站的下泄流量及其相应的下游尾水位,水轮机额定水头应按照水电站发足装机容量时的合适净水头选定,使水电站的发电量最大化,投资尽可能小。

径流式水电站的水头较低,流道的水力损失占水头的比重较大,在额定水头选择时应计入水力损失的影响,否则可能使水电站发不出装机容量。汛期,径流式水电站水头低、流量大,水轮机功率受阻,额定水头的选取既要考虑减少受阻功率又不过分强调功率受阻,并兼顾到水轮机稳定运行的要求。

4.2.2 水轮机比转速

4.2.2.1 比转速统计分析

水轮机比转速的选择决定了水轮机目标参数的确定。比转速的选择体现了技术经济优化的思想,这种思想对各种水电站都适用。从理论计算上看,为了提高水电站的投资效益并获得更多的电能,希望能尽可能地提高水轮机的比转速,但是水轮机比转速的提高是受到各种条件限制的。选择比转速是追求机组整体性能最优的原则下,经济合理、先进并切实可行。

比转速的选择与每个水电站的水头变化范围、地质条件及要求的效率指标有很大关系,探讨如下:

1)从水轮机额定单位流量的选择观点来看,允许挖深大、水头变幅小的水电站采用的比转速较大,对额定点效率要求高、挖深受限的水电站采用的比转速较小。

2)从水轮机额定单位转速的选择观点来看,对于各个水头段的可使用转轮,其模型单位转速是基本确定的,在模型水力参数一定的情况下,可以通过选择不同的真机转速来获得不同的比转速,从稳定性要求出发,要控制最高水头对应的单位转速不小于 0.9 倍最优单位转速,如需要使用高比转速,可以选择最高水头对应的单位转速大于最优单位转速,这种方式已经在许多水电站采用,但要注意最低水头下单位转速不要偏离最优单位转速太远(一般认为,1.5 倍最优单位转速以下的区域为较好的运行区)。

3)通常以额定水头、额定出力点的比转速作为讨论的基准,通过对一些典型的国内外大型轴流式水轮机的比转速进行调查分析发现,轴流式水轮机的比转速具有很大的离散度,即额定水头相近、投入运行年代相近的大型水轮机,比转速相差很大。表 4.2-1 统计了国内外部分大中型轴流式水轮机的主要参数,并将比转速与水头的统计曲线表示在图 4.2-1 上。

表 4.2-1　　国内外部分大中型轴流式水轮机的主要参数

序号	电站名称	额定水头(m)	出力(MW)	额定转速(r/min)	转轮直径(m)	比转速(m·kW)	投入运行时间	制造厂
1	澳立克(捷克)	70.5	94	187.5	4.6	281	1959	CKD
2	包特(法国)	70	23	375	2.3	281		N
3	石门	67	13	500	1.8	297	1975	HEC
4	维列(俄罗斯)	55	79.5	187.5	4.1	353	1963	XTГЗ
5	里加Ⅲ(瑞典)	39	181.7	107.1	7.5	468	1981	NOHAB
6	马斯特夸斯(加拿大)	36.6	103	112.5	6.55	401	1968	DEC
7	富水	28.5	17.75	214.3	3.3	424		HEC
8	小古斯(美L)	28.4	156.2	90	7.92	542	1974	AC
9	长湖	28	37.5	150	4.5	541		东电
10	铁门(罗马尼亚)	27.16	178	71.5	9.5	486	1970	LMZ
11	冰港(美国)	27.1	127.9	85.7	7.62	496	1971	AC
12	瓦玛(瑞典)	27	110	100	7.3	539	1970	NOHAB
13	彼蒂科斯基(芬兰)	26.5	60	115.4	5.8	470		EW
14	伏尔他格兰德(加拿大)	26.2	101.5	85.7	7.62	461	1974	D
15	朱皮亚	24.4	103	78.3	8.4	463	1969	EW
16	瓦那普姆(加拿大)	24.3	88.2	85.7	7.24	472	1963	D
17	巴里里(巴西)	24	48.7	112.5	6	467	1966	CKD
18	兰地(瑞典)	23	103.7	100	7	639	1973	KMW
19	安德勒·布朗捷尔	22	51.5	107	6.1	510	1981	C
20	莫索托(加拿大)	21.9	108.8	80	8.39	557	1975	D
21	威尔士	19.8	88.8	85.7	7.4	614	1965	AC
22	波特·哥伦比亚	19.3	85.2	85.7	7.5	618	1973	NOHAB
23	新野花南(日本)	19	31	125	5.3	555	1971	三菱
24	伏尔加(俄罗斯)	19	115	68.2	9.3	583	1954	LMZ
25	葛洲坝	18.6	175.5	54.6	11.3	592	1981	东电
26	葛洲坝	18.6	129	62.5	10.2	581	1981	HEC/东电
27	伏特金(俄罗斯)	17.5	107	62.5	9.3	571	1961	LMZ
28	阿沙赫	17	73.6	68.2	8.4	536	1963	EW

续表

序号	电站名称	额定水头 (m)	出力 (MW)	额定转速 (r/min)	转轮直径 (m)	比转速 (m·kW)	投入运行时间	制造厂
29	帮那维亚	15.9	77.2	69.2	8.38	605	1976	AC
30	七里垄	14.3	62.3	62.5	8	563	1972	
31	太平湾	12.6	49	68.2	8	636		HEC
32	巴柯尔歇姆	11.8	37.2	75	7.25	661		N
33	帕瑙根	10	22.2	75	6.3	628	1966	JMV
34	萨拉托夫(俄国)	9.7	59.3	50	10.3	711	1964	ХТГЗ
35	伯斯巴仑	7.39	19.7	68.2	7.2	786	1950	C
36	YACYRETA(阿)	21.3	154	71.4	9.5	612	1994	Voith/GE
37	乐滩	19.5	153.1	62.5	10.4	597	2004	HEC

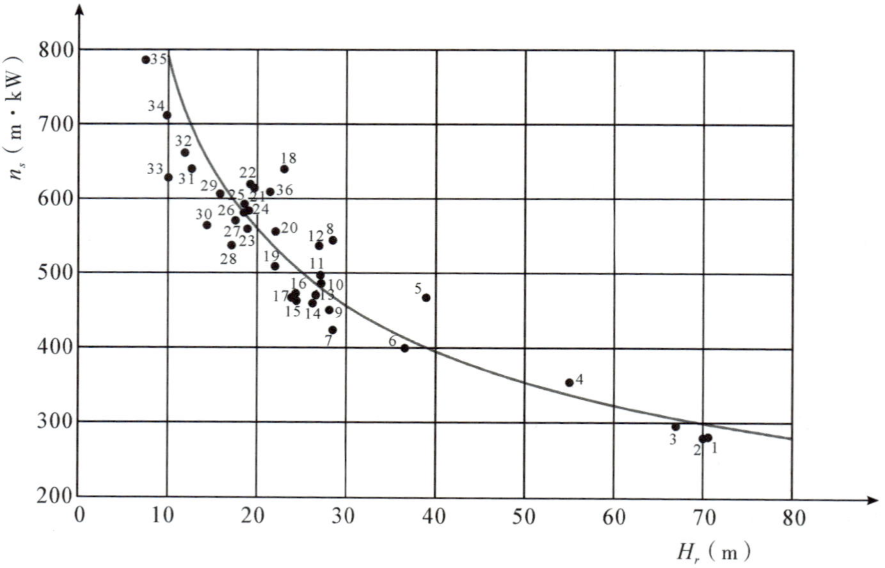

图 4.2-1　大中型轴流式水轮机比转速与水头的统计曲线

从表 4.2-1 和图 4.2-1 可知，在选择轴流式水轮机的比转速时，应考虑多方面因素的影响，工程经验表明，对于单机容量较大的水轮机应尽量不要偏离统计规律，做到既先进又不至于冒险超出经验范畴。

4.2.2.2　比转速选定

长江设计院设计的葛洲坝、万安、高坝洲、银盘、金沙等水电站不同机组的比转速及比速系数见表 4.2-2。

表 4.2-2　各电站不同机组的比转速及比速系数

电站名称及机组	最高水头(m)	额定水头(m)	额定转速(r/min)	水轮机额定功率(MW)	机组额定功率(MW)	比转速(m·kW)	比速系数
葛洲坝 125MW 机组	27.0	18.6	62.5	129	125	581	2506
葛洲坝 170MW 机组	27.0	18.6	54.6	176	170	592	2553
葛洲坝 146MW 机组	27.0	18.6	62.5	149	146	626	2700
葛洲坝 150MW 机组	27.0	18.6	62.5	153	150	633	2730
万安 100MW 机组	32.3	22	76.9	103	100	518	2430
万安 105MW 机组	32.3	22	76.9	108.15	105	531	2491
万安 113MW 机组	32.3	22	76.9	115.3	113	548	2571
高坝洲水电站	40.0	32.5	125	85.8	84	471.9	2690
银盘水电站	35.12	26.5	83.3	152.6	150	541.2	2786
金沙水电站	26.8	16.8	57.7	142.9	140	641.29	2628
小南海水电站	24.2	15.4	53.6	148	145	676	2652

从表 4.2-2 可以看出，所选用的水轮机比转速基本处于统计曲线附近，符合统计规律，没有片面追求过高的水轮机参数，重点是确保机组整体性能优良且运行稳定。

4.2.3 水轮机单位参数选择

4.2.3.1 单位参数统计分析

根据确定的水轮机比转速和比速系数，结合工程特点，选择合适的单位转速和单位流量进行参数合理匹配，使机组发电效益大、能安全稳定运行。较高的单位转速有利于机组同步转速的提高，减少发电机磁极数，缩小发电机尺寸，降低发电机重量，但单位转速的提高受到叶片强度、空化和磨损等因素的限制。由于转速的提高，水轮机转轮出口圆周速度增加，使得出口相对流速增加，过高的相对流速造成流道内压力降低，不仅会对水轮机的空化性能、泥沙磨损、机组运行的稳定性造成不利影响，且由于转速的升高、飞逸转速的增加，对机组结构部件的强度也提出了更高的要求，因此单位转速的提高受到一定程度的限制。从水轮机额定单位转速的选择观点来看，对于各个水头段的可使用转轮，其模型单位转速是基本确定的，如轴流式水轮机 4 个叶片转轮主要应用在中低水头水电站，其最优单位转速为 140r/min 左右；5 个叶片转轮主要应用在中高水头水电站，其最优单位转速为 130r/min 左右。

在不降低水轮机性能的前提下，尽可能选取较大的单位流量可以减小机组尺寸，但单位流量过大将导致水轮机效率下降，空化系数增大，不稳定区域扩大。在机组容量一定时，水轮机直径主要受单位流量的控制，对于轴流式水轮机而言，单位流量主要受空化性能的限制。对于水头变幅大的水电站，水轮机必须具有较宽广的运行区域，才能适应水电站运行的要求，因此单位参数的合理选择非常重要。

4.2.3.2 单位参数的选定

长江设计院设计的葛洲坝、万安、高坝洲、银盘、金沙等水电站不同机组的单位参数见表 4.2-3。

表 4.2-3　　各水电站不同机组的单位参数

电站名称及机组	最优单位转速(r/min)	最高水头单位转速(r/min)	最优单位流量(L/s)	额定点单位流量(L/s)	最大水头(m)	额定水头(m)	额定转速(r/min)	转轮直径(m)	额定流量(m^3/s)	叶片数
葛洲坝 125MW 机组	129	122.7	970	1839	27.0	18.6	62.5	10.2	825	5
葛洲坝 170MW 机组	129～138	118.8～123.4	970～1060	2052	27.0 25.0	18.6	54.6	11.3	1130	4
葛洲坝 146MW(哈电)，葛洲坝 146MW(东电)	133～134.8	122.7	1120 1330	2057	27.0	18.6	62.5	10.2	922.6 923	5
葛洲坝 150MW(哈电)，葛洲坝 150MW(东电)	132～133.02	122.7	1080 1191	2113 2058	27.0	18.6	62.5	10.2	947.829 23.1	5
万安 100MW 机组	116	115	800	1641	32.3	22	76.9	8.5	556	6
万安 105MW 机组		115		1647	32.3	22	76.9	8.5	557.92	6
万安 113MW 机组	124.5	115	991.1	1710	32.3	22	76.9	8.5	579.5	5
高坝洲水电站	129	114.7	1070	1496	40.0	32.5	125	5.8	286.8	5
银盘水电站	130	120.9	1180	1660	35.12	26.5	83.3	8.6	632	6
金沙电站	123.04	118.7	1170.45	2017.6	26.8	16.8	57.7	10.65	938	5
小南海水电站		126.4		2042	24.2	15.4	53.6	11.6	1078.3	5

4.2.4 水轮机主要指标

4.2.4.1 水轮机效率

水轮机效率是评价水轮机能量特性的重要指标，直接影响水电站的发电效益。随着水轮机设计水平的提高和采用现代化的加工工艺，目前国内外开发的轴流式水轮机模型最优效率已达到 93%及以上。

长江设计院设计的葛洲坝、万安、高坝洲、银盘、金沙等水电站不同机组的水轮机真机效率见表 4.2-4。

表 4.2-4 各水电站不同机组的水轮机真机效率

电站名称及机组	最优效率(%)	额定点效率(%)	加权平均效率(%)	效率修正值(%)
葛洲坝 125MW 机组	93.0	89.1		$\Delta\eta$3.5
葛洲坝 170MW 机组	92.5	85.2		
葛洲坝 146MW(哈电)	94.59	89.12		$\Delta\eta$3.47
葛洲坝 146MW(东电)	94.67	89.36		$\Delta\eta$3.47
葛洲坝 150MW(哈电)	94.25($\Delta\eta$1.65)	88.79($\Delta\eta$1.61)	93.02($\Delta\eta$1.64)	
葛洲坝 150MW(东电)	94.03	91.15	93.27	($\Delta\eta$1.72)
万安 100MW 机组	93.0			
万安 113MW 机组	94.7($\Delta\eta$1.9)	92.4($\Delta\eta$2.3)	93.0($\Delta\eta$2.0)	
高坝洲水电站	94.73	93.83	93.872	($\Delta\eta$2.83)
银盘水电站	94.88	93.06	93.66	($\Delta\eta$1.68)
金沙水电站	93.76	92.91	94.23	($\Delta\eta$2.21)
小南海水电站		推荐 91.0		

4.2.4.2 水轮机空化系数和吸出高度

轴流式水轮机吸出高度为转轮叶片旋转中心线至下游尾水位的高程差，由于轴流式水轮机的运行效率比较宽广，一般在模型曲线上均没有出力限制线，轴流式水轮机限制工况点，主要受临界空化系数的限制。当选择的临界空化系数较大时，限制工况点可以向大单位流量方向移动，即限制工况点的引用单位可以提高，水轮机吸出高度计算值减小，为了满足水轮机空化性能的要求，相应土建开挖量增加，但水轮机直径可以缩小。因此，轴流式水轮机允许吸出高度是一个非常重要的参数，它涉及水轮机的运行范围、效率以及土建工程量的大小。在计算和选择水轮机允许吸出高度时应注意如下问题：

一是计算额定工况下的水轮机允许吸出高度，以最高水头、最低水头或可能的其他控制工况进行复核。在一般情况下，轴流式水轮机的允许吸出高度受额定水头和最高水头发额定功率时的工况点控制。

二是水电站所在的海拔高度对水轮机吸出高度影响较大，海拔高度越高，要求的水轮机吸出高度越小，即土建开挖越深。在通常情况下，海拔高度每升高 900m，相应的大气压力降低 1m 水柱。

三是水轮机额定工况点临界空化系数与模型水轮机的性能和单位流量的引用大小有很大的关系，要综合考虑后确定合适的额定工况点临界空化系数。

四是《水轮机模型试验验收规程》(GB/T 15613—1995)推荐了三种确定临界空化系数方法，为了确定的方便，并与《水轮机、蓄能泵和水泵水轮机模型验收试验》(GB/T 15613.1—2008)的要求一致，一般采用与无空蚀工况效率相比，效率降低 1%时的空化系数作为临界空化系数，即σ_1。

五是空化系数是通过模型试验获得的，由于模型与真机之间存在一定的差异，应对模型曲线上的空化系数进行修正。一般情况下，水头越小，修正系数越大，由于修正系数取值比较困难，目前通行的方法是采用空化安全系数（水电站空化系数σ_p与水轮机临界空化系数σ_c的比值）进行修正。《水力发电厂机电设计规范》（DL/T 5186—2004）建议：对清水条件下运行的水轮机空化安全系数为1.1～1.6；对于多泥沙水流条件下运行的水轮机空化安全系数为1.3～1.8，当临界空化系数采用σ_1时，宜取大值。上述取值范围是对反击式水轮机总的要求，根据水电站的实际运行经验，当轴流转桨式水轮机的空化安全系数大于1.2时，水轮机均能安全稳定运行，为了留有一定的余量，且基本与规范的建议一致，轴流式水轮机空化安全系数的取值范围宜在1.3左右。

六是在计算吸出高度时，应注意水轮机空化系数是σ_s、σ_1、$\sigma_{0.5}$、$\sigma_{0.2}$、σ_i，它们之间的差异较大，不同的空化系数应采用不同的安全系数。目前，有部分装设轴流式水轮机的电站引用了初生空化的概念，如果采用初生空化系数σ_i计算水轮机吸出高度，初生空化安全系数以不小于1.0为宜。

(1)葛洲坝水电站

葛洲坝水电站125MW机组（改造后为150MW）的临界空化系数和临界空化安全系数分别见表4.2-5和表4.2-6。

表4.2-5　　各方案水轮机预想功率时临界空化系数

水头(m)		12	14	16	17	18.6	19.3	21	23	25
电站空化系数σ_p		2.117	1.672	1.338	1.201	0.931	0.861	0.71	0.561	0.496
临界空化系数	134MW σ_s	0.94	0.88	0.85	0.83	0.71	0.61	0.48	0.4	0.35
	哈电146MW σ_s	1.1	0.99	0.89	0.84	0.8	0.71	0.55	0.45	0.39
	东电146MW σ_s	0.86	0.9	0.89	0.86	0.81	0.71	0.55	0.45	
	哈电150MW σ_1	1.183	1.058	0.969	0.903	0.802	0.683	0.507	0.415	0.391
	东电150MW σ_1	0.949	0.894	0.863	0.84	0.751	0.678	0.504	0.393	0.301

表4.2-6　　各方案水轮机预想功率时临界空化安全系数

水头(m)		12	14	16	17	18.6	19.3	21	23	25
安全系数σ_p/σ_s或σ_1	134MWσ_s	2.252	1.900	1.574	1.447	1.311	1.411	1.479	1.403	1.417
	哈电146MWσ_s	1.925	1.689	1.503	1.430	1.164	1.213	1.291	1.247	1.272
	东电146MWσ_s	2.462	1.858	1.503	1.397	1.149	1.213	1.291	1.247	
	哈电150MWσ_1	1.79	1.58	1.38	1.33	1.16	1.26	1.4	1.35	1.27
	东电150MWσ_1	2.23	1.87	1.55	1.43	1.24	1.27	1.41	1.43	1.65
150MW方案要求		>1.15								

(2)万安水电站

万安水电站新装 5 号机组模型水轮机空化性能试验数据见表 4.2-7，不同水头下水轮机最大出力时的空化安全系数见表 4.2-8。

表 4.2-7　　模型水轮机空化性能试验数据表

n_1'	β=14°		β=19°		β=24°		β=29°		β=34°	
(r/min)	Q_1'(L/s)	σ_s	Q_1'(L/s)	σ_s	Q_1'(L/s)	σ_s	Q_1'(L/s)	σ_s	Q_1'(L/s)	σ_s
110	580.6	0.2598	771.0	0.2618	963.0	0.2535	1185.1	0.2815	1350.0	0.3613
120	601.9	0.2693	810.0	0.2792	1024.0	0.3002	1263.0	0.3374	1462.3	0.4552
130	644.0	0.2735	869.0	0.2887	1095.0	0.3396	1351.3	0.3868	1570.0	0.5407
140	692.0	0.2858	931.0	0.3279	1171.0	0.3574	1439.9	0.4462	1694.9	0.6027
150	737.0	0.3321	996.0	0.3992	1243.4	0.3898	1530.0	0.5006	1806.4	0.7281
160	784.3	0.3834	1057.0	0.4450	1313.2	0.5554	1633.0	0.5993	1923.3	0.8306
170	823.0	0.4212	1120.0	0.5151	1389.8	0.6153	1731.9	0.7104	2026.3	0.918
180	871.0	0.4525	1190.0	0.5322	1469.0	0.6750	1838.0	0.8172	2131.0	1.0184
190			1257.0	0.6048	1549.0	0.7312	1938.0	0.9053		

表 4.2-8　　不同水头下水轮机最大出力时的空化安全系数

水头(m)	最大功率(MW)	单位流量(L/s)	单位转速(r/min)	σ_p	σ_s	σ_p/σ_s
32.3	126.83	1035.1	115.01	0.5115	0.285	1.79
26.4	126.83	1407.5	127.22	0.6296	0.441	1.43
22.0	115.3	1709.7	139.36	0.7601	0.625	1.22
15.0	65.0	1779.7	168.77	1.1081	0.725	1.53
12.0	45.0	1761.2	188.69	1.3769	0.826	1.67

(3)高坝洲水电站

高坝洲水电站水轮机在特征水头下预想功率时的空化性能见表 4.2-9。

表 4.2-9　　不同工况下的空化性能

水头(m)	功率(MW)	模型效率(%)	真机效率(%)	单位流量(m^3/s)	吸出高度(m)	模型临界空化系数	电站空化系数	空化安全系数
40.0	85.8	91.4	94.23	1.091	−7.6	0.38	0.439	1.155
35.4	85.8	91.6	94.43	1.307	−9.0	0.485	0.536	1.105
32.5	85.8	91.0	93.83	1.496	−10.5	0.55	0.63	1.145
29.0	74.0	90.0	92.83	1.548	−10.5	0.6	0.706	1.177
22.1	51.0	86.5	89.33	1.665	−10.5	0.716	0.926	1.293
16.0	27.0	79.4	82.23	1.555	−7.3	0.78	1.079	1.383

(4)银盘水电站

银盘水电站水轮机在不同工况下的 σ_1 见表 4.2-10，不同预想功率的空化特性见表 4.2-11。

表 4.2-10　不同工况下的 σ_1

水头(m)	单位转速(r/min)	$\varphi=-12°$	$\varphi=-10°$	$\varphi=-5°$	$\varphi=0°$	$\varphi=+5°$	$\varphi=+10°$	$\varphi=+14°$
35.0	121.30	<0.0887	<0.0946	0.1384	0.2190	0.2190	0.3803	0.4883
26.5	139.40	<0.0953	<0.0937	0.1927	0.3475	0.4478	0.5351	0.6676
20.5	158.50	<0.0957	<0.0977	0.3192	0.5129	0.6004	0.7302	0.8952
13.0	199.03	0.8979	0.8111	0.7767	0.8524	0.9966	1.1589	1.3512

表 4.2-11　不同预想功率的空化特性

水头(m)	功率(MW)	单位流量(m^3/s)	σ_p	σ_1	σ_i	σ_p/σ_1	σ_p/σ_i
35.0	152.6	1.0761	0.4791	0.258	0.45	1.86	1.0647
26.5	152.6	1.6555	0.6709	0.561	0.67	1.2	1.0013
20.5	106.9	1.7342	0.8525	0.702	0.81	1.21	1.0525
13.0	50.0	1.783	1.3008	0.976	1.26	1.33	1.0324

(5)金沙水电站

金沙水电站水轮机在不同工况下的空化性能见表 4.2-12。

表 4.2-12　金沙水电站水轮机在不同工况下的空化性能

水头(m)	功率(MW)	桨叶开度(°)	导叶开度(°)	真机流量(m^3/s)	真机效率(%)	电站空化系数 σ_p	临界空化系数 σ_1	初生空化系数 σ_i	σ_p/σ_1	σ_p/σ_i
26.80	143.24	22.10	30.45	574.38	95.25	0.364	0.278		1.308	
23.99	142.84	24.71	34.36	635.07	95.99	0.439	0.307	0.431	1.428	1.019
19.91	142.91	29.56	43.63	773.24	95.04	0.736	0.481	0.728	1.531	1.011
16.79	142.89	34.30	53.61	938.49	92.81	1.056	0.768	1.05	1.376	1.006
13	100.07	32.20	57.80	867.65	90.83	1.658	0.964	1.255	1.72	1.321
8	39.04	25.30	57.85	636.46	78.50	3.319	2.509		1.323	

4.2.4.3　水轮机稳定性及控制指标

(1)引起轴流转桨式水轮机振动的原因

轴流式水轮机具有适应电站水头变幅较大、高效率区平缓、运行稳定的特点，因此被广泛采用。轴流式水轮机虽然具有适应较大水头变幅的能力，但是如果电站水头变幅过大，也会导致机组的不稳定运行，轴流转桨式水轮机具有导叶和转轮轮叶双重调节功能，通过水头、导叶和转轮轮叶的协联运行，可以大大减小叶片进口水流冲角和出口环量，转轮内的水流流态也比较理想，轮叶进水边脱流的情况基本可以避免，尾水管压力脉动绝对值有所减少，加之轴流转桨式水轮机的运行水头低，只要协联得当，进水边脱流及尾水管压力脉动不会对水轮机的稳定运行构成威胁。但轴流转桨式水轮机产生的振动应引起重视，主要原因有：

1)水轮机通流部件的设计难以完全对称(如蜗壳包角较小)或设计不合理，造成水流的均匀程度及稳定性较差。如沿圆周方向水流的不均匀性，将有可能引起转轮周向水力的不平衡，引发水轮机运行不稳定。

2)尾水管高度过矮，转轮出来的水流在转弯前还未稳定，产生周期性干扰力，引起转动部件振动。

3)水头、导叶开度和转轮轮叶的角度协联关系不合理，轮叶翼型设计不合理，导致水轮机水力稳定性能差。

4)空化系数的安全裕量过小，水轮机在发生空化的条件下运行可能引起出力波动过大。

5)叶片在水中的固有频率与激振频率发生共振。

6)转轮加工质量差，水流绕流叶片过程中产生作用于转轮叶片的不对称力，该力的方向将随着旋转方向而改变，引起转动部件振动。

7)水头变幅过大，高水头或低水头偏离最优工况太远，在协联工况下，不能完全避免轮叶头部脱流或空化，也会造成水轮机运行不稳定。

(2)稳定性及控制指标

对于水轮机来说，当水流通过水轮机过流部件时引起压力脉动和水力扰动，导致水力激发运行中机组的振动和摆度是不可避免的，只是大小而已。为此，在工程设计中明确了稳定运行的指标。为验证水轮机是否能稳定运行，在水轮机的蜗壳、尾水管等部位分别装设有监测点，以便测量在不同水头、不同负荷时水轮机不同部位的压力脉动值。

由于水轮机水力测量的工况多、数据信息量大，仅列出具有代表性的测量数据。

1)葛洲坝水电站。

葛洲坝水电站改造机组(150MW)水轮机锥管压力脉动试验结果分别见表 4.2-13、表 4.2-14。

表 4.2-13　　水轮机锥管上游侧压力脉动试验结果

水头(m)	水轮机出力范围(%)	双振幅值 $\Delta H/H$(%)	要求双振幅值 $\Delta H/H$(%)
9.10	0～35N	2.1	≤6
	35(含)～60N	2.5	≤7
	60(含)～100N	5.8	≤8

续表

水头(m)	水轮机出力范围(%)	双振幅值 $\Delta H/H$(%)	要求双振幅值 $\Delta H/H$(%)
12.00	0～35N	1.9	≤6
	35(含)～60N	2.2	≤7
	60(含)～100N	5.5	≤8
14.00	0～35N	1.0	≤6
	35(含)～60N	1.8	≤7
	60(含)～100N	5.6	≤8
16.00	0～35N	1.0	≤6
	35(含)～60N	2.0	≤7
	60(含)～100N	5.8	≤8
17.00	0～35N	1.0	≤6
	35(含)～60N	1.6	≤7
	60(含)～100N	5.9	≤8
18.60	0～35N	1.5	≤6
	35(含)～60N	1.7	≤7
	60(含)～100N	5.8	≤8
19.30	0～35N	1.8	≤6
	35(含)～60N	1.8	≤7
	60(含)～100N	4.4	≤8
21.00	0～35N	1.9	≤6
	35(含)～60N	1.5	≤7
	60(含)～100N	3.0	≤8
23.00	0～35N	1.8	≤6
	35(含)～60N	1.3	≤7
	60(含)～100N	3.6	≤8
25.00	0～35N	1.8	≤6
	35(含)～60N	2.0	≤7
	60(含)～100N	3.6	≤8
27.00	0～35N	1.9	≤6
	35(含)～60N	2.0	≤7
	60(含)～100N	2.8	≤8

表 4.2-14 水轮机锥管下游侧压力脉动试验结果

水头(m)	水轮机出力范围(%)	双振幅值 ΔH/H(%)	要求双振幅值 ΔH/H(%)
9.10	0～35N	1.9	≤6
	35(含)～60N	2.0	≤7
	60(含)～100N	5.2	≤8
12.00	0～35N	1.0	≤6
	35(含)～60N	1.0	≤7
	60(含)～100N	4.3	≤8
14.00	0～35N	0.8	≤6
	35(含)～60N	0.8	≤7
	60(含)～100N	4.0	≤8
16.00	0～35N	0.7	≤6
	35(含)～60N	0.9	≤7
	60(含)～100N	5.1	≤8
17.00	0～35N	0.8	≤6
	35(含)～60N	0.9	≤7
	60(含)～100N	5.6	≤8
18.60	0～35N	0.8	≤6
	35(含)～60N	1.0	≤7
	60(含)～100N	5.7	≤8
19.30	0～35N	1.0	≤6
	35(含)～60N	1.2	≤7
	60(含)～100N	3.8	≤8
21.00	0～35N	1.5	≤6
	35(含)～60N	1.2	≤7
	60(含)～100N	4.2	≤8
23.00	0～35N	1.4	≤6
	35(含)～60N	1.8	≤7
	60(含)～100N	3.4	≤8
25.00	0～35N	1.4	≤6
	35(含)～60N	2.5	≤7
	60(含)～100N	3.0	≤8
27.00	0～35N	1.5	≤6
	35(含)～60N	1.5	≤7
	60(含)～100N	2.4	≤8

2)万安水电站。

压力脉动测点位于尾水管距转轮桨叶中心 0.65D_1 处下游侧，试验数据见表 4.2-15。

表 4.2-15　　水轮机锥管下游侧压力脉动试验结果

n_1' (r/min)	$\varphi=14°$		$\varphi=19°$		$\varphi=24°$		$\varphi=29°$		$\varphi=34°$	
	Q_1'(L/s)	A(%)	Q_1'(L/s)	A(%)	Q_1'(L/s)	A(%)	Q_1'(L/s)	A(%)	Q_1'(L/s)	A(%)
110	580.6	3.14	771.0	2.61	963.0	3.31	1185.1	3.31	1350.0	3.45
120	601.9	2.14	810.0	2.31	1024.0	2.38	1263.0	3.17	1462.3	3.47
130	644.0	2.19	869.0	2.91	1095.0	2.65	1351.3	2.98	1570.0	3.2
140	692.0	2.31	931.0	2.57	1171.0	2.57	1439.9	3.68	1694.9	3.43
150	737.0	3.25	996.0	3.11	1243.4	2.5	1530.0	3.85	1806.4	4.41
160	784.3	4.48	1057.0	4.23	1313.2	3.71	1633.0	5.24	1923.3	5.3
170	823.0	5.24	1120.0	5.1	1389.8	4.91	1731.9	6.12	2026.3	6.24
180	871.0	6.64	1190.0	6.85	1469.0	6.11	1838.0	7.42	2131.0	7.12
190	931.0	7.34	1257.0	7.86	1549.0	7.56	1938.0	7.72		

3)高坝洲水电站。

压力脉动测点位于尾水管距转轮桨叶中心 0.653D_1 处下游侧，初步模型试验与验收试验压力脉动对照见表 4.2-16。

表 4.2-16　　初步模型试验与验收试验压力脉动对照表

桨叶角度(°)	单位转速(r/min)	单位流量(L/s)	初步模型试验压力脉动(%)	验收试验压力脉动(%)
0	114.6(最高水头 40.0m)	960.8	2.1	2.0
	127.2(额定水头 32.5m)	1055.8	1.8	2.0
	154.2(最低水头 22.1m)	1230.0	2.4	2.3
5	114.6(最高水头 40.0m)	1202.0	2.8	3.0
	127.2(额定水头 32.5m)	1307.0	2.4	2.3
	154.2(最低水头 22.1m)	1523.8	3.0	2.8
10	114.6(最高水头 40.0m)	1339.8	3.4	3.2
	127.2(额定水头 32.5m)	1475.6	3.3	2.6
	154.2(最低水头 22.1m)	1781.2	4.0	3.4

4)银盘水电站。

水轮机尾水管锥管、肘管和扩散段压力脉动值见表 4.2-17。

表 4.2-17 各测点压力脉动双振幅试验结果与要求值对比表

	水头(m)	水轮机出力范围(%)	压力脉动的最大双振幅值 ΔH/H(%)	
			试验值	合同保证值
尾水管直锥段	13.0～20.5	<35	1.8～5.9	8.0
		35～60	1.8～5.9	6.0
		60～100	1.9～4.8	5.0
	20.5～26.5	<35	1.3～5.9	7.0
		35～60	1.1～3.7	6.0
		60～100	1.1～4.7	5.0
	26.5～35.0	<35	1.3～3.3	6.0
		35～60	1.1～3.2	5.0
		60～100	1.1～4.5	5.0
尾水管肘形段	13.0～20.5	<35	2.0～3.5	8.0
		35～60	2.0～4.0	6.0
		60～100	2.2～4.7	5.0
	20.5～26.5	<35	1.5～5.4	7.0
		35～60	2.0～4.0	6.0
		60～100	1.6～4.7	5.0
	26.5～35.0	<35	1.6～5.4	6.0
		35～60	2.2～4.6	5.0
		60～100	1.8～4.8	5.0
尾水管扩散段	13.0～20.5	<35	1.4～2.8	8.0
		35～60	1.4～4.9	6.0
		60～100	2.0～5.0	5.0
	20.5～26.5	<35	1.4～5.4	7.0
		35～60	2.0～5.4	6.0
		60～100	1.5～5.0	5.0
	26.5～35.0	<35	1.4～5.4	6.0
		35～60	1.6～5.0	5.0
		60～100	1.6～5.0	5.0

从上述各表中可以看出，葛洲坝、万安、高坝洲、银盘等水电站轴流转桨式水轮机，不同部位的压力脉动实测值均在工程设计要求范围内，能长期安全稳定运行。

4.2.5 安装高程

一般情况下，轴流式水轮机为立式布置，水轮机安装高程是指导叶中心高程。水轮机安装高程的确定将直接影响水轮机的空化性能、运行稳定性和土建开挖量，设计中应当高度重视。

轴流式水轮机一般用于上游水位变化不大、尾水位变幅较大的低水头径流式水电站。因此，水轮机安装高程与下游水位直接相关，确定时应考虑：

1)安装高程必须满足水轮机各种工况下允许吸出高度的要求。

2)径流式水电站不同的下泄流量对应不同的下游水位和电站水头(不同水头时的空化系数不一样，要求的安装高程不一样)，这一点与有防洪库容和具有调蓄能力的水电站有很大的差异，设计时应高度重视。

3)对于梯级水电站，应考虑对下游梯级水电站上游水库运行水位(枯水期高水位，汛期低水位)的影响。

4)对于具有通航和生态流量要求的水电站，应考虑通航流量和生态流量对下游尾水位的影响。

5)对电站不同水头、不同流量、不同机组功率对应的不同下游尾水位分别计算；或上游死水位(最低水位)出现额定水头时进行计算，经分析比较后，确定合适的水轮机安装高程。一般情况下，轴流式水轮机安装高程受额定水头或最高水头发满出力时的工况点控制。

6)对于尾水管较长的电站，水轮机安装高程必须满足调保计算的要求。

7)有些水电站由于地质的原因，对水轮机安装高程或尾水管底板高程有特殊要求，需要充分协商后，确定既能满足水轮机运行要求又能满足土建或地质要求的水轮机安装高程。

4.3 关键技术设计研究

由长江设计院设计选用轴流转桨式机组的水电站，各有特点，设计研究的关键技术各有所异，以相关工程为例加以叙述。

4.3.1 葛洲坝水电站

葛洲坝水利枢纽是20世纪70年代我国在长江干流上自主设计建造的第一座水利水电工程，是中国水电建设史上的一座里程碑。葛洲坝水电站，是当时世界上装设大型轴流转桨式机组台数最多、径流式水电站装机容量最大的水电站。40年前由我国自主研制的低水头大容量机组及其他设备，依靠我国自己的力量，攻克了多个技术难题，将设计研究成果应用在工程建设中，从而使工程建设能顺利进行，开创了许多水电建设史上的先河。

4.3.1.1 设计难点

当时葛洲坝工程设计的指导思想十分明确：要将葛洲坝水电站打造成民族工业的一面旗帜，工程立足于采用国内自主设计、制造的水轮发电机组及其机电设备。

电站最高水头27m，加权平均水头20.5m，额定水头18.6m，最低水头8.3m，异常最低水头6.3m。根据电站的特征水头、水头变幅、装机规模和单机容量，采用轴流式水轮机是比较合适的机型。选用多大的单机容量，需考虑葛洲坝工程枢纽布置的前沿长度及国内能制造多大的轴流转桨式水轮发电机组单机容量。从工程设计出发，机组选用较大的单机容量，有利于缩短枢纽布置的前沿长度、增加电站的装机容量、减少装机台数、降低工程投资。当时制造大单机容量的机组受设计经验较少、设备制造工艺相对落后的制约，大容量轴流转桨式水轮机面临水轮机模型的开发、水轮机各部件用材、机组振动、空化和泥沙磨损等一系列问题需研究解决。因此，对选择多大的单机容量十分慎重，进行了两个阶段的设计研究。

(1)第一阶段

从 1970 年到 1972 年底，即从葛洲坝工程开工前的准备阶段到主体工程暂停施工。经国务院批准兴建葛洲坝工程后，原一机部和原水电部联合召开会议，落实水轮发电机组的设计任务，决定成立由两部有关单位参加的联合设计组。在长江委提出水轮发电机组选型方案的基础上开展工作。

当时在国内可供选择的转轮有 A30、ⅡЛ661、ⅡЛ548、5Xa、5k 和ⅡЛ587a 等。A30、ⅡЛ661、ⅡЛ548 三个型号的转轮均为 4 个叶片，当使用碳钢制作叶片时，可用于最高水头为 23.0m 的电站；5Xa、5k 两个型号的转轮为 5 个叶片，可用于最高水头 25.0m 的电站；ⅡЛ587a 转轮为 6 个叶片，可用于最高水头为 35.0m 的电站。

葛洲坝水电站的最高水头为 27.0m，按常规及我国编制的水轮机型谱，应选用 5 个叶片的转轮。但由于葛洲坝水电站装机容量大，要求尽可能加大单台机组容量，以减少机组台数，有利于枢纽布置。在上列的各型转轮中，ⅡЛ587a 型转轮，具有 6 个叶片，可使用到 35m 水头，用于葛洲坝水电站，显然强度有余，但出力偏低，加之轮毂比大，受铁路运输限制，转轮直径最大只能做到 10.0m，机组容量不超过 100MW，按当时确定的电站装机容量 2210MW 至少需安装 22 台机组，枢纽布置难以容纳 22 台机组的厂房(当时尚未考虑加宽泄水闸前沿宽度及挖掉葛洲坝岛)，因而被否定。两种 5 个叶片转轮，5k 的性能比 5Xa 的优越，且在我国陆水水电站已使用到最高水头 26m，比较接近葛洲坝水电站的条件，但该机型轮毂比仍偏大，同样受铁路运输尺寸的限制，转轮直径只能做到 10m 左右，机组容量约为 125MW，需装 18 台，布置仍有困难，此外该机型叶片较薄，用于 27.0m 水头时应力也偏高，唯有 4 个叶片转轮 A30 型，是哈尔滨大电机研究所试验成功的转轮，其能量指标、空化性能均比ⅡЛ661 和ⅡЛ548 优越，在我国已有制造和运行经验，因而决定选用 A30 转轮。根据铁路运输超限和毛坯制造的可能性，最后确定转轮直径为 11.3m，机组容量为 170MW，共 13 台，总装机容量 2210MW。为了保证机组能在 27.0m 水头下安全运行，叶片材料选用当时我国研制的高强度 15 锰钼钒铜新钢种(15MnMoVCu)。发电机采用双水内冷方式，此方案于 1971 年 5 月在武汉由原一机部、水电部两部召开的审查会议上得到批准。

(2)第二阶段

从 1973 年初到 1974 年秋，即在修改葛洲坝工程初步设计阶段，由于原审定的水轮发电机组方案经过一段时间的试制，在铸造了 4 个净重 40t 的大叶片后，发现叶片材料

15MnMoVCu 机械性能虽比一般碳钢高，但冲击韧性差，α_k 值很不稳定，可焊性亦很差，说明这种新钢种水轮机叶片材料不能保证机组安全稳定运行，故不宜使用。

如何修改机组设计方案，各有关单位分别进行了认真研究，对 4～6 个叶片的转轮又重新进行了论证。鉴于当时国内镍铬不锈钢材料紧缺，大型不锈钢铸件的冶炼浇铸技术不成熟，因此在叶片选材上，只能立足于国内成熟的 20 硅锰钢，按此计算，原选用的 4 个叶片 A30 机型，应降低水头在 23.0m 以下使用，不能满足电站运行要求。而 6 个叶片的ⅡЛ587a 机型，因机组出力太小，机组台数过多，难以满足枢纽布置的要求。从安全可靠出发，并尽量增大单机容量，选用 5 个叶片的新机型，是比较合理的。工程设计单位根据葛洲坝水电站的水文特性和水能条件，为了利用汛期丰余水量多发电，减少预想出力下降，对新机型提出了在低水头区尽可能加大导叶开口设计要求，为此有关单位相继开展了 5 个叶片转轮的设计研究和试验工作。为适应 1974 年复工需要，参考已掌握的 5 个叶片转轮资料，提出了采用 5 个叶片机组的修改设计方案。此方案在 1974 年召开的葛洲坝工程技术委员会第五次会议上得到批准，该次会议决定："关于水轮发电机组，原定 170 MW 的机组，系采用我国研制的转轮和新钢种叶片材料，三年多来广大职工发挥了很高的积极性，做了大量的科研试制工作，取得了一定成绩，目前尚不能满足最高水头 27.0m 的要求，但在 23.0m 水头时可以安全发电，经过这次会议反复讨论，对已投料的两台机组，安装在二江，当水头大于 23.0m 时，作为试验，以取得经验，第一台争取 1980 年发电，其余二江 3 台、大江 12 台机组，选择适应 27.0m 水头的新机型，采用 5 个叶片，单机容量约 130MW。机组总共为 17 台，总装机容量不小于原设计的 2210 MW。"按此决定，长江设计院于 1974 年 5 月提出了"机组修改设计基本条件"。

在 1974 年 9 月国家建委召开的"葛洲坝工程座谈会"上，进一步明确，"关于发电机组问题，葛洲坝原定的 4 个叶片 170 MW 机组，采用了我国自行研制的转轮，科研、设计和制造部门广大职工做了很多努力，并取得一定的成果。根据目前试制情况，机组尚不能达到最高水头 27.0m 时运转的要求。经讨论确定，两台已投料的机组制成后安装在二江。一机部要采取有力措施，确保在 23.0m 水头条件下安全运行，二江电厂其余机组均采用 5 个叶片转轮，单机容量约 125MW。一机部要抓紧研究试制，尽快提出轮廓尺寸，以便及时进行厂房基础开挖"，接着于 1974 年 11 月在汉口召开的"葛洲坝机组座谈会"上，各有关方面共同商定了机组尺寸和水轮机安装高程，满足了施工开挖需要。至此，葛洲坝水电站的水轮发电机组方案才基本上确定下来。

1975 年 3—4 月，由已开展水轮机试验研究工作的单位，组成了联合试验小组，集中到哈尔滨，取各家之长，开展了系统的转轮试验研究工作，至 1976 年初完成了水轮机模型试验研究，从将近 40 个转轮中精选出适合葛洲坝水电站特点的 ZZ500 型转轮。1976 年 8 月审查了 125MW 的机组扩大初步设计，以后随着装机容量的加大和枢纽布置的调整，形成了现在的电站规模和布局。

葛洲坝水电站分为大江电站和二江电站，共装设21台巨型轴流转桨式水轮发电机组，其中二江电站装机7台(其中2台机组额定功率170MW，5台机组额定功率125MW)，大江电站装机14台(14台机组全部为额定功率125MW)，装机规模2715MW(正在进行的机组更新改造增容，总装机规模为3190MW)，为当时国内装机容量最大、装机台数最多的水电站，目前仍然是装设轴流转桨式机组电站装机台数最多、装机容量最大(包括机组更新改造增容)的径流式电站。

4.3.1.2 排沙措施周全

长江为多泥沙河流，为了避免粗泥沙过机，对水轮机过流部件造成磨损，首先应从枢组水工建筑物上采取拦、排沙措施。根据水工模型试验结果和水流特性，为减少过机水流含沙量，从电站、泄洪闸、船闸、排沙底孔等建筑物的布置及结构上进行总体规划，在坝体不同部位设置了排漂孔、排沙孔、冲沙闸和泄洪闸等，使河道泥沙能顺畅通过葛洲坝建筑物，且将水轮机的过机泥沙减小到最低程度。

在大江和三江分别设有9孔泄水冲沙闸和6孔冲沙闸，二江设有27孔泄水闸。在大江电站、二江电站机组段均设有排沙底孔，排沙底孔的进口设在水轮机进水口高程以下，流道绕经尾水管锥管，出口设在尾水管出口高程以上。大江电站每一个机组段设2个排沙底孔；二江电站两台170MW机组设2个排沙底孔，125MW机组设1个排沙底孔。排沙孔平时关闭，在规定的条件下开启排沙。

葛洲坝水电站运行30多年来，机组大修周期在10年左右，说明水轮机磨损情况良好，工程采取的各种排沙措施是合适的。

鉴于葛洲坝水电站排沙系统设计的成功经验，后续类似工程均采用了不同型式的排沙方案。

4.3.1.3 举国研制水轮机模型

葛洲坝水电站最高水头为27.0m，水头变幅(27m/8.3m=3.253)大，单机容量大，且要求在6.3m水头时能安全过水发电，给水轮机的研制带来了非常大的难度。

葛洲坝水电站水轮机从1970年开始进行设计研究，1973—1976年哈尔滨大电机研究所、哈尔滨电机厂、东方电机厂、水利水电科学研究院机电研究所和金华水轮机厂通力合作，进行了大量的试验研究工作，从近40个模型转轮中优选出适合葛洲坝水电站的转轮。1976年审查通过了机组的扩大初步设计，1978年完成施工设计，1979—1980年完成第一台机组的制造，1981年第一台170MW机组并网发电，1988年全部21台机组投产。

葛洲坝水电站水轮机4个叶片和5个叶片新型转轮成功研制，并在当时条件下完成了通流部件全模拟水力性能试验，是一个新的突破。对先辈们完成的这一壮举，利用现代CFD进行分析验算，结果表明，通流部件均达到了较高的水平，在当时的设计条件下是非常不容易的，主要表现在：

1)蜗壳、座环及活动导叶设计，其水力性能和能量特性基本达到到了目前的设计水平。

2)水轮机尾水管大胆采用了较高型尾水管（以前设计的尾水管高度大部分在 $2.0D_1$ 以下，葛洲坝水电站水轮机尾水管的高度提高到 $2.4D_1$），打破了传统的矮尾水管结构，可显著提高水轮机效率，尤其是提高大流量、高单位转速区的效率，且有利于机组的稳定运行，该结构目前已普遍采用。

3)水轮机的参数水平高。170MW 和 125MW 水轮机比速系数分别为 2557 和 2505，将当时的水轮机参数提高到了一个新的高度，当今也属较高水平。另外，170MW 水轮机额定点单位流量为 2050L/s，这个参数在当时是惊人之举，现在也是高水平。

4)176MW 水轮机采用 4 个叶片、轮毂比为 $0.4D_1$，最高使用水头达 27.0m，突破了国内外已使用的 23.0m 水头的界线。

4.3.1.4 转轮直径冠全球

在葛洲坝水利枢纽有限的前沿长度下，若增加电站的装机容量，需采用较大单机容量的机组，根据当时国内工厂机组的设计制造能力，并考虑到将水轮机转轮轮毂体整体运输到葛洲坝工地的可行性，选择了单机功率 176MW 的水轮机，其转轮名义直径 11.3m，轮毂体直径 4.52m。转轮尺寸和同水头段的单机容量，当时均为世界之最，现在仍然是。

这里需指出：由于转轮尺寸大，因此相应部件的重量大，如转轮体（毛坯重达 136t）和叶片（净重 40t，需浇铸钢水约 70t），在当时国内制造、加工、运输能力较差的情况下，克服重重困难，解决了毛坯制造、转轮体整体运输等重大技术难题。

4.3.1.5 新材料解难题

大型轴流式水轮机的叶片强度和刚度是决定大尺寸水轮机能否安全运行的关键因素。选用何种材料成为关键，当时对转轮叶片选用何种材料进行了多种方案的研究，后期集中在两类材料的比选上。一是我国研制的低合金高强度钢 15MnMoVCu；二是含有铬镍成分的不锈钢。由于 15MnMoVCu 材料的强度高、耐磨、耐空蚀能力强，可以替代不锈钢材料，因此被优先考虑。通过反复试验及电站的实际运行情况表明，该材料的强度虽然高于 20SiMn，但韧性较差，可焊性不理想，耐磨蚀的能力仅与普通钢相当，有些水电站出现水轮机叶片脆断现象。如果采用 15MnMoVCu 材料制造葛洲坝水电站水轮机叶片，不能保证机组的安全运行。

为解决用材问题，当时的机械工业部组织郑州机械研究所、广州重型机械厂、德阳第二重型机器厂等单位进行材料攻关，最后确定水轮机叶片材料为 ZG0Cr13Ni6Mo，并于 1979 年完成了不锈钢叶片的试制，解决了至关重要的叶片强度问题。水轮机叶片材料 ZG0Cr13Ni6Mo 的成功研制，为解决叶片强度和抗空化等问题提供了可靠保证，为今后水轮机转轮采用不锈钢提供了科学依据，该材料目前已被普遍采用，三峡水电站等巨型水轮机转轮均采用该材料。

4.3.1.6 优化设计增效益

葛洲坝水电站为径流式电站，枯水期流量小，水头高；汛期流量大，水头低，为了更多利用长江汛期流量，提高发电效益，在水轮机设计时，采用了超常规加大导叶开口的设计方案，机组在额定工况运行时的导叶开口仅为导叶最大开口的70%，因此在额定水头以下运行时，可以加大导叶开口，充分利用弃水流量发电。这大大提高了水轮机在低水头大流量时的发电能力，为水电站创造了可观的经济效益，目前许多径流式水电站水轮机已采用了加大导叶开口的设计方案。

4.3.1.7 导叶分段关闭保安全

葛洲坝水电站汛期的尾水位高，转轮尺寸大，防止抬机现象对机组的破坏是必须解决的重要课题。为了防止在高尾水位工况，机组甩负荷时的上抬力，对导叶关闭规律进行了充分研究，研究结果表明，导叶采用分段关闭，能够有效调节机组速率升、压力升，支持盖下真空度和上抬力。1973年在白渔潭水电站6号机组上首次进行了导叶二段关闭规律防抬机试验，结果表明，导叶采用二段关闭规律，能有效防止或减轻甩负荷时的反水锤和水泵工况的抬机现象。

根据研究成果和真机试验结果，葛洲坝水电站水轮机导叶接力器采用了两段关闭规律，运行30多年来，没有发生抬机现象，目前该设计方案已被国内水电站普遍采用。

4.3.1.8 调速系统首创4.0MPa油压等级

在葛洲坝水电站建设以前，水轮机调速系统普遍采用2.5MPa的油压等级。由于葛洲坝水电站水轮机直径大，单机容量大，如果仍然采用该油压等级，主要存在以下问题：

1)水轮机导叶和桨叶接力器直径将加大，相应转轮轮毂体直径也会加大，给水轮机的水力开发带来困难，很难达到理想的水轮机参数。

2)造成转轮体加工、运输更困难(转轮体球体直径已达4.52m，常规运输方式无法运往工地，当时采用了特殊的火车专制工装，转轮体经火车运往葛洲坝工地)。

3)压力油罐容积将达70.0m^3，厂房布置相当困难，即使油压装置选用4.0MP，2个20.0m^3油罐布置已非常困难。

鉴于采用2.5MPa油压等级存在的难点，解决难点的有效方法是提高调速系统的油压等级，以达到减小导叶和桨叶接力器直径、减小压力油罐容积的目的。当时国内没有高油压运行的经验，国内高油压等级的自动化液压元件配套困难，对此，当时的机械工业部协调各方进行攻关，取得了可喜的成果，最后决定调速系统采用4.0MPa的油压等级。

葛洲坝水电站水轮机电液调速系统成功采用4.0MPa油压等级后，后续建设的大中型水电站调速系统的油压等级均采用4.0MPa油压方案。目前新建大中型水电站调速系统的油压等级已提高到6.3MPa。

4.3.1.9 大江电站机组设计优化

根据二江电站机组运行经验及试验结果，大江电站机组进行了如下优化：

1)为改善转轮叶片头部空蚀条件，将叶片头部型线优化并适当减薄。

2)为改善水轮机空载及部分负荷运行区域的稳定性，将水轮机桨叶转角范围由－10°～＋20°调整为－12°～＋20°。

3)针对二江电站转轮漏油比较严重的情况，大江电站对叶片密封结构进行了改进。哈电改进了“λ”密封的材质及工艺，并在该密封外设置了“U”形密封。东电在“V”形密封的基础上，在密封压板上增设了“O”形密封圈。

4)二江电站水轮机转轮室下环为碳钢，易空化及磨损，故将大江水轮机转轮室下环上部1.0m 高度范围改用不锈钢。

5)为使推力瓦受力均匀，减小托瓦的机械变形，提高其承载能力和运行的稳定性，取消了推力轴承抗重螺丝，改点支撑为面支撑，并增加了瓦支撑中心的偏心距，以改善润滑条件。

6)为了改善运行和检修环境，将推力轴承支架抬高 1.8m，上移推力轴承至发电机风道内，改善了水轮机机坑的布置，避免了在水轮机机坑内水轮机和发电机交叉作业、相互干扰的状况。

4.3.1.10 机组改造不断创新

葛洲坝水电站机组从 1981 年投入运行以来，对水轮发电机组进行不断改进，尤其是三峡水电站投入运行后，为使葛洲坝水电站的机组过流能力与三峡水电站流量相匹配，提高两座水电站的整体效益，葛洲坝水电站对水轮机进行了多次技术创新和优化，主要表现在以下几个方面。

1)轴流转桨式水轮机叶片与转轮室之间存在间隙，且在不同水头、不同工况桨叶角度调整时，叶片外缘与转轮室的间隙是不一样的，造成水轮机叶片外缘空蚀比较严重。为了研究改善间隙空蚀的方法和措施，葛洲坝水电站分别于 1991 年和 1992 年委托华中理工大学(现华中科技大学)进行了叶片外缘＋抗空化边、叶片外缘抗空化边＋轮叶外圆倒圆角多方案(不同抗空化边高度和不同倒圆角半径)的模型试验。结果表明，叶片外缘＋抗空化边＋轮叶外圆倒圆角是改善叶片间隙空蚀的有效方案，且水轮机效率基本上能保持原有的水平。葛洲坝水电站的这一成果已在轴流转桨式水轮机上普遍采用，取得了良好的经济效益。

2)通过水轮机模型开发和模型试验，获得了水轮机改造的新转轮，葛洲坝水电站于 2006 年对 3 号、14 号机组进行了水轮机叶片切割修型的改造，将水轮发电机组的额定功率由125MW 提高到 146MW，能量指标大大提高，空化性能有所改善，运行 10 年来，机组运行稳定，空化情况良好。

3)采取扩大水轮机转轮直径的方法，进行全球型新转轮的研究和开发，以提高水轮机的过流能力、效率和功率，尤其是提高低水头段的过流能力，尽量减少弃水。研究的目标是争取水轮机过机流量提高30%左右，在17.0m水头时的机组功率达到153MW。为此，哈电、东电、长江设计院、上海福伊特等单位进行了专题研究，做了3次水轮机模型同台对比试验，试验结果基本满足葛洲坝水电站机组增容改造目标的要求。由于水轮机转轮室由半球型改造为全球型的改造范围广，技术难度大，施工工艺复杂，工期也较长，尤其是对转轮室和尾水管锥管过渡段的改建，涉及土建结构的运行安全，工程风险大，因此转轮室由半球型改造为全球型的改造方案未能实施。但其研究成果为葛洲坝电站机组后续改造提供了科学依据。

4)为进一步完善葛洲坝水电站增容方案，根据前期研究成果，在不改变流道(土建结构)和不扩大转轮名义直径的前提下，进行流体动力分析，开发新的水轮机模型，基本条件是：①不改变水轮机混凝土流道，转轮室和尾水管维持不变；②转轮、支持盖、导流锥等可重新设计；③转轮轮毂比不小于0.41(原轮毂比为0.44，最终实施方案为0.415)；④水轮机模型临界空化安全系数不小于1.15；⑤水轮机模型初生空化安全系数不小于1.0。对此，哈电和东电进行了水轮机模型的开发，进行了多次水轮机模型试验及同台对比试验。结果表明，新开发的水轮机模型的能量特性、空化性能及稳定性指标基本达到预期目标。根据水轮机模型试验结果，葛洲坝水电站125MW机组的额定功率可提高到150MW。从2013年开始至2022年，150MW机组更新改造方案将在葛洲坝水电站19台125MW机组上分步实施。目前已有多台改造完成的机组投入运行，改造效果达到了预期目的，机组能够安全稳定运行。

4.3.2 高坝洲水电站

高坝洲水电站装机规模252MW，装设3台额定功率为84MW的轴流转桨式水轮发电机组。电站最高水头40.0m，按常规应采用6个叶片的转轮，通过优化设计和水轮机模型试验，最后确定采用5个叶片的转轮，是我国首次在40.0m水头段采用5个叶片轴流转桨式水轮机的电站，为40.0m水头段的轴流转桨式水轮机开发和应用提供了设计、制造经验。

4.3.2.1 高水头5个叶片创先河

高坝洲水电站最高水头40.0m，转轮采用5个叶片与6个叶片相比，能增加水轮机的过流能力，年均发电量较6个叶片水轮机增加620万kW·h，能量指标较优，增效显著，水轮机转轮采用了5个叶片，但需解决的是强度问题。为保证转轮有足够的强度，在有限元分析计算的基础上进行了转轮强度试验。试验在DF-100高水头试验台上进行，采用贴应变片的方式测量，结果表明：由离心力引起的离心应力较小，水压应力是影响叶片强度主要的因素，真机在40.0m水头下最大综合应力为179MPa，满足强度要求。转轮强度的试验取得了成功，为高坝洲水电站水轮机采用5个叶片转轮提供了强有力的技术支撑。

高坝洲水电站是我国首次在40.0m水头段采用5个叶片轴流转桨式水轮机的水电站，填补了国内40.0m水头段的空白，电站3台机组从2000年运行至今，运行稳定，空化性能良好，为40.0m水头段推广采用轴流转桨式水轮机奠定了技术基础。

4.3.2.2 新技术和先进工艺

高坝洲水电站在国产机组上率先采用了很多新技术、先进工艺，主要有：

(1)首次采用5坐标数控机床加工转轮叶片

为减小叶片加工环节的偏差、提高叶片的加工精度，在国产机组上高坝洲水电站水轮机叶片首次采用5坐标数控机床加工，确保叶型与设计叶型基本一致，保证了叶片的加工质量，为机组长期安全稳定运行打下了良好的基础。目前在大中型机组上已普遍采用5坐标数控机床加工技术。

(2)取消传统的叶片开孔吊装方法

传统的水轮机安装方法是在水轮机叶片上开孔，利用螺栓将转轮固定在转轮室上。这种方法的缺点是：①要在精度要求很高的叶片上开孔，破坏了叶片表面的流线，在开孔处极易产生空蚀，对叶片造成破坏；②每次机组大修均需在叶片和转轮室上先开孔，将转轮叶片通过螺栓固定在转轮室上，安装完成后再将开孔焊补磨平，工作环境差，增加检修时间。

高坝洲水电站采用不在水轮机叶片上开孔的方法对水轮机进行正常安装、维护，避免叶型受到损害和开孔处的空蚀，节约了时间，减轻了劳动强度。转轮吊装和支撑方式采用新结构，吊装时，将转轮、主轴、支持盖、导流锥等在安装场组装成整体，利用厂房桥机整体吊装。方法是将上述部件利用卡环或支臂支撑在已预先安装完成的顶盖(支持盖)上，待发电机推动轴承装配完成，且水轮机—发电机连轴后，再将水轮机转动部分的重量转换到由推力轴承承受。这种安装工艺和方法已在越来越多的水电站上采用，在修编的《水轮机基本技术条件》(GB/T 15468—2008)中规定"在转轮叶片上不易开吊孔"。

(3)全新预应力混凝土蜗壳

高坝洲水电站水头较高，采用混凝土蜗壳时，蜗壳上锥体混凝土与座环连接处可能受到拉应力作用而出现裂缝漏水，由于该处结构特殊，是结构设计中的薄弱环节。为解决这一问题，通过分析计算，决定采用预应力技术，除在上锥体设置钢板衬护外，在座环环板上还设置了12个预应力拉锚螺栓将混凝土蜗壳与座环加固为一个整体，该方法取得了良好的效果，运行十几年来蜗壳没有出现裂纹和漏水现象。

4.3.3 发展趋势和难点

经过多年的水电开发，目前我国兴建条件相对较好的水电工程已基本完工，电站开发的技术难度越来越大，对选用轴流式水轮机呈现出以下特点及发展趋势。

1)由于河道和地形地貌条件的限制，枢纽前沿长度较短，在装机规模一定的情况下，布置多台机组困难，单机容量选择有加大的趋势，以减少装机台数，使得转轮尺寸较大。目前，正在筹建和在建的重庆小南海、金沙江金沙、葛洲坝扩机等水电站轴流式水轮机的转轮直径处于10.8～12.0m，转轮直径均较大，给水轮机的水力开发、结构的刚强度设计和机组的稳定性带来了难度。

2)装设轴流式水轮机的水电站大多数为径流式电站，水库基本上没有调蓄功能，来多少水就放多少水，运行水头主要是随下游尾水位的变化而变化，当汛期来水量较大时，电站尾水位较高，造成电站水头很低。轴流转桨式水轮机适应水头变幅的能力虽较强，根据多个水电站的统计和水电站的实际运行情况来看，通常情况下，其适应水头变幅的能力在 3.5 (H_{max}/H_{min})以下，在拟建的一些水电站，其水头变幅大多都超过 3.5，有的甚至达到 4.5 以上，给水轮机转轮的开发带来了挑战。

3)目前，水电站的装机容量有偏大的趋势，为了能发出水电站装机容量，必须降低额定水头，这就加大了额定水头与最高水头的偏离值，导致高水头段水轮机偏离最优工况区域较远，尤其是高水头部分负荷工况对机组的稳定运行不利。

由于水头变幅大、额定水头偏小，在水轮机转轮开发时需考虑:①高水头段叶片头部背面空化和脱流，又要兼顾低水头段叶片头部正面空化和脱流;②水电站水头运行范围内的空化特性、能量指标和稳定性，相互牵制，是当前水轮机开发的难点;③径流式水电站水库一般没有调蓄，水质较差，尤其是汛期含沙量大，过机泥沙较多，加速水轮机的磨损，而叶片的磨损强度与水流相对流速的 2～3 次方成正比，从减少水轮机磨损出发，应尽可能降低过流部件表面的相对流速。

综上所述，轴流式水轮机向单机容量大、转轮直径大、运行水头变幅大、综合性能参数要求高的趋势发展。

第5章 灯泡贯流式水轮机

5.1 概述

5.1.1 贯流式水轮发电机组发展历史

贯流式水轮机与其他水轮机一样，是一种将水流的位能、压能和动能转换成机械能的反击式水轮机。贯流式水轮机转轮与轴流式水轮机转轮基本相同，它的蜗壳以直轴形引水室替代，其尾水管为直锥形(或"S"形)。由于这种水轮机一般为卧式布置，引水室、转轮及尾水管均位于同一轴线上，水流平直贯通，因此称为贯流式水轮机。

贯流式水轮机根据其结构特点和布置方式，分为全贯流式和半贯流式两种。半贯流式又分为竖井式、轴伸式和灯泡式。

灯泡贯流式机组是当前广泛应用的一种机型，其灯泡体位于水轮机转轮的上游，导水机构为锥形，发电机转子直接耦合在水轮机轴上，水轮机轴由两个导轴承支撑。

灯泡贯流式水轮机又分为定桨式和转桨式。由于定桨式水轮机在偏离设计工况时效率会急剧下降，因此一般用于功率不大、转轮尺寸较小以及水头变化幅度不大的水电站。灯泡贯流转桨式水轮机可以实现导叶与转轮叶片的双重调节，转轮叶片可以根据运行条件随导叶一起按照一定协联关系转动，以适应水头和流量的变化，使水轮机在不同工况下都具有较高的效率。因此，灯泡贯流转桨式水轮机高效率运行的范围较广，并且具有较好的运行稳定性。灯泡贯流式水轮机的应用水头范围为3.0～30.0m。灯泡贯流式水轮发电机组效果图见图5.1-1。

国外从20世纪30年代开始使用贯流式水轮发电机组，到60年代比较兴旺，国内则从80年代开始使用，到21世纪初方蓬勃发展。国内厂家从引进仿制、试制中小型贯流式机组开始，到如今已有不少厂家能自主开发、独立设计制造50MW以上大型贯流式机组，甚至正在生产世界上最大的贯流式机组(出口巴西的75MW贯流式机组)，国内厂家生产且已投入运行的大型灯泡贯流机组有炳灵水电站(转轮直径6.2m、单机容量48MW，厂顶溢流布置方式)、桥巩水电站(转轮直径7.4m、单机容量57MW)、长洲水电站(转轮直径7.5m、单机容量

42MW)。目前,东电正在供货的巴西杰瑞水电站特大型灯泡贯流式水轮发电机组,单机容量 75MW,转轮直径 7.9m。理论上说最大灯泡贯流式水轮发电机组可达 100.0 MW,D_1=9.0m。

图 5.1-1 灯泡贯流式水轮发电机组效果图

目前,国内贯流式水轮发电机组开发较多的地区有广西、广东、湖南、四川、湖北等南方地区,北方有黄河上游地区。其中,贯流式水轮机中尤以灯泡式规模最大、发展最快。

5.1.2 贯流式水轮发电机组优缺点

5.1.2.1 贯流式水轮发电机组技术优势

(1)流道形式好,尺寸小

由于取消了立式机组平面上 180°～270 °的蜗壳和立面上 90°拐弯的肘形尾水管,而采用直轴引水室,其进口断面为矩形,在接近灯泡体的范围内逐渐过渡为圆形断面以及直锥式尾水管,流道平直对称,避免了水流拐弯后形成流速分布不均而使水流流态变混乱的影响,水力损失较小。这种直锥扩大型尾水管能量恢复系数高达 0.9(而常规弯肘形尾水管能量恢复系数仅在 0.75 左右)。同时,由于取消了蜗壳与弯肘形尾水管,使机组流道尺寸减小。在转轮直径 D_1 相同时,其机组段水力尺寸仅相当于立式轴流机组的 2/3 左右,使土建工程量、投资减少较多。

(2)能量指标好、效率高

由于灯泡贯流式水轮发电机组为卧式布置,流道平直,水流平顺,且采用直锥扩大型尾水管,减少了尾水管水头损失,水轮机能量指标大为提高;单位流量 Q_{11} 比轴流式机组增加了40%左右；在相同的单位流量时，其效率相应高出5%以上。在同一水头段其单位转速 n_1 也比轴流式机组高10%左右。因此，灯泡贯流式水轮发电机组的比转速 n_s 在1000m·kW左右，比速系数在3000左右甚至更高，远远超过其他类型的水轮机。另外，灯泡贯流式水轮发电机组因具有良好的水力特性，故其效率较高，额定点效率与最高效率分别比轴流式机组高5%与3%左右。

(3)机组尺寸小，重量轻

灯泡贯流式水轮发电机组有结构紧凑、体积小、消耗材料少等特点。与轴流式水轮发电机组相比，在相同的水头与直径下，出力可提高30%左右。当水头和单机容量相同时，灯泡式水轮发电机组直径比轴流式机组小15%左右，重量减轻25%左右。

(4)运行性能好，适用范围大

运行经济性好，比轴流式水轮发电机组可增发电量4%左右；运行稳定性良好；空蚀轻微。

据国内外设计经验，灯泡贯流式水轮发电机组比轴流式水轮发电机组方案可节省投资15%左右。水头越低，灯泡贯流式水轮发电机组优势越大。

5.1.2.2 贯流式水轮发电机组缺点

(1)不适应于调频、调相运行

贯流式水轮发电机组 GD^2 较小，转速升高值较大，稳定性较差，不适于在系统中作调频运行。贯流机组不作调相运行。

(2)单位重量价格高

贯流式水轮发电机组单位重量价格高，因此机组设备投资较大。

(3)结构复杂

贯流式水轮发电机组全部处于水下，机组应具有严密的密封结构和良好的通风、散热和防潮性能，机构复杂。

(4)检修、维护较为困难

贯流式水轮发电机组运行、维护、检查和修理比较困难。

5.1.3 我国已建或在建的灯泡贯流式水轮发电机组

目前，我国已建或在建的灯泡贯流式水轮发电机组见表5.1-1。

长江设计院设计采用灯泡贯流式水轮发电机组已建的水电站有王甫洲水电站、兴隆水电站、陶岔水电站，孤山水电站、井冈山水电站、白河水电站在兴建中。

表 5.1-1 我国已建或在建的灯泡贯流式水轮机组参数统计(单机容量 10MW 及以上)

电站名称	地理位置	所在河流	机组台数	单机容量(MW)	水头最大/最小/额定(m)	水轮机直径(m)	额定转速(r/min)	额定流量(m^3/s)	制造厂家	投产年份
马迹塘	湖南桃江县	资水	3	18.5	8.5/3.0/6.55	6.3	75.0	312	伏依特、伊林	1983
白垢	广东封开县	贺江	2	10.0	10.0/3.0/6.20	5.5	78.9	205	天津发电设备厂	1984
南津渡	湖南永州市	潇水	3	20.0	17.8/8.3/14.5	4.18	150.0	156.14	伊林	1990
安居	四川铜梁区	涪江	2	15.0	9.6/4.0/8.0	5.5	88.2	216.408	重庆水轮机厂	1991
马回	四川蓬安县	嘉陵江	2	23.05	13.0/6.5/11.4	5.3	115.4	225	奥钢联、伊林	1991
渭沱	四川合川区	涪江	2	15.0	11.0/3.0/8.5	5.3	93.8	200	奥钢联、伊林	1991
马骝滩	广西桂平市	郁江	3	15.5	11.5/2.5/7.5	5.5	90.9	239.4	富春江水工机械厂	1992
都平	广东封开县	贺江	2	15.0	11/3.5/7.4	5.5	88.2	237.85	天津发电设备厂	1992
永兴	湖南永兴县	耒水	2	12.5	—/—/6.7	5.5	88.2	—	重庆水轮机厂	1992
城关	湖南慈利县	澧水	2	10.5	7.5/1.8/5.5	5.5	78.9	223.9	天津发电设备厂	1994
高滩	湖南沅陵县	酉水	3	19.0	12.65/4.01/8.5	5.3	100	260	加拿大苏尔寿、比利时沙城	1995
谟武	福建顺昌县	金溪	2	15.0	9.7/5.14/7.63	5.5	88.2	225.6	天津发电设备厂	1995
高沙	福建砂县	沙溪	4	12.5	12/5.1/10.0	4.2	125	141.8	重庆水轮机厂	1995
百龙滩	广西马山县	红水河	6	32.0	18/3.0/9.7	6.4	93.8	377.5	富士富春江	1996
京南	广西梧州	桂江	2	34.5	14.5/6.0/11.0	6.3	88.24	351.1	伏依特、伊林	1997
白石窑	广东英德市	北江	4	18.0	12.18/3.01/7.8	5.8	88.2	263.0	天津发电设备厂	1997
斑竹	福建三明市	沙溪	3	15.0	10.0/2.8/7.4	5.5	88.2	234.76	杭发克瓦纳	1997
界牌	江西鹰潭市	信江	2	10.0	7.0/1.8/5.2	5.5	78.9	226.1	天津发电设备厂	1997
凌津滩	湖南桃源县	沅江	9	30.0	13.2/2.2/8.5	6.9	78.9	401.4	日立、哈电	1998
大源渡	湖南衡东县	湘江	4	30.0	11.24/3.0/7.2	7.5	65.2	472.1	奥钢联、伊林	1998
江口	广东封开县	贺江	2	20.0	12.1/3.0/7.3	6.4	78.95	316.74	哈尔滨电机厂	1998

续表

电站名称	地理位置	所在河流	机组台数	单机容量（MW）	水头最大/最小/额定(m)	水轮机直径(m)	额定转速(r/min)	额定流量(m^3/s)	制造厂家	投产年份
贵港	广西贵港市	郁江	4	30.0	14.0/2.5/8.5	6.9	75.0	405.0	ABB克瓦纳	1999
飞来峡	广东清远县	北江	4	35.0	14.06/3.61/8.53	7.0	83.3	478.0	奥钢联、伊林	1999
城关	福建沙县	沙溪	3	16.0	11.77/4.84/8.8	4.9	100.0	206.1	天津阿尔斯通	1999
贡川	福建永安	沙溪	2	21.5	12.2/6.1/9.5	5.5	100.0	256.0	天津阿尔斯通	2000
竹州	福建三明市	沙溪	3	18.0	14.1/5.2/10.0	4.95	115.4	203.2	富士富春江	2000
沙头	湖南耒阳市	耒水	3	13.5	10.8/6.0/9.0	4.4	115.38	170.5	杭发克瓦纳	2000
王甫洲	湖北老河口市	汉江	4	27.25	10.3/3.7/7.52	7.2	71.43	412.0	奥钢联、伊林	2000
陶岔	河南淅川县	汉江	2	25/30	24.86/6/13.5	5.1	115.4	205.9	浙江富春江水电设备股份有限公司	在建
兴隆	湖北潜江市	汉江	4	10.0	7.15/1.8/4.18	6.3	75	279.8	天津市天发重型水电设备制造有限公司	在建
红岩子	四川南部县	嘉陵江	3	30.0	11.5/3.8/9.5	6.7	83.3	357.0	东方电机厂	2000
青山	湖南澧水县	澧水	2	10.0	8.0/2.5/5.8	5.0	93.75	200.9	天津阿尔斯通	2000
峡阳	福建南平市	富屯溪	3	14.6	8.3/4.5/6.85	5.5	88.2	245.0	—	—
大浦	广西柳城县	柳江	3	30.0	15.6/3.0/10.8	6.0	93.75	311.0	奥钢联、伊林	2001
洪江	湖南洪江市	沅水	5	45.0	27.3/8.4/22.0	5.1	136.4	262	—	2001
孤山	湖北郧西	汉江	4	45.0	19.16/5.5/13.3	7.62	93.8	374.1	浙江富春江水电设备股份有限公司	在建
白河水电站	湖北十堰市	汉江	4	45.0	21.02/6.65/13.35	6.7	88.2	376.6	浙江富春江水电设备股份有限公司	在建
井冈山航电枢纽	江西万安县	赣江	6	22.17	11.1/3/6.65	7.0	75	383.1	浙江富春江水电设备股份有限公司	在建

5.2 灯泡贯流式水轮机选型设计

5.2.1 灯泡贯流式水轮机选用

由于水利枢纽所在地的水力资源和开发功能目标不同,水轮发电机组工作水头范围、引用流量也不同。不同型式的水轮机由于自身固有的特性,只能适合在一定的水头区域内运行,才具有良好的性能。灯泡贯流式水轮机目前一般的适用水头范围为3～30m,叶片数为3～5个。我国洪江水电站的最高水头为27.3m,美国Lamence水电站的最高水头达31.5m,均采用了灯泡贯流式水轮机。与灯泡贯流式水轮机的适用水头范围相重叠的机型有轴流式水轮机。两种机型的适用水头范围见表5.2-1。

表5.2-1 两种机型的适用水头范围

水轮机型式	适用水头范围(m)
贯流式	3～30
轴流式	3～80

从表5.2-1中可以看出,在30.0m水头以下时,灯泡贯流式水轮机的适用水头范围与轴流式水轮机重叠。因此,当水电站最高水头在30.0m以下时,选用何种机型,应结合水电站的具体情况,对灯泡贯流式水轮机和轴流式水轮机进行综合比较,择优选取。

长江设计院设计的低水头电站中,由于贯流式水轮机和轴流式水轮机水头适用范围3～30m重叠,在选择机型时均进行了机型详细的对比论证,最终选择合适电站特性的机型。通过分析,装机容量在200MW以下、运行水头在30m以下的电站,均采用贯流式水轮发电机组,如王甫洲、兴隆、陶岔及孤山等水电站;装机容量在200MW以上、运行水头在30m以下的电站,对于贯流式机组而言,由于单机容量的限制,造成装机台数的增加,进而不满足水工建筑物的布置条件,大部分电站采用了轴流转桨式水轮发电机组,如小南海、白马等水电站。长江设计院设计的王甫洲、兴隆等水电站的动能参数见表5.2-2。

表5.2-2 长江设计院设计的王甫洲、兴隆等水电站的动能参数

序号	动能参数	王甫洲	兴隆	陶岔	孤山
1	装机规模(MW)	109	40	50	180
2	装机台数(台)	4	4	2	4
3	单机功率(MW)	27.25	10	25	45
4	最高水头(m)	10.3	7.15	24.86	19.16
5	平均水头(m)	8.14	5.06	13.368	14.28
6	额定水头(m)	7.52	4.18	13.5	13.9
7	最低水头(m)	3.7	1.8	6.0	5.5

5.2.2 参数选择

5.2.2.1 水轮机叶片数

采用卧式布置的贯流式水轮发电机组，转轮按水头高低选用不同的叶片数，当水轮机最高水头超过 20.5m，一般选用 5 个叶片转轮，5 个叶片转轮可用最高水头到 30.0m，有望突破 30.0m，国外有厂家已开发 6 个叶片转轮；最高水头 10.0～20.0m 一般采用 4 个叶片转轮；最高水头在 10.0m 以下，采用 3 个叶片转轮。目前，已有厂家在开发 2 个叶片转轮，用于最高水头不超过 5.0m 的超低水头电站及潮汐发电站。

长江设计院设计的灯泡贯流式水轮发电机组运行水头基本涵盖了贯流式水轮机的运行范围，如最高水头低于 10m 的兴隆水电站，最高水头 10～20m 的王甫洲、孤山水电站，最高水头 20～30m 的陶岔水电站。

5.2.2.2 额定水头选择

额定水头是一个重要参数，关系到机组运行性能、电站效益、机组尺寸的确定及电站投资。额定水头选择受电站运行水头和出力范围、水轮机运行特性和稳定运行、出力受阻和电量损失、水库调节特性与运行方式等因素影响。选择时既要考虑高水头运行时机组有良好的运行工况，又要兼顾低水头时电站受阻容量、受阻电量不能过大。

灯泡贯流式水轮机多用于径流式水电站，由于径流式水电站水库基本无调节功能，因此上游水位变化比较小，水轮机水头主要取决于水电站的下泄流量及其相应的下游尾水位。灯泡贯流式机组主要是利用流量发电，随着投入运行机组台数的增加，电站发电流量随之加大，因而下游水位也变化较大，对电站水头的影响比较明显，应选用发足装机容量时需要的发电流量所对应的水头，作为灯泡贯流式水轮机的额定水头，使电站的发电量最大化，投资尽可能小。因此，额定水头的选择与电站装机容量密切相关。额定水头降低，水量利用率高，电站投资大，电站弃水天数少，电站发足装机容量的天数也少；提高额定水头，电站弃水天数多，电站发足装机容量的天数也多。可以看出，灯泡贯流式水轮机额定水头的选择，实际上是电站弃水天数的选择(根据经验，一般情况下电站的弃水天数为 60 天左右)，因此，应当进行不同弃水天数的比较，尤其是电站年发电量和投资的比较，以确定合适的水轮机额定水头。

汛期，径流式水电站水头低、流量大，水轮机出力受阻，额定水头的选取既要考虑减少受阻出力又不过分强调出力受阻，并兼顾到水轮机稳定运行的要求。

长江设计院设计的径流式水电站，如王甫洲、兴隆、孤山等水电站，均按以上原则进行额定水头的选取，经技术经济比较分析，王甫洲水电站额定水头为 7.52m，兴隆水电站额定水头为 4.18m，孤山水电站额定水头为 13.3m。

对于长江设计院设计的陶岔水电站，陶岔水电站作为南水北调的渠首工程，与一般径流式电站有很大的差别：①电站水头主要取决于上游的多年调节的丹江口库水位，而不同的调水流量对应下游水位对电站水头变化影响很小；②机组引用流量要尽可能与调水流量一致，尽量减少渠首闸门频繁调节流量，以避免增加运行维护管理的复杂性和难度。因此，为满足调水流量，机组额定水头的选择应尽量使调水流量成为过机流量，并获得最大电量效益和经济效益。经技术经济比较分析，陶岔水电站的额定水头为13.5m。

5.2.2.3　水轮机比转速统计分析

比转速 n_s 及比速系数 K 值是表征水轮机综合技术经济水平的重要特征参数之一，它们综合地反映了水轮机的能量指标、空蚀特性和尺寸大小等，比转速体现着水轮机设计、制造的技术水平。应根据电站特点和水轮机的运行范围，合理确定水轮机的比转速和比速系数。

(1)10m以下水头段贯流式水轮发电机组的主要技术参数

近年来，国内外都在大力发展大中型贯流式水轮机，大容量灯泡贯流式机组(额定功率在25MW以上)由于使用水头较高(额定水头在7.0m以上)，其比速系数一般较高，基本为2600～3000，而使用水头较低(额定水头在6.0m以下)的3个叶片贯流式水轮机的应用与研究工作开展得较少，可供选择的模型转轮数量也少得多。表5.2-3列出了国内外已建和在建的、额定水头在6m以下、机组额定功率在2000kW以上的贯流式水轮机的主要技术参数。

表5.2-3　　国内外低水头段贯流式水轮机的主要技术参数表

序号	电站名称	额定工况					转轮直径(m)	比转速(m·kW)	比速系数	机组型式
		P_r (MW)	H_r (m)	n_r (r/min)	n_{1r}' (r/min)	Q_{1r}' (m³/s)				
1	潇湘	13.4	6.0	83.3	197	3.02	5.8	1027	2515	灯泡式
2	泊格纳斯	8.8	5.6	83.3	172	3.13	4.9	907	2147	竖井式
3	温特里奇	4.9	5.6	83	161	1.90	4.6	674	1595	灯泡式
4	格雷芬奇	2.6	5.5	120	164	2.46	3.2	726	1703	灯泡式
5	列门	4.6	5.3	85	170	2.30	2.45	717	1651	灯泡式
6	孟洲坝	11.4	5.3	83.3	210	3.09	5.8	1106	2546	灯泡式
7	华尔贡	14.2	5.2	65.9	176	3.64	6.1	1000	2280	竖井式
8	界牌	10.3	5.2	78.9	190	3.28	5.5	1022	2331	灯泡式
9	巴肯霍芬	1.5	5.2	166.7	179	2.56	2.3	822	1874	灯泡式
10	特里夫斯	4.4	5.1	78	159	1.99	4.6	675	1524	灯泡式
11	墨勒	25	4.9	52.2	193	3.86	8.2	1132	2796	竖井式
12	小龙门	13.85	5.0	75.22	218.7	3.23	6.5	1184	2647	竖井式
13	真纳	12.8	4.8	72.671	215.6	3.20	6.5	1157	2535	竖井式
14	贵岭	4.7	4.8	115.4	203	3.36	3.85	1114	2440	灯泡式
15	斯拉格纳斯	6.8	4.7	83.3	188	3.15	4.9	993	2152	竖井式
16	默哈克	3.2	4.42	70	150	1.93	4.5	618	1299	竖井式

续表

序号	电站名称	额定工况					转轮直径 (m)	比转速 (m·kW)	比速系数	机组型式
		P_r (MW)	H_r (m)	n_r (r/min)	n_{1r}' (r/min)	Q_{1r}' (m^3/s)				
17	范克尔	3.7	4.1	77	175	2.22	4.6	803	1626	灯泡式
18	苏尔·鲁	2.4	4.0	97.5	176	2.89	3.6	844	1688	灯泡式
19	克拉萨罗	2.3	3.1	88	200	2.88	4.0	1003	1767	灯泡式
20	兴隆	10	4.18	75	218	3.4	6.3	1280	2619	灯泡式
21	王甫洲	27.25	7.52	71.43	164	2.90	7.2	962	2638	灯泡式

(2)10～20m 水头段灯泡贯流式水轮机的主要技术参数

表 5.2-4 为国内外已投入运行或在建的 10～20m 水头段的灯泡贯流式水轮机主要技术参数。

表 5.2-4　国内外已投入运行或在建的 10～20m 水头段的灯泡贯流式水轮机主要技术参数表

电站名称	单机容量 (MW)	H_{max} (m)	H_r (m)	D_1 (m)	n_r (r/min)	n_s (m·kW)	K	投产年份
黄丰	45.00	19.50	16.00	6.0	115.40	773	3092	在建
石岛(美国)	54.60	15.24	12.10	7.4	85.70	882	3068	1978
红花	38.00	16.70	13.20	5.9	107.10	838	3045	2006
金溪	37.50	17.20	14.50	5.9	115.40	798	3038	2006
肖塔涅(法国)	46.60		15.00	6.4	107.10	783	3033	1980
贝来(法国)	46.70	17.02	15.05	6.4	107.10	781	3030	1982
尼那	40.00	18.10	14.00	6.0	107.10	801	2997	2003
直岗拉卡	38.00	17.50	12.50	6.1	100.00	838	2963	2005
金银台	40.00	15.90	13.00	6.3	100.00	818	2951	2005
只见(日本)	65.80	20.70	18.40	6.7	100.00	673	2887	1989
大伏潭	40.00	15.10	11.20	6.7	85.70	846	2831	2008
贝尔佛(葡萄牙)	35.30		14.20	6.0	100.00	682	2570	1980
孤山	180	19.16	13.3	6.8	93.8	793.4	2893	拟建
陶岔	50	22.66	13.5	5.1	115.4	716	2630	在建

(3)统计比速系数与水头的趋势

根据上述灯泡贯流式水轮发电机组参数，统计的比速系数趋势见图 5.2-1。

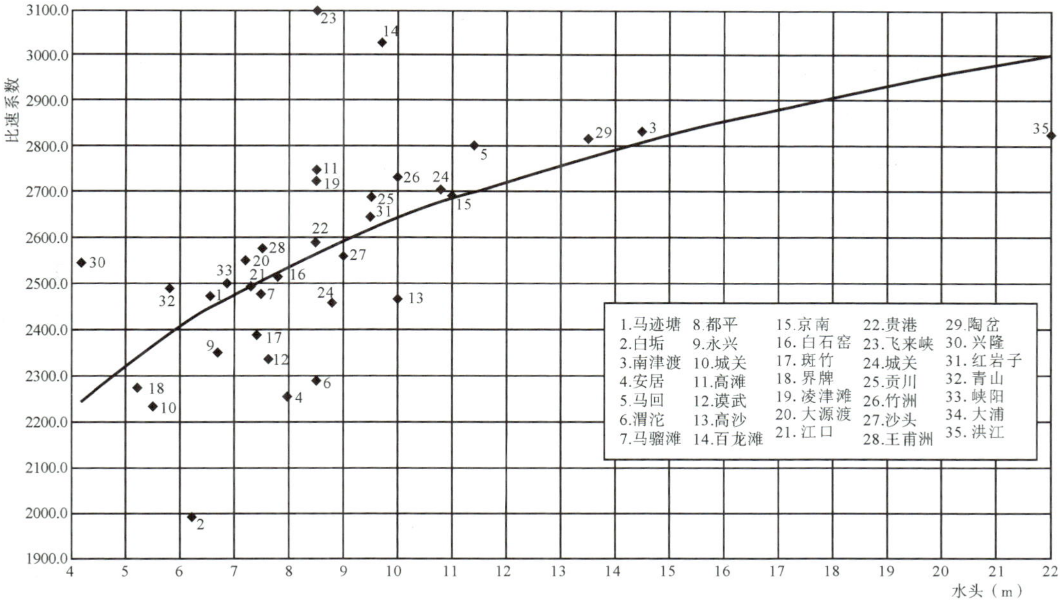

图 5.2-1　比速系数趋势

5.2.2.4　水轮机单位参数统计分析

水轮机的单位参数根据所选转轮的最大使用单位流量和相应的气蚀要求而导致的开挖深度，并结合转轮在其他电站的实际运行情况综合分析选定。过大的单位流量，会大幅增加土建开挖量（有些水电站受地质条件的限制，不允许挖深），增加土建投资，且转轮室内水流相对速度较高，对水轮机的磨损和运行稳定不利；过小的单位流量，会增加水轮机直径，设备投资大。因此，应综合分析比较后确定。灯泡贯流式水轮机设计工况点单位流量的选择应考虑转轮轴面流速的影响，应将转轮轴面流速控制在合适的范围内。

目前，大多数采用灯泡贯流式水轮机的水电站设计过程中，水轮机单位流量基本按转轮轴面流速 V_m 而定，V_m 不宜超过 15m/s。考虑到过高的轴面流速将发生严重空化，因此大多数水电站水轮机的轴面流速多采用 12m/s 左右。但运行实践表明，采用较高的轴面流速，虽然在模型试验台看到空泡较多，但是在原型机组上空化并不严重，且大部分贯流式水轮机空蚀均较轻微，如轴面流速 V_m 采用 14m/s 的广东北江飞来峡电站水轮机空化比较轻微。综上所述，在灯泡贯流式水轮机单位参数选择时，水轮机的轴面流速建议采用 12～14m/s。

（1）兴隆水电站

本电站最高水头仅 7.15m，额定水头 4.18m，宜选用 3 个叶片贯流式水轮机。一般情况下，水头愈低，水轮机单位流量愈大。原天津发电设备厂于 20 世纪 80 年代末完成了 TF06～10 五个贯流式水轮机模型转轮的研究工作，并已投入真机应用，已生产的 GZTF08-WP-550 型、GZTF08-WP-580 型 3 个叶片水轮机已在界牌、潇湘、孟洲坝等水电站投入运行。这几个电站的水轮机最优单位转速在 183r/min 左右，额定点的单位流量均在 $3m^3/s$ 以上，最高达 $3.28m^3/s$。

本电站水头很低，发电机容量很小，水轮机尺寸大，根据选定的比转速水平及单位参数的匹配要求，结合电站水轮机的工作水头范围，在考虑国内已开发的模型水轮机单位参数水平和国内外低水头贯流式水轮机的应用现状基础上，本阶段水轮机额定工况的单位流量按3.4m^3/s左右选取，相应单位转速在218r/min左右，对应的轴面流速V_m为12.3m/s。

(2)陶岔水电站

本电站最高水头22.66m，额定水头13.5m，在初步确定了水轮机比转速和比速系数的水平后，选择单位转速和单位流量进行合理的匹配，确保机组的安全稳定运行。根据电站水头范围，宜选用5个叶片转轮，按照选定的比转速及单位参数匹配要求，经分析计算，陶岔水电站额定点单位流量宜为2.3m^3/s左右，额定点单位转速宜为160r/min，对应的轴面流速V_m为13.1m/s。

(3)孤山水电站

本电站最高水头19.16m，额定水头13.3m，选用4个叶片转轮(转轮轮毂比取0.38)的轴面流速$V_m=1.489\times Q_{11}\times H_r^{0.5}$。按$V_m=12\sim13$m/s考虑，单位流量$Q_{11}=2.21\sim2.39m^3/s$；按$V_m=12.5$m/s考虑，单位流量$Q_{11}=2.3m^3/s$，单位转速170r/min。

5.2.2.5 水轮机效率

目前，国内外灯泡贯流式水轮机效率有进一步提高的趋势，国内外部分已运行的灯泡贯流式水轮机，额定效率大部分为90.5%～93.0%，最高效率为94.5%～96.0%。

5.2.2.6 转速

机组的转速涉及水轮机和发电机，合适的机组转速，能使水轮机具有高效率的运行区域和良好的机组运行稳定性，能使发电机具有良好的电气参数和机械性能。因此，机组转速的选择非常重要。

(1)选择转速考虑的因素

1)选择合适的水轮机最优单位转速。

2)将计算出的转速与机组同步转速进行比较，原则上选取略高于计算值的同步转速作为机组转速。

3)转速的选择(包括最优单位转速)应考虑到水轮机在水电站水头范围内是否在高效率区运行。一般来说，采用灯泡贯流式水轮机的水电站水头变幅较大。转速的选择，既要满足高水头运行区域的高效率，又能使水轮机在低水头、大流量区域的效率平坦，使水轮机的加权平均效率高。

4)由于灯泡贯流式水轮机的额定水头是发足装机容量时需要的发电流量所对应的水头，当电站水头低于额定水头时可能造成弃水，在弃水时段的发电量主要取决于水轮机的过流能力。在非弃水时段的发电量取决于水轮机的效率，此时的工作水头较高，这一时段的平均水头必然高于电站全年的平均水头，这就决定了要获得年发电量最大化的最优设计转速，不能按照常用的加权平均水头的概念进行计算，而应进行修正。具体方法是初选机组额定转速（计算时需考虑修正系数的影响），再验算其最优单位转速所对应的水头是否处于电站最高水头与加权平均水头之间。

5）水轮机转速与发电机密切相关。转速的选择应考虑定子绕组并联支路数的选择、定子槽电流的大小。选定的机组转速应能使发电机选择合适的并联支路数和槽电流控制在合适的范围内，并应考虑转子材料的机械强度和材料的承载能力。

6）当所选择的机组转速使发电机的机械强度、并联支路数的选择以及水轮机的运行范围都存在问题时，应通过适当调整最优单位转速和转轮直径的办法（有时不排除调整单机容量和机组台数），确定机组转速，使之满足要求。

（2）工程实例

1）孤山水电站。

对于低水头径流式水电站，原型水轮机同步转速选择时，要考虑非汛期平均水头与加权平均水头偏离系数的影响以获得最大年发电量，此偏离系数与河流水文特性有关。汛期的工作水头较低，单位转速较高，发电量主要取决于机组的过流能力，要求过流量较大；而非汛期的工作水头较高，单位转速较低，发电量则取决于机组的运行效率，要求运行效率尽可能高。一般情况下，电站水头越低，其偏离值越大。根据本电站水能调度计算成果，参考机组制造厂提供的资料，经综合考虑本电站取水头偏离系数为 1.05，相应的水轮机额定转速为 93.8r/min。发电机并联支路数采用 2 支路，槽电流为 2749A。

为更好地适合本电站的水能特点，本电站有必要开发新的模型转轮。由于机组转速的选择与制造厂的技术能力有一定关系，因此，在招标阶段将不规定机组的转速值，而由制造厂自行确定。同时，最高水头下的 $n_{11\min}$ 应大于 $0.95n_{110}$，避免高水头运行时叶片进口头部发生脱流。

2）兴隆水电站。

对于低水头径流式电站，在汛期的发电量主要取决于机组的过流能力，而非汛期的发电量则取决于机组的运行效率。兴隆水电站最高水头 7.15m、最低水头 1.8m、额定水头 4.18m，原型水轮机同步转速选择时，要考虑非汛期平均水头与全年平均水头偏离系数的影响以获得最大年发电量。根据水能调度计算成果，取水头偏离系数为 1.087，相应的水轮机额定转速为 68.2r/min。

5.2.2.7 允许吸出高度

（1）选择允许吸出高度因数

灯泡贯流式水轮机吸出高度为确定的下游水面（设计尾水位）与转轮叶片最高点之间的距离。由于灯泡贯流式水轮机的高效率区比较宽广，一般在模型曲线上均没有出力限制线，灯泡贯流式水轮机限制工况点，主要是受临界空化系数的限制。当选择的临界空化系数较大时，限制工况点可以向大单位流量方向移动，即限制工况点的引用单位流量可以提高，水轮机吸出高度计算值减小。因此，灯泡贯流式水轮机允许吸出高度是一个非常重要的参数，它涉及水轮机的运行范围、运行效率及土建工程量的大小。在计算和选择水轮机允许吸出高度时应注意：

1)灯泡贯流式水轮机吸出高度为确定的下游水面(设计尾水位)与转轮叶片最高点之间的距离。由于该叶片最高点不是静止的，它是随着额定转速不停地连续轮换，使叶片外缘依次出现在最高点。根据灯泡贯流式水轮机的空化特性，只要水轮机转轮顶部不产生较严重的空蚀，则其他部位也不会发生严重的空蚀。

2)计算额定工况下的水轮机允许吸出高度，以最高水头和最低水头运行工况进行复核。

3)水电站所在的海拔高度对水轮机吸出高度影响较大，海拔高度越高，要求的水轮机吸出高度越小，即土建开挖越深。在通常情况下，海拔高度每升高 900m，相应的大气压力降低 1m 水柱。

4)水轮机限制工况点临界空化系数与模型水轮机的性能和单位流量的引用大小有很大的关系，要综合考虑后确定合适的临界空化系数。

5)《水轮机模型试验验收规程》(GB/T 15613—1995)推荐了三种确定临界空化系数的方法，为了确定的方便，并与《水轮机、蓄能泵和水泵水轮机模型验收试验》(GB/T 15613.2—2008)的要求一致，一般采用与无空蚀工况效率相比，效率降低 1%时的空化系数作为临界空化系数，即 σ_1。

6)空化系数是通过模型试验获得的，由于模型与真机之间存在一定的差异，因此应对模型曲线上的空化系数进行修正。一般情况下，水头越小，修正系数越大，由于修正系数取值比较困难，目前通行的方法是采用空化安全系数(水电站空化系数与水轮机临界空化系数的比值)进行修正。由于灯泡贯流式水轮机叶片工作于最高点的历时时间很短，空化安全系数可以适当降低，根据工程实际情况，灯泡贯流式水轮机空化安全系数 $K \geqslant 1.05$ 即可。初步设计阶段可选择空化安全系数 K 为 1.1～1.2。

(2)工程实例

1)孤山水电站。

孤山水电站模型水轮机临界空化系数为 1.43 左右(效率下降 1%)，相应的电站空化系数为 1.72，则水轮机空化系数为 $K=1.2$。

2)陶岔水电站。

陶岔水电站模型水轮机临界空化系数为 1.083(效率下降 0.5%)，相应的电站空化系数为 1.359，则水轮机空化系数为 $K=1.25$。

3)兴隆水电站。

兴隆水电站模型水轮机临界空化系数为 2.94(效率下降 0.3%)，相应的电站空化系数为 3.82，则水轮机空化系数为 $K=1.3$。

5.2.2.8 安装高程

灯泡贯流式水轮机安装高程是指主轴中心高程。水轮机安装高程的确定将直接影响水轮机的空化性能和土建的开挖量。灯泡贯流式水轮机一般用于径流式低水头水电站，水电站水头由于其上游水位变化不大，一般取决于尾水位的变化，安装高程与下游水位直接相关。

(1)水轮机安装高程时应考虑的因素

1)安装高程的确定必须满足水轮机各种工况下允许吸出高度的要求。

2)由于低水头径流式水电站的水轮机只有在水电站发足装机容量时，才可能在额定工况点工作。当天然流量小于电站过机流量时，因流量不足，机组不能满发；或因流量小，水头高，机组处于比较好的工况下运行，此时水轮机的临界空化系数小于额定点的临界空化系数。当天然流量大于电站过机流量时，电站将弃水，下游水位壅高，为了充分利用汛期流量，应尽可能增大单位流量，但单位流量应受到空化性能的控制。因此，选择灯泡贯流式水轮机的安装高程时，可以取水电站发足装机容量时的流量所对应的下游水位进行计算，这样可以抬高水轮机安装高程，以节省电站投资。

3)对于梯级水电站，应考虑下游梯级水电站上游运行水位的影响。

4)对具有通航要求的水电站，应考虑通航流量对下游尾水位的影响。

5)一般情况下，对电站不同水头、不同流量、不同机组出力对应的不同下游尾水位分别计算，经分析比较后确定合适的水轮机安装高程。

6)有些水电站由于地质的原因，对水轮机安装高程有特殊要求，需充分协商，确定既能满足水轮机运行要求，又能满足土建或地质要求的水轮机安装高程。

7)对于灯泡贯流式水轮机，在确定安装高程时，必须保证尾水管出口上端点至少有0.5m的淹没深度，并应考虑水电站长期运行对河道下游冲刷的影响。

8)当河流处于最小流量时，必须保证尾水管出口上端点至少有0.5m的淹没深度。

9)由于灯泡贯流式机组的反向水推力比正向水推力大，确定安装高程时，应考虑反向水推力对机组的影响和反向推力轴承的制造难度。

10)对于灯泡贯流式水轮机，其出力主要由水轮机安装高程(空化安全系数)控制，在保证机组安全的前提下，可以增大导叶开度，使机组继续保持满负荷或较大负荷运行，以适应低水头径流式水电站汛期流量大、水头低的运行要求。

(2)工程实例

1)孤山水电站。

通过对比分析正常蓄水位177.23m额定水头，单机发额定出力的最高水头(约17.4m)、死水位情况额定水头及主汛期最低临时运行水位174m工况，则孤山水电站水轮机安装高程由死水位时额定水头下，机组满发工况控制。取尾水管出口上沿淹没深度0.7m，安装高程取147.30m，对应的吸出高度$H_s=-12.86$m。

2)陶岔水电站。

通过对比分析额定水头、最高水头、最低水头及发最大出力最低水头工况，则陶岔水电站水轮机安装高程由一台机发最大出力相应最低水头工况控制。取尾水管出口上沿淹没深度 0.5m，安装高程取 132.7m，对应的吸出高度 $H_s=-10.8$m。

3)兴隆水电站。

兴隆水电站设计尾水位按电站 4 台机满发对应的尾水位 31.40m 来选取，最高水头工况下对应的尾水位按 29.05m 来考虑，并取尾水管出口上沿淹没深度 0.75m，水轮机安装高程为 22.30m，对应的吸出高度 $H_s=-7.22$m。

5.2.2.9 轮毂比

由于转轮结构布置与强度要求，各水头段转轮轮毂比有所不同，5 个叶片者多采用 0.42 左右；而 4 个叶片者以最高水头 15m 为界，大于 15m 者用 0.38～0.4，小于 15m 者可用 0.36；而 3 个叶片转轮按最高水头而定，一般 8m 以上者用 0.34，小于 8m 时可用 0.3；2 个叶片者可用 0.3 或更小一点。

5.2.2.10 水轮机总重量

根据《水力机械技术》1995 年 5 期《转桨式灯泡水轮机的重量估算》，不包括调速器和油压装置的转桨式灯泡水轮机净重(G)估算的经验公式如下：

$$G=KD_1{}^aH^b \tag{5.2-1}$$

式中：D_1——水轮机标称直径(m)；

H——水头(m)，宜取电站最大净水头；

a——与转轮直径 D_1 有关的系数，$a=11/(5.75-0.1D_1)$；

b——与水头有关的系数，$b=0.13$；

K——与机组结构有关的系数，可按表 5.2-1 选取。

表 5.2-1　　转桨式灯泡水轮机的重量系数 K

结构特点	K 值	代表机型
单支撑管型座、单主轴结构	8.55	GZF02-WP-550，GZSK111B-WP-550
多支撑管型座、多主轴结构	6.65	GZ003-WP-550

5.3 灯泡贯流式发电机

5.3.1 灯泡比

灯泡比是发电机机壳外径与水轮机转轮直径的比值。采用过大的灯泡比，将会造成水轮机效率下降；而过小的灯泡比，将增加发电机设计与制造的难度。一般情况下，灯泡比为 1.1～1.2。对于大尺寸、大容量机组由于制造难度的增加，其灯泡比有扩大的趋势，目前大型灯泡机组的灯泡比为 1.25 左右。初步设计时根据机组容量大小可取灯泡比为 1.2～1.25，大尺寸、大容量机组取上限；小容量机组取下限。

5.3.2　功率因数及电压等级

灯泡贯流式机组的尺寸比较紧凑，发电机极间空间比常规机组小很多，励磁绕组的布置很困难。如果选择的功率因数较低，将要增加励磁绕组安匝数，布置就更困难或不能实现，因此，灯泡贯流式发电机的功率因数应比一般电机高。灯泡贯流式发电机的功率因数低不仅增加造价，而且使电机的特性参数变坏。一般可取功率因数不小于 0.95，若超过额定出力的机会较多，可取功率因数 0.9～0.95。

灯泡贯流式机组安装在水下，停机状态下线圈易受潮，从安全出发，灯泡贯流式发电机组采用比常规机组低的电压。另外，灯泡贯流式发电机由于受到灯泡比的限制，定子铁芯直径调整的范围很小，为了设计出经济指标好、性能参数优，并减小发电机的制造难度，国外往往采用非标准电压，国内目前采用较多的是 6.3 kV 和 10.5 kV 标准电压等级。

5.3.3　额定转速

发电机的额定转速与水轮机的额定转速相同。水轮机的额定转速是由输出功率、水头、流量、效率以及运行范围等因素确定的，为了满足发电机电磁设计、结构布置、机械性能及并联支路数和槽电流的选择要求，应对可能采用的几种转速进行比较，选择既能满足水轮机高效、稳定运行，又能满足发电机电磁设计和结构要求的水轮发电机组同步转速。据工程经验，水轮发电机的额定转速一般应优先在表 5.3-1 中选择。

表 5.3-1　　水轮发电机标准同步转速

发电机磁极数 2p	4	6	8	10	12	14	16	18	20	24	28
同步转速(r/min)	1500	1000	750	600	500	428.6	375	333.3	300	250	214.3
发电机磁极数 2p	30	32	36	40	42	44	48	52	56	60	64
同步转速(r/min)	200	187.5	166.7	150	142.9	136.4	125	115.4	107.1	100	93.8
发电机磁极数 2p	68	72	80	84	88	96	100	104	110	112	120
同步转速(r/min)	88.2	83.3	75	71.4	68.2	62.5	60	57.7	54.6	53.6	50

5.3.4　定子铁芯内径和铁芯长度

由于灯泡贯流式发电机的灯泡比已经确定，即发电机机壳外径根据水轮机转轮直径已经确定，因此定子铁芯直径的调整范围已经很小，其直径的选择要考虑定子机座的设置和发电机通风冷却的要求。一般情况下，若采用常用的定子机座式结构(其他结构有定子贴壁式结构、冷却翼片双层筒结构、外管式结构等)，定子铁芯内径比发电机机壳外径小 1.15m 左右。

一般情况下，灯泡贯流式发电机的内径比常规发电机小 25%左右，定子铁芯长度与极距的比值为 6～7，是常规机组的 2 倍左右。

5.3.5　飞轮力矩与防飞逸措施

灯泡贯流式发电机的飞轮力矩很小，单机带较大负荷运行时，稳定性较低，因此灯泡贯流式机组只有并网运行才能充分发挥作用。

对于立轴轴流转桨式机组，机组的飞轮力矩主要来自发电机，水轮机的飞轮力矩仅相当于发电机飞轮力矩的5%左右，水体附加力矩也不大，因此轴流转桨式机组的飞轮力矩均忽略了水轮机的飞轮力矩和水体附加力矩。但对灯泡贯流式机组而言，由于受到灯泡体的限制，发电机直径只有常规机组的65%左右，其飞轮力矩只有常规机组的20%左右，因而水轮机的飞轮力矩和水体附加力矩所占比重很大，水轮机的飞轮力矩相当于发电机飞轮力矩的30%～60%；水体附加力矩随着叶片安放角的增加而增加，最大时约占发电机飞轮力矩的80%。因此，灯泡贯流式机组的飞轮力矩应包括发电机、水轮机、水体三部分。

由于灯泡贯流式机组机械时间常数为1～3s或更小，机组甩负荷后机组速率上升很快，在几秒钟内即上升到最大值，速率上升达150%～190%额定转速，甚至更高。因此，采用常规机组在2min内关闭进水阀门或进水口快速闸门的方法，已经失去机组防飞逸的意义。灯泡贯流式水轮机导叶设计成自关闭，当机组事故停机时，利用导叶自关闭的功能关机。《水轮机基本技术条件》(GB/T 15468—2006)中要求灯泡贯流式机组采用设置重锤的方法作为机组防飞逸的措施。

5.3.6 发电机通风冷却方式

发电机产生的风量与转子直径的平方成正比，灯泡发电机的转子直径小，其自身产生的风量约为常规发电机的一半。灯泡贯流式机组由于定子铁芯直径的限制，定子铁芯长度与极距之比为6～7倍，约是常规发电机的2倍，因而采用常规的自通风冷却方式已不能满足要求。目前主要采用外加风机的强迫空气循环通风冷却方式。

强迫空气循环通风冷却方式分为双层筒强迫空气循环通风冷却(不带冷却器)和带有冷却器的强迫空气循环通风冷却方式。

第6章 冲击式水轮机

6.1 冲击式水轮机选用

6.1.1 冲击式水轮机应用现状

冲击式水轮发电机适用于高水头、小流量的电站条件，设计、制造在国际上已趋成熟。世界上工作水头最高、容量最大的冲击式水轮机以瑞士毕奥德隆(Bieudron)水电站为代表，电站水轮机额定容量423MW，额定水头1869m，额定流量25m^3/s，额定点效率92.37%，5个喷嘴，喷嘴直径193mm，额定转速428.6r/min。

我国冲击式水轮发电机起步较晚，近年发展迅速，目前我国冲击式水轮机单机容量最大为四川省田湾河流域金窝水电站，水轮机额定功率143.6MW，最大功率160MW，6个喷嘴，21个水斗，最高水头619.8m，额定转速375r/min，额定流量27m^3/s，总装机容量2×160MW，2008年底投产发电。

国外部分单机功率100MW以上冲击式机组统计见表6.1-1，国内部分单机功率100MW以上冲击式机组统计见表6.1-2。

表6.1-1 国外部分单机功率100MW以上冲击式机组统计表

电站名称	额定水头(m)	单机功率(MW)	机组转速(r/min)	转轮直径(m)	投入运行时间	备注
Coca Codo Sinclair	616.74	209.2	300	3.349	2011	厄瓜多尔
Bieudron	1869	423.0	428.6	3.993	2010	瑞士
Tala	859	173.5	375	3.139	2010	不丹
Grytten	935.16	152.71	500	2.495	2009	挪威
Teesta Urja Ⅱ	817	233.75	375	3.02	2008	印度
Lotru-Ciunget	788	187.5	375	2.95	2007	罗马尼亚
Lotru	793	201.5	375	2.95	1994	罗马尼亚
Sellrain-Silz	1233	260.0	500	2.85	1991	奥地利
Aurland	840	248.0	375	3.19	1986	挪威
Jostedalen	1130	288.0	428.6	3.17	1985	挪威
Guavio	1142	260.8	450	2.95	1984	哥伦比亚
Sy-Sima	885	315.0	300	4.06	1980	挪威

表 6.1-2　国内部分单机功率 100MW 以上冲击式机组统计表

电站	水头(m)				流量(m^3/s)		转速(rpm)			额定出力(MW)
	H_{max}	H_w	H_r	H_{min}	Q_{11}	Q_r	n_{11}	n_r	n_{run}	
冶勒	644.8	597	580	546.7	0.145	23.62	40.485	375	725	120
仁宗海	610	583.3	560	547.6	0.160	24.57	40.41	375	685	123
大发	513.8	494.2	482	482	0.147	28.52	40.58	300	555	123
金窝	619.8	608	595	594.9	0.156	27	40.89	375	675	143.6
吉牛	506.5	472.1	457	456.5	0.166	30.14	39.91	300	560	123

6.1.2　冲击式水轮机适用范围

冲击式水轮机的适用水头范围为 300～1700m，喷嘴数为 2～6 个。目前，瑞士 Bieudron 水电站额定水头 1869m，已经超出了冲击式水轮机常用的水头上限，表明冲击式水轮机的适用水头还有进一步上升的空间。

与冲击式水轮机的适用水头范围相重叠的机型为混流式水轮机。不同机型的适用水头范围见表 6.1-3。

表 6.1-3　不同机型的适用水头范围

水轮机型式	适用水头范围(m)
冲击式	300～1700
混流式	30～700

从表 6.1-3 中可以看出，在 300～700m 水头段冲击式水轮机与混流式水轮机重叠，此时，应结合水电站的实际情况，对采用何种水轮机应进行综合比选，择优选用。

6.1.3　电站水位、水头

长江设计院设计选用冲击式水轮发电机组各水电站的特征水位、特征水头分别见表 6.1-4、表 6.1-5。

表 6.1-4　冲击式水轮发电机组各电站的特征水位

电站名称	上游水位(m)			下游水位(m)		
	正常蓄水位	校核洪水位	最低	正常高水位	设计洪水位	最低尾水位
锁金山	1120.9	1121.4	1118.8	505.5	—	504.3
电源	740	745.99	735	255.465	—	255
扎拉	2815	2816.25	2811.5	—	2120.48	—
美纳斯	789.68	792.86	783.33	—	269.89	—

表 6.1-5　　冲击式水轮机机组各电站的特征水头　　(单位:m)

电站名称	最高水头	平均水头	额定水头	最低水头
锁金山	610.4	593	588	583
电源电站	483	445.15	433	431
扎拉	690.95	678.18	668.1	668.02
美纳斯	511.54	/	474.51	468.16

6.1.4 冲击式水轮机模型转轮参数

冲击式水轮机的转轮研究工作在国内起步较晚，当前国产冲击式水轮机转轮中性能较优的主要是哈电公司开发的 CJA1173 和重水公司开发的 C601。部分冲击式水轮机模型转轮参数见表 6.1-6。

表 6.1-6　　部分冲击式水轮机模型转轮参数表

转轮型号	使用水头(m)	喷嘴数 Z_0(个)	最优工况			射流直径 d_0(mm)	水斗数 Z_1(个)
			n_{10}(r/min)	Q_{10}(L/s)	η_{10}(%)		
A237-40	600	2	40.55	31.4	90	35	20
A237-40	600	4	40.3	65.7	91.05	35	20
A475-40	1000	2	40.4	37.66	90.6	35	20
A475-40	1000	4	40.8	81.45	91.5	35	20
4C601	—	4	40.06	66.6	91.66	—	20
C601	—	6	40.12	101.3	91.61	—	20
P2-40	800	2	40.9	31.8	86.3	35	20
P2-40	800	4	41.4	65	87.6	35	20
CJA1173	800	4	40.48	88.1	91.55	37	21
CJA1173	800	6	40.52	131.9	91.66	37	21

6.2 选型设计

6.2.1 参数选择

6.2.1.1 比转速

冲击式水轮机的比转速 n_s 与喷嘴数的平方根成正比，增加喷嘴数可以提高水轮机的比转速，目前大中型冲击式水轮机的喷嘴数为 4～6 个。单喷嘴比转速与相对直径 D_1/d_0 直接相关，提高比转速的主要途径就是优化相对直径 D_1/d_0。根据理论分析和资料统计，冲击式水轮机单个喷嘴的比转速为 11.5～23。哈电建议单个喷嘴比转速按照公式 $n_{s1}=284.2\times H_r^{-0.4388}$ 进行计算；国外对 20 世纪 70 年代已运行的水斗式水轮机的数据统计，得出统计公

式 $n_{s1}=85.49\times Hr^{-0.243}$。长江设计院设计的锁金山水电站、电源电站和扎拉水电站及国内较大冲击式水轮机的比转速及比速系数见表 6.2-1。

表 6.2-1　各电站不同机组的比转速及比速系数

电站名称及机组	最高水头(m)	额定水头(m)	额定转速(r/min)	水轮机额定功率(MW)	机组额定功率(MW)	比转速(m·kW)	比速系数	单喷嘴比转速(m·kW)
锁金山	610.4	588	750	15.544	15	32.29	783	16.15
电源电站	483	433	375	34.03	33	35.02	729	17.51
扎拉	690.95	668.1	300	259.94	255	44.66	1154	18.23
美纳斯	511.54	474.51	360	91.871	90	49.18	1071.3	20.08
冶勒	644.8	580	375	122.5	120	46.11	1110.5	18.8

6.2.1.2　单位转速

冲击式水轮机喷嘴出口的射流速度接近于绝对射流速度，而水轮机转轮的节圆线速度与射流速度之间存在一定的比例关系。因此，其转轮节圆线速度可用绝对速度来表示。冲击式水轮机的单位转速取决于喷嘴的速度系数和转轮节圆线速度与射流速度的比值，一般为 38.0～41.0r/min。水斗式水轮机基本原理模型最优速度比为 0.5，则其最优单位转速应约为 41.66r/min。实际水轮机在运行中，必须接受各种各样的能量损失，按照目前的技术水平，其最优单位转速为 40r/min 左右，且有进一步提高的趋势。

冲击式水轮机对水头变化很敏感，流量变化的影响相对较小，因此水轮机选型时应尽量考虑水头的影响，合理确定机组转速，以尽量接近模型转轮的最优单位转速，同时单位流量可以取大值，以减小转轮直径，降低造价。各电站不同机组的最优单位转速参数见表 6.2-2。

表 6.2-2　各电站不同机组的最优单位转速

电站名称	最高水头(m)	额定水头(m)	n_{11r}(r/min)
冶勒	644.8	580	40.485
仁宗海	610	560	40.41
大发	513.8	482	40.58
金窝	619.8	595	40.89
吉牛	506.5	457	39.91
玛依纳	521.7	471.4	40.819
厄瓜多尔 CCS	616.74	604.10	40.87

6.2.1.3　排出高度

水斗式水轮机的转轮在大气中工作，转轮装在尾水位以上，转轮对于下游水面应有一定排出高度。排出高度是使水斗式水轮机安全稳定运行、避开变负荷时的涌浪、保证通风、防止因尾水渠中的涡流及水流飞溅而造成能量损失所必需的高度。同时为使机壳内保持有正常的大气压，在排水边的机壳底座对于下游水面亦应保持一定的通气高度，即在确定排出高度时要保证必要的通风高度，以免在尾水渠中产生严重的涌浪和涡流，使机组产生严重振动和功率摆动。

排出高度考虑了以下几个方面：①溅起的水花不能对转轮起制动作用；②保证水雾消散的空间、不增加水轮机的风损；③保证有必需的通气高度，所需的通气量为机组额定流量的30%～70%。最高尾水位与尾水渠顶部之间的通气高度与渠内流速密切相关，根据工程经验可按表6.2-3进行初步估算，明确下游尾水条件。

表6.2-3 通气高度推荐取值表

尾水渠流速 V(m/s)	通气高度 H(m)
$V<1.2$	$H\geqslant0.8$
$1.2\leqslant V<1.5$	$H\geqslant1.0$
$V\geqslant1.5$	$H\geqslant1.2$

6.2.1.4 相对直径 D_1/d_0

相对直径 D_1/d_0 是冲击式水轮机的重要参数之一，它与水轮机效率、单位流量、比转速、水力性能、水轮机结构和机械强度等密切相关，减小相对直径可以提高比转速，但过多减小相对直径，将会带来结构布置上的困难。水斗根部强度差，容易产生裂纹或断斗，造成容积损失，水轮机效率偏低。增加相对直径可以提高水轮机效率，但过多增加相对直径，将导致水轮机转轮较薄，水斗数多，水斗尺寸小，制造困难。哈电公司收集了国内外100多个已运行水斗式水轮机的数据，结合设计、制造水平得出统计公式，$D_1/d_0=248.55n_{s_1}{}^{-1.055}$。

根据经验，一般情况下 D_1/d_0 的范围为12～25，且真机的相对直径应尽量与模型一致。

6.2.1.5 水轮机效率

水轮机效率的高低直接影响电站的发电效益。水斗式水轮机的效率随直径比 D_1/d_0 的增大而提高，当 D_1/d_0 趋于无穷大时，冲击式水轮机达到的最高效率为96.332%。目前，水轮机模型效率有进一步提高的趋势，哈电公司开发的美纳斯电站水轮机模型最高效率已达到91.5%，安德里茨公司开发的厄瓜多尔CCS电站水轮机模型最高效率已达到92.16%。

6.2.2 模型试验

6.2.2.1 模型试验台

目前，国内外多数水轮机制造商已建有冲击式水轮机模型试验台，并积累了一定的冲击式水轮机模型水力开发经验。

1)安德里茨(中国)有限公司冲击式试验台位于瑞士，最大试验水头120m，最大流量0.23m³/s，试验台综合精度不大于±0.3%。

2)上海福伊特水电设备有限公司冲击式试验室位于德国海登海姆。试验室安装有两台冲击式水轮机试验台，一台垂直布置，另一台水平布置。具有循环系统的开敞式水轮机模型试验台，变转速增压器与主泵，轴承安装支架配有涡流制动装置。最大水出力 700kW，最大制动力 500kW，最高水头 250m。

3）通用电气可再生能源集团水电事业部（天津）冲击式试验台位于印度，试验台最大试验水头 320m（3 台泵），最大流量 0.3m^3/s，试验台综合精度不大于±0.25%。

4）哈尔滨电机厂有限责任公司冲击式试验台，最大试验水头 120m，最大流量 0.35m^3/s，试验台综合精度不大于±0.25%。

5）东方电机有限公司试验平台正在建设当中，预计 2～3 年内建成。

6.2.2.2 模型试验

冲击式水轮机模型试验的试验项目主要有下列几项：

（1）效率试验

效率和流量试验在包括整个水轮机运行范围条件下进行，试验的喷嘴开口和转速范围满足于验证水轮机的运行区域。如果是 6 个喷嘴的水轮机，试验一般在 6，4，3，2，1 不同的喷嘴运行数下分别进行。图 6.2-1 是 CJA1173 模型转轮在 6 个喷嘴情况下的效率试验结果。从试验结果可以看出：

1）冲击式水轮机的等效率线比较扁平，在不同的过机流量下，效率均保持较高的水平，水轮机适应流量变化的能力很强，能够充分利用电站的引水流量。

2）水轮机效率在运行范围内，随流量增加而略有降低。在最优单位转速以上，等效率线比较密集，即在流量保持不变的情况下，水轮机效率随转速的升高而急剧降低。流量越大，趋势愈加明显，因此在冲击式水轮机的选型中必须首先确定合适的机组转速。

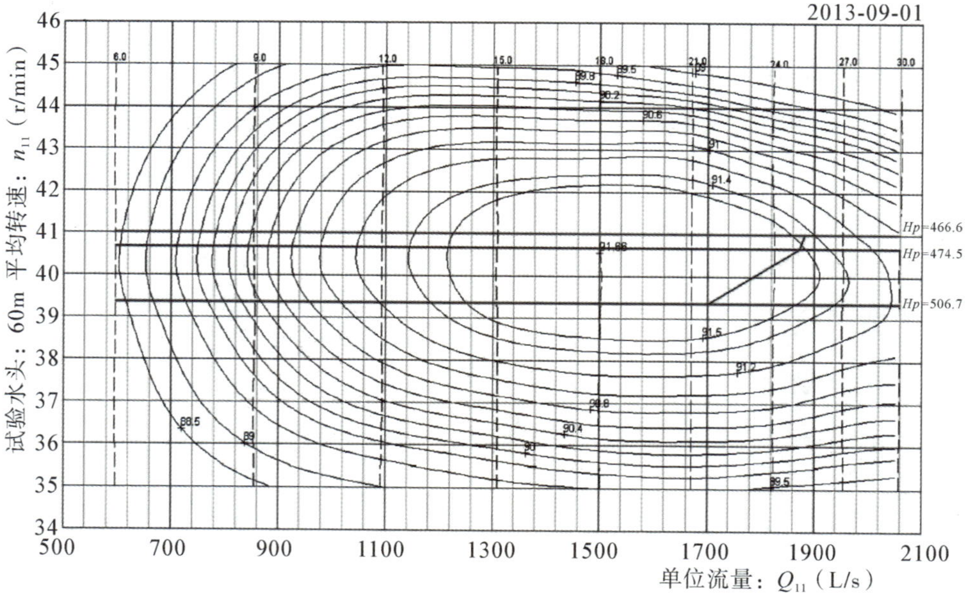

图 6.2-1　CJA1173 模型曲线（6 个喷嘴）

目前，冲击式水轮机模型效率转化成原型效率，一般不进行修正。最近这些年，有学者提出冲击式水轮机也需进行效率修正，且修正值随着转轮直径的增大而增大，但尚未提出有效的修正公式。

(2)喷嘴流量试验

喷嘴流量试验的目的是为确定喷嘴流量系数与喷嘴行程开度 S/D_0 之间的对应关系。喷嘴流量试验在喷嘴的全行程中进行，覆盖水轮机的全部运行范围。

(3)补气试验

在机壳上设置若干个自然补气装置，补气试验作为确定原型水轮机补气管的最佳位置的辅助手段。同时进行尾水位变化试验，以检查尾水位变化对水轮机性能的影响。

(4)飞逸转速试验

飞逸转速试验在包括水轮机可能的全部运行水头范围和喷嘴从全关位置至全开位置范围内进行，以求得水轮机稳态飞逸特性。机组在不同的同步转速下，机械损耗不一样，飞逸转速试验的结果应根据真机机械损耗的情况进行修正。图 6.2-2 是飞逸转速修正的示例。

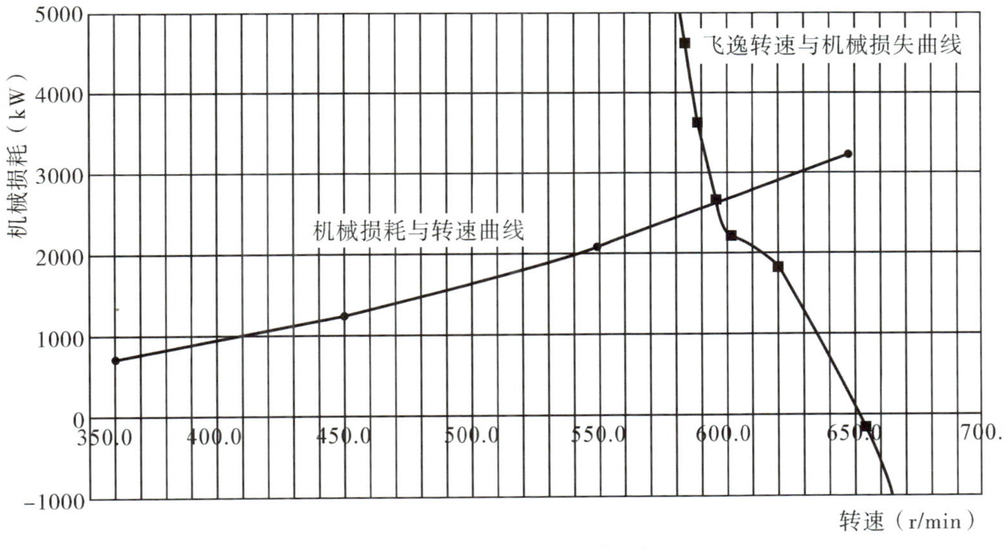

图 6.2-2　飞逸转速修正的示例图

(5)尺寸检查

所有模型试验项目完成后，应进行水轮机模型装置的尺寸检查，检查的部件包括模型转轮、折向器、喷嘴、机壳、配水环管和尾水渠等。

6.3　关键技术研究

6.3.1　转轮加工方式

冲击式水轮机转轮制造及加工工艺一直被人们所关注且是设计研究的关键问题之一，

目前主要有锻造轮毂并堆焊水斗、分别锻造轮毂和水斗再进行拼焊、整锻后数控加工成型三种方式。

(1)堆焊十数控加工成型

水斗根部数控加工,转轮轮盘粗加工;水斗剩余部分通过机器人堆焊成型;无损探伤,数控加工和水斗抛光打磨完成轮盘加工。

(2)锻焊十数控加工成型

水斗前半部分从锻件加工成型,数控加工水斗根部和粗加工转轮轮盘;水斗前部与根部及轮盘进行焊接;无损探伤,数控加工和水斗抛光打磨完成轮盘加工(图 6.3-1)。

图 6.3-1　锻焊十数控加工工艺示例

(3)整锻十数控加工成型

锻胚按最大尺寸进行锻造,转轮由整个锻件数控加工而成。整锻十数控加工成型示例见图 6.3-2。

图 6.3-2　整锻十数控加工成型示例

三种加工工艺均有应用，锻焊＋数控加工和整锻＋数控加工成型两种方式应用更加普遍。两种工艺方式的优缺点对比见表 6.3-1。

表 6.3-1 煅焊＋数控加工成型和整锻＋数控加工成型两种方式的优缺点

	锻焊＋数控加工成型	整锻＋数控加工成型
优点	1. 分多块，形状简单，锻造方便。 2. 最大锻件的尺寸较小、锻件性能容易保证。 3. 数控加工相应简单，效率也高，水斗的加工时间只需要整锻方式加工时间的 1/3 左右	1. 形状单一、简单，锻造非常方便。 2. 转轮加工质量高，后期静平衡配重少或不需配重。 3. 转轮机械性能相对更好
缺点	1. 需高质量焊接，转轮机械性能相对低。 2. 转轮形状相对难控制，后期需静平衡配重	1. 单一机械加工，大设备依赖性高，切削量大，约 60％的材料需从毛坯中移除。 2. 加工受刀具限制，需采购非标准刀具（价格昂贵）。 3. 转轮尺寸受限。锻胚需按最大尺寸进行锻造。 4. 由于水斗加工的空间狭小，加工时间周期长。根据加工经验估计，如果转轮直径在 4m 左右，水斗的数控加工时间在半年以上

锻焊＋数控加工成型方式是目前应用较广的转轮加工方案。在同种条件下，采用数控加工＋无损探伤的加工手段，如果制造厂能强化质量控制，就可以保证冲击式转轮的强度、转轮水斗型线和精度等。从加工后的质量情况看，使用寿命相差不是很大。

转轮采用整锻＋数控加工成型，其材料的致密度及综合性能均较好，内部几乎没有缺陷，转轮质量略好些，目前锻件最大尺寸可以达到 5m。

6.3.2 泥沙问题

冲击式电站水头高，在含沙水流中运行时，冲击式水轮机的水斗、喷针和喷嘴口环等过流部件磨蚀严重，导致大修周期缩短、检修时间长且工作量大。如果检修方法不当，检修质量达不到要求，又进一步导致主要过流部件出现恶性循环和快速破坏，机组出力降低，转轮等部件过早报废，造成很大的经济损失。泥沙磨损问题在机组选型设计中，对泥沙磨损造成的危害需引起高度的关注。

6.3.2.1 影响泥沙磨损的主要因素

过机泥沙是产生水轮机磨损的主要根源。国内外研究表明：水轮机泥沙磨损与泥沙、材料、水力等特性因素有关。

泥沙特性主要涉及水中含沙量、泥沙粒径、形状和硬度等。泥沙粒径对冲蚀磨损有明显影响，一般粒径尺寸为 20～200um，材料磨损率随粒径尺寸增大而上升。泥沙颗粒形状直接影响到材料破坏程度，其他特性不变时，粒径越粗磨损能力越强。

材料特性则涉及材料的抗磨性能。为提高设备使用寿命，目前冲击式机组的转轮等主要部件均采用 ZG04Cr13Ni5Mo 不锈钢材料，并进行喷涂处理。

水力性能主要有水流速度、流态和过流历时。不同条件下的磨损试验研究表明，泥沙磨损率与水流速度呈 n 次方比值关系。

6.3.2.2 冲击式水轮机磨损特点

冲击式水轮机应用水头一般为 300～1700m，由于冲击式水轮机水头较高，对应的水流速度快，高速射流的含沙水直接对喷嘴、转轮等过流部件造成严重破坏。主要磨损部位包括喷针（中部和尾部）、喷嘴出口边和水斗。

冲击式水轮机喷嘴射流冲击水斗，由于水流速度高，易出现局部空化与空蚀。水流速度高时，过流表面任何微细的局部缺陷或弱点（如不平顺、接缝、焊缝、气孔或杂质等，甚至包括大粗糙度）都可以造成局部空化与空蚀。现场实例表明，在水斗内表面及外侧、喷针头部等部位存在空蚀。喷针与喷嘴磨损后因局部不平整可以诱发空蚀形成磨蚀，水斗空蚀后可加剧局部磨损和磨蚀。

6.3.2.3 泥沙磨损的评估

针对冲击式水电站高流速的情况，泥沙磨损一般采用圆盘喷射试验方法。试验装置的高流速是通过圆盘旋转的圆周速度与喷射射流速度进行合成，磨损的性质为冲击磨损。

泥沙对水轮机部件的磨损主要考虑在一定的时间内材料的磨损面积和磨粒浓度的大小等。通常用下式来表示磨损深度：

$$\Delta H = 1/\varepsilon KSTW^{m} \tag{6.3-1}$$

式中：ΔH——计算部位的平均磨损深度（mm）；

ε——材料耐磨系数；

S——平均含沙量（kg/m^3）；

W——水流相对速度（m/s）；

m——与水流流态有关的速度指数；

T——磨损时间（h）；

K——单位含沙量的磨损能力综合系数。

$$K = K_{size} \cdot K_{shaps} \cdot K_{hardness} \cdot K_{g} \cdot K_{flow} \cdot K_{others} \tag{6.3-2}$$

式中：K_{size}——磨粒的平均粒径系数。

K_{shaps}——磨粒的形状系数，一般来说，尖锐形磨粒的磨损能力比圆颗粒大。

$K_{hardness}$——磨粒的硬度系数，当泥沙颗粒的硬度大于材料硬度时，磨损急剧增大。泥沙中的石英和长石等硬颗粒的数量愈多，磨损愈严重。

K_{g}——磨粒的容重系数，容重愈大，打击力大，磨损愈严重。

K_{flow}——磨粒的流动状态系数，包括磨粒打击材料表面的速度、角度、频率等，它与水轮机的部件和运行工况有关。

K_{others}——其他因素系数。

6.3.2.4 机组大修周期

由于各电站机组的过机泥沙条件、机组参数、运行方式等存在差异，机组泥沙磨损的部位与程度各异，目前对于冲击式机组大修周期至今国内外还没有制定出相关标准。

根据调查，国内电站主要依据机组磨损程度、安全运行等情况安排机组大修时间。一些磨损较重的大中型水电站如刘家峡、盐锅峡等，机组正常的大修周期为5年。磨损特别严重的中小型水电站如渔子溪、姚河坝、冷竹关、大盈江等，大修周期按4年进行。

截至目前，国内冲击式机组投产的电站较少，相关的经验也少。冲击式机组最大的特点是检修维护方便，喷嘴、转轮等过流部件均可采用下拆式进行更换，检修方便。根据长江设计院与哈电、东电、安德里茨、阿尔斯通等国内外水轮发电机组设备制造厂的技术交流经验，部分制造厂认为，对于大中型冲击式水轮机经济合理的大修周期，以水轮机最高效率下降2%进行大修为宜。

6.3.2.5 抗磨防护措施

对过机水流泥沙含量较大的冲击式水电站，抗泥沙磨损需采取多种措施，进行综合治理，以降低磨损强度，同时对重点部位进行防护，才能取得实效。

1)枢纽布置设计中应考虑拦沙、排沙等设施。

2)优化并合理调度水库的运行方式。过机水流含沙量的大小一般与洪水有关，在汛期水利枢纽可采用敞泄排沙的运行方式或结合水库泄洪调度要求，排沙底孔敞泄排沙，减少过机泥沙；主汛期较大沙峰到来时，也可短期停机，减轻机组泥沙磨损。

3)合理选择水轮机的主要参数。不片面追求过高的能量参数，控制过流部件的相对流速，减轻过流部件泥沙磨损，求得机组整体性能最优。

4)提高机组的制造水平和工艺。水轮机转轮采用VOD精炼铸造，数控加工，保证水斗型线的准确性，减少流道误差，严格控制过流表面的粗糙度，改善水轮机的抗磨性能。

5)过流部件采用耐磨材料。如喷嘴、水斗采用抗磨不锈钢，提高过流部件表面抗磨性能。同时采用碳化钨涂层(HVOF)工艺对喷嘴、水斗进行防护，涂层厚度为0.3～0.5mm，该涂层已在许多冲击式机组上以及渔子溪、姚河坝、冷竹关、大盈江、刘家峡等水电站机组上应用，实践证明抗磨效果显著。

6)配备备用转轮。结合大修周期、转轮拆装、返厂运输等时间合理确定备用转轮的数量，减小发电损失。

7)合理调度机组运行方式。避免流道流态由于外界原因引起大的波动、紊流和空蚀，在部分负荷情况下，优先采用通过减少喷嘴数量而不采用减小每个喷嘴流量的方法运行等。

8)定期查看，及时检修。运行经验表明，运行初期磨损通常较轻，磨损到一定程度，便呈现加速破坏。定期查看，可及时了解机组的磨损状况，确定大修时间，延长部件寿命。

第二篇

水轮发电机

第 7 章　水轮发电机

7.1　总体设计

7.1.1　水轮发电机型式选择

水轮发电机的结构型式对机组的技术经济指标、运行稳定性和维护检修以及电站厂房高度都有着直接的影响，在选择发电机结构型式时，应予以综合考虑。水轮发电机主要结构型式有卧式和立式两种。通常小容量水轮发电机一般采用卧式结构，中等容量的水轮发电机采用立式或卧式结构，而大容量水轮发电机则广泛采用立式结构。

立式水轮发电机组的型式按推力轴承的布置位置可分为悬式和伞式两种结构。悬式发电机推力负荷通过上机架、定子机座传向基础，伞式发电机的推力负荷通过下机架或推力支架、水轮机顶盖和座环传向基础。悬式结构主要用于中高速机组，伞式结构主要用于中低速大容量机组。

水轮发电机的结构型式一般按定子铁芯内径 D_1 与定子铁芯高度 H 和额定转速乘积的比值 $D_1/(H \cdot n_r)$ 来选择，当 $D_1/(H \cdot n_r) \leqslant 0.025$ 多采用悬式，当 $D_1/(H \cdot n_r) > 0.025$ 采用伞式。

以三峡水电站为例，三峡水电站发电机属低速大容量发电机，$D_1/(H \cdot n_r)$ 其值在 0.08 以上，按上述经验应采用伞式发电机。另外，考虑到三峡水电站发电机尺寸巨大，初估定子机座外径大于 20m，水轮机机坑直径为 13～14m，推力负荷约 6000t，若选悬式发电机，承受推力负荷的上机架的跨度在 20m 以上，满足刚度要求困难极大，定子机座作为推力负荷中间传力部件，不仅尺寸大、重量重，且受力复杂。若选用伞式发电机，承力的机架跨度为 13.5～14.5m，发电机下机架刚度较易达到要求，下机架尺寸小、重量轻。鉴于上述，不论从制造难度上还是从经济上看，三峡水电站水轮发电机应选用伞式。确定采用伞式水轮发电机型式后，影响其总体结构还需研究轴系选择，即发电机导轴承配置和推力轴承布置位置问题。

（1）轴系选择

伞式发电机的轴系可设置 3 个导轴承也可设置 2 个导轴承，导轴承的数量通常根据轴系的稳定计算而定。世界上各制造厂在进行轴系稳定计算时所采用的标准各有不同，但一般要求轴系的临界转速与机组飞逸转速的比值为 1.2～1.5 或更大。三峡水电站发电机如设置2个、3个导轴承,其比值分别为1.4以上、1.9以上,轴系都是稳定的,对选用2个导轴承还是选用3个导轴承进一步分析比较如下:

发电机只设下导轴承不设上导轴承,当推力轴承和下导轴承设在同一油槽内时,下导轴承滑转子直径约为5.2m,若推力轴承和下导轴承分开设置,下导轴承滑转子直径约为3.8m,都属于巨型导轴承。轴系设计应充分考虑导轴承在运行时热膨胀因素,由于滑转子直径大,从冷态到热态相对的热膨胀量就大,机组在启动、空载及各种负荷运行时,导瓦与滑转子之间的间隙将因轴承温度的变化而有较大的差异,尤其在机组开机启动时间较短、轴承温度较低处于冷状态下,导轴瓦与滑转子之间间隙较大,而发电机主轴的径向约束主要靠下导轴承,特别是在发电机频繁启停的情况下,容易产生较大的摆度,对机组安全运行不利。考虑到三峡水电站发电机尺寸巨大、启停频繁,每年开停机次数约500次,选用2个导轴承全伞式是不适合的,机组只设发电机上导轴承和水轮机导轴承,不设发电机下导轴承。因三峡机组总体高度较高,上导轴承和水轮机导轴承之间距离长,在中间段没有导向约束,根据国外同类机组的运行经验,这种结构主轴摆度过大,如俄罗斯萨扬舒申斯克水电站640MW机组和克拉斯诺雅尔斯克水电站500MW机组,均属2个导轴承的半伞式结构,在高水头满负荷运行时,主轴的摆度分别为250μm和405μm。

3个导轴承的半伞式机组。在发电机转子上部、下部均设导轴承,连同水轮机导轴承共有3个导轴承,主轴在2个导轴承之间距离较短,机组运行主轴摆度小,如加拿大买加水电站457MVA机组采用3个导轴承的半伞式结构,机组运行时主轴摆度仅为178μm。3个导轴承轴系运行的稳定性优于2个导轴承。

考虑到三峡机组尺寸巨大,主轴长度约9m,且电站运行水头变幅大,为了确保机组有良好的运行稳定性,发电机选用3个导轴承的半伞式。

(2)推力轴承的布置位置

推力轴承可布置在水轮机顶盖,这种布置可降低厂房高度约2m,在运行中水轮机顶盖的振动可能影响推力轴承的安全运行;布置在发电机下机架上,与水轮机运行中顶盖振动关系不大,且推力轴承在运行中万一出现问题,则可排除水力振动因素。这种布置方式,在推力轴承处可获得较大空间,给推力轴承安装检修带来方便。考虑到三峡水轮发电机推力负荷近6000t,是当今世界水轮发电机最大的推力负荷轴承,确保它能安全运行是首要的,经多年设计研究和多方论证最终选用了将推力轴承布置在发电机下机架的方案。

鉴于上述,三峡水轮发电机选用了立式布置、3个导轴承且将推力轴承布置在发电机下机架上的半伞式总体结构方案。

7.1.2 冷却方式选择

7.1.2.1 概述

(1)水轮发电机的冷却方式直接影响电机的性能和经济指标

特别对大型水轮发电机,随着发电机容量的不断增大,电机各部分的损耗也明显增加。

因此，加强电机冷却，有效地带走各种损耗所产生的热量，降低电机各部分温升，是设计制造大型水轮发电机的一个重要课题。

（2）水轮发电机的冷却方式分类

主要分两大类，即间接冷却和直接冷却。

间接冷却用的冷却介质是空气。而直接冷却采用两种冷却介质：一种为纯水（靠水具有高比热特性直接作用在被冷却物质内部）；另一种为低沸点的蒸发介质（靠冷却介质液相变汽相吸收较高的汽化潜热直接冷却）。国内外具有代表性的大型水轮发电机冷却方式见表 7.1-1。

表 7.1-1　　国内外具有代表性的大型水轮发电机冷却方式

电站名称	容量(MVA/MW)	额定电压(kV)	转速(r/min)	冷却方式
罗贡	666/600	15.75	166.7	全水冷
萨扬舒申斯克	711/640	15.75	142.9	定子绕组水冷
伊泰普 1～9 号机	823.6/700	18	90.9	定子绕组水冷
伊泰普 10～18 号机	737/700	18	92.3	定子绕组水冷
古里Ⅱ	805/725	18	112.5	全空冷
大古力Ⅲ	718/700	15	85.7	定子绕组水冷
大古力Ⅱ	615/600	15	72	全空冷
克拉斯诺雅尔斯克	588/500	15.75	93.8	定子绕组水冷
邱吉尔瀑布	500/475	15	200	全空冷
二滩	612/550	18	142.9	全空冷
三峡左岸	840/756	20	75	定子绕组水冷
三峡右岸	840/756	20	75/71.4	全空冷/定子绕组水冷
三峡地下	840/756	20	75/71.4	水内冷/全空冷/蒸发冷却
龙滩	778/700	18	107.1	全空冷
水布垭	511/460	20	150	全空冷
拉西瓦	757/700	18	142.9	全空冷
瀑布沟	667/600	18	125	全空冷
构皮滩	667/600	18	125	全空冷
金安桥	667/600	18	93.8	全空冷
小湾	778/700	18	150	全空冷
锦屏一级	700/647.5	20	142.9	全空冷
向家坝	888.9/800	23	71.4	全空冷
溪落渡	855.6/770	20	125	全空冷
乌东德	944.5/850	22	93.75/90.9	全空冷
白鹤滩	1111.1/1000	24	111.1/107.1	全空冷

7.1.2.2 冷却方式的选择原则

发电机采用空冷方式和液内冷方式各有优缺点，表 7.1-2 为空冷发电机和液内冷电机特点比较。

表 7.1-2　　空冷发电机和液内冷发电机特点比较

序号	项目	液内冷	空冷
1	电机体积	较小	略大
2	电机重量	较轻	略重
3	电机价格	相当	相当
4	辅机价格	较高	较低
5	总价格	较高	较低
6	土建投资	相当	相当
7	空载损耗	较小	较大
8	定子铜耗	较大	较小
9	发电机效率	相当	相当
10	设计复杂程度	较大	较小
11	监控元器件	较多	少
12	维修工作量	大	小
13	维修时间	较长	较短
14	净化水系统①	必备	无
15	水质	要求较高	一般
16	直轴瞬态电抗	较高	较低
17	机械应力	相当	相当
18	热变形和热老化	较小，线棒自由膨胀问题易解决	较大，现代技术可以解决线棒的自由膨胀问题
19	转动惯量	满足相同 GD^2 值条件下，体积减小受限制	易满足要求
20	安装周期及工作量	长、复杂	短、简单
21	可利用系数(%)	90～95	95～99
22	运行管理水平	要求较高，复杂	一般
23	事故率	高	低

注：①对采用蒸发冷却方式发电机，无需配备净化水系统，只需配备冷凝器等装置。

液内冷技术相对空冷技术冷却效果较好，但结构复杂、故障率高。选择冷却方式时首先应考虑机组的容量等级、电压、支路数与槽电流的匹配及热流密度的分析计算和控制。从维护、操作和运行、高度灵活性出发，应优先考虑和尽量采用空冷技术，可节省运行费用，维护人员少，机组运行效率及年利用小时数高。另外，电力系统对发电机飞轮力矩 GD^2 及纵轴

瞬变电抗 X_d'要求值也是决定冷却方式的一个重要因素，若 GD^2 值大，X_d'值小，意味着发电机尺寸大才能满足此要求，如选择液内冷方式，发电机设计难以满足此要求，则只能选用全空冷方式。

7.1.2.3　冷却方式选择

大型水轮发电机的冷却方式一般在全空冷、半水冷、蒸发冷却三种冷却方式中结合水电站的实际择优选取。全空冷和半水冷两种冷却方式已被多台大容量水轮发电机采用，工程和电站运行实践表明是成功的。这两种冷却方式的冷却技术已日趋成熟。我国自主开发的蒸发冷却技术，经过多年的试验研究，在大型水轮发电机上应用的关键技术已解决，并被三峡地下电站 2 台 700MW 水轮发电机采用，目前运行情况良好。

全空冷水轮发电机随着全空冷技术的不断进步，特别是发电机单位容量所需的冷却风量、总风量与空气冷却器出口的有效总风量的比值、单位风量自身产生通风损耗值等的减小，电气性能参数较好；各部位最高温度限值在允许范围内，轴向温度分布较均匀；解决了温度应力可能导致铁芯翘曲和线棒相对位移问题；结构简单，缩短了安装工期，减少了运行维护工作量；提高了全空冷水轮发电机制造的极限容量和可靠性，满足了水电站机组启停频繁和安全稳定运行的要求。空冷却系统的自身损耗比内冷的稍大，但发电机的总损耗空冷与内冷基本相当；经济性与内冷发电机相当；使用寿命可达到合同规定的年限，使用寿命的裕度没有内冷的高。综上所述，全空冷技术在大型水轮发电机中具有广阔的使用前景。

三种冷却方式的实时监测表明：在相同的运行工况下，全空冷发电机定子绕组股线实际运行温度相对较高，定子线棒纵向温度分布温差相对较大，但都在技术要求的范围内；水冷发电机定子绕组股线运行温度相对较低，蒸发冷却发电机运行温度稍高于水内冷发电机，但其线棒的纵向温度分布温差相对较小。

全空冷水轮发电机运行维护方便简单。蒸发冷却水轮发电机从三峡水电站近两年的运行来看，维护也方便简单，但是否与全空冷水轮发电机一样，达到免维护还需经长时间的运行考验。水内冷发电机运行维护工作相对较多，且有纯水装置，若万一发生漏水特别是冷却管爆裂易发生短路故障，造成严重后果。蒸发冷却水轮发电机发生冷却介质泄漏，不会发生电气故障，但当周围环境冷却介质浓度达到 24%、氧气含量低于 16%时，会引起运行人员缺氧，严重时会导致窒息，为此设有介质泄漏测量及报警装置。从冷却系统布置而言，全空冷和蒸发冷却水轮发电机不占用额外的厂房空间，水内冷机组需另设一套纯水装置和相应的管路，需占有较大的空间，给厂房布置特别是地下厂房布置增加困难。

水轮发电机的冷却方式应优先采用全空冷方式。在内冷方式中，则建议优先采用蒸发冷却方式。如果冷却方式的选择难以决断，为了发挥各工厂技术优势，并为了不限制厂家之间的竞争，有利于降低投标价格，可将冷却方式留在评标时再定，这种做法已在三峡水电站等几项大型工程上采用过。

7.1.3 主要参数选择

7.1.3.1 额定容量、最大容量

(1)额定容量和额定功率

额定容量 S_N 和额定功率 P_N 分别用 MVA(kVA)和 MW(kW)表示。它是综合考虑电站水能的有效利用、保证系统正常供电、机组制造的可能性和经济性、机组在电力系统运行调度的灵活性以及检修和电站布置方便等因素确定的。通常 S_N 或 P_N 在招标文件或技术协议中已明确规定。

(2)最大容量

1)为适应电站水库调节及充分有效利用水能,要求水轮发电机设置一个比额定容量高5%～15%的容量,即最大容量 S_{max}。与最大容量相对应的功率因数、参数值、允许温升以及与连续运行有关的产品性能应在专用技术协议中规定。

2)有些水电站,机组运行水头变幅较大,为满足水轮机在高水头有较宽的稳定运行范围,要求水轮发电机设置最大容量,以便与水轮机高水头稳定运行的最大出力相匹配。以三峡水电站为例,水头变幅达 52m,水轮发电机的额定容量和额定功率分别为 778MVA、700MW,而对应的最大容量和最大功率则分别为 840MVA、756MW。原因如下:

三峡工程最高运行水头与最小运行水头之比达 1.88,水头变幅之大在同类机组中是世界之最,经计算在高水头发额定出力时,导叶开度仅为 55%,国内外大型混流式机组运行实践表明,导叶开度在 60%以上运行时稳定性较好,为改善水轮机高水头运行的稳定性,提出设置水轮发电机最大容量问题,并对最大容量设置增加额定容量的 6%、9%、12%(即机组有功功率分别为 742MW、763MW 和 784MW)三种方案进行了分析研究。结果表明,增设 8%的发电机最大容量是可行的,最终确定三峡水轮发电机的最大容量为 840MVA,也就是说三峡水轮发电机按 840MVA 设计制造。设置水轮发电机最大容量是在三峡工程特定条件下采用的。在此后的大型水电站设计中将有利于机组安全稳定运行作为选择单机容量的条件之一,再不出现水轮发电机最大容量。

7.1.3.2 额定电压

额定电压是一个综合性参数,它的选取与机组容量、转速、冷却方式、合理的槽电流以及发电机电压设备和主变压器等的选择都有密切的关系。对发电机本身来说,在其容量、转速、并联支路数、槽数不变的情况下,选择高电压,不仅消耗较多的有效材料与绝缘材料,而且使发电机定子铁芯长度增长,给制造、运输和安装带来困难。此外,高的电压将使定子绕组的防晕问题更加复杂化。因此,从电机的经济性考虑,应尽量选择较低的电压,但过低的电压将造成发电机电流增大,从而增加绕组连接线、铜环引线及发电机与主变压器之间的连接母线的自身电能损失及发热,同时给主变压器及电站电气设备的设计制造带来困难。目前,设计时一般对发电机的额定电流尽可能限制在 28000A 以内。对一定容量和冷却方式的

发电机，可根据电压与绕组支路数和槽电流的最佳匹配，选取合理的额定电压。在发电机电磁负荷取值合适的条件下，应综合考虑其经济性并全面分析论证确定。《水轮发电机基本技术条件》(GB/T 7894—2009)规定：水轮发电机的额定电压，应根据不同额定容量、转速及水轮发电机电压设备选择等因素进行技术经济综合比较后，由用户与制造厂商定，并应符合《标准电压》(GB/T 156—2017)的规定。可选用下列电压等级：10.5kV，13.8kV，15.75kV，18kV，20kV，22kV，24kV，26kV 等。推荐按表 7.1-3 选择发电机的额定电压。

表 7.1-3　　额定容量与额定电压的关系

S_N(MVA)	U_N(kV)
100 及以下	10.5～13.8
80～200	13.8～15.75
180～400	15.75～18
300～700	18～20
600～1000	20～22(24)

注：灯泡式水轮发电机由于在水中流道内运行，环境湿度大，线圈绝缘容易受潮。为安全可靠运行，电压选择比一般水轮发电机的低。灯泡式水轮发电机的额定电压可按表 7.1-4 选择。

表 7.1-4　　灯泡式水轮发电机额定容量与额定电压的关系

额定容量 S_N(MVA)	5～15	13～45	40 及以上
额定电压 U_N(kV)	6.3	10.5	13.8

以三峡左岸电站为例，三峡左岸电站发电机电压选择首先的制约条件是发电机电压设备，包括变压器低压套管和大电流封闭母线等。1993 年 3 月，在三峡工程水轮发电机单机容量论证时，东北输变电设备公司提出过有关输变电设备方面的分析意见。在设备立足国内生产的前提下，额定电压 15.75kV 是不可取的，因为变压器低压套管、大电流封闭母线及灭磁开关均需国外引进。当单机容量为 720MW 时，采用 18kV 电压，变压器套管已可解决，封闭母线采用强迫风冷需 3～5 年攻关，灭磁开关需 3～5 年攻关，当电压采用 20kV 时，变压器套管、封闭母线及灭磁开关均可自行解决。从发电机电压设备的制造来讲，电压选为 20kV 较好。其次，当时国内外已投入运行的大型水轮发电机的额定电压范围为 15～18kV，20kV 额定电压尚未在水轮发电机上采用，没有成熟的运行经验。对于三峡 700MW 发电机，能否将其额定电压提高到 20kV，不仅要求发电机定子绕组具有相应更高的绝缘水平，同时定子绕组的电场强度加大，加上水电机组环境条件潮湿的特点，导致电晕现象更易于发生，因此对发电机定子绕组的防电晕性能提出了更高的要求，需研究解决。

三峡左岸电站发电机额定电压经多次论证，考虑了：①从发电机合理的槽电流选择。三峡水轮发电机，额定容量 777.8MVA，最大容量 840MVA，额定转速 75r/min，冷却方式采用全空冷或半水冷，当额定电压为 18kV、20kV 时，合理的槽电流取值见表 7.1-5。

表 7.1-5　　三峡发电机额定电压与槽电流关系

额定/最大容量(MVA)	777.8/840			
额定转速(r/min)	75			
极数	80			
额定电压(kV)	18		20	
额定容量/最大容量时电流(A)	24948/26943		22453/24249	
冷却方式	空冷	水冷	空冷	水冷
定子绕组并联支路数	8	5	8	5
槽电流(A)	6237/6736	9979/10777	5613/6062	8981/9700

从表 7.1-5 中可以看出，无论是空冷还是水冷方式，槽电流均在合理的范围内。②国内外工厂建议的发电机额定电压为 18kV 或 20kV。多数厂家建议采用 18kV，并认为，额定电压 20kV 与 18kV 相比，定子线棒绝缘厚度需适当增加，线棒绝缘成型工艺仍可采用真空压力浸渍(VPI)或多胶模压固化工艺，绝缘耐压(包括工频 1min 耐压和击穿电压)可满足要求。但电压等级提高后，由于电场强度增加，且水电机组环境潮湿，导致电晕现象更易于发生，因此，需重视和加强定子线棒端部的防电晕措施。例如，可采用定子线棒端部防电晕层和槽部防电晕层一次成型的工艺，可有效地提高定子线棒的防电晕能力。③额定电压选用 20kV 对立足于国内制造大电流封闭母线、主变低压套管配套有利。鉴于上述，额定电压选用从定子绕组绝缘可行，又可采用空冷或水冷，有利于国内配套电气设备的制造等出发，额定电压采用 20kV。

7.1.3.3　额定功率因数

1)额定功率因数 $\cos\varphi_N$ 是发电机的额定有功功率 P_N(MW 或 kW)与额定容量 S_N(MVA 或 kVA)的比值：

$$\cos\varphi_N=\frac{P_N}{S_N} \tag{7.1-1}$$

2)发电机额定功率因数的确定与电站接入电力系统的方式，采用的电压等级、送电距离的远近、系统中无功配置与平衡以及发电机造价等因素有关。总之，在满足电力系统要求的前提下，应尽量降低发电机本身的造价，节省电站投资。

3)从发电机本身来说，在输出有功功率一定的条件下，提高功率因数，可提高发电机有效材料的利用率，减轻发电机的总重量，并可提高发电机的效率。但是，在选取发电机功率因数时，还应考虑其对电力系统稳定性的影响。一般认为，功率因数降低，对系统的稳定性有利，但是随着无功调节手段的日益完善和采取相应的措施，以及远距离超高压输电线路对地电容增大，大量的充电功率迫使发电机的功率因数提高，以降低发电机的功率因数来增强系统的稳定性，已失去了实际意义。

4)近年来，由于采用快速励磁系统来满足稳定性要求，使发电机的功率因数由原来的

0.85～0.9 提高到 0.875～0.975。

5)《水轮发电机基本技术条件》(GB/T 7894—2009)规定，水轮发电机的额定功率因数宜为：

a. 额定容量为 100MVA 及以下者，不低于 0.85(滞后)；

b. 额定容量大于 100MVA 但不超过 250MVA 者，不低于 0.875(滞后)；

c. 额定容量大于 250MVA 但不超过 650MVA 者，不低于 0.9(滞后)；

d. 额定容量大于 650MVA 者，不低于 0.925(滞后)。

灯泡式水轮发电机受灯泡比的影响，其定子直径比立式水轮发电机的小，极距也小，转子励磁绕组的极间空间位置较小，励磁安匝数受到一定限制。因此，灯泡式水轮发电机的功率因数应选择高些，气隙长度选择小些。《灯泡式水轮发电机基本技术条件》(JB/T 7071—2013)规定，水轮发电机的额定功率因数宜为(表 7.1-6)：

表 7.1-6　　灯泡式水轮发电机额定容量与额定功率因数关系

S_N(MVA)	$\cos\varphi_N$(滞后)
$S_N \leqslant 5$	$\geqslant 0.875$
$10 \geqslant S_N > 5$	$\geqslant 0.9$
$30 \geqslant S_N > 10$	$\geqslant 0.92$
$S_N > 30$	$\geqslant 0.95$

以三峡水电站为例，三峡发电机额定功率因数经多次论证，建议在 0.9 及以上。理所当然，额定功率因数应在全网无功平衡的基础上进行。考虑到下述因素，将额定功率因数确定为 0.9。

三峡左岸电站、右岸电站各一回±500kV 直流向华东送电，每回输送功率为 3000MW，首端换流站离三峡坝区较近，要求三峡水电站向换流站提供所需 50%无功，经各种运行方式的比选表明，当功率因数为 0.9 时才能满足。经国务院三峡工程建设委员会协调，功率因数定为 0.9。

7.1.3.4 额定转速

额定转速 n_N 是根据水轮机的转轮型式、工作水头、流量和效率等因素确定的。为满足发电机电磁设计(电压、绕组支路、槽电流合理匹配；接线及性能要求)、结构布置(缩小体积、减轻重量及通用性要求)及通风冷却方式(空冷或内冷)的需要，应对几种可能采用的转速进行分析论证后确定。

《水轮发电机基本技术条件》(GB/T 7894—2009)规定，水轮发电机的额定转速优先在下列转速中选择(表 7.1-7)：

表 7.1-7　　额定转速　　(单位:r/min)

1500	1000	750	600	500	428.6	375	333.3	300
250	214.3	200	187.5	166.7	150	142.9	136.4	125
115.4	107.1	100	93.8	88.2	83.3	75	71.4	68.2
62.5	60							

《灯泡式水轮发电机基本技术条件》(JB/T 7071—2013)规定,水轮发电机的额定转速优先在下列转速中选择(表 7.1-8):

表 7.1-8　　灯泡式水轮发电机额定转速　　(单位:r/min)

200	150	142.9	136.4	125	115.4	107.1	100	93.8
90.9	88.2	83.3	78.9	75	71.4	68.2	62.5	60

7.1.3.5　主要电气参数

(1)直轴瞬态电抗 X'_d

直轴瞬态电抗 X'_d 对发电机的动态稳定极限和突然增加负荷时的瞬态电压变化率有较大影响。X'_d 越小,动态稳定极限越大,瞬态电压变化率越小。减小电负荷可使 X'_d 减小,但要增加定子铁芯的质量,导致发电机外形尺寸增大,成本提高。当电磁负荷确定时,X'_d 值主要由定子绕组和励磁绕组的漏抗值确定。对采用内冷的大容量水轮发电机,由于电负荷极提高,其 X'_d 通常要比空冷的略大。设计时可采用浅槽、降低极身高度、极靴为多段圆弧均匀气隙结构等,以降低漏抗。空气冷却水轮发电机的 X'_d 一般为 0.24~0.36,内冷水轮发电机的 X'_d 一般为 0.3~0.4。在一定条件下,X'_d 应有一优化值,大于或小于此优化值,发电机造价都要增加。对三峡水轮发电机,利用发电机优化计算程序计算表明 X'_d 在 0.35 左右为最优值。

典型大容量水轮发电机主要技术参数统计见表 7.1-9。

表 7.1-9　　典型大容量水轮发电机主要技术参数统计

序号	电站名称	S_N (MVA)	U_N (kV)	$\cos\varphi N$	n_N (r/min)	SCR	X'_{du} (标幺值)	冷却方式	装机台数/首台机投入运行年份	备注
1	龙羊峡	356	15.75	0.9	125	1.1	0.35	空气冷却	4/1987	
2	岩滩	346	15.75	0.875	75	1.0	0.35	空气冷却	4/1992	
3	漫湾	286	15.75	0.875	125	1.1	0.33	空气冷却	5/1992	
4	水口	222/242	13.8	0.9/0.95	107.1	1.1	0.313	空气冷却	7/1993	
5	隔河岩	334	18	0.9	136.4	1.1	0.35	空气冷却	4/1993	

续表

序号	电站名称	S_N (MVA)	U_N (kV)	$\cos\varphi N$	n_N (r/min)	SCR	X'_{du} (标幺值)	冷却方式	装机台数/首台机投入运行年份	备注
6	天生桥二级	245	18	0.9	200	1.06	0.30	空气冷却	6/1993	
7	五强溪	267/280	15.75	0.9	68.2	1.1	0.32	空气冷却	5/1994	
8	二滩	612/642	18	0.9/0.95	142.9	1.1	0.32	空气冷却	6/1997	哈电和东电与加拿大GE公司合作设计制造
9	李家峡	445	18	0.9	125	1.0	0.35	空气冷却	3+1/1997	1号、2号及3号发电机采用空气冷却
10	天生桥一级	334	18	0.9	136.4	1.0	0.342	空气冷却	4/1998	
11	小浪底	334	18	0.9	107.1	1.05	0.35	空气冷却	6/1999	哈电供1号、3号、5号机，东电供2号、4号、6号机。哈电为主包方
12	李家峡	445	18	0.9	125	1.1	0.36	蒸发冷却	3+1/1999	4号机采用液体介质内冷
13	三峡左岸	778/840	20	0.9	75	1.2/1.1	0.315/0.34	水内冷	14/2003	哈电与阿尔斯通合作制造4～6号及10～14号机；东电与VGS集团合作制造1～3号及7～9号机
14	洪家渡	229	15.75	0.875	200	1.1	0.285	空气冷却	3/2004	
15	索风营	229	15.75	0.875	115.4	1.0	0.30	空气冷却	3/2005	
16	三板溪	278	15.75	0.9	166.7	1.1	0.30	空气冷却	4/2006	

续表

序号	电站名称	S_N (MVA)	U_N (kV)	cosφN	n_N (r/min)	SCR	X'_{du} (标幺值)	冷却方式	装机台数/首台机投入运行年份	备注
17	龙滩	778	18	0.9	107.1	1.11	0.33	空气冷却	7/2007	哈电与阿尔斯通公司合作制造。哈电为主包方，阿尔斯通为技术支持方
18	水布垭	445/511	20	0.9	150	1.1	0.35	空气冷却	4/2007	东电供1号、2号机，哈电供3号、4号机。东电为主包方
19	三峡右岸	778/840	20	0.9	75	1.2/1.11	0.32/0.35	水内冷及空气冷却	12/2007	阿尔斯通、东电和哈电公司分别提供15～18号机(水内冷)、19～22号机(水内冷)及23～26号机(空冷)
20	拉西瓦	757	18	0.925	142.9	1.05	0.325	空气冷却	6/2008	
21	瀑布沟	661/667	18	0.9	125	1.2/1.1	0.32/0.35	空气冷却	6/2009	
22	构皮滩	667	18	0.9	125	1.1	0.35	空气冷却	2+2/2009	东电和阿尔斯通公司各制造2台机
23	金安桥	667	18	0.9	93.8	1.1	0.34	空气冷却	4/2009	
24	小湾	778	18	0.9	150	1.1	0.33	空气冷却	6/2009	
25	三峡地下	778/840	20	0.9	75/71.4	1.2/1.11	0.32/0.35	水内冷空气冷却及蒸发冷却	6/2011	阿尔斯通、东电和哈电公司分别提供29～30号机(水内冷)、27～28号机(蒸冷)及31～32号机(空冷)

续表

序号	电站名称	S_N (MVA)	U_N (kV)	$\cos\varphi N$	n_N (r/min)	SCR	X'_{du} (标幺值)	冷却方式	装机台数/首台机投入运行年份	备注
26	锦屏一级	649/700	20	0.925	142.9	1.05	0.35	空气冷却	6/2012	
27	向家坝	888.9/800	20/23	0.9	75/71.4	1.05	0.34	空气冷却	11/2012	哈电、阿尔斯通各制造4台机
28	溪落渡	855.6/770	20	0.9	125	1.05	0.34	空气冷却	7/2013	东电9台、哈电6台、VHS 3台
29	乌东德	944.5/850	22	0.9	93.75/90.9	1.1	0.34	空气冷却		阿尔斯通和VHS各制造6台机
30	白鹤滩	1111.1/1000	24	0.9	111.1/107.1	1.1	0.34	空气冷却		哈电和东电各制造8台机

(2)直轴超瞬态电抗 X''_d

直轴超瞬态电抗 X''_d 的大小主要影响短路电流的数值，从电气设备选择来说，希望 X''_d 大些，短路电流小一些。X''_d 主要决定于发电机阻尼绕组漏抗，阻尼绕组漏抗本来就比较小，因而 X''_d 不可能在很大范围内变动，因此从发电机制造角度来说此参数要求不宜提得过高。对三峡发电机 X''_d，国内工厂历次论证及国内专家论证认为，X''_d 的饱和取值以不小于0.2是合理的。国外工厂为三峡700MW机组提供的 X''_d，不饱和值范围为0.21～0.25，饱和值范围为0.16～0.25。三峡500kV交流系统断路器额定开断电流经论证应控制在小于63kA，按此水平及变压器的阻抗范围，发电机饱和值 X''_d 宜不小于0.2。

(3)短路比

短路比SCR可用空载额定电压时的励磁电流 I_{fo} 与三相稳态短路电流为额定值时的励磁电流 I_{fk} 的比值表示：

$$\mathrm{SCR}=\frac{If_o}{If_k\times d}$$

$$n_s=494\frac{d_0}{D_1}k_\mu\sqrt{Z_0k_\nu\eta}=n_{sj}\sqrt{Z_0}\qquad(7.1\text{-}2)$$

式中：X_d——直轴同步电抗不饱和值(标幺值)，若忽略磁饱和的影响，短路比与直轴同步电抗互为倒数关系。

从式(7.1-2)中也可以看出，短路比与纵轴同步电抗 X_d 成反比，SCR越大则 X_d 越小，发电机过载能力越大，负荷电流变化引起端电压变化越小。但要减小 X_d 必须增加线负荷或增加气隙长度，这将加大发电机的尺寸，增加转子绕组的安倍数，增加发电机造价。若减小 SCR，X_d 要增大，将影响发电机过载能力和电压变化率，影响电力系统静态稳定和充电容量。短路比的选择还与发电机损耗、效率、温升限值及发电机的冷却方式有关。选择范围为 0.9～1.3，一般选用 1.1。国外大型水轮发电机短路比多数选用 1.1，个别为 1.35、0.67。考虑到发电机额定功率因数与短路比之间存在某种正常匹配关系和电力系统的需求，三峡水轮发电机的短路比不小于 1.1。

7.1.3.6 额定效率

效率是水轮发电机的重要技术经济指标，它对电站运行经济性影响较大。应按照国家的技术经济政策，综合考虑发电机的制造成本及运行经济性等各个方面确定最佳效率值。

水轮发电机的效率与它的容量、转速及冷却方式等有关。通常在转速相同的条件下，效率随机组容量的增大而提高；在容量相同条件下，高转速机组的效率要比低转速的高些。近来，随着高导磁、低损耗优质铁磁材料的应用，通风冷却系统的优化设计及推力轴承结构和瓦面材质的完善、改进等，使水轮发电机的效率进一步提高。

水轮发电机在额定容量、额定电压、额定功率因数及额定转速运行时的额定效率保证值的取值范围见表 7.1-10。通常该值在招标文件和技术协议中已明确规定。

表 7.1-10　　额定效率保证值的取值范围

冷却方式	S_N (MVA)	η_N (%)
空气冷却	10～50	96.0～97.5
	50～300	97.5～98.3
	200～500	98.0～98.7
	500～800	98.5～98.8
内冷	500～900	98.5～98.8

三峡水电站发电机容量大、台数多，提高效率有明显的经济效益。利用发电机优化计算程序，对选用的效率值进行了计算分析，结果表明：水轮发电机的损耗主要由铜耗、铁耗、机械损耗等组合而成，其中机械损耗占总损耗的 30%以上，对效率有较大影响。当发电机的性能参数 X'_d 、X''_d 、GD^2、SCR 等确定后，定转子温升也必须满足要求，若发电机效率降低时，可通过加大电负荷及磁密达到要求，有效材料应有所降低，但由于满足上述性能、温升等条件，这种调节幅度有限，在效率达到一定值后，综合造价最低。从有效材料消耗最少，三峡发电机额定效率取值范围为 98.5%～98.7%，从当时世界上已投入运行的 700MW 级水轮发电效率来看，额定效率为 98.6%～98.69%，综上分析，三峡水电站发电机额定效率不小于 98.6%。

7.1.3.7 转动惯量

飞轮力矩 GD^2 是发电机转动部分的重量与其惯性直径平方的乘积，亦称为水轮发电机的转动惯量。机组的 GD^2 主要由发电机的 GD^2 决定，因水轮机的 GD^2 很小，通常只占机组的约 10%。GD^2 直接影响发电机甩负荷时的速度上升率和系统负荷突变时发电机运行的稳定性。它对电力系统的瞬态过程和动态稳定性有很大影响。通常 GD^2 在招标文件或技术协议中已明确规定，设计必须予以保证。

GD^2 与机组的速度上升率 β 和水轮机引水管道内的压力上升率是互相制约的。在 β 值一定时，如允许较大的 ξ 值，则 GD^2 可减小。采用水轮机调速器分段关闭技术可较好地解决 GD^2、β 和 ξ 三者间的制约关系。

通常 GD^2 是由水轮机的调节保证计算确定的。调节保证计算，实质上是解决水力惯性、机组惯性和调整性能三者矛盾，以期达到水工建筑和机组造价最省的目的。

从调节保证计算和电力系统稳定性要求来讲，希望发电机飞轮力矩 GD^2 值大。但增加发电机飞轮力矩 GD^2 值会增加发电机的重量和造价。总体来说，应在发电机转子磁轭机械应力及技术经济条件许可下尽量予以满足。

对于低转速大容量水轮发电机，合理选择 GD^2 极为重要，三峡水电站经多方案的计算研究表明，当 $GD^2=420000\text{t}\cdot\text{m}^2$ 时，关闭时间为 11s 时就可满足调节保证计算的要求，从电力系统稳定运行出发，提出 GD^2 为 $420000\sim450000\text{t}\cdot\text{m}^2$ 较好。工程设计推荐大于 $420000\text{t}\cdot\text{m}^2$，实际为 $450000\text{t}\cdot\text{m}^2$。

7.2 水轮发电机关键技术设计研究

7.2.1 概述

水轮发电机采用何种冷却方式，关系到水轮发电机参数选择、结构设计、重量和造价、能否长期安全稳定运行等方面，是大容量水轮发电机中需解决的关键问题之一，也是机电领域长期以来重点探索的课题。水轮发电机的冷却方式分为全空冷和内冷两大类，内冷由于采用的冷却介质不同又可分为水内冷却和蒸发冷却两种方式。

7.2.2 冷却方式对发电机性能的影响

(1)冷却方式对发电机极限容量的影响

水轮发电机容量由下式表示：

$$S_n = kA_sB_\delta D_i l_t n_N \tag{7.2-1}$$

式中：S_n——额定容量(kVA)；

A_s——定子线负荷(A/cm)；

B_δ——气隙平均磁密(GS)；

D_i——定子铁芯内径(m)；

l_t——定子铁芯长度(m)；

n_N——额定转速(r/min)；

K——常数。

从上式可以看出，要加大发电机容量，可通过增加转速来实现，但转速受到电站水能及水库特性的制约，转速往往取决于水轮机的最优选择值，且转速的提高要受飞逸转速的制约。定子的内径又受转子磁轭材料机械应力的限制(转子叠片磁轭的最大圆周速度值一般取 160m/s)；从绝缘热循环及绕组、铁芯的冷却效果和制造以及运输条件考虑，空冷电机的铁芯长度一般控制在 3.6m 左右；气隙磁密 B_δ 受硅钢片导磁性能的限制，一般不能大于 10000GS。因此，从上式可以看出，在一定转速 n_N 下，为了提高发电机的极限容量，唯一的途径是增大定子线负荷 A_s。在空冷大容量水轮发电机中，A_s 值一般取 700～800A/cm，目前最高取 850A/cm 左右。如果发电机冷却采用内冷方式，也就是说用冷却介质(水或蒸发介质)直接冷却电机的发热部分，传热能力比空气大大提高，从而发电机的极限容量也可提高。但是设计内冷发电机时，考虑到发电机参数、效率和转动惯量 GD^2 等因素，不能与空冷发电机相差太大，由于这个原因，推荐 A_s 值为 900～950A/cm，为空冷发电机的 1.2～1.3 倍，相应地内冷发电机的极限容量也可提高 1.2～1.3 倍。

近 20 年来，由于空冷技术的不断进步，发电机单位容量所需的冷却风量即 Q/PN 值、发电机总风量与空气冷却器出口的有效总风量的比值、发电机单位容量产生通风损耗即 PV/PN 值及单位风量产生的通风损耗即 PV/Q 比风损等通风系统性能指标大幅度提高，可使全空冷发电机极限容量从 700MW 级提高到 800MW 级或更高容量等级。

(2)冷却方式对电气参数及转动惯量的影响

发电机的电气参数如 X_d、X'_d、X''_d、kc 及转动惯量 GD^2 等参数标志发电机的运行特性，关系到电力系统动静稳定极限、短路电流的大小、电压的调整特性等。电力系统对此有明确的要求。一般要求 X_d、X'_d 有较小值，对 X_d''、kc 及 GD^2，要求有较大值。而这些参数不仅相互关联，而且在发电机设计中还相互矛盾，涉及发电机用材量，影响造价，而这些都与采用的冷却方式密切相关。$X_d \propto A_s/B_\delta$；$X_d' \propto A_s^2/\tau$；$kc \propto 1/X_d$；$GD^2 \propto D_i^{3.43} l_t$ 等，从这些关系式中不难看出，发电机的电气参数与转动惯量是由发电机设计时所选用的设计参数，如电负荷 A_s、气隙磁通密度 B_δ、极距 τ、定子铁芯内径 D_i、铁芯长度 l_t 等决定。不同的冷却方式选用上述的设计参数存在着较大的差异。内冷方式所选用的电磁负荷 A_s、B_δ 要比空冷方式的大，其结果是内冷发电机的 X_d、X_d'等参数要比空冷的大，而 kc 则内冷要比空冷的小。由于发电机结构的原因，内冷发电机的 GD^2 比空冷的小。因此，理论分析，采用空冷方式发电机，其电气参数和转动惯量比采用内冷的好。但这不是绝对的，通过调整发电机设计参数，增加发电机用材和尺寸，增加造价，内冷发电机可以做到与空冷发电机基本一样的电气参数和转动惯量。三峡水电站发电机不同冷却方式发电机的电气参数、转动惯量等基本一致。

(3)冷却方式对温度分布的影响

对不同冷却方式特性分析可知，内冷的冷却能力要比空气冷却高得多。在纯水冷却进水温度不大于 40℃时，出水温度不大于 65℃，进出水温差为 25℃。冷却水支路的设计，一般采用 6 根线棒串联组成一个冷却水循环支路，只有极少数线棒采用 4 根线棒串联组成一个冷却水循环支路。因此,每根线棒轴向温差可控制在5～7℃,轴向温度分布较均匀。蒸发冷却则不同,由于每一根线棒构成一个循环支路,定子线棒RTD最高温度不大于68℃、轴向温差不大于10K。

三峡水电站于2012年7月18日16时,对半水冷、全空冷、蒸发冷却水轮发电机的定子线圈、定子铁芯运行温度进行了实测,见表7.2-1。

表7.2-1　　三峡水电站水轮发电机定子线圈、定子铁芯温度(表中为RTD温度)

冷却方式		半水冷		全空冷		蒸发冷却
机组号		29号	15号	26号	31号	27号
出力	(MW)	701.94	700.95	701.35	700.30	699.30
	M_{var}	229.13	251.69	163.26	181.88	176.00
定子线圈温度(℃)		59.4～53.3	57.7～48.0	79.2～65.5	78.7～72.7	68.1～63.6
定子铁芯温度(℃)		70.0～63.6	65.5～60.7	65.1～59.1	68.6～67.4	66.8～63.6

关于定子线圈寿命与运行温度关系,F级绝缘只要运行的最高温度不超过限制值(155℃),允许长期安全运行,即理论上能满足合同关于定子绕组的使用寿命。目前对水轮发电机普遍采用F级绝缘但按B级绝缘进行温升考核的方式,因此全空冷发电机定子绕组温升限值为85K,对应环境温度40℃时绕组温度为125℃,但考虑到RTD的温度是线棒的层间温度,其股线温度对全空冷机组而言还要高约20℃,因此全空冷线棒的股线温度约为145℃。对于水内冷机组,进入线棒冷却水的温度40℃,出水温度为65℃,线棒RTD温度65℃;蒸发冷却发电机在环境温度40℃的情况下,线棒RTD温度限值为68℃,由于内冷发电机线棒股线温度比RTD高约5℃,水内冷线棒股线温度为70℃,蒸发冷却线棒股线温度为73℃。因此,全空冷线棒股线温度限值比水内冷或蒸发冷却高72～75℃,这成了影响全空冷定子线圈运行安全和使用寿命的一个薄弱点。由以上可以看出,全空冷、半水冷和蒸发冷却水轮发电机允许的最高运行温度都没有超过F级绝缘的最高允许温度。

从表7.2-1可以看出,三峡水电站全空冷发电机在额定容量700MW工况运行时,实测定子线圈RTD的温度为65.5～79.2℃,只比内冷发电机温度高出11～13℃,但考虑绝缘和股线的温差后,全空冷线棒股线温度比内冷线棒股线温度将高31～33℃。从水轮发电机运行中发生绝缘损坏事故来看,多半是由线棒股线间的绝缘热击穿损坏所引起的,因此既要重视股线间绝缘结构及耐受温度,也要重视降低股线的运行温度,从此角度分析可知,内冷大型水轮发电机定子绕组比全空冷大型水轮发电机运行更安全、使用寿命更长。目前由于运行积累时间不够长,需经长期运行验证。

(4)冷却方式对损耗与效率的影响

损耗与水轮发电机采用的冷却方式是密不可分的。由于冷却方式的不同,水轮发电机设计采用的电磁负荷参数不同,损耗也不相同,三峡地下电站的发电机的损耗见表7.2-2。

表 7.2-2　　三峡地下电站发电机损耗、总重量表

制造厂	A(2台)				B(2台)				C(2台)			
发电机冷却方式	全空冷				定子绕组水内冷				定子绕组蒸发冷却			
发电机容量	额定容量		最大容量		额定容量		最大容量		额定容量		最大容量	
发电机容量	0.9	1	0.9	1	0.9	1	0.9	1	0.9	1	0.9	1
发电机 cosφ	0.9	1	0.9	1	0.9	1	0.9	1	0.9	1	0.9	1
定子绕组损耗(I^2R)(kW)	1636	1636	1908	1908	1914	1914	2232	2232	1989.5	1989.5	2320.5	2320.5
励磁绕组损耗(I^2R)(kW)	1725	1009	1880	1087	1714	958	1877	1032	1292	1292	1414	849
铁芯损耗(kW)	1820	1820	1820	1820	1810	1810	1810	1810	1980.5	1980.5	1980.5	1980.5
风损和摩擦损耗(kW)	2240	2240	2240	2240	1140	1140	1140	1140	1545	1545	1545	1545
上导轴承损耗(kW)	28	28	28	28	17	17	17	17	10	10	10	10
下导轴承损耗(kW)	106	106	106	106	113	113	113	113	110	110	110	110
推力轴承损耗(kW)	280	280	280	280	222	222	222	222	355	355	355	355
杂散损耗(kW)	1045	1045	1219	1219	1158	1158	1351	1351	1488	1488	1712	1712
励磁系统损耗(kW)	124	106	128	108	119	101	123	103	61	50	65	54
纯水装置损耗(kW)	—	—	—	—	84	84	84	84	—	—	—	—
碳刷损耗(kW)	—	—	—	—	—	—	—	—	30	30	30	30
总损耗(kW)	9004	8270	9609	8796	8291	7517	8969	8104	8861	8850	9542	8966
发电机总重(t)	3552				3446				3485			

注：计算定子绕组和励磁绕组铜损(I^2R)的基准温度为90℃。

从表7.2-2可以看出，采用内冷方式的发电机由于选用的电负荷 A_S 比全空冷的大，定子绕组的铜损为全空冷定子绕组铜损的1.17～1.22倍；内冷介质的散热效果好，内冷系统的自身损耗（包括风损和内冷损耗）比全空冷的小得多，只有全空冷冷却系统损耗的0.55～0.69倍；内冷方式选用的电磁负荷比全空冷的大，发电机的杂散损耗内冷比全空冷的稍大，为全空冷损耗的1.11～1.42倍。全空冷水轮发电机的总损耗略大于内冷，但相差不大，全空冷发电机总损耗为内冷的1.02～1.09倍。因此，内冷发电机的总损耗与全空冷发电机基本相当，从分析国内外已运行的内冷水轮发电机和全空冷水轮发电机的效率曲线可知，在额定运行点，两者效率彼此接近，而在低负荷（轻载）时内冷水轮发电机的效率高些。

（5）冷却方式对经济性的影响

经济性是指同容量的水轮发电机采用不同冷却方式，导致有效使用材料（如铜线、硅钢片、绝缘材料等）节省，使发电机重量减轻，造价降低。从理论上分析，由于内冷发电的电负荷 A_S 可比全空冷的大1.2～1.3倍，因此，表示单位转速、单位体积视在容量的利用系数 C，内冷发电机比全空冷发电机的大。分析表明，大容量水轮发电机由空冷改为内冷，重量一般可减少16%～35%。但应看到，机组甩负荷时的速度上升率应限制在一定范围内，为满足电站调保计算要求和提高电力系统的动稳定，在工程设计中对 GD^2 有一定的要求，如三峡水

电站要求 GD^2 大于 450000t·m²。通常内冷发电机的 GD^2 比空冷发电机的小 20%左右。为了满足 GD^2 的要求，内冷发电机的直径不宜减小。内冷机组主要靠提高 As 值来达到提高利用系数 C 的目的。但提高 As 值，引起定子铜耗和附加损耗增加，参数 X_d、X_d' 变大，短路比 SCR 值变小，导致发电机主要参数向不好的方向变化。因此，采用内冷方式的水轮发电机，为满足发电机主要参数、效率和 GD^2 的要求，其重量可减少 6%～10%。例如，三峡水电站全空冷水轮发电机总重为多数内冷水轮发电机总重的 1.02～1.09 倍，个别达到 1.13 倍。

内冷水轮发电机重量减轻，也可节省有效材料费用，电机的成本随之降低，但由于内冷发电机需要增加空芯股线、氟塑料管、水(汽)接头以及水处理设备或冷凝器等，这些零部件在价格上远比空冷电机的结构材料贵，另一方面内冷水轮发电机的加工制造成本要高于一般空冷水轮发电机。因此，按目前的技术水平，从经济上综合考虑这两种冷却方式的电机在成本上虽有差异但并不大。

7.2.3　全空冷方式

20 世纪 70 年代前的大中容量、中低速水轮发电机通风冷却系统，基本上沿袭苏联模式。其典型结构为密闭双路径向有风扇空气冷却通风系统，主要特点是靠转子支架和磁轭的扇风及两端风扇压头联合作用产生风量。转子磁轭上、下端装设离心式风扇或弧形斗式风扇，且设置立式挡风板。风路存在紊流和涡流，风量分配不均，沿铁芯轴向长度温差较大；安全可靠性较差；维护检修不便。

20 世纪 70 年代末受国际先进技术制造信息的影响，通风设计从片面追求大风量的狭隘设计观念，转而寻求合理地分配风量，在满足电机散热的前提下，力争以最小的冷却风量和最低的通风损耗达到最佳冷却效果的设计途径。重点对低转速大尺寸葛洲坝水轮发电机的通风系统进行设计研究，成功研制了空气密闭无风扇双路径向通风系统。

20 世纪 80 年代，通过技术引进与广泛的国际技术交流，通风冷却技术更新进入了学习掌握用以计算水轮发电机通风发热的《相似推导法》，通风系统主要靠磁极离心抽风作用和上、下端旋桨风扇轴向压入冷却空气，通风系统具有风路简单、转子无径向通风孔、支臂无轴向风孔、通风损耗小、效率高等特点。

近 20 年来，国内外在空冷系统设计理论、风循环系统和风沟的合理设置、风道密封及减少风损等方面取得了长足的技术进步，表现在以下几个方面。

1)近几年结合三峡水电站的兴建，对巨型 700MW 级水轮发电机采用全空冷进行了全面的设计研究并做了多个通风模型试验，不断修正通风系统的仿真计算，掌握了以下技术：根据水轮发电机的额定容量和结构确定全空冷方式所需的有效总风量及风量的分配；为降低运行温度并使温度分布趋于均匀，调整风道和风沟的科学合理设置的方法；在温度场计算中对流换热流体及其温度与界面的对流换热系数，并考虑风沟中风温逐步升高对不同风速、不同温度下物理参数的影响，计算出相应的换热系数；考虑铁芯叠片、线棒股线绝缘、材料三维各向异性及附加损耗等因素的影响方面取得了技术上长足的进步，表明已掌握了通风系统的设计理论和仿真计算。在 840MVA 的真机上进行了型式试验和运行表明，定子线棒实测发电机各部位的 RTD 温度比计算值小，误差小于 10%。

2)一般空冷发电机的定子铁芯长度较内冷的长，定子铁芯、定子线棒的轴向温度分布如不均匀，会导致定子线圈与铁芯、铁芯与定子机座间的温差和热应力增加，变形也随之增加，严重时会影响绝缘体的使用寿命和使铁芯产生翘曲，这是人们最关切的问题。对此进行了研究改进：①在结构设计上，采用了浮动式机座，铁芯与定子机座的连接采用带有一定间隙的双鸽尾定位筋或斜立筋结构，将径向力变为切向力等。工程实践表明，这些措施对消除温度应力是有效的。②为使定子铁芯、定子线棒、磁极等部件的轴向温度分布趋于均匀，减小温升和温差，防止铁芯的翘曲和线棒的相对位移，对通风沟的合理设置、在每个通风沟中风速和足够风量的均匀分布等方面大量的试验研究已取得了可喜的成果。

3)发电机单位容量所需风量(Q/P_N)、单位容量所产生的通风损耗(P_V/P_N)及单位风量自身产生的通风损耗即比风损(P_V/Q)是衡量发电机通风系统性能的三个重要指标，Q/P_N 反映了发电机通风冷却系统的散热能力，P_V/P_N 代表通风损耗在总损耗中所占比例，比风损(P_V/Q)表明了通风系统自身的阻力性能。一台具有良好通风系统的发电机应当既要有较低的 Q/P_N 值，又要有较低的比风损 P_V/Q 值。目前，国内外同类先进机组的 Q/P_N 值为 0.38～0.5m^3/(s・MW)，P_V/P_N 值为 0.3～0.66，P_V/Q 值为 6～11.6(kW・s)/m^3。三峡右岸水轮发电机的 Q/P_N 值为 0.42～0.47m^3/(s・MW)，P_V/P_N 值为 0.3 左右，P_V/Q 值为 7.05(kW・s)/m^3 左右。

4)20 世纪 90 年代初，国内外普遍认为，700MW 水轮发电机采用全空冷是处在极限容量的临界状态，将上述研究成果应用在全空冷水轮发电机中，国产第一台 840MVA 全空冷水轮发电机的成功投入运行，标志着设计制造全空冷 800MW 级水轮发电已无问题，提高了全空冷水轮发电机制造极限容量，为制造全空冷百万千瓦级水轮发电机奠定了基础。

目前，对全空冷大型水轮发电各部的温度控制一般为：定子绕组为 75K，励磁绕组为 80K，集电环为 80K，铁芯及与绝缘接触或相邻的机械部件为 75K。

7.2.4 水内冷方式

1960—1962 年，哈电自力更生，成功研制国内首台、转子绕组直接水冷却的响洪甸电机(P_N=10MW，n_N=214.3r/min)，这在当时是首创。又于 1963 年成功研制新安江 9 号机双水内冷水轮发电机(P_N=72.5MW，n_N=150r/min)，采用了密闭单路轴向通风系统。在此基础上又于 1972 年研制成功刘家峡双水内冷水轮发电机(P_N=300MW，U_N=18kV，n_N=200r/min)，由于对水内冷技术认识不深，运行维护工作量大，没有继续开发、完善和创新，加上空气冷却技术和结构设计的发展和创新，水冷机组无一例外地在 20 世纪 90 年代末被改造为空冷电机。与此同时，在国外由于半水内冷技术上的不断改进和日趋完善，在大容量水轮发电机中已被广泛采用，具体表现在：

(1)线棒端部接头技术

定子线棒之间及线棒和极间的水路、电路连接如果处理不好在运行中将产生漏水问题，增加检修工作量，严重影响机组安全运行。例如，20 世纪 80 年代投入运行的美国大古力水电站额定容量为 700MW 的水轮发电机，由于水路、电路共用一个接头，曾发生多个接头漏水，后进行重新改造更换。近期，通过技术改进，国内外普遍采用水电接头分开的方式，将空芯股线单独抽出接上水接头，易于检查和更换。水接头采用不锈钢材料，具有良好的密封性能，且能承受预期的振动和满足 2.8 倍的工作压力，不允许有渗漏现象。为了确保焊接质量，水接头的焊接工作在制造厂内完成，在现场采用特氟龙软管进行连接，电接头在现场采用感应银铜焊较好。采用上述技术后，运行情况良好。

(2)水路循环系统防结垢问题

循环水虽然已经过处理，水质已满足要求，但水在线棒的铜质空芯股线内流动，对铜产生一定的腐蚀作用，腐蚀后将在空芯导体壁上结垢，阻碍冷却水的畅通，影响冷却效果。腐蚀量的大小与铜线的材质、水的电导率、水速、水中含氧浓度及水温等因素有关。在伊泰普水电站考查时，运行人员反映，SIEMENS 公司提供的水内冷定子线棒铜质空芯股线，设计允许含氧量值较大，运行中腐蚀产生的结垢较少，结合机组的正常检修进行化学清洗即可；而 ABB 公司生产的水内冷定子线棒铜质空芯股线设计的允许含氧量值偏小，腐蚀产生的结垢较为严重，在运行中除结合机组正常检修进行化学清洗外，还需视情况进行机械清洗。ABB 公司对此研究后将空芯股线由铜材改为不锈钢，基本消除了由于允许含氧量值偏小引起空芯股线腐蚀结垢的问题。

(3)纯水处理装置尺寸日趋紧凑

由于纯水处理装置要求纯水作为水源，初次使用加入的是自来水，需另有一套处理系统将自来水加工成纯净水，因此纯水处理装置在电站厂房内所占空间较大。可用生活纯净水作为水循环系统初始水源，二次冷却水仍采用由电站技术供水系统提供的水。当进入定子线棒纯净水的导电率和杂质不能满足要求时，再通过纯水装置在冷却系统中不断地过滤循环直到符合要求为止，省去了由自来水处理成为纯净水的工序和相应的装置。以三峡左岸电站为例，占地面积减小了约 2/3。

对定子线圈采用水内冷、其他部位采用空冷的水轮发电机各部位的温度控制一般为：定子绕组的出水温度 65℃，励磁绕组 80K，集电环 80K，铁芯及与绝缘接触或相邻的机械部件 75K。

7.2.5 蒸发冷却方式

蒸发冷却是我国自主开发研究的一种创新的冷却方式，中国科学院电工研究所自 1958 年起把蒸发冷却技术应用于水轮发电机时开始基础研究，哈电早在 20 世纪 60—70 年代对蒸发冷却技术就做了有益的试验，东电也开展了研究工作。

蒸发冷却利用水轮发电机立式结构的特点，在线棒的空芯股线中注入低沸点、绝缘性能良好的介质，线棒通过电流所产生的热量，使介质温度升高达到沸点，介质产生气化，已气化部位形成混合二相流体(气态占大部分、液态占小部分)，其密度小于未沸腾集液管中液态介质的密度。在重力场作用下产生压差，当动力压头大于沿程阻力时，能形成自循环，带有热量的二相流进入冷凝器，与冷凝器内的冷却水进行热交换，热量被冷却水带走，二相流被气化部分的介质又重新变成液态，进入回液管、下集液管，在压头的作用下再重新进入线棒，构成封闭式自循环系统，见图 7.2-1。随着基础研究取得的成果，1983 年额定容量 10MW、额定转速 1000rpm 的蒸发冷却水轮发电机在云南大寨水电站投入运行；1992 年额定容量 50MW、额定转速 214.3rpm 的蒸发冷却水轮发电机在陕西安康水电站投入运行；1999 年额定容量 400MW、额定转速 125rpm 的大型蒸发冷却水轮发电机在青海李家峡水电站投入运行。通过上述水电站的工业试验，验证了蒸发冷却技术在原理、冷却介质选用等方面的研究成果是可信的，这些投入运行的蒸发冷却水轮发电机不是按半内冷方案设计，仍以空冷设计为主导，但为蒸发冷却技术在 700MW 级水轮发电机上的应用积累了实践经验。

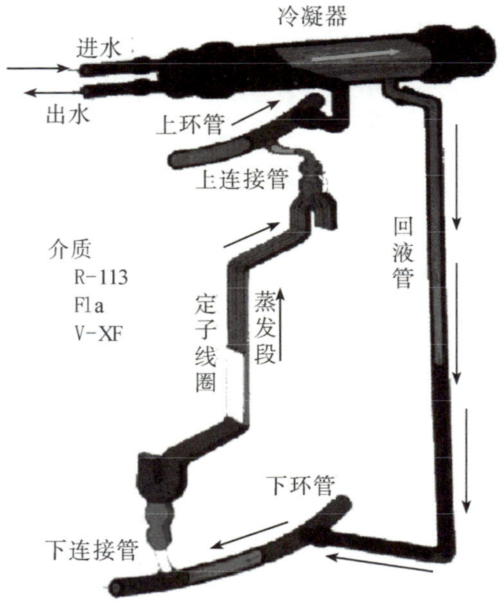

图 7.2-1　蒸发冷却系统简图

蒸发冷却技术是应用了绝缘性能好、沸点合适的液体替代水作为冷却介质，充入电机定子线棒的空芯导线内部，利用液体沸腾吸收潜热来冷却发电机，沸点在 60℃左右，蒸汽不必压缩即可由冷凝器在常温条件下经二次冷却水散出。

吸热而沸腾后的流体改变了它的密度，利用吸热量及流体密度的变化，形成了自循环动力。

因此，不需要外加动力，就可使流体介质在全密封的冷却系统内循环，实现电机的自行冷却目标。

蒸发冷却技术应用在三峡水电站 700MW 级水轮发电机中，从设计原则和一些技术问题通过仿真试验研究加以解决，表现在：①蒸发冷却水轮发电机的设计原则和温度参数的确定。②蒸发系统仿真设计计算及软件包，并经过仿真模型验证。③蒸发冷却介质的物理、化学、生理等性能试验研究，并提出优选介质。④蒸发冷却系统的设计及静态液位选择、许用压力及定子线棒温度的限值；冷凝器型式比选及布置。⑤蒸发冷却水轮发电机总体结构布置等。⑥监测、保护系统等。为此，东电与电工所于 2005 年 5 月在东电建成了局部模拟水轮发电机真机，带定子铁芯一个支路的 1/4 单元，安装 18 根真机线棒和跨接线及汇流环的仿真模型试验台，对静态液位、各种运行工况下蒸发冷却热交换进行了试验，摸清了最佳静态液位选择、冷却介质工作压力、线棒和定子铁芯温度分布、二次冷却水量与发电机负荷（电流）的关系，解决了汇流铜环也可采用蒸发冷却的技术问题，对不同型式的冷凝器进行了比选试验，对监测系统、线棒端部接头等主要问题进行了真机模拟试验，并与仿真计算结果进行复核验证，在此基础上东电和电工所提出了将水轮发电机定子绕组采用水冷、转子采用空冷改造成定子绕组采用蒸发冷却、转子采用空冷的实施方案，于 2005 年 10 月在宜昌由三峡集团公司组织国内专家，对三峡水电站 840MVA 水轮发电机采用蒸发冷却技术进行评审，专家一致认为：东电和电工所对蒸发冷却技术的原理、选用的冷却介质等方面经过长期的研究，并在大寨、安康和李家峡等水电站的发电机上得到了验证，取得了丰硕、可信的成果。为了将我国自主研发的蒸发冷却技术应用于 700MW 级大型水轮发电机上，东电和电工所进行了真机模拟试验和仿真计算，解决了水轮发电机蒸发冷却的关键技术，并在此基础上提出了蒸发冷却发电机的总体结构设计方案，蒸发冷却系统的主要参数、监测项目、开停机条件及改造工艺等，对此专家们一致认为是可行的，进一步完善后可在三峡水电站水轮发电机中采用蒸发冷却技术。

三峡地下电站水轮发电机的冷却方式在总结水内冷技术、蒸发冷却技术大量试验研究成果和部分蒸发冷却水轮发电机工业运行经验的基础上，提出了蒸发冷却水轮发电机的设计原则：冷却效果与发电机定子水内冷效果相当；按免维护运行进行设计制造；电磁方案、性能参数、结构尺寸等性能不应低于水内冷发电机，或至少具有相当水平；采用环保型冷却介质，对环境无污染，不影响人的身体健康，不腐蚀发电机所使用的各种材料，在冷却系统回路中不结垢（如采用 HFC—4310 蒸发冷却介质）；无需外加泵强迫循环，利用压差进行自循环，密闭自循环系统应确保发电机从零到最大容量运行区间能顺利启动和安全稳定运行，并能适应各种事故工况而不影响长期连续安全稳定运行；冷却介质的年耗液量不大于 1%；始静态液位暂定定子线棒 90%高度（三峡地电约 3.94m）；汇流铜排（含跨接线）采用空冷；水轮发电机在视在容量 840MVA、机端电压下降 5%、2 台空气冷却器和 1 台冷凝器退出运行，且在冷却水进水温度不大于 28℃、空气冷却器出口空气温度不大于 40℃的条件下，绕组、铁芯及集电环最大温升（或温度）不超过下列值：定子线棒 68℃（RTD），定子线棒轴向温差 10K（RTD），汇流铜排 75K（检温计法），励磁绕组 75K（电阻法），定子铁芯 60K（RTD），集电环 80K（RTD）。

三峡地下电站 27 号、28 号两台 840MVA 水轮发电机是当今世界首次采用蒸发冷却技术的特大型水轮发电机，分别于 2011 年 7 月、2012 年 6 月投入运行，至今运行良好，维护工作量与全空冷相当,满足工程设计要求。

7.2.6 冷却方式的比较

当今世界水轮发电机的全空冷、半水冷、蒸发冷却三种型式,在三峡电站 32 台 840MVA 的水轮发机中分别采用了 6 台、24 台、2 台。特别应指出,全空冷和蒸发冷却技术在 840MVA 水轮发电机上采用,是我国自主研发、具有我国知识产权的新技术,开创了大型水轮发电机冷却技术的新局面,结合工程建设和三峡水电站水轮发电不同冷却方式多年的运行实际,对不同冷却方式比较如下:

(1)全空冷

定子线棒结构相对简单,容易制造,发电机结构简单,造价较低,电气参数较好,转动惯量能满足要求,运行维护简单,虽然定子线圈运行温度相对较高,纵向温差相对较大,但都在工程设计允许范围内,可在使用寿命内安全运行。

(2)半水冷

定子线棒结构相对复杂,有一定制造难度,电气参数特别是 X_d' 相对较差,转动惯量能满足要求,运行维护工作量大,定子线圈运行温度低,纵向温差小。但需要配置纯水装置和冷却水管路,需要占用厂房一定空间,且冷却水和管路有 0.07MPa,若万一发生漏水特别是冷却管爆裂易发生短路故障,造成严重后果。

(3)蒸发冷却

定子线棒结构相对复杂,有一定制造难度,电气参数特别是 X_d' 相对较差,转动惯量能满足要求,运行维护工作量小或免维护,定子线圈运行温度低,纵向温度分布较均匀。但需要配置蒸发冷却系统,冷凝器和回液管都布置在发电机内,不需要占用厂房空间,蒸发冷却系统工作压力较低,一般只有 0.07MPa,由于冷却介质不导电,万一发生冷却介质泄漏,不会发生电气故障,但当周围环境冷却介质浓度达到 24%、氧气含量低于 16%时,会引起运行人员缺氧,严重时会导致窒息,为此设有介质泄漏测量及报警(泄漏检测浓度为 400ppm 时)装置。

从上述分析可见,三峡地下电站水轮发电机单机视在容量为 840MVA,且采用了全空冷、水内冷、蒸发冷却三种冷却方式。工程实践和运行表明,这三种冷却方式都能确保大型水轮发电机安全稳定运行,蒸发冷却技术在大型水轮发电上应用不仅可行且是成功的。水内冷和蒸发冷却水轮发电机都属内冷机组,这两种冷却方式取得的冷却效果基本相同,两者从冷却系统运行维护、运行、占用厂房空间等方面比较而言,蒸发冷却水轮发电机技术较优,更加推荐。

全空冷、蒸发冷却方式相对较优。随着冷却技术的进步,在大型水轮发电机中,全空冷发电机的槽电流已达 7000A 左右,全空冷方式在大、中、小水轮发电机中得到广泛应用,一般都优先考虑选用全空冷方式,蒸发冷却发电机的槽电流已达 12000A 左右,因此,全空冷和蒸发冷却方式在大容量、巨型水轮发电机中都有很好的使用前景。考虑到冷却方式与选取合理的槽电流关系极大,而槽电流的大小由发电机选用的支路数和发电机的容量确定,支路数选取又与机组的转速密切相关,因此,大型水轮发电机采用全空冷还是采用蒸发冷却水轮发电机，应结合电站实际，经机组性能参数综合比较择优选定。

7.2.7　推力轴承

推力轴承是支撑水轮发电机组转动部分重量和水推力的关键部件，直接影响机组安全运行可靠性。随着机组的单机容量不断增大，推力轴承负荷也在不断提高。20 世纪 70—80 年代我国推力轴承烧瓦事故时有发生，危及机组安全运行，在三峡工程可行性研究阶段，经初步计算 700MW 水轮发电机组的推力负荷近 6000t，是世界上推力负荷最大的机组。为确保机组的安全稳定运行，将推力轴承列为专题进行研究。国内相关制造厂对推力轴承的支撑方式、瓦材、润滑冷却系统等方面进行了重点研究，通过技术引进，在消化吸收的基础上国内相关制造厂立足于再开发创新，不仅形成了自己的结构特点和制造工艺，从自主设计制造、推力轴承承载容量和安全稳定运行等方面也已进入世界先进水平行列。

(1)推力负荷不断增大

湖北省内的水轮发电机组从几吨推力负荷开始，增加到葛洲坝水电站轴流式水轮发电机组单机容量为 125MW 的 3300t、单机容量为 170MW 的 3800t，三峡水电站混流式水轮发电机组单机容量 700MW 的 5520t。

(2)支撑型式

推力轴承的支撑结构对推力瓦的变形、瓦面的压力分布以及楔形油膜的形成与保持起重要作用，从而对推力轴承运行性能和可靠性有着重要的影响。湖北省推力轴承的支撑方式经长期设计研究，支撑型式多样，从刚性支柱单托盘支撑、弹性油箱支撑、弹性盘支撑、双托盘弹性支撑，发展到三峡水电站 700MW 大型水轮发电机组采用小弹簧束支撑和小支柱簇支撑，该支撑方式具有足够的弹性，以适应轴瓦承载的需要；支承结构能尽量将承载向推力轴瓦面各处扩散，使推力瓦面受力均衡；能使沿周向各块瓦之间具有自动调节负载的优点。三峡水电站运行表明：推力轴承 24(28)块瓦在运行中各瓦块间的温差一般都小于 5℃，表明这两种支撑方式较好，在大于 700MW 的大型水轮发电机中已被广泛采用。

(3)瓦面材料

瓦面材质、单块瓦的大小和厚薄、瓦允许的运行温度等性能直接关系到推力轴承的安全运行。可供选择的瓦材：一是从苏联引进的弹性金属氟塑料瓦，二是西方在已投入运行的 700MW 级水轮发电机中普遍采用钨金(轴承合金)瓦。经长期研究和工程实践表明，目前在国内这两种瓦材都被采用，弹性金属氟塑料瓦虽有运行工况灵活、安装检修方便、取消高压油顶起装置等优点，但由于塑料瓦制造工艺上的缺陷曾发生过烧瓦事故，经制造工艺改进也被普遍使用，但在 700MW 级以上的巨型水轮发电机中采用无工程实例。从安全出发，并考虑到钨金瓦可立足于国内制造，三峡水电站 700MW 水轮发电机采用钨金瓦。但瓦温的控制标准是值得探讨的一个问题，如瓦温过高，将导致瓦块温度分布不均，影响瓦块变形，三峡左岸电站部分机组由于冷却润滑系统存在设计缺陷，推力瓦的运行温度高达 85℃以上，运行表明将瓦温控制在 80℃是较好的。

(4)推力轴承润滑冷却系统

推力轴承润滑冷却系统功能是确保瓦的运行温度不超过允许值。推力轴承润滑冷却系统有两种基本型式:①一种是把油冷却器设置在油槽中的内循环润滑冷却系统。具有设备简单、不占用电站的辅助面积等优点,但维护检修不方便,且油槽体积较大,按运输条件制成整体或分瓣结构。其中油冷却器在20世纪50—60年代基本采用卧式或立式结构,前者便于拆卸,但冷却效果较差,逐步被淘汰,后者冷却效果好,拆卸较困难,20世纪70年代研制开发抽屉式油冷却器,冷却效果好,对推力瓦及故障冷却器检修维护极为方便,因此,我国制造厂设计制造的不同容量、不同转速(高转速大推力负荷除外)的推力轴承几乎全部采用这种系统,如60—70年代投入运行的新安江、云峰、刘家峡、白山电机及以后的岩滩、五强溪、天生桥一级、小浪底大容量、高推力负荷电机。②另一种是外循环润滑冷却系统。油冷却器设置在油槽外的支臂之间或机坑适当位置。外循环的优点是油槽体积小,冷却器便于维护检修,甚至可停机检修。冷热油循环压力来自镜板泵或外加泵组。热油经外部冷却后流回油槽,冷油可直接喷射到摩擦面上,冷却效果好,但油路循环、管路系统的阻力特性分析计算应高度重视和精确计算。该系统适用于推力轴承摩擦损耗大、PV值高的大容量高速电机。

三峡水电站水轮发电机推力轴承属大负荷、大型推力轴承,损耗大,需要冷却器的容量也大。若采用油槽内循环冷却系统不仅需要较多的冷却管,而且加大了油槽体积,也不利于油流循环发挥冷却效果,更不能满足轴承的冷却需求。采用外循环冷却系统,油槽内部结构可以简化,阻挡物少,油槽内油路畅通,能有效降低油的搅拌损耗(据测试,油的搅拌损耗约为润滑损耗的一半),油可直接进入油冷却器充分进行热交换。另外,因油冷却器位于轴承油槽外部,给检修、维护、更换零件均带来方便。外循环冷却系统根据轴承参数的不同,可设计成外加泵外循环和自身泵外循环(镜板泵外循环、导瓦自泵外循环)两种方式。鉴于上述,三峡水电站水轮发电机推力轴承采用了外循环润滑冷却系统,其中哈电和阿尔斯通公司设计制造的三峡水电站水轮发电机的推力轴承冷热油循环动力系统,不是镜板泵,而是下导轴瓦自泵式系统,东电和西门子公司设计制造的三峡水电站水轮发电机的推力轴承冷热油循环动力为外加泵。

(5)试验

为了全面研究开发推力轴承,确保大型推力轴承国产化和进行三峡水电站水轮发电机组推力轴承试验,建立了具有世界先进水平的推力轴承试验台,哈电于1990年建立了3000t推力轴承试验台,东电也建立了2000t推力轴承试验台,可做模拟试验,也可做真机推力轴瓦承载试验。对推力轴承的支撑方式、瓦块的温度和压力分布、润滑冷却系统、油膜厚度、油膜压力、油膜温度、弹性梁变形、油循环及轴承损耗等方面进行了全面试验研究。通过这些试验研究,验证了具有世界先进水平的计算机推力轴承模型、激光传感器和压力传感器等技术,为大负荷推力轴承的国产化和立足于自主研发创新奠定了坚实的技术基础。另外,对三峡水电站水轮发电机所用的推力轴承进行了不同负荷和满负荷的仿真试验,确保三峡水电站840MVA水轮发电机 5520t 大负荷推力轴承的顺利投产，至今安全运行良好，这是国内首创。

7.2.8　制动方式

7.2.8.1　概述

水轮发电机组停机时的制动方式主要有三种：机械制动、电气制动以及两种方式结合的混合制动。不同制动方式的应用一般是根据电站的运行情况，对机组开停机次数、停机时间等要求经比选后确定。对于 500MW 以上的大型水轮机组，一般为机械制动和混合制动两种方式。在工程实际运用中，一般都配机械制动，对于是否采用电气制动装置，往往与工程设计单位设计经验和业主运行经验有关，国内外目前尚无统一的相关标准或规程。近年来大量投入运行的 700MW 级水轮发电机组中，采用纯机械制动和电气制动装置的混合制动两种方式均有运用，甚至有一座电站的地下厂房和地面厂房相同型式机组采用不同制动方式的情况。

7.2.8.2　两种制动方式比较

水轮发电机组采用机械制动、混合制动的主要优缺点比较见表 7.2-3。

表 7.2-3　　机械制动、混合制动的优缺点比较表

制动方式	优点	缺点
机械制动	操作简单，不增加额外设备及布置占地	1. 投入转速高，总制动时间长； 2. 制动块磨损厉害，粉尘量大； 3. 主回路 IPB 需设置三相短路接口及短路装置（人工操作），不能实现自动或远方操作
混合（电气）制动	1. 定子制动电流恒定，制动转矩和转速成反比，可大幅降低机械制动投入转速及总制动时间（缩短 3～4min）； 2. 制动块磨损小，粉尘量少； 3. 发电机主回路可自动（远动）实现三相导体短路、接地，可完成发电机短路特性、短路干燥以及所有需要他励的电气试验（继电保护整定试验），不需要人工短接装置或另设他励设备	增加制动变、制动开关设备，增加设备投资及布置占地。混合制动需增加电气制动操作步骤

从表 7.2-3 可见，两种制动方式各有优缺点，但对机组和电厂运行而言，混合制动方式具有明显优势，其缺点主要是增加了设备投资和设计工作量。

7.2.8.3　制动粉尘对发电机运行的影响

（1）制动粉尘对发电机散热、绝缘的影响

制动块在制动过程中摩擦产生粉尘，这些粉尘将会附着在发电机的定子绕组上，对定子绕组的通风散热和绝缘产生不利影响。

制动粉尘和油污结合附着在定子绕组上，将直接影响线棒的散热，加速线棒绝缘的电腐蚀，易使主绝缘和铜导线间脱空、分层，导致介质损耗、局部放电量增加，造成线棒绝缘水平降低。关于制动粉尘对绝缘的影响，曾在1000MW级水轮发电机24kV、26kV线棒研制中进行过环境模拟试验，试验结果证明制动粉尘结合油污对线棒绝缘的影响是明显的。另外，粉尘若残留在定子铁芯通风沟内，特别是铁芯穿心压紧螺杆附近，也易造成穿心压紧螺杆对铁芯的短路，在严重情况下压紧螺杆两端对铁芯短路，将导致较大的短路感应电流，甚至烧损铁芯。因此，为保证发电机长期稳定运行及定子绝缘水平不降低，应采取措施避免或减少制动粉尘的产生，这对保证定子绕组绝缘水平、提高机组整体可靠性具有非常重要的意义。

(2)两种方式下制动粉尘当量计算及比较分析

为进一步比较机械制动和混合制动的差别，对制动粉尘的当量化进行了探讨。众所周知，机械制动粉尘具体量化指标与制动块的材料、磨损系数等相关，由于磨损系数存在较大的不确定性，因此制动粉尘一般难以进行定量计算。但制动粉尘量值和制动起始转速、机械制动时间及转动惯量等参数相关，因此可以通过模拟计算及比较，得到不同制动方式下粉尘的量化范围，进行相对比较。三峡水电站840MVA发电机两种制动方式下制动粉尘当量计算结果见表7.2-4。

表7.2-4　三峡水电站840MVA发电机两种制动方式下制动粉尘当量计算结果

序号	三峡电站发电机制动计算参数	机械制动	混合制动
1	开始制动时转速 $Ns(N_r\%)$	20	10
2	机械制动时间 t(s)	80*	10*
3	功率 $P_n(\cos\varphi=1,\mathrm{kW})$	8.40E+05	8.40E+05
4	转动惯量 $GD^2(\mathrm{kgf\cdot m^2})$	4.50E+08	4.50E+08
5	额定转速 Nr(r/min)	75	75
6	在 Ns 时吸收转子动能所需制动压力 P_1(kgf)	7.56E+04	3.03E+05
7	克服水轮机导水机构漏水所产生的力矩 P_2(kgf)	5.51E+04	5.51E+04
8	制动器的总摩擦力 f(kgf)	45747.92	125179.92
9	制动粉尘当量 $M(\propto \mathrm{f\cdot Nr\cdot t})$	146393.35	6259.0
10	制动粉尘相对百分比(%)	100.00	4.28

注：*根据厂家提供近似容量机组制动曲线查得。

表7.2-4计算结果表明，在混合制动方式下由于投入起始转速低、制动时间短，所产生的粉尘相对大幅减少，仅约为机械制动方式下的5%。

(3)三峡、向家坝水电站的比较分析

发电机制动时所需的总摩擦力主要和机组 $GD^2\cdot Nr$ 相关，三峡、向家坝水电站 $GD^2\cdot Nr$ 及两种方式下的制动粉尘模拟计算当量见表7.2-5。

表 7.2-5　　三峡、向家坝水电站制动参数比较分析表

序号	电站名称	P_n ($\cos\varphi=1$,kW)	$GD^2\cdot Nr$ (kgf·m²·r/min)	机械制动粉尘当量	混合制动粉尘当量	混合/机械(%)
1	三峡地下电站	8.40E+05	3.38E+10	146393.35	6259.0	4.28
2	向家坝	8.89E+05	3.50E+10	142828.07	6970.58	4.88

注：机械制动按 $Ns=0.2Nr$，$t=80$s；混合制动按电气制动 0.5Nr 投入，机械制动 0.1Nr 投入，$t=10$s。

从表 7.2-5 可见，向家坝 800MW、额定转速 71.4r/min 机组的 $GD^2\cdot Nr$ 及机械制动方式下的制动粉尘模拟计算当量高于三峡地下电站机组，但水平基本相当。

三峡水电站和向家坝水电站机组的实际运行情况为：三峡水电站（全部为混合制动方式），电站年开停机达 2250 次（2012 年），机组混合制动方式运行良好，总制动时间短（小于 5min），发电机定子绕组等部位清洁，现场无可见粉尘。向家坝水电站采用机械制动的机组在调试期间粉尘较大，原设计的 25%起始投入转速后降低至 15%，但总制动时间仍达 8min，现场粉尘较大，可见堆积，且伴有刺激性气味。

7.2.8.4　制动方式选择

根据国家标准规定，大型或巨型水轮发电机运行方式应满足每 24h 启停机并网带负荷 2 个循环以上，在一年内不少于 1000 次的要求，在此运行方式下制动器在 20%额定转速时施闸的情况下，机械制动瓦磨擦面的保证寿命应不少于 8 年。根据三峡水电站实际运行情况，在混合制动方式下，制动瓦年消耗厚度最大不超过 1mm，结合表 7.2-4、表 7.2-5 中的对比计算结果可知，700MW 级以上发电机要满足上述国家标准或技术规范的一般要求，在现有的制动块材料水平上，宜采用混合制动方式。

综上所述，对大型水轮发电机组，若采用混合制动方式，机组制动时产生的粉尘少，对发电机绕组污染小，有利于发电机安全运行，且制动运行方式较多，可根据不同的运行方式，选择不同的制动时间。混合制动与单一的机械制动相比，混合制动需增加电气制动开关、制动变等相关设备，占用厂房空间并增加投入。对单一机械制动而言，其优缺点正好与混合制动相反。对大型水轮发电机组制动方式的选择，与调峰电站选用混合制动方式意见是一致的。但国内水电站的运行表明，水电站一般都参与调峰，只有调峰时间长短或开停机次数多少的差别，对于这类电站中的大型水轮发电机组制动方式，倾向采用混合制动。

7.2.9　定子线棒绝缘

定子线棒绝缘材料及成型工艺是构成发电机定子线圈的基础，决定了定子线圈采用的电压等级和安全使用年限，随着单机容量的增大，发电机额定电压有提高的趋势，定子线棒绝缘技术是世界各国长期研究开发的重要课题之一。从提高发电机定子线圈安全和延长使用寿命出发，目前定子线棒普遍采用 F 线绝缘用 B 级绝缘运行温度进行考核。

目前，定子线棒的绝缘可分为多胶模压和少胶真空压力浸渍（VPI）两大体系。通过二

滩、三峡等重大项目定子绕组绝缘及试验研究，对多胶模压绝缘体系，研发和完善了高云母含量、高 Tg、工艺适应性好的多胶云母带，以保证电气性能和高温机械性能要求。对少胶 VPI 绝缘体系，开展了少胶云母带制造技术和与少胶云母带配套的不含苯乙烯的 VPI 浸渍树脂的研究，从原材料和工装入手，采用干法上胶技术研发具有高云母含量、高透气性、含有促进剂的少胶云母带及高导热云母带，并从原材料和工艺体系上保证 VPI 浸渍树脂性能及工艺方面的匹配，另外组织开发了换位绝缘材料、端部固定材料、防晕材料等的研发和完善。通过上述开发研究，国内已具有国际先进水平的绝缘技术，实现了国产替代进口。

近年来，我国从绝缘材料、工艺以及绕组固定等方面入手，在绝缘结构上对改善线圈角部场强、增大线棒导线圆角半径，改善角部场强畸变系数，提高线圈主绝缘工作场强以达到减薄主绝缘厚度、提高传热系数等方面做了大量的研发，取得了长足的技术进步，三峡水电站的水轮发电机的额定电压为 20kV，主绝缘厚度分别为 4.5mm（单边）、4.6mm（单边），均达到了国际先进水平。

三峡左、右岸电站水轮发电机定子线棒均进行了严格的绝缘试验，其绝缘性能包括工频耐压、击穿电压、起晕电压、介损 tanδ 值、电老化寿命等指标均满足或优于合同保证值要求。从绝缘电老化寿命来看，部分国产机组的指标还高于阿尔斯通公司和 VGS 集团的标准。三峡定子线棒主绝缘绝缘性能指标见表 7.2-6。

表 7.2-6　　三峡定子线棒主绝缘绝缘性能指标

试验项目	试验条件	指标
1min 工频交流耐电压试验	室温	单根线棒：2.75U_n+6.5kV
		整体绕组：2U_n+3kV（充水前），整体绕组：2U_n+1kV（充水后）
瞬时工频击穿试验	室温	≥5.5U_n（在室温、变压器油中进行，平均升压速度为 1kV/s，直至击穿为止）
电晕试验	室温	单根线棒：≥1.5U_n
		整体绕组：≥1.1U_n
常态介质损耗	室温	$\tan\delta_{0.2U_n}$≤1.5%
热态介质损耗	155℃	$\tan\delta_{0.6U_n}$≤6.0%
常态介质损耗增量	室温	$\Delta\tan\delta$≤1.0%（$\tan\delta_{0.6U_n}-\tan\delta_{0.2U_n}$）
电老化寿命试验	室温、3U_n	≥30h
	室温、2U_n	≥1000h
	室温、1.6U_n	≥4000h
冷热循环后电老化寿命试验	室温、3Un	≥10h
	室温、2Un	≥800h

7.2.10 中性点接地方式

7.2.10.1 中性点接地方式的种类及特征

水轮发电机中性点接地分为不接地、经消弧线圈接地和经高电阻接地方式。

(1)中性点不接地

当发生单相接地故障时,非故障相电压升高为$\sqrt{3}$倍相电压,线电压值不变。水轮发电机可短时带故障运行,但接地产生的过电压值高,通常为3.5p.u.(标幺值)。允许单相故障电流很小,此方式适用于小容量机组。

(2)中性点经消弧线圈接地

可补偿电容电流,加速接地电流过零熄弧,减少弧光重燃,但易产生振荡过电压,可达3.2p.u.。

(3)中性点经高电阻接地

受设备制造能力的限制,一般采用接地变压器及二次侧接小电阻以形成高阻的接地方式。采用该接地方式,可限制过电压不超过2.6倍额定相电压。根据国外水轮发电机组运行实践经验,接地故障电流限制在20～30A且接地故障时间不超过30s时,不会对定子铁芯造成烧损。

7.2.10.2 中性点接地方式的选择

发电机定子绕组发生单相接地故障时,接地点流过的电流是水轮发电机本身及其引出回路所连接设备(主母线、厂用分支线、主变压器低压绕组等)的对地电容电流。当它超过允许值时,将烧伤定子铁芯,进而损坏定子绕组绝缘,引起匝间或相间短路。中性点接地方式的选择应考虑:

1)中性点接地方式应根据水轮发电机的接线、连接导体和变压器低压侧等连接设备对地电容电流的大小以及供电可靠性和机组绝缘耐电压性能等要求选择确定。

2)一般大中型水轮发电机多采用经消弧线圈接地或经二次侧带负载电阻的配电变压器接地。对前者,当发电机发生单相接地短路时,利用消弧线圈产生的电感电流抵消发电机回路的部分电容电流,将其故障点电流限制在允许范围内,并允许水轮发电机带故障继续运行2h。而继电保护可不直接动作于机组的紧急跳闸,只是输出信号至调度中心和值班人员,提供现场处理事故的机会,以便系统调整负荷,保护区域电力系统的稳定。对采用中性点经二次侧带负载电阻的配电变压器接地方式,当发生单相接地短路时,利用电阻损耗作用,限制机组最大单相接地故障电流和水轮发电机过电压的幅值及陡度在允许范围内,并且立即动作于跳闸,切除机组,能可靠地保护水轮发电机。该接地方式在国外有较多的运行经验,配套保护也很成熟。国内三峡、岩滩、隔河岩、江垭等水电站发电机均采用这种接地方式,运行情况良好。

3)据我国相关标准规定,水轮发电机中性点接地方式的选择原则如下:①当水轮发电机内部发生单相接地故障不要求快速切机且故障电容电流不超过表 7.2-7 规定的允许值时，中性点应采用不接地方式。②当水轮发电机内部发生单相接地故障不要求快速切机且故障电容电流大于表 7.2-7 规定的允许值时，中性点应采用消弧线圈接地方式。补偿后的残余电流应不超过表 7-2-7 的规定值。③当水轮发电机内部发生单相接地故障要求快速切机时，中性点宜采用高电阻接地方式，且电阻器宜接在水轮发电机中性点所接单相变压器的二次绕组上。

表 7.2-7　　水轮发电机允许单相故障电流值

额定电压(kV)	3.15～6.3	10.5	13.8～15.75	18～20
故障点残余电流(A)	≤4.0	≤3.0	≤2.0	≤1.0

7.2.10.3　消弧线圈

对具有直配线的水轮发电机，消弧线圈宜采用过补偿方式，以防止运行方式改变时，电容电流减小，使消弧线圈处于谐振点运行。消弧线圈可接在水轮发电机的中性点上，也可接在厂用变压器的中性点上。对单元接线的水轮发电机，为限制电容耦合传递过电压以及频率变动等对中性点位移电压的影响，消弧线圈宜采用欠补偿方式，并应接在水轮发电机的中性点上。

消弧线圈的容量应根据水轮发电机系统接地电容电流确定，并按下式计算：

$$W = kI_c \frac{U_N}{\sqrt{3}} \tag{7.2-2}$$

式中：W——消弧线圈的容量(kVA)；

k——系数，对过补偿方式取 1.35，欠补偿按脱谐度确定；

I_c——水轮发电机回路的接地电容电流(A)；

U_N——水轮发电机额定线电压(kV)。

应指出：按式(7.2-2)计算出的消弧线圈容量是按运行时间不小于 2h 的全容量。当消弧线圈短时运行时，其容量可按一定过载倍数适当降低。

经消弧线圈接地的水轮发电机，在正常运行情况下其中性点长时间电压位移应不超过水轮发电机额定电压的 10%。单元接线水轮发电机的脱谐度不超过±30%，直配线水轮发电机的脱谐度不超过 10%。

7.2.10.4　接地变压器和电阻

接入水轮发电机中性点高电阻值的大小，将影响水轮发电机单相接地时健全相暂时过电压值。按运行机组的耐电压值为 1.5 倍水轮发电机额定电压，则健全相暂时过电压不宜超过 2.6 倍额定相电压。此时电阻值应按下式计算：

$$R = \frac{1}{2\pi fc} \tag{7.2-3}$$

式中：R——中性点接入电阻值（Ω）；

f——水轮发电机工作频率（Hz）；

c——水轮发电机电压系统三相对地总电容值（μF）。

为防止水轮发电机发生单相接地时，中性点接地变压器产生较大的励磁涌流，变压器额定电压不宜选择低于发电机的额定电压。可通过降低变压器设计磁通密度使变压器额定电压为发电机额定相电压。变压器的容量与其工作时间有关，可按下式计算：

$$S=\frac{U_1 I_C}{K_1} \tag{7.2-4}$$

式中：S——变压器容量（kVA）；

U_1——变压器额定电压（kV）；

I_C——水轮发电机单相接地时电容电流（A）；

k_1——过负荷系数，根据《干式电力变压器负载导则》（GB/T 1094.12—2013）的规定并结合变压器采用的绝缘等级、线圈的导体电流密度、过负荷运行时间（一般取60s）计算确定。

变压器低压侧接入电阻值，按下式计算：

$$R_2=Rk^2-\frac{PU_2^2}{S^2} \tag{7.2-5}$$

式中：R_2——变压器低压侧接入电阻值（Ω）；

U_2——变压器低压侧电压（kV）；

k——变压器变比，$k=U_2/U_1$；

P——变压器总损耗（W）。

20世纪由于我国电力供应紧张且发电机容量不大，当发电机回路有一点接地时，发电机可继续供电，这期间可寻找故障点以便及时排除。随着大型水电工程的不断兴建、单机容量300MW及以上机组电网装机容量的逐步增大，特别是长江三峡工程的兴建，促进了全国跨区域大电网的形成，供电得到缓解，从确保发电机安全出发，发电机中性点接地已普遍采用接地变压器及二次侧接小电阻以形成高阻的接地方式，也就说当发电机回路有一点接地时，跳发电机的相关断路器，发电机随即退出运行。

第三篇

调速系统

第8章 调速系统

8.1 调速系统构成及其任务

8.1.1 调速系统构成

水轮机调节系统由调速系统和被控对象两大部分构成(图 8.1-1)。

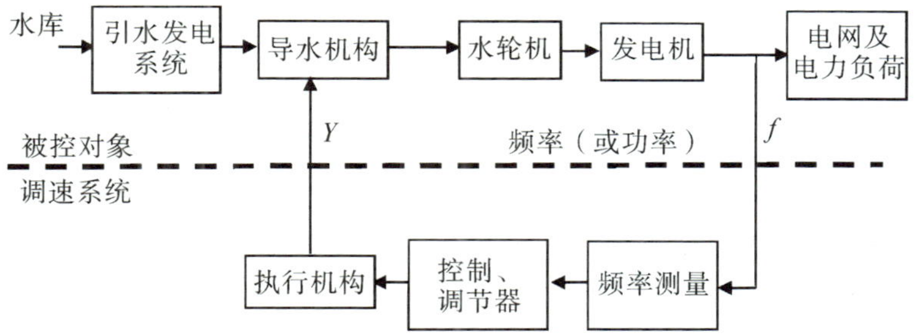

图 8.1-1 水轮机调速系统结构图

被控对象通常由引水发电系统、水轮发电机组、电网和电力负荷组成。

调速系统通常由频率(或功率)测量装置,控制、调节器和执行机构组成。

当电网负荷(或 AGC(自动发电控制)给定负荷)发生变化,机组的转速(或负荷)也发生变化,转速(或功率)测量装置检测到转速(或功率)偏离给定值,控制、调节器发出指令,执行机构使水轮机导叶开度相应发生变化,控制机组转速(或功率)至给定值,机组与电网负荷(或 AGC 给定负荷)达到新的平衡。当调速系统执行转速(频率)调节时,调速器主要是转速(频率)调节器,当调速系统执行功率调节时,调速器主要是功率调节器。

8.1.2 调速系统的任务

调速系统的基本任务是维持调节对象的频率(或功率或导叶开度等目标值)稳定。其他任务或功能如下:

(1)机组正常操作

包括机组的正常开机、停机操作,工况转换(如发电、调相、抽水等),手动和自动切换,频率和负荷调整等。

(2)机组安全运行保护

包括事故停机、紧急停机。

(3)机组经济运行调节

包括多喷嘴冲击式水轮机运行喷嘴数的自动投入或切除，轴流转桨式水轮机桨叶和导叶的最优协联控制，按水头或流量等安全经济运行调度电站的自动调节等。

8.2 调速器发展历史

水轮机调节技术是随着水力发电技术的发展逐步发展起来的，先后经历了机械液压调速器、模拟式电液调速器和数字式微机电液调速器的几个阶段。

8.2.1 机械液压调速器

早期的机械液压调速器在 20 世纪初期出现，60—70 年代我国自行设计的 T-100 型和 ST-100 大型机械液压调速器 TT 系列机械液压调器、YT 系列机械液压调速器和 CT-40 型机械液压调速器是湖北乃至全国水电机组的主流配套产品。机械液压调速器均为缓冲式系统结构，调节规律为 PI 规律。YT 系列机械液压调速器比较典型，代表了我国机械液压调速器的水平。

8.2.2 模拟式电液调速器

模拟式电液调速器包括电子管电液调速器、晶体管电液调速器、集成电路电液调速器。

世界上第一台模拟式电液调速器于 1944 年在瑞士问世。

20 世纪 60 年代初，我国首台 DT-100 型电子管电液调速器由哈尔滨电机厂研制，在广东流溪河水电站投入运行。60 年代末，我国首台 BDT-100 型半导体电液调速器，由天津传动研究所、长江水利委员会等单位联合研制，在湖北陆水电站投入运行。20 世纪 70 年代初由长江水利委员会机电处设计、武汉热工仪表厂生产的我国首台 JST-100 型集成电路电液调速器在广西合面狮水电站投入运行。

这个时期的电液调速器系统结构，大多属于缓冲式结构，调节规律为 PI 或串联 PID 调节规律，纳入型谱的 JST-100 型集成电路大型电调和 YDT-1800A 中型电调，代表了我国电液调速器当时的水平。

到 20 世纪 80 年代末，随着数字式微机电液调速器的广泛应用，模拟式电液调速器基本退出市场。

8.2.3 数字式微机电液调速器

世界上第一台数字式微机电液调速器在 20 世纪 70 年代初诞生。瑞典 ASEA 公司在 80 年代中期推出的 HPC610/620 调速器代表了当时调速器的发展水平。由华中科技大学开发研制的我国第一台数字式微机电液调速器于 1984 年 11 月在湖南欧阳海水电站投入运行。进入 90 年代，我国新建或更新改造的大、中型水电站已普遍采用微机数字电液调速器。

数字微机电液调速器都采用 PID 调节规律，并发展到多种 PID 改进型。其硬件发展经历了 Z80 单板机、单片机、STD 总线、可编程控制器(PLC)、工业控制机(IPC)和可编程计算机控制器(PCC)等国际知名品牌的通用工业控制机。

8.3 调速器系统结构

按形成调节规律的方式不同，水轮机调速器存在 3 种系统结构，即缓冲型系统结构、加速度—缓冲型系统结构和电子调节式系统结构。

8.3.1 缓冲型调速器

缓冲型调速器，其特征是在反馈回路中接入校正装置的方法形成调节规律，在自动控制理论中，又称反馈校正。缓冲型调速器系统结构见图 8.3-1。

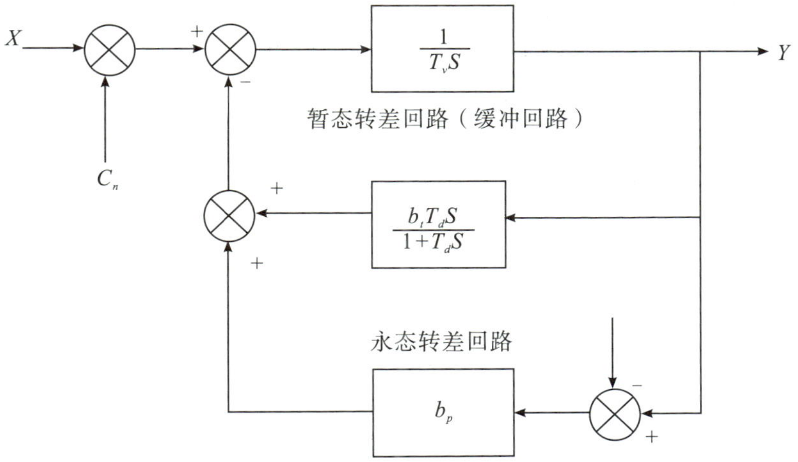

图 8.3-1 缓冲型调速器系统结构

缓冲型调速器系统结构是从传统的机械液压调速器遗传下来，电子管式、晶体管和集成电路的模拟电调都是采用这种系统结构。现代微机电液调速器已不再采用这种系统结构。

8.3.2 加速度—缓冲型调速器

缓冲型调速器只能形成比例加积分(PI)调节规律，加速度—缓冲型调速器是在缓冲型调速器中串联加速度环节，构成具有比例加积分加微分调节规律的调速器(PID)，其系统结构见图 8.3-2。

加速度—缓冲型调速器具有理想的 PID 调节规律。PI 调节规律通过反馈校正获得，PID 调节规律是由比例加微分和具有 PI 调节规律环节串联而形成的。水轮机调节行业通常称这种 PID 调节为串联 PID。模拟式 PID 调速器多用这种系统结构，现代微机调速器不采用这种系统结构。

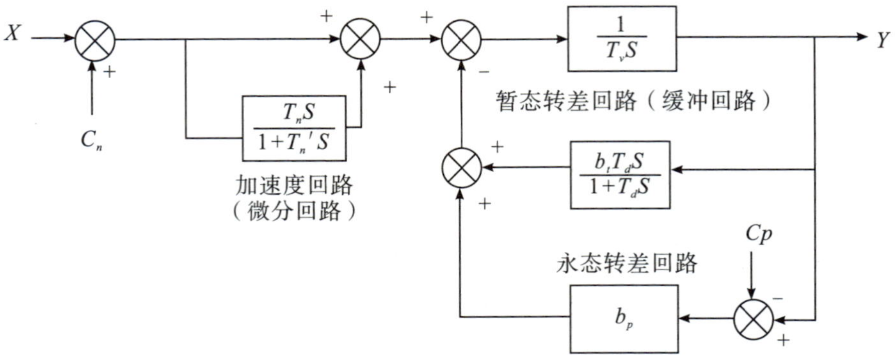

图 8.3-2　加速度—缓冲型调速器

8.3.3　电子调节器加电液随动系统调速器

电子调节器加电液随动系统（或装置）调速器（简称电子调节器式系统结构）结构见图 8.3-3。其系统结构的特征是测量，调节规律的形成和驱动导水机构的职能分别由具有单一功能的转速变换器、电子调节器和电液随动装置来实现。调节规律是源校正回路—电子调节器对转差信号直接变换而形成的。电液随动装置在调速器中的作用仅仅只是复现电子调节器的输出信号，驱动导水机构。

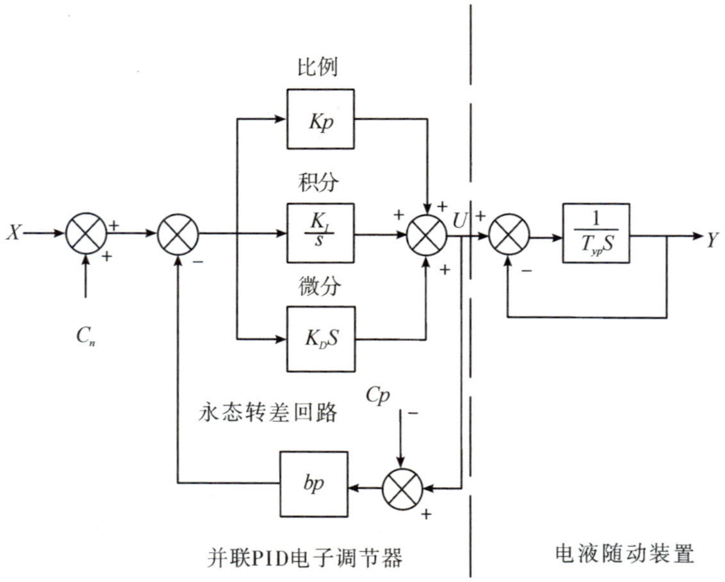

图 8.3-3　电子调节器加电液随动系统调速器

电子调节器加电液随动系统调速器具有理想的比例加积分加微分调节规律（PID），这种系统结构是从工业自动控制系统的单元组合式仪表移植而来，20 世纪 80 年代开始用于水轮机调速器系统。现代水轮机微机电液调速器普遍采用这种结构。

8.3.4　微机调速器的系统结构

当前我国生产的微机调速器大多属于电子调节器式系统结构，其电液随动系统有一级系统和二级系统之分，因此具有两种系统结构。

电子调节器加电液随动系统的系统结构，即一级随动系统结构，其系统结构见图 8.3-4。

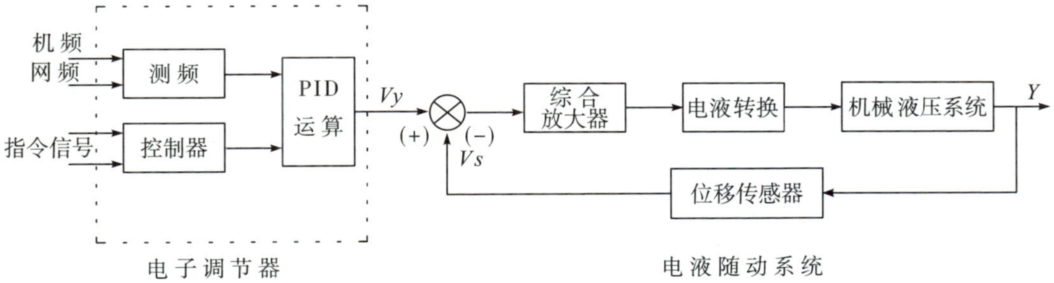

图 8.3-4　电子调节器加电液随动系统结构

电子调节器加电机伺服装置加机械液压随动系统的系统结构，即二级随动系统结构，其系统结构见图 8.3-5。

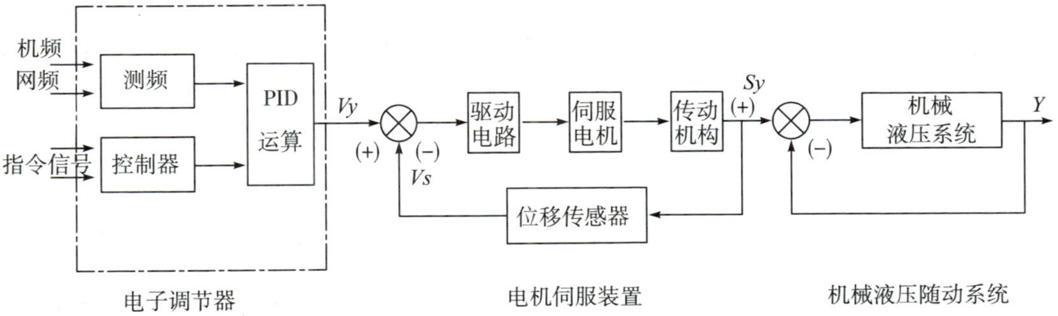

图 8.3-5　电子调节器加电机伺服装置加机械液压随动系统的系统结构框图

8.4　调速器调节规律

至目前为止，在水电工程应用中，水轮机调速器仍然采用经典的 PI 或 PID 调节规律。众多的现代高级控制规律(自适应控制，预测控制，模糊控制)尚处于研究阶段，未能应用于工程实践中。

8.4.1　经典 PI 或 PID 调节规律

经典 PI 或 PID 调节规律是根据被控制量的反馈信息来修正系统的偏差行为，使被控制量快速准确地达到预定目标。当测量到反馈量与目标值的偏差 ΔX 以后，PI 或 PID 调节机构按偏差 ΔX 的比例(P)、积分(I)、微分(D)规律对被控制量进行调节控制。PID 控制器输出的表达式为：

$$Y = K_P \Delta X + K_I \int \Delta X \mathrm{d}t + K_D \frac{\Delta X}{\Delta T} \tag{8.3-1}$$

式中：Y ——调节机构的位置，在水轮调节系统中为导水叶开度；

ΔX ——机组转速(频率)与整定转速的偏差相对值；

K_P、K_I、K_D——比例项、积分项和微分项的增益。

8.4.2 适应式变参数调节

在经典的PID控制中，调节参数K_P、K_I、K_D对调速系统的动态行为有很大的影响。选择和整定这些参数是水轮机调节技术中的重要一环。尤其是当水轮发电机组运行工况发生变化时，调节规律和调节参数的整定值必须作相应调整。由于微机具有逻辑判断能力，易于判断机组的运行工况，因此数字式微机调速器一般采用适应式变参数PID调节，当机组运行工况发生变化时，微机调速器会自动改变PID调节参数和控制规律的组合(PI或PID)(存储在计算机中的)。这是一种适应式变参数调节，并非自适应调节。

8.5 水轮机调速器的调节模式

现代水轮机调节器部分的结构见图8.5-1，自动运行时一般有四种模式，机组并入电网以前仅一种，即频率调节模式，并入电网以后有三种，即地区负荷小网运行频率调节模式、开度调节模式和功率调节模式。每种调节模式都有相应的处理子程序和调节信号输出。调节模式间的转换由微机调节器完成。各种调节模式所对应的运行工况、调节功能、所采用的调节规律、参数设定和特点如下：

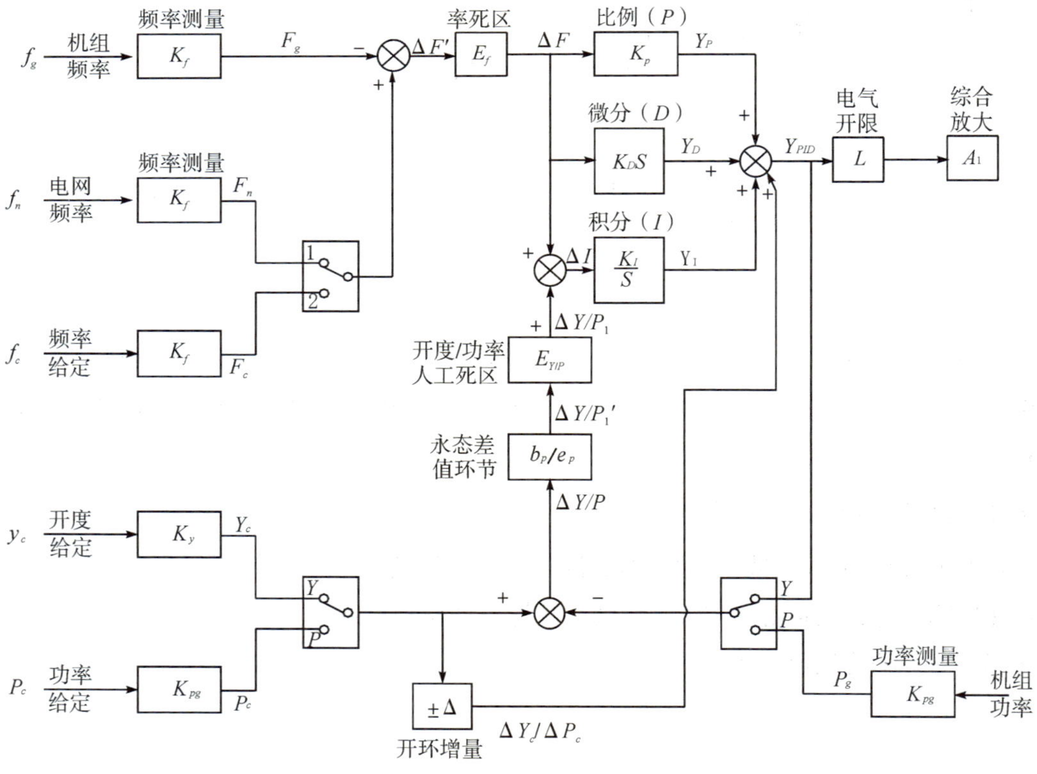

图8.5-1 微机调节器结构

8.5.1 机组空载运行时的频率调节模式

(1)运行工况及工作任务

这是机组空载运行时的一种调节模式,在该模式下调速器的主要任务是维持机组空载运行时频率为额定值或跟踪电网频率,工作任务是确保机组能迅速并入电网。

(2)调节规律及参数设置

①永态转差系数 $b_p=0$,调节参数设置原则是使空载频率摆动值最小;

②频率人工死区切除 $E_f=0$;

③接入导叶位置反馈。

8.5.2 地区负荷小网运行时的频率调节模式

(1)运行工况及工作任务

这是小网运行时的一种频率调节模式,它的主要任务是当机组与大网解裂以后,调节机组的频率,维持带地区负荷(小网)或带孤立负荷运行时机组的稳定运行,而不致使故障进一步扩大。建在偏远地区的电站,初期只能带地区负荷运行,承受较大的冲击负荷,确保机组及小电网稳定运行,自动调节机组频率在一定范围内是主要调节任务。并入大电网运行的机组,以机组频率波动大于(±1～±2)Hz 为判据,将调速器切换到该调节模式运行。

(2)调节规律及参数设置

①采用 PID 调节规律,一般永态转差系数 $b_p \neq 0$,PID 各项系数设置以提高调速系统稳定为原则,K_P 、K_I 值较一般开度模式和功率模式时小。当带孤立负荷时,K_P 、K_I 的整定值较空载运行时还要小。

②导叶位置反馈投入,按 b_P 值自动分配机组负荷。

③频率人工死区 $E_f=0$。

8.5.3 开度调节模式

(1)运行工况及工作任务

机组并入大电网以后带基荷运行。投入导叶位置反馈,开度调节模式运行的调速器将按设置的永态转差系数 b_p 和频差自动调节导叶开度,同时接受功率给定指令(以导叶开度位置)自动调节导叶开度到给定值。机械液压调速器和未能安装功率反馈装置的大多数模拟电液调速器并入电网以后,只有这一种调节模式。

(2)调节规律及参数调置

①采用 PI 调节规律,永态转差系数 $b_p \neq 0$,调节参数 K_P 和 K_I 设置为较大值。

②频率人工死区 $E_f=0$。

8.5.4 功率调节模式

(1)运行工况及工作任务

机组并入电网以后带基荷运行，并参与电站 AGC 系统的控制。机组功率变送器投入，机组的功率 P_g 作为反馈，调速器功率在调节模式下，将按设置永态转差系数 e_p 和频差，自动调节机组功率，同时接受功率给定指定(以功率值)，自动调整机组出力至给定值。

现代微机电液调速器，因大多机组安装了功率变送器，并入电网以后又都参与 AGC 系统的控制，一般都有这种调节模式。

(2)调节规律及参数设置

①采用 PI 调节规律，永态转差系数 $e_p \neq 0$，比例系数 K_P、积分系数 K_I 都设置为较大值。

②频率人工死区 $E_f \neq 0$，人工功率死区 $E_P \neq 0$。

8.5.5 各种调节模式间的转换

机组工况的改变都会要求调速器从一种调节模式转换到另一种调节模式，例如：

1)机组开机完成后自动进入频率调节模式运行，并网以后将自动转入功率调节模式，机组未安装功率变送器的就直接转为开度调节模式。

2)当在功率或开度调节模式下运行时，当机组从电网解裂，调速器将自动转入频率调节模式。

3)在功率调节模式运行时，当功率变送器故障时调速器自动转换到开度调节模式下运行。

4)在功率调节模式或开度调节模式运行时，由于电网故障解裂成小网，机组带地区负荷时机组或小网频率摆动值越过(±1～±2)Hz 时，调速器根据设置的判断条件，自动转入地区负荷运行频率调节模式。

8.5.6 一次调频运行模式

近年来，为了保障电网的安全、稳定和优质运行，国家电力调度中心要求提高发电机组参与一次调频的积极性，电网管理部门还建立了发电机组投入一次调频的考核制度，并对发电机组一次调频的响应速度、调节幅度和永态转差系数等技术参数作出了具体规定。例如：永态转差率 b_p 为 3%～4%，频率人工死区 $E_f < \pm 0.033$Hz。

参与一次调频的机组，当电网频率变化超过人工死区时，机组应在规定时间内达到机组的响应目标。

参加一次调频的调速器，调节参数调整的原则应该是：对频率变化的响应迅速，K_P 和 K_I 取数大的值而且 $K_P > K_I$ 是合理的设置。

8.6 调速器技术发展及进步

8.6.1 调速器技术发展及进步概况

早在新中国成立后的20世纪50年代，地处湖北的武汉大学、华中科技大学开始了水轮机调节技术系统的教学和科研工作。20世纪60年代中期，长江水利委员会等单位联合研制出我国首台BDT-100型半导体电液调速器，并在陆水水电站投入运行。20世纪70年代初由长江水利委员会机电处设计、武汉热工仪表厂生产的我国首台JST-100型集成电路电液调速器在广西合面狮水电站投入运行。1984年11月，华中科技大学开发研制出我国第一台数字式微机调速器并在湖南欧阳海水电站投入运行，从此，水轮机调速器进入数字式微机调速器时代。

高等院所及制造厂家在水轮机调节技术上不断创新发展，开发了大量的产品。如在调节控制单元上早期研发的Z-80单板机、MIC-2000工控机、8086CPU等为硬件核心的调速器产品，到目前大量采用的以IPC、PLC或PCC为硬件核心的调速器产品，以及双微机双通道系统结构的调速器、适应式变参数PID调速器产品等；在液压控制回路上早期研发的电液伺服阀（双锥电液转换器、环喷式电液转换器）调速器产品到伺服电机转换器（步进电机、交流伺服电机和直流伺服电机）调速器产品以及电液比例阀、液压集成模块调速器产品等，这些产品使水轮机调节控制水平产生了质的飞跃。

8.6.2 调速器技术发展现状及展望

数字式微机调速器的出现、发展和广泛应用，不仅大大提高了调速系统的调节品质、安全可靠性，更主要是极大地满足了现代电力系统对调速器的各种功能要求，如转速（频率）调节器功能、功率调节器功能、开度调节器功能、水位调节器功能、流量调节器功能、适应式变参数功能等。微机调速器均采用了电子调节器加电液随动系统结构模式，技术指标优良。

数字式（微机）电液调速器的技术性能和功能不断改进和发展。我国的双机冗余和双机交叉冗余技术、适应式变参数调节、伺服/步进电机构成的电/机转换部件等技术具有中国特色并在国际同行中领先。

采用国际知名品牌的工业控制机（IPC）、可编程控制器（PLC）或可编程计算机（PCC）作调速器电气柜硬件核心，大幅提高了调速器电气柜的质量、工艺水平及可靠性。

微型计算机具有强大的运算能力、记忆能力、逻辑判断能力和通信功能，因而微机调速器具有许多先进的功能，目前已将与上位机通信、频率跟踪、电气开度限制、人工失灵区、故障诊断及处理列为必须实现的功能。大多数微机调速器设有手自动无条件、无扰动切换，离线诊断、维护功能和计算机辅助试验功能，除此之外，现代微机调速器还可以实现事故数据记录功能，防错、容错控制功能，死区和零点漂移的动态补偿等先进的功能。

采用触摸式高分辨率的彩色显示屏作人机交互界面，界面友善，内容丰富，便于对调速器的状态监视、参数修改、试验曲线显示等。

大型水轮发电机组微机调速器中大量采用工业标准液压件。例如，采用电液比例阀和数字阀作调速器的电液转换部件，采用逻辑插装阀作油泵组合阀、分段关闭装置、油压截止阀等，结束了水轮机调节技术长期游离于现代液压技术之外，制约着液压新技术在调速器中应用的落后局面。在采用比例伺服阀控制的调速器中，控制信号用流量和压力量传递，没有机械位移的传动，机构简单，易于实现冗余控制和液压集成。电磁开关阀、数字阀和液动阀控制的调速器，在中小型调速器中也大量采用。

采用数控机床中成熟的步进电机、交流伺服电机和直流伺服电机作为调速器的电/机转换部件，构成具有我国自主知识产权用伺服电机控制的水轮机微机调速器新品种，这类调速器具有很强的抗油污能力，结构简单，可靠性高，特别适合油质清洁度难以保证和管理水平不高的水电站使用。

调速器工作油压普遍提高，大型水轮机调速器采用 4.0MPa 和 6.3MPa，部分中小型水轮机调速器采用皮囊式蓄能器，工作油压提高到 14～20MPa。

水轮机调速器试验用实时仿真系统得到普遍应用。该系统可以在实验室阶段对调速器进行全面检查试验。

目前的数字式微机调速器还存在大量的 4～20mA 和－10～＋10V 的标准模拟信号。随着微机和网络通信技术的发展，使用数字信号代替模拟信号进行数据传输和接口必然成为趋势。为适应工业自动控制进入现场总线时代，基于现场总线的全数字化微机调速器技术将是未来发展的必然方向。

8.7 典型工程应用

水电机组调速技术上取得长足的进步，以及在引进或推动国外先进技术进入水电市场也发挥了巨大作用。典型工程应用主要是三峡水电站和隔河岩水电站引进的调速器。

8.7.1 三峡水电站

三峡水电站极大地促进了我国巨型水轮发电机组及其控制设备设计、制造技术发展。三峡机组成功运行，标志着水电机组及其控制设备的发展达到了更高的水平。

8.7.1.1 调速器系统结构

三峡机组是单机容量达 700MW 的巨型机组，从技术及经济上要求巨型机组及其控制设备必须安全可靠。从可靠性出发，三峡调速器系统在先进成熟的控制理论基础上采用全冗余结构设计。

调节器采用 3 套控制器冗余设计方式，2 套 NEYRPIC 1500 控制器（1500N、1500S）作自动控制，1 套 NEYRPIC 1000 控制器（1000E）作电手动控制。自动控制时，2 台 NEYRPIC 1500 控制器作为主、备控制器，为无扰动切换，主、备控制器工作状态互为跟踪，为手、自动无扰动切换，手、自动工作状态也互为跟踪。

电液转换单元采用 2 套电液比例伺服阀冗余设计方式，一套电液比例伺服阀（TR10）与自动调节器(1500N、1500S)配套,另一套电液比例伺服阀(ED12)与电手动调节器(1000E)配套。自动控制时,通过电磁阀 109EM 选择,电液转换器 TR10 带电工作。电手动控制时,通过电磁阀 110EM 选择,电液转换器 ED12 带电工作。

测试单元采用 3 套速度采样回路,2 套分别于自动调节回路配套,另一套与电手动调节回路配套。为每条调节通道配置独立采样回路,使冗余控制保证独立性,互不影响。

8.7.1.2 调速器性能特点

(1)调速器

由于对调速器整体性能的要求提高,对调速器控制器的要求也相应提高。阿尔斯通公司调速器采用 NEYRPIC 1500 控制器,内核采用摩托罗拉 32 位机 MC68 系列控制芯片(68020),GE 公司调速器采用 MicroNet TMR 控制器,内核采用摩托罗拉 32 位机 MC68 系列控制芯片(68040)。摩托罗拉 32 位机 MC68 系列芯片性能如下:

1)摩托罗拉公司高端控制芯片,控制方式成熟,应用方便,同时可靠性高,控制性能很强。

2)基于 32 位的 CPU 内核,采用 RISC 精简指令集,具有 64 位数据处理能力。

3)在控制器内部集成了功能强大的时钟处理单元(TPU 模块)、队列串行模块(QSM)、系统集成模块(SIM)等并行处理模块。

4)分时多任务控制。

5)网络功能强,同时内置 CANBUS 现场总线。

可以看出,这款系列 CPU 不但控制性能高,还集成了很多特殊模块,阿尔斯通公司、GE 公司等的调速器就是利用控制器内部的 TPU 模块,实现高精度测频。同时利用分时多任务控制方式,对调速器控制任务的有效调度,做到高效、高精度控制。

(2)适应式变参数 PID 控制

适应式变参数 PID 控制具体实现方法:将优化后的 PID 参数以 $K_p=f(H,N)$、$K_i=f(H,N)$和 $K_d=f(H,N)$形式存储调速器微机中(H 为水头,N 出力),调速器根据机组水头和出力信号在数表中进行插值,并作为当前工况的 PID 参数值进行调节控制。当运行工况机组出力或水头发生变化,调速器调节参数 PID 值按上述方法相应变化,执行变参数 PID 控制调节控制。适应式变参数调节解决了水轮机运行工况不同、PID 参数相应变化的难题,从而保证了不同运行工况下水轮机均具有最优调节过程。

(3)液压系统

液压系统包括调速器机械液压部分和油压装置。机械液压部分采用模块化设计,根据功能要求配置齐全,采用了大量的标准化液压元件。其中阿尔斯通调速器关键部件如电液转换器,大直径主配压法及油泵出口安全保护阀组均为自行设计和制造,其严格的制造工艺和检验手段使这些部件具有很高的可靠性。

8.7.2 隔河岩水电站

8.7.2.1 概述

隔河岩水电站是国家“八五”计划能源重点建设项目之一，由湖北省和中央合资兴建，并利用加拿大政府混合贷款在加拿大采购部分机电设备，为保证隔河岩水电站得到最佳性能的机电设备，中、加制造厂达成了“联合设计、技术转让、等比换货、合作生产”的协议，全电站4台(套)水轮机转轮、主轴、主轴密封、4台(套)调速系统和2台(套)发电机等由加拿大公司提供，4台(套)水轮机埋件及2台(套)发电机由哈尔滨电机厂提供。

隔河岩水电站1～4号机组数字式微机调速器和油压装置由加拿大DBS公司供货，是我国早期成套引进大型水电机组及其控制设备的水电工程之一。

8.7.2.2 调速器系统结构

调速器主要由电气部分的数字式水轮机单调调节器DTL525、电手动控制单元ETR10、测速单元SM1200和液压部分的压力油罐、回油箱、泵油单元、主控制阀单元、油冷却过滤单元及其附属元件组成。从可靠性出发，隔河岩水电站调速器在先进成熟的控制理论基础上，调节器控制单元采用单套自动调节和单套电手动调节冗余结构设计。

自动调节时DTL525调节器位于工作状态，手动调节时ETR10位于电手动工作状态。为保证自动和手动无扰动切换，ETR10和DTL525在运行时互为跟踪。DTL525和ETR 10的反馈单独取自水轮机接力器位移传感器。

8.7.2.3 调速器性能特点

DTL525型调速器采用了32位的VCU10微型计算机，配有12.5MHz的MC68008型芯片及64kB的EPROM和32kB的RAM(电池后备)。

DTL525型水轮机控制系统具有多种控制功能，用于隔河岩水电站的主要功能有开停机控制、电网频率跟踪、孤立电网检测、速度控制、功率控制、电气开度限制等，并能通过键盘操作进行运行参数修改及事故诊断。速度控制采用并联PID调节规律，功率控制采用并联PI调节规律，这些功能或调节规律由计算机根据程序规定或自动检测到的运行条件来选择并执行。

计算机的输出通过数模转换后送到PD型位置随动调节系统，采用PD型控制器有利于改善随动系统的动态特性。

测速环节由3个齿盘脉冲变送器和SM1200测速单元组成，其中2个给调速器提供机组频率信号，1个被转化成13个速度开关信号提供给机组自动化回路使用。

电液转换器为喷嘴挡板式，通过干式力矩马达，将电信号转换成喷嘴挡板的角位移进行液压放大，其对油质的要求颇高，为10μ。

调速器液压机械部分为无杆件模块化单元设计，其布置清晰简单。液压元件均采用标准元件，对油质要求高。

为保证液压元件的可靠工作，隔河岩水电站调速器配套了更多的净油措施：两个泵油模块油泵的进口管路上都装有磁性过滤器，油泵出口管路上都装有两组可手动切换的油过滤器，其过滤精度为 25μ。在电液转化器、引导阀、电磁阀和液压阀等控制油管路上，装有两组可手动切换的油过滤器，其过滤精度为 10μ。在油冷却过滤模块上装有静电清洁过滤系统及恒温电磁阀控制的冷却系统，该系统能清除油中悬浮的杂质，当采用过滤循环油泵对回油箱中的油经过一段时间连续循环过滤后，油质将达到 ISO16/13 级或更高。采用了上述多重高精度过滤措施后，保证了高精度液压元件的可靠运行，这也是隔河岩水电站调速器从 1993 年投入运行至今一直保持安全可靠运行的重要原因(图 8.7-1)。

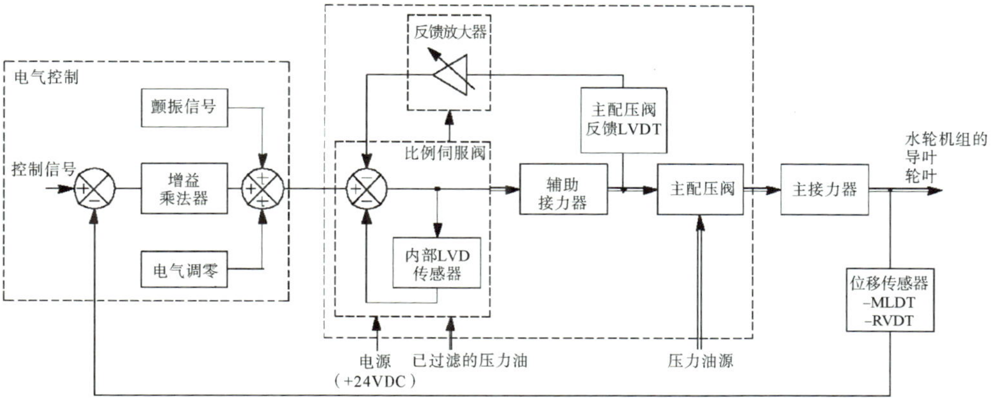

图 8.7-1 主配压阀系统方框图

第四篇

励磁系统

第9章 励磁系统

9.1 励磁系统概述

水电站励磁系统是水轮发电机组的重要组成部分，其主要任务如下：

一是提供水轮发电机在各种运行方式下要求的励磁电流，保证发电机的安全可靠运行。

二是按电厂及电力系统的要求，对水轮发电机励磁进行调节与控制，使发电机机端电压维持在给定值，并满足要求的调节性能，对并联运行机组间无功功率合理分配。

三是提高电力系统的稳定性。

四是对水轮发电机进行快速灭磁及对发电机转子过电压进行保护。

因此，水轮发电机励磁系统的运行性能，将直接关系着发电机和电力系统运行的安全性、可靠性及稳定性。

长江设计院机电院，从20世纪近60年代开始至今先后进行了丹江口、葛洲坝、万安、隔河岩、锁金山、王甫洲、三峡、水布垭、高坝洲、亭子口、彭水、构皮滩、银盘、马来西亚沐若等水电站，以及目前正在设计建设的国外巴基斯坦NJ、厄瓜多尔美纳斯、老挝谢潘以及国内白河、金沙、乌东德等众多水电站发电机励磁系统的设计研究及应用工作，各水电站发电机励磁参数见表9.1-1。随着发电机励磁技术的不断进步与发展，在各个不同时期，针对不同工程的实际情况，对发电机励磁系统的励磁方式、功率柜冷却方式、励磁变压器以及灭磁系统选择计算等方面开展了大量科研工作，取得了丰硕的科研成果，例如：

1)随着大功率可控硅元器件的技术进步，水轮发电机励磁系统从20世纪60年代直流励磁机方式（如汉江丹江口水电站励磁系统采用主、副励磁机，发电机的励磁绕组通过装在大轴上的滑环及固定电刷从主励磁机获得直流电流），逐步发展为今天常用的三相全控桥整流励磁方式。

表 9.1-1　部分水电站发电机组励磁参数及励磁方式

电站名称		装机规模(MW)	装机台数	额定单机功率(MW)	发电机制造商	额定励磁电压/电流(V/A)	空载励磁电压/电流(V/A)	励磁绕组电阻(Ω)	励磁方式	首台机投运日期
一、混流式										
丹江口	前期	900	4	150	东电				励磁机	1968.10
丹江口	加高改造	900	2	150(165)	东电	363/1665 395/1790(最大)	132/885	0.185(75℃)	自并励	2011.12
隔河岩		1200	4	300	GE	325/2220	184/1260		自并励	1993.6
三峡左岸		9800	14	700	ABB	476/4158 497/4345(最大)	192/2352	0.1144	自并励	2003.6
					SIEMENS	364/3779 380/3940(最大)	211/2190	0.1039	自并励	
三峡右岸		8400	12	700	东电	364/3779 380/3823(最大)	210/2120	0.0963(90℃) 0.106(115℃)	自并励	2007.6
					哈电	470/4171 490/4373(最大)	194/2416	0.1014(90℃) 0.1092(115℃)	自并励	
					阿尔斯通	481/3781 515/3948(最大)	271/2145	0.1189(90℃) 0.1306(115℃)	自并励	
水布垭		1840	2	460	东电	443/2245	178/1316	0.135(15℃)/ 0.189(115℃)/ 0.197(130℃)	自并励	2007.7
			2		哈电					
构皮滩		3000	3	600	天阿	352/3230	145/1770	0.1051(90℃)/ 0.1172(115℃)	自并励	2009.7
			2		东电	475/2790	186/1588	0.14588	自并励	

续表

电站名称	装机规模（MW）	装机台数	额定单机功率（MW）	发电机制造商	额定励磁电压/电流（V/A）	空载励磁电压/电流（V/A）	励磁绕组电阻（Ω）	励磁方式	首台机投运日期
彭水	1750	5	350	天阿	389/2202	159/12226		自并励	2007.10
三峡地下	4200	6	700	东电	394/3821 405/3890（最大）	210/2173	0.0963（90℃）/ 0.1037（115℃）	自并励	2011.5
				哈电	477/4171 483/4347（最大）	247/2416	0.1014（90℃）/ 0.1092（115℃）	自并励	
				阿尔斯通	481/3781 509/3948（最大）	274/2154	0.119（90℃）/ 0.128（115℃）	自并励	
木星土	120	2	60	哈电	103/1720	42/990	0.0496（75℃）	自并励	2012.5
亭子口	1100	4	275	东芝水电	420（120℃）/1900	225（75℃）/1160	0.191（75℃）	自并励	2013.8
马来西亚沐若	9440	4	236	哈电	314/1481 322/1521（最大）	125/834	0.1902（95℃）	自并励	2014.11
巴基斯坦 N-J	1062	4	265.5	哈电	327/1631	125/892	0.1673（75℃）	自并励	2018.4
乌东德	10200	12	850	上海福伊特	541/3764	258/2032	0.1354（95℃）/ 0.1436（115℃）	自并励	2020.6 （计划）
				天阿	422/4112	236/2301	0.0995（95℃）/ 0.1055（115℃）	自并励	
二、轴流式									
葛洲坝（改造后）二江	2715	2	170	东电	494/2077			自并励	1981.7
		5	150	哈电	456/1781	156/854	0.2199（75℃）		
葛洲坝（改造后）大江	3190	8	150	哈电	456/1781	156/854	0.2199（75℃）	自并励	
		6		东电	457/1740	180/946	0.236（75℃）	自并励	

续表

电站名称		装机规模(MW)	装机台数	额定单机功率(MW)	发电机制造商	额定励磁电压/电流(V/A)	空载励磁电压/电流(V/A)	励磁绕组电阻(Ω)	励磁方式	首台机投运日期
万安	1～4号机	400	4	100	东电	480/1350	171/704		自并励	1990.11
	5号机	510	1	110	东电	420/1460	150/758		自并励	2005.6
高坝洲		252	3	84	东电	325/1130	131/600	0.22(75℃)	自并励	1999.10
银盘		600	4	150	浙富	378/1610	205/870	0.1994(90℃)	自并励	2011.5
金沙		560	4	140	浙富	388/1710	184/955	0.19287(75℃)	自并励	2020.7
三、贯流式										
王甫洲		109	4	27.25	奥地利ELIN				自并励	2000.5
兴隆		40	4	10	天重	205/730	85/450	0.256(75℃)	自并励	2013.12
白河		180	4	45	浙富	386/970	201/505	0.36(95℃)	自并励	2020.12
四、冲击式										
锁金山		45	3	15	重水				自并励	1994.10
缅甸伊江电源电站		99	3	33	重水	201/690	76/380	0.2481	自并励	2011.7
厄瓜多尔美纳斯		270	3	90	哈电	226/1080	93.4/631.2	0.176(75℃)	自并励	2018.4

2)随着电力系统的不断增强,励磁方式也在不断改进与之相适应。例如,葛洲坝水电站,在20世纪70年代初进行葛洲坝二江电站设计时,由于当时湖北电网的电源布局及网络结构的原因,电力系统稳定性问题比较突出。葛洲坝水电站是当时电网中最大的水电站,且其中二江电站以220kV电压主送湖北,由于输送容量大,对系统稳定产生较大的影响。经过稳定分析及设计方案论证,并针对当时国内的励磁控制技术水平,二江电站发电机选用了交流侧串联的自复励方式。这种励磁方式具有阳极电压随机组电流变化的幅相特性,设计时取串联变压器互感抗等于发电机的暂态电抗,在发电机短路过程中可基本保持励磁电源电压不变,有利于改善电力系统的稳定性。但在葛洲坝大江电站后期,随着电网结构的变化,发电机逐步采用了结构更为简单可靠、满足电力系统稳定要求的自并励励磁方式。

3)随着三峡水电站设计的逐步深入,由于单机容量大(700MW)、励磁电流大、电力系统对运行稳定性要求高(强励顶值电压倍数2.5),对发电机励磁系统的参数选择带来了相当大的困难。当时国内外类似水电站励磁系统可参考的资料非常有限。因此在三峡水电站发电机励磁系统设计过程中,着重研究和解决了以下主要设计技术难题:

①特大型发电机灭磁系统方案研究,提出了交直流冗余灭磁的新型灭磁系统。针对大型发电机励磁系统中灭磁系统故障概率相对较高,但特大型发电机对灭磁系统有高可靠性、安全性和稳定性的要求,因此开展了特大型发电机灭磁系统方案研究。

研究提出了交直流冗余灭磁系统,研究成果包括灭磁系统主回路接线方案、磁场断路器及灭电阻参数的选择计算方法等。该系统是国内外第一次提出的、满足大型及特大型发电机灭磁可靠性要求的一种新型灭磁系统。

②对发电机误强励灭磁过程参数计算方法研究,提出了计算方法。针对以往因没有发电机误强励灭磁过程参数的计算方法,无法确定设计的灭磁系统是否满足发电机误强励灭磁要求,而存在误强励灭磁失败损坏发电设备的安全隐患,研究提出了发电机误强励灭磁过程参数的计算方法,为设计出满足误强励灭磁要求灭磁系统提供了设计依据。

研究提出的发电机误强励灭磁过程参数计算方法,是国内外第一次提出的。研究成果包括误强励灭磁开始的发电机转子电流和电压计算、发电机转子电流和电压的灭磁衰减过程特性参数计算(包括灭磁时间及灭磁电阻耗能)。

③励磁功率柜冷却方案研究,提出了在封闭环境下大型发电机励磁功率柜冷却技术。针对国内外大型发电机励磁功率柜冷却方案常导致励磁功率整流器故障、影响励磁系统运行安全、维护麻烦的实际问题,以及特大型发电机励磁功率柜散热功率大的特点,研究解决保证励磁系统安全运行的适用于大型及特大型发电机励磁功率柜安全稳定运行的冷却技术。

研究提出的封闭环境下大型发电机励磁功率柜冷却技术,有效地解决了大型及特大型发电机励磁功率柜冷却与环境安全、整流器防尘、冷却系统维护等问题,系统可靠、维护简单,是国内外第一次提出的发电机励磁功率柜冷却的新技术。

④特大型励磁变压器研究,系统解决了励磁变压器谐波含量及谐波损耗计算的技术难

题,完成了符合三峡水电站水轮发电机组励磁系统技术参数所要求的励磁变压器设计制造,并通过各项考核试验。该励磁变压器是当时国内容量最大的单相式励磁变压器,技术性能指标及对整流谐波附加发热和过热研究所进行的定量分析计算和试验验证,达到当时的国际先进水平。

4)通过三峡工程的实践,励磁系统的工程设计以及设备制造都取得了令世人瞩目的成就,特别是大型或特大型水轮发电机励磁系统的设计技术走在了国内外前列,并将获得的研究成果先后分别应用于溪洛渡、向家坝、乌东德、彭水、银盘、亭子口等大型或特大型水电工程中。其研究成果获得奖励和专利情况如下:

①"环氧浇筑干式励磁变压器的研究"于2003年获得湖北省科技进步二等奖。

②"特大型水轮发电机励磁系统关键技术研究及应用"于2012年获得湖北省科技进步二等奖。

③"封闭环境下大型发电机励磁功率柜冷却系统"于2010年获得国家知识产权局授予的实用新型专利证书,专利号为:ZL201020208249.9。

④"发电机误强励灭磁过程参数的确定方法"于2011年获得国家知识产权局授予的发明专利证书,专利号为:ZL 201110005571.0。

9.2 励磁系统总体设计

9.2.1 励磁方式

发电机有多种励磁方式。主要有全静止励磁方式以及有旋转部件的励磁机励磁方式。励磁机励磁方式又可分为直流励磁机励磁方式和交流励磁机带整流器励磁方式(也称他励方式),前者由直流励磁机输出提供发电机励磁,后者包括交流励磁机带静止整流器(无整流子励磁)和交流励磁机带旋转整流器(无刷励磁)两种励磁方式,整流器由交流励磁机供电,由整流器输出提供发电机励磁。全静止励磁(也称自励方式)采用静止整流电源,由整流器输出提供发电机励磁,又可分为自复励及自并励方式。自并励方式的励磁功率整流器采用励磁变压器(典型的接线为励磁变压器接于发电机机端)供电。自复励方式的励磁功率整流器,由接于发电机端的变压器与串联于发电机定子回路的变流器联合供电,并有交流侧或直流侧的串联或并联几种接线。

长江设计院设计的水电站,从20世纪60年代建设的汉江丹江口水电站,到70年代和80年代的长江葛洲坝二江、大江电站以及江西的万安电站,到90年代的清江隔河岩、高坝洲、水布垭梯级电站以及王甫洲电站,再到21世纪建成的三峡水电站以及彭水、构皮滩、银盘水电站,水轮发电机组的励磁方式随着新技术、新材料的出现不断向前发展,主要采用了以下几种励磁方式。

9.2.1.1 直流励磁机励磁方式

20世纪60年代建设投产的汉江丹江口水电站,励磁系统采用的是当时成熟的也是主流的励磁方式，即直流励磁机励磁方式。采用主、副励磁机，主励磁机与发电机同轴，发电机的励磁绕组通过装在大轴上的滑环及固定电刷从主励磁机获得直流电流。这种励磁方式具有励磁电流独立、工作比较可靠等优点，但是运行时火花严重，事故多，换向器和电刷的维护工作量大。随着电力系统的发展，系统对发电机励磁系统要求越来越高，直流励磁机系统在调节范围、调压精度、调节时间等技术性能上都难以满足要求。

9.2.1.2 自复励静态励磁方式

20 世纪 70 年代和 80 年代，随着电力电子技术的发展，励磁系统也进入采用可控硅整流器的静止励磁方式时代，包括自并励和自复励两种方式。

在 20 世纪 70 年代初进行葛洲坝二江电站设计时，由于当时湖北电网的电源布局及网络结构，电力系统稳定性问题比较突出。葛洲坝水电站是当时电网中最大的电站，且其中二江电站以 220kV 电压主送湖北，输送容量大，对系统稳定有较大的影响。经过稳定分析及设计方案论证，及当时国内的励磁控制技术水平，设计选用了交流侧串联的自复励系统作为二江电站发电机的励磁系统。这种励磁系统具有阳极电压随机组电流变化的幅相特性，设计时取串联变压器互感抗等于发电机的暂态电抗，在发电机短路过程中可基本保持励磁电源电压不变，有利于改善电力系统的稳定性。20 世纪 80 年代初葛洲坝大江电站设计时，国外大型水电站已普遍采用自并励励磁系统，但国内自并励在大型机组中的使用经验尚少，而自复励在二江已有运行经验，根据电力系统有关部门的要求，大江电站仍选用自复励励磁方式。

同是 20 世纪 80 年代建设的万安水电站，根据电力系统有关部门的要求，1 号、2 号发电机也采用交流侧串联自复励励磁方式。

9.2.1.3 自并励静态励磁方式

（1）对电力系统大干扰稳定性的影响

自并励发电机励磁电源取自发电机机端，当电力系统短路影响到发电机机端电压时，特别在发电机近端发生三相短路使发电机机端电压有较大幅度降低时，在短路持续期间，自并励励磁系统提供的强励励磁电压将低于采用其他励磁方式。自并励发电机在短路切除后，机端电压恢复迅速，发电机随之即具有与其他励磁方式相同的强励电压特性。在其他短路情况下，如远端及其他类型短路，由于机端有一定的电压，强励电压特性的差别较小或无差别。

根据下列分析及采取相关措施，与其他励磁方式一样，自并励励磁方式同样可满足电力系统稳定的要求：

1）励磁系统控制仅在转子电流变化使发电机电动势改变时，才能对电力系统的稳定性起作用。由于发电机转子具有较大的时间常数，因此在由主保护切除短路前的短路持续时间内，励磁系统强励下的转子电流通常仅有很小的变化，强励对发电机电动势的影响十分有限。故在由主保护切除的近机端三相短路持续期间，自并励发电机与其他励磁方式的发电机相比，对电力系统大干扰稳定性的作用差别不大。

2）当发生近端三相短路、主保护拒动由后备保护动作切除短路时，此时短路的持续时间稍长，使自并励发电机电动势与采用其他励磁方式有稍大的差别。但机端或近端的三相短路期间，发电功率基本上不能外送，这期间强励对发电机转矩的平衡、减少转子的摇摆作用不大，对电力系统大干扰稳定性的影响很小。

3）由于现代大型机组离相封闭母线和 SF_6 全封闭组合电器的采用，发电机近端发生三相短路的概率很低，目前大型发电机及高压电网的保护均采用双重化，故三相短路发生在发电机近端且主保护拒动的概率更低。

故水轮发电机采用自并励可满足电力系统大干扰稳定的要求。

（2）对电力系统小干扰稳定性的影响

发电机采用自并励励磁系统，在配置了电力系统稳定装置后，可提高电力系统小干扰下的稳定性，其效果与其他励磁方式相同。

综上所述，与采用其他励磁方式一样，自并励方式同样可满足电力系统稳定的要求。

相对于其他励磁方式，自并励励磁方式具有接线最为简单、无旋转部件、可靠性高、投资少、维护工作小及费用较低等优点。从 20 世纪 80 年代中期，根据国家安排，为积累运行经验，在葛洲坝大江电站的 20 号、21 号机组采用自并励励磁系统以后，该励磁方式在国内大中小型水电站发电机上迅速得到了普遍应用，江西万安水电站的 3 号及 4 号机组，隔河岩、高坝洲、水布垭、王甫洲、三峡、彭水、构皮滩、银盘等大中型水电站均采用了这种励磁方式。

9.2.2 励磁顶值倍数

为保证发电机及电力系统的安全可靠及稳定运行，发电机励磁系统应能在电力系统及电厂的各种运行方式及各种运行条件下，提供发电机所需的励磁并满足电力系统及电厂对发电机励磁的控制要求。

励磁系统应满足发电机强励时的励磁顶值电压、顶值电流及顶值电流的持续时间要求，以及电压响应时间的要求。

发电机的励磁系统顶值电压要求通常由电力系统提供，包括励磁顶值电压倍数及励磁系统保证该倍数的电力系统及电厂的运行条件。按照 IEEE421.1 标准《IEEE 关于同步电机励磁系统的定义》，励磁顶值电压是励磁系统在规定条件下可提供的最大直流电压。励磁顶值电压倍数是励磁系统顶值电压与发电机额定励磁电压之比。按照我国标准《同步电机励磁系统 大、中型同步发电机励磁系统技术要求》（GB/T 7409.3）的规定，对励磁电源取自发电机端的电势源静止励磁系统，其励磁顶值电压倍数应按 80％的发电机额定电压计算。故对采用自并励励磁方式的发电机（励磁变压器通常接于机端），发电机的励磁顶值电压倍数是指发电机端电压（通常指正序电压）下降到 80％的发电机额定电压时，励磁系统可提供的最大直流电压与发电机额定励磁电压之比。

励磁顶值电压倍数通常由电力系统相关部门根据电力系统稳定（通常为大干扰稳定或

称暂态稳定)的要求确定。例如,三峡水电站依据1995年9月电力工业部电力科学研究院《三峡输电系统对三峡电站励磁系统的技术要求的研究》的研究结果得出结论,当机组采用自并励方式且取强励顶值倍数2.5(发电机机端正序电压为0.8时应予以保证)时,带PSS能够满足电力系统稳定性要求。因此,励磁系统的参数选择也是以此作为依据。同样,依据电站所在的电力系统不同,以及电站装机容量大小对电力系统的影响各异,电力系统对水轮发电机励磁系统顶值电压倍数要求也有所不同,如表9.2-1为几个主要水电站顶值电压倍数情况。

表9.2-1　主要水电站顶值电压倍数情况

电站名称	装机容量(MW)	台数	单机容量(MW)	励磁电压顶值倍数	励磁电流强励倍数
三峡左岸	9800	14	700	2.5	2
三峡右岸	8400	12	700	2.5	2
三峡地下	4200	6	700	2.5	2
乌东德	10200	12	850	2	2
彭水	1750	5	350	2	2
亭子口	1100	4	275	2	2
水布垭	1840	4	460	2	2
构皮滩	3000	5	600	2	2
马来西亚沐若	9440	4	236	3	2
巴基斯坦NJ	1062	4	265.5	2	2

在设计时应该注意到,励磁顶值电压倍数大对电力系统稳定性有利,但对励磁系统主回路的绝缘以及设备选择和造价带来不利影响。

根据IEEE及我国的有关标准,发电机的励磁系统顶值电流是指励磁系统所能提供的最大励磁电流。通常指在规定的强励时间内,励磁系统可输出的最大直流电流。发电机的励磁系统顶值电流及其持续时间,通常应满足电厂及电力系统的要求,并取决于励磁系统设备或发电机转子回路的热承受能力。对水轮发电机励磁系统,我国有关规程规定在输出顶值电流情况下,允许持续时间应不小于20s。

励磁系统电压响应时间,根据《大中型水轮发电机静止整流励磁系统技术条件》(DL/T 583—2018)的规定,是指在励磁系统输出额定励磁电压时施加阶跃信号,从施加阶跃信号起至励磁电压达到顶值电压与额定励磁电压差的95%瞬间的时间。

9.2.3　总体结构

当前在大多数新建、改建和扩建的水力发电站中,除葛洲坝、万安水电站部分机组发电机励磁系统采用交流侧串联自复励方式外(图9.2-1),其他水电站发电机组均采用自并励方式。从表9.1-1中可以看出,长江设计院所设计的水电站中绝大多数采用了自并励方式。

发电机的自并励励磁系统通常由励磁变压器、励磁功率整流器、调节器、灭磁系统设备（磁场断路器及灭磁电阻）、起励装置、过电压保护及其他辅助设备组成，属全静止励磁系统，或称静止整流励磁系统。图 9.2-2 为典型的大型水轮发电机自并励励磁系统的结构。

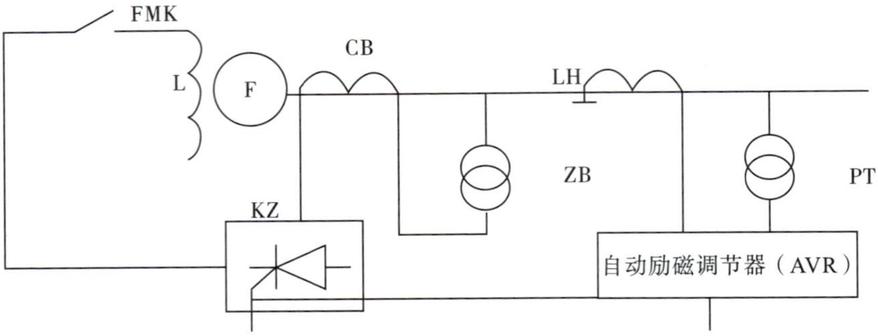

图 9.2-1　水轮发电机交流侧串联自复励励磁系统结构

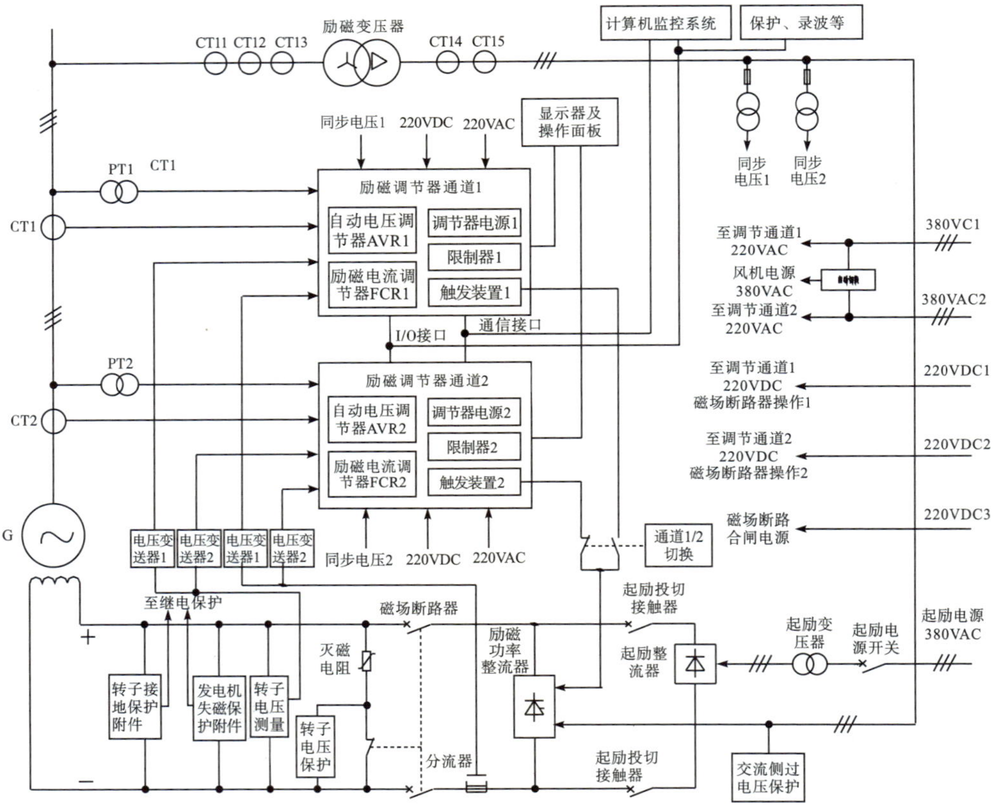

图 9.2-2　水轮发电机自并励励磁系统结构

励磁变压器通常接于发电机定子出线端。励磁变压器高压侧不应安装自动开关或快速熔断器，一般采用与发电机出口母线直接连接的接线方式。由于发电机必须带励磁变压器运行，当励磁变压器发生故障时，励磁变压器的继电保护将动作发电机（或发变组）断路器跳闸、停机、灭磁。励磁变压器需要按继电保护规程设置继电保护装置，按电气测量规程装设电气测量装置，相应地在励磁变压器的高压侧需要装设保护及测量用的电流互感器。对大型或重要的发电机，需要对励磁变压器采用差动保护时，或所采用的励磁系统有要求时，在励磁变压器低压侧也须设置相应的电流互感器。励磁功率整流器接于励磁变压器的低压侧，水轮发电机通常采用由 2 个或多个并联整流桥组成的全控桥式三相整流器。某一整流桥故障不能继续运行时，由励磁系统使之退出并发出故障信号，故障的整流桥在发电机停机后进行处理。励磁晶闸管控制角 α 范围为 4°～150°（随励磁系统供应商不同而有所不同），当控制角 α 范围为 90°～150°时，可以提供负励磁，负励磁电压为 $1.35U_2\cos\alpha$。

当励磁功率整流器采用强迫风冷方式时，励磁功率整流器需要配置冷却风机，冷却风机需要采用两路互为备用的供电电源供电。

按《大中型水轮发电机静止整流励磁系统技术条件》（DL/T 583—2018）规定，励磁调节器应设置互为热备用的两套独立的调节通道，包括一个自动电压调节通道和一个励磁电流调节通道。对大型或重要的发电机，每一套调节通道所需的发电机端电压及电流信号，取自不同的电压、电流互感器（或不同的绕组），所需的发电机转子电流及电压（若有）信号，通常也取自不同的电流、电压变送器，并各有自己的同步电压变压器。触发脉冲的输出经通道切换后送至整流器晶闸管的触发控制单元。两套调节通道应以一个公用的接口与外部系统联系，包括输入、输出（I/O）接口及通信接口，并通常配置带有共用显示器及键盘（或触摸屏）的人机接口。励磁调节器通常需要采用两路外部电源供电，并至少有一路为电厂蓄电池的直流控制电源供电。励磁调节器的内部结构通常随供应商的产品可有多种型式。

灭磁方式不同其灭磁系统将有不同的结构。有直流磁场断路器及碳化硅（SiC）灭磁电阻的灭磁方式，灭磁电阻采用磁场断路器常闭接点投入的灭磁方式。还有直流磁场断路器及氧化锌（ZnO）灭磁电阻灭磁方式、交流磁场断路器及灭磁电阻灭磁方式（交流灭磁）及交直流磁场断路器及灭磁电阻的灭磁方式，灭磁电阻尚有采用专用开关（包括电子开关）投入方式。图 9.2-2 是采用双断口直流磁场断路器，断口分别布置在转子的正、负极回路。当磁场断路器选用单断口时，对未装设磁场断路器的转子与整流器的连接回路，可根据电厂的需要（如为方便检修维护等）设置检修用的隔离开关。

按《大中型水轮发电机静止整流励磁系统技术条件》（DL/T 583—2018）规定，大中型水轮发电机应装设转子过电压保护，并须设置起励装置。在整流器的交流侧，通常也设置过电压保护。

对装设双重主保护的发电机，磁场断路器通常有 2 个跳闸线圈，跳闸回路需要采用两路由不同直流母线供电的直流控制电源，可与励磁调节器的外部直流电源共用。磁场断路器合闸及相关回路，可采用两路直流控制电源中的一路供电，也可外部提供的第三回直流电源供电。

励磁系统应设置有与电厂计算机监控系统现地控制单元的 I/O 接口，接受电厂计算机监控系统的监控输入及向计算机监控系统输出励磁系统的运行信息，如开停机命令、发电机电压或无功的增减、PSS 投退及其他需要交换的监控信息，包括励磁系统故障信息、励磁系统的电气测量信息等。这些接口应采用硬布线方式连接，根据需要可再设置通信接口。

励磁系统与继电保护的 I/O 接口，包括继电保护启动磁场断路器跳闸灭磁的输入信号、装于励磁系统的转子接地保护及发电机失磁保护附件的输出(转子电压信号输出)、作用于停机跳闸的励磁系统事故和转子过电压保护动作停机跳闸的输出等信号,均应以硬布线方式直接与继电保护装置连接。

励磁系统控制所需的一些信号,如机组转速信号(投入起励)、发电机(或发变组)断路器位置信号等,一般应以硬布线方式直接与相应的装置连接(如直接接至调速器屏、断路器汇控柜或保护屏)。

根据电厂及励磁系统的具体情况,在励磁系统结构中可能有其他的组成部分及不同的接线。例如:通常在磁场断路器跳闸灭磁时将启动故障录波装置,需将发电机转子电压(或电流)接入录波装置;结构中也可能有与发电机电气制动相关的回路等。这些连接也应采用硬布线直接连接方式。

励磁系统与外部系统或设备的连接,通常随电厂具体情况及励磁系统供应商而有所不同。

9.3 励磁变压器参数选择

鉴于目前大多数水电站发电机采用自并励励磁方式,所以本节主要介绍自并励系统励磁变压器的参数选择。自并励系统的励磁电源由发电机端的励磁变压器供电。励磁变压器的高压侧通常接于发电机机端母线,低压侧接晶闸管三相全控桥式整流器,励磁功率整流器的负载为大电感、对地绝缘的发电机转子。由于励磁变压器负载及接线的特点,以及电网和电厂对发电机励磁系统的特定要求,使自并励的水轮发电机励磁变压器工作条件及技术要求与一般应用的电力变压器存在一定差异。

自并励励磁方式与自复励励磁方式相比,由于励磁电源仅由励磁变压器供给,没有受到串联变压器影响,整流谐波小,但励磁变压器容量大,阳极电压高。

9.3.1 励磁变压器的类型

励磁变压器通常采用干式变压器并安装在电厂厂房内,安装在户外时也可以采用油浸式变压器。励磁变压器的类型通常应考虑使用的电气及自然环境条件、运行维护的要求和使用的安全性等方面。

目前,我国水电站发电机励磁变压器通常布置于厂房内,并主要采用以环氧树脂为绝缘材料的环氧树脂干式变压器。环氧树脂是难燃、阻燃、自熄的固体绝缘材料。环氧树脂干式变压器具有较好的防潮、防腐、抗湿热、阻燃和自熄特性,适用于室内或防火要求高的场合。它有局部放电值低、抗短路能力及耐雷电冲击能力强、体积小、重量轻、损耗及噪声低、安装维护方便简单、可靠性高和寿命长等特点。高热下树脂不会产生有毒有害气体。环氧树脂干式变压器绝缘等级有 F 级、H 级,目前常用的主要为环氧树脂浇筑型干式变压器,绕完线的变压器线圈放进模具里,在真空状态下用环氧树脂浇筑,然后在高温下固化。

常用的电力干式变压器除环氧树脂浇筑式外,尚有浸渍式及绕包式等类型,并有采用诺梅克斯(NOMEX)绝缘材料干式变压器。NOMEX 绝缘材料干式变压器的匝间、层间绝缘等均采用 NOMEX 纸或其制品。低压线圈通常为铜箔绕组,高压线圈为层式结构,使用

NOMEX纸包铜线绕制。NOMEX材料制品包括纸、层压板、预制件等，是美国杜邦公司的专利产品。NOMEX是一种芳香聚酰胺聚合物，发明于20世纪60年代。由于它具有优越的化学、机械、电气以及物理等性能，目前已被广泛应用于电气设备制造、宇航设备、劳动保护设备以及消防、环保等设备上。主要特点是：属于C级绝缘材料，耐热温度220℃（环氧树脂可达200℃），并可承受较大的温度梯度；相对介电常数较其他绝缘材料更接近于空气，使绝缘与冷却介质间的电场分布更为均匀；NOMEX纸不吸水，具有较好的防潮性能，即使在相对湿度为95%的状态下，仍可保持90%的完全干燥时的介质强度；较好的机械强度（包括抗张、抗撕裂和抗压强度、抗摩擦和抗割穿性能及较好的挠性）；较好的阻燃性能及较好的防火能力；绝缘材料的降解处理回收能较好地满足环保方面的要求。NOMEX材料型变压器通常提供的绝缘等级为H级或更高的等级。

另外尚有导线用玻璃布绝缘，层间使用陶瓷垫块，绕组采用陶瓷绝缘子支撑的浸渍式干式变压器。其高压绕组导线绕在玻璃钢筒上，低压绕组为线绕或箔绕，高、低压绕组及绝缘筒整体在真空罐中，在常压下浸渍液态绝缘材料，再加热烘干。

干式变压器线圈通常采用箔绕或线绕，包括低压及高压线圈，材料通常为铜或铝，容量较大的干式变压器的低压线圈通常采用箔式绕制。采用箔式绕制的线圈，较有利于变压器三相电抗平衡及抗突发短路能力和耐雷电冲击能力；导体内电荷及绕组电场分布均匀，集肤效应及局部放电相对较小；其薄截面有利于减少导体内的涡流；由于铜箔的光滑和少焊接，线圈的温度梯度能较好地保持一致，降低了产生局部热点的可能性。

干式变压器冷却方式有自然空气循环冷却（冷却方式标志为AN）或强迫空气循环冷却（风机冷却，冷却方式标志为AF）方式。励磁变压器通常采用自然空气循环冷却。

在美国的H级干式变压器市场中，用NOMEX材料的干式变压器占据主导地位。而欧洲等地区的干式变压器则主要采用环氧树脂浇筑型。在我国的发电机励磁系统中，励磁变压器目前基本上采用环氧树脂浇筑干式变压器。

9.3.2 励磁变压器参数选择计算

9.3.2.1 励磁变压器低压绕组额定电压计算

励磁变压器低压绕组额定电压按满足励磁系统顶值电压要求设计，以保证励磁系统可提供发电机强励所要求的励磁系统顶值电压。按照IEEE421.1标准的定义，励磁系统顶值电压（也称励磁顶值电压、顶值电压）是指励磁系统在指定条件下可提供的最大直流电压。对自并励励磁系统，励磁系统提供的直流电压为励磁功率整流器的输出电压。目前，励磁功率整流器通常采用晶闸管三相全控桥式整流器，励磁功率整流器输出电压的平均值 U_d 由式(9.3-1)可计算为：

$$U_d=1.35U_2\cos\alpha-\frac{3}{\pi}I_dX_{TE}-\sum\Delta U \tag{9.3-1}$$

式中：U_2——励磁变压器低压绕组线电压（有效值，V）；

α——励磁功率整流器晶闸管的控制角；

I_d——励磁功率整流器输出电流(A);

X_{TE}——励磁变压器每相电抗(Ω)。

式(9.3-1)忽略了整流桥至交流电源间每相回路的其他电抗(如电缆等),整流器的交流侧电缆较长时,此项应以每相电缆电抗与X_{TE}之和取代式中的X_{TE};$\sum\Delta U$为励磁变压器至发电机转子正负端之间的电流回路总电阻压降(包括整流器交流侧回路、晶闸管快速熔断器、整流器直流侧至转子绕组正负极回路电阻的压降)及导通晶闸管(一对)的电压降。

发电机强励时,励磁功率整流器的输出电压U_d应为励磁系统的顶值电压。发电机强励所要求的励磁顶值电压,通常以顶值电压倍数k_{cu}与额定励磁电压U_{fN}之积$k_{cu}U_{fN}$表示,即强励时有$U_d=k_{cu}U_{fN}$。此时励磁功率整流器输出电流I_d的最大值为顶值电流$k_{ci}I_{fN}$,k_{ci}为励磁顶值电流倍数,为励磁系统顶值电流与额定励磁电流I_{fN}之比。在9.2.2中已说明,对采用自并励励磁方式的发电机,励磁顶值电压倍数应按机端电压下降至80%的发电机额定电压计算。故满足发电机强励要求的励磁功率整流器输出电压由式(9.3-1)应有下式关系:

$$k_{cu}U_{fN}=1.35\times0.8U_{2N}\cos\alpha_{\min}-\frac{3}{\pi}k_{ci}I_{fN}X_{TE}-\sum\Delta U \quad (9.3\text{-}2)$$

式中:$\alpha_{\min}$——强励时励磁功率整流器晶闸管的控制角,由励磁系统供应商确定,通常取4°~10°,简化计算时也可取0°;

U_{fN}、I_{fN}——发电机的额定励磁电压、电流;

$\sum\Delta U$——强励时,$\sum\Delta U$通常可取4~10V,整流器的交流或直流侧有较长的电缆时,可取较大的数值或具体计算电缆的电阻压降,也可以具体地计算电流回路各部分的压降后总加。

励磁变压器每相电抗(Ω)X_{TE}以下式计算:

$$X_{TE}=u_k\frac{U_{2N}}{\sqrt{3}I_{2N}} \quad (9.3\text{-}3)$$

式中:u_k——励磁变压器的阻抗电压,以变压器额定电压的百分数表示;

I_{2N}——励磁变压器低压绕组的额定电流,在计算励磁变压器低压绕组额定线电压时,I_{2N}可取$0.816k_iI_{fN}$。

将X_{TE}及I_{2N}的计算式代入式(9.3-2),整理后可得到满足发电机励磁系统顶值电压要求的变压器低压绕组额定线电压U_{2N}的计算式为:

$$U_{2N}=\frac{k_{cu}U_{fN}+\sum\Delta U}{1.35\times0.8\cos\alpha_{\min}-\frac{\sqrt{3}}{\pi}\times k_{ci}\left(\frac{u_k}{0.816k_i}\right)} \quad (9.3\text{-}4)$$

式中:k_i——励磁变压器低压绕组的电流裕度系数。

9.3.2.2 励磁变压器低压绕组额定电流计算

励磁变压器应提供发电机长期连续运行所需的励磁电流,其低压绕组额定电流通常按发电机额定励磁电流运行并考虑一定裕度系数进行计算选择。对目前通常采用的晶闸管三相全控桥式励磁功率整流器，发电机励磁电流（即功率整流器整流侧电流）与励磁变压器低压绕组电流（即功率整流器交流侧电流）的关系可由式（9.3-5）计算。

$$I_{2N}=\sqrt{\frac{2}{3}}k_iI_{fN}\sqrt{1-3\Psi(\alpha_N,\gamma_N)} \tag{9.3-5}$$

式中：k_i——电流裕度系数，根据电厂情况可取 1.1～1.3，通常按保证发电机在 1.1 倍的发电机额定励磁电流下长期连续运行取 1.1。

$\Psi(\alpha_N,\gamma_N)$由式（9.3-6）可计算为：

$$\psi(\alpha_N,\gamma_N)=\frac{1}{2\pi}\frac{\sin\gamma_N[2+\cos(2\alpha_N+\gamma_N)]-\gamma_N[1+2\cos\alpha_N\cos(\alpha_N+\gamma_N)]}{[\cos\alpha_N-\cos(\alpha_N+\gamma_N)]^2} \tag{9.3-6}$$

式中：α_N、γ_N——功率整流器输出为额定工况时（电压 U_{fN}、电流 I_{fN} 时）励磁晶闸管的控制角、换相角（弧度）。

以角度表示的 γ_N 由式（9.3-7）可计算为：

$$\gamma_N=\cos^{-1}(\cos\alpha_N-\frac{\sqrt{2}X_kI_{fN}}{U_{2N}})-\alpha_N \tag{9.3-7}$$

以角度表示的 α_N 由式（9.3-8）可计算为（整流器输出 $U_{dN}=U_{fN}$，忽略晶闸管换相过程及晶闸管导通正向压降和回路电阻压降）：

$$\alpha_N=\cos^{-1}(\frac{U_{fN}}{1.35U_{2N}}) \tag{9.3-8}$$

发电机额定运行工况下的换相角通常较小，可近似按换相角及 $\Psi(\alpha_N,\gamma_N)$值为 0 对励磁变压器低压绕组额定线电流 I_{2N} 进行计算。此时式（9.3-5）可简化计算为：

$$I_{2N}=\sqrt{\frac{2}{3}}k_iI_{fN}=0.816k_iI_{fN} \tag{9.3-9}$$

上述计算公式计算的励磁变压器低压绕组的额定电压及电流，均指变压器低压绕组基波电压及电流的有效值。

9.3.2.3 励磁变压器额定容量计算

励磁变压器的额定容量，通常按发电机在 1.1 倍的额定励磁电流和电压下能长期连续运行、变压器的过载能力可满足发电机强励时的励磁容量要求进行计算选择。

（1）励磁变压器额定容量计算

励磁变压器的额定容量，通常按励磁变压器额定电流和电压的基波分量计算并考虑谐波的附加损耗后确定。励磁变压器的非正弦工作电流，其高次谐波将产生附加的绕组铜损和铁损，在确定励磁变压器的额定容量时，通常以适当加大由基波分量计算的变压器容量的方法来考虑谐波的附加损耗，并按式（9.3-10）计算励磁变压器的额定容量：

$$S_{tN}=k_s\sqrt{3}U_{2N}I_{2N} \tag{9.3-10}$$

式中：U_{2N}、I_{2N}——励磁变压器低压绕组以基波分量计算的额定线电压及额定电流，分别由式(9.3-4)及式(9.3-5)计算；

k_s——变压器考虑谐波的附加损耗后的容量增加系数，根据制造厂及电厂的情况可取1.1～1.3。

在有条件可具体计算励磁变压器谐波产生的损耗时，可在基波分量计算的容量基础上加上谐波损耗作为变压器的额定容量。

(2)变压器的过载能力

励磁变压器通常以其过载能力来满足发电机强励对励磁容量的规定。发电机强励时，励磁功率整流器输出电压在很短时间内(几十毫秒)接近励磁顶值电压，但转子电流将按转子的时间常数以指数函数上升，至励磁顶值电流后，励磁功率整流器输出电压将被限制至此时的转子电压上。按《同步电机励磁系统大中型同步发电机励磁系统技术要求》(GB/T 7049.3)的规定，发电机强励时，励磁系统的顶值电流倍数一般为发电机额定励磁电流的1.5～2。按《大中型水轮发电机静止整流励磁系统技术条件》(DL/T 583—2018)要求，在输出顶值电流工况下，允许持续时间应不小于20s。可见，按发电机1.1倍额定励磁电流及励磁顶值电压计算选择的励磁变压器，需要以其过载能力来满足发电机强励所要求的励磁容量。

变压器通常均具有一定的过载能力，变压器制造商通常也可以给出所提供变压器的过载能力特性。变压器的过载能力，通常与变压器发生过载前的变压器负荷、过载时的运行环境温度有关。图9.3-1为环氧树脂浇筑干式变压器的过负荷特性。由于励磁变压器低压绕组的额定电压是按满足发电机强励时的励磁顶值电压要求选择的，励磁顶值电压通常为1.5～2.0的发电机额定励磁电压，故发电机正常运行时，励磁变压器负荷距额定值仍有较大的裕度。对具有图9.3-1特性的励磁变压器，若发电机的强励能力按2倍额定励磁电流持续20s考虑，发电机强励时，变压器的过负荷通常可在允许的过载能力范围内并有一定的裕度。一般而言，容量按式(9.3-10)计算的励磁变压器，其正常允许的过载能力可以满足发电机强励的要求。

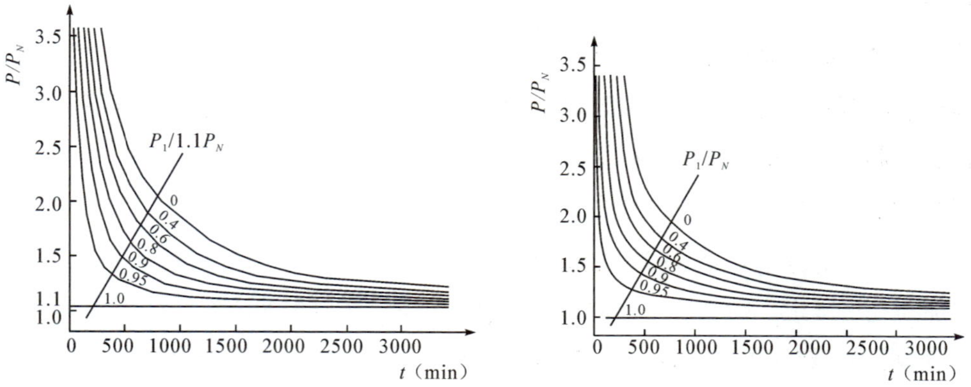

(a)环境温度20℃　　(b)环境温度40℃

P：变压器负荷；P_N：变压器额定容量；P_I：变压器初始负荷

图9.3-1　环氧树脂浇筑干式变压器的过负荷特性

当需要对励磁变压器在发电机强励时的过载能力进行校核时，可根据具体发电机所取的顶值电流及发电机的有关参数，按上述计算方法对发电机强励时励磁变压器应具有的容量进行计算，以计算的容量及发电机的强励持续时间，对照励磁变压器制造商提供的变压器过载特性进行校核。

9.3.2.4 励磁变压器主要参数的选择算例

本算例以亭子口水电站为例，发电机与励磁变压器参数选择计算相关参数为：额定励磁电流 I_{fN} 为 1900A，额定励磁电压 U_{fN} 为 420V（发电机转子 75℃时电阻 R_f 为 0.191Ω），强励电压顶值倍数 k_{cu} 为 2，强励电流顶值倍数 k_{ci} 为 2。励磁系统强励时功率整流器晶闸管的控制角，由励磁系统集成商确定，本算例取 α_{min} 为 10°。计算所需的励磁变压器阻抗电压可预先设定，本算例 u_k 取 8%。

（1）励磁变压器低压绕组额定电压计算

变压器低压绕组额定电压见式（9.3-4）。当取计算变压器低压绕组额定电流的裕度系数 k_i=1.1、总电阻压降$\sum\Delta U$=6（V），则有：

$$U_{2N}=\frac{k_{cu}U_{fN}+\sum\Delta U}{1.35\times0.8\cos\alpha_{min}-\frac{\sqrt{3}}{\pi}\times k_{ci}\left(\frac{u_k}{0.816k_i}\right)}$$

$$=\frac{2.0\times420+6}{1.35\times0.8\times0.9848-\frac{\sqrt{3}}{\pi}\times2\left(\frac{0.08}{0.816\times1.1}\right)}=876(\text{V})$$

（2）励磁变压器低压绕组额定电流计算

由式（9.3-9）可知，取电流裕度系数 k_i=1.1，变压器低压绕组额定电流可计算为：

$$I_{2N}=\sqrt{\frac{2}{3}}k_iI_{fN}=0.816k_iI_{fN}=0.816\times1.1\times1900=1705(\text{A})$$

（3）励磁变压器额定容量计算

当考虑谐波附加损耗的容量增加系数 k_s 取 1.1 时，由式（9.3-10）励磁变压器额定容量为：

$$S_N=k_s\sqrt{3}U_{2N}I_{2N}=1.1\sqrt{3}\times876\times1705=2845.6\text{kVA}\qquad 取\ 2850\text{kVA}$$

该容量干式变压器产品的阻抗电压 u_k 为 8%。根据厂家提供的变压器过负荷特性，选择的变压器具有满足发电机强励要求的过负荷能力。长江设计院设计的部分水电站发电机组励磁变压器主要参数见表 9.3-1。

表 9.3-1　长江设计院设计的部分水电站发电机组励磁变压器主要参数汇总表

电站名称	装机容量(MW)	台数	单机容量(MW)	励磁变压器			
				二次侧额定电压(V)	额定容量(kVA)	型式	绝缘等级
三峡左岸	9800	14	700	950/1243 VGS/ABB	6300/9000 VGS/ABB	单相、环氧浇筑	H
三峡右岸 (哈尔滨/东方/阿尔斯通)	8400	12	700	1243/1024/1264	2925/2200/2705	单相,环氧 浇筑干式	H
三峡地下	4200	6	700	1264	2705	单相,环氧 浇筑干式	H
乌东德	10200	12	850	1180/930 VSH/AHC	7500/6900 VSH/AHC	环氧浇筑	F
彭水	1750	5	350	765	2970	环氧浇筑	H
亭子口	1100	4	275	870	2850	单相、环氧浇筑	H
水布垭	1840	4	460	965	3370	环氧浇筑	H
构皮滩	3000	5	600	752/1006 阿尔斯通/DFEM	4200/4800 阿尔斯通/DFEM	环氧浇筑	H
马来西亚沐若	9440	4	236	990	800	单相,环氧 浇筑干式	H
巴基斯坦 NJ	1062	4	265.5	655	2000	三相	F

9.4 功率整流器参数及冷却方式选择

9.4.1 功率整流装置

9.4.1.1 功率整流装置接线方式

水轮发电机组励磁系统的功率整流器大多采用晶闸管(即可控硅)三相全控桥式接线方式,在发电机运行时,工作在整流模式,为发电机提供转子电流。停机时,改变晶闸管导通角,让整流器工作在逆变模式,输出极性相反的电压,使转子电流快速衰减至零,实现逆变灭磁。一个整流桥构成的励磁功率整流器等值电路见图 9.4-1。四桥并联的励磁功率整流器接线见图 9.4-2。

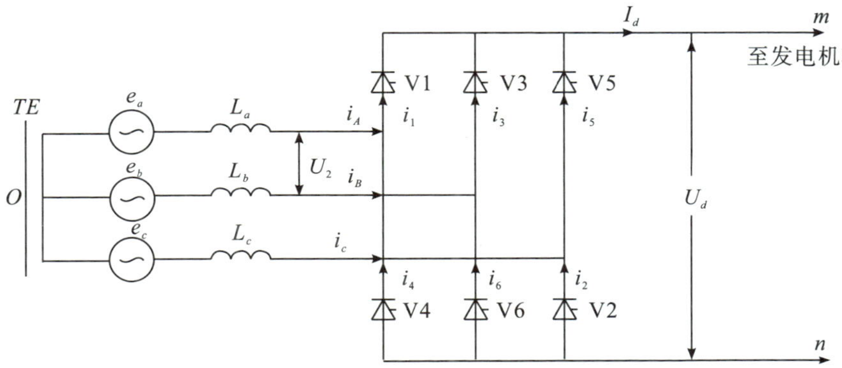

图 9.4-1 一个整流桥构成的励磁功率整流器等值电路

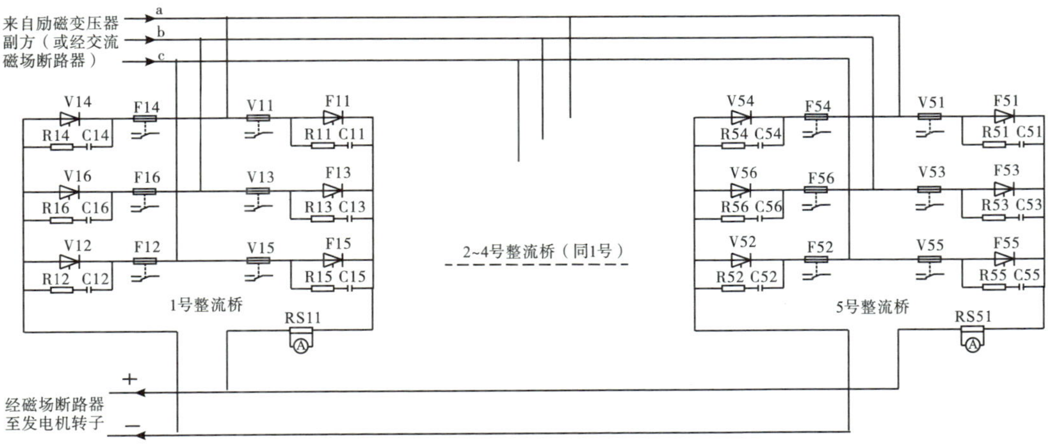

图 9.4-2 四桥并联的励磁功率整流器接线图

整流器的输出(电流、电压)能力应满足发电机在各种运行工况下(包括强励)的励磁要求。根据机组励磁容量大小,整流器可采用两个及以上整流桥(支路)并联构成。为保证励磁系统的可靠性,整流桥必须冗余配置,整流桥数量按 $N+1$ 的模式配置,即在 1 个整流桥因故退出运行时,剩余的 N 个桥应保证发电机在包括强励在内的各种工况下可靠运行。

9.4.1.2 三相全控桥式整流器输出电压的计算

在某一控制角 α 下，三相全控桥式整流器输出电压波形在一个周期内可分为相同的 6 段，即 ωt 由 $(\pi/6+\alpha)\sim(\pi/2+\alpha)$、$(\pi/2+\alpha)\sim(5\pi/6+\alpha)$ 等段。整流器的输出电压平均值 U_d 可由任一段输出电压波形的平均值求得，下面以 $(\pi/6+\alpha)\sim(\pi/2+\alpha)$ 段输出的 e_{ab} 电压波形求取。励磁变压器低压绕组相间电动势瞬时值 e_{ab} 可表示为：

$$e_{ab}=\sqrt{2}E_2\sin(\omega t+30^\circ) \tag{9.4-1}$$

式中：E_2——励磁变压器低压绕组相间（线）电动势有效值，数值上等于变压器低压绕组的空载线电压 U_2。

为工程计算方便，以下以 U_2 取代 E_2 进行计算。当忽略晶闸管换相过程、忽略晶闸管导通的正向压降及回路电阻压降时，整流器的输出电压平均值 U_d 由 e_{ab} 的 $(\pi/6+\alpha)\sim(\pi/2+\alpha)$ 段的积分可求得：

$$\begin{aligned}U_d&=\frac{1}{\frac{2\pi}{6}}\int_{\frac{\pi}{6}+\alpha}^{\frac{\pi}{2}+\alpha}\sqrt{2}U_2\sin(\omega t+30^\circ)\mathrm{d}\omega t=\frac{3}{\pi}\sqrt{2}U_2\left[-\cos(\omega t+30^\circ)\right]_{\frac{\pi}{6}+\alpha}^{\frac{\pi}{2}+\alpha}\\&=\frac{3}{\pi}\sqrt{2}U_2\cos\alpha=1.35U_2\cos\alpha\end{aligned} \tag{9.4-2}$$

事实上整流电路的 a、b、c 各相回路中通常都存在电感，接受触发脉冲导通的晶闸管的电流不可能瞬间突变，有一个从 0 逐渐上升到整流器输出电流 I_d 的过程，与此同时，换相关断的晶闸管电流相应地从 I_d 逐渐降至 0。在换相过程中，换相导通及换相关断晶闸管变化的电流将在所连接的相阻抗上产生电压降落。但由于换相开始后，换相后导通的两个晶闸管所接的相间正弦电压总是高于换相前导通的两个晶闸管所接的相间正弦电压，换相发生后，整流器的电压输出即切换至换相后导通的两个晶闸管所接的相间正弦电压上，故仅换相后导通的晶闸管连接相的阻抗电压降落对整流器的输出电压产生影响，使整流器输出电压在换相期间出现数值上等于换相后导通相的阻抗电压降的电压降落。当忽略回路电阻及晶闸管的电压降落，仅考虑相回路的电抗压降时，每次换相时整流器输出电压所降低的电压积分值可计算为：

$$\Delta A=\int_0^{\gamma}(L\frac{\mathrm{d}i}{\mathrm{d}t})\mathrm{d}\omega t=L\omega\int_0^{I_d}\mathrm{d}i=I_dX=I_dX_{TE} \tag{9.4-3}$$

式中：L、X——整流器交流电路相回路中的电感、电抗，$X=\omega L$，认为各相相等；

ω——整流器交流电压的电角速度，$\omega=2\pi f$；

f——交流电压频率。

根据具体工程的情况，当可忽略整流器交流回路电缆等的电抗时，交流电路相回路电抗可考虑为励磁变压器的电抗 X_{TE}。三相全控桥式整流器每周换相 6 次，故换相引起整流器输出电压的平均压降 ΔU_γ 可计算为：

$$\Delta U_{\gamma}=\frac{6}{2\pi}\Delta A=\frac{3}{\pi}I_{d}X_{TE} \tag{9.4-4}$$

另外，由于励磁功率整流器的正常负载为具有大电感的发电机转子，在整流器晶闸管的非换相期间，可认为转子电流（也是整流器输出电流）近似不变，在交流回路的电抗上不产生电压降。故若设整流器交流回路及至发电机转子绕组回路的电阻压降（包括励磁变压器电阻、整流器交流电缆电阻、快速熔断器电阻、整流器至转子绕组的回路电阻压降）及整流器导通的两臂晶闸管电压降的总压降为$\sum\Delta U$，则三相全控桥式整流器输出电压的平均值可计算为：

$$U_{d}=1.35U_{2}\cos\alpha-\frac{3}{\pi}I_{d}X_{TE}-\sum\Delta U \tag{9.4-5}$$

整流器工作在逆变状态时，三相全控桥式整流器输出电压通常以逆变角β计算，$\beta=180°-\alpha$。忽略晶闸管换相过程、晶闸管导通的正向压降及回路电阻压降时，三相全控桥式整流器逆变状态的输出电压由式(9.4-2)可计算为：

$$U_{d}=1.35U_{2}\cos(180°-\beta)=-1.35U_{2}\cos\beta \tag{9.4-6}$$

为使整流器工作在逆变状态，整流器的逆变角必须大于最小逆变角β_{min}。整流器的最小逆变角，由式(9.4-7)确定：

$$\beta_{min}>\gamma+\delta \tag{9.4-7}$$

式中：δ——晶闸管关断时间对应的电角度；

γ——换相角，主要取决于交流回路的电抗及整流器的运行参数，一般为15°～25°。

故工作在逆变状态下整流器输出平均电压绝对值的最大值U_{dm}（忽略晶闸管换相过程及回路电阻和晶闸管的电压降）为式(9.4-8)计算值的绝对值：

$$U_{dm}=1.35U_{2}\cos(180-\beta_{min}) \tag{9.4-8}$$

若整流器的逆变角小于最小逆变角β_{min}，则将导致逆变失败。故逆变状态下整流器的最大控制角必须保证逆变角不小于β_{min}，即逆变控制角α应为$90°<\alpha\leqslant(180°-\beta_{min})$。换相角$\gamma$可采用下式计算：

$$\gamma=-\alpha+\cos^{-1}\left(\cos\alpha-\frac{2XI_{d}}{\sqrt{2}U_{2}}\right)=-\alpha+\cos^{-1}\left(\cos\alpha-\frac{2X_{TE}I_{d}}{\sqrt{2}U_{2}}\right) \tag{9.4-9}$$

式中整流器交流电路相回路电抗X，在可以忽略电缆等的电抗时，可考虑为励磁变压器的电抗X_{TE}。

9.4.1.3 整流器交流侧电流计算

整流桥每臂的晶闸管通常称为整流桥的一个阀（即阀V_1、V_2～V_6）。在一个周期内，整流桥交流侧电流是由通过两个同相阀的电流组成。当忽略换相过程时，励磁变压器低压绕组线电流I_2与整流侧电流I_d有下式关系：

$$I_{2}=0.816I_{d} \tag{9.4-10}$$

整流器在控制角及换相角大于0°时，励磁变压器低压绕组线电流与在整流侧电流的转换系数将小于0.816。

9.4.1.4 整流器整流桥(支路)的并联及电流均衡

由于功率整流装置由多个整流桥并联支路构成,因此并联支路间就不可避免存在电流分配不均的问题,需要考虑整流桥间的电流均衡措施。首先,在元件选择时,应挑选动态及稳态特性尽量相近的晶闸管元件,这是实现整流器支路间电流均衡的首要措施。此外,为使各支路有相近的阻抗,在施工时应尽量保证整流器各支路至励磁变压器的交流电缆型号相同且长度相等。随着智能控制技术的发展,国内外厂家采用智能动态均流的方法,在每个整流桥的正、负输出连接处都配有电流传感器,根据电流测量值,励磁调节器自动调节各可控硅桥的输出电流,实现并联整流桥间的电流均衡,即使在一个或多个功率柜退出后,运行的功率柜之间仍可实现动态均流。

整流器支路间电流均衡度,通常以均衡系数k_I表示。k_I是整流器并联运行各支路电流的平均值与支路最大电流之比:

$$k_I=\frac{\sum_{i=1}^{m}I_i}{mI_{\max}} \tag{9.4-11}$$

式中:m——并联支路数。

I_i——支路电流。

$I_{\max}$——并联支路中的最大支路电流。

通常要求k_I在发电机额定工况时,应不低于0.9;在空载额定工况时,应不低于0.85。

9.4.2 晶闸管参数选择计算

励磁系统功率整流器通常采用普通三极晶闸管,在工程设计中通常按晶闸管的额定电压及额定电流满足发电机各种运行方式的要求对晶闸管进行计算选择。

9.4.2.1 晶闸管额定电压的选择计算

晶闸管额定电压是晶闸管的断态正向重复峰值电压V_{DRM}或反向重复峰值电压V_{RRM},是晶闸管允许重复施加的最大正向或反向电压(峰值)。在晶闸管的实际应用中,施加于晶闸管的重复性的电压(峰值)不应超过正向或反向重复电压峰值,即不应超过晶闸管的额定电压。故励磁功率整流器晶闸管的额定电压,应按不低于励磁系统实际运行中可能施加于晶闸管的重复性的最大电压峰值进行选择,包括发电机端的工频电压升高及励磁系统过电压,并有足够的裕度,通常按满足式(9.4-12)进行计算选择。

$$V_{RRM},V_{DRM}\geqslant K_{ut}k_{pf}k_u\times\sqrt{2}\times U_{2N} \tag{9.4-12}$$

式中:U_{2N}——励磁变压器低压绕组额定线电压(有效值)。

K_{ut}——电压裕度系数,取大于2;

k_{pf}——过电压倍数,取1.3~1.6,视整流器的类型及过电压保护完备情况而定;

k_u——相对于额定电压的整流器交流电源电压(工频)升高系数,通常取1.05~1.1,特殊情况(如考虑发电机甩负荷电压升高时)可取更高的数值。

对励磁功率整流器交流电源取自发电机机端的自并励励磁系统,整流器交流电源工频电压升高取决于发电机机端的电压升高。发电机正常运行时,机端电压的正常变化范围一般为1.05~1.1倍的发电机额定电压。发电机甩负荷且励磁系统工作正常时,机端电压升高不超过额定电压的1.15倍。在机组甩负荷转速升高出现励磁调节器故障失灵时,发电机机端可能出现较高的电压升高,过电压取决于励磁系统的故障情况及机组的转速升高值,并可能导致发电机定子过电压保护动作。由于目前水轮发电机定子过电压保护通常整定为1.3倍额定电压启动、延时0.3s动作解列灭磁,因此在发电机定子过电压保护启动后的延时过程中,发电机端电压将超过1.3倍额定电压。k_u 可取1.35~1.5。

水电站发电机励磁系统目前基本上均采用设置了过电压保护的三相全控桥式励磁功率整流器,并通常按系统的过电压倍数为 $k_{pf}=1.4\sim1.5$(一般取1.5)设置过电压保护。

另外,晶闸管通常采用快速熔断器保护,快速熔断器熔断时将产生较高的分断弧压,为确保晶闸管的安全,与之串联的晶闸管的反向不重复峰值电压应大于此时施加于晶闸管上的电压。在晶闸管额定电压选择时可考虑对此进行校验。

9.4.2.2 晶闸管额定电流的选择计算

晶闸管额定电流是晶闸管的通态平均电流,是在规定的环境温度及散热器或晶闸管壳温温度下,允许流过晶闸管的最大电流(正弦半波电流平均值)。晶闸管额定电流通常按满足发电机强励要求选择,额定电流的确定通常须校验晶闸管正常运行的结温,对某些电厂还须校验整流器在二桥故障时的负载能力。

(1)晶闸管额定电流计算

励磁功率整流器中并联支路(桥)数通常按 $N+1$ 进行配置,在一桥故障 N 支路并联运行时能满足发电机所有运行工况的要求(包括强励在内)。某些电厂还要求在二桥故障时($N-1$ 支路并联运行时)能满足除强励外所有运行方式的要求。

在发电机强励情况下,要求励磁功率整流器提供的输出电流(平均值)为 $I_d=k_{ci}I_{fN}$,k_{ci} 为励磁系统顶值电流倍数,I_{fN} 为发电机额定励磁电流。对以 N 并联支路(桥)运行的整流器,一个整流桥的输出电流(平均值)I_{d1} 可计算为:

$$I_{d1}=\frac{I_d}{Nk_I}=\frac{k_{ci}I_{fN}}{Nk_I} \tag{9.4-13}$$

式中:k_I——整流器并联支路的均流系数,在发电机额定工况下,应不低于0.9;在空载额定工况时,应不低于0.85。

当忽略整流桥晶闸管的换相过程时,此时流过励磁功率整流器桥臂晶闸管电流的有效值 $I_{T(RMS)}$ 为:

$$I_{T(RMS)}=\frac{I_{d1}}{\sqrt{3}}=\frac{k_{ci}I_{fN}}{\sqrt{3}Nk_I} \tag{9.4-14}$$

选择的晶闸管的额定电流应大于上式计算的数值。晶闸管额定电流(即晶闸管的通态

平均电流 I_{TAVM})是以工频正弦半波电流测试并以工频正弦半波电流平均值标定。故须将以正弦半波电流平均值标定的晶闸管额定电流换算成正弦半波电流有效值表示，以便按式(9.4-14)的计算值对整流器桥臂晶闸管进行选择。

幅值为 I_m 的工频正弦半波电流的平均值 I_{TAV} 及有效值 I_{TRMS}(或称均方根值)可分别计算为：

$$I_{TAV}=\frac{1}{2\pi}\int_0^{\pi}I_m\sin\omega t\,\mathrm{d}\omega t=\frac{I_m}{\pi} \tag{9.4-15}$$

$$I_{TRMS}=\sqrt{\frac{1}{2\pi}\int_0^{\pi}(I_m\sin\omega t)^2\,\mathrm{d}\omega t}=\frac{I_m}{2} \tag{9.4-16}$$

由式(9.4-15)、式(9.4-16)可得到工频正弦半波电流的平均值与有效值的关系为：

$$I_{TRMS}=\frac{\pi}{2}I_{TAV} \tag{9.4-17}$$

故采用工频正弦半波电流测试并以工频正弦半波电流平均值表示的晶闸管额定电流 I_{TAVM}(通态平均电流)，当采用有效值表示时(即晶闸管的通态均方根电流 I_{TRMSM})，它们在数值上可有下式关系：

$$I_{TRMSM}=\frac{\pi}{2}I_{TAVM} \tag{9.4-18}$$

晶闸管额定电流按大于式(9.4-14)的计算值进行选择，并考虑一定的电流裕度(K_i)时，有：

$$T_{TRMSM}\geqslant K_iT_{T(Rms)}=\frac{K_ik_{ci}I_{fN}}{\sqrt{3}Nk_I} \tag{9.4-19}$$

对式(9.4-19)按式(9.4-18)将 I_{TRMSM} 以 I_{TAVM} 取代后，可得到整流器 N 并联支路数运行时，满足发电机强励要求的整流器桥臂晶闸管额定电流(通态平均电流 I_{TAVM})的选择计算式为：

$$I_{TAVM}\geqslant\frac{2K_ik_{ci}I_{fN}}{\sqrt{3}\pi Nk_I} \tag{9.4-20}$$

式中：K_i——电流裕度系数，为提高励磁系统的可靠性及使晶闸管有较长的寿命，需适当降低晶闸管额定电流使用，取较大的电流裕度，K_i 通常取 2 以上。

其余参数见式(9.4-14)。

对要求在二桥故障时($N-1$ 支路运行时)还能满足发电机除强励外所有运行方式要求的发电机励磁系统，此时发电机要求励磁功率整流器提供的输出电流(平均值)通常可按 I_d 为 $1.1I_{fN}$ 考虑。与上述的分析计算类似，可得到二桥故障时，满足发电机除强励外所有运行方式要求的整流器桥臂晶闸管额定电流(通态平均电流 I_{TAVM})的选择计算式：

$$I_{TAVM}\geqslant\frac{2K_i\times1.1I_{fN}}{\sqrt{3}\pi(N-1)k_I} \tag{9.4-21}$$

对有二桥故障运行方式要求的励磁系统，功率整流器桥臂晶闸管的额定电流 I_{TAVM} 应同时满足式(9.4-20)及式(9.4-21)的要求。

9.4.2.3 晶闸管正常运行的结温校验

对由式(9.4-20)及式(9.4-21)计算的晶闸管额定电流,需校验其在正常运行条件下的运行结温是否超过晶闸管运行结温的允许值。晶闸管的运行结温通常按其正常运行的功率损耗及其产品技术说明给出的功耗与温升关系特性参数进行计算。晶闸管的正常运行条件主要包括运行环境温度、散热器的型式及运行工况(负载电流)等。晶闸管的最高运行结温出现在最大功耗的运行工况,通常可按励磁功率整流器在 N 及($N-1$)支路运行工况下的晶闸管运行结温进行计算,若晶闸管运行结温不超过允许值,则可认为所选择的晶闸管额定电流是合适的。

(1)晶闸管正常运行的功率损耗计算

运行中晶闸管的功耗主要包括通态功耗 P_{Ton}、开通功耗 P_{on} 及关断功耗 P_{off}。晶闸管产品通常给出通态电压 V_T 与流过晶闸管的电流平均值 I_{TAV} 的关系曲线(图 9.4-3),以及开通功耗 W_{on} 和关断功耗 W_{off}(每次开通和关断时)与流过晶闸管的平均电流 I_{TAV} 等参数的关系曲线。晶闸管的通态功耗可由 V_T 及其电流平均值进行计算。流过晶闸管的电流平均值为 I_{TAV} 时,晶闸管的总功耗 P_T 可计算为:

$$P_T = P_{Ton} + P_{on} + P_{off} = V_T I_{TAV} + 50(W_{on} + W_{off}) \tag{9.4-22}$$

式中:V_T——产品给出的 V_T-I_{TAV} 关系曲线上对应于 I_{TAV} 的通态电压;

W_{on}、W_{off}——晶闸管每次开通和关断时的功耗,产品通常给出相关的特性曲线,电源频率为 50Hz 时,晶闸管在 1s 内有晶闸管 V_T-I_{TAV} 特性 50 次开通及 50 次关断。

晶闸管的最大总功耗应取运行中的最大电流计算,通常可取励磁整流器在 N 支路运行满足发电机强励时流过晶闸管的电流值,对有两桥故障运行要求的发电机取 N 支路运行及($N-1$)支路两种运行方式中的最大值。

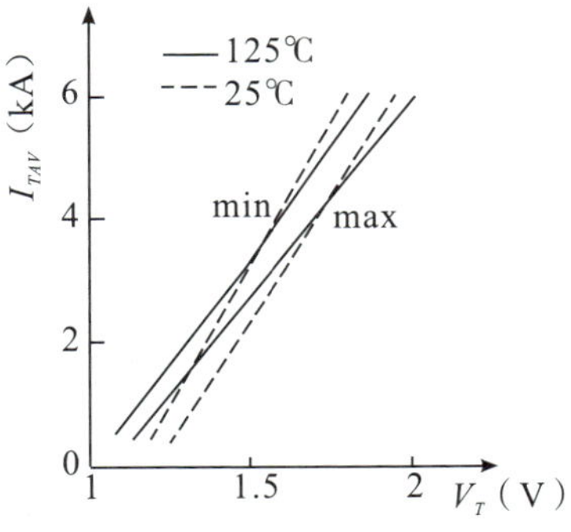

图 9.4-3 V_T 与 I_{TAV} 的关系曲线

式(9.4-14)给出了 N 支路运行时流过整流器桥臂晶闸管的电流有效值计算式。由于晶闸管产品给出的各功耗及通态电压 V_T,通常以与正弦半波电流平均值的关系给出。故在计算晶闸管的电流功耗时,须将式(9.4-14)以有效值计算的晶闸管电流,按流过晶闸管电流的有效值相等,换算为以正弦半波电流平均值表示的电流值。式(9.4-14)给出了正弦半波电流以平均值与以有效值表示时的数值关系。按流过晶闸管电流的有效值相等考虑时,即式(9.4-17)与式(9.4-14)计算的电流有效值相等时,有:

$$I_{TRMS} = I_{T(RMS)} = \frac{\pi}{2} I_{TAV} = \frac{k_{ci} I_{fN}}{\sqrt{3} N k_I} \tag{9.4-23}$$

由式(9.4-23)可得 N 支路运行时,流过整流器桥臂晶闸管的以正弦半波电流平均值表示的最大电流 I_{TAV} 为:

$$I_{TAV}=\frac{2k_{ci}I_{fN}}{\sqrt{3}\pi Nk_I} \tag{9.4-24}$$

按类同的考虑，$(N-1)$支路运行时，流过整流器桥臂晶闸管的以正弦半波电流平均值表示的最大电流 I_{TAV} 可计算为：

$$I_{TAV}=\frac{2\times 1.1I_{fN}}{\sqrt{3}\pi(N-1)k_I} \tag{9.4-25}$$

式(9.4-24)、式(9.4-25)各参数含义及取值见式(9.4-14)。式(9.4-25)仅用于有 $N-1$ 支路运行方式的励磁系统，此时式(9.4-22)计算时的 $I_{T(AV)}$ 取式(9.4-24)与式(9.4-25)计算的最大值。

(2)晶闸管正常运行结温计算

晶闸管的运行结温温升通常可由晶闸管的运行功耗 $P_T(kW)$ 与散热路径的总热阻 R_{th}(℃/kW)计算，若晶闸管运行环境的最高温度为 t_{cm}，则晶闸管的运行的最高结温 t_{jm} 可计算为：

$$t_{jm}=t_{cm}+P_TR_{th} \tag{9.4-26}$$

晶闸管运行环境的最高温度 t_{cm} 通常由励磁功率整流器供应商提供，主要与晶闸管采用的冷却方式及功率柜结构等有关，如某些供应商在采用强迫风冷方式时取 45 ℃，采用热管冷却方式时取 40℃。晶闸管采用热管冷却方式时，总热阻 R_{th} 通常由热管冷却晶闸管组件供应商提供(通常提供在近似无风及正常大气压运行条件下的总热阻)。采用散热器冷却时，总热阻 R_{th} 由晶闸管的结壳热阻 R_{thjc}、壳与散热器接触热阻 R_{thch} 及散热器热阻 R_{thh} 组成($R_{th}=R_{thjc}+R_{thch}+R_{thh}$)，通常由晶闸管及励磁系统供应商提供。散热器热阻 R_{thh} 通常与散热器所处的空气气流速度有关，在强迫风冷的风速下与无风情况下将有不同的数值。

晶闸管正常运行结温的校验，可能随晶闸管产品可提供的相关数据的不同而有不同的计算方法。

另外，励磁系统功率整流器的晶闸管，应可承受系统或电厂某些异常或故障运行方式下流过的短时暂态电流而不影响其正常使用(晶闸管的快速熔断器也不应熔断)。如发电机机端三相短路、异步运行、系统振荡等励磁系统的外部故障或异常情况、发电机误强励灭磁等，在短路被切除或异常消失后，励磁功率整流器应保持正常状态。这些短时暂态电流，通常以发电机误强励灭磁流过晶闸管的短时电流有较大的数值，特别对灭磁电阻投入产生附加分断电流的灭磁系统。发电机机端三相短路时转子的最大电流(峰值)可达发电机转子额定电流的 3.5 倍；误强励时的转子电流最大值，约为发电机转子额定电流的 4 倍，对灭磁电阻投入产生附加电流的灭磁系统，流过整流器晶闸管电流将有更高的倍数。晶闸管对这些短时暂态电流的承受能力通常可用其通态浪涌电流进行校验。一般情况下，对多桥构成的励磁功率整流器，所选择的晶闸管浪涌电流承受能力，通常应承受励磁系统外部故障或异常等引起的短时暂态过电流。

9.4.3 熔断器参数选择

在整流器外部或内部异常运行状态下，为保证整流器的安全可靠工作、避免元件损坏或故障扩大，需为励磁功率整流器提供过电压及过电流保护。整流器晶闸管过电压保护通常作为励磁系统过电压保护的一部分，在励磁系统设计中统一考虑。整流器晶闸管的过电流保护通常由晶闸管短路保护及过载保护构成，短路保护通常设置在整流器中并采用快速熔断器保护，过载保护由其他保护提供，如励磁系统中设置的励磁电流限制及励磁变压器的过电流保护，本节仅描述整流器晶闸管的快速熔断器保护。

对采用三相全控桥式晶闸管整流器的大中型发电机自并励励磁系统，在整流器中设置的晶闸管的快速熔断器保护，主要是针对整流器直流侧短路（包括发电机转子正极和负极短路）、整流桥桥臂晶闸管短路等系统内部短路引起的晶闸管过电流，并通常在每一晶闸管串接快速熔断器作为短路保护。快速熔断器参数应以保护整流器晶闸管不因短路过电流损坏、能安全可靠地切断和隔离短路点及满足正常运行要求进行选择。其主要参数包括熔断器的额定电压、额定电流、额定分断能力及 I^2t 等，通常按下述方法进行选择计算。

9.4.3.1 快速熔断器额定电压的选择计算

快速熔断器额定电压关系着熔断器使用的安全性，额定电压低于使用电压的熔断器通常不易熄弧甚至爆裂。熔断器的电压使用条件是系统电压的最大值不超过熔断器额定电压的 110%，对额定电压为 690V 的熔断器，最大系统电压不应超过熔断器额定电压的 105%。验证熔断器额定值的所有试验均以额定电压为基础。故快速熔断器额定电压 U_n（以有效值表示）通常按稍高于熔断器的使用电压（可能发生熔断的使用电压，为熔断器熔断后熔断器两端的电压，即恢复电压）进行选择：

$$U_n = K_{fu} k_{fu} U_{2N} \tag{9.4-27}$$

式中：U_{2N}——励磁变压器低压绕组电压额定线电压（有效值）；

K_{fu}——电压可靠系数，通常可取 1.05～1.1；

k_{fu}——熔断器使用电压相对于 U_{2N} 的电压（工频）升高倍数。

当熔断器的使用电压需要考虑发电机定子过电压保护启动后，由机端电压升高引起的短时电压升高时（即需要考虑熔断器在此情况下熔断），k_{fu} 的取值可与交流电源电压升高系数 k_u 作相同的考虑，取发电机定子过电压保护启动后机端电压升高倍数的最大值，在无具体分析计算数据时，k_{fu} 可取 1.4～1.5。不考虑发电机定子过电压保护启动后机端的短时电压升高情况时，熔断器的使用电压升高可考虑为发电机正常电压升高，k_{fu} 可取 1.05～1.1，或考虑为发电机甩负荷时的电压升高，k_{fu} 取 1.15。

快速熔断器熔断燃弧时，其两端将出现高于熔断器额定电压的电弧电压，过电压可达回路工作电压（以有效值表示）的 2 倍或以上，最大电弧电压的具体数值通常由熔断器制造厂家提供。熔断器熔断时产生的电弧电压将与交流电压叠加一起施加于整流器关断的晶闸管上，为避免晶闸管因施加电压超过晶闸管的反向不重复峰值电压而损坏，在熔断器额定电压选择时需要对此进行相关的考虑。由于较高额定电压的熔断器通常将有较高的熔断弧压，因此晶闸管过电流保护快速熔断器的额定电压，一般情况下宜按稍高于熔断器可能发生熔断的使用电压选择。

对水轮发电机自并励励磁系统的三相全控桥式励磁功率整流器，当整流器不出现单支路运行方式时，桥臂设置的熔断器熔断后的恢复电压通常不高于式(9.4-27)计算的电压值，此时一般不需要考虑熔断器熔断时的转子电压的影响。当整流器有单支路运行要求时，熔断器熔断后的恢复电压及熔断器额定电压的选择需计及转子电压。对大中型电厂发电机励磁系统，应尽量避免整流器的单支路运行方式。

9.4.3.2 快速熔断器额定电流的选择计算

快速熔断器额定电流应满足对晶闸管保护及使用条件下可长期持续运行的要求，通常按实际流过晶闸管的电流及柜内温度条件进行计算选择。一般按不低于发电机正常运行方式下流过晶闸管的最大电流 $I_{T(RMS)}$（有效值）及不大于整流器晶闸管的额定电流（通态平均电流 I_{TAVM}，归算至有效值）对快速熔断器额定电流 I_n 进行选择：

$$\frac{\pi}{2}I_{TAVM} \geqslant I_n \geqslant K_{fi}k_a I_{T(RMS)} \tag{9.4-28}$$

发电机正常运行方式下流过晶闸管的最大电流 $I_{T(RMS)}$，通常可考虑为发电机强励时或发电机转子电流为 1.1 倍发电机额定励磁电流时流过晶闸管的电流。

快速熔断器额定电流按发电机强励流过晶闸管电流进行选择时，快速熔断器额定电流 I_n 由式(9.4-18)可计算为：

$$\frac{\pi}{2}I_{TAVM} \geqslant I_n \geqslant K_{fi}k_a I_{T(RMS)} = K_{fi}k_a \times \frac{k_{ci}I_{fN}}{k_I N\sqrt{3}} \tag{9.4-29}$$

式中：$\frac{\pi}{2}I_{TAVM}$——以有效值表示的晶闸管额定电流；

K_{fi}——可靠系数，通常取 1.1～1.5；

k_a——环境温度系数，根据整流器柜内运行温度取 1～1.2；

$I_{T(RMS)}$——发电机强励时流过晶闸管的最大电流；

k_{ci}——励磁系统顶值电流倍数；

I_{fN}——发电机额定励磁电流；

k_I——整流器并联支路的均流系数，通常可取 0.85。

励磁功率整流器的并联支路（桥）数一般按 $N+1$ 进行配置，在 N 支路并联运行时（一桥故障时）能满足发电机所有运行工况的要求（包括强励在内）；一个三相全控桥式整流器桥中，以有效值表示的桥臂晶闸管电流等于桥输出电流除以 $\sqrt{3}$。

当电厂要求功率整流器在二桥故障时（$N-1$ 支路运行时）能满足发电机除强励外所有运行方式的要求，此时快速熔断器额定电流 I_n 尚应满足下式要求：

$$\frac{\pi}{2}I_{TAVM} \geqslant I_n \geqslant K_{fi}k_a \times \frac{1.1I_{fN}}{k_I(N-1)\sqrt{3}} \tag{9.4-30}$$

式中：$1.1I_{fN}$——此时发电机运行要求整流器的最大输出电流。功率整流器有二桥故障继续运行要求时，晶闸管额定电流应取式(9.4-29)与式(9.4-30)计算值的最大值。

快速熔断器通常具有一定的过载能力，在大于熔断器额定电流的某一倍数及某一持续时间下，熔断体特性不会发生明显变化。故若快速熔断器允许的过载能力的电流倍数及持续时间大于水电站发电机强励倍数及持续时间(通常可按2倍额定励磁电流持续20s)，快速熔断器的额定电流可按发电机正常长期运行时的转子电流(取1.1倍发电机额定励磁电流)进行计算选择，此时熔断器在承受强励运行状态后不会影响其正常使用。在实际运行中，发电机强励也是发生概率十分小的偶尔短时的运行方式。此时，对无($N-1$)运行要求的发电机，励磁整流器快速熔断器额定电流 I_n 由式(9.4-29)可计算为：

$$\frac{\pi}{2}I_{TAVM} \geqslant I_n \geqslant K_{fi}k_a \times \frac{1.1I_{fN}}{k_I N\sqrt{3}} \tag{9.4-31}$$

当电厂有功率整流器在二桥故障时($N-1$支路运行时)能满足发电机除强励外所有运行方式的要求时，按发电机正常长期运行的转子电流选择的快速熔断器的额定电流可按式(9.4-30)计算。

快速熔断器额定电流按发电机正常长期运行的转子电流进行计算选择，比按发电机强励时流过晶闸管的电流进行计算选择，熔断器将有较小的额定电流，在流过相同的短路电流时，熔断器将有较短的熔断时间，有较高的电流倍数(相对于熔断器额定电流的倍数)，更有利于对晶闸管的保护。对励磁变压器短路阻抗较大的采用较多支路并联整流器的大型发电机，可考虑采用这种选择方式。但若熔断器的特性不能满足发电机强励倍数及持续时间下的过载要求时，熔断器的额定电流仍须按式(9.4-29)进行选择。

实际选择的额定电流应考虑使熔断器的额定分断能力及 I^2t 满足晶闸管的保护要求。另外，某些熔断器产品给出的熔断 I^2t，可能为流过熔断器的电流大于熔断器额定电流某一倍数时的数值，在低于这个电流倍数时可能有较大的熔断 I^2t 值，从而要求额定电流的选择需要考虑熔断器熔断 I^2t 对短路电流倍数的要求，或在校验与晶闸管 I^2t 的配合时，需采用按实际流过熔断器的短路电流倍数(最小值)所对应的 I^2t 值。

一般而言，按上述计算选择的熔断器，在发电机强励、误强励、机端三相短路及发电机外部或系统故障及异常(如异步运行、系统振荡、非全相)等状态下，熔断器不会发生熔断。熔断器也不应在这些外部故障状态下熔断，励磁系统在这些状态消失后应能保持正常工作。

9.4.3.3　快速熔断器额定分断能力计算

快速熔断器的额定分断能力(以电流有效值表示)应按大于熔断器需要分断的最大电流进行选择，以保证熔断器在晶闸管最大过电流时能可靠地快速分断。最大电流可按整流桥在熔断器的最高使用电压下，发生一臂晶闸管击穿短路或整流器直流侧正、负极短路时，流过整流桥晶闸管及其保护熔断器的最大短路电流考虑，可采用下式计算：

$$I_{bf}=kK_uI_s^{(3)}=\frac{kK_uI_{2N}}{u_k} \tag{9.4-32}$$

式中：I_{bf}——快速熔断器的额定分断能力。

$I_s^{(3)}$——整流器交流侧在额定电压下的三相短路电流(周期分量有效值)。

K_u——短路前发电机机端电压升高系数(相对于发电机额定电压)，其取值与快速熔断器额定电压的选择计算相同，当熔断器的使用电压需要考虑发电机定子过电压保护启动后的短时电压升高时，可取发电机定子过电压保护启动后机端电压升高倍数的最大值，在无具体分析计算数据时，K_u 可取 1.4～1.5；不考虑发电机定子过电压保护启动后的短时电压升高情况时，熔断器的使用电压升高可考虑为发电机正常电压升高，K_u 可取 1.05～1.1，或考虑为发电机甩负荷时的电压升高，K_u 取 1.15。I_{2N} 为励磁变压器低压绕组额定电流(有效值)。u_k 为以变压器额定电压百分数表示的励磁变压器阻抗电压。

k——裕度系数，其设置及具体取值的考虑可参见本章计算例的相关说明。

9.4.3.4 快速熔断器 I^2t 的选择计算

在整流器发生短路故障时，为可靠地保护晶闸管，快速熔断器的熔断特性应处于被保护晶闸管的短时过电流特性之下，通常是使快速熔断器在最大使用电压时的熔断 I^2t 值按小于晶闸管元件的 I^2t 值进行选择。快速熔断器在最大使用电压时的熔断 I^2t 值应不大于晶闸管元件 I^2t 的 0.9(某些熔断器制造商建议此系数取 0.85)。快速熔断器的熔断 I^2t 值将随使用电压变化。快速熔断器的熔断 I^2t 值及随使用电压变化的修正系数，以及晶闸管元件的 I^2t 通常由元件的制造商提供。晶闸管元件的熔断 I^2t 也可由晶闸管的浪涌电流计算：

$$I^2t=I_{TS(RMS)}^2\times t \tag{9.4-33}$$

式中：$I_{TS(RMS)}$——晶闸管允许的通态浪涌电流均方根值 $I_{TS(RMS)}=I_{TSM}/\sqrt{2}$，其中 I_{TSM} 为晶闸管通态浪涌电流(峰值)；

t——晶闸管承受浪涌电流半周时间(工频 50Hz 时为 0.01s)。

另外，熔断器产品技术数据中给出的熔断 I^2t，可能为流过熔断器的电流大于熔断器额定电流某一倍数时的数值，在低于这个倍数分断时，熔断器将有较大熔断 I^2t 值。故在计算与晶闸管 I^2t 的配合时，需采用短路时实际流过熔断器的短路电流倍数所对应的 I^2t 值(由产品制造商提供)，或在熔断器额定电流的选择时需要考虑熔断 I^2t 对短路电流倍数的要求。

主要电站发电机励磁系统晶闸管熔断器参数选择如表 9.4-1。

表 9.4-1　部分水电站发电机励磁系统晶闸管、熔断器及电缆参数选择表

电站名称	装机容量	台数	单机容量	晶闸管参数					熔断器参数				交流侧电缆			直流侧电缆		
				并联路数	反向峰值电压	额定正向电流	正常运行结温	最高允许结温	额定电压	额定电流	额定分断能力	I^2t	最大载流量	电缆截面	根数	最大载流量	电缆截面	根数
三峡左岸	9800	14	700	5	4200/4900V (VGS/ABB)	1400A	/	/	2000V	630A	/	/	/	185mm^2	45	/	185mm^2	24
三峡右岸	8400	12	700	5	5200	1889	/	125	2000V	630A	/	/	/	185mm^2	45	/	185mm^2	24
三峡地下	4200	6	700	4	5200	2298	40	125	1500	3400	/	28000	462	185	3×16	462	185mm^2	24
乌东德	10200	12	850	4	5200/4200V (VHS/AHC)	2760/3170A (VHS/AHC)	/	/	1250V	2500A	/	2300 kA^{2}s	/	185mm^2	45	/	185mm^2	24
彭水	1750	5	350	3	4200V	3170A	/	/	1200V	1800A	/	11600 kA^{2}S	/	185mm^2	15	/	185mm^2	14
亭子口	1100	4	275	3	4200	2040	70	125	1500	1400	100	13500	546	185	3X5	546	185	2×6
水布垭	1840	4	460	4	4200V	2000A	/	/	/	/	/	/	/	185mm^2	15	/	185mm^2	16
构皮滩	3000	5	600	4	4200V	2000A	117.7℃	125℃	/	/	/	/	/	185mm^2	27	/	185mm^2	20
马来西亚沐若	9440	4	236	2	4200	3170	70	125	1250	1400		6000	462	185	3×3	375	150	2×6
巴基斯坦 NJ	1062	4	265.5	2	4200	3170	/	/	/	/	/	/	410	185	8×3	546	185	2×4

9.4.4 整流器冷却方式

发电机功率可控硅整流器运行时将产生大量的热量，使励磁功率柜内温度升高。为使可控硅整流器运行在允许的温度下，励磁功率整流器必须考虑散热冷却措施，功率整流装置冷却方式主要有自然冷却（包括热管自然冷却）方式、强迫风冷（开敞式或密闭式）方式及水冷冷却方式。

9.4.4.1 自然冷却方式及热管自然冷却

励磁功率整流器采用自然冷却方式时，整流器柜设有空气进出口，但不设置冷却风机，或仅设置后备风机，柜内的空气靠自然循环与柜外空气进行交换。采用自然冷却的励磁功率整流器，不需要依赖风机便可满足发电机运行要求，有较高的可靠性，并改善了柜内的积尘问题，冷却系统相对强迫风冷等其他冷却方式简单，减轻了运行维护工作量。此时整流器柜结构及柜内设备的布置，在满足防尘及屏柜防护等级要求的同时，需确保柜内与柜外空气得到良好的自然循环，并通常装设温度越限报警装置和后备风机。

自然冷却方式的励磁功率整流器，可采用普通散热器（如铝材散热器）或热管散热的晶闸管。晶闸管采用普通散热器的自然冷却方式，主要应用在励磁功率较小的中、小型发电机励磁功率整流器中。

热管自然冷却方式，即晶闸管元件采用热管散热器取代传统铝型材散热器，利用热管中的液体介质循环蒸发和冷凝，将晶闸管元件热量排至柜外，整流柜不设置冷却风机，或仅设置后备风机。热管散热器较纯铝型材散热器，热阻更低，热传导性能更加优异，效率更高，能够有效地改善晶闸管的散热条件。热管自然冷却方式不需要借助风机等外力，免除了风机等旋转部件，运行时几乎没有噪声，附着在散热器表面的灰尘也大为减少，提高了整流装置的可靠性，同时也减少了设备的日常维护工作量。

正是由于热管自然冷却方式具有如此明显的优点，目前在大中小型各类电站励磁系统中得到了广泛的应用。

9.4.4.2 强迫风冷

励磁功率整流器采用强迫风冷冷却方式时，整流器柜需设风机，使柜内形成空气流，由空气流带走晶闸管的热量，以加快晶闸管的冷却。冷却风机通常随励磁系统的投入、退出而投退。强迫风冷的冷却方式为水电厂发电机励磁功率整流器常用的冷却方式，按照空气流的途径可分为开敞式强迫风冷和密闭式强迫风冷两种冷却方式。密闭式强迫风冷目前有柜内密闭式和室内封闭式强迫风冷两种方式。

（1）开敞式强迫风冷

在众多散热方式中，强迫风冷的散热效果远好于自然风冷，复杂性又大大低于密闭循环风冷，技术上成熟可靠，因此是目前功率柜的主要冷却方式。

强迫风冷方式是利用励磁功率柜内的风机抽取柜外的冷空气，再通过排风口将柜内热风排至柜外的冷却方式。这种强迫风冷系统比较简单，适用于功率整流柜布置在开敞的主厂房机旁、利用主机房作为整流柜热风排放空间的绝大部分大中小型发电机。

(2)柜内密闭式强迫风冷

柜内密闭式强迫风冷是使风机形成的冷却晶闸管的空气流在封闭的整流器柜内循环流通，在柜内的风道设冷却器，由冷却器冷却柜内空气将热量带出柜外。通常采用水冷却器，冷却水由电厂技术供水或电厂厂房暖通系统的冷却水系统提供。采用密闭式强迫风冷方式时，励磁功率整流器柜内外无空气交换，可保证柜内空气的清洁度，减少柜内设备的清扫维护。但通常在柜内设水冷却器，需要将水管接入柜内，不利于励磁系统的安全运行。系统比较复杂，维护麻烦，并可能需要较大的柜体。

柜内密闭式强迫风冷通常采用每台发电机各功率柜公用冷却风机及水冷却器的结构方式，并设各功率柜公用的风道，两台以主备方式运行的风机。

(3)封闭室内循环的强迫风冷

当励磁柜布置在单独的房间，如与发电机的其他屏柜布置在发电机组单元盘室，正常情况下为闭门运行，房间处于封闭状态。此时励磁功率整流器柜的散热冷却可与房间的空调系统结合，构成以整个房间作为冷却风道的室内封闭式强迫风冷系统(图 9.4-4)。此时励磁功率整流器柜仍采用开敞式强迫风冷结构，但柜内热风以排风道排放至房间的密封吊顶夹层上，吊顶夹层上设房内空调冷风机的进风口，由房间的空调冷风机冷却吊顶上的热风，并向房间输送冷风，形成房间——励磁功率整流器柜进风口——柜内——排风道——吊顶夹层——空调进风道——空调冷风机——房间的循环风道，使励磁功率整流器柜与整个房间及空调构成一个大空间的封闭式强迫风冷系统，保证了励磁功率整流器柜进风口对空气温度及清洁度的要求，避免了整流器柜热风向室内直接外排时对室内其他屏柜设备的影响，也避免了通常的在柜内构成密闭式强迫风冷的系统复杂性及将水管接入柜内对安全的不利因素。

封闭室内循环的强迫风冷方式安全可靠，冷却效果好，目前在水电厂中应用逐渐增多，如三峡左、右岸电站，亭子口水电站均采用此冷却方式。

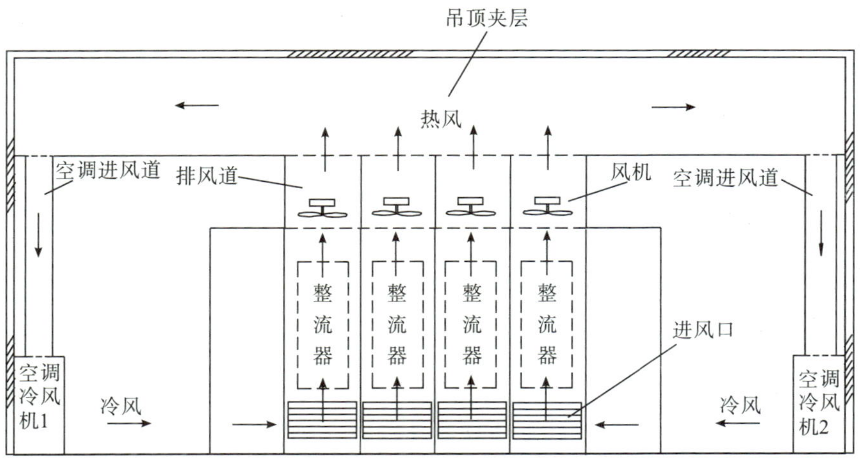

图 9.4-4 励磁功率整流器的封闭室内循环强迫风冷

9.4.4.3 水冷却方式

励磁功率整流器采用水冷方式时，通常将晶闸管安装在冷却单元上，由冷却单元将晶闸管的热量传递给流动的水（图 9.4-5）。

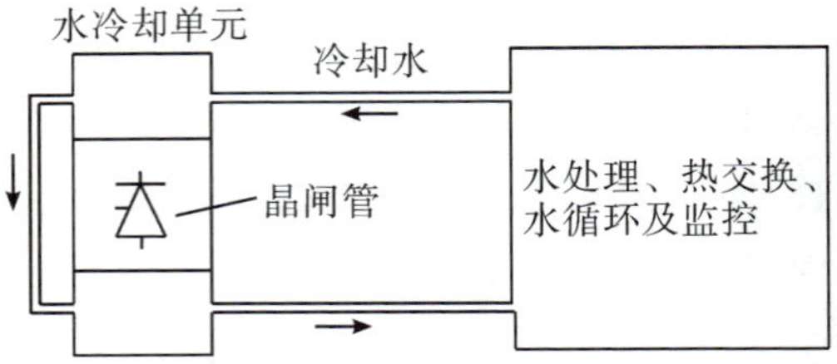

图 9.4-5 功率整流器的水冷却方式

与自然冷却及强迫风冷相比，水冷却的冷却效率最高。水冷却整流器柜可采用密封结构，可保持柜内空气的清洁，有利于整流器的运行。此时电厂需要设置冷却水处理及循环系统，以保证冷却水的纯净及满足冷却系统的其他要求，如通常需要对冷却水温进行监控，以免出现结露；励磁功率整流器柜内需要接入冷却水，设置冷却水管等设施；冷却单元和晶闸管组件带电部位间需要有可靠的绝缘。相对于自然冷却及强迫风冷，水冷却方式系统比较复杂，投资高，维护工作量较大，可靠性相对较低，目前在水电厂中应用较少。

9.4.5 整流器交、直流侧电缆

励磁功率整流器交流及直流侧电缆，一般采用铜芯电力电缆。电缆类型及参数的选择，包括电缆的外护层类型、芯数、绝缘类型及额定电压、截面及根数等，通常有如下的考虑。

9.4.5.1 电缆外护层类型、芯数、绝缘类型及额定电压的选择

可控整流器交、直流侧电缆载流中存在周期性的、峰值较高的、在三相电路中不对称的晶闸管关断过电压，故励磁电力电缆需采用无铠装、无屏蔽电缆，以免晶闸管关断过电压引起电缆铠装或屏蔽发热。发电机的励磁电流较大，从电缆可取较高的持续载流量（与同截面三芯电缆相比）及便于安装维护等方面考虑，整流器交、直流侧宜选取单芯电缆，特别对于大型发电机。采用单芯电缆时，为减轻电流引起的电缆钢构架发热，整流器交流侧电缆通常要求按 ABC 三根成组排列。也可以考虑采用非导磁材料（如环氧树脂板）的电缆支架，以避免支架发热。

电缆的绝缘及外护套类型宜按低毒、阻燃、低烟的防火要求进行选择，可选用交联聚乙烯绝缘及聚乙烯外护套电缆，也可采用交联聚乙烯绝缘及聚氯乙烯外护套电缆。

电缆的额定电压按回路工作电压的 1.73 倍考虑。电缆的绝缘耐压水平，直流侧应与发电机转子回路相同，交流侧与励磁变压器低压绕组相同。

9.4.5.2 电缆截面及根数的选择

励磁电缆截面主要根据发电机励磁所要求的电缆载流量进行选择，包括长期运行及发电机强励短时运行时要求的电缆载流量，电缆截面需进行短路热稳定校核。

（1）按满足发电机长期运行要求的载流量进行选择

按照《大中型水轮发电机静止整流励磁系统技术条件》（DL/T 583—2018）标准，励磁系统应保证发电机在 1.1 倍额定励磁电流下能长期连续运行。发电机长期持续运行所要求电

缆总的持续载流量，对直流侧电缆可计算为：

$$I_{LD} \geqslant 1.1 I_{fN}/K \tag{9.4-34}$$

对交流侧每相电缆可计算为：

$$I_{LA} \geqslant 1.1 \times 0.816 I_{fN}/K \tag{9.4-35}$$

式中：I_{LD}、I_{LA}——发电机长期持续运行时励磁功率整流器直流侧、交流侧电缆总的持续载流量；

I_{fN}——发电机额定励磁电流；

K——考虑不同敷设条件的电缆持续载流量修正系数。

如在电缆桥架上无间距敷设的多层并列电缆持续载流量修正系数，叠置电缆层数为1层时修正系数为0.8(梯架)及0.7(托盘)、2层时为0.65(梯架)及0.55(托盘)等。

从方便安装维护等方面考虑，单根电缆的截面不宜过大。大型机组通常采用多根电缆来满足发电机励磁载流量的要求。单根电缆截面确定后，每根电缆的持续载流量 I_{LN} 可由选定的电缆类型、使用及敷设条件等从《电力工程电缆设计规范》(GB 50217—2018)标准查得，通常可按在空气中敷设、环境温度40℃、缆芯最高工作温度90℃考虑。每根电缆的持续载流量 I_{LN} 确定后，整流器交、直流侧的电缆根数，按电缆在励磁功率整流器柜侧的接线方式有不同的计算方法。

1)对整流器由两个及以上支路(柜)组成且在各励磁功率整流器支路(柜)间设置有交流汇流排的系统(直流汇流排通常均设有)，整流器直流侧的电缆总根数 n_D 可由 I_{LN} 计算为：

$$n_D \geqslant I_{LD}/I_{LN} \tag{9.4-36}$$

交流侧每相电缆总根数 n_{A1} 可由 I_{LN} 计算为：

$$n_{A1} \geqslant I_{LA}/I_{LN} \tag{9.4-37}$$

交流侧三相电缆总根数为 $3n_{A1}$。

2)当整流器由两个及以上支路(柜)组成，各支路(柜)间不设公共的交流汇流排、交流侧电缆在励磁柜侧采用分支路(柜)接线时，交流电缆总的载流量需考虑整流器支路(柜)实际运行个数的变化以及支路间电流均流系数的影响。如通常要求整流器在一柜(支路)退出时(即 N 柜运行时，整流器按 $N+1$ 支路配置)，能满足发电机包括强励在内的所有运行方式对励磁电流的要求，某些电厂尚要求二柜(或支路)退出时(即 $N-1$ 柜运行时)能满足发电机在1.1倍额定励磁电流下可长期连续运行。在各柜均投入、一个柜退出及两柜退出情况下，采用支路(分柜)接线方式时交流侧的运行电缆数将不相同。考虑支路间存在电流不均衡后，每一支路交流每相电缆的载流量 I_{Li} 应满足：

$$I_{Li} \geqslant \frac{I_{LA}}{k_I N} \text{ 或 } I_{Li} \geqslant \frac{I_{LA}}{k_I (N-1)} \tag{9.4-38}$$

整流器的支路数为 $N+1$，式中 k_I 为整流器支路间电流均流系数，通常要求不低于0.85。每一支路交流每相电缆根数 n_i 可计算为：

$$n_i \geqslant I_{Li}/I_{LN} \tag{9.4-39}$$

交流侧每相电缆总根数为$(N+1)n_i$，交流侧三相电缆总根数为$3(N+1)n_i$。直流侧电缆总根数仍按式(9.4-36)计算。

当励磁功率整流器各支路间的电流均衡采用交流电缆均衡方式时，各支路电缆通常分别与励磁变压器连接，支路间无交流汇流排。

(2)发电机强励运行时电缆载流量的校核

由上述计算选择的电缆，需按满足发电机强励短时运行要求的电缆载流量进行校核。

发电机强励运行要求的电缆总的持续载流量，对直流侧电缆可计算为：

$$I_{LCD} \geqslant k_{Ci} I_{fN}/K \tag{9.4-40}$$

对交流侧每相电缆总的持续载流量可计算为：

$$I_{LCA} \geqslant 0.816 k_{Ci} I_{fN}/K \tag{9.4-41}$$

式中：I_{LCD}、I_{LCA}——发电机强励运行时励磁功率整流器直流侧、交流侧电缆总的持续载流量；

k_{Ci}——励磁电流顶值倍数。

在发电机强励持续时间t内电缆(单根)允许的短时载流量I_{Lt}，可由电缆制造商提供的1s内允许的载流量I_{L1}以下式计算：

$$I_{Lt} = \frac{I_{L1}}{\sqrt{t}} \tag{9.4-42}$$

强励持续时间t由具体电厂励磁系统的设计确定，水轮发电机通常取20s。

满足发电机强励运行要求的电缆总的持续载流量时，对直流侧电缆，I_{Lt}应满足：

$$I_{Lt} \geqslant \frac{I_{LCD}}{n_D} \tag{9.4-43}$$

对交流侧电缆，当各支路间有交流汇流排时，I_{L1}应满足：

$$I_{Lt} \geqslant \frac{I_{LCA}}{n_{A1}} \tag{9.4-44}$$

各支路电缆分别与励磁变压器连接，支路间无交流汇流排时，I_{Lt}应满足：

$$I_{Lt} \geqslant \frac{I_{LCA}}{N k_I n_i} \text{ 或 } I_{Lt} \geqslant \frac{I_{LCA}}{(N-1) k_I n_i} \tag{9.4-45}$$

式中：k_I——整流器支路间电流均流系数；

n_i——一个支路交流每相电缆根数，式(9.4-45)后一计算式仅对有$(N-1)$运行要求的励磁系统。

(3)电缆短路热稳定校核

励磁功率整流器交、直流侧电缆应具有耐受交、直流侧短路电流的热稳定能力。励磁功率整流器交、直流侧的短路电流，可分别按变压器低压绕组短路、励磁功率整流器直流侧短路计算。短路持续时间可按励磁变压器后备保护(过电流保护)动作跳闸时，短路开始至短路电流被切断的时间计算。励磁功率整流器交流侧励磁电缆的短路电流I_{2S}可由下式计算：

$$I_{2S}=I_{2N}K_u/u_k \tag{9.4-46}$$

励磁功率整流器直流侧励磁电缆的短路电流 I_{DS} 可由下式计算：

$$I_{DS}=3\frac{\sqrt{2}}{\pi u_k}I_{2N}K_u \tag{9.4-47}$$

式中：I_{2N}——励磁变压器低压绕组额定电流（有效值）；

u_k——以励磁变压器额定电压的百分数表示的变压器阻抗电压；

K_u——短路前发电机端电压相对于额定电压的倍数，一般可取 1.05。

电缆（单根）可承受的短路电流及允许时间，通常可由制造厂家提供。电缆（单根）在短路持续时间 t_S 内可承受的短路电流 I_{LS}，也可以由电缆制造商提供的 1s 内允许的载流量 I_{L1} 类似式（9.4-32）进行计算：

$$I_{LS}=\frac{I_{L1}}{\sqrt{t_S}} \tag{9.4-48}$$

电缆可承受短路电流能满足短路热稳定要求时，对直流侧电缆，I_{LS} 应满足：

$$I_{LS}\geqslant\frac{I_{DS}}{n_D} \tag{9.4-49}$$

对交流侧电缆，当各支路间有交流汇流排时，I_{LS} 应满足：

$$I_{LS}\geqslant\frac{I_{2S}}{n_{A1}} \tag{9.4-50}$$

各支路电缆分别与励磁变压器连接，支路间无交流汇流排时，I_{LS} 应满足：

$$I_{LS}\geqslant\frac{I_{2S}}{Nk_In_i}\ 或\ I_{LS}\geqslant\frac{I_{2S}}{(N-1)k_In_i} \tag{9.4-51}$$

式中：k_I——整流器支路间电流均流系数；

n_i——一个支路交流每相电缆根数，式（9.4-51）后一计算式仅对有（$N-1$）运行要求的励磁系统。

9.4.6 励磁功率整流器主要参数选择计算例

计算以三峡左岸电站励磁系统为例，励磁变压器低压绕组额定线电压（有效值）U_{2N} 为 1200V，容量为 9000kVA，阻抗电压 u_k 为 8%。发电机额定励磁电流 I_{fN} 为 4300A，励磁系统顶值电流倍数 k_{ci} 为 2。功率整流器并联支路数（$N+1$）为 5，在 N 模式下（一桥故障时）能满足发电机所有运行工况的要求（包括强励在内），二桥故障（$N-1$ 支路运行时）能满足除强励外所有运行方式的要求。功率整流器每支路串联元件数为 1。

9.4.6.1 晶闸管主要参数计算

（1）晶闸管额定电压计算

晶闸管额定电压（即晶闸管的断态正向重复峰值电压 V_{DRM} 或反向重复峰值电压 V_{RRM}）按式（9.4-12）计算。当取电压裕度系数 K_u 为 1.4、过电压倍数 k_{pf} 为 1.5、交流侧电源（发电机机端)电压升高系数取发电机误强励时的数值 k_u 为 1.4 时，由式(9.4-12)可计算为：

$$V_{RRM}, V_{DRM} = K_u k_{pf} k_u \times \sqrt{2} U_{2N} = 1.4 \times 1.5 \times 1.4 \times \sqrt{2} \times 1200 = 4989.3(\mathrm{V})$$

取 V_{DRM}，V_{RRM} 为 5200V。

快速熔断器熔断时施加于晶闸管的最高电压校验。整流器发生短路故障时，如在 V_1 向 V_3 换相结束后 V_1 即发生反向导通短路故障(桥臂晶闸管短路)而形成 a、b 两相短路时，或整流器直流侧短路时，快速熔断器将熔断并产生弧压如图 9.4-6 所示。熔断器熔断产生的弧压将施加在未导通的晶闸管上的如图 9.4-6(a)中 V_5 或 9.4-6(b)中 V_3，施加在晶闸管上的电压为交流短路两相的相间电压与弧压之和。在熔断器燃弧分断过程中，弧压是变化的，短路两相的相间电压随分断电流的下降而升高，其叠加电压的最大值通常难以计算。在工程应用中曾有建议采用熔断器熔断过程中的最高弧压与额定交流电压峰值之和，作为快速熔断器熔断时施加于晶闸管的最高电压来校验晶闸管的电压承受能力。

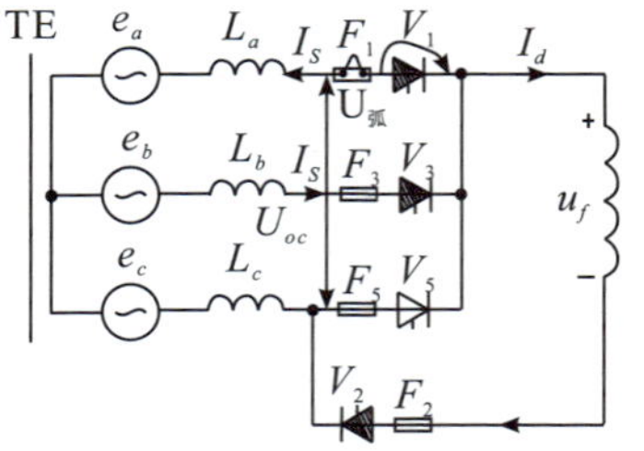

(a)桥臂短路

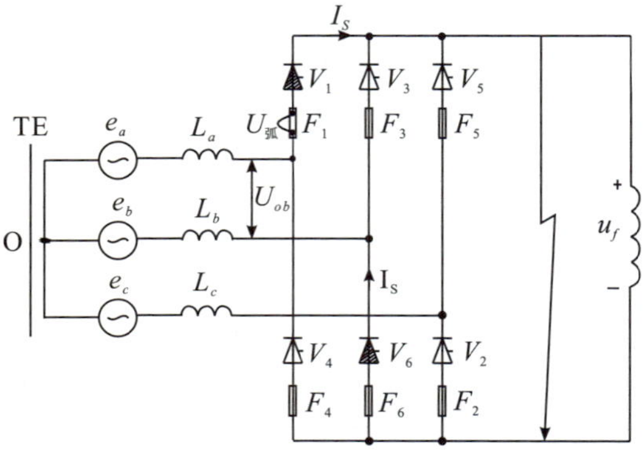

(b)直流侧短路

图 9.4-6　熔断器出现熔断弧压时的整流器回路

本例晶闸管过流保护采用的快速熔断器，熔断过程中的最高弧压(峰值)与熔断器的恢复电压有如图 9.4-7 所示的特性。设恢复电压等于熔断器的额定电压，对本例弧压为 3300V(额定电压为 2000VAC 时)。当按熔断器熔断过程中的最高弧压与额定交流电压峰值之和校验晶闸管的电压承受能力，并考虑整流器交流侧交流电压升高系数为 1.4 时，快速熔断器熔断过程中施加于晶闸管电压最大值(峰值)U_{Tfm} 可计算为：

$$U_{Tfm} = 3300 + 1.4 \times 1200\sqrt{2} = 5675.9(\mathrm{V})$$

所选择晶闸管的反向不重复峰值电压 V_{DSM} 为 5700V(在 $t_p = 5\mathrm{ms}$，单脉冲)，故快速熔断器熔断过程中施加于晶闸管电压的最高峰值电压未超过晶闸管的反向不重复峰值电压。

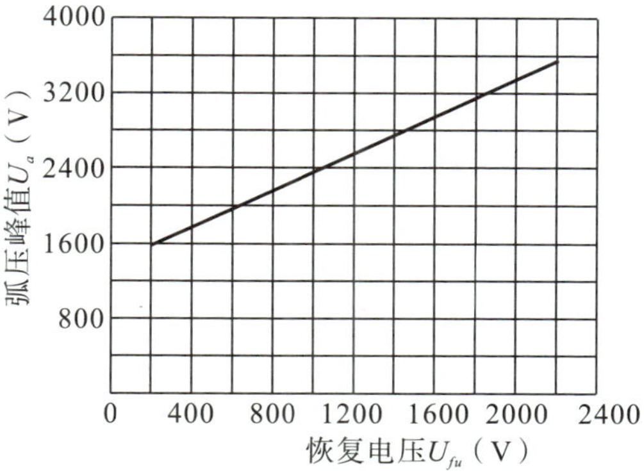

图 9.4-7 快速熔断器弧压特性

(2)晶闸管额定电流计算

按满足 N 模式下运行要求选择的晶闸管的额定电流(通态平均电流)I_{TAVM} 计算。当取电流裕度系数 K_i 为 2,整流器并联支路均流系数 k_I 为 0.85 时,I_{TAVM} 可计算为:

$$I_{TAVM} \geqslant \frac{2K_i k_{ci} I_{fN}}{\sqrt{3}\pi N k_I}$$

$$I_{TAVM} \geqslant \frac{2K_i k_{ci} I_{fN}}{\sqrt{3}\pi N k_I} = \frac{2\times2\times2\times4300}{\sqrt{3}\pi\times4\times0.85} = 1859.4(\text{A})$$

按满足 $N-1$ 模式下运行要求选择的晶闸管的额定电流(通态平均电流)I_{TAVM} 计算为:

$$I_{TAVM} \geqslant \frac{2K_i 1.1 I_{fN}}{\sqrt{3}\pi N k_I} = \frac{2\times2\times1.1\times4300}{\sqrt{3}\pi\times3\times0.85} = 1363.6(\text{A})$$

故晶闸管的额定电流应按满足 N 模式下运行的要求选择,I_{TAVM} 应不低于 1859.4A。根据制造厂的规格,选择 $I_{TAVM}=1890$A。

9.4.6.2 快速熔断器主要参数计算

(1)快速熔断器额定电压计算

当取电压可靠系数 $K_{fu}=1.1$、整流器交流侧电压升高系数 $k_{fu}=1.4$ 时,快速熔断器额定电压 U_n(有效值)可计算为:

$$U_n = K_{fu} k_{fu} U_{2N} = 1.1\times1.4\times1200 = 1848(\text{V})$$

按熔断器产品的规格,快速熔断器额定电压取 2000V。

(2)快速熔断器额定电流计算

快速熔断器的额定电流按发电机正常长期运行时的转子电流(取 1.1 倍发电机额定励磁电流)进行计算选择,长期运行时流过熔断器的最大电流按 $N-1$ 模式考虑计算。当取可靠系数 K_{fi} 为 1.1,整流器并联支路的均流系数 k_I 为 0.85,环境温度系数 k_a 为 1.0 时(功率整流器柜布置于有空调的盘室内),快速熔断器的额定电流 I_n 可计算为:

$$I_n \geqslant K_{fi} k_a \times \frac{1.1 I_{fN}}{k_I (N-1)\sqrt{3}} = 1.1\times1.0\times\frac{1.1\times4300}{0.85\times3\sqrt{3}} = 1178(\text{A})$$

按熔断器产品规格，快速熔断器额定电流取 1260(A)，采用 2 个 630 并联。

(3)快速熔断器额定分断能力计算

当取发电机机端电压升高系数 K_u 为 1.4，裕度系数 k 为 1.6 时，快速熔断器的额定分断能力 I_{bf} 可计算为：

$$I_{bf}=kK_uI_S^{(3)}=\frac{kK_uI_{2N}}{u_k}=\frac{1.6\times1.4\times0.816\times4300}{0.08}=98246.4(\mathrm{A})=98.25(\mathrm{kA})$$

快速熔断器额定分断能力选取 100kA。

整流桥在一臂晶闸管发生击穿成为永久性导通时，整流回路将形成交流两相短路，在整流器未设置短路故障检测及故障控制(如切除故障桥脉冲)时，在触发脉冲的作用下将演变成三相短路。整流器直流侧正、负极短路时也呈现类似的过程。由于短路是通过整流器桥臂晶闸管的组合而形成三相或两相及直流侧短路回路，短路过程中流过短路回路中各晶闸管的电流并不相同，见表 9.4-2。在整流桥一臂晶闸管击穿短路时，在最严重的情况下流过晶闸管的最大短路电流峰值，可达整流器交流侧三相短路电流周期分量幅值的 2.3 倍(假定回路电阻为 0 时，短路电流按交流回路额定电压下短路考虑)。整流器直流侧正、负极短路时情况与之类似，对仅 1 支路的整流器，流过晶闸管的最大短路电流峰值也达三相短路电流周期分量幅值的 1.866 倍。另外，在整流桥一臂晶闸管击穿短路及在整流侧短路时，流过晶闸管的短路电流均为非正弦电流，并通常均含有非周期分量(也称直流分量)。故在快速熔断器的额定分断能力选择时，为考虑整流器短路电流上述的这些特点，在计算中设置裕度系数 k，k 值建议取 1.5～2，对相关的考虑可进行进一步的分析与研究。

表 9.4-2　整流器桥臂或直流侧短路时流过晶闸管的短路电流

短路类型	流过晶闸管的短路电流(峰值)最大倍数					
	V_1	V_2	V_3	V_4	V_5	V_6
一臂晶闸管击穿短路	2.299	—	1.432	—	1.863	—
整流器直流侧短路	—	1.000	1.866	1.866	1.0000	—

注：1. 对桥臂晶闸管击穿短路，是假定 V_1 向 V_3 换相结束后，V_1 即发生反向导通短路故障。

2. 对整流器直流侧短路，是假定在 V_3 开通时发生短路故障，表中为仅有一桥的整流器参数。

3. 表中的倍数以励磁变压器副方三相短路电流周期分量的初始峰值为基准。系统未设置整流器短路故障检测及故障控制，整流器及晶闸管 V_1～V_6 见图 9.4-1。

(4)快速熔断器 I^2t 计算

快速熔断器的 I^2t 值按小于晶闸管元件的 I^2t 值进行选择。所选择的晶闸管产品给出的 I^2t 值为 $4.8\times10^6\ \mathrm{A^2s}$(等效结温 $t_{Vj}=25$ ℃、正弦半波持续时间 $t_p=10\mathrm{ms}$)及 $4.0\times10^6\ \mathrm{A^2s}$(等效结温 $t_{Vj}=t_{\mathrm{Vjmax}}$、$t_p=10\mathrm{ms}$)，当快速熔断器的 I^2t 值取 0.9 的晶闸管元件的 I^2t 时，快速熔断器：

$$I^2t\leqslant0.9\times4.0\times10^6=3.6\times10^6\ \mathrm{A^2s}$$

选择的 2000V/630A 快速熔断器，额定电压下的 I^2t 为 $1.95\times10^6 A^2s$，实际最高使用电压为 1.4 倍额定电压，为熔断器额定电压的 $1.4\times1200/2000=0.84$。由熔断器 I^2t 的修正系数特性特性（图 9.4-8，由熔断器厂家提供），I^2t 的修正系数为 0.72。因此实际最高使用电压下，2 个 2000V/630A 并联的熔断器 I^2t 值：$2\times1.95\times0.72\times10^6=2.8\times10^6 A^2s<3.6\times10^6 A^2s$。

另外，熔断器产品技术数据中给出的熔断 I^2t，可能为流过熔断器的电流大于熔断器额定电流某一倍数时的数值。熔断器在低于这个倍数分断时，将有较大的熔断 I^2t 值（图 9.4-9）。故若选择的熔断器有这种特性，并在工程实际应用图 9.4-6 快速熔断器 I^2t 的电压修正系数中，有可能在短路电流倍数较低的情况下使用（如图 9.4-7 为小于 10 倍），则熔断器与晶闸管配合的熔断 I^2t，应按短路时实际流过熔断器的最小短路电流倍数所对应的熔断 I^2t 值计算。在低电流倍数下，流过熔断器的电流倍数与熔断器熔断 I^2t 的变化关系可由产品制造商提供。电流倍数通常以预期短路电流 I_{fu} 与熔断器额定电流 I_n 之比表示。

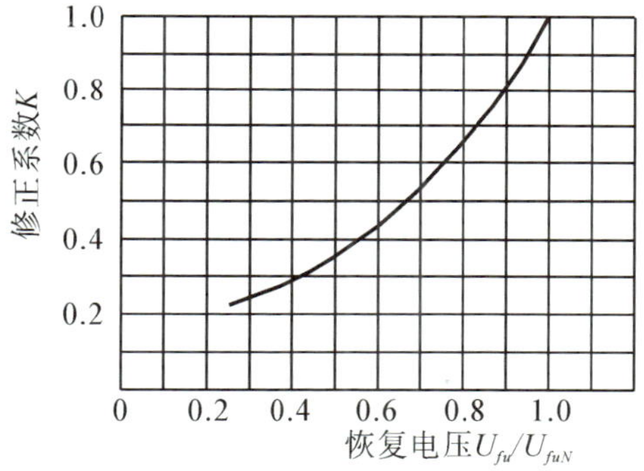

图 9.4-8 快速熔断器 I^2t 的电压修正系数

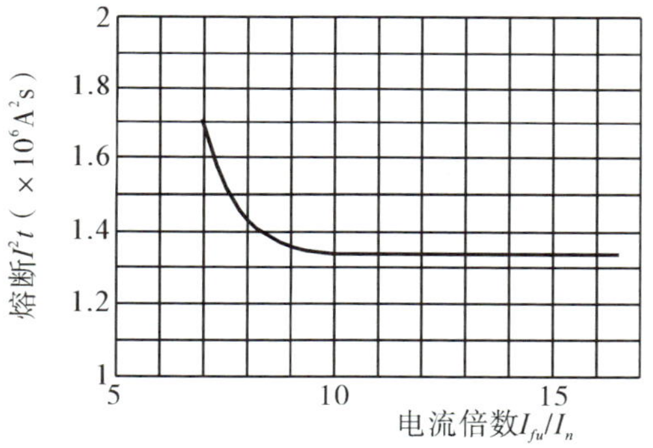

图 9.4-9 熔断 I^2t 与电流倍数关系

（5）熔断器分断能力范围及应用类别选择

本例快速熔断器的分断能力范围及应用类别选用 aR 类熔断体，对晶闸管提供短路保护，这也是目前励磁功率整流器晶闸管保护熔断器通常的选用方案。对于 a 类熔断体的特性，《低压熔断器 第 1 部分 基本要求》（GB 13539.1—2015）（IEC60269—4，IDT）给出了图 9.4-10 的 a 类熔断体的过载曲线与时间—电流特性。

在熔断体的承载电流不超过 K_1I_n 时，在曲线对应的时间内熔断体不熔化；熔断体的承载电流为 $K_1I_n\sim K_2I_n$，在弧前时间大于曲线对应的时间时熔断体可以熔化；熔断体的承载电流超过 K_2I_n，熔断体在熔断曲线对应的熔断时间熔断。小于 K_1I_n 的过载保护由其他保护提供，如励磁系统中设置的励磁电流限制及励磁变压器的过电流保护，这些保护通常可同时作为发 $K_0I_n\sim K_1I_n$ 的过载曲线对应于 I^2t 为常数值电机转子过载保护及与快速熔断器一起构成整流器晶闸管的过电流保护。对其他应用的整流器，也可以由整流器交流或直流回路中设置的过电流开关电器提供过载保护，如图 9.4-10 的虚线曲线所示。这也是大型功率整流器晶闸管过流保护常用的配置方式。在实际应用时，流过晶闸管的最小短路电流不

应低于 K_1I_n，K_1 值及图 9.4-10 的坐标值由熔断器制造商提供。

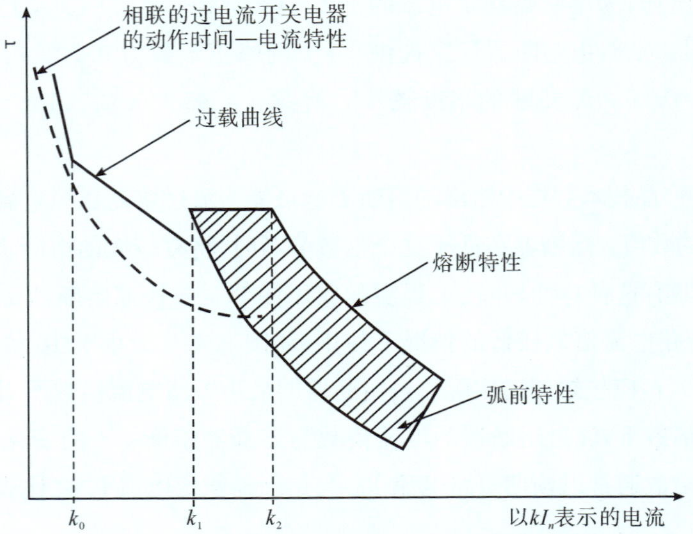

$K_0I_n \sim K_1I_n$ 的过载曲线对应于 I^2t 为常数值

图 9.4-10　α 类熔断体的过载与时间—电流特性

9.4.6.3　整流器交、直流侧电缆选择

(1)发电机长期运行要求的电缆总载流量计算

直流侧电缆采用叠置 1 层桥架布置，电缆持续载流量的敷设条件修正系数 K 为 0.8(参见《电力工程电缆设计规范》(GB 50217—2018))。以三峡左岸电站为例，电缆总载流量 I_{LD} 计算为：

$$I_{LD} \geqslant 1.1I_{fN}/K = 1.1 \times 4300/0.8 = 5912.5(\mathrm{A})$$

交流侧电缆采用 1 层桥架布置，三相的三根组间有一定距离，电缆持续载流量的敷设条件修正系数 K 取 0.98(参见《电力工程电缆设计规范》(GB 50217—2018))。交流侧每相电缆总载流量 I_{LA} 计算为：

$$I_{LA} \geqslant 1.1 \times 0.816I_{fN}/K = 1.1 \times 0.816 \times 4300/0.98 = 3938.4(\mathrm{A})$$

(2)电缆截面、根数选择

选用交联聚乙烯绝缘、截面 185m^2、单芯电力电缆，电缆在电厂中为水平排列布置，允许持续载流量 I_{LN} 为 546A(参见《电力工程电缆设计规范》(GB 50217—2018))。

整流器各柜间直流侧设互联母线。故直流电缆总根数 n_D 及 I_{LN} 可计算为：

$$n_D \geqslant I_{LD}/I_{LN} = 5912.5/546 = 10.83(\text{根})$$

取 12 根。

整流器各柜间无交流侧互联母线。电厂要求二柜(或支路)退出时(即 $N-1$ 运行方式)能满足发电机在 1.1 倍额定励磁电流下可长期连续运行。当取支路间电流均流系数 k_I = 0.85，每一支路交流电缆每相的载流量 I_{Li} 计算为：

$$I_{Li} \geqslant I_{LA}/k_I(N-1)=3938.4/(0.85\times 3)=1544.4(\text{A})$$

每一支路交流每相电缆根数 n_i 计算为：

$$n_i \geqslant I_{Li}/I_{LN}=1544.5/546=2.83(\text{根})$$

取 3 根。

整流器每柜交流侧三相电缆总根为 3×3=9 根，交流侧电缆总根数为 5×9=45(根)。

(3)发电机强励运行时电缆载流量校核

发电机强励运行所要求电缆总的持续载流量，对直流侧电缆计算为：

$$I_{LCD} \geqslant k_{Ci}I_{fN}/K=2\times 4300/0.8=10750(\text{A})$$

对交流侧所要求的每相电缆总持续载流量计算为：

$$I_{LCA} \geqslant 0.816k_{Ci}I_{fN}/K=0.816\times 2\times 4300/0.8=8772(\text{A})$$

在发电机强励持续时间 $t(t=20\text{s})$ 下电缆(单根)允许的短时载流量 I_{Lt}，可由电缆制造商提供的 1s 内允许的载流量 I_{Lt} 计算为：

$$I_{Lt}=\frac{I_{L1}}{\sqrt{t}}=\frac{26.9}{\sqrt{20}}=6.015(\text{kA})$$

式中：I_{L1}——所选择截面 185mm² 交联聚乙烯绝缘铜芯电力电缆 1s 内允许载流量，$I_{L1}=26.9$kA。

$I_{L1}=26.9$kA 为直流侧电缆共 12 根，20s 总允许的短时载流量为：

$$n_DI_{Lt}=12\times 6.015=72.18(\text{kA})$$

大于发电机强励运行所要求直流电缆总的持续载流量 I_{LCD}(10.75kA)。

交流侧电缆为各支路分别与励磁变压器连接，支路间无交流汇流排。I_{Lt} 应满足式(9.4-45)要求，即

$$I_{Lt} \geqslant \frac{I_{LCA}}{(N-1)k_In_i}$$

$$\frac{I_{LCA}}{(N-1)k_In_i}=\frac{8.772}{3\times 0.85\times 3}=1.15(\text{kA})$$

发电机强励运行要求交流电缆单根的持续载流量(1.15 kA)，小于所选择电缆(单根)在强励持续 20s 期间的允许载流量 I_{Lt}(6.015 kA)。

某电缆制造商给出的交联聚乙烯绝缘聚氯乙烯护套铜芯电力电缆 1s 内允许载流量 I_{L1} 见表 9.4-3。

表 9.4-3　交联聚乙烯绝缘聚氯乙烯护套电力电缆 1s 内的允许载流量　(单位：kA)

标称截面(mm²)	95	120	150	185	240	300	400
铜芯	13.9	17.5	21.8	26.9	34.8	43.4	57.8
铝芯	9.2	11.6	14.4	17.7	23.0	28.7	38.2

注：以上数据为电缆的单回路连续负载，在该负载下导体温度从 90℃ 上升到 250℃。

9.5 励磁系统过电压保护

9.5.1 励磁系统过电压及过电压保护配置

9.5.1.1 励磁系统过电压

励磁系统过电压，主要由晶闸管换相关断、励磁变压器操作（包括励磁变压器投、切及磁场断路器跳闸）、电力系统的断路器操作及雷击等引起，在发电机发生失步、非全相、机端短路等故障情况下，转子绕组也将产生过电压。

过电压数值可能超过晶闸管反向不重复峰值电压，将晶闸管反向击穿；或断态正向不重复峰值电压达到其正向转折电压，或正向电压上升率超过允许值，使晶闸管误导通，故整流器需设置过电压保护，将可能出现的过电压限制在一个合理的水平上，保证整流器安全可靠运行。

此外，上述过电压也可能超过发电机转子绝缘耐受能力，威胁机组安全。故发电机转子也需要设置过电压保护，并作为励磁系统的一项功能置于励磁系统。

9.5.1.2 励磁系统过电压保护配置

目前，常用的过电压保护配置，有以下几种方案：

1）整流桥晶闸管过电压保护，采用阻容保护（或称阻容吸收保护，又称缓冲器 snubber），抑制晶闸管换相关断过电压。

2）整流器直流侧过电压保护，抑制直流侧过电压。

3）励磁变压器高压绕组与低压绕组间设屏蔽并接地，抑制电容耦合引起的整流器交流侧过电压。

4）整流器交流侧过电压保护，常采用整流桥式或集中式阻容保护装置，抑制由整流器交流电源侧产生的过电压。如整流器交流侧阻容过电压保护与晶闸管间无明显阻抗时，晶闸管可不再单独设置阻容保护。

9.5.2 晶闸管及整流器交流侧过电压保护

过电压保护主要用整流器交流侧回路的过电压倍数衡量，采用晶闸管阻容（RC 串联）保护时，尚需考虑过电压保护对晶闸管电流和电压上升率的影响。过电压倍数，也称电压尖峰系数或过电压冲击系数，为整流器交流侧过电压的线电压峰值与正弦线电压峰值之比，通常以晶闸管关断过电压进行测试和分析计算。三相全控桥式整流器交流侧的过电压倍数可取1.4～1.5。下面是各方案目前常用的接线及有关元件参数的选择计算。

9.5.2.1 晶闸管关断过电压保护

整流桥晶闸管阻容吸收保护，典型接线见图 9.5-1。其电容、电阻参数的计算及选择如下：

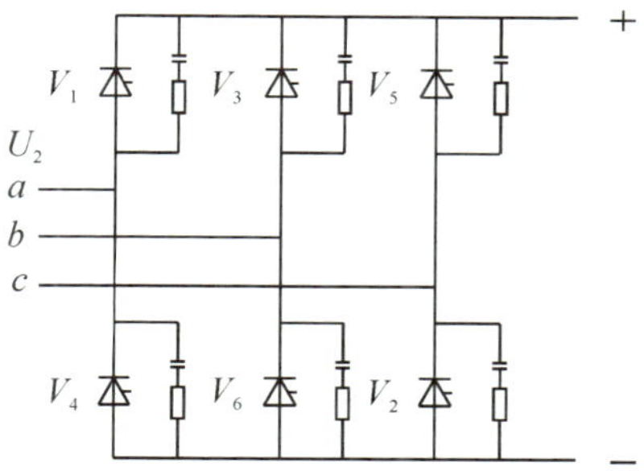

图 9.5-1　整流桥晶闸管的阻容吸收保护

(1)电容量及电阻值选择计算

过电压保护的电容量及电阻值可用式(9.5-1)、式(9.5-2)计算：

$$C=(1\sim5)I_{TAVM}\times10^{-3}(\mu\text{F}) \tag{9.5-1}$$

$$R=(1\sim3)\sqrt{\frac{2L}{C}}(\Omega) \tag{9.5-2}$$

式中：I_{TAVM}——晶闸管的通态平均电流(A)；

L——整流桥每相交流回路电感，$L=L_a=L_b=L_c=L_T+L_l$，其中，L_T 为励磁变压器每相漏电感(μH)，L_l 为每相励磁变压器至整流器晶闸管的电缆电感(μH)；

C——电容(μF)。

式(9.5-2)电阻值按避免换相动态过程振荡考虑。

励磁变压器每相漏电感 L_T 由励磁变压器的阻抗电压 u_k(也称短路电压)计算：

$$L_T=\frac{u_kU_{2N}^2}{2\pi fS_{tN}}\times10^6(\mu\text{H})$$

式中：u_k——励磁变压器阻抗电压，以变压器额定电压百分数表示；

U_{2N}——励磁变压器低压绕组额定线电压(V，有效值)；

f——交流电源工频频率(Hz)；

S_{tN}——励磁变压器额定容量(VA)。

(2)电阻额定功率的选择计算

过电压保护电阻功率损耗以电阻 1s 的耗能计算。忽略非换相过程耗能(或称正弦波电压损耗)，换相过程电阻耗能为两部分耗能之和：被保护晶闸管两端电压在换相(本臂及其他臂)期间产生的耗能，被保护晶闸管的反向恢复电流突然回零关断时，RC 保护吸收电流回路释放的能量所引起的电阻耗能。被保护晶闸管每周期关断一次，交流电源频率为 f Hz 时，1s 的电阻耗能为上述计算耗能的 f 倍，即

$$P_W=3.5fC(U_2)^2\times10^{-6}+fLI_{RM}^2\times10^{-6}(\text{W}) \tag{9.5-3}$$

式中：U_2——功率整流器交流侧线电压(V，有效值)，可取$(1.05\sim1.1)U_{2N}$，其中，U_{2N} 为励磁变压器低压绕组额定线电压(有效值)；

f——交流电源工频频率(Hz)；

P_W——电阻的功率损耗(按工频计算);

I_{RM}——晶闸管峰值反向恢复电流(A);

其他参数同式(9.5-1)及式(9.5-2)。

电阻额定功率 P_R,按大于式(9.5-3)的计算值进行选择,即 $P_R=KP_W$。P_R 通常取较大的裕度,以避免实际应用中电阻过热,某些励磁系统供应商取系数 K 为 1.7,或取接近 2。由于电阻器一般均有较大的短时过负荷能力,上述按正常工作交流电压选择的 P_R 可承受误强励时交流侧的短时工频过电压。

(3)电容、电阻类型及其他参数选择

电容器额定电压应不低于励磁变压器低压绕组线电压峰值(包括换相等产生的尖峰过电压)并有一定的裕度;对可能施加于电容器上的短时过电压(如误强励等工况下换相产生的尖峰过电压等),需要根据过电压数值、持续时间,来确定是否需要提高电容器的额定电压水平。

电容器允许的电压变化率及峰值电流应满足其所在电路的要求,电压变化率很高的换相尖峰过电压将使电容器产生很大的峰值电流,宜采用低损耗、低等效串联电阻及低自感的适用功率柜环境的电容器,通常采用电力电子电容器和无感型电阻。

9.5.2.2 交流侧三相式阻容保护

整流器交流侧三相式阻容保护接线见图 9.5-2。

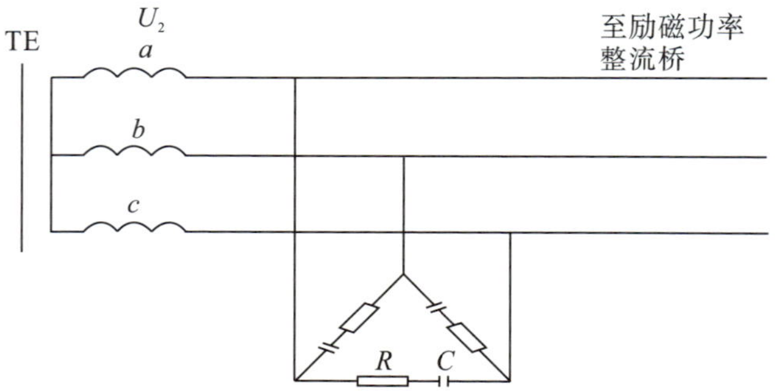

图 9.5-2 整流器交流侧三相式阻容保护接线

通常采用Δ接法以减小电容量。该保护可抑制励磁变压器及系统操作等产生的浪涌瞬态过电压,也可抑制晶闸管关断过电压。

(1)电容容量及电阻值的计算

1)仅用于抑制交流侧浪涌过电压时。

电容按断开(从高压侧)空载励磁变压器时产生的能量进行计算:

$$C=\frac{10^6}{2\pi}\times\frac{1}{k_{Pf}^2}\times\frac{I_{(0)2}}{fU_{(0)2}}\quad(\mu F)\qquad(9.5\text{-}4)$$

式中:k_{Pf}——过电压倍数,通常取 1.4~1.5;

$I_{(0)2}$——折算至低压绕组的励磁变压器的空载电流有效值(A)；

$U_{(0)2}$——励磁变压器低压绕组额定电压(相电压,V)；

f——电源频率(Hz)。

实际上在断开空载励磁变压器时,断路器的分断电弧要消耗大部分的能量,励磁变压器铁芯及导线电阻也有损耗,励磁电缆对地电容及各种寄生电容也有吸收作用,故实际选用的电容比式(9.5-4)计算值要小。对三相桥式励磁整流器,电容可采用下式计算:

$$C=\frac{17320}{3}\times\frac{\xi I_{2N}}{fU_{2N}}(\mu F) \tag{9.5-5}$$

式中:U_{2N}、I_{2N}——整流器交流侧额定线电压、相电流;

ξ——变压器励磁电流对额定电流的标幺值,一般取 0.02～0.05;

f——电源频率(Hz)。

电阻 R 按避免动态振荡选择,并使交流侧电压不超过容许的过电压值。可按下式计算:

$$R=0.51\frac{U_{2N}}{\xi I_{2N}}(\Omega) \tag{9.5-6}$$

2)同时用于抑制晶闸管关断过电压时。

当保护同时用于抑制晶闸管关断(换相)过电压时,电容量及电阻值可按上述晶闸管关断过电压保护所述方法进行选择。

(2)电阻功率的计算

电阻的功率可按下式计算:

$$P_R=(0.25\xi I_{2N})^2R(W) \tag{9.5-7}$$

或按下式计算电阻在励磁功率整流器换相过程中的功耗:

$$P_W=6fCU_2^2\times10^{-6}+2fLI_{RM}^2\times10^{-6}(W) \tag{9.5-8}$$

式(9.5-8)各参数的含义及单位同式(9.5-3),实际选用的电阻功率 $P_R=KP_W$,某些励磁系统供应商取系数 K 为 1.7 或接近 2。

9.5.2.3 交流侧整流桥式阻容保护

整流器交流侧整流桥式阻容保护接线见图 9.5-3,又称为反向阻断式过压保护,该保护可用于抑制励磁变压器及系统操作等产生的浪涌瞬态过电压,也可兼作抑制晶闸管关断过电压。

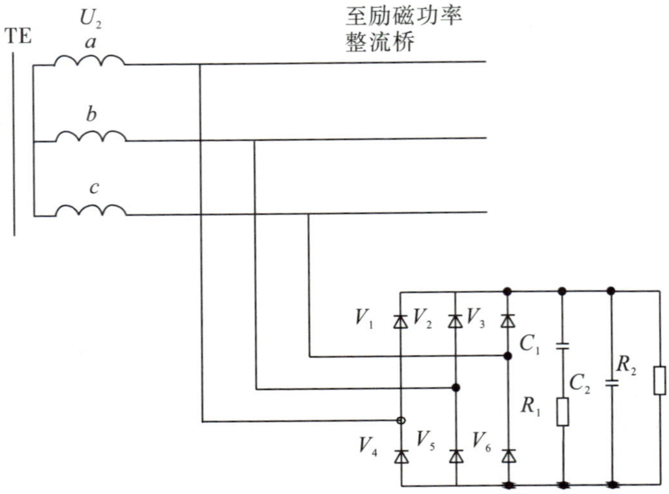

图 9.5-3　整流桥式阻容保护接线

(1)电容容量及电阻值的计算

1)仅用于抑制交流侧浪涌过电压时。

$$C=(43300\sim121244)\frac{\xi I_{2N}}{fU_{2N}}(\mu\text{F}) \tag{9.5-9}$$

$$C_2\leqslant 0.1C(\mu\text{F}) \tag{9.5-10}$$

$$C_1=C-C_2(\mu\text{F}) \tag{9.5-11}$$

$$R_1=(0.4\sim0.8)\sqrt{\frac{2L_T}{C}}(\Omega) \tag{9.5-12}$$

$$R_2=\tau/C(\Omega) \tag{9.5-13}$$

式中：L——励磁变压器每相漏电感(μH)；

τ——放电时间常数，建议取 2s；

其余参数见式(9.5-5)。

2)同时用于抑制晶闸管关断过电压时。

水电厂通常无电阻 C_1、R_1，元件的选择计算如下：

$$C_2=\frac{4W_L}{(U_{C22}^2-U_{C21}^2)}\times10^6(\mu\text{F}) \tag{9.5-14}$$

$$\frac{1}{2}C_2(U_{C22}^2-U_{C21}^2)\times10^{-6}=2W_L \tag{9.5-15}$$

式中：C_2——电容量(μF)；

U_{C21}、U_{C22}——C_2 吸收储能前后电容器上的电压(V)；

W_L——晶闸管反向恢复电流回路(流经两相)每相的电感储能(J)。

吸收储能后电容器上的电压 U_{C22}，为装设过电压保护后交流回路的最大峰值电压：

$$U_{C22}=k_{pf}\sqrt{2}U_{2N} \tag{9.5-16}$$

式中：k_{pf}——装设过电压保护后励磁功率整流器交流回路的过电压倍数，一般为 1.4～1.5；

U_{2N}——励磁变压器低压绕组额定线电压。

吸收储能前电容器上电压 U_{C21}，为不计及过电压时过电压保护整流器输出的电压峰值：

$$U_{C21}=\sqrt{2}U_{2N} \tag{9.5-17}$$

晶闸管反向恢复电流回路每相的电感储能 W_L：

$$W_L=\frac{1}{2}LI_R^2\times10^{-6}(\mathrm{J}) \tag{9.5-18}$$

式中：L——晶闸管交流回路每相电感(μH)；

I_R——励磁变压器低压绕组的晶闸管反向恢复电流峰值(A)，也是整流器每次换相关断时，最后关断的一个支路晶闸管的关断电流。

$$I_R=m\frac{I_{TAV}}{I_{TM}}I_{RM}=m\frac{2\times1.1I_{fN}}{m\pi I_{TM}}I_{RM}=\frac{2\times1.1I_{fN}}{\pi I_{TM}}I_{RM}(\mathrm{A}) \tag{9.5-19}$$

式中：I_{TAV}——1.1 倍额定励磁电流(I_{fN})时，每支路晶闸管的通态电流，以平均值表示；

I_{RM}——通态电流为 I_{TM} 时的晶闸管峰值反向恢复电流；

$2/\pi$——以有效值换算成平均值时的换算系数；

m——励磁功率整流器运行支路数。

放电电阻 R_2 电阻值的选择，应使得 C_2 在换相关断过电压周期 $t_d$ms 内，C_2 上的电压由 U_{C22} 降低至 U_{C21}，即

$$R_2=\frac{t_d}{C_2\ln(U_{C22}/U_{C21})}\times10^3(\Omega) \tag{9.5-20}$$

t_d 宜按接近但不大于换相关断过电压出现周期取值，对 50Hz 系统，t_d 可近似取为 3.3ms，其他参数见式(9.5-14)。

(2)电阻功率的计算

电阻 R_2 的功率 P_W 按 1s 的耗能计算。R_2 每个换相周期的耗能等于此间 C_2 放电所释放的储能。当忽略回路电阻等损耗时，晶闸管每次换相过程中反向恢复电流在交流回路电感中的储能，经 C_2 吸收并对 R_2 放电后，完全变为 R_2 的耗能。反向恢复电流回路流经两相，励磁功率整流器每秒换相 $6f$ 次，P_W 可计算为：

$$P_W=6f\times2(\frac{1}{2}LI_R^2)\times10^{-6}=6fLI_R^2\times10^{-6}(\mathrm{W}) \tag{9.5-21}$$

式中：f——频率(Hz)；

I_R——晶闸管反向恢复电流峰值(A)；

L——反向恢复电流回路的每相电感，$L=L_T+L_l$，其中：L_T 为励磁变压器每相漏电感(μH)，L_l 为励磁变压器每相连接至励磁功率整流器晶闸管电缆的电感(μH)。

电阻功率的选择类同晶闸管过电压保护，实际选用的电阻功率 P_R 按大于 P_W 按 $P_R=$

KP_W 选择，K 值根据具体采用的电阻器允许表面温升及散热条件选取，建议取为4（允许表面温升≤125℃时）。

电容及电阻类型及其他参数选择同晶闸管关断过电压保护。电容器额定电压应不小于整流桥直流侧电压峰值，并应承受短时过电压（如误强励、换相等产生的尖峰过电压），并有一定的裕度。

9.5.2.4 集中式阻容过电压保护

集中式阻容过电压保护接线见图9.5-4，通常按每整流桥装设。电阻、电容参数可分别参考上述的晶闸管关断过电压的阻容保护及整流桥式（阻断式）过电压保护进行选择计算。

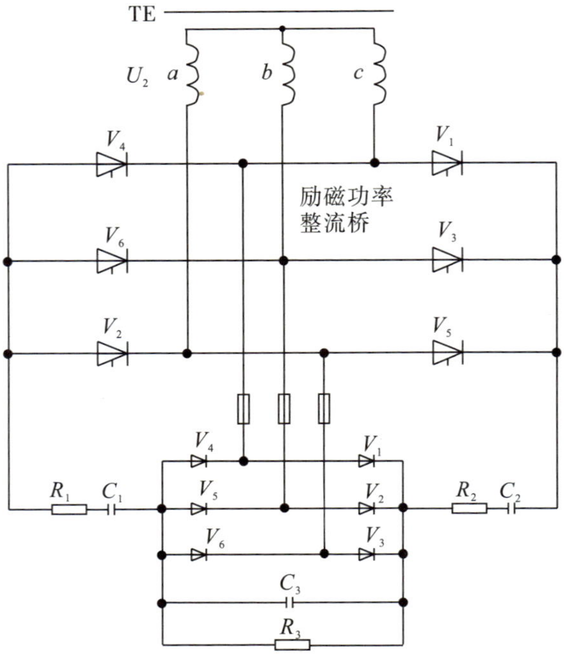

图9.5-4 集中式阻容过电压保护接线图

9.5.2.5 压敏电阻过电压保护

整流器交流侧压敏电阻过压保护接线见图9.5-5。

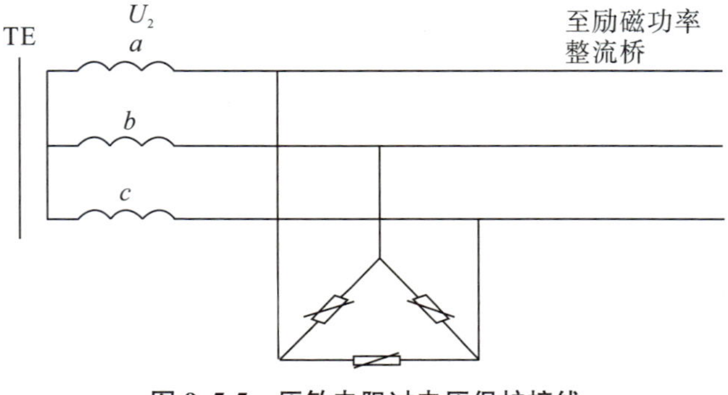

图9.5-5 压敏电阻过电压保护接线

压敏电阻过电压保护装置通常采用氧化锌电阻，并采用三相三角形接线以抑制操作过电压。氧化锌电阻可按其压敏电压大于长期承受的电压峰值并满足有关规程对氧化锌电阻负荷率的要求，残压 U_{im} 不大于被保护晶闸管的反向不重复峰值电压 U_{RSM}，工作能量容量 W 可承受过电压的冲击能量进行选择。

$$U_{10mA} \geqslant \frac{U_{fp}}{0.6} = \frac{k_u k_{pf}}{0.6}\sqrt{2}U_{2N}(V) \tag{9.5-22}$$

$$U_{im} \leqslant K_{sf}U_{RSM}(V) \tag{9.5-23}$$

$$W = K_E \times \frac{1}{2}L_{(0)}(\sqrt{2}I_{(0)2})^2 = K_E L_{(0)} I_{(0)2}^2 \tag{9.5-24}$$

式中：U_{10mA}——氧化锌电阻的压敏电压；

U_{fp}——氧化锌电阻长期承受的电压峰值；

0.6——氧化锌电阻的负荷率；

k_u——交流电源工频电压升高系数，正常运行为 1.05～1.1；

k_{pf}——过电压倍数，三相全控整流桥为 1.4～1.5；

U_{2N}——励磁变压器低压绕组额定线电压；

U_{im}——氧化锌电阻的 V—A 特性上，对应于最大电流峰值的电压值，对一般发电机，最大电流峰值可取 3～5kA，大型发电机需取更高的电流峰值；

K_{Sf}——安全系数，一般取 0.85～0.9；

K_E——能量转换系数，由空气断路器分断励磁变压器时，K_E 取 0.3～0.5；

$I_{(0)2}$——折算至低压绕组的励磁变压器空载激磁电流（相电流有效值）；

$L_{(0)}$——折算至低压绕组的励磁变压器空载激磁电感。

氧化锌电阻（每组）需承受的过电压冲击能量 W 按断开空载励磁变压器时产生的能量冲击考虑。

$L_{(0)}$ 可采用下式计算：

$$L_{(0)} = \frac{U_{(0)2}}{2\pi f I_{(0)2}}(H) \tag{9.5-25}$$

式中：$U_{(0)2}$——变压器低压绕组额定电压（V，相电压有效值）。

9.5.3 整流器直流侧过电压（转子过电压）保护

9.5.3.1 转子过电压保护的接线及工作原理

在大中型水轮发电机中，发电机转子过电压主要采用非线性电阻保护，非线性电阻可采用氧化锌（ZnO）或碳化硅（SiC）电阻。过电压保护的非线性电阻可与灭磁电阻共用（图 9.5-6(a)、图 9.5-6(b)），也可以单独设置（此时通常采用氧化锌电阻，见图 9.5-6(c)）。

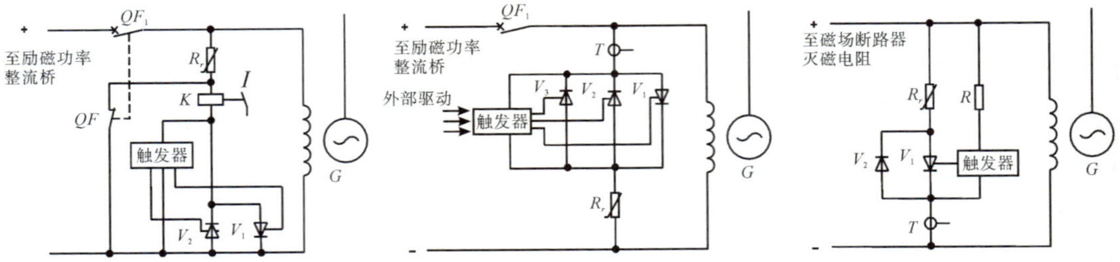

(a)共用碳化硅电阻、磁场断路器　(b)共用碳化硅电阻、电子开关　(c)氧化锌电阻、单独设置

图 9.5-6　发电机转子过电压保护接线

(1)转子过电压保护与灭磁共用非线性电阻

转子过电压保护与灭磁共用非线性电阻时,过电压保护通常由触发器、正向及反向电子开关(V_1、V_2,如晶闸管开关,也称电子跨接器)及动作信号设备(电流继电器 K 或互感器 T)等组成,触发器通过电阻等元件跨接在发电机(G)转子的正、负极间。目前,转子过电压保护非线性电阻共用灭磁电阻的方案,主要应用在灭磁电阻采用碳化硅非线性电阻的励磁系统,并通常采用图 9.5-6(a)或 9.5-6(b)接线。

转子过电压保护与发电机灭磁共用非线性电阻时,由于灭磁非线性电阻 V—A 特性通常按发电机灭磁要求选择,故仅在灭磁非线性电阻 V—A 特性可同时满足过电压保护要求时,过电压保护方可采用与发电机灭磁共用非线性电阻方案,否则需采用图 9.5-6(c)所示的单独设置非线性电阻的过电压保护方案。转子过电压保护非线性电阻与发电机灭磁电阻共用时,非线性电阻容量及特性参数通常按发电机灭磁要求进行选择。

(2)转子过电压保护非线性电阻单独设置并采用氧化锌电阻

图 9.5-6(a)为采用氧化锌非线性电阻的发电机转子过电压保护,非线性电阻 R_r 为单独设置,仅用于过电压保护,发电机灭磁采用励磁系统另外设置的灭磁电阻及相应的灭磁控制接线。此时过电压保护通常仅设置正向过电压电子开关(V_1)及触发器。氧化锌非线性电阻通过反接二极管 V_2 跨接在转子正、负极。过电压保护动作信息可由电压互感器取得,保护动作后可延时动作发电机跳闸停机及跳磁场断路器灭磁,也可仅作用于信号或计数。由于碳化硅非线性电阻不具有氧化锌非线性电阻的压敏电压特性,且漏电流较大,故图 9.5-6(c)接线的过电压保护电阻仅能使用氧化锌电阻。

9.5.3.2　转子过电压保护动作电压的整定计算

(1)励磁功率整流器允许最高电压计算

整流器允许的最高电压为晶闸管断态正向重复峰值电压(V_{DRM})及反向重复峰值电压(V_{RRM}),也是晶闸管的额定电压。

$$U_{fstp} < U_{RRM} \tag{9.5-26}$$

$$|U_{fstn}| < U_{DRM} \tag{9.5-27}$$

式中：U_{fstp}——转子正向过电压保护整定值；

U_{fstn}——转子反向过电压保护整定值（负电压）；

V_{DRM}——晶闸管断态正向重复峰值电压；

V_{RRM}——晶闸管反向重复峰值电压。

（2）出厂试验时转子绕组对地耐压试验电压幅值计算

按照《大中型水轮发电机静止整流励磁系统及装置试验规程》（DL/T 489—2006）的规定，转子绕组对地耐压试验的电压值（工频电压有效值），在额定励磁电压500V及以下时为10倍额定励磁电压且最小值不得低于1500V，对额定励磁电压500V以上的为2倍额定励磁电压加4000V。故出厂试验时转子绕组对地耐压试验电压幅值U_{ft}可计算为：

$$U_{ft}=10\sqrt{2}U_{fN}(\mathrm{V})，且\geqslant 1500\sqrt{2}(\mathrm{V}) \qquad (U_{fN}\leqslant 500\mathrm{V})$$

$$=\sqrt{2}(2U_{fN}+4000)(\mathrm{V}) \qquad (U_{fN}>500\mathrm{V}) \tag{9.5-28}$$

式中：U_{fN}——额定励磁电压。

按《大中型水轮发电机静止整流励磁系统及装置试验规程》（DL/T 489—2006）标准的要求，转子过电压保护的动作整定值应保证转子过电压的瞬时值不超过转子绕组对地耐压试验电压幅值的70%。故过电压保护的整定值应满足：

$$U_{fstp}<0.7U_{ft} \tag{9.5-29}$$

$$|U_{fstn}|<0.7U_{ft} \tag{9.5-30}$$

式中U_{ft}由式（9.5-28）计算。

（3）励磁功率整流器输出电压峰值计算

1）转子过电压保护电阻与灭磁电阻共用时。

转子正向过电压保护动作值应高于强励时整流器输出的电压峰值，反向过电压保护动作值（绝对值）应高于正常停机及非电气事故停机逆变时整流器输出的电压峰值（绝对值）。忽略强励时机端电压降，正向过电压保护动作整定值U_{fstp}可计算为：

$$U_{fstp}>k_{pf}\sqrt{2}U_{2N} \tag{9.5-31}$$

式中：U_{2N}——励磁变压器低压绕组的额定电压（有效值）；

k_{pf}——整流器回路的过电压倍数，对三相全控桥式整流器，交流侧及晶闸管设置有过电压保护装置后，k_{pf}一般为1.4～1.5。

当非电气事故停机或手动紧急关进水口闸门跳闸停机时，发电机甩负荷并导致机端电压升高，此时逆变，反向过电压保护动作整定值U_{fstn}计算为：

$$|U_{fstn}|>k_u k_{pf}\sqrt{2}U_{2N} \tag{9.5-32}$$

式中：k_u——相对于发电机额定电压的机端电压升高系数，取1.15，为发电机甩负荷时机端电压的最大升高值，见《大中型水轮发电机静止整流励磁系统及装置技术条件》（DL/T

583—2018)，其余各量见式(9.5-31)。

2)转子过电压保护电阻单独设置并采用氧化锌电阻时。

由图 9.5-6(c)可见，此时正向过电压保护有投入开关，其接线同过电压保护共用灭磁电阻方案，故整定值需按式(9.5-31)计算。

反向过电压保护无投入开关，氧化锌非线性电阻通过二极管跨接于转子正、负极间，直接承受发电机转子的反向电压。反向过电压保护的动作电压为氧化锌电阻的压敏电压，即 $U_{fstn}=U_{10\mathrm{mA}}$。

由于过电压保护氧化锌电阻通过二极管正常跨接于转子正、负极间，需要保证氧化锌电阻在承受转子长期出现的反向电压时其荷电率不大于 0.6，为此，需按 0.6 倍的 $U_{10\mathrm{mA}}$ 大于发电机空载运行时整流器输出电压负峰值对 $U_{10\mathrm{mA}}$ 取值，即

$$|U_{fstn}|=U_{10\mathrm{mA}}>\frac{1}{0.6}k_u\sqrt{2}U_{2N}\times|\sin(\alpha_0+120°)| \tag{9.5-33}$$

式中：α_0——发电机空载运行时励磁功率整流器晶闸管的控制角(一般约 80°)，其余参数见式(9.5-32)。

当转子过电压保护联动动作于发电机跳闸灭磁时，整定值应采用式(9.5-32)计算；当转子过电压保护仅动作于计数时，反向过电压保护整定的动作电压可计算为：

$$|U_{fstn}|=U_{10\mathrm{mA}}>k_u\sqrt{2}U_{2N} \tag{9.5-34}$$

式中各参数含义及取值同式(9.5-32)。

(4)发电机灭磁(跳磁场断路器灭磁)时转子最高电压的计算

由于发电机跳磁场断路器灭磁时转子两端出现的电压为反向电压，故仅反向过电压保护整定需要考虑发电机灭磁工况。

当转子过电压保护与灭磁共用电阻时，发电机灭磁时电阻已投入，反向过电压保护开关动作整定可不考虑发电机跳磁场断路器灭磁时的转子电压。

转子过电压保护采用氧化锌电阻且单独设置(图 9.5-6(c)接线)时，在发电机跳磁场断路器灭磁时，过电压保护的氧化锌电阻不应投入。故反向过电压保护动作电压 U_{fstn}，即氧化锌电阻压敏电压 $U_{10\mathrm{mA}}$，应按高于跳磁场断路器灭磁时转子最高电压 U_{fm} 的绝对值整定。

$$U_{fstn}=U_{10\mathrm{mA}}>|U_{fm}| \tag{9.5-35}$$

(5)转子过电压保护动作电压整定值

1)转子过电压保护与灭磁共用电阻时动作电压整定值。

正向过电压保护整定值 U_{fstp} 应同时满足式(9.5-26)、式(9.5-29)、式(9.5-31)的要求，反向过电压保护整定值 U_{fstn}(负电压)应同时满足式(9.5-27)、式(9.5-30)、式(9.5-32)的要求。具体计算式为：

$$k_{pf}\sqrt{2}U_{2N}<U_{fstp}<U_{RRM}$$

$$且U_{fstp}<0.7U_{ft} \quad (9.5\text{-}36)$$

$$k_u k_{pf}\sqrt{2}U_{2N}<|U_{fstn}|<U_{DRM}$$

$$且|U_{fstn}|<0.7U_{ft} \quad (9.5\text{-}37)$$

式中：k_{pf}——整流侧过电压倍数，取值见式(9.5-31)；

U_{2N}——励磁变压器的低压绕组额定电压(有效值)；

U_{RRM}——晶闸管反向重复峰值电压；

U_{ft}——出厂试验转子绕组对地耐压试验电压幅值；

U_{DRM}——晶闸管断态正向重复峰值电压；

k_u——相对于发电机额定电压的机端电压升高系数，取1.15。

2)转子过电压保护采用氧化锌电阻且单独设置时。

如图9.5-6(c)接线的过电压保护动作电压整定值及氧化锌电阻的压敏电压，此时转子正向过电压设置有电子开关，动作电压U_{fstp}的整定与上述1)相同，U_{fstp}需满足式(9.5-26)、式(9.5-29)、式(9.5-31)的要求，采用式(9.5-36)计算。

转子反向过电压保护的动作电压U_{fstn}，即氧化锌电阻的压敏电压U_{10mA}值，应同时满足式(9.5-27)、式(9.5-30)、式(9.5-31)、式(9.5-32)或式(9.5-34)、式(9.5-35)的要求。具体计算式为：

$$k_u k_{pf}\sqrt{2}U_{2N}<U_{10mA}<U_{DRM}(动作于停机)$$

$$或\ k_u\sqrt{2}U_{2N}<U_{10mA}<U_{DRM}(动作于计数)$$

$$且|U_{fm}|<U_{10mA}<0.7U_{ft} \quad (9.5\text{-}38)$$

式中：U_{fm}——发电机灭磁时转子最高电压(反向电压)；

其余各参数见式(9.5-36)、(9.5-37)。

U_{10mA}的取值尚需满足式(9.5-39)的要求，并应根据电厂情况取一定的裕度系数。

9.5.3.3　转子过电压保护非线性电阻整组特性的选择

转子过电压保护动作后，转子电压将被抑制在由过电压保护非线性电阻V—A特性所确定的电压上。从对转子回路的设备安全考虑，过电压时非线性电阻上的最高电压应小于晶闸管的额定电压(即断态正向重复峰值电压V_{DRM}及反向重复峰值电压V_{RRM})及转子绕组绝缘所允许的过电压。对于后者，根据《大中型水轮发电机静止整流励磁系统技术条件》(DL/T 583—2018)标准应保证转子绕组两端过电压的瞬时值，不超过转子绕组出厂试验对地耐压试验电压幅值U_{ft}的70%。

故转子过压保护动作后转子的最高电压U_{fp}，也是转子过压保护动作后非线性电阻的最高电压，应满足下式关系

$$U_{RRM}>U_{fp}<U_{DRM}且U_{fp}<0.7U_{ft} \quad (9.5\text{-}39)$$

U_{ft}的计算见式(9.5-28)。

非线性电阻的电压，取决于流过非线性电阻的电流，较大的电流对应较高的电压。故过电压保护非线性电阻的整组 V—A 特性，应按转子过电压保护动作后，流过非线性电阻的电流为最大时，非线性电阻上的电压 U_{fp} 不超出式(9.5-39)计算的数值进行选择。

对过电压保护动作后流过非线性电阻的最大电流，建议对雷击过电压保护取 5～20kA，对中小容量整流器的操作过电压保护取 3～5kA。

当过电压保护的非线性电阻与灭磁电阻共用时，灭磁电阻整组性能常数的选择在满足灭磁要求的同时尚需满足式(9.5-39)的要求。非线性电阻的其他特性参数按灭磁要求选择。

当过电压保护的非线性电阻采用氧化锌电阻且单独设置时(图 9.5-6(c))，过压保护动作后氧化锌电阻非线性电阻的最高电压除满足式(9.5-39)的要求外，压敏电压 U_{10mA} 的选择尚应满足式(9.5-38)的要求。

9.5.3.4 转子过电压保护非线性电阻的工作能容量

转子过电压保护非线性电阻的工作能容量，取决于过电压保护动作后非线性电阻的电压、电流及其持续时间，宜根据电厂及电力系统的具体情况，进行相关的分析研究。

表 9.5-1 是与这些事故相关的主保护及通常整定的动作时延。

表 9.5-1　　引起转子过电压的发电机事故、相关的主保护及动作时延

发电机事故	相关主保护	保护动作后延时跳闸	备注
失步振荡	失磁保护	1. 不允许失磁运行的发电机，延时取 0.5～1.0s； 2. 按发电机制造厂及电力部门确定的允许失磁异步运行的时间(水轮发电机一般不考虑失磁后的异步运行)	据《大型发电机变压器继电保护整定计算导则》(DL/T 684—2012)
	失步保护	当失步振荡中心在发电机—变压器内部时需立即跳闸，根据电力系统要求可设延时。失步振荡中心在发电机—变压器外部时，可允许发电机有短时的运行时间(如 5～20 个振荡周期)	据《国家电网公司 18 项电网重大反事故措施》
非全相	非全相保护	0.2～0.5s	
机端两相短路	差动保护	0s	保护装置动作时间(例)0.025～0.03s

9.5.4 励磁系统过电压保护计算实例

以三峡左岸电站机组励磁系统为例进行计算。

9.5.4.1 每桥臂设置的晶闸管关断过电压保护电容、电阻参数计算

(1)过电压保护的电容量选择计算

晶闸管的通态平均电流 I_{TAVM} 为 1890A，当计算系数为 1 时，过电压保护的电容量由式

(9.5-1)可计算为：

$$C = 1 \times I_{TAVM} \times 10^{-3} = 1 \times 1890 \times 10^{-3} = 1.89(\mu F)$$

当计算系数按式(9.5-1)取1～5时，电容量的取值范围为1.89～9.45μF。

(2)电容器额定电压选择计算

电容器的额定电压应不低于励磁变压器连续运行时低压绕组线电压峰值(包括换相等产生的过电压)并有一定的裕度。励磁变压器低压绕组额定线电压U_{2N}为1200V，当取发电机连续运行时的励磁变压器低压绕组线电压为$1.1U_{2N}$，设置阻容保护后的过电压倍数为1.5时，电容器的额定电压U_{CN}应不低于下式的计算值：

$$U_{CN} = 1.5 \times 1.1 \times \sqrt{2} \times 1200 = 2800(V)$$

短时过电压承受能力校验。以误强励时施加于电容器上的电压校验所选电容器的短时过电压承受能力。当误强励时励磁变压器低压绕组电压按$1.45U_{2N}$考虑时，施加于电容器上的电压峰值U_{cm}可计算为：

$$U_{cm} = 1.5 \times 1.45 \times \sqrt{2} \times 1200 = 3691(V)$$

过电压值为电容器额定电压的1.31倍。

(3)过电压保护的电阻值

过电压保护的电阻值按式(9.5-2)计算。与晶闸管换相关断的电流回路总电感L计算相关的基本参数：励磁变压器容量S_{tN}为9000kVA、低压绕组额定线电压U_{2N}为1200V、阻抗电压u_k为0.08，励磁功率整流器每支路每相至励磁变压器的交流电缆为3根单芯的截面185mm²的3～6kV交联聚乙烯绝缘电缆，单根电缆电感为0.308mH/km(表9.5-2)，整流器至励磁变压器电缆连接距离40m。由此计算励磁变压器的每相漏电感L_T为：

$$L_T = \frac{u_k U_{2N}^2}{2\pi f S_{TN}} \times 10^6 = \frac{0.08 \times 1200^2}{2\pi \times 50 \times 9000000} \times 10^6 = 40.7(\mu H)$$

连接整流器每支路每相至励磁变压器交流电缆的电感L_l为(计算忽略电缆间的互感)：

$$L_l = \frac{0.308 \times 10^3 \times 40}{3 \times 1000} = 4.11(\mu H)$$

晶闸管换相关断的电流回路总电感L可计算为：

$$L = 2(L_T + L_l) = 2 \times (40.7 + 4.11) = 89.62(\mu H)$$

当取式(9.5-2)计算系数为3及过电压保护电容取2μF时，过电压保护电阻值可估算为：

$$R = 3 \times \sqrt{\frac{L}{C}} = 3 \times \sqrt{\frac{89.62}{2}} = 20.1(\Omega)$$

当计算系数按式(9.5-2)取值1～3，电容量取2μF时，电阻取值范围是6.7～20.1Ω。

表9.5-2为某电缆制造商给出的3～6kV交联聚乙烯绝缘电缆电感、电容值。

表 9.5-2　　3～6kV 交联聚乙烯绝缘电缆的电感、电容值

标称截面(mm^2)		25	35	50	70	95	120	150	185	240	300	400
单芯	电感(mH/km)	0.42	0.408	0.385	0.366	0.344	0.331	0.315	0.308	0.301	0.296	0.295
	电容(μF/km)	0.24	0.26	0.30	0.34	0.38	0.42	0.46	0.50	0.54	0.56	0.61
三芯	电感(mH/km)	0.363	0.351	0.331	0.314	0.301	0.289	0.280	0.273	0.266	0.263	0.259
	电容(μF/km)	0.70	0.78	0.90	1.02	1.14	1.26	1.38	1.50	1.62	1.68	1.83

(4)电阻功率计算

晶闸管峰值反向恢复电流最大值 I_{RM} 为 350A(由晶闸管制造厂提供),取系统正常工作时的功率整流器交流侧线电压 U_2(有效值)为 $1.1U_{2N}$、过电压保护电容取 2μF,电阻功率损耗 P_W 由式(9.5-3)可计算为:

$$P_W = 3.5fC(U_2)^2 10^{-6} + fLI_{RM}^2 10^{-6}$$
$$= 3.5 \times 50 \times 2 \times (1.1 \times 1200)^2 \times 10^{-6} + 50 \times 89.62 \times 350^2 \times 10^{-6} = 1158.8(\text{W})$$

实际选用的电阻功率 $P_R = KP_W$,当取 $K=1.7$ 时,P_R 为 1970W。

9.5.4.2　直流侧过电压(转子过电压)保护动作电压整定值计算

(1)过电压保护与灭磁共用电阻时的过电压保护动作电压整定值

此时过电压保护动作电压的整定值,应低于晶闸管的额定电压、低于出厂试验转子绕组对地耐压试验电压幅值的 70%并高于励磁功率整流器的输出电压峰值。

1)直流侧(转子)正向过电压保护整定值计算。

与直流侧过电压保护整定值计算相关的参数:励磁变压器低压绕组额定线电压 U_{2N} 为 1200V、发电机额定励磁电压 U_{fN} 为 456V、晶闸管断态正向重复峰值电压及晶闸管反向重复峰值电压 $V_{DRM} = V_{RRM} = 5200\text{V}$。当取整流器直流侧过电压倍数(或称电压尖峰系数)$k_{pf}$ 为 1.5 时,整流器直流侧正向过电压保护整定值 U_{fstp} 可计算为:

$$k_{pf}\sqrt{2}U_{2N} < U_{fstp} < U_{RRM} \text{ 且 } U_{fstp} < 0.7U_{ft}$$

代入相关数据后有:

$$k_{pf}\sqrt{2}U_{2N} = 1.5 \times \sqrt{2} \times 1200 = 2546(\text{V})$$

$$0.7U_{ft} = 0.7 \times (10 \times \sqrt{2} \times U_{fN}) = 0.7 \times (10 \times \sqrt{2} \times 456) = 4514(\text{V})$$

由于 $0.7U_{ft} < U_{RRM}$,故正向过电压保护整定值 U_{fstp} 应满足:

$$2546(\text{V}) < U_{fstp} < 4514(\text{V})$$

2)整流器直流侧反向过电压保护整定值计算。

当机端电压升高系数(相对于发电机额定电压)k_u 取 1.15,整流器直流侧反向过电压保护整定值 U_{fstn} 可计算为:

$$k_u k_{pf}\sqrt{2}U_{2N} < |U_{fstn}| < U_{DRM} \text{ 且 } |U_{fstn}| < 0.7U_{ft}$$

代入相关数据后有:

$$k_u k_{pf}\sqrt{2}U_{2N} = 1.15 \times 1.5 \times \sqrt{2} \times 1200 = 2928(\text{V})$$

$$0.7U_{ft} = 0.7 \times (10 \times \sqrt{2} \times 456) = 4514(\text{V})$$

由于 $0.7U_{ft} < U_{DRM}$,故反向过电压保护整定值 U_{fstn} 应满足:

$$2928(\text{V}) < |U_{fstn}| < 4514(\text{V})$$

在电厂实际整定时,正、反向过电压保护通常取数值相同的整定值。本例取 3000V。

(2)采用氧化锌电阻且单独设置时的过电压保护动作电压整定值

此时整流器直流侧正向过电压设置有电子开关,正向过电压保护动作电压 U_{fstp} 的整定与上述 1)相同并按式(9.5-36)计算。即

$$2546(\text{V}) < |U_{fstp}| < 4514(\text{V})$$

整流器直流侧反向过电压保护的动作电压 U_{fstn},即氧化锌电阻的压敏电压 $U_{10\text{mA}}$ 值,由式(9.5-24)并按动作于计数计算。发电机最高灭磁电压 U_{fm} 为-1800V。当取整流器直流侧过电压倍数 k_{pf} 为 1.5 时,整流器直流侧反向过电压保护整定值 U_{fstp} 由式(9.5-38)可计算为:

$$k_u\sqrt{2}U_{2N} < U_{10\text{mA}} < U_{DRM} \text{ 且 } |U_{fm}| < U_{10\text{mA}} < 0.7U_{ft}$$

$$k_u \times \sqrt{2}U_{2N} = 1.15 \times \sqrt{2} \times 1200 = 1951.6(\text{V})$$

$$0.7U_{ft} = 0.7 \times (10 \times \sqrt{2} \times 456) = 4514(\text{V})$$

由于 $0.7U_{ft} < U_{DRM}$,U_{fm} 绝对值小于交流电压峰值 1951.6V,故有:

$$1951.6(\text{V}) < U_{10mA} < 4514(\text{V})$$

长江设计院设计的部分水电站励磁系统过压保护参数选择汇总见表 9.5-3。

表 9.5-3　　部分水电站励磁系统过压保护参数选择汇总表

电站名称	装机容量(MW)	台数	单机容量(MW)	交流侧三相阻容式保护				转子过电压	
				电容器额定电压(V)	电容量(uF)	电阻值(Ω)	电阻值功率(W)	共用灭磁非线性电阻	单独用非线性电阻
三峡左岸	9800	14	700	无				√	
三峡右岸	8400	12	700	无				√	
三峡地下	4200	6	700	3000	4	40	500(4并)	√	
乌东德	10200	12	850					√	
彭水	1750	5	350					√	
亭子口	1100	4	275	2800	32	3×3400	2400	√	
水布垭	1840	4	460					√	
构皮滩	3000	5	600					√	
马来西亚沐若	9440	4	236	1500				√	
巴基斯坦 NJ	1062	4	265.5					√	

9.6 励磁调节及电力系统稳定控制

随着数字控制技术、计算机技术及现代控制理论的发展和日益成熟，以微处理器为主要特征的数字电子技术正在应用到现代励磁调节器控制系统之中，取代晶体管或集成电路构成的传统模拟式励磁调节器。目前，几乎所有新建电站或老电站改造都采用微机励磁调节器。

控制理论由单变量到多变量，由线性到非线性，最终向智能控制方向迈进，水轮发电机励磁控制方式也随之发展。20 世纪 50 年代，苏联提出了“强力式励磁调节器”，到了 20 世纪 60 年代，美国人首次提出电力系统稳定器(PSS)作为励磁附加控制，后来欧洲在原有单输入信号—频率(速度)附加控制信号基础上增加了电磁功率作为附加控制信号，对电力系统小扰动有较好的阻尼控制效果。70—80 年代，国内学者提出了线性最优励磁控制理论，之后清华大学又提出非线性励磁控制理论。尽管线性最优励磁控制和非线性励磁控制这些先进励磁控制方式具有种种优点，但实际应用不多，目前主要的励磁控制方式还是采用 PID+PSS 方式，如三峡水电站等。

9.6.1 励磁调节器的功能要求

励磁调节器是励磁系统的重要组成部分。励磁调节器通常设置调节功能、限制器功能、监测及保护功能。

9.6.1.1 调节功能

根据电力系统及电厂的要求，电厂每台发电机的励磁调节器通常设置有下列的调节功能：

(1)发电机电压、无功及励磁电流的自动调节

1)调节模式。

调节闭环见图 9.6-1，U_q、I_f、Q_q、$\cos\varphi_q$ 分别为电压、励磁电流、无功功率、功率因数。

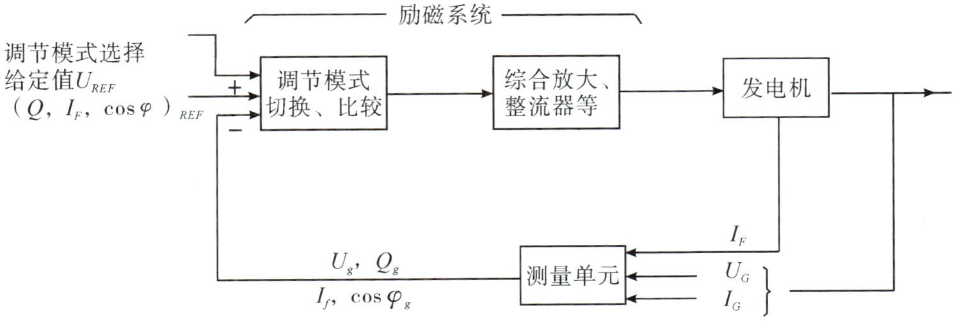

图 9.6-1 励磁控制系统按给定值的自动调节

励磁调节器通常设置发电机自动电压调节(AVR)、无功功率自动调节及励磁电流自动调节(FCR)的三种调节模式。根据电力系统及电厂的需要，还可以设置发电机功率因数自

动调节。励磁调节器通常采用按给定值调节模式。

励磁电流或功率因数的检测通常在励磁系统内部设置。

①自动电压调节。

自动电压调节模式是并网运行发电机励磁调节应具有的基本调节模式。在自动电压调节模式下，调节电压给定值，对未并列的发电机将调节发电机电压，对并列运行的发电机将同时改变机端电压及无功功率。自动电压调节包括了电力系统故障情况下的强行励磁调节。

励磁调节器的自动电压调节通常采用有差调节方式，按给定的调差特性对发电机电压进行闭环有差自动调节，以满足电力系统对发电机无功的调节要求，并保证并列运行的发电机间无功功率分配的稳定性。此时，调节器需引入发电机定子电流，并设负荷电流补偿单元，以提供带负荷电流补偿的调节反馈信号 U_C（图 9.6-2）。

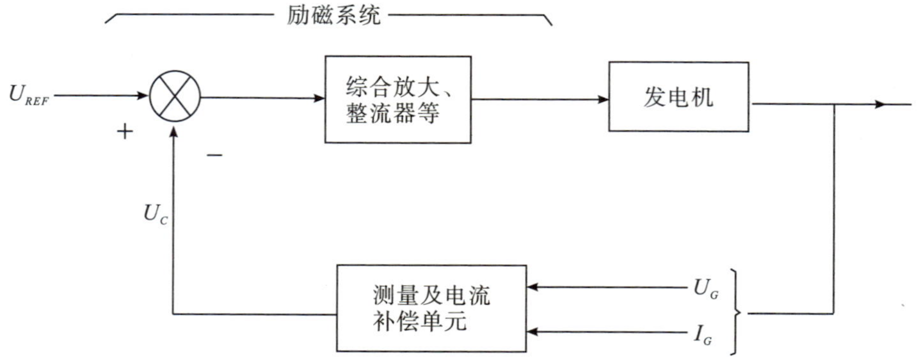

图 9.6-2　励磁控制系统的自动电压调节

②无功功率自动调节。

励磁调节器接受外部对发电机无功功率的给定值，对发电机励磁进行调节，使发电机的无功功率自动维持于给定值运行，又称恒无功调节。在机组投入电厂自动电压控制（电厂 AVC）时，发电机的无功功率通常由电厂 AVC 给定。运行人员也可以手动设定给定值。

③励磁电流自动调节。

励磁调节器按给定的发电机转子电流对发电机励磁进行调节，使发电机转子电流自动维持于给定值运行。该调节模式通常作为大中型发电机自动电压调节模式故障时的后备调节，发电机转子电流给定值一般仅采用操作员手动增、减脉冲的方式给定。该调节模式也称为手动模式，通常独立于电压自动调节环节。此时发电机励磁无机端电压偏差信号控制，机组无强励能力。

④功率因数自动调节。

励磁调节器按给定发电机的功率因数对发电机励磁进行调节，使发电机的功率因数自动维持于给定值运行，又称恒功率因数调节。该调节模式通常根据电力系统要求设置。在机组投入电厂自动电压控制（AVC）时，发电机的功率因数通常由电厂 AVC 给定。运行人员也可以手动设定给定值。

2)给定值的给定方式、跟踪及限制。

①给定值给定方式。

以增、减脉冲方式对发电机的电压或无功等进行给定；增、减脉冲可由操作员手动操作励磁增、减开关给出，或由其他自动装置给出（自动同期装置、计算机监控系统的机组现地控制单元等）。

以数字或模拟量方式对发电机的电压或无功进行给定。给定值一般由计算机监控系统的机组现地控制单元给出。

②给定值跟踪功能。

在电压调节、无功调节及功率因数调节模式下，励磁电流调节给定值自动跟踪发电机励磁电流。在励磁电流调节模式下，电压调节给定值自动跟踪发电机电压。在电压调节及励磁电流调节模式下，无功功率调节的给定值自动跟踪发电机的无功功率，功率因数调节的给定值自动跟踪发电机的功率因数。发电机与电力系统解列空载运行或机组停机时，励磁调节器自动将电压给定设定为额定空载值。

③励磁调节器应具有给定值的上、下限限制功能，以限制给定值超过运行限值。上、下限整定值应能现地和远方调整。

3)调节模式的投入及切换。

励磁调节器的各调节模式可由运行人员根据电厂或电力系统的要求，在励磁调节器屏或远方进行手动投入或切换。在下列情况下，调节器将对调节模式按预先的安排进行自动切换：

①在励磁调节器投入时，若无调节模式的切换信号，调节器自动将调节模式置于自动电压调节模式。

②在电压互感器断线时调节器自动转为励磁电流调节模式。自动电压调节故障时（对冗余自动通道指两套自动通道均故障），调节器自动切换至励磁电流调节方式运行。

③发电机甩负荷变为空载运行时，励磁调节器自动转为电压调节模式。

④发电机空载运行时，仅允许投入电压调节模式或励磁电流调节模式，包括手动投入及自动切换投入。无功调节模式及功率因数调节模式仅在发电机并网运行后由电厂AVC投入，或手动投入。

(2)提高电力系统稳定的调节

根据电力系统的要求，应设置电力系统稳定器(PSS)，以改善电力系统振荡（低频振荡）阻尼，提高电力系统的稳定性。电力系统稳定器的输入信号通常是发电机轴转速、频率、功率或它们的组合，其输出作为调节器的输入信号接入励磁调节器。电力系统稳定器通常是设置在励磁调节器中的一个软件功能，并可由外部输入信号进行投入/退出。

根据电力系统的要求，发电机也可以采用其他的提高电力系统稳定的调节控制，如线性最优控制、非线性最优控制等。

9.6.1.2 限制器功能

为保证发电机在安全稳定的范围内运行，励磁调节器主要设置下列限制器功能：

(1)最大励磁电流限制器

最大励磁电流限制器用于限制励磁电流不超过励磁顶值电流，在励磁功率整流器部分支路退出或冷却系统故障时，应将励磁电流限制到预设的允许值。

(2)强励反时限限制器

强励反时限限制器用于防止发电机转子过热，限制器的反时限特性应与发电机转子热容量能力特性相匹配。在强励到达允许的持续时间时，限制器应自动将励磁电流减到长期连续运行允许的最大值(通常为 1.1 倍的额定励磁电流)。在引起强励的原因消失后，励磁系统应能自动恢复到强励前的状态。

(3)过励磁限制器

过励磁限制器用以保证迟相运行的发电机运行在 P—Q 特性(图 9.6-3)的允许运行区域内。当发电机运行点由于某些原因超出限制范围时，调节器应能限制(通常经延时)励磁系统的输出，使发电机自动回到限制范围内运行。在引起过励的原因消失后，励磁系统应能自动恢复到过励前的状态。

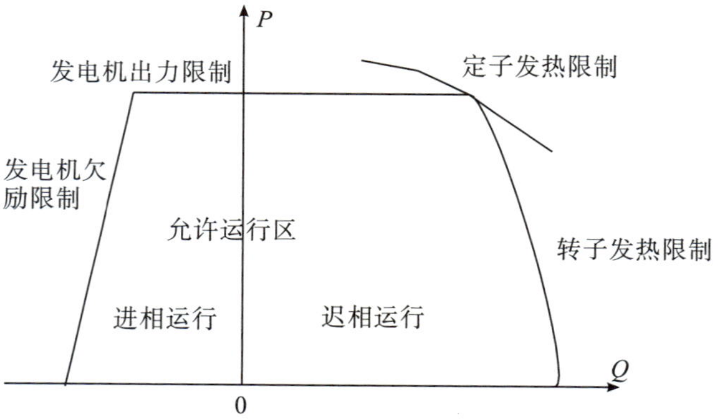

图 9.6-3 发电机的 P—Q 特性

(4)欠励磁限制器

欠励磁限制器用以保证进相运行的发电机运行在 P—Q 特性(图 9.6-3)的允许运行区内，防止发电机失磁，当发电机运行点超出 P—Q 曲线进相运行区的限制范围时，限制器应立即动作使运行点回到限制范围内。欠励磁限制器动作应先于继电保护的失磁保护。

(5)电压/频率(V/Hz)限制器

电压/频率(V/Hz)限制器用于防止发电机定子及升压变压器铁芯由于过激磁而过热。

(6)其他限制器

根据电厂发电机的具体情况可以装设其他限制器。如装设发电机定子电流限制器。可以通过软件设定某一限制功能投入或退出。

9.6.1.3 故障检测与保护

励磁调节器设置故障检测与保护功能，主要有下列各项：

1)故障在线检测及诊断，包括硬件及软件故障在线诊断、调节通道故障检测及切换等；

2)电压互感器断线；

3)电源故障；

4)通信故障；

5)励磁绕组温度检测及报警；

6)整流器故障。

根据电厂的需要，在励磁调节器中也可以设置转子过流保护、失磁保护等保护功能。

9.6.1.4 控制操作

满足电厂及电力系统运行要求的励磁系统各种操作，主要有下列各项：

1)机组开停机过程中励磁系统的相关操作；

2)机组的起励控制；

3)磁场断路器的合、分闸控制；

4)励磁系统的现地及远方的手动操作；

5)电气制动的有关操作；

6)励磁系统操作控制模式的控制操作等。

9.6.1.5 其他功能

(1)励磁系统参数的在线显示和整定

励磁系统参数应可在线显示和整定，显示参数应为实际值或标幺值，并以十进制表示。

(2)自动电压跟踪

在机组同期并网前，为使机组电压迅速跟踪系统电压，励磁系统调节器可设置自动电压跟踪功能。发电机并网后，调节器自动转为自动电压调节模式。

(3)与外部系统的接口

提供与外部系统的接口，输出励磁系统信息，接受外部系统对励磁系统的监控。

1)励磁调节器应以 I/O 接口及硬布线方式，输出励磁系统的各种故障和状态信号及模拟量信息，并接收外部对励磁系统的控制操作和调整命令信息。

2)励磁调节器尚应提供与电厂计算机监控系统的通信接口，通过通信接口向计算机监控系统提供励磁系统的运行信息，包括各种故障和状态信息、运行参数等，并接受计算机监控系统的控制调整命令。

3)励磁调节器还应提供用于 PSS 试验的接口(白噪声接口及相应的软件)。

(4)时钟同步

根据电厂的情况，励磁调节器应能接受外部时钟系统的时钟同步信号进行时钟同步，包括通过计算机监控系统通信口同步，或直接接受电厂同步时钟系统的时钟同步。

(5)励磁系统状态、事件记录及故障实时录波

励磁调节器应可对励磁系统的运行状态、异常及故障等进行记录保存，对故障相关的参数进行实时的录波并保存。

(6)现场调试和试验功能

励磁调节器应提供励磁系统调试终端的接口，以便对励磁系统进行调试、修改程序、整定参数，对励磁装置运行状态进行监视等，并可对相关的信息进行外部拷贝和打印。

9.6.2 励磁控制方式及数学模型

通过自动控制发电机励磁来提高电力系统稳定，是电力系统各种稳定措施中最为经济有效的措施。在维持发电机端电压的基础上提高电力系统稳定，是发电机励磁控制的主要目标。发电机的励磁控制方式主要有表 9.6-1 所示的几种。

表 9.6-1　　发电机的励磁控制方式

序号	励磁控制方式		基本原理及特点	实际应用情况
1	单变量控制	比例控制	以与电压偏差信号(给定值与运行值的偏差)成比例的信号作为调节信号对发电机励磁进行闭环控制。可维持机端电压于给定值运行，但在电力系统振荡时使发电机产生负阻尼转矩，不利于系统稳定；电压调节的稳态精度与调节动态品质对调节系统电压偏差的比例调节系数有不协调的要求	为早期的励磁控制方式，目前在大中型电厂中已不采用
		PID控制(或PI控制)	以电压偏差信号(给定值与运行值的偏差信号)的比例(P)、积分(I)、微分(D)信号的总和(或仅比例、积分信号的总和)作为调节信号对发电机励磁进行闭环控制。采用PID控制(或PI控制)的励磁控制系统具有较好的稳态及动态调节品质，并可取较小的电压偏差比例调节信号放大系数，满足励磁系统调节性能的要求并有利于电力系统稳定	为目前常用的励磁控制方式，是励磁系统基本控制方式

续表

序号	励磁控制方式		基本原理及特点	实际应用情况
2	线性多变量控制	PID控制＋PSS	励磁系统在保留电压偏差的PID控制基础上增设电力系统稳定器(PSS)，以电压偏差的PID信号及提高电力系统稳定的控制信号，对发电机励磁进行闭环控制，使励磁控制系统具有较好的稳态及动态调节品质的同时，在系统振荡时使发电机产生正阻尼转矩，以阻尼电力系统振荡，提高电力系统稳定。通常以发电机的转速、频率或功率信号(或其组合)经(PSS)相位补偿后作为提高电力系统稳定的励磁控制信号	为我国及欧美地区大中型发电机目前使用的提高电力系统稳定的励磁控制方式
		强力调节	在电压偏差控制的基础上，增加提高电力系统稳定的附加调节信号(发电机电压偏差的一、二次微分，发电机电流的一、二次微分，功角或频率微分等)对发电机励磁进行控制，使励磁系统具有较好的稳态及动态调节品质的同时，提高电力系统稳定性及远距离输电的稳定极限	苏联地区(俄罗斯等国家)使用的提高电力系统稳定的励磁控制方式，我国在20世纪80年代前有研究、试验及电厂的试运行
		线性最优控制(LOEC)	采用基于状态空间描述方法的线性多变量现代控制理论解决励磁系统最优控制问题。首先确定所研究系统的数学模型，建立控制系统的状态空间方程，选择与规定控制系统预期的性能指标，以使控制系统的性能指标与预期的性能指标差别达到极小值，计算出控制系统的控制规律，并以此规律对励磁系统进行控制	可提供实际应用
3	非线性最优控制(NOEC)		采用精确的电力系统非线性模型，独立于网络参数及结构的非线性控制决策，使控制规律可适应系统状态大幅度的变化，对网络参数变化有很好的适应性	可提供实际应用
4	自适应式控制		控制系统在控制过程中不断地测量被控系统的状态、性能或参数，按使系统当前的运行指标接近期望指标，自动改变控制系统的结构、参数，或根据自适应的规律来改变控制作用，使系统达到最优或次优状态	

下面介绍按电压偏差的比例控制及目前常用的PID控制方式。

9.6.2.1 电压偏差的比例控制

采用电压偏差比例控制的励磁控制系统环节结构见图9.6-4。

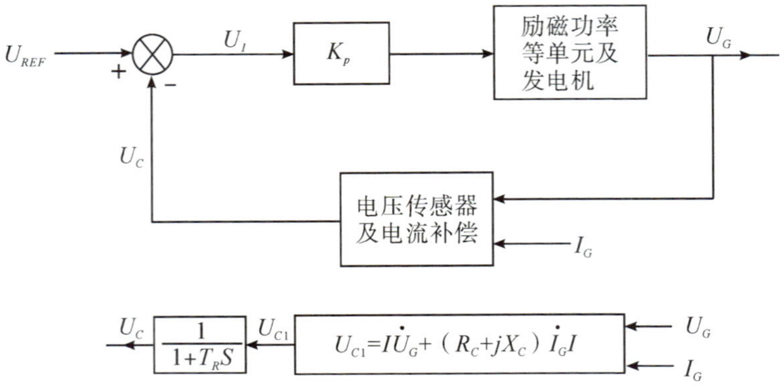

机端电压传感器及负荷电流补偿

图 9.6-4　采用电压偏差比例控制的励磁控制系统

K_p 为励磁调节器的比例系数。励磁调节器以电压给定值 U_{REF} 与调节反馈值 U_C 的偏差 $U_I=U_{REF}-U_C$ 对发电机励磁进行闭环调节。U_C 为发电机机端电压测量及发电机负荷电流补偿环节的输出。图 9.6-4 中给出了该环节的输出与输入的常用的函数关系（见 IEEE421.5《电力系统研究用励磁系统模型的 IEEE 建议》），其中 X_C、R_C 为负荷电流补偿所设定的补偿阻抗参数。当调节反馈信号 U_C 带有负荷电流补偿环节输出时，调节稳态后，发电机端电压 U_G 将不等于给定电压 U_{REF} 而有一个与负荷电流补偿环节输出相关的偏差，此时发电机电压的自动调节为有差调节。

励磁系统采用电压偏差比例控制时，为提高发电机电压调节的稳态精度及励磁系统的电压响应速度，通常需要励磁系统有高的开环静态增益 K_p 值，但从取得较好的调节动态品质（如较小的调节超调量和振荡次数）及励磁系统稳定裕度考虑，励磁系统不希望取过高的开环静态增益。另外，以机端电压偏差信号控制励磁的发电机，在电力系统受干扰功角变化或发生振荡时，将产生负的阻尼转矩，从而恶化了电力系统的阻尼及稳定性。大中型电厂发电机在励磁调节精度和电压响应速度、调节动态品质和电力系统稳定作用等方面均有较高的要求，因此采用比例控制的励磁系统时，其开环增益难以同时满足这些要求。

9.6.2.2　PID（或 PI）控制及励磁控制系统的动态校正

为使励磁控制系统具有较好的稳态及动态调节品质从而有利于电力系统稳定，目前大中型发电机的励磁调节器基本上采用 PID 调节器（或 PI 调节器），或采用其他动态校正的调节器。励磁控制系统环节结构见图 9.6-5。水轮发电机励磁系统采用的其他动态校正通常尚有滞后—超前环节校正、滞后环节校正等方式，其环节传递函数及控制系统结构见图 9.6-5(b)、图 9.6-5(c)。它们与 PID 校正均属自动控制原理中线性系统的串联校正，这些动态校正方法也可取得与 PID 校正类似的效果（故也有将它们称为 PID 控制）。

在图 9.6-5 中，U_G 为发电机端电压，I_G 为发电机电流，X_G、R_G 分别为负荷电流补偿阻抗的电抗分量及电阻分量，T_R 为滤波时间常数，U_C 为机端电压传感器及负荷电流补偿单元的总输出。U_{REF} 为发电机电压给定值，V_S 为电力系统稳定器 PSS 输出，U_1 为调节信号。

图中未表示有关环节的输入、输出限制。电力系统稳定器输出信号 V_S 也可设计为输入至PID环节之后的信号综合单元(图中未表示)。

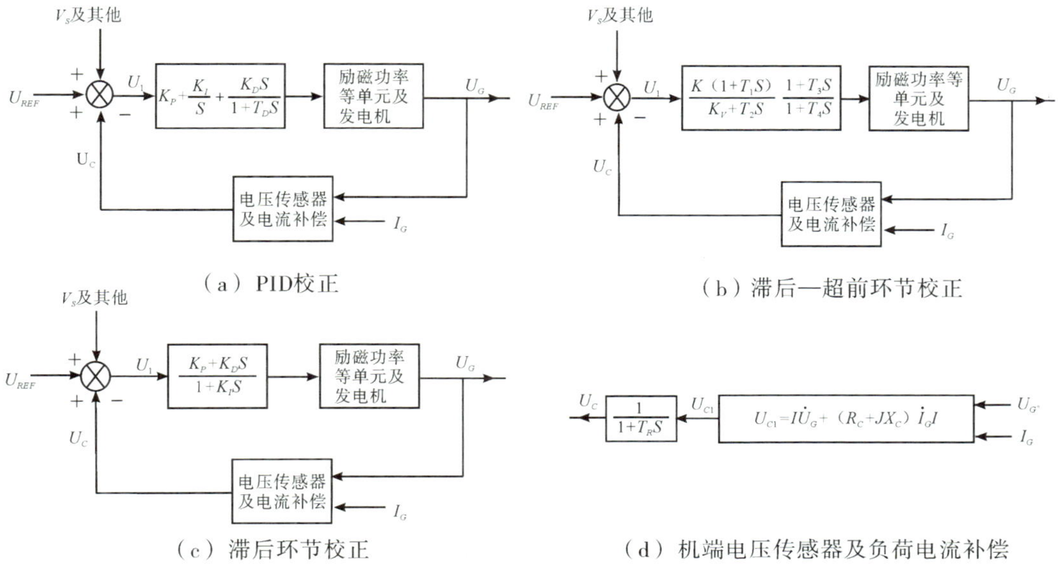

图 9.6-5 采用 PID 及其他串联校正的励磁控制系统环节结构

在图 9.6-5(a)中,K_P、K_I、K_D 分别为励磁调节器的比例、积分、微分调节系数,T_D 为微分时间常数。在图 9.6-5(b)中,当 $K_V=0$ 并取 $T_4\approx0$ 时,调节器的开环传递函数可表示为:

$$W(S)=K\left(\frac{T_1+T_3}{T_2}+\frac{1}{T_2S}+\frac{T_1T_3S}{T_2}\right) \tag{9.6-1}$$

由上式可见其作用与 PID 控制大致相同。

图 9.6-5(c)为采用滞后环节校正构成的励磁调节器。可视作是由三个环节构成:比例环节 K_P 加上微分环节 K_DS 后(两环节并联)再与惯性环节 $1/(1+K_1S)$ 串联。惯性环节的时间常数通常取较大的数值,使该惯性环节可近似于一个积分环节。该校正环节也可表示为 $K(1+T_1S)/(1+T_2S)$,其中 $T_2>T_1$。

励磁调节器采用 PID(或 PI)或其他校正方式控制,发电机励磁控制系统可具有更好的稳态及动态调节品质,包括调节稳态精度、调节时间、振荡次数、超调量及时间等。由于调节的稳态由积分环节保证,电压偏差调节信号的调节系数 K_P 可取较小的数值,在满足励磁系统调节性能的同时也有利于电力系统的稳定性,但对系统阻尼通常无明显增加,在某些运行条件下仍可能出现负阻尼,降低了励磁控制对改善暂态稳定性的作用。故对大中型电站发电机,在励磁系统采用 PID 或其他校正方式的调节器后,仍需根据电力系统的要求,设置电力系统稳定器(PSS),作为励磁的附加控制信号对发电机励磁进行控制。

图 9.6-6 是 IEEE 421.5 标准《电力系统研究用励磁系统模型的 IEEE 建议》给出的励磁调节器采用滞后—超前环节校正(也称串联 PID 校正)的自并励静态励磁系统模型结构。

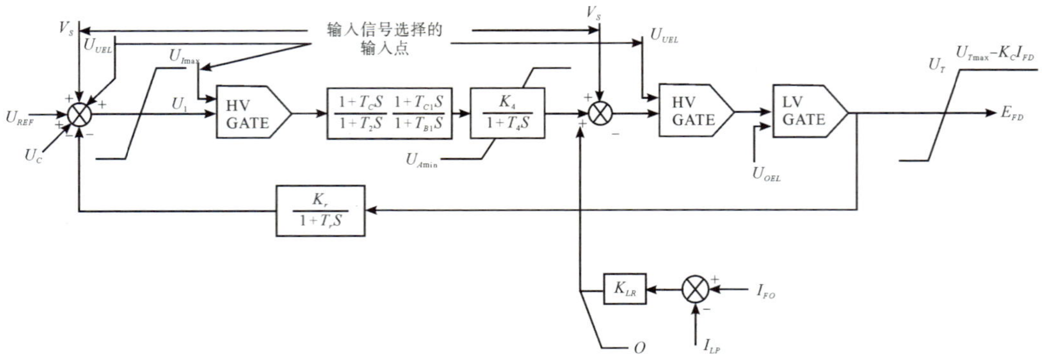

图 9.6-6　励磁调节器采用串联 PID 的自并励静态励磁系统模型

在图 9.6-6 中，U_C 为机端电压传感器及负荷电流补偿单元的总输出。U_{REF} 为发电机电压给定值。V_S 为电力系统稳定器 PSS 对励磁调节器的输出(经相关的控制保护后)。U_I 为调节器输入。$U_{I\max}$、$U_{I\min}$ 为调节器最大、最小输入限制。带时间常数 T_C、T_B、T_{C1}、T_{B1} 的环节构成系统的滞后—超前校正。K_A 为励磁调节器增益，T_A 为励磁调节器时间常数，$U_{A\max}$、$U_{A\min}$ 为调节器最大、最小输出限制。U_{UEL} 低励限制器输出，U_{OEL} 过励限制器输出。HV GATE/LV GATE 分别为高电位/低电位选择门。E_{FD}、I_{FD} 为励磁系统输出电压/电流。$U_{R\max}$、$U_{R\min}$ 为励磁系统最大、最小输出限制，也可认为是发电机端电压限制(U_T)。K_C 为励磁功率整流器负荷系数，正比于换相电抗。K_{LR} 为励磁系统输出电流(转子电流)限制器增益，I_{LR} 为励磁系统输出电流限制器设定值。带时间常数 T_F 的环节为励磁系统稳定器环节，T_F、K_F 为励磁系统稳定器时间常数、增益。IEEE 421.5 标准提供的该典型参数中，T_A、K_F 均取 0 值，一般不使用稳定器。图 9.6-7 是图 9.6-6 三峡左岸电站励磁系统的系统结构的参数设定值。

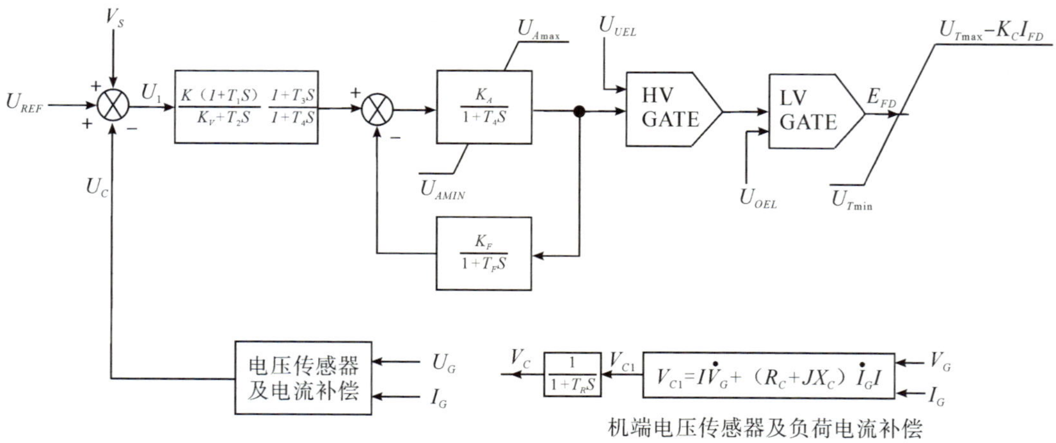

图 9.6-7　采用串联 PID 控制的自并励励磁系统数学模型

表 9.6-2 的参数取值表中的电压限制值及 K_A、K 的数值，为以发电机额定空载励磁电压为基准的标幺值，限制值按励磁顶值电压计算。

表 9.6-2　　各参数设定值

参数	T_R	K	T_1	T_2	T_3	T_4
取值	0.02s	3.75	0.4s	0.4s	0.02s	0.01s
参数	K_A	T_A	U_{Amax}	U_{Amax}	U_{Tmax}	U_{Tmax}
取值	6.160	0s	6.160	−5.297	6.160	−5.297

注：K_V、K_C、K_F、T_F 均取 0 值。

9.6.3　电力系统稳定器(PSS)

电力系统稳定器(PSS)的作用是为励磁调节器提供附加控制信号，增加电力系统阻尼，提高或改善电力系统的稳定性。PSS 的输入为发电机的转速、频率、功率或它们的组合，这些信号经一定的相位补偿后，输入励磁调节器，在电力系统发生扰动振荡时使发电机产生正阻尼转矩，以抑制电力系统的低频振荡(通常是指 0.1～2.5Hz 的低频振荡)。

在《动力系统稳定性研究用励磁系统模型推荐规程》(IEEE 421.5—2005)标准中，提供了 4 种典型的 PSS 数学模型，分别为 PSS1A、PSS2B、PSS3B 和 PSS4B 模型。

9.6.3.1　PSS1A 型电力系统稳定器

PSS1A 型为单输入电力系统稳定器。数学模型见图 9.6-8。

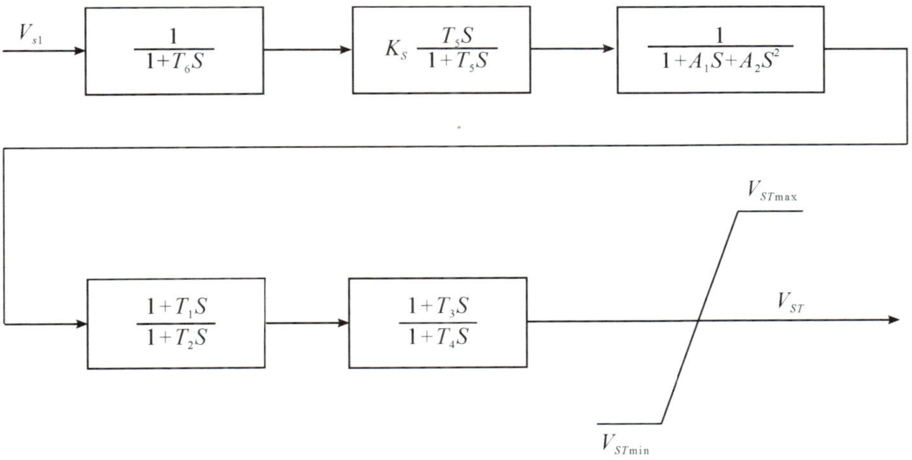

图 9.6-8　单输入的电力系统稳定器(PSS1A 型)

在 PSS1A 模型中，其输入信号 V_{s1} 可以是转速、频率、电功率等。图 9.6-8 中从输入开始，各环节块可分别称为变送器(也称传感器，T_6)环节、放大器及隔直(也称信号冲洗，T_5)环节、高频扭振滤波(A_1、A_2)环节、两级超前—滞后(也称相位补偿，T_1～T_4)环节，以及稳定器的输出限制(V_{Smax}，V_{Smin})环节，根据励磁系统的情况，该限制也可不在稳定器环节中考虑。

PSS1A 型各环节参数的典型取值范围可参见表 9.6-3。

表 9.6-3　　PSS1A 型各环节参数的典型取值范围

参数	典型取值范围	参数名称	参数	典型取值范围	参数名称
T_6	0～0.04s	变送器时间常数	T_2,T_4	0.01～0.2s	滞后时间常数
T_5	0.5～50s	隔直环节时间常数	K_s	0.1～50pu	稳定器增益
T_1,T_3	0.1～2s	超前时间常数	V_{Smax},V_{Smin}	0.02～0.1pu	输出信号限幅

在实际应用中，PSS1A 型稳定器输入多采用电功率信号，它具有易于测量、不易引入干扰、不会激发轴系扭振等优点，但在机组有功功率（原动机功率）发生变化时（如增加），此时 PSS 会产生输出信号作用于励磁系统，造成无功功率波动（减少），这种现象称作“反调”。有效解决反调的方法是采用 PSS2B 型电力系统稳定器。

9.6.3.2　PSS2B 型电力系统稳定器

PSS2B 型为双输入电力系统稳定器。数学模型见图 9.6-9。

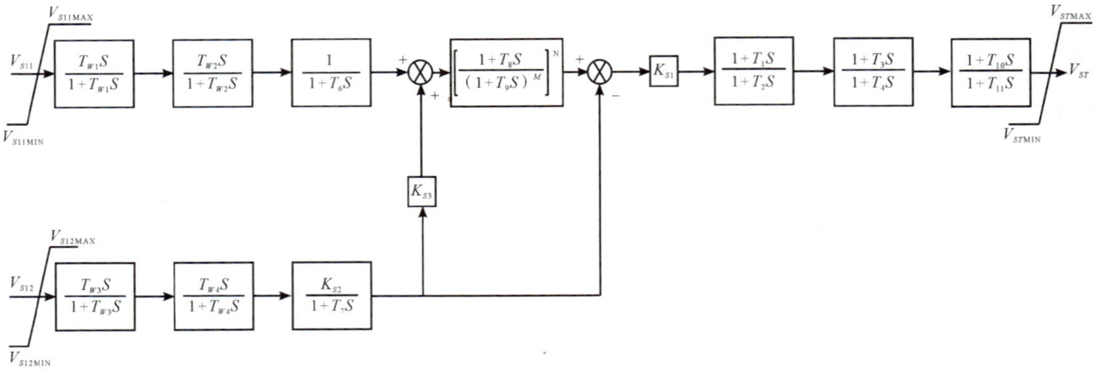

图 9.6-9　双输入的电力系统稳定器（PSS2B 型）

在图 9.6-9 中，V_{SI1} 通常为转速或频率而 V_{SI2} 为功率信号。对每一个输入，有两个隔直（冲洗）环节（$T_{w1}\sim T_{w4}$）和一个积分环节（$T_6\sim T_7$）。由指数为 M 和 N 的环节可以得到一个斜坡跟踪（Ramp Track）或简单的滤波器（高频滤波器或称陷波器）特性。在实际应用中，可允许 M 取至整数 5，N 至整数 4，如某些应用中取 $M=5$、$N=1$ 或 $M=2$、$N=4$。相位补偿由两个超前—滞后环节提供，用常数 $T_1\sim T_4$ 设置，也可以使用第 3 个超前—滞后环节（超前时间常数 T_{10} 及滞后时间常数 T_{11}）。稳定器设输出限制，根据励磁系统的情况，该限制也可不在稳定器环节中考虑。

在 IEEE 标准中说明，PSS2B 模型可用作两种不同类型的双输入稳定器：①相当于电功率输入的稳定器，这里采用频率或转速输入与电功率一起来产生一个等效机械功率信号，以使总信号反映加速功率而对机械功率的变化不敏感，避免出现反调。②转速（或频率）和电功率组合的稳定器，采用转速信号及电功率信号来形成所希望的稳定信号。PSS2B 在这两种类型的应用中所用的参数将有很大的差别。如对①类型的应用，通常有 $K_{s3}=1$ 及 $K_{s2}=T_7/2H$，H 为发电机的惯性常数，指数为 M 和 N 的环节将用作斜坡跟踪。

由发电机转子运动方程(忽略发电机的机械阻尼转矩时):

$$\frac{d\omega}{dt}=\frac{1}{2H}(T_m-T_e)=\frac{1}{2H}T_{acc} \tag{9.6-2}$$

式中:ω——发电机转子速度;

H——发电机惯性常数;

T_m——原动机(水轮机)机械转矩;

T_e——发电机(气隙)转矩(或称电磁转矩);

T_{acc}——加速转矩。

在额定转速下,以标幺值表示的转矩与功率值相同,故

$$P_m=2Hs\omega+P_e \text{ 或} \frac{P_m}{2H}=s\omega+\frac{P_e}{2H} \tag{9.6-3}$$

式中:s——拉普拉斯算子,可见原动机的机械功率可以用发电机转速 ω 及电功率 Pe 来合成。

机械功率的合成需经过斜坡跟踪滤波器的处理,然后与电功率比较(求差)得到加速功率。在调节机械功率使电功率变化时,电功率近似等于机械功率而差值(K_{s1} 的输入)为 0,PSS 无输出,不出现反调。但在系统扰动(如振荡)引起电功率变化时(此时可认为机械功率不变),差值为电功率的变化量,PSS 反应电功率的变化(或称加速功率),励磁系统将对发电机励磁进行调节。

9.6.3.3 PSS3B 型电力系统稳定器

PSS3B 型为双输入电力系统稳定器。数学模型见图 9.6-10。

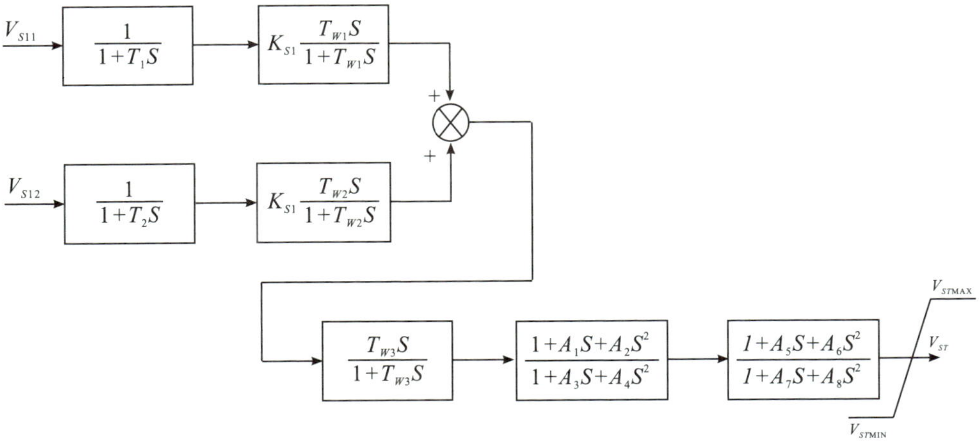

图 9.6-10 双输入的电力系统稳定器(PSS3B 型)

在图 9.6-10 中,稳定器的输入 V_{SI1} 为电功率 P_e、V_{SI2} 为转子角频率偏差 $\Delta\omega$。由这两个信号导出等值的机械功率信号,与电功率信号组合后产生一个正比于加速功率的信号。

T_1、T_2 为传感器时间常数,$T_{W1}\sim T_{W3}$ 分别为电功率、转子角速度、导出机械功率的隔直(冲洗)环节时间常数。稳定器信号放大可通过设定增益常数 K_{S1}、K_{S2} 取得,相位补偿由

两个滤波器（$A_1 \sim A_8$）提供。励磁电压调节器允许稳定器信号的最大值、最小值可由 V_{STMAX}、V_{STMIN} 调整。

9.6.3.4 PSS4B 型电力系统稳定器

PSS4B 型为多频段电力系统稳定器。数学模型见图 9.6-11。

PSS4B 型为三频段（对应低、中、高频率振荡模式）电力系统稳定器，输入为 $\Delta\omega$（转速输入）。低频段对应于电网（包括互联电网）的总体模式（如 0.04～0.06Hz 的振荡频率），中频段对应于区域模式（如 0.1～1.0Hz）、高频段对应于本地模式（如 0.8～4.0Hz）。各频段的增益、相位、输出限幅及滤波器参数可单独调整，可为不同的低频振荡提供合适的阻尼。

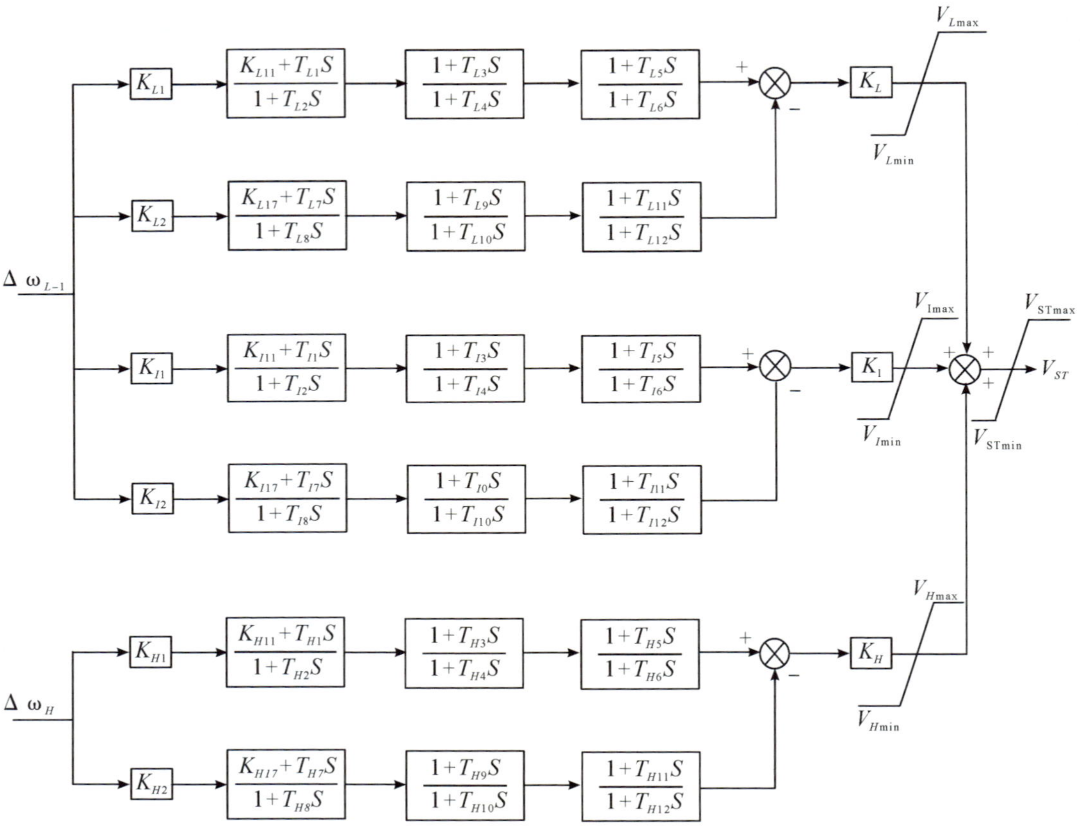

图 9.6-11 多频段的电力系统稳定器（PSS4B 型）

为避免在发电机突然甩负荷时，功率突然减小、转速升高使 PSS 输出去抬高机端电压，建议 PSS 在发电机断路器跳闸时退出，并在 PSS 输出设置输出电压限幅器。

长江设计院设计的部分水电站励磁系统励磁调节及电力系统稳定器选择汇总见表 9.6-4。

表 9.6-4　部分水电站励磁系统励磁调节及电力系统稳定器选择汇总表

电站名称	装机容量（MW）	台数	单机容量（MW）	励磁调节器					电力系统稳定器(PSS)			
				套数	AVR	AQR	FCR	控制方式	PSS2A	PSS2B	PSS3B	PSS4B
三峡左岸	9800	14	700	2	√		√	PID+PSS	√			
三峡右岸	8400	12	700	2	√		√	PID+PSS	√			
三峡地下	4200	6	700	2	√		√	PID+PSS	√			
乌东德	10200	12	850	2	√	√	√	PID+PSS		√		√
彭水	1750	5	350	2	√	√	√	PID+PSS	√			
亭子口	1100	4	275	3	√	1	√	PID+PSS	√			
水布垭	1840	4	460	2	√	√	√	PID+PSS		√		
构皮滩	3000	5	600	2	√	√	√	PID+PSS	√	√		
马来西亚沐若	9440	4	236	2	√		√	PID+PSS		√		
巴基斯坦 NJ	1062	4	265.5	2	√		√	PID+PSS				

9.7 灭磁系统选择及参数计算

当发电机内部、引出线、厂用高压变压器等发生故障时，虽然继电保护装置能快速动作，迅速切除故障，但是励磁电流产生的感应电动势仍会继续维持故障电流。为了迅速排除故障，减小设备损坏程度，必须安全、迅速地将储存在转子磁场中的能量释放。因此，所有发电机组必须设置独立的灭磁装置，快速切断励磁电源，使转子电流尽快衰减至零。

在早期，水电站一般采用带消弧栅的灭磁开关灭磁，也称为耗能型灭磁方式。如葛洲坝二江电站在投产初期，其中部分国产机组就采用这种耗能型灭磁系统。这种灭磁方式，其灭磁开关采用短弧原理，具有拉弧、建压、耗能功能，能将转子磁场能量通过灭磁开关的电弧燃烧而消耗掉。但在某些严重灭磁工况如空载强励灭磁时，由于转子磁场能量过大，常出现灭磁开关烧毁事故；又因为灭磁开关都是串联在转子回路中，因此灭磁过程中容易出现转子回路开路，引起转子过电压导致磁极击穿放电，继而引发损坏发电机转子回路等事故。故目前很少有电站采用这种耗能型灭磁方式，都改用磁场断路器加灭磁电阻构成的移能式灭磁装置。移能式灭磁装置具有以下几种：

(1)直流灭磁系统

直流灭磁方式，即采用直流磁场断路器及灭磁电阻构成的灭磁方式是目前最常用的灭磁方式。其直流磁场断路器串联在转子回路，灭磁电阻可采用线性电阻、碳化硅(SiC)或氧化锌(ZnO)非线性电阻，三种灭磁电阻的 V—A 特性见图 9.7-1。

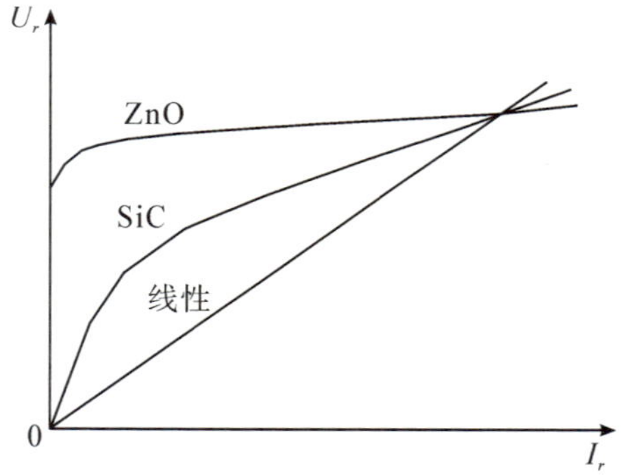

图 9.7-1 三种灭磁电阻的 V—A 特性

由图 9.7-1 可知，线性电阻及碳化硅电阻在施加电压后即产生电流，因此为避免在正常运行时有漏电流，采用碳化硅或线性灭磁电阻时，灭磁电阻应经磁场断路器的常闭触头或跨接器等其他电子开关并联在转子绕组两端，在直流磁场断路器主触头断开前提前投入。

线性电阻灭磁时间较长，火电厂应用较多，水电站较少采用，仅葛洲坝大江电站部分机组初期投入运行时采用过灭磁开关加续流二极管加线性电阻灭磁方式，后来均改造为氧化锌(ZnO)非线性电阻灭磁。

碳化硅灭磁时间比线性电阻短但比氧化锌电阻略长。但由于碳化硅具有单个元件容量大、特性较缓、残压比较低、对磁场断路器的开断电压要求低等优点，在大型水轮发电机组励磁系统尤其是国外进口设备上得到了广泛应用。葛洲坝水电站投入运行初期，部分机组采用瑞典ASEA励磁系统和CGE励磁系统，其灭磁电阻都采用碳化硅。随后的隔河岩水电站（CGE励磁系统）、水布垭水电站（ABB励磁系统）、三峡左岸电站（SIMENS励磁系统）、三峡右岸及地下电站等也无一例外采用了碳化硅（SiC）灭磁电阻。

氧化锌电阻较碳化硅电阻有较陡的非线性特性，在氧化锌电阻导通后，其电压可维持在较高的水平上，故在灭磁电阻最高灭磁电压设定值相同时，其灭磁时间较短。也正是由于其具有较高的导通电压，因此带来的负面影响是对磁场断路器的分断弧压要求较高，而且其单片容量较小，需要的数量较多，盘柜布置较难，在大型以上机组应用较少。但是氧化锌电阻价格比碳化硅电阻有优势，且国内能生产，因此应用在中小型机组灭磁系统上是十分合适的，清江高坝洲水电站励磁系统、葛洲坝水电站励磁系统后续改造等都采用氧化锌作为灭磁电阻。

（2）交流灭磁系统

交流灭磁系统由装设在整流器交流侧即励磁变压器二次侧的交流磁场断路器和灭磁电阻构成，灭磁电阻与直流灭磁系统一样，可采用线性电阻、碳化硅或氧化锌电阻。交流灭磁通过切除整流器的触发脉冲，利用励磁变负半周交流电压，将灭磁电阻导通，使转子电流转移至灭磁电阻上，实现发电机的灭磁，因此一般情况下（机端三相短路除外）对交流磁场断路器的分断弧压无过高要求，这是交流灭磁特有的优点。但在机端三相短路时，由于整流器交流侧电压为零，交流电压负半周电压无法利用，只能依靠交流断路器的分断弧压来导通灭磁电阻实现灭磁，而一般交流断路器分断弧压都较低，无法让灭磁电阻导通，当然也无法实现转子电流向灭磁电阻回路完全转移，因此，在机组三相短路时交流灭磁方式难以满足灭磁要求。显然，对灭磁可靠性要求较高的大型机组，交流灭磁不太合适。国内广州抽水蓄能水电站发电机进口的西门子励磁系统首次采用这种灭磁方式，其他水电站鲜有采用这种灭磁方式。

（3）交直流冗余灭磁系统

对于单机容量巨大的巨型机组如三峡机组，其励磁电流和励磁电压已经非常大，再考虑误强励灭磁工况，需要分断的电压和电流就更大，如采用单纯的直流灭磁方式，则要求直流磁场断路器具有非常高的分断弧压和分断电流，设备选型非常困难，即使采用多个断路器的断口串联，磁场断路器的灭磁分断能力也已接近极限，裕度较少，且各断口同步性要求高导致可靠性降低。若采用交流灭磁系统，在发电机机端发生三相短路时，整流器电压为零，难以利用其负半周电压，而交流断路器弧压低，灭磁电阻两端电压也较低，难以实现转子电流向灭磁电阻转移，因此在机端三相短路时交流灭磁难以满足大型及以上机组要求。为满足工程需要，长江设计院经过潜心研究，一种全新的灭磁系统——交直流冗余灭磁系统应运而生。

在励磁功率整流器的直流侧及交流侧各设置 1 套独立的磁场断路器，碳化硅或氧化锌非线性电阻用作灭磁电阻，跨接器或磁场断路器的常闭触头或单独的接触器作为灭磁电阻的投入开关，再通过合理选择直流磁场断路器、交流磁场断路器、灭磁电阻的参数，就可构成冗余度不同的(完全冗余或部分冗余)交直流灭磁系统。这种新型灭磁系统除了可以依靠直流磁场断路器的分断能力灭磁分断外，还可以依靠励磁变压器副方交流电压的负半周实现交流灭磁分断，所以它兼有直流灭磁系统及交流灭磁系统的优点，大幅提高了发电机的灭磁可靠性。

这种冗余灭磁系统，2003 年首次在三峡左岸电站投入运行，至今已经受了几次三峡水电站发电机事故灭磁的实际考验，均成功地完成了灭磁。它完全满足巨型发电机对灭磁系统高可靠性的要求，是发电机灭磁系统的新技术，也是国内外首创，以此为关键技术之一的“特大型水轮发电机励磁系统关键技术研究及应用”已获得湖北省 2012 年科技进步二等奖。

该交直流冗余灭磁系统除在三峡所有机组应用外，已推广至金沙江向家坝、溪洛渡等大型水电站。

9.7.1 自并励发电机常用的灭磁方式及选择

水轮发电机已普遍采用自并励励磁系统，目前常用的灭磁方式主要有三种：直流磁场断路器加灭磁电阻的灭磁方式(简称直流灭磁方式)，交流磁场断路器加灭磁电阻的灭磁方式(简称交流灭磁方式)，交、直流磁场断路器加灭磁电阻的灭磁方式(简称交直流灭磁方式)。

上述三种灭磁方式均属于移能型灭磁系统。在灭磁过程中，磁场断路器不承担转子磁场能量的消耗。

9.7.1.1 直流磁场断路器加灭磁电阻的灭磁方式

采用直流磁场断路器及灭磁电阻灭磁方式的灭磁系统(称直流灭磁系统)，灭磁电阻可采用线性电阻、碳化硅非线性电阻或氧化锌非线性电阻。

(1)直流磁场断路器加碳化硅或线性灭磁电阻的灭磁方式

直流磁场断路器加碳化硅灭磁电阻或线性灭磁电阻的灭磁方式原理接线见图 9.7-2。励磁变压器 TE，磁场断路器 QF_1，灭磁电阻 R_r 经磁场断路器的动断触头 QF(又称放电触头)接于发电机转子的正、负极(灭磁电阻也可专设投入开关，如晶闸管开关或其他电子开关)。

灭磁系统采用线性电阻工作可靠、维护简单、价格较低，但在相同的灭磁电阻最高灭磁电压下，灭磁时间较长；或在相同的灭磁时间情况下，灭磁电阻有较高的电压，要求磁场断路器有更高的分断能力。

目前，国内外提供的采用碳化硅或线性灭磁电阻的灭磁系统，灭磁电阻回路均未串联二极管，灭磁电阻投入后，将产生反向电流并成为磁场断路器灭磁分断电流的附加增量。在误强励灭磁工况，尤其严重。显然，灭磁电阻若串接二极管(图 9.7-3)或采用晶闸管开关投入，则无上述电流增量。

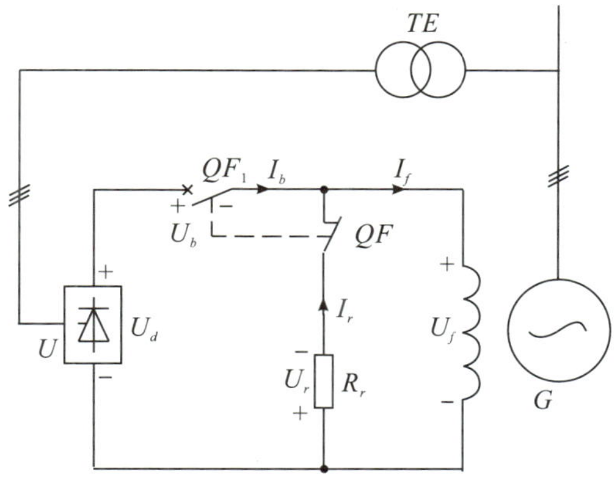

图 9.7-2 直流磁场断路器加碳化硅或线性灭磁电阻的灭磁系统

另外，若发电机灭磁同时启动逆变，励磁功率整流器输出电压 U_d 将变为负值，降低磁场断路器灭磁分断最高弧压及恢复电压的要求。而且，逆变使 U_d 反向，还减少磁场断路器主触头分断电流。故灭磁时逆变，可改善磁场断路器的灭磁分断条件。但是，这种改善在机端三相短路（励磁功率整流器输入电压为零）或励磁系统故障（误强励等）时无法实现。

（2）直流磁场断路器加氧化锌灭磁电阻的灭磁方式

直流磁场断路器加氧化锌灭磁电阻的灭磁方式原理接线见图 9.7-3。由于氧化锌电阻有较平缓的 V—A 特性，灭磁电阻投入后，当励磁功率整流器输出的正向电压高于氧化锌电阻压敏电压时，将造成灭磁电阻过电流，此时灭磁电阻回路可串接二极管 VD，以阻断该电流。另外为避免氧化锌灭磁电阻短路时造成转子短路，氧化锌灭磁电阻分支回路通常串联熔断器（图 9.7-3 未表示）。

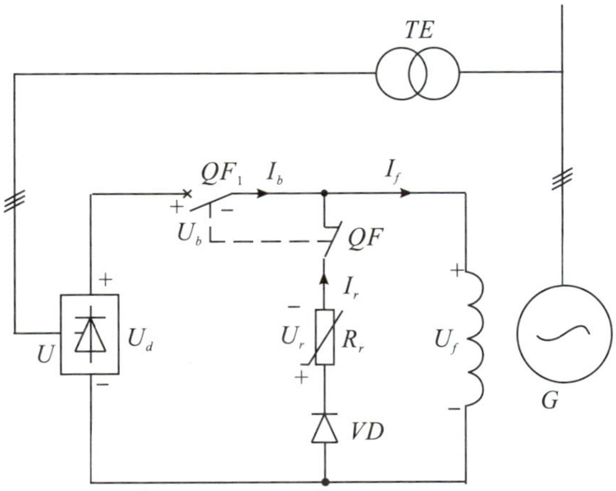

图 9.7-3 直流磁场断路器加氧化锌灭磁电阻的灭磁系统

由于氧化锌电阻较碳化硅电阻有较小的非线性系数，故灭磁电阻最高灭磁电压相同时，氧化锌灭磁电阻能更快地消耗转子能量，有较短的灭磁时间。

交流灭磁的同时也可以启动逆变，或切除整流器触发脉冲。由于氧化锌灭磁电阻回路通常串接反向二极管，在交流正半周灭磁电阻无电流，不产生磁场断路器分断电流增量。

选择的氧化锌灭磁电阻压敏电压，通常高于发电机正常运行时的转子电压，故氧化锌灭磁电阻除可采用如图9.7-3以开关在灭磁时投入的接线方式外，还可采用与发电机转子直接并联的接线方式(图9.7-3中QF短接)，但在大型发电机上氧化锌灭磁电阻多采用经开关(包括电子开关)与发电机转子并接，灭磁电阻仅在灭磁启动后投入。

(3)氧化锌灭磁电阻与碳化硅灭磁电阻及其灭磁系统的特点

氧化锌灭磁电阻和碳化硅灭磁电阻在灭磁应用时的主要特点见表9.7-1。

表9.7-1　　氧化锌灭磁电阻和碳化硅灭磁电阻在灭磁应用时的主要特点

项目	氧化锌灭磁电阻	碳化硅灭磁电阻	备注
灭磁时间	较短	较长	灭磁系统参数相同
灭磁过程对转子储能的吸收消耗	较大	较小	灭磁系统参数相同
磁场断路器的分断负载	导通前可认为仅为发电机转子	并联灭磁电阻的转子	
灭磁电阻投入对断路器分断电流影响	不增加主触头的分断电流	可能增加主触头的分断电流	在励磁电源(如自并励发电机的功率整流器)有输出时
磁场断路器分断弧压要求	大于灭磁电阻的压敏电压与灭磁时功率整流器输出电压之和	大于灭磁时转子电压与励磁功率整流器输出电压之和	
灭磁电阻接入方式	可经开关或直接与转子并联	经开关	
灭磁电阻回路熔断器	通常需装设	通常不装设	
逆变或切脉冲在灭磁分断中的应用	通常在灭磁启动后切脉冲，也可采用逆变	通常在灭磁启动后投入逆变	对直流磁场断路器及灭磁电阻灭磁系统的自并励系统

9.7.1.2　交流磁场断路器及灭磁电阻灭磁方式

(1)交流灭磁系统结线及工作原理

自并励发电机采用交流灭磁方式的灭磁系统原理接线见图9.7-4，励磁变压器低压侧设交流磁场断路器QF_2(下面简称“交流断路器”)，灭磁电阻采用开关QF投入。灭磁电阻R_r可采用线性电阻、碳化硅灭磁电阻或氧化锌灭磁电阻，氧化锌灭磁电阻尚可直接与转子并联连接。

灭磁电阻采用开关投入时，为保证交流断路器分断过程中转子电流向灭磁电阻回路转移，减小分断过程过电压，避免发电机转子开路，灭磁电阻应在交流断路器分闸前投入，并切除励磁功率整流器的触发脉冲。

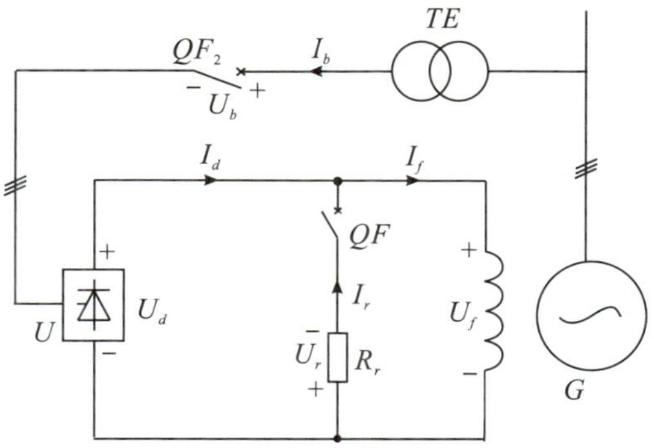

图 9.7-4 交流磁场断路器及灭磁

(2)交流灭磁系统的特点

交流灭磁方式具有以下特点，在灭磁方式选择及设备参数选择时应必须注意。

1)励磁系统正常及励磁功率整流器交流侧有电压时，在交流磁场断路器首相分断前需切除晶闸管的触发脉冲，利用励磁变低压绕组交流负半周电压使发电机转子电流完全转移，实现发电机的灭磁，该灭磁工况对交流磁场断路器弧压有最低要求或无要求。这是交流灭磁在发电机某些灭磁工况下特有的优点。

2)机端和励磁变压器及其低压绕组三相短路时，由于励磁功率整流器交流侧电压为零，交流磁场断路器必须有足够高的灭磁分断弧压，才能使转子电流向灭磁电阻回路完全转移，实现交流磁场断路器的电流过零分断及发电机的快速灭磁。

交流磁场断路器一般为低压或中低压交流断路器，分断弧压较低，难以满足大型发电机灭磁弧压要求。

3)在发电机发生误强励(调节器故障)及励磁系统其他故障(包括励磁整流器及其他故障)时，可能无法在交流断路器首相分断后切除触发脉冲而使灭磁失败，故需设置独立于调节器的切脉冲接线。

4)交流磁场断路器的灭磁分断，是在很大的直流分量叠加交流的回路中或基本为直流电流的回路中进行，需依靠交流磁场断路器分断弧压及励磁功率整流器的输出交流电压(负半周)，实现转子电流向灭磁电阻回路完全转移，分断条件不同于一般交流回路中的分断。

5)在交流磁场断路器至转子正、负极的励磁主回路上(包括励磁功率整流器等)发生短路故障时，交流灭磁系统不能对发电机进行快速灭磁。

9.7.1.3 直流及交流侧均设置磁场断路器的灭磁方式

对灭磁系统可靠性及安全性有高要求的大型或重要的发电机，可在设置直流磁场断路器的同时，在励磁电源交流侧设置交流磁场断路器，构成兼有直流和交流灭磁特点的交直流冗余灭磁系统，其原理接线见图 9.7-5。灭磁电阻采用碳化硅或线性灭磁电阻时，目前灭磁系统均未设置串联二极管，氧化锌灭磁电阻通常串联二极管。

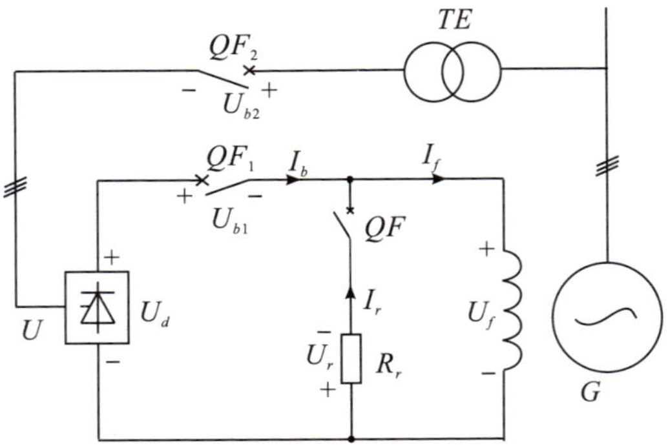

图 9.7-5　交直流冗余灭磁系统(碳化硅或线性灭磁电阻)

(1)交直流冗余灭磁系统的适应性及可靠性

交直流冗余灭磁系统，在发电机及励磁系统不同的运行工况下，交、直流断路器的灭磁分断条件及发电机的灭磁效果见表 9.7-2(未考虑逆变的投入)。

表 9.7-2　交、直流断路器的灭磁分断条件及发电机的灭磁效果(两断路器均投入灭磁时)

序号	整流器交流侧电压	短路故障情况	切脉冲	断路器分断条件	交、直流断路器分断弧压	分断电流	灭磁效果
1	有电压	机端及励磁回路无短路	成功	交流电压+弧压使转子电流完全向灭磁电阻回路转移(假定 QF_2 首相分断后，QF_1 未分断)	交流电压峰值大于转子电流完全向灭磁电阻回路转移的转子电压时，可无要求	灭磁开始转子电流 $I_{f(0)}$，或 $I_{f(0)}+\Delta I_b$	快速灭磁
2			失败	QF_2，无电流下分断；QF_1，分断弧压使转子电流完全向灭磁电阻回路转移	QF_2，无要求；QF_1，弧压大于转子电流完全向灭磁电阻回路转移时的转子电压	分断初始电流同上。续流后 QF_2 无电流分断，QF_1 为灭磁开始转子电流	快速灭磁
3		整流器至直流磁场断路器间短路	不考虑	QF_2，短路电流过 0；QF_1，分断弧压使转子电流完全向灭磁电阻回路转移	QF_2，短路分断；QF_1，弧压大于转子电流完全向灭磁电阻回路转移时的转子电压	QF_2 为转子短路时整流器交流侧电流，QF_1 为灭磁开始转子电流	续流灭磁
4		直流磁场断路器至转子间短路	不考虑	QF_2，短路电流过 0；QF_1，短路分断	QF_2，短路分断；QF_1，短路分断	QF_2 为转子短路时整流器交流侧电流，QF_1 为转子短路电流	

续表

<table>
<tr><th>序号</th><th>整流器交流侧电压</th><th>短路故障情况</th><th>切脉冲</th><th>断路器分断条件</th><th>交、直流断路器分断弧压</th><th>分断电流</th><th>灭磁效果</th></tr>
<tr><td>5</td><td rowspan="2">无电压</td><td>机端至交流磁场断路器间短路</td><td>无意义</td><td>分断弧压使转子电流完全向灭磁电阻回路转移</td><td>当 QF_1 弧压已大于转子电流完全向灭磁电阻回路转移时的转子电压时，对 QF_2 弧压可无要求</td><td>为灭磁开始转子电流</td><td>快速灭磁</td></tr>
<tr><td>6</td><td>交流磁场断路器至整流器间短路</td><td>无意义</td><td>QF_2，短路电流过0；QF_1，分断弧压使转子电流完全向灭磁电阻回路转移</td><td>QF_2，短路分断；QF_1，弧压大于转子电流完全向灭磁电阻回路转移时的转子电压</td><td>QF_2 励磁变压器低压绕组短路电流；QF_1 为转子电流</td><td>快速灭磁</td></tr>
</table>

表 9.7-3 给出交直流冗余灭磁系统，在交流磁场断路器、直流磁场断路器、切脉冲或逆变故障各种组合下，交流磁场断路器和直流磁场断路器对应的分断条件及发电机的灭磁情况。

表 9.7-3　　与灭磁分断相关的故障组合及交、直流侧断路器的分断条件

<table>
<tr><th rowspan="2">序号</th><th rowspan="2">整流器交流侧电压</th><th rowspan="2">交流磁场断路器</th><th rowspan="2">直流磁场断路器</th><th rowspan="2">切触发脉冲</th><th rowspan="2">投逆变</th><th colspan="2">灭磁分断条件</th><th rowspan="2">灭磁效果</th></tr>
<tr><th>交流磁场断路器</th><th>直流磁场断路器</th></tr>
<tr><td>1</td><td rowspan="6">有电压、机端及励磁回路无短路</td><td>√</td><td>×</td><td>√</td><td>×</td><td>交流电压＋弧压使转子电流完全向灭磁电阻回路转移</td><td></td><td rowspan="3">快速</td></tr>
<tr><td>2</td><td>√</td><td>×</td><td>×</td><td>√</td><td>逆变负压使转子电流完全向灭磁电阻回路转移</td><td></td></tr>
<tr><td>3</td><td>√</td><td>√</td><td colspan="2" rowspan="2">×
（或误强励时）</td><td rowspan="2">续流后无电流分断</td><td>弧压使转子电流完全向灭磁电阻回路转移</td></tr>
<tr><td>4</td><td>√</td><td>×</td><td></td><td>续流</td></tr>
<tr><td>5</td><td>×</td><td>√</td><td>√</td><td>×</td><td></td><td>交流电压＋弧压使转子电流完全向灭磁电阻回路转移</td><td rowspan="2">快速</td></tr>
<tr><td>6</td><td>×</td><td>√</td><td>×</td><td>√</td><td></td><td>逆变负压＋弧压使转子电流完全向灭磁电阻回路转移</td></tr>
</table>

续表

<table>
<tr><th rowspan="2">序号</th><th rowspan="2">整流器交流侧电压</th><th rowspan="2">交流磁场断路器</th><th rowspan="2">直流磁场断路器</th><th rowspan="2">切触发脉冲</th><th rowspan="2">投逆变</th><th colspan="2">灭磁分断条件</th><th rowspan="2">灭磁效果</th></tr>
<tr><th>交流磁场断路器</th><th>直流磁场断路器</th></tr>
<tr><td>7</td><td>有电压、机端及励磁回路无短路</td><td>×</td><td>√</td><td colspan="2">×（或误强励时）</td><td></td><td>弧压使转子电流完全向灭磁电阻回路转移</td><td rowspan="2">快速</td></tr>
<tr><td>8</td><td rowspan="3">有电压、整流器至直流磁场断路器间短路</td><td>√</td><td>√</td><td colspan="2" rowspan="12">动作与否无意义</td><td colspan="2"></td></tr>
<tr><td>9</td><td>√</td><td>×</td><td>短路电流过0</td><td></td><td>续流</td></tr>
<tr><td>10</td><td>×</td><td>√</td><td></td><td>弧压使转子电流完全向灭磁电阻回路转移</td><td>快速</td></tr>
<tr><td>11</td><td rowspan="3">有电压、直流磁场断路器至转子间短路</td><td>√</td><td>√</td><td colspan="2"></td><td rowspan="3">续流</td></tr>
<tr><td>12</td><td>√</td><td>×</td><td>短路电流过0</td><td></td></tr>
<tr><td>13</td><td>×</td><td>√</td><td></td><td>短路分断</td></tr>
<tr><td>14</td><td rowspan="3">无电压，机端至交流磁场断路器间短路</td><td>√</td><td>√</td><td colspan="2"></td><td rowspan="3">快速</td></tr>
<tr><td>15</td><td>√</td><td>×</td><td></td><td></td></tr>
<tr><td>16</td><td>×</td><td>√</td><td></td><td>弧压使转子电流完全向灭磁电阻回路转移</td></tr>
<tr><td>17</td><td rowspan="3">无电压，交流磁场断路器至整流器间短路</td><td>√</td><td>√</td><td colspan="2"></td><td>快速</td></tr>
<tr><td>18</td><td>√</td><td>×</td><td>短路电流过0</td><td></td><td>续流</td></tr>
<tr><td>19</td><td>×</td><td>√</td><td></td><td>弧压使转子电流完全向灭磁电阻回路转移</td><td>快速</td></tr>
</table>

注：1."√"为正常动作，"×"为拒动；2. 励磁整流器交流侧"有电压"指有可满足转子电流转移作用的电压，"无电压"指电压为零或对转子电流转移的作用可忽略不计的残压。

(2)交直流冗余灭磁系统的配置方案及要求

交直流冗余灭磁系统可通过交、直流侧断路器灭磁分断能力的选择，构成不同冗余度的灭磁系统。不同冗余度的交直流冗余灭磁系统主要有如下三种技术方案。

方案 1:完全冗余的灭磁系统。

直流磁场断路器及交流磁场断路器在发电机各种灭磁工况下,均可单独承担对发电机灭磁。直流磁场断路器及交流磁场断路器的灭磁分断能力均按满足发电机误强励灭磁分断要求进行计算选择,交流磁场断路器尚需有足够高的灭磁分断弧压以满足机端三相短路灭磁分断的要求。

本方案可适用于对灭磁可靠性要求特别高且机端三相短路、交流磁场断路器拒动概率相对较大的电厂。

方案 2:除机端短路灭磁工况外为冗余的灭磁系统。

直流磁场断路器可单独承担发电机各种灭磁工况的灭磁。交流磁场断路器可单独承担除机端或励磁变压器至交流磁场断路器间三相短路外的其他灭磁工况的灭磁。在发电机各种内部故障时,交流磁场断路器或直流磁场断路器均可单独承担灭磁。

直流磁场断路器按可单独承担发电机各种灭磁工况的灭磁进行计算选择,交流磁场断路器只按误强励灭磁进行计算选择,故交流磁场断路器可选择分断弧压较低的一般交流断路器,如真空断路器。

本方案适用于发电机主引出线采用分相封闭母线的电厂发电机,此时发电机端及励磁变压器至交流磁场断路器间三相短路的概率较小,故该方案也可认为是完全冗余的灭磁系统。

方案 3:除机端短路灭磁工况外为冗余的灭磁系统,误强励灭磁时不考虑交流磁场断路器拒动。

在发电机误强励及发电机内部故障时,切脉冲成功时由交流磁场断路器实现灭磁,切脉冲不成功则由直流磁场断路器实现灭磁,不考虑交流磁场断路器拒动。机端短路或励磁变压器至交流磁场断路器间三相短路灭磁由直流磁场断路器单独承担,对交流磁场断路器无弧压要求。交流磁场断路器分闸但切脉冲不成功时,发电机处于续流灭磁状态,故直流磁场断路器按分断误强励续流灭磁及机端三相短路灭磁进行计算选择,此时直流磁场断路器的整流器侧无电压,分断能力要求将远低于误强励灭磁。在发电机各种内部故障时,交流磁场断路器或直流磁场断路器均可单独承担灭磁,即为冗余灭磁。

本方案适用于发电机主引出线采用分相封闭母线的电厂发电机,当认为交流磁场断路器拒动的概率较小时,本方案也可认为是发电机的完全冗余灭磁方案。

另外,上述三种方案均要求交流磁场断路器在励磁系统误强励灭磁工况下可单独灭磁,故应配置独立于励磁调节器的切脉冲设置,以便在调节器故障误强励灭磁时能可靠地切除励磁整流器的触发脉冲,并设灭磁电阻专用投入开关,以便在直流磁场断路器拒动时仍可实现交流灭磁。三种方案的性能特征及适用的电厂情况见表 9.7-4。

表 9.7-4　　交直流灭磁系统的冗余度及磁场断路器分断能力的配置方案

配置方案或项目		方案 1	方案 2	方案 3
各灭磁工况下灭磁系统冗余情况	误强励灭磁	冗余灭磁	冗余灭磁	有条件的冗余灭磁(误强励灭磁时交流磁场断路器不拒动)
	机端或励磁变压器至交流磁场断路器间三相短路灭磁		由直流磁场断路器单独承担灭磁分断	由直流磁场断路器单独承担灭磁分断
	发电机内部故障灭磁(空载、负载灭磁)		冗余灭磁	冗余灭磁
磁场断路器分断能力的配置要求	直流磁场断路器	包括误强励在内的各种灭磁工况下可单独灭磁	包括误强励在内的各种灭磁工况下可单独灭磁	按直流磁场断路器整流器侧无电压进行误强励灭磁分断考虑,分断能力将远低于单独承担误强励灭磁
	交流磁场断路器	包括误强励在内的各种灭磁工况下可单独灭磁	除机端短路灭磁工况外可单独灭磁(可无分断弧压要求)	除机端短路灭磁工况外可单独灭磁(可无分断弧压要求)
适用的电厂情况		发电机灭磁可靠性要求特别高且机端三相短路、交流磁场断路器拒动概率相对(方案 2、3)较大的电厂	发电机引出采用分相封闭母线机端三相短路概率较小的电厂	发电机引出采用分相封闭母线,且选用的交流磁场断路器拒动概率较小的电厂
实际应用情况			大型电厂已实用	

注:1. 表中的冗余灭磁指由直流磁场断路器或交流磁场断路器+灭磁电阻的灭磁方式构成的冗余,不包括逆变灭磁。2. 各方案的灭磁系统应有独立于励磁调节器的切脉冲设置,并应设灭磁电阻专用投入开关。

9.7.1.4　自并励发电机灭磁方式选择

机组正常停机以及机械事故停机时,通常采用励磁整流器逆变方式对发电机进行灭磁。

发电机事故时的灭磁方式选择,通常可作如下考虑:

1)直流灭磁方式,在发电机各种灭磁工况下能保证对发电机进行可靠灭磁,具有不依赖其他外部条件的独立性,宜作为一般大中型发电机首选的灭磁方式。

2)采用交流灭磁方式的必要条件是:交流断路器的分断弧压可满足发电机机端三相短

路下灭磁所要求的弧压，在其他灭磁工况下(包括误强励灭磁)，应保证在交流断路器首相分断后，发电机转子可由励磁变两相交流电源供电，能可靠地切除励磁整流器晶闸管的触发脉冲以及实施其他保证交流灭磁可靠成功的措施。

3)交直流冗余灭磁方式，相对直流或交流灭磁系统，具有更高的可靠性，适用于容量较大的大型发电机或重要电厂的发电机。在直流磁场断路器短路分断能力不足时，也可以采用本灭磁方式，由交流磁场断路器承担短路分断。

4)大中型水轮发电机机组的灭磁系统一般应采用氧化锌或碳化硅非线性灭磁电阻。采用氧化锌灭磁电阻会使发电机得到较短的灭磁时间，但相对碳化硅灭磁电阻，单片容量较小。灭磁电阻容量较大的发电机，从灭磁电阻可靠性及使用维护方便等方面考虑，宜采用碳化硅灭磁电阻。一般的大中型发电机，可采用氧化锌灭磁电阻，以使发电机取得较短的灭磁时间。

9.7.2　直流灭磁系统磁场断路器的选择计算

9.7.2.1　直流磁场断路器灭磁分断能力计算

直流磁场断路器的灭磁分断能力一般应按满足发电机空载误强励灭磁要求进行选择。

(1)直流磁场断路器主触头的额定最大分断电压计算

对自并励发电机，灭磁过程直流磁场断路器主触头的分断电压最大值为直流磁场断路器熄弧分断时灭磁电阻电压与励磁功率整流器输出电压之和，该电压也是直流磁场断路器灭磁分断的恢复电压。按空载误强励灭磁要求计算的直流磁场断路器主触头的额定最大分断电压 U_{bNm} 可计算为：

$$\begin{aligned} U_{bNm} &\geqslant c(I_{f(i=n)}{}^{\beta}) + 1.35U_{2N}U_{g(i=n)}/U_{gN} \quad &\text{(对非线性灭磁电阻)} \\ &\geqslant R_r(I_{f(i=n)}) + 1.35U_{2N}U_{g(i=n)}/U_{gN} \quad &\text{(对线性灭磁电阻)} \end{aligned} \tag{9.7-1}$$

式中：$c(I_{f(i=n)})^{\beta}$、$R_r(I_{f(i=n)})$——空载误强励灭磁磁场断路器熄弧分断时灭磁电阻上的电压(也是灭磁过程灭磁电阻上的最高电压 U_{rm})；

R_r——灭磁电阻的电阻；

c——非线性电阻性能常数；

β——非线性系数($0<\beta<1$)；

$I_{f(i=n)}$——误强励灭磁开始的转子电流；

$1.35U_{2N}U_{g(i=n)}/U_{gN}$——误强励灭磁开始励磁功率整流器输出电压($U_{dm}$，平均值，忽略整流桥的换相压降)，可认为等于磁场断路器熄弧分断时的输出电压；

1.35——功率整流器的整流系数(按全控桥、晶闸管控制角 0°)；

U_{2N}——励磁变低压绕组电压(V)；

U_{gN}——发电机额定线电压(V)；

$U_{g(i=n)}$——误强励灭磁开始时的发电机线电压(V)。

(2)直流磁场断路器在最大分断电压下的额定分断电流计算

直流磁场断路器主触头在额定最大分断电压下的额定分断电流,按磁场断路器在空载误强励灭磁过程中分断电流的最大值计算,等于灭磁开始转子电流与灭磁电阻投入产生的分断电流增量 ΔI_b 之和。在额定最大分断电压下的额定分断电流 I_{bNm} 的计算式可表达为:

$$I_{bNm} \geqslant I_{f(i=n)} + \Delta I_b \tag{9.7-2}$$

式中:$I_{f(i=n)}$——误强励灭磁开始转子电流。

灭磁电阻串接二极管或采用晶闸管开关时,式(9.7-2)中无 ΔI_b 项。ΔI_b 按下式进行计算(忽略整流桥的换相压降):

$$\Delta I_b = U_{dm}/R_r = 1.35U_{2N}U_{g(i=n)}/(U_{gN}R_r) \tag{9.7-3}$$

式中:R_r——灭磁电阻的电阻;

其余各参数见式(9.7-1)。

对非线性灭磁电阻,R_r 为误强励灭磁时励磁功率整流器输出电压 U_{dm} 对应的电阻值,ΔI_b 也可由灭磁电阻整组特性查出,等于灭磁电阻整组特性上对应于 U_{dm} 的灭磁电阻电流,也可以按式 $U_{dm}=c(\Delta I_b)^{\beta}$ 进行计算。

(3)误强励灭磁开始时的转子电流、电压的计算

误强励灭磁开始时的转子电流、电压,按发电机空载误强励时,定子过压保护在 1.3 倍定子额定电压、延时 0.3s 动作解列灭磁计算。在励磁系统工程设计中,可采用分段计算或简化计算方法对空载误强励灭磁开始时的转子电流、电压进行计算。

1)分段计算法。

分段计算法是将过电压保护启动至灭磁开始的延时过程分成 n 个时段,由前一时段末(t_{i-1} 时刻)发电机的转子电流、电压计算出下一时段末(t_i 时刻)的数值,由此求得灭磁开始的数据。通常将发电机定子过电压保护启动时刻作为计算的开始时刻并设为 $t=0$、时段 $i=0$,此时发电机的转子电流 $I_{f(i=0)}$ 为定子电压为 1.3 倍定子额定电压时的转子电流,可从发电机特性中查到。计算方法分述如下:

①i 时段末转子电流计算式。

i 时段末 t_i 时刻的转子电流 $I_{f(i)}$ 可计算为:

$$I_{f(i)} = I_{fc(i-1)} - (I_{fc(i-1)} - I_{f(i-1)})e^{-\frac{\Delta t_i}{T_{i-1}}} \tag{9.7-4}$$

式中:$I_{fc(i-1)}$——t_{i-1} 时刻转子电压 $U_{f(i-1)}$ 对应的转子电流稳态值;

$I_{f(i-1)}$——t_{i-1} 时刻的转子电流;

T_{i-1}——t_{i-1} 时刻转子时间常数;$\Delta t_i = t_i - t_{i-1}$。

发电机定子过电压达 1.3 倍额定电压时 $t=0$、$i=0$,在发电机制造厂给出的发电机特性上可得到此时转子电流值 $I_{f(i=0)}$。式中的 T_{i-1}、$I_{fc(i-1)}$ 可按下面的计算方法计算。

②$i-1$ 时段末的转子时间常数计算。

$i-1$ 时段末(t_{i-1} 时刻)的转子时间常数 T_{i-1},可由下式求得:

$$T_{i-1}=T'_{d0}\frac{\tan\beta}{\tan\alpha} \tag{9.7-5}$$

式中：α、β——发电机空载特性上分别对应于 0 点、$I_{f(i-1)}$点的切线角。

T'_{d0}——定子开路时的转子时间常数，可由发电机厂家提供，参见图 9.7-6。

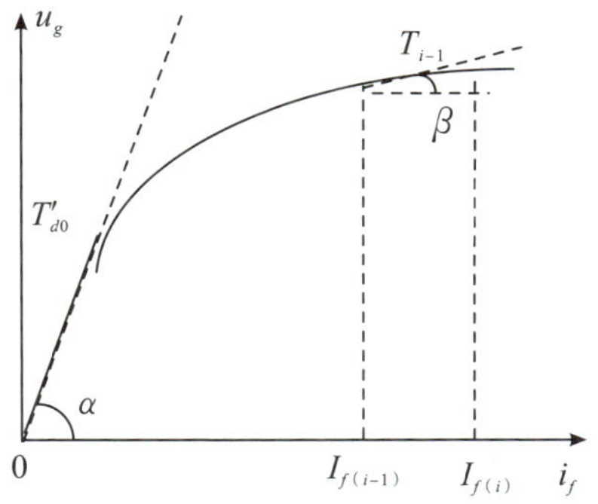

I_f：发电机转子电流；Ug：发电机定子电压

图 9.7-6 发电机的空载特性

③$i-1$ 时段末转子电流稳态值的计算。

$i-1$ 时段末（t_{i-1} 时刻）转子电流稳态值 $I_{fc(i-1)}$，可由 t_{i-1} 时刻转子电压 $U_{f(i-1)}$ 及转子电阻 R_f 计算：

$$I_{fc(i-1)}=U_{f(i-1)}/R_f \tag{9.7-6}$$

式中：$U_{f(i-1)}$——t_{i-1} 时刻励磁功率整流器的输出电压。

④$i-1$ 时段末励磁功率整流器的输出电压计算。

$i-1$ 时段末（t_{i-1} 时刻）励磁功率整流器的输出电压 $U_{d(i-1)}$（等于此时的转子电压 $U_{f(i-1)}$），可由下式计算（认为误强励时晶闸管控制角为 0°，且忽略晶闸管的整流压降）：

$$U_{d(i-1)}=U_{f(i-1)}=1.35U_{2(i-1)}-3I_{f(i-1)}X_{TE}/\pi \tag{9.7-7}$$

式中：$U_{2(i-1)}$——t_{i-1} 时刻励磁变压器低压绕组电压（线电压有效值）；

X_{TE}——励磁变压器电抗（归算至低压绕组的有名值），可由励磁变压器阻抗电压 u_k、低压绕组额定电压 U_{2N} 及额定容量 S_{tN} 以下式计算：

$$X_{TE}=u_kU_{2N}/S_{tN} \tag{9.7-8}$$

⑤$i-1$ 时段末励磁变压器低压绕组电压计算。

$i-1$ 时段末（t_{i-1} 时刻）励磁变压器低压绕组电压 $U_{2(i-1)}$，可由 t_{i-1} 时刻的转子电流 $I_{f(i-1)}$所对应的机端电压 $U_{g(i-1)}$（从发电机空载特性上由 $I_{f(i-1)}$查得）以下式计算：

$$U_{2(i-1)}=U_{2N}U_{g(i-1)}/U_{gN} \tag{9.7-9}$$

式中：U_{gN}——发电机定子额定电压。

分析及试验表明，机端电压达 $1.3U_{gN}$ 或稍高时，空载励磁变压器的电压变比变化不大。

⑥灭磁开始的转子电流、功率整流器输出电压及励磁变低压侧电压计算。

当对过电压保护启动至灭磁开始的转子电流取 n 个时段进行计算时，则灭磁开始时的

转子电流 $I_{f(0)}$ 及励磁功率整流器的输出电压(平均值 U_{dm})均为 $i=n$ 时段末的计算值。

$$I_{f(0)}=I_{f(i=n)} \tag{9.7-10}$$

$$U_{dm}=1.35U_{2(i=n)}-3I_{f(i=n)}X_{TE}/\pi \tag{9.7-11}$$

$I_{f(i=n)}$ 由式(9.7-6)计算。

灭磁开始时励磁变压器低压侧电压 $U_{2(i=n)}$,由灭磁开始时的转子电流 $I_{f(0)}$ 所对应的机端电压 $U_{g(i=n)}$(可从发电机空载特性上由 $I_{f(i=n)}$ 查得)以下式计算:

$$U_{2(i=n)}=U_{2N}U_{g(i=n)}/U_{gN} \tag{9.7-12}$$

式中:U_{gN}——发电机定子额定电压。

2)简化计算。

发电机机端达 1.3 倍额定电压时转子磁路已较饱和,时间常数已很小,如某些发电机为 0.1~0.2s。故可认为在定子过电压保护动作后的延时跳闸灭磁期间,发电机电压仅有较小的增加,灭磁开始时发电机电压为稍高于 1.3 倍的发电机额定电压(如取 1.4~1.5),并认为 1.3 倍过电压时转子电压产生的电流,在灭磁开始时已达到稳态值。这样,空载误强励灭磁开始励磁功率整流器的输出电压 U_{dm} 及转子电流 $I_{f(i=n)}$ 可以用下面的计算式进行估算:

$$U_{dm}=1.35\times(1.4\sim1.5)\times U_{2N} \tag{9.7-13}$$

$$I_{f(0)}=I_{f(i=n)}=1.35\times1.3\times U_{2N}/R_f \tag{9.7-14}$$

式中:U_{2N}——励磁变压器低压绕组额定电压(有效值);

R_f——转子电阻;

1.35——整流系数。

式(9.7-13)按误强励时励磁功率整流器晶闸管的控制角为 0°考虑。

9.7.2.2 直流磁场断路器短路分断能力计算

在发电机转子与直流磁场断路器间发生正、负极短路时,若励磁功率整流器晶闸管的快速熔断器未熔断,励磁变压器过电流保护将动作停机并跳直流磁场断路器灭磁,此时直流磁场断路器为短路分断,直流磁场断路器需分断短路电流。按照 ANSI/IEEE C37.18 标准,直流磁场断路器的短路分断电流,应不小于顶值电压时的转子短路电流。

(1)直流磁场断路器的短路分断电流

三相全控桥的励磁功率整流器,强励时控制角考虑为 0°,直流侧短路电流平均值 I_{ds} 为:

$$I_{ds}=3\frac{\sqrt{2}}{\pi\cdot u_k}I_{2N}K_u \tag{9.7-15}$$

式中:I_{2N}——励磁变压器低压绕组额定电流(有效值);

K_u——短路前发电机端电压相对于额定电压的倍数;

u_k——励磁变压器阻抗电压,以变压器额定电压的百分数表示。

短路前发电机端电压一般电厂可取发电机额定运行时机端电压($K_u=1.05\sim1.1$),大型发电机也可取定子过电压保护启动后的机端过电压。

直流磁场断路器的短路分断电流 I_{dsm} 应不低于式(9.7-15)的计算值。

$$I_{dsm} \geqslant I_{ds} \tag{9.7-16}$$

此时直流侧短路电流的峰值为：

$$I_{dsp}=\frac{1}{u_k}\sqrt{2}I_{2N}K_u \tag{9.7-17}$$

(2)直流磁场断路器短路分断的恢复电压

直流磁场断路器短路分断的恢复电压 U_{bsm}，可取不低于误强励时励磁功率整流器的输出电压 U_{dm}，U_{dm} 由式(9.7-11)计算。当忽略励磁变压器的换相压降时，U_{bsm} 可计算为：

$$U_{bsm} \geqslant 1.35U_{2(i=n)} \tag{9.7-18}$$

式中 $U_{2(i=n)}$ 由式(9.7-12)计算。

(3)直流磁场断路器的短路分断能力及额定电压

由于直流磁场断路器的短路分断能力型式试验通常在断路器的额定电压下(或某一电压下)进行，即直流磁场断路器产品给出的短路分断电流通常在断路器的额定电压下给出，用做直流磁场断路器的直流断路器的额定电压，不宜低于由式(9.7-18)计算的直流磁场断路器短路分断的恢复电压。

直流磁场断路器的热稳定电流应不低于式(9.7-15)计算的短路电流。

9.7.2.3 直流磁场断路器动断触头的电流闭合能力及分断能力

(1)直流磁场断路器动断触头的电流闭合能力

直流磁场断路器动断触头是在灭磁开始时的转子电流及电压下闭合，动断触头应具有在各种灭磁工况下灭磁时，闭合灭磁开始时的转子电流及电压的能力。在发电机的各种灭磁工况中，以误强励灭磁开始的转子电流及电压最大。故直流磁场断路器动断触头闭合电流 I_{cm} 及闭合电压 U_{cm} 应满足(忽略励磁变压器换相压降、未考虑投入灭磁电阻时由整流器输出电压在灭磁电阻上产生的电流)：

$$I_{cm} \geqslant I_{f(i=n)} \tag{9.7-19}$$

$$U_{cm} \geqslant 1.35U_{2(i=n)} \tag{9.7-20}$$

式中 $I_{f(i=n)}$、$U_{2(i=n)}$分别由式(9.7-11)、式(9.7-12)计算。直流磁场断路器动断触头应在不小于式(9.7-20)计算的闭合电压 U_{cm} 下，具有闭合不小于式(9.7-19)计算的闭合电流的闭合能力。动断触头的短时过流能力同样应满足式(9.7-19)的要求。当灭磁电阻在整流器输出正向电压的作用下有电流产生时，闭合电流应取式(9.7-3)和式(9.7-19)中的最大值。

灭磁电阻采用电子开关投入时，电子开关的闭合能力及过流能力同样也应满足上面所述的要求。

(2)直流磁场断路器动断触头的分断能力

按 ANSI/IEEE C37.18 标准，直流磁场断路器动断触头需考虑发电机额定运行时，直流磁场断路器发生误跳后再合闸时的分断能力，即直流磁场断路器动断触头应具有在额定励磁电压下分断主触头额定连续电流的额定分断能力。ANSI/IEEE C37.18 规定磁场断路器主触头额定连续电流应不小于 1.1 倍额定励磁电流。故直流磁场断路器动断触头的额定分断能力应满足：

$$\text{动断触头的额定分断电流 } I_{bm} \geqslant 1.1 I_{fN} \tag{9.7-21}$$

$$\text{动断触头的额定分断电压 } U_{bm} \geqslant 1.1 U_{fN} \tag{9.7-22}$$

式中：U_{fN}——发电机额定负载励磁电压；

I_{fN}——发电机额定负载励磁电流。

9.7.2.4 直流磁场断路器设计参数实例

表 9.7-5 给出三峡左岸电站发电机灭磁系统直流磁场断路器的设计参数，发电机需考虑误强励灭磁，磁场断路器分断能力按满足误强励灭磁要求进行选择。表中同时列出 ANSI/IEEE C37.18 标准对直流磁场断路器设计参数的选择要求。

表 9.7-5　　直流磁场断路器设计参数(采用串接二极管的氧化锌灭磁电阻)

序号	项目	设计参数选择要求	设计参数	ANSI/IEEE C37.18 要求
1	额定工作电压	通断能力满足发电机灭磁要求所对应的断路器的额定工作电压，且不低于式(9.7-18)计算的短路分断恢复电压 1.82kV	2kV	直流磁场断路器运行及性能的参照电压
2	主触头额定短时电压	不小于空载误强励时功率整流器最高输出电压 1.82 kV，由式(9.7-11)计算	2kV	应不小于励磁电源的顶值电压
3	主触头额定最大分断电压	不小于空载误强励灭磁分断时的恢复电压 3kV 考虑，由式(9.7-1)计算	大于 3 kV	大于定子突然三相短路灭磁分断时的恢复电压
4	主触头额定连续电流	大于 1.1 信的发电机额定转子电流，额定转子电流为 1.74 kA，见表 9.7-16	2kA	大于 1.1 信的额定转子电流
5	主触头在额定短时电压下额定分断电流	不小于发电机误强励情况下发生转子短路时的电流 52.7 kA，由式(9.7-15)计算	大于 52.7kA	不小于在励磁功率整流器输出为顶值电压时的转子短路电流
6	主触头在额定最大分断电压下额定分断电流	大于误强励灭磁分断电流 6.923kA，由式(9.7-2)计算	8kA	发电机定子突然三相短路时的灭磁分断电流
7	主触头额定分断能力	误强励灭磁要求的分断能力，为在分断电压 3kV 下分断 8kA 电流	3kV 下分断 8kA	发电机定子突然三相短路灭磁要求的分断能力

续表

序号	项目	设计参数选择要求	设计参数	ANSI/IEEE C37.18 要求
8	主触头额定 0.5s 短时电流 kA	不小于误强励时发电机转子短路电流 52.7kA	大于 52.7kA	励磁回路故障或定子突然三相短路时主触头电流
9	动断触头在额定电压下的额定分断电流	不小于额定励磁电流，转子额定电流 1.74 kA，见表 9.7-16	2 kA	不小于额定励磁电压下流过主触头的电流
10	动断触头的分断能力	在分断电压不小于额定励磁电压(0.41kV)下分断额定励磁电流(1.74 kA)，见表 9.7-16	0.5kV 下分断 2kA	在分断电压不小于额定励磁电压下分断额定励磁电流
11	动断触头额定 0.5s 短时电流	大于空载误强励灭磁时灭磁电阻的最大电流 6.923 kA，由式(9.7-19)计算	8kA	不小于发电机定子突然三相短路灭磁时灭磁电阻的最大电流
12	动断触头额定闭合电流			
13	动断触头额定闭合电压	大于空载误强励灭磁时励磁功率整流器的最高输出电压 1.82kV，由式(9.7-20)计算	2kV	不小于发电机定子突然三相短路灭磁开始时的转子电压
14	动断触头额定闭合能力	误强励灭磁工况下接通灭磁电阻的闭合能力	2kV 下闭合 8kA	发电机定子突然三相短路灭磁时的闭合能力
15	断路器分断试验要求	同 ANSI/IEEE C37.18 的要求		按实际应用的发电机灭磁回路或相当的回路中进行测试
16	动断触头提前闭合时间	应有较短的提前时间	不大于 2～3ms	

9.7.3 交流灭磁系统磁场断路器的选择计算

9.7.3.1 交流磁场断路器的技术要求

发电机交流磁场断路器，除了与交流断路器在一般应用中相同的技术要求外，根据发电机励磁系统中的特点，交流磁场断路器尚需满足下列技术要求：

1)交流磁场断路器的灭磁分断能力，应能在发电机的各种灭磁工况下，可靠地切断励磁变压器与励磁功率整流器的连接；交流磁场断路器的灭磁分断弧压，应能满足在发电机所考虑的严重灭磁工况下灭磁分断的要求。

2)应有足够的短路分断能力切断磁场断路器至转子之间励磁回路的短路。

3)断路器的电流、电压耐受能力应满足发电机各种运行工况(包括各种灭磁工况)下的运行要求。

9.7.3.2 交流磁场断路器的参数及其选择计算

(1)交流磁场断路器的额定电流

参照 ANSI/IEEE C37.18 标准,交流磁场断路器的额定电流应按不小于于励磁变压器低压绕组的额定电流的 1.1 倍进行选择。

(2)额定短路分断电流及工频恢复电压

1)交流磁场断路器的额定短路分断电流。

在交流磁场断路器与励磁功率整流器间发生三相短路或转子正、负极间发生短路时,励磁变压器过流保护将动作跳闸停机灭磁(跳交流磁场断路器),交流磁场断路器的短路分断能力,即额定短路分断电流 I_{bsm},应按不低于励磁变压器低压绕组三相短路电流计算。

$$I_{bsm} \geqslant I_{2N} K_u / u_k \tag{9.7-23}$$

式中:I_{2N}——励磁变压器低压绕组额定电流(有效值);

u_k——励磁变压器阻抗电压,以变压器额定电压的百分数表示;

K_u——短路前发电机的端电压相对于额定电压的倍数。

短路前发电机的端电压一般可考虑为发电机正常运行时的机端电压,K_u 取 1.05~1.1,重要的大型发电机也可取定子过电压保护启动后的机端过电压。

2)交流磁场断路器短路分断的工频恢复电压。

装于励磁变压器低压绕组至励磁功率整流器间的交流磁场断路器,分断短路电流时的工频恢复电压按分断励磁变压器低压绕组短路考虑。励磁变压器的低压绕组通常采用△结线,为不接地系统。交流磁场断路器在分断励磁变压器低压绕组的异地两相接地短路时,工频恢复电压有最大值,并等于分断时励磁变压器低压绕组的线电压(有效值)U_2。

$$U_2 = K_u U_{2N} \tag{9.7-24}$$

式中:U_{2N}——励磁变压器低压绕组额定线电压(有效值)。

K_u 及其取值同式(9.7-23)。

交流磁场断路器短路分断工频恢复电压 U_{bsm},应不低于由式(9.7-24)计算得出的 U_2。

$$U_{bsm} \geqslant K_u U_{2N} \tag{9.7-25}$$

(3)动稳定及热稳定电流

交流磁场断路器的动稳定及热稳定电流按励磁变压器低压绕组短路考虑,与通常交流回路中断路器的计算方法相同,短路电流计算时的机端电压可类同式(9.7-23)取 $K_u=1.05$~1.1 发电机额定电压计算。

(4)灭磁分断电流及分断电压

交流磁场断路器在发电机的各种灭磁工况下的灭磁分断,是在带有转子及灭磁电阻负载的条件下进行的。按低压开关电器参数定义及 ANSI/IEEE C37.18 磁场断路器标准,交流磁场断路器灭磁分断能力为额定分断能力,并以额定最大分断电压下分断的额定分断电流表示。

交流磁场断路器分断电流及分断后的恢复电压，是直流为主叠加交流分量或基本为直流。交流磁场断路器灭磁分断时的额定分断电流，以分断总电流及其直流分量的百分数表示。分断电流以总电流的峰值计算，直流分量百分数以交流磁场断路器触头刚分离时，分断电流的直流分量占总电流（以峰值计算）的百分数表示。交流磁场断路器灭磁分断时的额定最大电压也以峰值计算。

1）额定分断电流。

交流磁场断路器的额定分断电流按满足发电机误强励灭磁要求进行计算选择。交流磁场断路器的额定分断电流应按首相分断后其余两相的分断电流计算。

①交流磁场断路器灭磁分断的额定分断电流。

交流磁场断路器的额定分断电流 I_{bNm} 按不低于误强励灭磁时的分断电流进行计算。

交流磁场断路器的额定分断电流：

$$I_{bNm} \geqslant I_{f(i=n)} + \Delta I_b \tag{9.7-26}$$

式中：$I_{f(i=n)}$——误强励灭磁开始时的转子电流。

ΔI_b——灭磁电阻投入后产生的分断电流增量，灭磁电阻串接二极管或采用晶闸管开关投入时，式(9.7-26)中无 ΔI_b 项；灭磁电阻未串接二极管及未采用晶闸管开关投入时，ΔI_b 可计算为：

$$\Delta I_b = \sqrt{2} \times U_{2((i=n)}/R_r \tag{9.7-27}$$

式中：R_r——灭磁电阻的电阻，对非线性灭磁电阻应取对应于 $U_{2(i=n)}$ 的电阻值计算；

$U_{2(i=n)}$——误强励灭磁开始励磁变压器低压绕组电压（有效值）。

②灭磁分断电流的直流分量百分数。

采用交流灭磁方式时，当灭磁电阻未串接二极管及未采用晶闸管开关投入时，交流磁场断路器为在直流叠加交流的电流下进行灭磁分断，断路器触头分离时灭磁分断电流的直流分量为灭磁开始的转子电流 $I_{f(0)}$，交流分量为灭磁电阻投入后由励磁变压器低压绕组电压产生的分断电流增量 ΔI_b；当灭磁电阻串接有二极管或采用晶闸管开关投入时，交流磁场断路器为在直流电流下进行灭磁分断，断路器灭磁分断电流为灭磁开始的转子电流 $I_{f(0)}$。

误强励灭磁开始时交流磁场断路器灭磁分断电流的直流分量百分数 $I_d\%$ 可表示为：

$$I_{d\%} = 100I_{f(0)}/(I_{f(0)} + \Delta I_b) = 100I_{f(i=n)}/(I_{f(i=n)} + \sqrt{2}U_{2(i=n)}/R_r) \tag{9.7-28}$$

式中：$I_{f(0)}$——灭磁开始的转子电流，误强励时 $I_{f(0)} = I_{f(i=n)}$；

$U_{2(i=n)}$——误强励灭磁开始励磁变压器的低压绕组电压（有效值）；

R_r——灭磁电阻的电阻。

灭磁电阻串接二极管或采用晶闸管开关投入时，可认为 $\Delta I_b = 0$，式(9.7-28)中分母的第 2 项为 0，灭磁分断电流直流分量百分数为 100，即可认为交流磁场断路器在直流电流下进行分断。

2）额定最大分断电压。

交流磁场断路器的额定最大分断电压，应不低于发电机误强励灭磁时交流磁场断路器灭磁分断的最大恢复电压。

交流磁场断路器灭磁分断过程中首相分断的恢复电压，其最大电压可按线电压（峰值）计算。首相分断后其余两相的分断恢复电压，为其余两相熄弧分断时灭磁电阻电压与励磁变压器低压绕组的线电压之和，在熄弧遇交流线电压正峰值时恢复电压有最大值。交流磁场断路器的额定最大分断电压 U_{bNm} 可计算为：

$$U_{bNm} \geqslant [c(I_{f(i=n)})^{\beta} + \sqrt{2}U_{2(i=n)}]/2k_{cd} \text{ 且 } U_{bNm} \geqslant \sqrt{2}U_{2(i=n)} \tag{9.7-29}$$

式中：$I_{f(i=n)}$——误强励灭磁开始转子电流；

$U_{2(i=n)}$——交流磁场断路器熄弧分断时励磁变压器低压绕组线电压（有效值）；

c——非线性电阻性能常数；

β——非线性电阻非线性系数值；

k_{cd}——弧压重叠系数，由试验确定。

曾对灭磁系统目前常用的几种断路器做过试验，在串联触头数为 2～4 时，分断电感负载的 k_{cd} 值为 0.85～0.98，串联触头数越多 k_{cd} 越小。

3）交流磁场断路器的灭磁分断能力。

根据上述的分析计算，按满足误强励灭磁工况计算的交流磁场断路器灭磁分断能力，应满足式（9.7-26）、式（9.7-28）及（9.7-29）的要求。即交流磁场断路器应具有在不低于按式（9.7-29）计算的分断电压下（或称灭磁分断恢复电压），分断不小于按式（9.7-26）计算的分断电流的灭磁分断能力，且分断电流的直流分量百分数不低于式（9.7-28）的计算值。

与直流灭磁方式相类似，按照式（9.7-26）的计算，当灭磁电阻未串接二极管及未采用晶闸管开关投入时，灭磁电阻投入产生的电流将大幅度地增加磁场断路器的分断电流，大幅度地提高了对磁场断路器分断能力的要求。故为避免此分断电流增量，可考虑在灭磁电阻回路串接反向二极管或采用晶闸管开关投入。

（5）灭磁分断弧压

采用交流灭磁时，对发电机端或交流断路器与励磁变压器间发生三相短路的灭磁工况，实现转子电流向灭磁电阻回路的完全转移需完全依靠交流断路器弧压。该弧压为交流磁场断路器两相触头弧压之和。按满足机端三相短路灭磁（带短路点灭磁，励磁变低压绕组电压 U_2 为 0）要求的交流磁场断路器灭磁分断弧压 U_{bam}（每相）可计算为：

$$U_{bam} \geqslant c(I_{fs(0.1)})^{\beta}/2k_{cd} \tag{9.7-30}$$

式中：$I_{fs(0.1)}$——机端突然三相短路发生 0.1s 后的转子电流，也是机端三相短路灭磁开始的转子电流 $I_{f(0)}$（按发电机主保护动作灭磁考虑，取短路发生。0.1s 后启动灭磁），短路引起的转子暂态电流周期分量按峰值计算。

$I_{f(0)}$ 可由下式计算：

$$I_{f(0)} = I_{fs(0.1)} = I_{f0^-}\ e^{-\frac{0.1}{T'_d}} + \left[\frac{(X_d - X'_d)U_{(0)}}{X'_d} e^{-\frac{0.1}{T'_d}} + \frac{(X_d - X'_d)U_{(0)}}{X'_d} e^{-\frac{0.1}{T_a}}\right] I_{f0} \tag{9.7-31}$$

式中：I_{f0}^{-}——短路发生前转子电流(A)，一般可按1.1倍的发电机额定电流计算；

T'_{d}——发电机直轴暂态(又称瞬态或瞬变)短路时间常数(s)，或称定子短路时的转子时间常数，是转子非周期分量电流衰减时间常数，自并励发电机机端三相短路时，外部电抗$X_{W}=0$，有$T_{dk}=T'_{d}$；

T_{a}——定子短路时间常数(s)，或称定子短路电流非周期分量衰减时间常数，也是转子周期分量电流衰减时间常数；

X_{d}——发电机直轴同步电抗；

X'_{d}——发电机直轴暂态电抗，以发电机额定容量为基准的标幺值，在发电机机端三相短路时，由于定子短路电流的去磁反应，发电机磁路处于不饱和状态，故发电机电抗应取不饱和值计算；

$U_{(0)}$——短路前的发电机机端电压标幺值，取$U_{(0)}=1.05\sim1.1$；

I_{f0}——发电机额定空载励磁电流(A)。

当电厂需要考虑发电机强励、过电压或误强励下发生机端短路情况时，I_{f0}^{-}及$U_{(0)}$可取为相应工况的数值。

(6)额定工作电压及其他参数

交流磁场断路器，以满足发电机灭磁要求的断路器通断能力所对应的断路器额定工作电压，作为额定工作电压。

交流磁场断路器其他参数的选择，与一般交流回路应用的交流断路器相同。

(7)交流磁场断路器设计参数例

表9.7-6给出了发电机交流磁场断路器与灭磁分断相关的设计参数，交流磁场断路器按满足误强励灭磁工况要求考虑，灭磁系统采用氧化锌灭磁电阻。

表9.7-6　　发电机交流磁场断路器与灭磁分断相关的设计参数

序号	项目	设计参数选择要求	设计参数	设计参数选择计算说明
1	额定电流	不低于励磁变压器额定电流的1.1倍	2kA	励磁变压器额定电流1.616kA
2	额定最大分断电压(每相，峰值)	不低于误强励分断熄弧时断路器触头两端的电压及此时励磁变低压绕组线电压(均以峰值计算)	2kV	误强励分断熄弧时断路器触头(每相)两端电压1.715kV，励磁变低压绕组线电压1.907kV，由式(9.7-29)计算
3	额定分断电流	按不低于误强励灭磁时首相分断后其余两相的分断电流	8kA	误强励灭磁时的分断电流6.923 kA，由式(9.7-26)计算
4	灭磁分断电流的直流分量	按误强励灭磁分断电流的直流分量	100%	

续表

序号	项目	设计参数选择要求	设计参数	设计参数选择计算说明
5	灭磁分断弧压（每相，峰值）	按不低于误强励兼发生三相短路灭磁要求的分断弧压	0.7kV	按满足三相短路灭磁要求的分断弧压（每相）0.645kV，由式(9.7-30)计算
6	额定短路分断电流	按不低于误强励时励磁变压器低压绕组短路电流	40kA	误强励时励磁变压器低压绕组短路电流39.053kA，由式(9.7-23)计算
7	短路分断的工频恢复电压(有效值)	按不低于短路分断时的工频恢复电压	1.5kV或2 kV	短路分断时的工频恢复电压1.349 kV，由式(9.7-25)计算
8	短时(20s)电流承受能力	按不低于强励时励磁变压器低压绕组电流	3kA	强励时励磁变压器低压绕组电流(3.48×0.816＝2.84kA，顶值电流倍数为2)
9	额定工作电压（有效值）	为通断能力满足上述1～8项要求的交流磁场断路器的额定工作电压		
10	额定分断能力	交流磁场断路器应具有在2kV的额定最大分断电压(每相，峰值)下，分断不小于8kA直流电流的额定分断能力。分断能力测试条件为发电机灭磁回路或结线及参数相当的回路		

9.7.4 交直流冗余灭磁系统磁场断路器的选择计算

9.7.4.1 灭磁分断能力的选择计算

(1)方案1

完全冗余的灭磁系统。本方案在交流磁场断路器或直流磁场断路器任一故障拒动情况下，灭磁系统在包括误强励在内的各种灭磁工况均能可靠灭磁。此时交流磁场断路器及直流磁场断路器的灭磁分断能力按可单独灭磁进行选择。

1)直流磁场断路器的灭磁分断能力按式(9.7-2)及式(9.7-1)进行计算：

①主触头额定最大分断电压下的额定分断电流：

$$I_{bNm} \geqslant I_{f(i=n)} + \Delta I_b$$

②主触头额定最大分断电压：

$$U_{bNm} \geqslant c(I_{f(i=n)})^{\beta} + 1.35U_{2N}U_{g(i=n)}/U_{gN}$$

2)交流磁场断路器的灭磁分断能力及灭磁分断弧压按式(9.7-26)、式(9.7-29)及式(9.7-30)进行计算：

①交流磁场断路器的额定分断电流：

$$I_{bNm} \geqslant I_{f(i=n)} + \Delta I_b$$

②交流磁场断路器的额定最大分断电压：

$$U_{bNm} \geqslant [c(I_{f(i=n)})^{\beta} + \sqrt{2}U_{2(i=n)}]/2k_{cd} \text{ 且 } U_{bNm} \geqslant \sqrt{2}U_{2(i=n)}$$

③交流磁场断路器的灭磁分断弧压：

$$U_{bam} \geqslant c(I_{fs(0.1)})^{\beta}/2k_{cd}$$

(2)方案 2

除机端短路灭磁工况外为冗余的灭磁系统，机端或励磁变压器至交流磁场断路器间三相短路灭磁时，不考虑直流磁场断路器拒动，此时直流磁场断路器灭磁分断能力的计算与方案 1 相同。本方案的交流磁场断路器可承担误强励灭磁工况下的灭磁，可减轻直流磁场断路器的灭磁分断负担。交流磁场断路器的额定分断电流及额定最大分断电压计算同方案 1，交流磁场断路器的灭磁分断弧压可计算为：

$$U_{bam} \geqslant [c(I_{f(i=n)})^{\beta} - \sqrt{2}U_{2(i=n)}]/2k_{cd} \tag{9.7-32}$$

当灭磁电阻的最高灭磁电压按低于励磁变压器低压绕组电压峰值设定时，在励磁功率整流器交流侧有电压的情况下，交流磁场断路器可单独灭磁，而对灭磁分断弧压无要求。在机端或励磁变压器至交流磁场断路器间三相短路时，由直流断路器分断。

(3)方案 3

除机端短路灭磁工况外为冗余的灭磁系统，误强励灭磁时不考虑交流磁场断路器拒动，机端或励磁变压器至交流磁场断路器间三相短路灭磁时不考虑直流磁场断路器拒动。

本方案交流磁场断路器可单独承担除机端或励磁变压器至交流磁场断路器间三相短路外的其他灭磁工况的灭磁，交流磁场断路器的灭磁分断能力的计算及要求与方案 2 相同。

在误强励灭磁切脉冲失败时，需由直流磁场断路器完成灭磁分断。由于误强励灭磁时不考虑交流磁场断路器拒动，在切脉冲失败时，直流磁场断路器灭磁分断能力可按励磁变压器低压绕组电压为零的分断条件进行选择，灭磁分断电流取误强励灭磁开始的转子电流，且不出现灭磁电阻产生的分断电流增量 ΔI_b，对直流磁场断路器分断能力的要求有大幅度的降低。此时直流磁场断路器的额定分断能力由方案 1 可计算为：

1)主触头额定最大分断电压下的额定分断电流：

$$I_{bNm} \geqslant I_{f(i=n)}$$

2)主触头额定最大分断电压：

$$U_{bNm} \geqslant c(I_{f(i=n)})^{\beta}$$

机端或励磁变压器至交流磁场断路器间三相短路时，交流磁场断路器不承担灭磁任务，而由直流磁场断路器实现灭磁分断。交流磁场断路器分断弧压要求与方案 2 相同。交流磁场断路器的额定分断能力据方案 1 及灭磁分断弧压由式(9.7-32)可有：

1)交流磁场断路器的额定分断电流：

$$I_{bNm} \geqslant I_{f(i=n)} + \Delta I_b$$

2)交流磁场断路器的额定最大分断电压：

$$U_{bNm} \geqslant [c(I_{f(i=n)})^{\beta} + \sqrt{2}U_{2(i=n)}]/2k_{cd} \text{ 且 } U_{bNm} \geqslant \sqrt{2}U_{2(i=n)}$$

3)交流磁场断路器的灭磁分断弧压：

$$U_{bam} \geqslant [c(I_{f(i=n)})^{\beta} - \sqrt{2}U_{2(i=n)}]/2k_{cd}$$

本方案在误强励灭磁且切脉冲成功时，灭磁分断由交流磁场断路器分断。

9.7.4.2 断路器的短路分断能力

对交、直流均设置断路器的灭磁系统，交流磁场断路器短路分断的故障范围已包括了直流磁场断路器短路分断的故障范围，故短路分断通常可仅由交流磁场断路器承担，即不考虑发生短路兼发生交流磁场断路器拒动的双重故障情况。此时交流磁场断路器短路分断能力同交流灭磁方式，直流磁场断路器可不考虑短路分断能力。

若电厂发电机对灭磁系统短路分断可靠性有更高的要求时，也可同时要求直流磁场断路器具有短路分断能力。

9.7.4.3 断路器的其他参数

交、直流均设置断路器的灭磁系统中断路器的其他参数，可按仅单侧设置断路器的灭磁系统进行选择。断路器的其他参数在这两种灭磁系统中的工作环境条件相同或相近。

9.7.5 灭磁过程及灭磁电阻容量的选择计算

9.7.5.1 灭磁开始时转子电流、整流器输出电压、励磁变二次电压计算

磁场断路器及灭磁电阻在发电机灭磁过程中承受的电流、电压，主要取决于灭磁开始时的转子电流 $I_{f(0)}$、励磁功率整流器的输出电压 U_{dm} 或励磁变压器低压绕组电压 U_2。表 9.7-7、表 9.7-8 给出了发电机在各种灭磁工况下，灭磁开始时 $I_{f(0)}$、U_{dm}、U_2 的计算式及计算例。

表 9.7-7　灭磁开始时转子电流、整流器输出电压及励磁变压器低压绕组电压计算式

灭磁工况	转子电流 $I_{f(0)}$	整流器输出电压 U_{dm}(平均值)	励磁变压器低压绕组电压 U_2(有效值)
额定空载灭磁	I_{f0}	U_{f0}	U_{2N}
额定负载跳闸灭磁	I_{fN}	U_{f0}	$1.15U_{2N}$
强励跳闸灭磁	$k_{ci}I_{fN}$	$k_{ci}I_{fN}\times R_f$	$0.95U_{2N}$
机端三相短路灭磁	$I_{fs(0.1)}$ 见式(9.7-31)、式(9.7-45)	$k_{cu}U_{fN}$	$0.95U_{2N}$
空载误强励灭磁	$I_{f(i=n)}$ 见式(9.7-10)	$1.35U_{2(i=n)}-3I_{f(i=n)}\times X_{TE}/\pi$ 见式(9.7-11)	$U_{2N}U_{g(i=n)}/U_{gN}$ 见式(9.7-12)

注：I_{f0}、U_{f0} 为发电机额定空载励磁电流、电压，U_{2N} 为励磁变压器低压绕组电压，I_{fN}、U_{fN} 为发电机额定励磁电流、电压，k_{ci}、k_{cu} 为励磁系统顶值电流、电压倍数，R_f 为发电机转子电阻。

表 9.7-8 灭磁开始的转子电流、整流器输出电压及励磁变压器低压绕组电压算例

灭磁工况	转子电流 $I_{f(0)}$(A)		整流器输出电压 U_{dm}(V)		励磁变压器低压绕组电压 U_2(有效值)(V)	
	电厂 1	电厂 2	电厂 1	电厂 2	电厂 1	电厂 2
额定空载灭磁	946	2352	223	240	930	1243
额定负载跳闸灭磁	1740	4345	223	240	1070	1430
强励跳闸灭磁	3480	8690	821	886	884	1181
机端三相短路灭磁	3765(4019)	11459(12414)	1027	1329	884	1181
空载误强励灭磁	6923	16926	1820	2143	1349	1740

注:1. 电厂 1:$I_{f0}=946\text{A}$,$I_{fN}=1740\text{A}$,$R_{f75℃}=0.236\Omega$,$T'_{do}=5.68\text{s}$,$T'_d=2.312\text{s}$,$T_a=0.216\text{s}$,$X_d=0.997$(不饱和),$X'_d=0.406$(不饱和);励磁变压器,13.8/0.930kV,$k_{cu}=2.5$(机端额定电压时),$k_{ci}=2.0$。

电厂 2:$I_{f0}=2352\text{A}$,$I_{fN}=4345\text{A}$,$R_{f90℃}=0.102\Omega$,$T'_{do}=10.1\text{s}$,$T'_d=3.2\text{s}$,$T_a=0.28\text{s}$,$X_d=1.014$(不饱和),$X'_d=0.34$(不饱和);励磁变压器,20/1.200kV,$k_{cu}=3.0$(机端额定电压时),$k_{ci}=2.0$。

2. 误强励由定子过压保护动作灭磁(过压 $1.3U_{gr}$,保护延时 0.3s)。

3. 机端三相短路灭磁:转子电流,括号内周期分量以峰值计入,括号外以有效值计入。

4. 整流器输出电压为平均值,电厂 2 考虑了换相压降。其他为有效值。

9.7.5.2 灭磁过程转子电流、电压变化过程计算

(1)定子开路时的灭磁过程计算

除机端三相短路外,其他灭磁工况可考虑为发电机跳闸后定子开路的情况。对发电机定子开路的灭磁工况,在灭磁开始的时间里转子存在一定程度的饱和,转子电感 L_f 随转子电流变化,为时间的函数。灭磁电阻采用非线性电阻时,电阻 $R_r=c(I_f)^{\beta-1}$ 为转子电流的函数。发电机定子开路灭磁过程宜采用计算机仿真计算。工程设计中可采用分段计算法计算。采用分段计算法计算时,通常将磁场断路器熄弧分断、转子电流开始衰减的时刻设为计算开始时刻($t=0$),此时的转子电流可认为仍等于灭磁起始转子电流 $I_{f(0)}$,灭磁过程 i 时段末(t_i 时刻)的转子电流 $I_{f(i)}$ 可采用上一时段末($i-1$ 时段末的时刻 t_{i-1})的转子电流 $I_{f(i-1)}$ 以下式计算:

$$I_{f(i)}=I_{f(i-1)}\mathrm{e}^{-\frac{\Delta t_i}{T_{fd(i-1)}}} \tag{9.7-33}$$

式中:$T_{fd(i-1)}$——转子闭合回路 t_{i-1} 时刻的时间常数(s);

Δt_i——计算时段 i 时段的时间间隔(s),$\Delta t_i=t_i-t_{i-1}$。

$T_{fd(i-1)}$ 由下式计算:

$$T_{fd(i-1)}=L_{f(i-1)}/(R_f+R_{r(i-1)}) \tag{9.7-34}$$

式中:R_f——发电机转子电阻(Ω),取额定运行温度时的电阻值,在灭磁过程中可近似认为转子的电阻为恒值且等于灭磁开始的转子电阻;

$L_{f(i-1)}$——灭磁过程 t_{i-1} 时刻的转子电感(H)；

$R_{r(i-1)}$——t_{i-1} 时刻的灭磁电阻值(Ω)。

考虑转子饱和的转子电感 $L_{f(i-1)}$ 及非线性灭磁电阻 $R_{r(i-1)}$ 可分别采用式(9.7-35)、式(9.7-36)计算：

$$L_{f(i-1)} = T_{i-1} R_f \tag{9.7-35}$$

$$R_{r(i-1)} = c I_{f(i-1)}^{\beta-1} \tag{9.7-36}$$

式中：T_{i-1}——发电机空载运行时转子时间常数(s)，计算见式(9.7-5)；

c、β——非线性灭磁电阻的整组性能常数和非线性系数，在灭磁过程中可近似认为为常数。

灭磁过程 i 时刻的转子电压 $U_{f(i)}$(该电压也是灭磁电阻上的电压 $U_{r(i)}$)，可由式(9.7-37)(对线性灭磁电阻)或式(9.7-38)(对非线性灭磁电阻)计算：

$$U_{f(i)} = I_{f(i)} \times R_r \tag{9.7-37}$$

$$U_{f(i)} = U_{r(i)} = c I_{f(i)}^{\beta} \tag{9.7-38}$$

对非线性灭磁电阻的 $U_{r(i)}$，还可以在整组灭磁电阻 V—A 特性上由 $I_{f(i)}$ 查得。

(2)机端三相短路灭磁过程计算

发电机机端突然三相短路时，发电机转子总电流为暂态电流与励磁功率整流器供给的转子电流(可认为等于短路前转子电流)之和。转子绕组中的暂态电流由非周期分量 $\Delta I_{fa}'$ 以及周期分量 $\Delta I_{f\omega}$ 组成。当灭磁电阻采用非线性灭磁电阻时，转子电流中直流分量的衰减时间常数将随转子电流而变化。灭磁过程转子电流的变化宜采用计算机仿真计算，工程设计中也可采用分段法计算。采用分段计算法计算时，将磁场断路器熄弧分断、转子电流开始衰减的时刻设为开始时刻($t=0$)，此时转子电流等于灭磁开始的转子电流 $I_{f(0)}$，i 时段末(t_i 时刻)的转子电流 $I_{f(i)}$(A)可由上一时段末($i-1$ 时段末的 $t_{(i-1)}$ 时刻)的转子电流计算(周期分量以峰值计、机端电压滞后 Eq 的角度为 0°、忽略阻尼绕组影响)：

$$I_{f(i)} = I_{f0^-(i-1)} \mathrm{e}^{-\frac{\Delta t_i}{T'_{dd(i-1)}}} + \Delta I'_{f0(i-1)} \mathrm{e}^{-\frac{\Delta t_i}{T'_{dd(i-1)}}} + \Delta I_{f\omega(i-1)} \mathrm{e}^{-\frac{\Delta t_i}{T_a}} \tag{9.7-39}$$

式中：$I_{f0^-(i-1)}$——短路前转子电流 I_{f0^-} 在时刻 $t_{(i-1)}$ 的数值；

$\Delta I'_{f0(i-1)}$——转子暂态电流的非周期分量在时刻 $t_{(i-1)}$ 的数值；

$\Delta I_{f\omega(i-1)}$——转子暂态电流的周期分量在时刻 $t_{(i-1)}$ 的数值，它们在时刻 $t=0$ 的数值，由机端三相短路灭磁时起始转子电流 $I_{f(0)}$ 计算(式 9.7-31)(周期分量以峰值计)为：

$$I_{f0^-(0)} = I_{f0^-}\ \mathrm{e}^{-\frac{0.1}{T'_d}}$$

$$\Delta I'_{fa(0)} = \frac{(X_d - X'_d)U_{(0)}}{X'_d} \mathrm{e}^{-\frac{0.1}{T'_d}} I_{f0}$$

转子暂态电流周期分量按峰值计算时：

$$\Delta I_{f\omega(0)} = \frac{(X_d - X'_d)U_{(0)}}{X'_d} \mathrm{e}^{-\frac{0.1}{T_a}} I_{f0}$$

转子暂态电流周期分量按有效值计算时：

$$\Delta I_{f\omega(0)}=\frac{(X_d-X'_d)U_{(0)}}{X'_d\sqrt{2}}e^{-\frac{0.1}{T_a}}I_{f0}$$

第 1 分段($i=1$)末($t=t_1$)的转子电流由(9.7-39)可计算为(周期分量按峰值计算)：

$$I_{f(1)}=(I_{f0^-}\ e^{-\frac{0.1}{T'_d}})e^{-\frac{\Delta t_1}{T'_{dd(0)}}}+[\frac{(X_d-X'_d)U_{(0)}I_{f0}}{X'_d}e^{-\frac{0.1}{T'_d}}]e^{-\frac{\Delta t_1}{T'_{dd(0)}}}+[\frac{(X_d-X'_d)U_{(0)}I_{f0}}{X_d'}e^{-\frac{0.1}{T_a}}]e^{-\frac{\Delta t_1}{T_a}}$$

$$=I_{f0^-(1)}+\Delta I'_{fa(1)}+\Delta I_{f\omega(1)} \tag{9.7-40}$$

式中：$I_{f0(i-1)}$——机端突然三相短路前转子电流 I_{f0^-} 在 $i-1$ 时段末(时刻 $t_{(i-1)}$)的数值，I_{f0^-} 的取值见式(9.7-31)；

Δt_i——计算时段 i 时段的时间间隔(s)，$\Delta t_i=t_i-t_{i-1}$；

T_a——定子短路时间常数(s)，或称定子短路电流非周期分量衰减时间常数，也是转子周期分量电流衰减时间常数，在灭磁电阻投入前后有相同的数值；

$U_{(0)}$——短路前的发电机机端电压(标幺值)；

I_{f0}——发电机额定空载励磁电流(A)；

X_d——发电机直轴同步电抗；

X'_d——发电机直轴暂态电抗，以发电机额定容量为基准的标幺值。

在发电机机端三相短路时，由于定子短路电流的去磁反应，发电机磁路处于不饱和状态，故应取不饱和值计算。$T'_{dd(i-1)}$为灭磁电阻与转子组成的闭合回路在时刻 $t_{(i-1)}$ 的时间常数(s)，$t_{(i-1)}$时刻的 $T'_{dd(i-1)}$ 可计算为：

$$T'_{dd(i-1)}=T_d'R_f/[R_f+R_{r(i-1)}] \tag{9.7-41}$$

式中：$R_{r(i-1)}$——非线性电阻于时刻 t_{i-1} 的阻值(Ω)；

R_f——转子电阻(Ω)。

$$T'_d=\frac{X'_d}{X_d}T'_{d0}$$

式中：T'_d——定子短路及阻尼绕组开路时的转子时间常数(s)，也称发电机直轴暂态(或瞬态)短路时间常数。

发电机机端三相短路时，由于发电机定子短路电流的去磁作用，可不考虑灭磁过程中发电机磁路的饱和，在灭磁过程中可认为 T'_d 为常数。

灭磁过程中灭磁电阻上 t_i 时刻的电压 $U_{r(i)}$，可由下式计算：

$$U_{r(i)}=R_{ri}I_{f(i)} \qquad (线性灭磁电阻)$$

$$U_{r(i)}=cI_{f(i)}{}^{\beta} \qquad (非线性灭磁电阻) \tag{9.7-42}$$

采用非线性灭磁电阻时，$U_{r(i)}$ 也可由非线性灭磁电阻的整组特性 U_r-I_f 上由 $I_{f(i)}$ 查得。

9.7.5.3 灭磁时间计算

我国的规程已对灭磁时间的定义及计算作了规定，灭磁时间定义为从施加灭磁信号起至转子电流衰减到5%额定空载励磁电流的时间。

设发电机灭磁时间计算所对应的转子电流为 $I_{f(d)}$，当采用线性灭磁电阻且灭磁过程不考虑转子的饱和时，转子闭合回路电流的衰减时间常数 $T_{fd(t)}$ 在灭磁过程中将恒为 T_{fd}，当灭磁开始的转子电流为 $I_{f(0)}$ 时，由式(9.7-34)可求得此时发电机的灭磁时间 t_d 为：

$$t_d = T_{fd}(\ln I_{f(0)} - \ln I_{f(d)}) \tag{9.7-43}$$

当灭磁电阻为非线性电阻时，发电机灭磁时间宜由计算机仿真计算。工程设计中也可采用分段计算法计算。假设由式(9.7-33)计算的转子电流在 $i=n$ 时段末衰减至电机灭磁时间计算所对应的转子电流 $I_{f(d)}$，则可求得灭磁时间 t_d 为：

$$t_d = \sum_{i=0}^{n} \Delta t_i \tag{9.7-44}$$

对采用等时段的计算，灭磁时间由式(9.7-44)可有：

$$t_d = n\Delta t \tag{9.7-45}$$

由式(9.7-43)至(9.7-45)可见，这里灭磁时间是从转子电流开始衰减时开始计算，即磁场断路器熄弧分断、转子与灭磁电阻形成独立的闭合回路时 $t=0$。

9.7.5.4 灭磁电阻灭磁过程耗能及容量选择计算

发电机在不同的灭磁工况下需要灭磁电阻承担的能耗并不相同，在各种灭磁工况中，以发电机机端三相短路(发电机带短路点灭磁)需要灭磁电阻承担的能耗为最大。对水轮发电机灭磁电阻容量的选择计算，可以不考虑发电机阻尼绕组及灭磁电阻的温度系数的影响，也可根据灭磁电阻具体温度系数及灭磁过程的温升情况，对计算值作适当的修正。

(1)三相短路灭磁过程灭磁电阻耗能计算

三相短路灭磁过程灭磁电阻的耗能，可由机端三相短路灭磁过程计算，也可由灭磁开始发电机转子的储能进行估算。

1)由机端三相短路灭磁过程计算灭磁电阻能耗。

灭磁过程中灭磁电阻耗能 W_r 可由各时间段内(Δt_i)灭磁电阻的耗能 $\Delta W_{r(i)}$ 加后求得。

$$W_r = \sum_{i=0}^{n} \Delta W_{r(i)} = \sum_{i=0}^{n} I_{f(i)} U_{r(i)} \Delta t_i \tag{9.7-46}$$

计算取较少分段时，灭磁过程 $I_f—t$ 曲线各时段的 $I_{f(i)}-t_i$ 可按梯形面积计算。当各时段 Δt_i 取相等的数值并忽略灭磁电阻电压在相邻时段的差值时，由式(9.7-46)可变换为：

$$W_r = \left[\frac{1}{2} I_{f(0)} U_{r(0)} + \sum_{i=1}^{n} I_{f(i)} U_{r(i)}\right] \Delta t \tag{9.7-47}$$

式中：$I_{f(i)}$——i 时段末 i 时刻的转子电流(A)，由式(9.7-37)计算；

$U_{r(i)}$——i 时段末 i 时刻灭磁电阻的电压(V)，也是转子电压，由式(9.7-42)计算。

转子电流开始衰减($t=0$，$i=0$)时的转子电流 $I_{f(0)}$ 由下式计算(周期分量取有效值、机端电压滞后 E_q 的角度为0°、忽略阻尼绕组影响)：

$$I_{f(0)} = I_{fs(0.1)} = \left[I_{f0} + \frac{(X_d - X'_d)U_{(0)} I_{f0}}{X'_d}\right] e^{-\frac{0.1}{T'_d}} + \frac{(X_d - X'_d)U_{(0)} I_{f0}}{X_d' \sqrt{2}} e^{-\frac{0.1}{T_a}} \tag{9.7-48}$$

式中各参数的定义及单位见式(9.7-31)。灭磁开始灭磁电阻电压$U_{r(0)}$,可由下式计算:

$$U_{r(0)}=R_r I_{f(0)} \qquad \text{(线性灭磁电阻)}$$

$$U_{r(0)}=cI_{f(0)}{}^{\beta} \qquad \text{(非线性灭磁电阻)} \tag{9.7-49}$$

采用非线性灭磁电阻时,$U_{r(0)}$也可由非线性灭磁电阻的整组特性$U_r \sim I_f$上由$I_{f(0)}$查得。

在缺乏发电机参数时,可以采用ANSI/IEEE C37.18标准中给出的参考数据,对凸极发电机定子突然三相短路,转子电流(短路发生0.1s后)的直流分量(或称非周期分量)相对于转子额定电流I_{f_N}的倍数K_{dc}以及总电流峰值相对于转子额定电流I_{f_N}的倍数K_c分别为$K_{dc}=3$及$K_c=3.5$。即

$$I_{f(0)}=I_{fs(0.1)}=3I_{fN}\text{(直流分量)}$$

$$I_{f(0)}=I_{fs(0.1)p}=3.5I_{fN}\text{(峰值)} \tag{9.7-50}$$

2)三相短路灭磁开始转子储能计算。

机端三相短路时,发电机磁路处于不饱和状态,可认为转子电感为常数。三相短路灭磁开始转子绕组的储能W_f可计算为:

$$W_f=\frac{1}{2}T'_d R_f I^2_{f(0)}=\frac{1}{2}T'_d R_f I^2_{fs(0.1)} \tag{9.7-51}$$

式中:$I_{f(0)}$——灭磁开始转子电流(A),等于短路发生0.1后的转子电流$I_{fs(0.1)}$,计算见式(9.7-48);

其他意义同上。

3)由三相短路灭磁开始转子储能计算或估算灭磁过程灭磁电阻能耗。

①灭磁电阻采用线性灭磁电阻时。

采用线性灭磁电阻时,由转子电阻R_f及灭磁电阻R_r共同承担转子能量的消耗,并按电阻串联回路的电流电压分配分担转子能量。三相短路过程中灭磁电阻耗能W_r计算为:

$$W_r=\frac{1}{2}T'_d R_f I^2_{f(0)}\times\frac{R_r}{R_r+R_f}=\frac{1}{2}T'_d R_f I^2_{fs(0.1)}\times\frac{R_r}{R_r+R_f} \tag{9.7-52}$$

②灭磁电阻采用非线性灭磁电阻时。

采用非线性灭磁电阻时,机端三相短路灭磁过程中灭磁电阻耗能,灭磁电阻的耗能W_r约占灭磁开始转子储能W_f的2/3左右。即灭磁电阻耗能可估计为:

$$W_r=\frac{2}{3}W_f \tag{9.7-53}$$

(2)灭磁电阻容量的选择

根据我国有关规程的规定,在最严重灭磁工况下,非线性电阻承受的耗能容量应不超过其工作能容量的80%,且当20%的组件退出运行时,应能满足最严重的灭磁工况下的灭磁要求。对灭磁电阻容量的选择,最严重是机端三相短路灭磁工况。故灭磁电阻工作能容量为:

$$灭磁电阻工作能容量 \geqslant 1.25W_r \tag{9.7-54}$$

式中：W_r——发电机机端三相短路灭磁过程的灭磁电阻耗能。

发电机灭磁电阻通常由多个非线性电阻元件串、并联组成，故灭磁电阻工作能容量，应是考虑了整组非线性电阻元件的均流系数、均能系数后的整组灭磁电阻的工作能容量。

9.7.6 灭磁电阻最高灭磁电压及整组性能常数的选择计算

灭磁时灭磁电阻的最高灭磁电压，是一个十分重要的参数，决定发电机的灭磁时间以及对直流磁场断路器或交流磁场断路器分断能力与弧压的要求。

灭磁电阻上的最高灭磁电压取较大的数值时，灭磁电阻阻值较大，转子闭合回路时间常数较小，灭磁时间较短。但灭磁电阻电压的最高允许值，受限于转子绝缘允许的最高电压及直流磁场断路器在分断严重灭磁工况的转子电流时所允许的最高分断电压，或交流灭磁时交流磁场断路器的灭磁分断弧压。对灭磁时转子绝缘允许的最高电压，我国的相关规程规定为不超过出厂试验时转子对地交流耐压幅值的50%。

9.7.6.1 直流灭磁系统灭磁电阻最高灭磁电压

灭磁分断过程中灭磁电阻上的最高电压U_{rm}应满足下式要求：

$$U_{rm} < U_{bNm} - U_{dm} \tag{9.7-55}$$

式中：U_{bNm}——直流磁场断路器在误强励起始转子电流 $I_{f(i=n)}$ 下允许的最高分断电压(V)，其值由断路器供应商提供；

U_{dm}——误强励灭磁中励磁功率整流器的输出的最高电压，也是误强励灭磁开始时励磁功率整流器输出的最高电压(V)。

9.7.6.2 交流灭磁系统灭磁电阻最高灭磁电压

发电机采用交流灭磁系统时，灭磁电阻最高电压取决于灭磁分断时交流磁场断路器的允许弧压及额定最大分断电压。

(1)按交流磁场断路器灭磁分断的允许弧压计算灭磁电阻的最高电压

发电机机端或励磁变压器低压绕组至交流磁场断路器间三相短路时，为保证灭磁分断过程中转子电流向灭磁电阻回路的完全转移及交流磁场断路器的可靠分断，交流磁场断路器灭磁分断的最高弧压，应不低于灭磁分断过程灭磁电阻的最高电压。故灭磁电阻最高灭磁电压U_{rm}应满足下式的要求。

$$U_{rm} < 2k_{cd}U_{bam} \tag{9.7-56}$$

式中：U_{bam}——交流磁场断路器在机端三相短路起始转子电流 $I_{f(0)} = I_{fs(0.1)}$ 下的分断弧压(每相的)，数值由断路器供应商提供；

k_{cd}——弧压重叠系数。

(2)按交流磁场断路器灭磁分断允许的额定最大分断电压计算灭磁电阻的最高电压

灭磁电阻最高灭磁电压U_{rm}应满足下式要求：

$$U_{rm} < 2k_{cd}U_{bNm} - \sqrt{2}U_{2(i=n)} \tag{9.7-57}$$

式中：U_{bNm}——交流磁场断路器在误强励起始电流下的最大分断电压(每相触头的)，数值由断路器供应商提供。

$U_{2(i=n)}$——误强励时励磁变压器低压绕组电压(线电压的有效值)，由式(9.7-12)计算；

k_{cd}——弧压重叠系数。

灭磁电阻最高灭磁电压U_{rm}需同时满足式(9.7-56)、式(9.7-57)的要求，并选择计算值中的最小值作为灭磁电阻最高电压的设定值。若按式(9.7-56)、式(9.7-57)计算的灭磁电阻最高灭磁电压U_{rm}对应的发电机灭磁时间太长，不能满足电厂发电机的要求，而U_{rm}尚低于规程要求的最高电压，则需选择更高U_{bam}、U_{bNm}的断路器。

9.7.6.3 交直流冗余灭磁系统灭磁电阻最高灭磁电压

(1)完全冗余的交直流灭磁系统

交直流侧均设置断路器的灭磁系统，交直流断路器按可独立灭磁进行选择，灭磁电阻最高灭磁电压的计算与直流灭磁系统及交流灭磁系统相同，即按式(9.7-55)至式(9.7-57)的要求进行计算，选择其中最小值作为灭磁电阻的最高电压设定值。

(2)除机端短路灭磁工况外为冗余的交直流灭磁系统

本方案的直流磁场断路器可单独承担发电机各种灭磁工况的灭磁，故按式(9.7-56)计算灭磁电阻最高灭磁电压。

交流磁场断路器应能单独承担除机端或励磁变压器至交流磁场断路器间三相短路外的其他灭磁工况的灭磁要求，交流磁场断路器的允许弧压按误强励灭磁分断要求考虑，此时灭磁电阻最高灭磁电压需满足下式要求：

$$U_{rm} < 2k_{cd}U_{bam} + \sqrt{2}U_{2(i=n)} \tag{9.7-58}$$

式中：U_{bam}——交流磁场断路器分断误强励起始转子电流时的分断弧压(每相的)，数值由断路器供应商提供，测试回路应为发电机的灭磁回路或相当的回路；

$U_{2(i=n)}$——误强励时励磁变压器低压侧电压(线电压的有效值)，由式(9.7-12)计算；

k_{cd}——弧压重叠系数。

按误强励灭磁时交流磁场断路器额定最大分断电压计算的灭磁电阻最高电压，应满足式(9.7-58)的要求。

因此灭磁电阻最高灭磁电压设定值，应同时满足式(9.7-55)、式(9.7-57)及式(9.7-58)的要求，取其中的最小值。

(3)除机端短路灭磁工况外的冗余灭磁系统

本方案的交流磁场断路器可单独承担除机端或励磁变压器至交流磁场断路器间三相短路以外的其他灭磁工况的灭磁，直流磁场断路器可单独承担除误强励以外的其他灭磁工况的灭磁，并可在交流磁场断路器不拒动但切脉冲不成功时承担误强励灭磁分断。故灭磁电阻最高灭磁电压设定值同上述方案2，应同时满足式(9.7-55)、式(9.7-57)及式(9.7-58)的要求，取其中的最小值，仅式(9.7-55)中无U_{dm}项。

对交直流侧均设置断路器的灭磁系统，表9.7-9给出了采用氧化锌灭磁电阻时灭磁电阻最高灭磁电压的选择计算例。按照表9.7-9的计算，灭磁电阻最高灭磁电压应按式(9.7-55)计算的1180V(空载误强励下)。

表9.7-9还给出了按机端三相短路灭磁工况考虑时(发电机不考虑误强励灭磁工况)，灭磁电阻最高灭磁电压的计算。此时，各计算式中的参数U_{dm}、U_2、U_{bNm}及U_{bam}按机端三相短路灭磁工况取值。

表9.7-9　交直流灭磁系统灭磁电阻最高灭磁电压算例(氧化锌灭磁电阻)

序号	灭磁工况	转子电流 $I_{f(0)}$(A)	整流器输出电压 U_{dm}(V)	励磁变压器低压绕组电压U_2	对灭磁电阻最高灭磁电压设定值U_{rm}(V)的要求		
					按式(9.7-55)	按式(9.7-57)	按式(9.7-58)
1	机端三相短路	4019	1250	884	<1750	<2350	
2	空载误强励	6923	1820	1349	<1180	<1692	<1980

注：1. 励磁变压器低压绕组电压U_2为有效值，整流器输出电压U_{dm}为峰值。

2. 直流断路器U_{bNm}为3000V；交流断路器U_{bNm}为2000V(每相，峰值)，k_{cd}为0.9，U_{bam}为40V。

9.7.6.4　非线性灭磁电阻整组性能常数的计算

非线性灭磁电阻V—A特性可表达为：

$$U_{rm}=c(I_{f(i=n)})^{\beta} \tag{9.7-59}$$

非线性系数β由灭磁电阻供应商提供，误强励灭磁起始转子电流$I_{f(i=n)}$由式(9.7-10)计算，最后根据灭磁电阻最高灭磁电压U_{rm}，由式(9.7-59)求得非线性灭磁电阻性能常数c。

当过电压保护的非线性电阻要求与灭磁电阻共用时，灭磁电阻在满足式(9.7-59)最高灭磁电压选择要求的同时尚需满足式(9.5-42)的要求。

9.7.7　灭磁过程参数及灭磁系统设备选择计算实例

本节给出灭磁过程参数及灭磁系统设备参数设计选择算例。它包括：计算所需的原始参数及条件，误强励灭磁开始励磁功率整流器的输出电压及转子电流的计算，直流磁场断路器主触头额定最大分断电压的选择计算，灭磁电阻最高电压设定值的计算，灭磁电阻整组性能常数选择计算，各灭磁工况下灭磁过程转子电流及电压变化过程计算，灭磁电阻耗能计算，灭磁时间计算，直流磁场断路器及交流磁场断路器分断能力计算等。计算忽略了发电机阻尼绕组。

9.7.7.1　计算的原始参数及条件

(1)发电机参数

发电机参数见表9.7-10。

表 9.7-10　　发电机参数

序号	项目	代号	单位	参数值
1	空载励磁电流	I_{f0}	A	946
2	额定励磁电流	I_{fN}	A	1740
3	转子电阻(75℃)	R_f	Ω	0.236
4	直轴暂态开路时间常数(75℃)	T_{d0}'	s	5.68
5	直轴暂态短路时间常数(75℃)	T_d'	s	2.312
6	定子短路时间常数(75℃)	T_a	s	0.216
7	直轴同步电抗(不饱和)	X_d	标幺值	0.997
8	直轴暂态电抗(不饱和)	X_d'	标幺值	0.406
9	直轴次暂态电抗(不饱和)	X_d''	标幺值	0.274

(2)励磁系统参数

励磁变压器:2600kVA,13.8/0.93kV,$u_k=6\%$。

灭磁电阻非线性系数:$\beta=0.4$(对碳化硅灭磁电阻),0.03(对氧化锌灭磁电阻)。

(3)发电机特性

发电机额定转速下的空载特性见图 9.7-7。

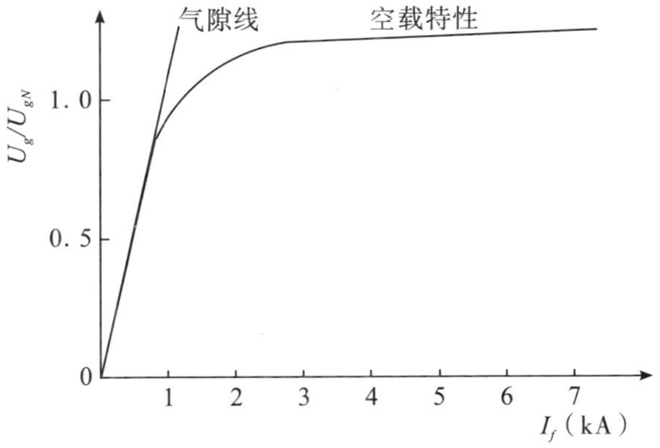

图 9.7-7　发电机额定转速下的空载特性

9.7.7.2　直流磁场断路器主触头额定最大分断电压选择

本电厂发电机考虑误强励灭磁。具体计算如下:

(1)计算发电机空载运行时的转子电感及发电机端电压

由发电机空载特性求取特性上各点的 β_i,按式(9.7-5)求出各点对应的时间常数 T'_I:

$$T'_i = T'_{d0}\tan\beta_i/\tan\alpha$$

发电机空载运行时,其转子时间常数 T'_i 随转子电流的变化见表 9.7-11。

表 9.7-11　　发电机定子开路转子时间常数 T'_i 随转子电流的变化

转子电流 I_f(kA)	0～0.7	0.8	1.2	2.0	3.0	4.25	5.5	6.5
时间常数 T'_i(s)	5.68	3.63	1.96	0.49	0.20	0.15	0.12	0.1

由发电机空载特性，可求得发电机空载运行时随转子电流变化的发电机端电压，见表 9.7-12。

表 9.7-12　　发电机端电压随转子电流的变化

机端电压 U_{gi}/U_{gN}	1.0	1.1	1.2	1.25	1.3	1.4
转子电流 I_f(A)	946	1076	1435	1576	2026	4500

(2)计算误强励灭磁开始时转子电流及励磁功率整流器的输出电压

发电机误强励时，由定子过电压保护动作灭磁，在发电机机端电压达 1.3 倍额定电压后过压保护延时 0.3s 动作跳直流磁场断路器。考虑保护装置的动作时间及直流磁场断路器的分闸时间，直流磁场断路器主触头将在发电机端电压达 1.3 倍额定电压后的 0.4s 开始分断，此时转子电流为误强励灭磁开始时转子电流 $I_{f(0)}$。$I_{f(0)}$ 可采用计算机程序计算，也可按式(9.7-4)至式(9.7-12)分段计算法计算。

$$I_{f(i)}=I_{fc(i-1)}-[I_{fc(i-1)}-I_{f(i-1)}]e^{-\frac{\Delta t_i}{T_{i-1}}}$$

式中：$I_{f(i-1)}$——$t_{(i-1)}$时刻的转子电流；

$I_{fc(i-1)}$——对应于 $t_{(i-1)}$ 时刻的转子电压下转子的稳态电流（电流顶值）；

T_{i-1}——$I_{f(i-1)}$时发电机的转子时间常数（定子开路时），可由 $I_{f(i-1)}$ 及发电机空载特性按式(9.7-5)计算；

Δt_i——i 计算时段的时间长度，$\Delta t_i=t_i-t_{(i-1)}$。

下面分 4 段对 $I_{f(0)}$ 进行计算，计算忽略整流回路的换相压降。

1)由发电机空载特性，查得发电机 1.3 倍额定电压时($t=0$)，转子电流为 2026A。

2)当 $t_1=0.1$s 时(第 1 时段，$i=1$)的转子电流计算。

对第 1 时段，$i=1$，可有：

$$I_{f(1)}=I_{fc(0)}-[I_{fc(0)}-I_{f(0^-)}]e^{-\frac{\Delta t_1}{T_0}}=2937(\text{A})$$

其中，$I_{f(0^-)}=2026$A；$T_0=0.485$s(由表 9.7-11 按线性插值)；$\Delta t_1=0.1$s，以下各计算时段同；$I_{fc(0)}$ 由式(9.7-4)及式(9.7-5)可计算为（未考虑整流回路的换相压降，下同）：

$$I_{fc(i-1)}=1.35U_{2(i-1)}/R_f$$

式中：1.35——整流器的电压整流系数。

$U_{2(i-1)}$——对第 1 时段，发电机达 1.3 倍额定电压时($t=0$)励磁变压器的低压绕组电压 $U_{2(0)}$，$U_{2(0)}=1.3U_{2r}$。

故有：

$$I_{fC(0)}=1.35\times1.3\times930/0.236=6916(A)$$

计算按误强励时晶闸管的控制角为0°考虑。

3)当 $t_2=0.2s$ 时(第2时段，$i=2$)的转子电流计算。

$$I_{f(2)}=7075-(7075-2937)^{e}-0.1/0.21=4505(A)$$

其中 $I_{f(i-1)}=I_{f(1)}=2937A$；$T_{i-1}=T_1=0.21s$(由表9.7-11按线性插值)。

$$I_{fc(i-1)}=I_{fc(1)}=1.35\times1.33\times930/0.236=7075(A)$$

式中：1.33×930——第1时段末(t_1 时刻)励磁变压器的低压绕组电压；

1.33——发电机空载特性上对应转子电流为2937A时，机端电压相对于额定电压的倍数。

4)当 $t_3=0.3s$ 时(第3时段，$i=3$)的转子电流计算。

$$I_{f(3)}=7501-(7501-4505)^{e}-0.1/0.15=5963(A)$$

其中 $I_{f(i-1)}=I_{f(2)}=4505A$；$T_{i-1}=T_2=0.15s$(由表9.7-11按线性插值)；

$$I_{fc(i-1)}=I_{fc(2)}=1.35\times1.41\times930/0.236=7501(A)$$

式中：1.41×930——第2时段末(t_2 时刻)励磁变压器的低压绕组电压；

1.41——发电机空载特性上对应转子电流为4505A时，机端电压相对于额定电压的倍数。

5)当 $t_4=0.4s$ 时(第4时段，$i=4$)的转子电流计算。

$$I_{f(4)}=7660-(7660-5963)^{e}-0.1/0.12=6923(A)$$

其中 $I_{f(i-1)}=I_{f(3)}=5963A$；$T_{i-1}=T_3=0.12s$(由表9.7-11按线性插值)。

$$I_{fc(i-1)}=I_{fc(3)}=1.35\times1.44\times930/0.236=7661(A)$$

式中：1.44×930——第3时段末(t_3 时刻)励磁变压器的低压绕组电压；

1.44——发电机空载特性上对应转子电流为5963A时，机端电压相对于额定电压的倍数。

6)当 $t_4=0.4s$ 时(第4时段，$i=4$)励磁功率整流器的输出电压。

发电机空载特性上对应转子电流6923A时的机端电压为1.45额定电压，第4时段末(t_4 时刻)励磁功率整流器的输出电压根据式(9.7-11)、式(9.7-12)可计算为(忽略换相压降)：

$$U_{dm}=1.35U_{2N}U_{g(i=4)}/U_{gN}=1.35\times930\times1.45=1820(V)$$

故误强励灭磁开始时的转子电流为6923A，励磁功率整流器的输出电压为1820V。

(3)直流磁场断路器主触头额定最大分断电压初选

按误强励灭磁要求选择的直流磁场断路器灭磁分断能力由式(9.7-1)及式(9.7-2)进行计算。在磁场断路器灭磁分断能力初选时，可初步设定误强励灭磁时灭磁电阻的最高电压(如不低于1000V)，再由计算的误强励灭磁起始转子电流及励磁功率整流器的输出电压(平均值)，按式(9.7-1)计算磁场断路器(主触头)的额定最大分断电压 U_{brm}。

$$U_{brm} \geqslant cI_{f(i=4)}^{\beta} + 1.35U_{2N}U_{g(i=4)}/U_{gr} \geqslant 1000+1820=2820(\mathrm{V})$$

即当灭磁电阻最高电压取 1000V 时，所选择的直流磁场断路器，在分断电流为 6923A 时的最大分断电压应不低于 2820V。然后，再根据断路器技术参数及对发电机灭磁时间的要求，在考虑性能价格比的基础上，尽可能选择较高分断电压的断路器，使发电机有较短的灭磁时间。最大分断电压的初选参数尚需通过计算灭磁性能参数进行检验。若计算的灭磁时间不能满足要求，则需重新设定灭磁电阻灭磁最高电压，并重选直流磁场断路器主触头的额定最大分断电压。

9.7.7.3 灭磁电阻上的最高电压及灭磁电阻整组性能常数计算

灭磁电阻的最高电压按式(9.7-55)计算，再根据灭磁电阻最高电压，计算灭磁电阻整组性能常数。具体计算如下：

设直流磁场断路器在分断灭磁起始转子电流为 6923A 时，允许的最大分断电压 U_{bNm} 为 3000V，且灭磁电阻不论是碳化硅还是氧化锌均有相同的 U_{bNm}。误强励灭磁开始励磁功率整流器的输出电压 U_{dm} 为 1820V。由式(9.7-55)，灭磁电阻上允许的最高电压 U_{rm} 应满足：

$$U_{rm} \leqslant U_{bNm} - U_{dm} = 3000-1820=1180(\mathrm{V})$$

整组灭磁电阻性能常数 C 由 $U_r = CI_r^{\beta}$ 及 $U_r \leqslant U_{rm}$、$I_f = I_{f(i=n)} = 6923\mathrm{A}$ 求得：

$$C = U_r/I_r^{\beta} = 1180/(6923)^{\beta} = 34.5$$

取 C 为 35(碳化硅，$\beta=0.4$)，或 905(氧化锌，$\beta=0.03$)。

9.7.7.4 灭磁过程、灭磁时间及灭磁电阻耗能计算

灭磁过程中转子电流及灭磁电阻上电压随时间变化的灭磁过程特性、灭磁时间、灭磁电阻(及转子电阻)的耗能，可按式(9.7-33)至式(9.7-53)进行计算。在本算例中非线性电阻的性能常数及非线性系数按常数考虑，且不考虑温度系数。灭磁电阻的工作能容量，按灭磁电阻在最严重灭磁工况下需承受的最大耗能容量不超过其工作能容量的 80%进行选择。

(1)额定空载灭磁过程计算

额定空载灭磁的初始条件为：$I_{f(0)} = 946\mathrm{A}$，$T'_{d0} = 5.68\mathrm{s}$(不考虑磁路饱和)，$R_f = 0.236\Omega(75℃)$。灭磁过程各时段的转子电流 $I_{f(i)}$ 由式(9.7-33)计算，计算时间段取 $\Delta t = 0.1\mathrm{s}$。具体如下：

$$I_{f(i)} = I_{f(i-1)} \mathrm{e}^{-\frac{\Delta t_i}{T_{fd(i-1)}}}$$

式中：$T_{fd(i-1)}$——空载灭磁过程中转子闭合回路时间常数(见式 9.7-34)，$T_{fd(i-1)} = L_{f(i-1)}/(R_f + R_{r(i-1)}) = R_f T'_{d0(i-1)}/(R_f + R_{r(i-1)})$；

Δt_i——计算时段取 $\Delta t_i = 0.1\mathrm{s}$，磁场断路器分断时(即 $I_r = I_{f(0)}$ 时)$t=0$。

1)采用碳化硅灭磁电阻时。

①当 $i=0$(即 $t=0$)时,转子电流 $I_{f(0)}=946\text{A}$,灭磁电阻上电压:

$$U_{r0}=CI^{\beta}=35\times 946^{0.4}=542.5(\text{V})$$

灭磁电阻上电压 U_r 由灭磁电阻整组特性(U_r-I_r)上由 I_r 查得。此时灭磁电阻的阻值为:

$$R_{r0}=542.5/946=0.573(\Omega)$$

从 $t=0$ 至 $t=0.1\text{s}$ 的灭磁电阻耗能,计算为:

$$W_{r0}=I_{f(0)}U_{r0}(\Delta t)/2=946\times 542.5\times 0.1/2=0.05127(\text{MJ})$$

②当 $i=1$(即 $t=0.1\text{s}$)时,转子电流 $I_{f(1)}$ 计算为:

$$I_{f(1)}=946\text{e}^{-0.1(0.236+0.573)/(0.236\times 5.68)}=890.5(\text{A})$$

$$U_{r1}=35\times 890.5^{0.4}=529.6(\text{V})$$

$$R_{r1}=529.6/890.5=0.595(\Omega)$$

$$W_{r1}=890.5\times 529.6\times 0.1=0.0474(\text{MJ})$$

③$i=2$(即 $t=0.2\text{s}$)时的转子电流 $I_{f(2)}$ 计算为:

$$I_{f(2)}=890.5\text{e}^{-0.1(0.236+0.595)/(0.236\times 5.68)}=837(\text{A})$$

$$U_{r1}=35\times 837^{0.4}=516.6(\text{V})$$

$$R_{r1}=516.6/837=0.617(\Omega)$$

$$W_{r1}=837\times 516.6\times 0.1=43239(\text{J})$$

类似地,对灭磁过程 $i=3,4\cdots$ 时段的转子电流、转子电压及灭磁电阻耗能进行计算,直至转子电流及电压衰减至计算灭磁时间所对应的数值。计算结果见表 9.7-13(表中仅列出部分计算段的数值),其中灭磁电阻耗能按式(9.7-47)计算。

表 9.7-13　　发电机空载灭磁过程计算结果(采用碳化硅灭磁电阻)

时间(s)	0	0.2	0.4	0.6	0.8	1.0	1.3	1.7	2.1	2.5	2.9	3.1
I_f(A)	946	837	735	641	554	474	367	249	155	83	33	17
U_r(V)	543	517	491	464	437	412	372	318	263	205	142	108

注:1. 灭磁时间,2.76s(按转子电流衰减至 5%发电机额定空载的励磁电流 $I_{f(0)}$)。

2. 灭磁电阻耗能,0.477 MJ。

3. $U_r=35I_f^{0.4}$。

2)采用氧化锌灭磁电阻时。

计算公式及初始条件与碳化硅灭磁电阻相同,仅灭磁电阻采用氧化锌参数,即按 $U_{r0}=CI^{\beta}=905I^{0.03}$ 进行计算。$i=0$(即 $t=0$)时有:转子电流 $I_{f(0)}=946\text{A}$,灭磁电阻上电压为 $U_{r0}=CI^{\beta}=905\times 946^{0.03}$。其计算结果见表 9.7-14(表中仅列出部分计算段的数值)。

表 9.7-14　　发电机空载灭磁过程计算结果(采用氧化锌灭磁电阻)

时间(s)	0	0.1	0.2	0.3	0.4	0.5	0.6	0.8	0.9	0.95	1.0	1.05
I_f(A)	946	781	691	603	517	434	353	203	135	100	67	37
U_r(V)	1111	1105	1101	1097	1092	1086	1079	1061	1048	1039	1027	1009

注:1. 灭磁时间,1.03s(按转子电流衰减至5%发电机额定空载的励磁电流 $I_{f(0)}$)。
2. 灭磁电阻耗能,0.558 MJ。
3. $U_r=905I_f^{0.03}$。

(2)空载误强励灭磁过程计算

空载误强励灭磁过程的计算与空载灭磁过程的方法相同。初始条件为:$I_{f(0)}=6923$A,T'_i 按表 9.7-11 据各时段的转子电流取值,$R_f=0.236\Omega$(75℃)。计算结果见表 9.7-15、表 9.7-16(表中仅列出部分计算段的数值)。

表 9.7-15　　空载误强励灭磁过程(采用碳化硅灭磁电阻)

时间(s)	0	0.05	0.1	0.19	0.29	0.49	0.69	0.99	1.49	2.09	2.69	2.99	3.59
I_f(A)	6923	3467	2407	1660	1337	991	804	649	447	260	126	78	14
U_r(V)	1202	912	788	679	623	553	508	467	402	323	242	200	100

注:1. 灭磁时间,3.19s(按转子电流衰减至5%发电机额定空载的励磁电流 $I_{f(0)}$)。
2. 灭磁电阻耗能,1.271 MJ。
3. $U_r=35I_f^{0.4}$。

表 9.7-16　　空载误强励灭磁过程(采用氧化锌灭磁电阻)

时间(s)	0	0.05	0.1	0.21	0.31	0.46	0.66	0.86	1.06	1.26	1.31	1.36	1.41
I_f(A)	6923	3379	2234	1377	1055	782	603	434	276	135	100	67	37
U_r(V)	1180	1155	1141	1124	1115	1105	1097	1086	1071	1048	1039	1027	1009

注:1. 灭磁时间,1.39s(按转子电流衰减至5%发电机额定空载的励磁电流 $I_{f(0)}$)。
2. 灭磁电阻耗能,1.404MJ。
3. $U_r=905I_f^{0.03}$。

(3)机端短路灭磁过程计算

1)灭磁开始的转子电流计算。

计算灭磁电阻耗能时,直流磁场断路器的主触头在短路发生后的 0.1s 时开始分离,并假定短路前转子电流为 1.1 倍额定励磁电流、机端电压为额定电压。此时转子电流为灭磁起始电流 $I_{f(0)}$,灭磁起始转子电流的非周期分量为 3152A(上式前两项和),周期分量为 613A(有效值)。

$$I_{f(0)}=I_{f0^-}\mathrm{e}^{-\frac{0.1}{T'_d}}+\left[\frac{(X_d-X'_d)U_{(0)}}{X'_d}\mathrm{e}^{-\frac{0.1}{T'_d}}+\frac{(X_d-X'_d)U_{(0)}}{X'_d\sqrt{2}}\mathrm{e}^{-\frac{0.1}{T_a}}\right]I_{fo}$$

$$=1.1\times1740\mathrm{e}^{-\frac{0.1}{2.312}}+\left[\frac{(0.997-0.406)\times1}{0.406}\mathrm{e}^{-\frac{0.1}{2.312}}+\frac{(0.997-0.406)\times1}{0.406\times\sqrt{2}}\mathrm{e}^{-\frac{0.1}{0.216}}\right]\times946$$

$=1833+1319+613(\mathrm{A})$

2)灭磁过程计算。

$$I_{f(i)}=I_{f0^-(i-1)}\mathrm{e}^{-\frac{\Delta t_i}{T'_{dd(i-1)}}}+I'_{fa(i-1)}\mathrm{e}^{-\frac{\Delta t_i}{T'_{dd(i-1)}}}+I_{f\omega(i-1)}\mathrm{e}^{-\frac{\Delta t_i}{T_a}}$$

灭磁过程中转子电流的变化计算：

$$T'_{dd(i-1)}=T'_{dRf}/(R_f+R_{r(i-1)})$$

式中 $R_{r(i-1)}=U_{r(i-1)}/I_{f(i-1)}$。当灭磁开始 $t=0$ 时，$I_{fa(0)}=1319\mathrm{A}$，$I_{f\omega(0)}=613\mathrm{A}$。以下是碳化硅灭磁电阻灭磁过程计算例。

①当 $t=0$ 时灭磁电阻上的电压及电阻。

$$U_{r(0)}=35I_f^{0.4}=35\times(1833+1319+613)^{0.4}=943(\mathrm{V})$$

$$R_{r(0)}=943/(1833+1319+613)=0.25(\Omega)$$

$$T'_{dd(0)}=T'_{dRf}/(R_f+R_{r(i-1)})=2.312\times0.236/(0.236+0.25)=1.1227(\mathrm{s})$$

②当 $t=0.1\mathrm{s}$ 时转子电流。

$$I_{fs(0.1)}=(1833+1319)\mathrm{e}^{-\frac{0.1}{1.1227}}+613\mathrm{e}^{-\frac{0.1}{0.216}}=2883+386(\mathrm{A})$$

$$U_{r(0.1)}=35I_f^{0.4}=35\times(2883+386)^{0.4}=891(\mathrm{V})$$

$$R_{r(0.1)}=891/(2883+386)=0.2725(\Omega)$$

③当 $t=0.2\mathrm{s}$ 时转子电流。

$$I_{fs(0.2)}=2883\mathrm{e}^{-\frac{0.1}{2.312\times0.236/(0.236+0.2725)}}+386\mathrm{e}^{-\frac{0.1}{0.216}}=2626+242(\mathrm{A})$$

$$U_{r(0.2)}=35I_f^{0.4}=35\times(2626+242)^{0.4}=845.5(\mathrm{V})$$

$$R_{r(0.2)}=891/(2626+242)=0.295(\Omega)$$

④当 $t=0.3\mathrm{s}$ 时转子电流。

$$I_{fs(0.3)}=2626\mathrm{e}^{-\frac{0.1}{2.312\times0.236/(0.236+0.295)}}+242\mathrm{e}^{-\frac{0.1}{0.216}}=2383+153(A)$$

$$U_{r(0.3)}=35\times I_f^{0.4}=35\times(2383+153)^{0.4}=805(\mathrm{V})$$

$$R_{r(0.3)}=891/(2626+242)=0.3174(\Omega)$$

$T=0.4\mathrm{s}$、$0.5\mathrm{s}$…计算与上述相同。计算结果见表 9.7-17、表 9.7-18(表中仅列出部分计算段数值)。转子总电流为表中非周期分量与周期分量(有效值)之和。

表 9.7-17　　采用碳化硅灭磁电阻时机端短路灭磁过程

时间 t(s)	0	0.1	0.2	0.3	0.4	0.7	0.9	1.1	1.3	1.7	2.1	2.3	2.5
非周期分量电流(A)	3152	2883	2626	2383	2153	1553	1220	935	694	332	111	47	12
周期分量电流(A)	613	386	242	153	96	24	9	4	1.5	0	0	0	0
转子电压(V)	943	891	846	805	767	666	602	521	480	357	230	164	96

注：1. 灭磁时间，2.30s(按转子电流衰减至 5%发电机额定空载的励磁电流 $I_{f(0)}$)。

2. 灭磁电阻耗能，1.985 MJ，由周期分量产生的占 5.7%。

3. $U_r=35I_f^{0.4}$。

表 9.7-18 采用氧化锌灭磁电阻时机端短路灭磁过程

时间 t(s)	0	0.1	0.2	0.3	0.4	0.5	0.7	0.9	1.1	1.3	1.4	1.45
非周期分量电流(A)	3152	2853	2559	2273	1997	1731	1259	838	475	189	65	14.9
周期分量电流(A)	613	386	242	153	96	60	24	9	4	1.5	0	0
转子电压(V)	1158	1153	1148	1143	1138	1133	1122	1108	1089	1059	1026	

注：1. 灭磁时间，1.42s(按转子电流衰减至 5%发电机额定空载的励磁电流 $I_{f(0)}$)。
2. 灭磁电阻耗能，2.435 MJ，由周期分量产生的占 6.5%。。
3. $U_r=905I_f^{0.03}$。

(4)各种灭磁工况灭磁过程主要数据

各种灭磁工况灭磁过程主要数据的计算结果见表 9.7-19、表 9.7-20。

表 9.7-19 计算的各种灭磁工况灭磁过程主要数据(采用碳化硅灭磁电阻)

序号	灭磁工况	转子电流 $I_{f(0)}$(A)	整流器输出 U_{dm}(V)	灭磁电阻电压 U_{rm}(V)	灭磁电阻耗能(MJ)	灭磁时间(s)	转子电阻耗能(MJ)	灭磁电阻耗能/总耗能(%)
1	额定空载	946	223	543	0.477	2.76	0.147	76
2	额定负载跳闸	1740	223	692	0.776	3.02	0.297	72
3	强励	3480	821	913	1.050	3.14	0.492	68
4	机端三相短路	3765	1076	943	1.985	2.30	1.340	60
5	空载误强励	6923	1820	1202	1.271	3.19	0.749	63

注：碳化硅灭磁电阻，$U_r=35I_f^{0.4}$。机端三相短路为主保护启动灭磁。灭磁时间按转子电流衰减至 5%发电机额定空载的励磁电流 I_{f0}。整流器输出为平均值。

表 9.7-20 计算的各种灭磁工况灭磁过程主要数据(采用氧化锌灭磁电阻)

序号	灭磁工况	转子电流 $I_{f(0)}$(A)	整流器输出 U_{dm}(V)	灭磁电阻电压 U_{rm}(V)	灭磁电阻耗能(MJ)	灭磁时间(s)	转子电阻耗能(MJ)	灭磁电阻耗能/总耗能(%)
1	额定空载	946	223	1047	0.558	1.03	0.072	89
2	额定负载跳闸	1740	223	1086	0.871	1.25	0.163	84
3	强励	3480	821	1132	1.104	1.35	0.279	80
4	机端三相短路	3765	1076	1158	2.435	1.42	1.125	68.4
5	空载误强励	6923	1820	1180	1.404	1.39	0.578	71

注：氧化锌灭磁电阻，$U_r=905I_f^{0.03}$。机端三相短路为主保护启动灭磁。灭磁时间按转子电流衰减至 5%发电机额定空载的励磁电流 I_{f0}。整流器输出为平均值。

9.7.7.5 直流磁场断路器及交流磁场断路器分断能力计算

下面以表 9.7-10 的发电机参数、采用串接二极管的氧化锌灭磁电阻为例进行计算。

(1)直流磁场断路器额定分断能力计算

当发电机考虑误强励灭磁工况时,直流磁场断路器额定分断能力应按空载误强励灭磁要求进行选择:直流磁场断路器应具有在不低于按式(9.7-1)计算的分断电压下,分断不小于按式(9.7-2)计算的分断电流的分断能力。

1)直流磁场断路器的分断电压。

根据式(9.7-1)磁场断路器的分断电压可计算为:

$$U_{bNm} \geqslant c(I_{f(i=n)})^{\beta} + 1.35U_{2N}U_{g(i=n)}/U_{gN}$$
$$= 905 \times (6923)^{0.03} + 1.35 \times 930 \times 1.45 = 1180 + 1820 = 3000(\text{V})$$

2)直流磁场断路器的分断电流。

根据式(9.7-2),采用氧化锌灭磁电阻时可计算为:

$$I_{brm} \geqslant I_{f(i=n)} + \Delta I_b = I_{f(i=n)} = 6923(\text{A})$$

根据可选择的直流磁场断路器产品所提供的技术参数,并适当考虑分断电流的裕度,直流磁场断路器主触头额定最大分断电流的初选值可取为 8000A。

故采用氧化锌灭磁电阻时,按空载误强励灭磁要求选择的直流磁场断路器,应具有在不低于 3000V 的分断电压下分断不小于 8000A 电流的额定分断能力。额定分断能力的测试条件(测试负载),应为所用的发电机灭磁回路或相当的回路。

(2)直流磁场断路器短路分断能力计算

以表 9.7-10 的发电机参数为例进行计算。直流磁场断路器的短路分断电流按式(9.7-15)并考虑误强励下转子正负极短路计算:

$$I_{dsm} \geqslant \frac{3\sqrt{2}}{\pi u_k} I_{2N} K_u = \frac{3\sqrt{2} \times 100}{6\pi} \times \frac{2600}{0.93 \times \sqrt{3}} \times 1.45 = 52678 \approx 52.7(\text{kA})$$

直流磁场断路器短路分断的恢复电压按式(9.7-18)可计算为:

$$U_{bsm} \geqslant 1.35U_{2(i=n)} = 1.35 \times 1.45 \times 930 = 1820(\text{V})$$

直流磁场断路器应具有在 1820V 回路中分断不低于 52.7kA 短路电流的短路分断能力。

考虑到断路器的短路电流分断能力,是在电压为断路器额定电压的回路中的短路分断能力。因此所选择的直流磁场断路器,其额定电压应不低于 1820V。

(3)直流磁场断路器动断触头的闭合能力计算

以表 9.7-10 的发电机参数为例进行计算。直流磁场断路器动断触头的闭合能力(闭合电流、闭合电压)按满足误强励灭磁要求,计算为:

$$U_{cm} \geqslant 1.35U_{2N} \cdot U_{g(i=n)}/U_{gN} = 1.35 \times 930 \times 1.45 = 1820(\text{V})$$
$$I_{cm} \geqslant I_{f(i=n)} = I_{f(i=4)} = 6923(\text{A})$$

直流磁场断路器动断触头应在不小于 1820V 的闭合电压下,具有闭合不小于 6923A 电流的闭合能力。

(4)交流磁场断路器额定分断能力计算

交流磁场断路器的灭磁分断电流、分断电压分别按式(9.7-26)、式(9.7-29)。计算以表9.7-10的发电机参数、采用氧化锌灭磁电阻为例：

$$I_{bNm} \geqslant I_{f(i=n)} = 6923\text{A}$$

$$U_{bNm} \geqslant [c(I_{f(i=n)})^{\beta} + \sqrt{2}U_{2(i=n)}]/2K_{cd} = (905 \times 6923^{0.03} + \sqrt{2} \times 1.45 \times 930)/(2 \times 0.9)$$
$$= (1180 + 1907)/1.8 = 1715(\text{V})$$

$$\text{且 } U_{bNm} \geqslant \sqrt{2}U_{(i=n)} = \sqrt{2} \times 1.45 \times 930 = 1907(\text{V})$$

交流磁场断路器在发电机灭磁分断时，应具有在不小于1907V分断电压(每相，峰值)下分断6923kA电流(直流电流)的额定分断能力。额定分断能力的测试负载，应为所用的发电机灭磁回路或相当的回路。

(5)交流磁场断路器灭磁分断弧压计算

交流磁场断路器的灭磁分断弧压(每相)通常以满足机端短路或交流磁场断路器与励磁变间短路灭磁要求考虑，并按式(9.7-30)计算：

$$U_{bam} \geqslant c(I_{fs(0.1)})^{\beta}/2k_{cd} = 905 \times 4019^{0.03}/(2 \times 0.9) = 645(\text{V})$$

为保证机端三相短路灭磁时，转子电流向灭磁电阻回路的完全转移，交流磁场断路器的分断弧压应不小于645V。交流磁场断路器灭磁分断弧压的测试条件(测试负载)，应为所用的发电机灭磁回路或相当的回路。

(6)交流磁场断路器的短路分断能力计算

交流磁场断路器短路分断电流按式(9.7-23)并取表9.7-10的发电机参数计算：

$$I_{bsm} = I_{2N}K_u/u_k = 1616 \times 1.45 \times 100/6 = 39053(\text{A})$$

式中励磁变压器低压绕组额定电流 $I_{2r}=1616$A；机端电压升高倍数 k_u 按误强励时发生机端短路考虑，$K_u=1.45$；励磁变短路电抗 $u_k=6\%$。

短路分断的恢复电压由下式计算：

$$U_{bsm} = U_{2N}K_u = 930 \times 1.45 = 1349(\text{V})$$

式中励磁变低压绕组额定电压 $U_{2r}=930$V；机端电压升高倍数 K_u 同上考虑。

长江设计院设计的部分水电站励磁系统灭磁开关及非线性电阻参数见表9.7-21。

表 9.7-21　　各主要水电站励磁系统灭磁开关及非线性电阻电阻参数选择汇总表

电站名称	装机容量(MW)	台数	单机额定容量(MW)	灭磁方式	灭磁开关									非线性灭磁电阻				
					型号	制造商	额定工作电压(V)	主触头额定短时电压(V)	主触头额定最大分断电压(kV)	主触头额定连续电流(kA)	主触头在额定短时电压下额定分断电流(kA)	主触头在额定最大分断电压下额定分断电流(kA)	主触头额定分断能力(kV)	类型	串并支路数	能容量(MJ)	灭磁电阻上最高电压(V)	灭磁时间(s)
三峡左岸	9800	14	700	交直流灭磁	2CEX 98 5000/5500A 4.2	LENOIR EIEC	1500		4	5/5.5		21	4	SiC	2/5462/630	19.65/22.68	1900/1700	8
三峡右岸	8400	12	700	交直流冗余灭磁	2CEX98 5500	LENOIR	2000	>2000	5.6	5.5	30kA/2000V	21kA/4000V、15kA/5600V	5.6		126P/2S	22.68	2100	<8
三峡地下	4200	6	700	交直流冗余灭磁	2CEX98 5500	LENOIR	2000	>2000	5.6	5.5	30kA/2000V	21kA/4000V、15kA/5600V	5.6		126P/2S	22.68	2100	<8
乌东德	10200	12	850	交直流灭磁	CEX 06 5000A 4.2	LENOIR EIEC	2000	700	3	5	80	5	3	SiC	2/126	18	1600/1700	8
彭水	1750	5	350	直流灭磁	CEX 98 3000A 3.1	LENOIR EIEC	1000	1500	2.1	3	7	19	2.1	SiC	122P	7.6	1300	4.09
亭子口	1100	4	275	直流灭磁	CEX 06 2560	LENOIR	2000	>2000	3	2560	19		19	SiC	3组并联，每支路2串	6.6	1278	
水布垭	1840	4	460	直流灭磁	HPB 60M 82S	Sécheron	1800	1600	弧压小于4kV	6	85		弧压小于4kV	SiC	2/6	12	1269	5.6

续表

电站名称	装机容量(MW)	台数	单机额定容量(MW)	灭磁方式	灭磁开关									非线性灭磁电阻				
					型号	制造商	额定工作电压(V)	主触头额定短时电压(V)	主触头额定最大分断电压(kV)	主触头额定连续电流(kA)	主触头在额定短时电压下额定分断电流(kA)	主触头在额定最大分断电压下额定分断电流(kA)	主触头额定分断能力(kV)	类型	串并支路数	能容量(MJ)	灭磁电阻上最高电压(V)	灭磁时间(s)
构皮滩	3000	5	600	直流灭磁	UR40-64S	Sécheron	4000	2000	4	4	75	55	4	SiC	2/6	12	1260V(阿尔斯通),1147V(DFEM)	4.1s(阿尔斯通),5.2(DFEM)
马来西亚沐若	9440	4	236	直流灭磁	UR2682	Secheron	2000	4000	4	2.6	75	75	4	SiC	6组并联,每组7/2	6	1500	2.8
巴基斯坦NJ	1062	4	265.5	直流灭磁	E3H/E MS-2500A/1000V	ABB	1000							ZnO		4.8	2800	2

9.8 发电机电气制动及起励

9.8.1 电气制动

9.8.1.1 电气制动时励磁系统主回路接线

机组停机采用电气制动以加快发电机的停机制动过程，减少机械制动造成的粉尘和烟雾等对发电机绕组及环境的污染。目前，混流式及轴流式水轮发电机组通常采用电气与机械联合制动方案，电气制动一般采用机端短路制动方式，在发电机机端设三相短路开关（如图 9.8-1 中的 *SC*）。在发电机停机灭磁完成、励磁系统退出运行后，且机组转速下降至额定转速的 50%～60%时，投入短路开关使机端形成三相短路，然后再重新给发电机提供励磁（通常为恒定励磁电流），利用发电机定子短路电流（通常将短路电流控制在发电机定子额定电流）提供的制动力矩使发电机制动。电气制动通常在机组转速降低到机械制动投入的转速时（通常为额定转速的 5%～10%）退出，然后投入机械制动使机组停转。

电气制动时励磁电源通常由交流厂用电经制动变压器、整流器提供。整流器可与发电机励磁系统功率整流器共用（如图 9.8-1(a)，也称柔性制动方式），也可单独设置（如图 9.8-1(b)，采用可控或不可控三相整流器）。前者不需要另设整流器，但需要在励磁功率整流器交流侧设电源切换开关。制动变压器可采用独立设置的双卷变压器，当整流器与励磁功率整流器共用时，还可以采用与励磁变压器共用一个三卷变压器（原方分别经开关接发电机端及厂用电）。制动整流器可采用可控或不可控整流器。采用可控整流器时，可使制动励磁电流得到较好的控制。由于电气制动需要对定子进行短路，因此在发电机电气事故停机时不允许投入使用。另外，在励磁系统故障时，可能使发电机电气制动失败。

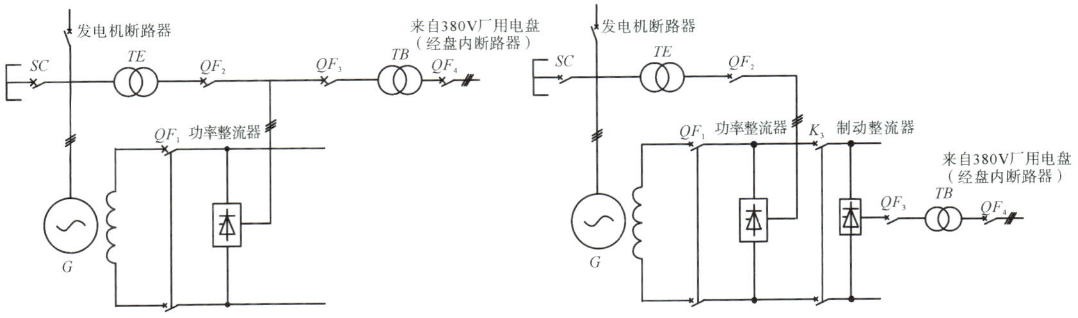

(a)共用励磁功率整流器(柔性制动方式)　　(b)独立的制动整流器

图 9.8-1 机组电气制动的主回路接线例

9.8.1.2 电气制动时励磁系统操作控制

机组的停机制动通常由电厂计算机监控系统按设定的控制顺序进行，在停机过程进入电气制动程序时，励磁系统接受计算机监控系统的投入及退出电气制动令对励磁系统进行控制。励磁系统在机组电气制动过程中，主要执行励磁电源的投入、退出，并对发电机定子电流进行恒流控制（当电气制动的励磁电源采用可控整流或共用励磁功率整流器方案时）。

机组停机制动的过程监视通常在计算机监控系统中设置，根据需要也可在励磁系统中设置电气制动过程监视。

励磁系统收到投入电气制动令后，通常首先对投入电气制动条件进行检查，在条件满足后使励磁系统投入电气制动。

励磁系统投入电气制动条件的检查内容通常有：无电气事故信号（即跳磁场断路器命令）；发电机断路器已分闸；短路开关已投入；机组转速下降到50%～60%额定值以下；其他（如由系统供应商规定的其他检查条件）。

当励磁系统检测到电制动投入命令并判断条件满足后，依次闭锁继电保护，分励磁变压器低压侧开关 QF_2，合短路开关 SC，合电气制动电源交流开关 QF_3、QF_4；控制励磁调节器转入电气制动模式，使得励磁系统向转子绕组输出设定的励磁电流值，形成制动力矩，完成电气制动。

在电气制动过程中，任何一步不满足电气制动条件，励磁系统都将发信号转机械制动，并向计算机监控系统发送报警信号，电气制动退出。

当机组的转速小于5%～10%时，电气制动完成。励磁系统按计算机监控系统发出的退出电气制动命令退出电气制动。

励磁系统收到计算机监控系统退出电气制动令后，通常按下列顺序退出电气制动：投入逆变（仅对采用励磁功率整流器或可控整流器输出作制动电源时）在转子电流接近0后（可取1%～5%空载励磁电流）退出逆变；退出逆变后，跳 QF_3、QF_4 及跳磁场断路器（对交、直流侧均设置磁场断路器的系统，通常仅跳交流磁场断路器）；对仅直流侧设置磁场断路器且采用励磁功率整流器输出作制动电源的系统，尚需合励磁变压器低压侧开关 QF_2。

9.8.1.3 制动变压器参数计算选择

与电气制动相关的励磁回路设备参数按发电机电气制动所需的励磁电流进行选择计算。该励磁电流可由电气制动时发电机的短路电流从发电机的短路特性上查得。

电气制动采用电厂厂用交流电380V整流电源时，制动变压器参数可参照励磁变压器参数计算方法进行计算，并应考虑厂用电在允许的最低电压运行时（通常考虑为额定电压的85%）仍可满足发电机电气制动的恒电流控制要求。由于发电机投入电气制动的时间很短（通常为几分钟），故制动变压器容量通常可按变压器允许的过负荷能力进行选择，具体应根据变压器的情况及对可靠性裕度的要求确定。

工程计算实例，下面以金沙水电站为例，计算制动变压器的参数。

(1)计算说明

为得到较大的电气制动力矩，通常使发电机的短路电流达到额定值，此时的励磁电流一般不会超过空载励磁电流值，电气制动时提供空载额定转子电流能够保证发电机的定子三相短路电流为定子额定电流。为保证电气制动可调范围，取电气制动时控制角 α 为 30°。

(2)制动变压器二次电压的计算

$$1.35\times K_u\times\cos\alpha\times U_{2n}-\frac{3}{\pi}\times I_{fs}\times X_k-nU_{df}-D_r-UB=U_{fs} \qquad (9.8\text{-}1)$$

式中：U_{2n} ——变压器副边额定空载电压；

K_u ——厂用电源电压波动系数，取 0.85；

U_{fs} ——制动时的励磁电压；

I_{fs}——制动时的励磁电流；

nU_{df}——硅元件总压降，约 2V；

D_r——交直流电缆压降，约 2.2V；

UB ——碳刷压降，约 2V；

$\frac{3}{\pi}\times I_{fs}\times X_k$ ——换相压降；

X_k ——变压器的阻抗(Ω)，$X_k=U_k\%\times\frac{U_{2n}^2}{S_n}$，其中：$U_k\%$为变压器阻抗电压百分数。

制动时的励磁电压和励磁电流应由发电机制造厂按机组短路特性曲线提供。

$$I_{fs}=I_{f0}/K_c\text{(不饱和值)}=955/1=955\text{(A)}$$

$$U_{fs}=I_{fs}\times R_{f(115)}=955\times 0.2176=207.8\text{(V)}$$

制动变二次侧电流与制动时的励磁电流：$I_{2n}=0.816\times I_{fs}$，代入上式后得到下式：

$$U_{2n}=\frac{U_{fs}+nU_{df}+D_r+UB}{1.35\times\cos\alpha\times K_u-\frac{\sqrt{3}}{0.816\pi}\times U_k}=\frac{207.8+2+2+2.2}{1.35\times 0.866\times 0.85-0.676\times 0.04}=220$$

制动变二次侧电压：

$$U_{2n}=220\text{(V)}$$

制动变二次侧电流：

$$I_2=0.816\times I_{fs}=780\text{(A)}$$

制动变容量：

$$S_n=0.6\times\sqrt{3}\times U_{2N}\times 0.816\times I_{fs}=0.6\times 1.732\times 220\times 780=178.3\text{(kVA)}$$

由于电气制动工作时间不超过 5 分钟，考虑变压器过载能力，取 0.6 的系数。

实际选取制动变容量 200kVA，满足要求并留有裕量。

9.8.1.4 典型电站的电气制动回路系统图

三峡地下电站采用柔性制动方式，电气制动的主回路接线见图 9.8-2。

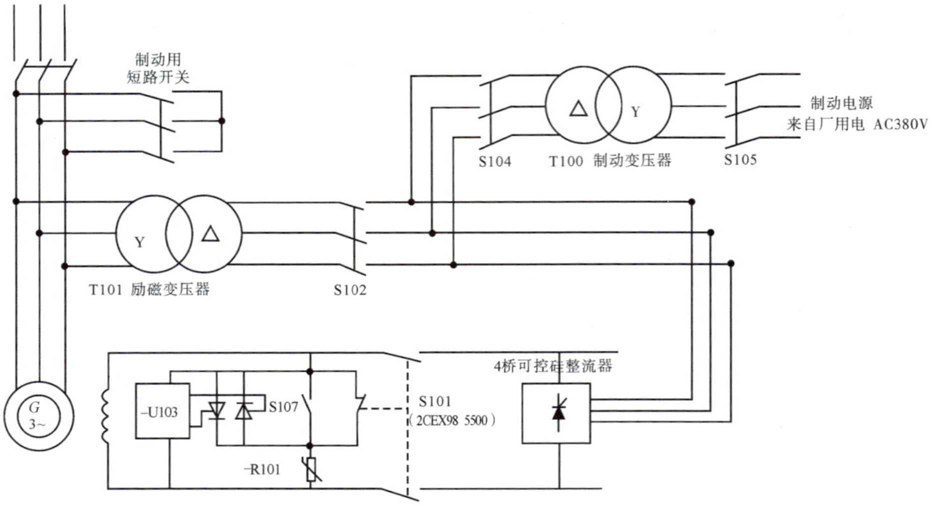

图 9.8-2 三峡地下电站电气制动的主回路接线图

三峡左岸电站采用独立制动整流器的电气制动的主回路接线见图 9.8-3。

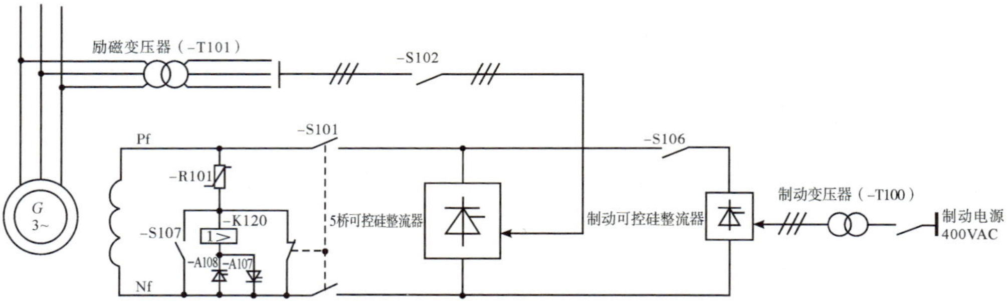

图 9.8-3 三峡左岸电站电气制动的主回路接线图

9.8.2 起励系统

自并励的大中型水轮发电机励磁系统，除应具有残压起励功能外，应设置采用外部电源的他励起励装置，以保证发电机的开机建压。

9.8.2.1 他励起励及残压起励

(1)*他励起励*

他励起励装置目前主要有采用电厂厂用交流电整流和取自电厂直流控制电源两种接线方式。

厂用交流电整流起励装置通常由厂用交流 380V 供电，设起励变压器(降压变压器)及起励整流器(三相，不可控)，起励整流器输出经起励投切接触器、熔断器及磁场断路器接至发电机转子，熔断器作为直流侧短路保护用，起励变压器的原方通常也设起励回路投切接触器，如图 9.8-4 所示。起励装置的交流电源在厂用电盘上通常作为一个引出回路，经空气断路器以交流电源引出。

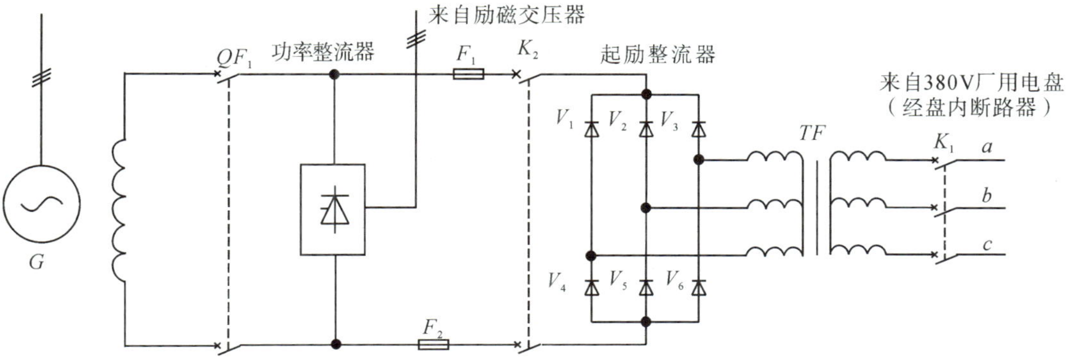

(a)厂用交流整流电源起励

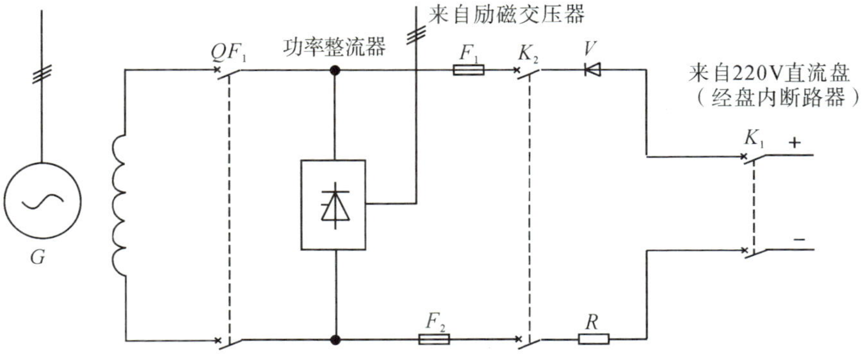

(b)厂用直流电源起励

图 9.8-4　他励起励接线例

采用直流控制电源作起励电源时，回路上需要装设防止电流倒流的二极管。起励装置的直流电源在电厂直流屏上通常作为一个引出回路，通过空气断路器引出，起励装置的输出回路通常需要串接限流电阻。彭水、银盘水电站均采用直流起励方式电站均采用交流供电的起励方式。

(2)残压起励

机组启动后未给励磁前，机端有电压很低的残压。目前励磁系统通常均可提供残压起励功能，只要发电机有一定的残压(如某些供应商提供的励磁系统，整流器的交流电压仅要求大于 5V)，励磁系统便可提供发电机的初始励磁，利用发电机残压使发电机起励建压。

9.8.2.2　发电机起励方式配置

残压起励的优点是不需要增加额外的回路及设备，但需要发电机机端有高于某一数值的残压。发电机的残压取决于开机前发电机的剩磁，受发电机解列前的运行方式及停机时间长短的影响，故每次开机可能不能保证出现足够的残压，如进相解列后的发电机通常有较低的剩磁，可能出现较低的残压。发电机机组初始投入或大修后，发电机残压通常也较低。在发电机出现较低的残压时，仅靠残压不能实现发电机的起励建压。故大型发电机在要求励磁系统具有残压起励功能的同时，还应设置他励起励装置。

大型发电机需要较大的起励电流，而电厂厂用电通常有较高的可靠性。为不增加电厂直流系统的冲击负荷（起励负荷通常按冲击负荷考虑），大型电厂通常配置由电厂厂用交流供电的起励装置。三峡左岸电站、右岸电站及三峡地下电站均采用交流供电的起励方式。

9.8.2.3 他励起励方式操作控制及设备参数选择

起励投切开关通常由励磁系统控制，并可在励磁调节器屏上手动操作。励磁系统收到开机命令后，在机组转速接近额定转速（通常取额定转速的90%～95%）时，由励磁系统给出合闸令投入起励装置。在发电机电压达到励磁调节器可正常工作电压后，由励磁系统自动给出分闸令退出起励装置。若起励投入经一定时延后（大型机组如8～10s），发电机端仍未能建立所要求的电压，励磁系统将自动跳开起励开关，切除起励，并给出起励失败报警信息。

励磁调节器可正常工作的发电机机端电压，在《大中型水轮发电机静止整流励磁系统技术条件》（DL/T 583—2018）标准中有相关的规定。在该标准中，规定了励磁自动电压调节器应能在发电机额定空载电压的10%～110%范围内进行稳定、平滑的调节。故起励提供的初始励磁，应能使发电机电压达到额定电压的10%以上，以确保励磁调节器可正常工作，使发电机能可靠起励建压。对具有残压起励功能的励磁系统，在机端电压很低的情况下，便可输出励磁电流使发电机起励建压。此时，由他励起励提供初始励磁使发电机建立的初始机端电压，可取较低的电压值。

他励起励回路及设备参数按发电机所需的他励起励电流进行选择计算。他励起励电流按使发电机可建立起能保证励磁系统可靠工作的端电压考虑，此电流可由发电机所要求的初始机端电压从发电机空载特性查得。

采用电厂厂用交流电380V整流电源时，起励变压器参数可采用类似励磁变压器参数计算方法进行计算，并应考虑厂用电在允许的最低电压运行时（通常考虑为额定电压的85%）仍可满足发电机的起励要求。由于起励过程很短（通常为几秒至十几秒），故起励变压器容量通常可按变压器在起励期间可允许的过负荷能力进行选择，如取2～3倍的过负荷能力，具体应根据变压器的情况及对可靠性裕度的考虑确定。

采用电厂直流控制电源时，通常需考虑在电厂直流系统蓄电池事故放电末期的直流母线电压下（通常按额定电压的87.5%），仍可保证发电机能可靠起励建压。

9.8.2.4 他励起励典型电站设计图

三峡右岸电站交流起励回路系统见图9.8-5，起励方式为电厂厂用交流电整流的他励方式。起励设备主要参数见表9.8-1。

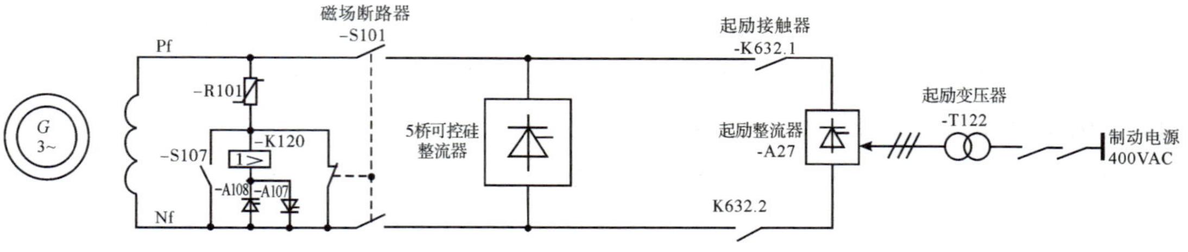

图9.8-5 三峡右岸电站交流起励回路系统图

表 9.8-1　　三峡右岸电站起励设备主要参数

编号	名称	哈尔滨/东方/阿尔斯通
1	起励电压(V)	54/41/55
2	起励电流(A)	479/424/431
3	起励变容量(kVA)	29/20/27
4	起励变二次电压(V)	43/33/44
5	起励整流器	德国 IXYS
	整流元件反向重复峰值电压(V)	2200
	整流元件额定正向平均电流(A)	500
6	起励时间(s)	短 5(短时)

亭子口水电站直流起励回路系统见图 9.8-6，起励方式采用电厂直流控制电源的他励方式。起励设备主要参数见表 9.8-2。

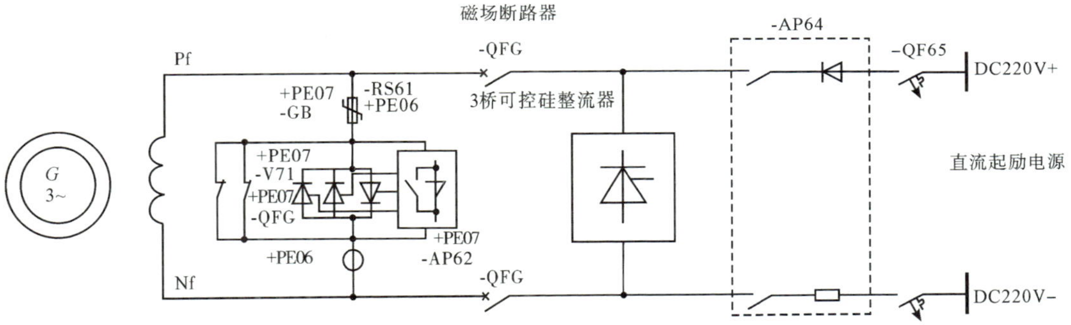

图 9.8-6　亭子口水电站直流起励回路系统图

表 9.8-2　　亭子口水电站起励设备主要参数

编号	名称	参数
1	起励电压(V)	DC220
2	起励电流(A)	20
3	起励时间(s)	10
4	起励整流器	德国 IXYS
	整流元件反向重复峰值电压(V)	1800
	整流元件额定正向平均电流(A)	190
5	起励接触器	GMC-100 AC220V

各主要水电站励磁系统电气制动及起励参数选择汇总见表 9.8-3。

表 9.8-3　各主要水电站励磁系统电气制动及起励参数选择汇总表

电站名称	装机容量(MW)	台数	单机额定容量(MW)	电气制动系统				励磁系统起励				
				制动方式	制动变压器(kVA)			起励方式	起励电压(V)	起励电流(A)	起励变容量(kVA)	起励时间(s)
					容量(kVA)	一次侧电压(V)	二次侧电压(V)					
三峡左岸	9800	14	700	混合	625/791	400	192/226	交流起励	42/54	438/470	—	<5
三峡右岸	8400	12	700	混合	680/610/680	380	220/205/240	交流起励	54/41/55	479/424/431	29/20/27	<5
三峡地下	4200	6	700	混合	680/680	380	240/240	交流起励	54/56	429/431	27/27	<5
乌东德	10200	12	850	混合	800	380	240/220	交流起励	29	203/230	10	<8
彭水	1750	5	350	机械	—	—	—	直流起励	220(输入)	60	—	<5
亭子口	1100	4	275	机械	—	—	—	直流起励	220(输入)	20	—	<10
水布垭	1840	4	460	混合	350	400	220	交流起励	380(输入)	132	—	<5
构皮滩	3000	5	600	机械	—	—	—	交流起励	5	40/30	0.5	<5
马来西亚沐若	9440	4	236	机械	—	—	—	直流起励	110(输入)	40	—	<5
巴基斯坦 NJ	1062	4	265.5	机械	—	—	—	直流起励	220(输入)	20	—	<10

9.9 励磁系统操作及与其他系统的接口

励磁系统通常随发电机的启/停而投/退，并完成开停机过程中励磁系统的相关操作，其灭磁系统在发电机或发变组事故时自动投入对发电机灭磁。励磁系统要具有满足电厂及电力系统对发电机励磁系统控制要求的操作控制功能，并能由电厂的计算机监控系统、保护系统或其他自动化系统对励磁系统进行自动操作和控制。

9.9.1 励磁系统控制操作

励磁系统需提供满足电厂及电力系统对发电机励磁系统控制要求的操作控制功能，这些功能可由电厂运行人员在励磁屏现地及远方进行操作控制，也可由电厂的计算机监控系统、保护系统或其他自动化系统对励磁系统进行自动操作和控制。

9.9.1.1 励磁屏现地操作

励磁系统通常设置下列可供运行值班人员在励磁屏(通常为调节器屏)现地进行操作的功能：

1)励磁系统的现地/远方控制模式切换；

2)励磁系统投入/退出；

3)励磁调节器通道 1、通道 2 选择(仅对双通道调节器)；

4)自动电压调节(AVC)/励磁电流调节(FCR)控制模式选择；

5)发电机励磁增/减；

6)磁场断路器分/合；

7)手动起励；

8)PSS 投入/退出；

9)根据运行单位或设备制造商的要求可以增加功率柜风扇投/退操作、手动启动逆变灭磁等。

9.9.1.2 励磁系统的远方操作

励磁系统通常设置下列可供远方操作的功能。这些操作控制命令，除磁场断路器的跳闸通常直接由继电保护系统输出，以硬接线方式接入励磁系统外，其他通常由电厂计算机监控系统的机组现地控制单元以硬接线方式传送给励磁系统。这些操作包括：

1)接收远方开/停机指令，进行开/停机顺序控制中属于励磁系统的相关操作；

2)励磁调节器通道 1/通道 2 选择(仅对双通道调节器)；

3)自动电压调节(AVC)/励磁电流调节(FCR)控制模式选择；

4)恒无功功率/恒功率因数控制方式选择；

5)无功功率/功率因数设定操作；

6)发电机励磁增/减操作；

7)磁场断路器的分/合闸操作；

8)PSS 投入/退出操作；

9)运行单位或励磁系统制造商要求的其他操作。

9.9.2 磁场断路器操作

励磁系统设置磁场断路器的操作功能及相关接线，并通常有下列考虑：

1)磁场断路器分、合闸。

磁场断路器分闸通常由继电保护(电气事故)及在机旁盘(通常为机组现地单元盘)和中控室设置的手动紧急停机按钮启动。在发生发电机电气事故时，发电机出口断路器和磁场断路器同时跳开。

磁场断路器合闸通常是在机组开机时，由计算机监控系统的机组现地控制单元发“投励磁”令后，由励磁系统的控制逻辑进行合闸。

磁场断路器也可根据电厂的要求，在励磁调节器屏设置由运行值班人员操作的、以操作开关或按钮直接作用于磁场断路器分/合回路的手动合、分闸硬接线回路。从实际运行的必要性及安全性等方面考虑，某些电厂也可以不设置该手动操作。

2)在励磁屏上设磁场断路器的合/分位置指示，以方便检修维护及运行监视。

3)磁场断路器操作回路应设电源监视，并宜设置磁场断路器分闸回路完好性监视，以保证在发电机事故启动灭磁时磁场断路器能可靠分闸。

4)当磁场断路器设计为仅由励磁系统逻辑回路进行合闸时，磁场断路器可不设置硬布线构成的防跳接线。在磁场断路器的控制流程中，可考虑设置一次合闸逻辑，若发合闸令使磁场断路器合闸后磁场断路器随即分闸，即复归合闸令。

5)由于大型机组的继电保护采用双重化设置，且发电机断路器及主变高压侧断路器应采用带两个跳闸线圈的操作机构，故大型机组磁场断路器应考虑选用带两个跳闸线圈的产品，采用两路直流控制电源分别供电的分闸接线，以与继电保护配置相一致，提高发电机灭磁系统的可靠性。

6)发电机灭磁启动跳磁场断路器的同时，通常需启动励磁功率整流器进行逆变(对仅直流侧设置磁场断路器的励磁系统)，或切脉冲(对仅交流侧设置磁场断路器的励磁系统或仅直流侧设置磁场断路器并采用氧化锌灭磁电阻的励磁系统)，或投逆变后延时切脉冲(对交流侧及直流侧均设置磁场断路器的励磁系统)。故磁场断路器的分闸启动信号，在动作跳磁场断路器的同时，将同时动作启动逆变继电器或切脉冲继电器。

9.9.3 励磁系统电气测量、信号及与外部系统的接口

9.9.3.1 励磁系统电气测量

励磁系统常规配置的电气测量见表 9.9-1。在现地屏的电气测量可采用测量仪表或带数字显示的测控装置完成，在中控室的电气测量可采用测量仪表或带数字显示的测控装置或计算机监控系统(带显示器)完成。

表 9.9-1 中除电能计量外的电气量的测量，可按数字式仪表测量准确度考虑，准确度应

不低于 0.5 级。励磁变压器有功电能的测量准确度应不低于 2.0 级。

表 9.9-1　励磁系统的电气测量配置要求

名称	现地屏	中控室	电能计量
励磁主系统	I_f, U_f, Q, U, I_{gz}	I_f, U_f	
励磁变压器	I, P	I 或 P	W

注：I_f 为发电机转子电流；U_f 为发电机转子电压；Q 为发电机无功功率；U 为发电机定子线电压；I_{gz} 为每个励磁功率整流器柜直流输出电流；I 为励磁变压器电流；P 为励磁变压器有功功率；W 为励磁变压器有功电能。

发电机转子电流、电压以及功率整流器柜直流输出电流，通常通过设置在励磁屏中接于发电机转子回路的变送器及分流（压）器进行测量。测量变送器的输出回路与转子回路间的绝缘耐压水平，应不低于转子回路过电压保护的设定电压，即不低于转子回路在设置过压保护后出现的晶闸管换相尖峰过电压。变送器及分流（压）器的对地绝缘耐压水平，应不低于发电机转子的对地绝缘耐压水平。

9.9.3.2　励磁系统信号及与外部系统的接口

励磁系统应设置运行状态、参数检测及故障监视功能，状态、参数及故障信息通过励磁系统的 I/O 或通信接口提供给外部系统，并在励磁屏上有详细的信息指示或显示。励磁系统应设置接收外部信息的输入接口，以便根据电厂及机组的运行方式的变化作出相应的自动控制调节，并与电厂及机组的其他自动化系统相协调。

励磁系统的检测内容、需提供的运行信息及与外部系统的接口，可参考标准《大中型水轮发电机静止整流励磁系统及装置技术条件》（DL/T 583—2018）的规定并考虑电厂的实际要求进行设置，具体设置依不同的系统供应商提供的系统及电厂发电机的具体情况而有所不同。

励磁系统各种故障信号及状态信号应能以无源接点方式输出至计算机监控系统，模拟量信息除提供给计算机监控系统外，励磁电压、励磁电流还需要提供给机组状态监测系统、故障录波及相量测量系统等。各种信息可由通信接口提供给计算机监控系统，并可在励磁调节器屏显示或指示。

励磁变压器的继电保护通常归入发电机保护系统，不属于励磁系统，包括温度信号器的报警与跳闸等。励磁变压器的电气测量可归入计算机监控系统，测温元件（RTD）可直接接至计算机监控系统的机组现地控制单元。

另外，故障录波系统、发电机转子一点接地及失磁保护所需的转子电压测量附件（不属于励磁系统供货范围）一般应装设在励磁柜，通过硬布线向其他系统提供发电机转子的电压及电流信号。

励磁系统相关的信号及接口如下：

(1)励磁系统至少应具有下列检测功能

1)触发脉冲检测;

2)励磁调节器同步回路检测;

3)调节器电压互感器断线检测;

4)功率整流器停风或水流量中断检测;

5)功率整流器快熔熔断检测;

6)功率整流器故障退出检测;

7)整流器和励磁变压器温度检测。

8)PSS 投入/退出工作状态及 PSS 动作信号;

9)低/过励限制器动作;

10)调节通道故障检测;

11)调节器控制电源消失;

12)励磁控制回路直流电源消失;

13)发电机磁场断路器异常跳闸;

14)V/Hz 限制器动作;

15)自动/手动控制通道自动切换动作;

16)调节器工作/备用自动切换动作;

17)过压保护动作;

18)起励失败;

19)定子电流限制器动作;

20)励磁调节器硬件、软件系统的自诊断;

21)起励电源消失;

22)其他需要检测的信号或状态。

(2)为实现远方监控功能,励磁系统至少应能提供送至电站计算机监控系统的信号

1)状态信号。

励磁系统的投入/退出工作状态、现地/远方控制状态等励磁系统的监测信号都应能以无源接点的形式通过硬接线方式和通信送至计算机监控系统。

2)模拟信号。

励磁系统送至计算机监控系统的 4~20mA 模拟量信号包括:

①励磁电压(同时送至机组状态监测系统、故障录波系统、相量测量系统等);

②励磁电流(同时送至机组状态监测系统、故障录波系统、相量测量系统等);

③发电机电压给定值;

④励磁电流给定值;

⑤无功功率给定值;

⑥发电机转子温度。

(3)来自计算机监控、继电保护等外部系统输入的数字信号

1)投入/退出励磁命令;

2)手动紧急停机动作/继电保护动作跳磁场断路器;

3)AVR/FCR 选择命令;

4)恒无功/恒功率因数(当有该设置时)选择命令;

5)励磁增/减命令;

6)PSS 投/切命令;

7)发电机断路器跳闸位置;

8)电压互感器二次侧空气断路器跳闸;

9)励磁变压器温度报警/跳闸(此两个信号可置于继电保护);

10)电气制动短路开关合闸位置;

11)电气制动电源交流侧开关合闸位置;

12)电气制动投入、退出命令。

(4)励磁系统与其他系统的接口包括的其他内容

1)机端电流、电压互感器;

2)电厂直流控制电源;

3)电厂厂用电;

4)对外通信接口;

5)对时信号;

6)其他需要的信号。

第五篇

调节保证设计

第10章 概 述

10.1 调节保证计算的任务

水力过渡过程是水电站输水系统中普遍存在的水流现象。水电站水力过渡过程是一项涉及水、机、电和运行调度的系统工程。近20年来，随着水电建设的蓬勃发展，国内外建设了一大批100万kW以上的大型水电站。由于对水电站水力过渡过程设计研究不够或采取的措施不合理，有的电站出现了机组甩负荷导致机组损坏水淹厂房(如俄罗斯萨扬舒申斯克水电站)、调压井垮塌(如天生桥二级电站)或单机降负荷运行(黑麋峰抽水蓄能水电站，单机额定功率300MW的抽水蓄能机组只能发200MW左右，不能满负荷运行)等严重事故，造成了巨大的经济损失。

水轮机过渡过程是指水轮机从一种工作状态向另一种工况性质不同的工作状态过渡的瞬变过程。水轮机处于过渡过程时，工作参数的数值发生大幅度变化。研究机组突然改变较大负荷时调节系统过渡过程的特性，计算机组的转速变化和压力输水系统压力变化，选定导水机构合理的调节时间和启闭规律，解决压力输水系统水流惯性、机组惯性力矩和调整特性三者之间的矛盾，使水工建筑物和机组既经济合理又安全可靠。

水电站机组调节系统由压力过水系统、水轮机、发电机、励磁装置、调速器和电网组成。当主要研究水电站机组间的有功功率分配和频率控制时，水力机组自动调节系统可以分为被控制系统和控制系统，其中被控制系统包括压力过水系统、水轮机、发电机、励磁装置和电网。控制系统是调速器。

在实际运行中，水轮机控制系统受到来自运行人员和其他自动控制装置的指令信号作用，由于电网负荷变化而引起机组负载力矩扰动作用，这些作用都使控制系统偏离其原来的工作状态，而调速器又使系统回到所要求的工作状态。由于系统由一个状态到另一个状态不能突变，因此扰动作用和随之引起的调速器的恢复作用，使系统产生了调节的过渡过程。

水轮机控制系统受到扰动后，经过调节过程，系统能逐渐恢复到所要求的工作状态，或者在这一状态的允许偏差范围内振荡，则称这个系统是稳定的；若调节过程环绕某一状态发生较大的不衰减振荡，或者系统越来越远地偏离所要求的状态，称这个系统性是不稳定的。

系统的稳定性可以分为大波动稳定和小波动稳定两种。如果系统受到足够大的外界扰动后，仍能以一定的准确度恢复到所要求的状态，称为大波动稳定系统。

对于具有调压室的水电站，由于调压室涌波（质量波）的振荡周期远大于压力输水系统性的水击压力（水击波）变化周期，这样由于系统中一个环节的时间常数远大于其他所有环节（包括调速器）的时间常数，从而造成调速器几乎失去对这个环节特性的校正能力，系统在某种程度上跟随这个环节的特性而振荡，调压室涌波变化的动态特性是频率低、衰减慢的振荡过程，这种过程称为小波动稳定过程。

在水电站小波动稳定分析中，假定电站调节系统的各个环节，在较小的干扰下，可以近似认为是线性定常系统，即可以运用叠加原则，而且系统可用常数线性微分方程来描述。在线性系统中，稳定性与输入激励无关，而决定系统稳定性的只是特征方程。特征方程通常可以利用常规拉普拉斯变换方程或利用状态空间法获得。

在常规发电的水电站中，机组由于电力系统事故而突然甩负荷，水轮机导水机构迅速自动关闭，因而引起压力引水管与蜗壳中的水压升高。如果导水机构关闭时间太短或关闭不规律，则在引水系统中可能引起异常的水击压力升高，乃至使管道破坏，酿成危及整个水电站安全的重大事故。特别在高水头水电站中，这种事故的危害性尤为严重。而当导水机构关闭时间太长，虽然压力上升可以减小，但是机组转速上升将明显增大，这对机组安全运转与辅助设备工作的可靠性均带来不利影响。

因此，过渡过程的研究有利于揭示水轮机装置系统中水击压力升高、机组转数上升等同调节元件关闭规律的关系，进而改善关闭规律，以保证压力上升与转速上升均在合理的范围之内。有时，由于电站的基本条件所限，改善关闭规律无法使水压上升值降到合理的范围内，因此不得不在引水系统中增设调压室或尾水系统中增设尾水调压室（或变顶高尾水隧洞或变顶高尾水隧洞带闸门井或变顶高尾水隧洞带阻尼井的布置型式）。是否需要或需要增设何种调压设施，也应由过渡过程的计算结果来确定。因此，在水电站和水轮机组设计阶段就应当就各种方案的水轮机装置甩负荷过渡过程进行详尽的计算，以确定相应的机组转速上升值、压力引水管道与蜗壳中水压上升值及调节元件动作规律等的若干组计算结果。从技术经济的角度出发，从中选取一种方案作为确定水轮机装置总体方案的重要依据之一。显然，水轮机装置甩负荷过渡过程的品质，对整个水电站的总体布局与造价有着重要的影响。

10.2 典型水电站引水发电系统布置及调保参数

在引水发电系统布置时，通常会综合考虑地形地质条件、调节保证参数、电站机组运行稳定和工程投资等因素，进行引水/尾水系统布置型式的方案比选，在满足机组调节保证的基础上选择最优的引水/尾水洞布置型式。

对于长引水发电系统，通常会考虑一洞一机或一洞两机带上游调压室的布置方案，对于一洞三机带上游调压室的布置方案需要进行调节保证专题的充分论证，而一洞四机带上游调压室的布置方案由于受水力干扰控制在常规混流式水轮发电机组电站中通常不使用。

在尾水洞的布置型式上，主要集中比较调压室方案和变顶高方案；在机组与尾水洞的组合上，主要比较一机一洞、两机一洞和三机一洞方案。在确定尾水系统基本形式的基础上，根据地下电站机电参数、水能参数和水力学现象等，对方案进行调整和优化，最终设计出有利于机组运行稳定、洞室围岩稳定、方便施工、节约成本的尾水洞方案。通常有变顶高尾水系统，变顶高尾水系统与阻尼井相结合的结构模式，变顶高尾水系统与闸门井相结合的结构模式以及变顶高尾水系统与调压室带尾水闸门的结构模式。

长江设计院设计典型电站的引水发电系统布置及调节保证控制参数见表10.2-1。

从表10.2-1中可以看出，丹江口水电站、隔河岩水电站、三峡左岸电站、三峡右岸电站和亭子口水电站为地面厂房，单机单管布置方式未设置调压室；三峡地下电站采用单机单管变顶高尾水系统与阻尼井相结合的布置方式；彭水电站采用单机单管变顶高尾水系统与闸门井相结合的布置方式；水布垭水电站采用常规尾水管布置方式；构皮滩水电站采用两机一洞共尾水调压室的布置方式；马来西亚沐若水电站和木星土水电站采用一洞两机带上游调压室的布置方式；乌东德水电站采用两机一洞变顶高尾水系统与下游调压室带尾水闸门的布置方式。

表 10.2-1　　长江设计院设计典型电站的引水发电系统及调节保证控制参数表

序号	电站名称	装机容量(MW)	最高水头(m)/最低水头(m)/额定水头(m)	单机额定流量(m^3/s)	厂房布置型式	引水隧洞参数(m)	尾水隧洞参数及型式	尾水隧洞长度(m)	调压室型式及尺寸	调压室距机组中心距离(m)	蜗壳压力(mH_2O)	转速(%)	尾水管压力(mH_2O)	导叶关闭规律
1	丹江口	6×150	81.5/57/63.5	277	地面	引水钢管长度 98.5	/	/	/	/	110	45%	−8 以下	直线
2	隔河岩	4×300	121.5/80.7/103.0	325	地面	619	/	/	/	/	167.8	50.7	−8 以下	直线
3	三峡左岸	14×700	113/71/80.6	995.6/991.8	地面	118	/	/	/	/	139.591	49.837	−6.074	折线
	三峡右岸	12×700	113/71/85	995.6/991.8	地面	118	/	/	/	/	149.271	46.004	−4.028	折线
	三峡地下	6×700	113/71/85	941.27/991.8/982.15	地下	271	变顶高	138.38	单机带尾水阻尼井	/	159.707	57.50	−7.614	折线
4	彭水	5×350	81.6/53.6/67	578	地下	460	变顶高	402.6	带尾水闸门井	/	136.112	54.067	−7.301	直线
5	亭子口	4×275	85.4/62.63/73.0	424.6	地面	100.68	/	/	/	/	115.0	47.6%	−3.868	折线
6	水布垭	4×400	203/147/185	259.64	地下	291.81	常规型	311.94	/	/	249.466	52.9	−6.12	直线
7	构皮滩	5×600	200/144/175.5	382	地下	254.49	常规型	653.35	两机共尾水调压室	88.7	246.616	54.349	−6.417	直线
8	马来西亚沐若	4×225	316/279/300	83.5	地面	2529.331	/	/	上游调压室	1134.349	505.731	38.737	−0.623	直线
9	木星土	2×60	410.5/377.4/384.0	17.6	地下	9378.42	常规型	/	上游调压室	9342.09	556.436	55.219	−0.154	折线
10	乌东德	12×850	163.4/109/137	694.2	地下	510.75	变顶高	697.60	两机共尾水调压室	127.31	235.12	45.5	−5.88	直线

10.3 调节保证设计与研究采用的关键技术

本节以三峡地下电站为例，对水力过渡过程设计研究所采用的关键技术进行论述。

10.3.1 研究方法及布置形式

调节保证计算通常采用一维数值仿真计算，必要时辅以模型试验，且往往只进行尾水系统的水力学模型试验。在三峡地下电站调节保证设计中采用了仿真计算、模型试验、现场试验验证和反演计算相结合的研究方法，对尾水隧洞首次采用了变顶高与阻尼井相结合的结构模式取代调压井的设计理论，并对过渡过程仿真数学模型进行了全面研究和改进，为巨型机组调节保证设计提供了全新的研究模式。研究成果为保证电站在过渡过程中安全稳定运行奠定了坚实的基础，同时积累了完整的计算成果和实测数据，为类似水电站的设计和运行提供了可借鉴的设计思路和调试运行经验。

三峡地下电站机组单机容量700MW，国内外无该单机容量电站采用变顶高尾水系统的工程实例。提出地下电站巨型机组尾水系统采用变顶高尾水隧洞与阻尼井组合的结构模式，解决了三峡地下电站由于地质原因不能设置大型尾水调压室的重大技术难题。理论上变顶高尾水隧洞可采用不同的顶坡和底坡，在下游水位变化时使得有压段的长度也随之变化，若坡比设计合理则有利于调节保证设计，且与全有压尾水隧洞（不设尾水调压室）相比可减小隧洞断面的高度，因此有利于洞室围岩的稳定，如越南和平水电站，但无大型工程的实践经验且只适用于尾水隧洞长度适中的电站。对三峡地下电站而言，由于尾水隧洞相对较长，若顶坡和底坡采用不同坡度，为满足调节保证设计的要求，则导致尾水隧洞出口断面高度过大，既增加了工程量，又不利于尾水洞的围岩稳定。为了确保尾水洞的围岩稳定，节约工程造价，加快施工进度，且便于使用钢模台车进行衬砌混凝土的施工，在满足调节保证设计要求的基础上，项目组创造性地研究设计了全新的变顶高尾水隧洞形式，即采用相同顶坡和底坡的等截面隧洞，完善了尾水洞设计理论。

10.3.2 调节保证数值模拟技术

早在1932年Meyer-Peter和Calam就对瑞士Wettingen水电站尾水隧洞明满流现象进行了研究，计算结果与水工模型试验结果较一致。近些年来，由于电子计算机突飞猛进的发展，数值计算方法不断更新，常用的求解偏微分方程的数值计算方法有特征线法、有限差分法、有限元法、有限体积法等。其中有限差分法应用较广泛，该方法的原理是用有限个网格节点代替连续的求解域，并把控制方程中的微商用差商代替进行离散求解。在此基础上，Priessman、Wiggert 、Cunge、Song等对明满流现象进行了数值模拟计算研究，到目前为止，按不同的明流和满流处理方式分研究方法主要有激波拟合法、刚性水体法和激波捕捉法三类。

目前，国内外研究明满流普遍采用激波捕捉法，该类方法主要基于Priessman（1961）提出的虚拟狭缝法，假定在封闭管道顶部虚设狭缝，当自由水面升高到狭缝内时为有压流，狭缝内的水头表示有压流的压力。从而有压流也可采用圣维南方程描述，即明流和满流方程能够统一起来了，这样计算编程简单方便，不必跟踪交界面的运动，在国内外输水管道及水电站尾水洞明满流研究中得到广泛的应用。国外许多商业软件如 Mouse（丹麦水利研究所开发的城市给排水管网水动力学和水质模拟模型）、Hydroworks（英国 Walnligofdr 软件公司开发的城市雨污水集水系统水文水动力及水质泥沙模型软件）都是基于此种算法。

传统的虚拟窄缝法假定明满流水流与大气相通，断面水深由压力决定。一旦满流区产生负压后，就认为水深低于管顶，过水断面的面积减小，而实际上满流区产生负压后，过水断面面积不会发生改变。因此，为了克服以往方法的缺陷，在计算过程中通过不断地跟踪明满流的运动界面，以此来区分明流区和满流区。明流区和满流区都用明渠非恒定流的方程求解，但明流区的水深由测压管水头决定且总低于管顶，而满流区水深和测压管水头无关，计算中令水深总高于管顶。这样，当满流区产生负压后也可以用虚拟窄缝法计算，模型更为可靠、合理。

在明满流分界面的上游侧为有压满流，下游侧为无压明流，见图 10.3-1。因此，在明满流分界面处的水位等于该点洞高。在计算过程中，如果 i 断面处水位高出洞顶高程而 $i+1$ 断面处的水位低于对应的洞顶高程，则说明明满流分界面位于 i 和 $i+1$ 之间，任意时刻均以此为判断条件。

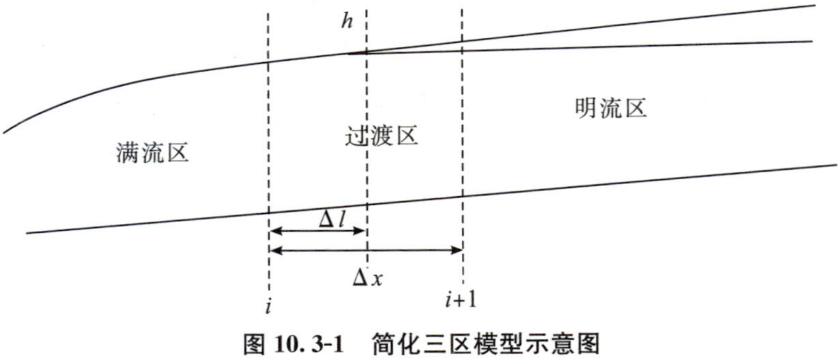

图 10.3-1　简化三区模型示意图

另外，传统的虚拟窄缝法对明满流分界面的跟踪是假定每时段末均落在网格点上，这与实际上位于断面 i 和 $i+1$ 之间连续移动的分界面有着较大的差别，夸大了分界面在 Δt 时段的移动，造成计算结果与试验结果较大的偏差。因此，可在网格点 i 和 $i+1$ 之间增设动网格，令动网格始终与明满流分界面一起移动。对于网格点 i 和 $i+1$ 而言，未知数是 $H(y)$ 和 Q；对于动网格点，明满流分界面的 $H(y)$ 就等于该点的洞高 h，未知数是 $\Delta l(0 \leqslant \Delta l \leqslant \Delta x)$ 和 Q 。网格点 i 的上游侧称为满流区，波速采用水击波速。网格点 $i+1$ 的下游侧称为明流区，波速取重力波波速。网格点 i 和 $i+1$ 之间称为过渡区，波速按满流和明流的波速以线性插值进行坦化，以避免水击波和重力波量级上较大差距而引起的计算不收敛。一是过渡区内水体有较大的侧向变形，从而使水击波波速大大降低；二是在分界面附近的满流区内往往有大量的气泡存在，含气液两相流的波速较低；三是流态复杂，变化非常剧烈，能量消耗大。

为了进一步提高计算精度，可在过渡区内增加若干空间步长固定的网格 $\Delta s = \Delta x / m$（m 为整数），加密网格点的未知数仍然是 $H(y)$ 和 Q，而波速将按满流和明流的波速进行线性插值。当编写程序时，同样将这些添加的动网格点插入固定网格点内进行计算，只是系数按照界面的系数进行处理。在 i 和 $i+1$ 之间进行扫描迭代，求出精确的解。

基于一维瞬变流理论的过渡过程数值预测方法虽然在一定程度上满足了工程需求，但电站输水系统内部为三维非定常湍流流动，具有时间和空间的多尺度效应。因此，一维瞬变流数值预测方法并不能给出输水系统内翔实的内特性信息，而这恰好是保障电站安全稳定运行和指导输水系统进行结构尺寸优化设计的重要依据。有鉴于此，在融合水电站过渡过程理论、计算流体力学(CFD)和数值计算方法的基础上，开发了基于一维瞬变流理论和 CFD 技术的一维、三维耦合计算的水电站过渡过程数值模拟技术，该技术对输水系统不同区域分别采用一维和一维、三维耦合仿真技术，并设置交界面实现不同区域之间的边界条件传递。

数值方法求解 CFD 模型的基本思想是：把原来在空间与时间坐标中连续的物理量的场（如速度场、温度场、浓度场等），用一系列有限个离散点（称为节点，node）上的值的集合来代替，通过一定的原则建立起这些离散点上变量值之间关系的代数方程（称为离散方程，discretization equation），求解所建立起来的代数方程以获得所求解变量的近似解。在过去的几十年内已经发展了多种数值解法，其间的主要区别在于区域的离散方式、方程的离散方式及代数方程求解的方法这三个环节上。在 CFD 求解计算中用得较多的数值方法有有限差分法（finite difference method，FDM）、有限体积法（finite volume method，FVM）、有限元法（finite element method，FEM）及有限分析法（finite analytic method，FAM）。

选用开发已较成熟的三维流场 Fluent 计算软件建立并模拟计算了从机组尾水管出口到下游水库的三维计算模型。其中计算选用主要数学模型有：①有限体积法离散不可压缩的 NS 方程，即把明满流看成刚性水体，忽略水流的压缩性；②VOF（the volume of fluid）多相流模型，该模型对每一相引入体积分数变量，通过求解每一控制单元内体积分数值确定相间界面，适用于两种或多种互不穿透流体间界面的跟踪计算；③二阶 Realizable k-ε 湍流模型，近壁面采用标准壁面函数处理，该模型在模拟强逆压力梯度、射流扩散率、分离、回流、旋转上有较高精度；④压力—速度耦合采用适用于非恒定流计算的 PISO 算法（pressure-implicit with splitting of operators），该算法以压力为基本求解变量，采用的是“猜测—修正—再修正”的方法，在传统 SIMPLE 算法的每一时间步添加了多步校正的算法，其在每一时间步计算精度高于 SIMPLE 算法，收敛速度更快些。

实现一维与三维耦合计算的基本思路是：分别用两个软件建立一维、三维两部分计算模型，即从上游水库到尾水管出口（引水系统、机组等）为有压系统，采用基于一维瞬变流理论的特征线法进行计算；从尾水管出口到下游水库（含尾水阻尼井，变顶高尾水隧洞等）的局部三维流动特性显著，采用三维 CFD 软件 Fluent 进行计算。建立起两个计算区域模型并制定相应的解法后，找到一种计算公共边界条件的方法，将两个计算模型和两种计算软件耦合起来，即一维有压非恒定流与三维非恒定流耦合计算模型。

10.3.3 带模型机组的全模拟试验

传统的过渡过程试验仅为尾水系统水力学试验，不包括机组、电气及控制机构，无法获得机组的转速、蜗壳压力变化与机组转速上升之间的物理关系。尾水系统模型从尾水直锥段做起，不模拟水轮机的运行。若只研究尾水系统的水力学问题，从直锥段做模型，并包括各支洞和主洞是完全可以的。试验时根据出力公式 $N=9.81QH\eta$ 确定水力参数。设定出力值、水头值，并以平均效率反算出流量，调准泄流量后进行试验。下游水位根据泄洪条件的不同依据尾水—流量关系曲线进行控制。但该试验无法测量机组的转速值，不能验证蜗壳压力值与机组转速升之间的匹配关系，试验是片面的，不完整的。

带模型水轮发电机组的水电站过渡过程整体模型实验，包括水、机、电三个方面的模型相似律，水轮机调速系统、测试监控系统及负载模拟系统的研制。比起不带模型水轮机的试验，带模型水轮机的整体过渡过程试验系统更复杂，模拟更精确。

对于装有模型水轮发电机组、调速器的引水发电水道系统，过渡过程整体性模型试验（包括水击试验、调压室涌浪试验、明渠非恒定流试验）采用正态模拟是必要的。这是因为在正态模型中，整个流道任何部位的几何尺寸完全相似，不仅能自动满足局部阻力系数相似，而且能真实反映过渡过程中局部流态的变化。另一方面，采用正态模型，水击试验的流速比尺、流量比尺、水位比尺、压力比尺、水头比尺、水深比尺等与调压室涌浪试验和水轮发电机组动态试验的对应比尺完全一致，不仅便于三种试验同时进行，而且便于试验结果的整理、分析，以及与数值计算结果的比较。

带模型机组的水电站过渡过程全模拟试验将水电站过渡过程研究向前推进了一大步，不仅试验重复性好，其结果规律性强，如机组调保参数随导叶关闭时间和关闭规律的变化，机组转速升高、蜗壳最大动水压力以及尾水管最小动水压力发生时间次序及其与导叶关闭时间的关系等，而且能在一定精度下，定量给出机组调保参数的大小，尤其是机组转速升高值和尾水管进口最小动水压力（包括进口断面最小动水压力分布）。还能进行小波动和水力干扰试验，正确地反映了水轮机工作特性、调速器主要参数和引水发电管道系统水力特性的影响，为工程设计、水电站运行提供了可参考的依据。此外，将其与数值计算结果对比，为改进数学模型、提高数值模拟精确性奠定了基础。

开展大波动、小波动和水力干扰等过渡过程试验，观测、分析三峡地下电站输水系统变顶高尾水隧洞所产生的复杂的水力特性，验证输水系统布置形式和尺寸的合理性，通过模型装置试验结果与模型装置计算结果的对比，提取原型数值仿真计算中所需要的关键参数值或变化规律，为原型计算提供依据。模型试验与仿真计算结果对比分析表明，最大蜗壳进口压力值出现在相同的工况，两者不仅出现规律一样，最大值误差在±3.0%以内；仿真计算得到的机组转速最大上升率和尾水管进口最小压力值与模型试验结果发生在相同的工况，两者出现规律一致，误差在±3.0%以内。

进行带机组的过渡过程整体模型全模拟试验，为输水系统布置形式和尺寸最终方案的确定提供决策依据。采用带模型机组的过渡过程全模拟试验平台，开展大波动、小波动等过渡过程工况和稳态工况模型全模拟试验，并进行相同条件下的数值计算分析，为输水系统水力设计、结构设计提供合理的、科学的依据。两者相互对比、相互验证。对模型试验中发现的问题进行分析，提出相应的工程措施；对阻尼井结构形式和体型尺寸、尾水洞断面尺寸等进行优化；对水轮机导叶启闭规律、调速器主要参数进行整定。综合解决三峡地下电站输水系统方案确定过程中遇到的关键技术难题，为输水系统设计、主机设备的招标提供参考依据。

10.3.4 现场试验验证及反演分析

针对三峡地下电站变顶高尾水隧洞的特殊布置形式，利用施工期布置的各类监测仪器和设备，在机组调试运行期获得的相关实测数据的基础上开展机组调节保证反演分析及机组稳定运行控制研究。通过对实测数据的反演计算、对比分析以及对其他控制工况的预测计算和分析，为三峡地下电站机组导叶启闭规律的优化、调速器参数的整定、机组启动和停机控制策略的制定等提供科学依据，促进机组稳定运行控制策略等方面的进一步提高和完善。同时通过反演计算得到了无法通过试验测定的参数(如流量、明满流分界面随时间的变化过程等)，以及压强、流速的沿程分布规律，变顶高尾水隧洞气液两相流流态等。通过对上述物理量变化过程、分布规律的分析进一步评价和指导三峡地下电站机组运行的安全性与稳定性。

将计算结果与实测数据进行对比分析，寻找误差原因，并对计算结果进行修正。通过反演计算并将预测结果与现场监测结果进行对比分析，对三峡地下电站调节保证计算最危险工况进行了预测计算分析，确保机组的安全稳定运行。现场监测与反演计算分析主要包括内容如下：

1)通过对三峡地下电站 31 号机组在上游库水位 152.3m 和 175.0m 条件下的两次原型机组运行观测，分别测试了在各甩负荷工况下 31 号机组的调节保证参数的变化规律、引水系统及变顶高尾水系统的水力特性。

2)基于一维瞬变流和计算流体力学理论，针对引水发电系统不同区域分别采用了一维数值预测和三维非定常湍流数值预测，并建立了一维计算域与三维计算域之间数据相互传递的法则。

3)应用一维与三维耦合的过渡过程数值预测方法，在不同的下游特征水位的水力过渡过程工况下，分析变顶高尾水隧洞中不同的水流流态对机组的调节保证、安全稳定运行的影响，为三峡地下电站长期安全稳定运行提供科学保障。

4)在反演计算分析和预测计算分析的基础上进一步开展机组安全稳定运行控制的研究，优化导叶启闭规律，优化整定调速器参数，优化制定机组启动和停机控制策略等。

原型观测与反演分析研究思路见图 10.3-2。

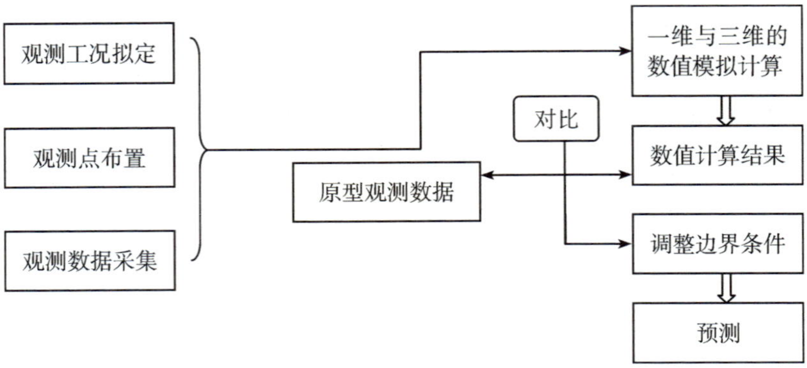

图 10.3-2　原型观测与反演分析研究思路图

在现场监测试验结果的基础上进行了反演计算与分析，将实测数据与一维、三维耦合数值预测结果进行对比计算与分析。对比分析表明：耦合计算与现场监测相比，蜗壳压力和机组转速上升率误差为±4.8%，尾水管出口压力值误差为±1.0%。在误差分析的基础上对三峡地下电站在不同水头、不同下游水位下的机组启动、增减负荷（功率调节、频率调节）、停机、甩负荷等各种过渡过程工况进行预测计算与分析，旨在指导机组导叶启闭规律的优化、调速器参数的整定、机组启动和停机控制策略的制定等，为三峡地下电站长期安全稳定运行提供了科学依据，也给变顶高尾水隧洞方案设计研究积累了大量的理论依据、计算成果和试验数据，为类似电站设计提供了可资借鉴的创新思路和宝贵经验。

采取一维有压非恒定流与三维非恒定流相结合的计算模式，较精确地模拟变顶高尾水隧洞水流现象以及对水力过渡过程的作用，促进了机组稳定运行控制策略、变顶高尾水隧洞非恒定流的计算模型与计算方法等方面的进一步提高和完善。通过本书的研究，积累了完整的计算成果和实测数据，为类似电站设计和运行提供了可资借鉴的设计思路和调试运行经验。

第11章　计算标准

根据《水力发电厂机电设计规范》(DL/T 5186—2004)、《抽水蓄能电站设计导则》(DL/T 5208—2005)、《水利水电工程调压室设计规范》(SL 655—2014)和《水电站调压室设计规范》(NB/T 35021—2014)的有关规定，过渡过程计算采用的控制标准如下：

11.1　机组最大转速升高率保证值

机组甩负荷时的最大转速升高率保证值 β_{max} 按以下不同情况选取：

1)当机组容量占电力系统工作总容量的比重较大，或担负调频任务时，β_{max} 宜小于50%。

2)当机组容量占电力系统工作总容量的比重不大或不担负调频时，β_{max} 宜小于60%。

3)贯流式机组最大转速升高率宜小于65%。

4)冲击式机组最大转速升高率宜小于30%。

5)抽水蓄能机组基本上与混流式机组相同，但对于大容量、高水头、扬程水泵水轮机，允许 β_{max} 宜小于45%。

根据一般混流式水电站的供电范围及接入电网的特性，对于一般占系统容量的比重不大，不在系统中担任调频任务的电站，为了留有适当安全余量，机组最大转速升高率控制值初步宜按55%选取。

11.2　蜗壳最大压力升高率保证值

机组甩负荷的蜗壳最大压力升高率保证值 ξ_{max}，按以下不同情况选取：

1)额定水头小于20m时，宜为70%～100%。

2)额定水头在20～40m时，宜为70%～50%。

3)额定水头在40～100m时，宜为50%～30%。

4)额定水头在100～300m时，宜为30%～25%。

5)额定水头大于300m时，宜小于25%。

最大压力升高率保证值，应按计算值并留有适当裕度确定。

《抽水蓄能电站设计导则》(DL/T 5208—2005)规定，当水泵水轮机额定水头小于300m时，蜗壳最大压力升高率保证值宜按上述取值，当额定水头大于300m时，宜小于30%。

对于蜗壳最大压力的基准值 H_0 目前一般有两种：一种取上库校核洪水位与机组安装高程之差 $H_{静}$；另一种取最高水头 H_{max} 或额定水头 H_r。从物理概念上来说，蜗壳断面处压力上升率与水头并不相关，而是相对甩负荷前此处的静水头。因此，蜗壳最大压力控制值建议按照以下计算值控制：

$$H_{max}=H_{静}\times(1+\xi_{max})$$

11.3 尾水管进口最大真空度控制值

机组甩全负荷时，为了避免出现真空，尾水管进口断面最大真空度控制值不应大于0.08MPa（一般取 $8mH_2O$）。但是应考虑当地海拔高程 ∇，在此基础上做一定的修正，修正值后为 $8-\nabla/900$。

11.4 调压室涌浪

根据《水电站调压室设计规范》（NB/T 35021—2014），设计工况最低涌浪水位不小于调压室底板高程 2m，校核工况不小于 1m；设计工况最高涌浪水位不小于通气廊道或顶部起重设备底部高程 1m，校核工况不小于 0.5m。

11.5 明满流尾水隧洞

明满交替下洞顶压力变化不宜过于激烈。

11.6 压力隧洞和管道

引水系统任何部位的管顶压力不小于 $2mH_2O$。

11.7 机组调节品质

水轮机调节系统动态特性应符合《水轮机控制系统技术条件》（GB/T 9652.1—2007）及《水轮机电液调节系统及装置技术规程》（DL/T 563—2016）的规定。即机组甩负荷后动态品质应达到：

1）甩 100%额定负荷后，在转速变化过程中超过稳态转速 3%以上的波峰不超过两次。

2）从机组甩负荷时起，到机组转速相对偏差小于±1%为止的调节时间 t_g 与从甩负荷开始至转速升至最高转速所经历的时间 t_m 比值不大于 8。

3）机组甩 100%额定负荷后，从接力器第一次向开启方向移动起，到机组转速摆动值不超过±0.5%为止所经历的时间，应不大于 40s。

4）水力干扰工况下机组能够稳定运行。同时《水轮发电机基本技术条件》（GB/T 7894—2009）中对水轮发电机在事故条件下允许短时过电流规定见表 11.7-1。

表 11.7-1 定子绕组允许过电流倍数与时间关系

定子过电流倍数	允许持续时间(min)	
(定子电流/电子额定电流)	空气冷却定子绕组	直接冷却定子绕组
1.1	60	
1.15	15	
1.20	6	
1.25	5	
1.30	4	
1.40	3	2
1.50	2	1

注:达到表 11.7-1 中允许持续时间的过电流次数平均每年不超过 2 次。

5)调压室稳定性。

调压室水位波动呈稳定收敛趋势,不出现波动发散和共振现象。

11.8 调节保证设计值

调节保证设计值应在水力过渡过程计算值的基础上考虑计算误差进行修正后确定,水击压力设计值还应考虑压力脉动的影响,特别对于高水头电站。

第12章 水力过渡过程计算理论简介

12.1 有压系统非恒定流数学模型

12.1.1 当量管和流量阻力损失系数

用若干当量管(等径圆管)代替实际流道,各条当量管的长度、阻力损失、水击波速和动量与它对应的实际管道相同,即当量管的处理不应使弹性和惯性与真实系统有较大失真。

总的水头损失等于沿程损失加局部损失,将流道中的局部阻力损失化为沿程均布,与沿程损失合并计算。在瞬变状态下的摩擦损失,用恒定流态的摩擦损失公式(曼宁公式)计算。

$$h_{q总}=\sum h_{q沿}+\sum h_{q局} \tag{12.1-1}$$

其中:

$$h_{q沿}=\frac{n^2L\cdot V^2}{R^{4/3}}=\frac{n^2L}{16\pi^2R^{16/3}}\cdot Q^2=K_{q沿}\cdot Q^2 \tag{12.1-2}$$

$$h_{q局}=\sum(\xi_iV_i^2)/2g=\sum\frac{\xi_i}{32g\pi^2R_i^4}\cdot Q^2=K_{q局}\cdot Q^2 \tag{12.1-3}$$

式中:n——糙率系数;

L——流道长度(m);

R——水力半径(m);

ξ_i——局部阻力损失系数;

Q——流量(m^3/s)。

当量管的过流断面面积A及水力半径R计算方法如下:

$$A=\frac{L}{\sum\left(\frac{L_i}{A_i}\right)} \tag{12.1-4}$$

$$R=\frac{A}{P} \tag{12.1-5}$$

式中:P——过流断面湿周周长(m);

A——过流断面面积(m^2)。

12.1.2 适用有压流的特征线法

流经封闭管道的瞬变流用运动方程和连续方程进行描述。在方程推导中作了如下假设：

1)管道中的水流为一元流，并且流速在整个管道横截面上均匀分布。

2)管壁和液体满足线弹性假设，即应力与应变成比例。

3)计算中稳定状态阻力损失公式，在过渡状态时是有效的。

基于上述假设，可得用于描述瞬变流的控制方程如下：

$$\frac{\partial Q}{\partial t}+gA\frac{\partial H}{\partial x}+\frac{f}{2DA}Q\mid Q\mid=0 \tag{12.1-6}$$

$$\frac{a^2}{gA}\frac{\partial Q}{\partial x}+\frac{\partial H}{\partial t}=0 \tag{12.1-7}$$

式(12.1-6)和式(12.1-7)为偏微分方程，需要转化为便于计算机求解的特征线方程：

适用于管道下端面的正特征线方程：

$$Q_p=C_p-C_aH_p \tag{12.1-8}$$

适用于管道上端面的负特征线方程：

$$Q_p=C_n+C_aH_p \tag{12.1-9}$$

中间各断面的 H_p、Q_p 可联立求解式(12.1-8)和式(12.1-9)，即

$$Q_p=0.5(C_p+C_n) \tag{12.1-10}$$

对于分岔点：

$$H_{pi}=(C_{pi}-\sum_{j=1}^{x}C_{nj})/(C_{ai}+\sum_{j=1}^{x}C_{aj}) \tag{12.1-11}$$

以上各式中各个变量的计算方法及物理量说明如下：

$$C_p=Q_A+\frac{gA}{a}H_A-\frac{f\Delta t}{2DA}Q_A\mid Q_A\mid$$

$$C_n=Q_B-\frac{gA}{a}H_B-\frac{f\Delta t}{2DA}Q_B\mid Q_B\mid$$

$$C_a=\frac{gA}{a}$$

式中：D——流道直径(m)；

L——流道长度(m)；

a——水击波速(m/s)；

f——摩擦阻力损失系数；

g——重力加速度；

p——当前时段。

x—t 平面上的特征线见图 12.1-1。

有压系统包括引水流道、蜗壳、尾水管、尾水管延长段和过渡段，作为边界还有岔管、机组和尾水调压室等。

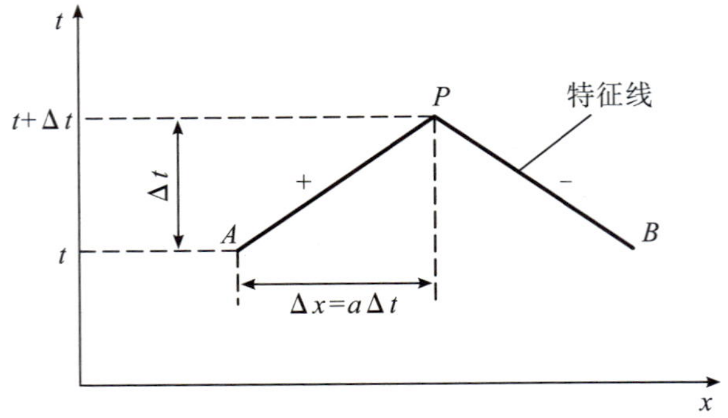

图 12.1-1　x—t 平面上的特征线

12.2　水轮机

在稳定工况下，作用在水轮机上的净水头应为水轮机进口与出口测量断面的总水头差，即水轮机做功用的有效水头。但在瞬变过程中，还必须考虑蜗壳和尾水管水击的附加影响，故用上游当量管末端断面的测压管水头加上流速水头减去下游当量管首端断面的测压管水头与流速水头，作为水轮机的有效水头有较好的近似性，即

$$H_t = H_{p4} + Q_t^2/2gs_4^2 - H_{p5} - Q_t^2/2gs_5^2 \tag{12.2-1}$$

混流式水轮机作为边界条件，利用单位流量—单位转速关系曲线(数组表)和单位出力—单位转速关系曲线(数组表)，加上机组惯性方程和导叶关闭规律，就可以求出机组甩负荷后水轮机转速、流量、蜗壳及尾水管压力变化过程。

按照 n'_1、Q'_1 的定义公式：

$$n'_1 = \frac{D_1 \cdot n}{\sqrt{H_t}}$$

$$Q'_1 = \frac{Q_t}{D_1^2\sqrt{H_t}} \tag{12.2-2}$$

单位流量—单位转速线性插值方程：

$$Q'_1 = a_{01} + a_1 \cdot n'_1 \tag{12.2-3}$$

蜗壳末端和尾水管首端当量管特征线方程：

$$Q_t = C_{p4} - C_{a4} \cdot H_{p4} \tag{12.2-4}$$

$$Q_t = C_{n5} + C_{a5} \cdot H_{p5} \tag{12.2-5}$$

上述式(12.2-1)至式(12.2-5)等 5 个独立方程包含了 H_t、H_{p4}、H_{p5}、Q_t、n、n'_1、Q'_1 等 7 个变量，由于甩负荷后机组转速是逐渐变化(动量积分过程)的，作为迭代法的第一次近似，通过外插法预估转速 n_e，可以求出其他 6 个参数的值。

根据 n'_1 和 a_o，从 p'_1-n'_1 曲线上同样可以内插求出相应的 p'_1 值，然后按 p'_1 的定义式，求出水轮机的轴出力：

$$p_t = p'_1 \cdot D_1^2/H_t^{1.5} \tag{12.2-6}$$

再利用甩负荷的机组惯性方程：

$$p_t = WR^2(2\pi/60)^2 \cdot n(\mathrm{d}n/\mathrm{d}t) \tag{12.2-7}$$

将式(12.2-7)在 Δt 时间内积分，化简可得：

$$n_p = \left\{n^2 + 182.38\frac{\Delta t}{WR^2}[0.5(p_t + p_o)]\right\}^{0.5} \tag{12.2-8}$$

将 n_p 与预估值 n_e 比较，如果 $|n_p - n_e|/\Delta t > 0.001$，则设 $n_e = n_p$，重复以上计算，直至满足精度为止。

12.3　调压室

设 Q_{bp} 代表通过调压室底部的流量，H_{bp} 为阻尼井底部测压管水头，H_{3p} 为阻尼井水面高程(以测压管水头表示)。

尾水隧洞首端特征线方程：

$$Q_{7p} = C_{n7} + C_{a7}(H_{3p} + K_{qb} \cdot Q_{bp}|Q_{bp}|) \tag{12.3-1}$$

尾水支洞末端特征线方程：

$$Q_{6p} = C_{p6} - C_{a6} \cdot H_{6p} \tag{12.3-2}$$

调压室连续方程：

$$\frac{\mathrm{d}H_{3p}}{\mathrm{d}t} = (Q_{6p} - Q_{7p})/S_b \tag{12.3-3}$$

考虑到调压室底部流道渐变影响，因此调压室前后当量管有一个流速水头差：

$$\begin{aligned} H_{6p} &= H_{bp} - Q_{7p}^2 \cdot (1/2gS_7^2 - 1/2gS_6^2) \\ &= H_{3p} + K_{qb} \cdot Q_{bp}|Q_{bp}| - Q_{7p}^2 \cdot (1/2gS_7^2 - 1/2gS_6^2) \end{aligned} \tag{12.3-4}$$

将式(12.3-1)、式(12.3-2)、式(12.3-4)代入式(12.3-3)，用龙格—库塔法求微分方程式(12.3-3)。

12.4　适用明流、满流和明满交替流计算的普里斯曼解法

对于变顶高的尾水隧洞而言，其隧洞内的非恒定水流状态会随尾水位的高低而发生变化，即当尾水位较高时，尾水隧洞内为有压流；而当尾水位较低时，尾水隧洞内为明流或明满交替流。为了便于比较，在此分别给出用于描述明渠无压流和封闭管道中有压流的瞬变流方程。

12.4.1　明渠

(1)连续方程

$$\frac{\partial y}{\partial t} + V\frac{\partial y}{\partial x} + \frac{A}{B}\frac{\partial V}{\partial x} = 0 \tag{12.4-1}$$

式中：y——水深；

V——流速；

A——过流断面面积；

B——渠道水面宽度。

(2)运动方程

$$g\frac{\partial y}{\partial x}+\frac{\partial V}{\partial t}+V\frac{\partial V}{\partial x}=g(S_o-S_f) \tag{12.4-2}$$

12.4.2 封闭管道中的有压流

(1)连续方程

$$\frac{\partial H}{\partial t}+V\frac{\partial H}{\partial x}+\frac{a^2}{g}\frac{\partial V}{\partial x}=0 \tag{12.4-3}$$

(2)运动方程

$$g\frac{\partial H}{\partial x}+\frac{\partial V}{\partial t}+V\frac{\partial V}{\partial x}=g(S_o-S_f) \tag{12.4-4}$$

式中：a——水击波速；

H——测压管水头(以渠底为基准线)；

S_o——渠道底坡；

S_f——阻力损失引起的能量坡降线坡度。

式(12.4-1)、式(12.4-2)称为圣维南方程。对比式(12.4-1)、式(12.4-2)和式(12.4-3)、式(12.4-4)不难发现，用于描述明流和有压流的控制方程在形式上完全一致，只是波速的物理意义和表达形式略有差别。明渠中非恒定流波速为重力波速，其值与水深有关，而有压流中的波速为水击波速，即在考虑水的可压缩性后由密度变化引起的弹性波。为了在数值计算上统一求解在变顶高尾水隧洞可能出现的明流和满流，普里斯曼(Priessman)分析提出了虚拟狭缝法来分析明满交替流。该方法假设在管道顶部有一条非常窄的缝隙，如图12.4-1所示，该缝隙既不增加压力水管的横断面积，也不增加水力半径，选择缝隙宽应使 $c=a$(c 为明流速度，a 为有压流水击波速，即 $a=\sqrt{g\cdot A/B}=c$)。这样，满流转为明流后水击波速保持不变，因此明流和满流也就不必单独分析，一旦管道充满水时，水深 y 就是作用在那一点管道壁上的压力水头，从而将式(12.4-1)、式(12.4-2)和式(12.4-3)、式(12.4-4)统一求解。

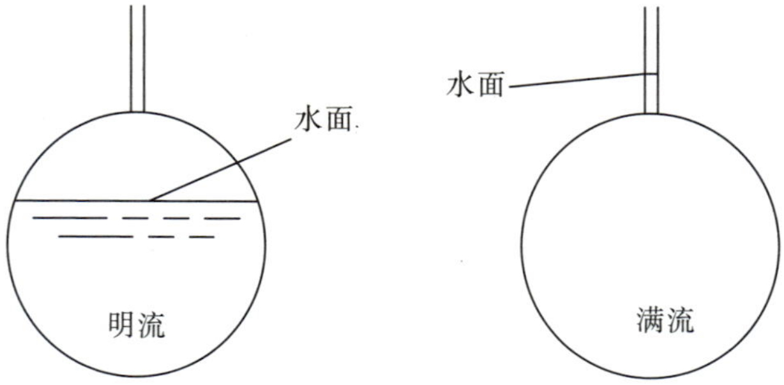

图12.4-1 分析自由水面变为有压水流的假想缝隙

考虑明渠断面形状的任意性,适用于任意断面形状的圣维南方程如下：

连续性方程：

$$B\frac{\partial y}{\partial t}+VB\frac{\partial y}{\partial x}+V\left(\frac{\partial A}{\partial x}\right)_y+A\frac{\partial V}{\partial x}=0 \tag{12.4-5}$$

动量方程：

$$\frac{\partial V}{\partial t}+V\frac{\partial V}{\partial x}+g\frac{\partial y}{\partial x}=g(S_o-S_f) \tag{12.4-6}$$

在上述方程中：

$$\frac{\partial A}{\partial x}=\frac{\mathrm{d}A}{\mathrm{d}y}\frac{\partial y}{\partial x}=B\frac{\partial y}{\partial x}$$

$$\frac{\partial A}{\partial t}=\frac{\mathrm{d}A}{\mathrm{d}y}\frac{\partial y}{\partial t}=B\frac{\partial y}{\partial t}$$

$$\frac{\partial Q}{\partial x}=V\frac{\partial A}{\partial x}+A\frac{\partial V}{\partial x}=V\cdot B\frac{\partial y}{\partial x}+A\frac{\partial V}{\partial x}$$

$$\frac{\partial Q}{\partial t}=V\frac{\partial A}{\partial t}+A\frac{\partial V}{\partial t}=V\cdot B\frac{\partial y}{\partial t}+A\frac{\partial V}{\partial t}$$

综上所述,式(12.4-5)和式(12.4-6)最终可以表示为：

连续性方程：

$$\frac{\partial Q}{\partial x}+B\frac{\partial y}{\partial t}+V\left(\frac{\partial A}{\partial x}\right)_y=0 \tag{12.4-7}$$

动量方程：

$$\frac{\partial Q}{\partial t}+2V\frac{\partial Q}{\partial x}+V^2\left(\frac{\partial A}{\partial x}\right)_y-V^2\cdot B\frac{\partial y}{\partial x}+gA\frac{\partial y}{\partial x}=gA(S_o-S_f) \tag{12.4-8}$$

12.4.3 圣维南方程的离散

(1)运动方程的离散

如图 12.4-2 所示,在斯特尼柯夫(StreLkoff. T)法中,圣维南方程中的偏导数由下列有限差商来代替。

$$\frac{\partial Q}{\partial x}=\frac{Q_{pi+1}-Q_{pi-1}}{2\cdot\Delta x}$$

$$\frac{\partial y}{\partial t}=\frac{y_{pi}-y_i}{\Delta t}$$

$$\frac{\partial Q}{\partial t}=\frac{Q_{pi}-Q_i}{\Delta t}$$

$$\frac{\partial y}{\partial x}=\frac{y_{pi+1}-y_{pi-1}}{2\cdot\Delta x} \tag{12.4-9}$$

p 表示在时间 $t_0+\Delta t$ 时的变量。除摩擦坡降 S_f 是按时间 $t_0+\Delta t$ 计算得出外,方程中所有系数是在 t_0 计算所得。

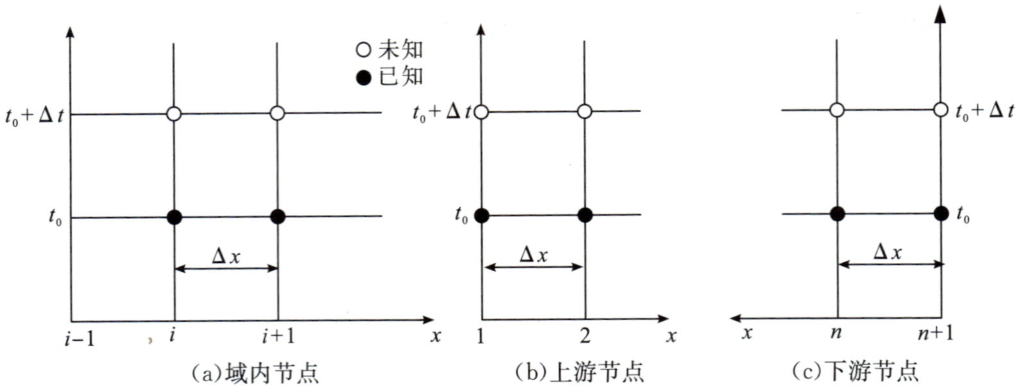

图 12.4-2　隐式有限差分法的符号

将式(12.4-9)代入式(12.4-8),则:

$$\frac{Q_{pi}-Q_i}{\Delta t}+2\cdot V_i\frac{Q_{pi+1}-Q_{pi-1}}{2\cdot\Delta x}+V_i^2\left(\frac{\partial A}{\partial x}\right)_y-V_i^2\cdot B\frac{y_{pi+1}-y_{pi-1}}{2\cdot\Delta x}+gA\frac{y_{pi+1}-y_{pi-1}}{2\cdot\Delta x}=gA(S_o-S_f)$$

整理后,得:

$$\frac{V_i}{\Delta x}Q_{pi+1}+\frac{1}{\Delta t}Q_{pi}-\frac{V_i}{\Delta x}Q_{pi-1}+\frac{gA-V_i^2\cdot B}{2\cdot\Delta x}y_{pi+1}-\frac{gA-V_i^2\cdot B}{2\cdot\Delta x}y_{pi-1}=\frac{Q_i}{\Delta t}-V_i^2\left(\frac{\partial A}{\partial x}\right)+gA(S_o-S_{fpi}) \tag{12.4-10}$$

其中:

$$S_{fpi}=\frac{Q_{pi}\mid Q_{pi}\mid}{K_{pi}^2}$$

$$K_{pi}=\frac{1}{n}AR^{2/3}\mid_{y=y_p}$$

将摩擦坡降 S_{fpi} 线性化处理,可得:

$$S_{fpi}\approx S_{fi}+\frac{\partial S_f}{\partial Q}\Big|_i(Q_{pi}-Q_i)+\frac{\partial S_f}{\partial k}\Big|_i\frac{\partial k}{\partial y}\Big|_i(y_{pi}-y_i) \tag{12.4-11}$$

式(12.4-11)中的 $\frac{\partial S_f}{\partial Q}$ 和 $\frac{\partial S_f}{\partial k}$ 是在时间 t_0 计算出的,这些导数表达式可以通过对 S_{fpi} 求导得出。

$$\frac{\partial S_f}{\partial Q}=\frac{2\cdot Q}{k^2}=\frac{2\cdot S_f}{Q}$$

$$\frac{\partial S_f}{\partial k}=-\frac{2S_f}{k} \tag{12.4-12}$$

将式(12.4-12)代入式(12.4-11),可得:

$$S_{fpi}=S_{fi}+\frac{2S_f}{Q}\Big|_i(Q_{pi}-Q_i)-\frac{2S_f}{k}\Big|_i\frac{\partial k}{\partial y}\Big|_i(y_{pi}-y_i) \tag{12.4-13}$$

将式(12.4-13)代入式(12.4-10)：

$$\frac{V_i}{\Delta x}Q_{pi+1}+\frac{1}{\Delta t}Q_{pi}-\frac{V_i}{\Delta x}Q_{pi-1}+\frac{gA-V_i^2B_i}{2\cdot\Delta x}y_{pi+1}-\frac{gA-V_i^2B_i}{2\cdot\Delta x}y_{pi-1}=$$

$$\frac{Q_i}{\Delta t}-V_i^2\left(\frac{\partial A}{\partial x}\right)_{y_i}+gA_i\left\{S_o-[S_{fi}+\frac{2S_f}{Q}|_i(Q_{pi}-Q_i)-\frac{2S_f}{K}|_i\frac{\partial k}{\partial y}|_i(y_{pi}-y_i)]\right\}$$

将上式整理可得：

$$\frac{V_i}{\Delta t}\cdot Q_{pi+1}+(\frac{1}{\Delta t}+\frac{2S_{fi}gA_i}{Q_i})Q_{pi}-\frac{V_i}{\Delta x}Q_{pi-1}+\frac{gA_i-V_i^2\cdot B_i}{2\cdot\Delta x}y_{pi+1}-gA_i\frac{2S_f}{k}|_i\frac{\partial k}{\partial y}|_iy_{pi}-$$

$$\frac{gA_i-V_i^2\cdot B_i}{2\cdot\Delta x}y_{pi-1}=\frac{Q_i}{\Delta t}-V_i^2\left(\frac{\partial A_i}{\partial x}\right)_y+gA_i\left\{S_o+S_{fi}\left[1-\frac{2y}{k}|_i(\frac{\partial k}{\partial y})_i\right]\right\} \quad (12.4\text{-}14)$$

定义：

$$f_i=\frac{1}{\Delta t}+\frac{2\cdot S_{fi}gA_i}{Q_i}$$

$$K_i=\frac{gA_i-V_i^2\cdot B_i}{2\cdot\Delta x}$$

$$l_i=\frac{-2gA_iS_{fi}}{k_i}(\frac{\partial k}{\partial y})_i$$

$$e_i=\frac{V_i}{\Delta x}$$

$$D_i=\frac{Q_i}{\Delta t}-V_i^2(\frac{\partial A_i}{\partial x})_y+gA_i\left\{S_o+S_{fi}\left[1-\frac{2y_i}{k_i}(\frac{\partial k}{\partial y})_i\right]\right\}$$

则式(12.4-14)可以表示如下：

$$e_i\cdot Q_{pi+1}+f_iQ_{pi}-e_iQ_{pi-1}+k_i\cdot y_{pi+1}+l_i\cdot y_{pi}-k_iy_{pi-1}=D_i \quad (12.4\text{-}15)$$

(2)连续性方程的离散

将式(12.4-9)代入式(12.4-7)，可得：

$$\frac{Q_{pi+1}-Q_{pi-1}}{2\cdot\Delta x}+B_i\frac{y_{pi}-y_i}{\Delta t}+V_i(\frac{\partial A}{\partial x})_y=0$$

整理后得：

$$\frac{1}{2\cdot\Delta x}Q_{pi+1}-\frac{1}{2\cdot\Delta x}Q_{pi-1}+\frac{B_i}{\Delta t}y_{pi}=\frac{B_i}{\Delta t}y_i-V_i(\frac{\partial A}{\partial x})_y$$

定义：

$$a_i=\frac{1}{2\cdot\Delta x},b_i=\frac{B_i}{\Delta t},C_i=\frac{B_i}{\Delta t}y_i-V_i(\frac{\partial A}{\partial x})_y$$

则连续性方程的最终离散表达式为：

$$a_i\cdot Q_{pi+1}-a_i\cdot Q_{pi-1}+b_iy_{pi}=C_i \quad (12.4\text{-}16)$$

(3)关于 $(\frac{\partial A}{\partial x})_{yi}$ 的计算

对于变底宽的梯形渠道：

$$\left(\frac{\partial A}{\partial x}\right)_{yi}=\frac{[b_{i+1}+m\cdot y_i-(b_{i-1}+m\cdot y_i)]y_i}{2\cdot\Delta x}=\frac{(b_{i+1}-b_{i-1})\cdot y_i}{2\cdot\Delta x}\tag{12.4-17}$$

式中：b——渠道底宽；

m——边坡系数。

对于变壁高的城门洞形隧洞：

$$\left(\frac{\partial A}{\partial x}\right)_{yi}=\frac{(A_{i+1}-A_{i-1})_{yi}}{2\cdot\Delta x}\tag{12.4-18}$$

式中：A——水深为 y_i 时相应断面的过水面积。

(4)关于 $\frac{\partial k}{\partial y}$ 的计算

对于梯形和矩形断面的渠道：

$$\frac{\partial k}{\partial y}=\frac{\mathrm{d}k}{\mathrm{d}y}=\frac{\mathrm{d}((1/n)AR^{2/3})}{\mathrm{d}y}=\frac{(1/n)R^{2/3}\mathrm{d}A}{\mathrm{d}y}+\frac{(1/n)A\cdot(2/3)R^{-1/3}\mathrm{d}R}{\mathrm{d}y}$$

$$=\frac{(1/n)R^{2/3}\mathrm{d}A}{\mathrm{d}y}+\frac{(2/3n)AR^{-1/3}(P\mathrm{d}A-A\mathrm{d}P)}{P^2\mathrm{d}y}$$

$$=\frac{(1/n)R^{2/3}\mathrm{d}A}{\mathrm{d}y}+\frac{(2/3n)AR^{-1/3}\mathrm{d}A}{P\mathrm{d}y}-\frac{(2/3n)A^2R^{-1/3}\mathrm{d}P}{P^2\mathrm{d}y}$$

$$=\frac{(1/n)R^{2/3}(b\cdot\mathrm{d}y)}{\mathrm{d}y}+\frac{(2/3n)(R\cdot P)\cdot R^{-1/3}(b\cdot\mathrm{d}y)}{P\mathrm{d}y}-\frac{(2/3n)(R\cdot P)^2R^{-1/3}\mathrm{d}P}{P^2\cdot\mathrm{d}y}$$

$$=\frac{1}{n}R^{2/3}b+\frac{2}{3n}R^{2/3}b-\frac{2}{3n}R^{5/3}\frac{\mathrm{d}P}{\mathrm{d}y}$$

$$=\frac{5}{3n}R^{2/3}b-\frac{2}{3n}R^{5/3}\frac{\mathrm{d}P}{\mathrm{d}y}=\frac{k}{A}\left(\frac{5b}{3}-\frac{2}{3}R\frac{\mathrm{d}P}{\mathrm{d}y}\right)\tag{12.4-19}$$

对于城门洞形断面中的明流，当水位在弓形部位时，如图 12.4-3 所示：

$$\frac{\partial k}{\partial y}=\frac{(1/n)R^{2/3}\mathrm{d}A}{\mathrm{d}y}+\frac{2}{3n}R^{2/3}\frac{\mathrm{d}A}{\mathrm{d}y}-\frac{2}{3n}R^{5/3}\frac{\mathrm{d}P}{\mathrm{d}y}$$

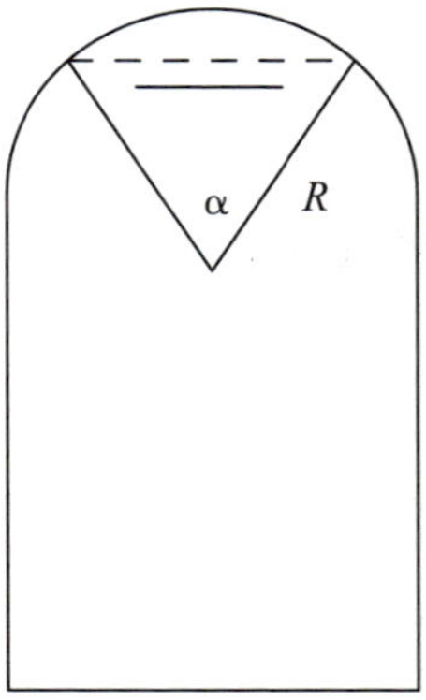

图 3.4-3　城门洞断面

则：

$$\mathrm{d}P=\mathrm{d}[P_0-\alpha\cdot r]=-r\cdot\mathrm{d}\alpha$$

$$\mathrm{d}A=\mathrm{d}[A_0-\frac{1}{2}r^2(\alpha-\sin\alpha)]=-\frac{1}{2}r^2(1-\cos\alpha)\cdot\mathrm{d}\alpha$$

$$\mathrm{d}y=\mathrm{d}\left[H_0-2r\sin^2\left(\frac{a}{4}\right)\right]=-2r\mathrm{d}\left(\sin^2\frac{a}{4}\right)$$

$$=-r\sin(a/4)\cdot\cos(a/4)\cdot\mathrm{d}a$$

所以：

$$\frac{\mathrm{d}A}{\mathrm{d}y}=\frac{-1/2r^2(1-\cos\alpha)\cdot\mathrm{d}\alpha}{-r\sin(\alpha/4)\cdot\cos(\alpha/4)\cdot\mathrm{d}\alpha}=\frac{1}{2}\frac{r(1-\cos\alpha)}{\sin(\alpha/4)\cdot\cos(\alpha/4)}$$

$$\frac{\mathrm{d}P}{\mathrm{d}y}=\frac{-r\mathrm{d}\alpha}{-r\sin(\alpha/4)\cdot\cos(\alpha/4)\cdot\mathrm{d}\alpha}=\frac{1}{\sin(\alpha/4)\cdot\cos(\alpha/4)}$$

式中：A_0——城门洞形尾水隧洞的断面面积；

P_0——城门洞形尾水隧洞的周长；

H_0——城门洞形尾水隧洞的洞顶高。

最后可得：

$$\frac{\mathrm{d}k}{\mathrm{d}y}=\frac{(r/6n)(1-\cos\alpha)\cdot R^{2/3}}{\sin(\alpha/4)\cdot\cos(\alpha/4)}+\frac{(r/3n)(1-\cos\alpha)\cdot R^{2/3}}{\sin(\alpha/4)\cdot\cos(\alpha/4)}-\frac{(2/3n)\cdot R^{5/3}}{\sin(\alpha/4)\cdot\cos(\alpha/4)}$$

$$=\frac{(5r/6n)(1-\cos\alpha)\cdot R^{2/3}-(2/3n)\cdot R^{5/3}}{1/2\sin(\alpha/2)}$$

$$=[(5r/3n)(1-\cos\alpha)\cdot R^{2/3}-(4/3n)\cdot R^{5/3}]/\sin(\alpha/2) \tag{12.4-20}$$

(5)上游边界

上下游边界正负特征方程见图 12.4-4。

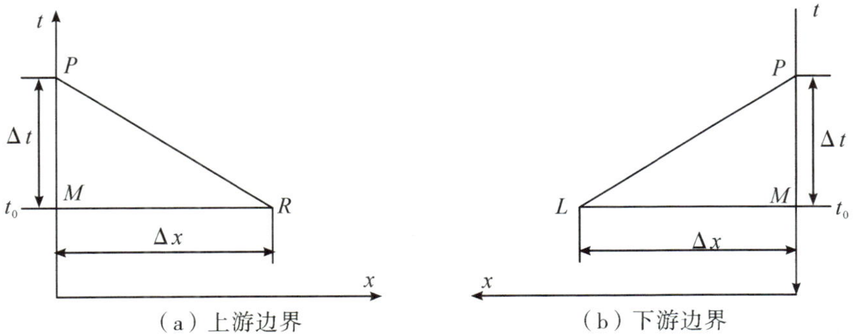

图 12.4-4 上下游边界正负特征方程

对于上游边界，可以写出负的特征方程如下：

$$\left[\frac{\partial Q}{\partial t}+(V-C)\frac{\partial Q}{\partial x}\right]-(V+C)\cdot B(y)\left[\frac{\partial v}{\partial t}+(V-C)\frac{\partial y}{\partial x}\right]=gA(S_o-S_r)$$

根据图 12.4-4(a)所示：

$$\frac{\partial Q}{\partial t}=\frac{Q_{p1}-Q_1}{\Delta t},\frac{\partial Q}{\partial x}=\frac{Q_{p2}-Q_{p1}}{\Delta x}$$

$$\frac{\partial y}{\partial t}=\frac{y_{p1}-y_1}{\Delta t},\frac{\partial y}{\partial x}=\frac{y_{p2}-y_{p1}}{\Delta x}$$

所以：

$$\left[\frac{Q_{p1}-Q_1}{\Delta t}+(V_1-C_1)\frac{Q_{p2}-Q_{p1}}{\Delta x})\right]-(V_1+C_1)\cdot B(y)\cdot$$

$$\left[\frac{y_{p1}-y_1}{\Delta t}+(V_1-C_1)\frac{y_{p2}-y_{p1}}{\Delta x}\right]=gA(S_o-S_r)$$

将上式进一步化简，可得：

$$\frac{1}{\Delta t}Q_{p1}-\frac{Q_1}{\Delta t}+\frac{V_1-C_1}{\Delta x}Q_{p2}-\frac{V_1-C_1}{\Delta x}Q_{p1}-\frac{(V+C)\cdot B(y)}{\Delta t}y_{p1}+$$

$$\frac{(V_1+C_1)\cdot B(y)\cdot y}{\Delta t}-\frac{(V_1^2-C_1^2)\cdot B(y)}{\Delta x}y_{p2}+\frac{(V_1^2-C_1^2)\cdot B(y)}{\Delta x}y_{p1}$$

$$=gA\left\{S_o-\left[S_{f1}+\frac{2S_{f1}}{Q_1}(Q_{p1}-Q_1)-\frac{2S_{f1}}{k_1}\left(\frac{\partial k}{\partial y}\right)_1\cdot(y_{p1}-y_1)\right]\right\}$$

将上式整理可得：

$$\left(\frac{1}{\Delta t}-\frac{V_1-C_1}{\Delta x}+\frac{2gA_1S_{f1}}{Q_1}\right)Q_{p1}+\frac{V_1-C_1}{\Delta x}Q_{p2}+\left[-\frac{(V_1+C_1)\cdot B_1(y)}{\Delta t}+\right.$$

$$\left.\frac{(V_1^2-C_1^2)\cdot B_1(y)}{\Delta x}-\frac{2gA_1S_{f1}}{k_1}\left(\frac{\partial k}{\partial y}\right)_1\right]\cdot y_{p1}-\frac{(V_1^2-C_1^2)\cdot B_1(y)}{\Delta x}y_{p2}$$

$$=\frac{Q_1}{\Delta t}-\frac{(V_1+C_1)\cdot B_1(y)y_1}{\Delta t}+gA_1\left\{S_o-\left[S_{r1}-2S_{f1}+\frac{2S_{f1}y_1}{k_1}\left(\frac{\partial k}{\partial y}\right)_1\right]\right\}$$

$$=\frac{Q_1}{\Delta t}-\frac{(V_1+C_1)\cdot B_1(y)y_1}{\Delta t}+gA_1\left\{S_o+S_{r1}\left[1-\frac{2y_1}{k_1}\left(\frac{\partial k}{\partial y}\right)_1\right]\right\}\tag{12.4-21}$$

引入如下定义：

$$a_1=\frac{1}{\Delta t}+\frac{2gA_1S_{f1}}{Q_1}-\frac{V_1-C_1}{\Delta x},b_1=\frac{V_1-C_1}{\Delta x},f_1=-\frac{(V_1^2-C_1^2)\cdot B_1(y)}{\Delta x}$$

$$e_1=-\frac{(V_1+C_1)\cdot B_1(y)}{\Delta t}+\frac{(V_1^2-C_1^2)\cdot B_1(y)}{\Delta x}-\frac{2gA_1\cdot S_{f1}}{k_1}\left(\frac{\partial k}{\partial y}\right)_1$$

$$D_1=gA_1\left\{S_o+S_{f1}\left[1-\frac{2y_1}{k_1}\left(\frac{\partial k}{\partial y}\right)_1\right]\right\}+\frac{Q_1}{\Delta t}-\frac{(V_1+C_1)\cdot B_1(y)\cdot y_1}{\Delta t}$$

则式(12.4-21)最终可以表示如下：

$$a_1Q_{p1}+b_1Q_{p2}+e_1y_{p1}+f_1y_{p2}=D_1\tag{12.4-22}$$

(6)下游边界

对于下游出口，可写出如下正的特征线方程：

$$\left[\frac{\partial Q}{\partial t}+(V+C)\cdot\frac{\partial Q}{\partial x}\right]-(V-C)\cdot B(x)\left[\frac{\partial y}{\partial t}+(V+C)\cdot\frac{\partial y}{\partial x}\right]=gA(S_o-S_f)\tag{12.4-23}$$

根据图12.4-4(b)，对上式进行差分离散：

$$\left[\frac{Q_{pn+1}-Q_{n+1}}{\Delta t}+(V+C)\frac{Q_{pn+1}-Q_{pn}}{\Delta x}\right]-(V-C)\cdot B(x)\cdot$$

$$\left[\frac{y_{pn+1}-y_{n+1}}{\Delta t}+(V+C)\frac{y_{pn+1}-y_{pn}}{\Delta x}\right]=gA(S_o-S_f)$$

将上式进一步整理，可得：

$$-\frac{V+C}{\Delta x}Q_{pn}+\left(\frac{1}{\Delta t}+\frac{V+C}{\Delta x}\right)Q_{pn+1}+\frac{B(V^2-C^2)}{\Delta x}y_{pn}-B\cdot(V-C)\left(\frac{1}{\Delta t}+\frac{V+C}{\Delta x}\right)\cdot y_{pn+1}$$

$$=\frac{Q_{n+1}}{\Delta t}-\frac{B\cdot(V-C)\cdot y_{n+1}}{\Delta t}+gA(S_o-S_f)$$

$$=\frac{Q_{n+1}}{\Delta t}-\frac{B\cdot(V-C)\cdot y_{n+1}}{\Delta t}+gAS_o-gA\left[S_f+\frac{2S_f}{Q_{n+1}}(Q_{pn+1}-Q_{n+1})-\frac{2S_f}{k_p}(\frac{\partial k}{\partial y})(y_{pn+1}-y_{n+1})\right]$$

引入如下定义：

$$a_{n+1}=-\frac{V_{n+1}+C_{n+1}}{\Delta x}$$

$$b_{n+1}=\frac{1}{\Delta t}+2g(\frac{A_{n+1}\cdot S_{fn+1}}{Q_{n+1}})+\frac{V_{n+1}+C_{n+1}}{\Delta x}$$

$$e_{n+1}=\frac{(V_{n+1}^2-C_{n+1}^2)\cdot B_{n+1}}{\Delta x}$$

$$f_{n+1}=-\frac{(V_{n+1}-C_{n+1})\cdot B_{n+1}}{\Delta t}-\frac{(V_{n+1}^2-C_{n+1}^2)\cdot B_{n+1}}{\Delta x}-2g\left[A_{n+1}\frac{S_{fn+1}}{k_{n+1}}(\frac{\mathrm{d}k}{\mathrm{d}y})_{n+1}\right]$$

$$D_{n+1}=gA_{n+1}\left\{S_o+S_{fn+1}\cdot\left[1-\frac{2y_{n+1}}{k_{n+1}}\cdot(\frac{\mathrm{d}k}{\mathrm{d}y})_{n+1}\right]\right\}+\frac{Q_{n+1}}{\Delta t}-\frac{(V_{n+1}-C_{n-1})\cdot B_{n+1}y_{n+1}}{\Delta t}$$

则式(12.4-23)最终可以表示为：

$$a_{n+1}\cdot Q_{pn}+b_{n+1}\cdot Q_{pn+1}+e_{n+1}\cdot y_{pn}+f_{n+1}\cdot y_{pn+1}=D_{n+1} \qquad (12.4\text{-}24)$$

12.4.4　变顶高尾水隧洞、明渠的边界条件

(1)尾水隧洞上游端

每条尾水隧洞上游端分别与有压过渡段相连，故对过渡段末端可以写出 1 个正特征线方程：

$$Q_{pj}=C_{pj}-C_{aj}\cdot H_p \qquad (12.4\text{-}25)$$

相关过渡段末端流量之和即等于该尾水隧洞首断面的瞬时流量，即

$$Q_{p1}=\sum Q_{p1}=\sum C_{pj}-\sum C_{aj}\cdot H_p \qquad (12.4\text{-}26)$$

考虑到过渡段出口与尾水隧洞交接面的局部阻力损失，过渡段末端的测压管水头 H_p 与尾水隧洞起始断面的水深 y_{1p} 的关系，可用下式近似表示：

$$H_p=y_{1p}+Z_1-H_s+\xi_p\frac{V_{po}|V_{po}|}{2g} \qquad (12.4\text{-}27)$$

式中：H_s ——机组安装高程；

Z_1——尾水隧洞起始断面底部高程；

V_{po} —— t_o 时刻过渡段当量管流速；

ξ_p ——阻力系数。

依据上述方程，可得：

$$Q_{p1}+\sum C_{ai}y_{1p}=\sum C_{pj}-\sum C_{cj}\cdot(Z_1-H_s+\xi_p\frac{V_{po}|V_{po}|}{2g}) \qquad (12.4\text{-}28)$$

(2)尾水隧洞下游端

近似取尾水隧洞下游端的水深 Y_{np} 初值为 t_0 时刻尾水明渠起始断面水深 Y_{01} 加 t_0 时刻的水深增量 ΔY_{01}，并考虑交接面的水头损失和动量差，即

$$Y_{np}=Y_{01}+\Delta Y_{01}+\xi_n\frac{V_{no}|V_{no}|}{2g} \tag{12.4-29}$$

进行迭代计算到精度达到要求为止。V_{no} 为 t_0 时刻尾水隧洞下游端流速，ξ_n 是综合考虑阻力损失和动量差的系数。

(3)明渠上游端

明渠上游端的流量等于尾水隧洞出口流量之和，即

$$Q_{01p}=\sum Q_{jnp} \tag{12.4-30}$$

(4)明渠下游端

$$H_{n+1}+\frac{V_{n+1}^2}{2g}-K_q\cdot Q_{n+1}|Q_{n+1}|=H_{02}+H_s-Z_{n+1} \tag{12.4-31}$$

12.4.5 初始条件下的水面曲线

为了计算过渡过程状态，需要知道系统内所有断面上初始恒定流的水深和流速。如果这条件与圣维南方程不相容，那么在求解带状矩阵过程中，在每个断面上将产生微小波动，这些实际并不存在的干扰会影响系统的真实解。如果求得的初始值与实际值很接近，只要算一定次数，流态的变化就可以收敛到接近于真实初始边界条件的稳定值。

初始条件由求解明渠渐变流的常微分方程来确定：

$$\frac{dy}{dx}=\frac{S_o-S_f}{1-(Q^2B)/(gA^3)} \tag{12.4-32}$$

式(12.4-32)为一阶微分方程，沿流道从上游向下游积分这个方程可以算出沿渠道和隧洞的水深。为此，用龙格—库塔法，设已知 I 时刻 X 断面的水深为 y_i，那么 $(i+1)$ 时刻的水深为：

$$y_{i+1}=y_i+\frac{1}{6}(a_1+2a_2+2a_3+a_4) \tag{12.4-33}$$

式中：

$$a_1=\Delta x\cdot f(x_iy_i)$$

$$a_2=\Delta x\cdot f\left(x_i+\frac{1}{2}\Delta x,y_i+\frac{1}{2}a_i\right)$$

$$a_3=\Delta x\cdot f\left(x_i+\frac{1}{2}\Delta x,y_i+\frac{1}{2}a_2\right)$$

$$a_4=\Delta x\cdot f(x_i+\Delta x,y_i+a_3)$$

$$f(x,y)=\frac{dy}{dx}$$

12.5　电站小波动计算理论和方法

按典型的 PID 型调节规律，用四阶 Rugga-Kutta 方法求解调速器微分方程组：

$$\frac{\mathrm{d}x}{\mathrm{d}t}=\left(1-w-T_n\cdot\frac{\mathrm{d}\Delta w}{\mathrm{d}t}-x\right)/T'_n \tag{12.5-1}$$

$$\frac{\mathrm{d}y_n}{\mathrm{d}t}=\left[T_d\left(1-w-T_n\cdot\frac{\mathrm{d}\Delta w}{\mathrm{d}t}-x\right)/T'_n+x\right]/(b_t\cdot T_d) \tag{12.5-2}$$

$$\frac{\mathrm{d}y}{\mathrm{d}t}=(y_n-y)/T_y$$

调速器各组成部分输出可能饱和，在较大负荷变化的分析中必须考虑这些饱和限制：

$$-\frac{1}{T_y}\leqslant\frac{\mathrm{d}y}{\mathrm{d}t}\leqslant\frac{1}{T_g} \tag{12.5-3}$$

$$0\leqslant y_n\leqslant 1 \tag{12.5-4}$$

$$0\leqslant y\leqslant 1 \tag{12.5-5}$$

第 13 章 调压室型式和参数选择

随着水电建设的发展，调压室的应用越来越普遍，规模也越来越庞大，型式上也有了新的变化，如多个调压室上部连通形成调压室群。作为调压室设计理论，研究的重点仍然是调压室型式的选择和设置条件，尤其是尾水调压室设置条件、调压室临界稳定断面积、上下游双调压室水位波动稳定性以及影响调压室水位波动稳定性各种因素。

13.1 调压室结构型式的选择

13.1.1 调压室的基本类型

调压室的基本类型可分为以下几种：

(1)简单式

包括无连接管与有连接管两种型式，连接管的断面面积应不小于调压室处压力水道断面面积。

(2)阻抗式

阻抗孔口断面面积应小于调压室处压力水道断面面积。

(3)水室式

由竖井和上室、下室共同或分别组成。

(4)溢流式

专指调压室顶部设有溢流堰泄水的型式。

(5)差动式

由带溢流堰的升管、大室与阻抗孔组成。

(6)气垫式

将自由水面与大气隔开的调压室。当室内水面气压高于大气压力，水面波动时，调压室中气体体积与压力亦随之变化。

调压室的选型应根据水电站的工作特点，结合地形、地质条件，全面地分析各类调压室的优缺点及适用条件，进行技术经济比较后确定。

13.1.2 调压室结构型式的基本原则

1)能有效地反射由压力管道传来的水击波；

2)在无限小负荷变化时,能保持稳定;

3)大负荷变化时,水面振幅小,波动衰减快;

4)在正常运转时,经过调压室与压力水道连接处的水头损失较小;

5)结构简单,经济合理,施工方便。

13.2　调压室结构参数的选择计算

13.2.1　调压室设置条件

调压室的设置应在调节保证计算、机组运行稳定性及调节品质分析的基础上,结合地形、地质、压力水道布置等因素,进行技术经济比选后确定。在项目前期,往往需要根据压力水道的总体布置初步判断是否有必要设置调压室,通常有两种方式:基于流道特性和基于机组特性。

13.2.1.1　基于水道特性的初步判断

(1)设置上游调压室

设置上游调压室的条件按照压力水道中水流惯性时间常数 T_w 作初步判断:

$$T_w > [T_w]$$

$$T_w = \frac{\sum L_i v_i}{g H_p} \tag{13.2-1}$$

式中:T_w——上游压力水道水流惯性时间常数(s);

L_i——上游压力水道及蜗壳各段的长度(m);

v_i——各管段内相应的平均流速(m/s);

g——重力加速度(m/s^2);

H_p——设计水头(m);

$[T_w]$——T_w 值的允许值,取值范围 2~4s。

$[T_w]$的取值随水电站在电力系统中的作用而异,当水电站作孤立运行,或者机组容量在电力系统中所占的比重超过 50%时,宜取小值;当比重小于 10%~20%时,可取大值。

(2)设置下游调压室

长期以来,尾水调压室设置条件一直是水电站尾水系统水力设计的关键问题之一。设置下游调压室的条件,国内外许多学者是以尾水管内不产生液柱分离为前提。

$$L_w = \frac{5T_s}{V_{w0}}\left(8 - \frac{\nabla}{900} - H_s - \frac{V_{wj}^2}{2g}\right) \tag{13.2-2}$$

式中:L_w——压力尾水道及尾水管各段的长度(m);

T_s——水轮机导叶有效关闭时间(s);

V_{w0}——稳定运行时压力尾水道中的平均流速(m/s);

V_{wj}——水轮机转轮后尾水管入口处的平均流速(m/s);

H_s——吸出高度(m);

▽——安装高程(m)。

13.2.1.2 基于机组特性的初步判断

电站运行稳定性与水流惯性时间常数 T_{w1}、机组加速度时间常数 T_a 等密切相关，不设置上游调压室的初步判别条件应满足式(13.2-1)的规定：

$$T_{w1} \leqslant -\sqrt{\frac{9}{64}T_a^2 - \frac{7}{5}T_a + \frac{784}{25}} + \frac{3}{8}T_a + \frac{24}{5} \tag{13.2-3}$$

$$T_a = \frac{GD^2 n^2}{365P} \tag{13.2-4}$$

式中：T_{w1}——上、下游自由水面间压力水道中水流惯性时间常数(s)；

T_a——机组加速度时间常数(s)；

GD^2——机组的飞轮力矩(kg·m^2)；

n——机组的额定转速(r/min)；

P——机组的额定出力(W)。

当不满足式(13.2-3)时，可按图 13.2-1 所示的关系图进行初步判断：当处在①区时，可不设置上游调压室；当处在②区时，应详细研究设置上游调压室的必要性；当处在③区时，应设置上游调压室。

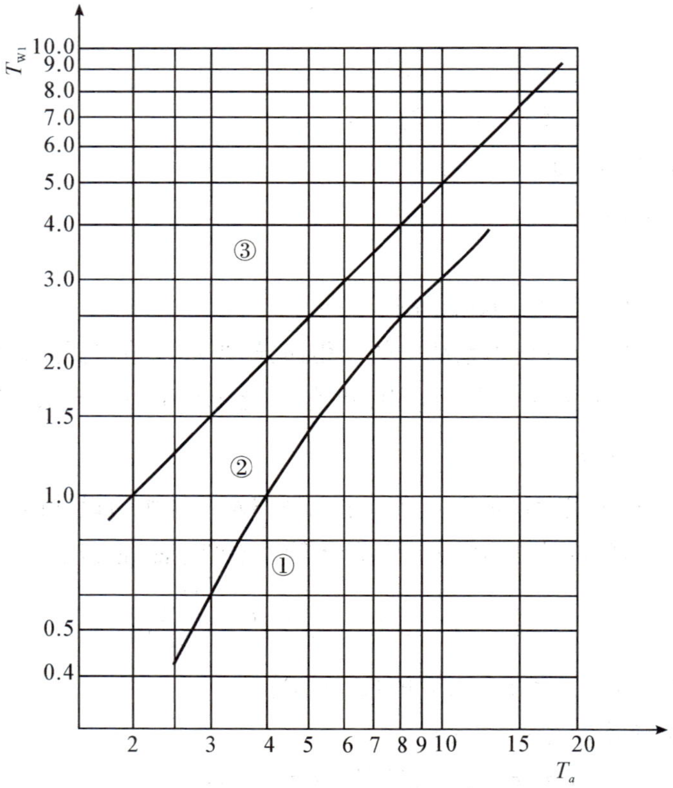

图 13.2-1　T_{w1}、T_a 与调速性能的关系

13.2.2　上游调压室稳定断面面积

根据《水电站调压室设计规范》(NB/T 35021—2014)，上游调压室的稳定断面面积按托马准则计算并乘以系数 K 决定：

$$A_{th}=\frac{LA}{2g(\alpha+\frac{1}{2g})(H_0-h_{w0}-3h_{wm})} \tag{13.2-5}$$

式中：A_{th} ——托马临界稳定断面面积；

L——压力引水道(自水库到调压室)长度；

A——压力引水道断面面积；

H_0——水轮机发电最小毛水头；

α ——自水库至调压室水头损失系数，$\alpha=h_{w0}/v^2$(包括局部水头损失与沿程水头损失)，在无连接管(简单式)时用 α 代替 $(\alpha+\frac{1}{2g})$，其中：v 为压力引水道平均流速；

h_{w0}——压力引水道水头损失；

h_{wm} ——调压室下游压力管道总水头损失(包括压力管道和尾水管延伸段水头损失)。

系数 K 一般可采用 1.0~1.1；选用 $K<1.0$ 应有可靠的论证。对于高水头的冲击式水电站，A_{th} 计算值一般很小，K 的选取一般需要水工布置及最高涌浪控制高程决定；而对于较低水头电站，A_{th} 计算值较大，但由于小波动稳定性能较差，K 值一般选取较大的值。

总之，调压室断面面积需要充分考虑水轮机、调速器、发电机和电网等影响因素，通过过渡过程计算进一步论证决定。

13.2.3　下游调压室稳定断面面积

根据《水电站调压室设计规范》(NB/T 35021—2014)，下游调压室的稳定断面面积按托马准则计算并乘以系数 K 决定：

$$A_{th}=\frac{LA}{2g\alpha(H_0-h_{w0}-3h_{wm})} \tag{13.2-6}$$

式中：A_{th} ——托马临界稳定断面面积；

L——压力尾水道长度；

A——压力尾水道断面面积；

H_0——水轮机发电最小毛水头；

α ——下游调压室至下游河道或水库水头损失系数，$\alpha=h_{w0}/v^2$(包括局部水头损失与沿程水头损失)；

h_{w0}——压力尾水道水头损失；

h_{wm} ——下游调压室至上游管道总水头损失(包括压力管道和尾水管延伸段水头损失)。

系数 K 一般可采用 1.0~1.1；选用 $K<1.0$ 应有可靠的论证。

13.2.4 调压室水力参数的选择

调压室断面面积应满足稳定要求，高度应满足涌波要求。

阻抗式调压室阻抗孔尺寸选择的基本要求是增加阻抗以后不恶化压力水道的受力状态(即不发生水击穿井现象)，能有效地抑制调压室的波动幅度及加速波动的衰减。一般当阻抗孔面积小于压力引水道或尾水道面积的15％时，压力管道末端及调压室底部的水击压力才会急剧恶化，而孔口面积大于压力引水道或尾水道面积的50％时，对抑制波动幅度与加速波动衰减的效果则不显著，在特长的压力水道中收效更微，按经验调压室阻抗孔口尺寸取压力引水道或尾水道的25％～45％，并将阻抗板上下压差控制在结构允许范围内。

需要设置通气孔的调压室，通气孔的面积应不小于10％的压力水道面积。

第14章 变顶高尾水隧洞布置方式的选择

14.1 变顶高尾水隧洞的提出

随着我国水电资源的开发利用以及机器制造业的发展，许多正在设计和施工的大、中型水电站乃至巨型水电站均在蓬勃兴起，在位于高山峡谷河流上的电站，大多布置在地下，采用引水式厂房型式。其输水管道系统总长度为800～1000m时，无论采取首部开发、中部开发，还是尾部开发，都需要设置调压室。而且这种水电站的引用流量也往往较大，加之狭谷河段电站下游的水位变幅也是较大的，特别是对电站运行水头相对较低的电站，其总体布置就十分困难。洞长与流速的乘积也较大，一般较难满足我国目前现行规范的有关要求。为了解决好这类水电站的机组运行稳定性要求，必须设置尺寸庞大的调压室，来保证电站的调节品质和供电质量。但是修建尺寸庞大的调压室，将给在工程布置中已十分困难的地下电站洞室群的设计和施工增加更大的难度，犹如“雪上加霜”。如乌江彭水电站输水系统总长800m左右，其中尾水隧洞长440m，压力水道中水流惯性时间常数T_w值为5～6s，但是其最低水头仅有54m。调压室的托马临界稳定断面面积已经达到577～1100m^2，调压室的总高度均在百米左右。三峡地下电站的输水系统总长540～670m，其中尾水隧洞长240～370m。T_w值也为4.72～5.39s，最低水头71m，一机一洞调压室的面积为716～1219m^2，高度40m；二机一洞调压室面积1283～1613m^2，高度83m。

由于调压室方案洞室及规模尺寸巨大，地下洞群纵横交错，洞室布置不易满足规范要求，围岩稳定问题突出。如果采用特殊支护处理措施，将会付出昂贵的支护代价，施工难度大，且施工中将会出现预计不到的问题和困难。

为了实现在不设置调压室的条件下，又能满足电站运行稳定要求，长江设计院与武汉大学在彭水水电站和三峡地下电站的输水系统设计研究中做了大量的工作，经过了充分的研究，包括大比尺水工模型试验、带模型水轮发电机组和调速器的水力过渡过程仿真试验以及大量的仿真计算并结合向外国专家咨询等各种必要手段，取得了极其宝贵的资料，有力地证明了变顶高尾水隧洞的工程可行性和实用性。

14.2 变顶高尾水隧洞的设计思想与研究的问题

14.2.1 工作原理

如图 14.2-1 所示的变顶高尾水隧洞，其特点是让下游水位与尾水洞顶任意处衔接，将尾水洞分成有压满流段和无压明流段。当下游处于低水位时，水轮机的淹没水深比较小，但无压明流段长，有压满流段短，过渡过程中负水击压力小，所以尾水管进口断面的最小绝对压力不会超过规范的要求。随着下游水位升高，尽管无压明流段的长度逐渐减短，有压满流段的长度逐渐增长，负水击越来越大，直到尾水洞全部呈有压流，但水轮机的淹没水深逐渐加大，而且有压满流段的平均流速也逐渐变小，正负两方面的作用相互抵消，使得尾水管进口断面的最小绝对压力能控制在规范的范围之内，保证机组安全运行。

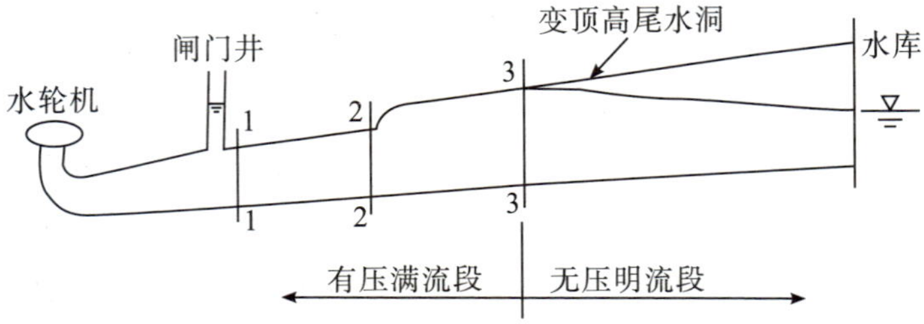

图 14.2-1　变顶高尾水隧洞示意图

故变顶高尾水隧洞的工作原理是：根据下游水位的变化，即水轮机的淹没水深来确定尾水洞有压满流段的极限长度，始终满足过渡过程中对尾水管进口断面最小绝对压力的要求，从而起到取代尾水调压室的作用。

应该指出的是在过渡过程中，无压明流段的水位波动对尾水管进口断面的绝对压力 $\frac{p_2}{\gamma}$ 是有影响的，故该断面的绝对压力可采用如下关系式：

$$\frac{p_2}{\gamma}=\frac{p_a}{\gamma}+H_2+\Delta H+\Delta Z+\Delta h_p+\Delta h_c \tag{14.2-1}$$

式中：$\frac{p_a}{\gamma}$——大气压力；

ΔH——有压满流段的水击压力；

ΔZ——无压明流段水位波动对下游淹没水深 H_2 的叠加；

Δh_p 和 Δh_c——过渡过程中有压满流段和无压明流段的水头损失。

根据规范的要求，整个过渡过程中的 $\frac{p_2}{\gamma}$ 极小值应大于或等于其限制值 $\frac{p_{2\min}}{\gamma}$（$\frac{p_{2\min}}{\gamma}$ 通常等于 2m 水柱），即

$$\left\{\frac{p_a}{\gamma}+H_2+\Delta H+\Delta Z+\Delta h_p+\Delta h_c\right\}_{(t)}\Bigg|_{\lim}\geqslant\frac{p_{2\lim}}{\gamma} \tag{14.2-2}$$

在过渡过程中，$\frac{p_a}{\gamma}$ 和 H_2 是不变的(对应某一下游水位)。$\Delta h_p+\Delta h_c$ 由于影响有限，可以忽略。但 ΔH 和 ΔZ 的极小值并不一定同时发生，并且明满流分界面也是运动的，即有压满流段长度在变化，因此给出 $\{\Delta H+\Delta Z\}_{(t)}|_{\lim}$ 的解析表达式十分困难，精确的计算只能通过数值解。

如果不考虑无压明流段水位波动叠加的影响，并将明满流分界面固定，水击压力 ΔH 用刚性水锤计算公式近似表达，给出了变顶高尾水隧洞极限容许水流惯性加速时间解析表达式：

$$T_{ws\lim}=-\frac{1}{H_0(\mathrm{d}q/\mathrm{d}t)}\{\frac{p_a}{\gamma}+H_2-\frac{p_{2\lim}}{\gamma}\} \tag{14.2-3}$$

式中：q——水轮机流量 $Q(t)$ 与基准流量 Q_0 之比；

H_0——水电站的恒定流时净水头，其结果可能偏于不安全。

为此采用瞬时波流量的计算公式近似求得 ΔZ：

$$\Delta Q=[V_0+\sqrt{gh_0(1+\frac{3}{2}\frac{\Delta Z}{h_0})}]B\Delta Z \tag{14.2-4}$$

式中：h_0——分界面的初始水深；

B——底宽；

V_0——分界面的初始流速，在甩全负荷条件下，$\Delta Q=-Q_0$，所以 $\Delta Z<0$。

将 ΔZ 叠加于 H_2，即 $H'_2=H_2+\Delta Z$，以 H'_2 代替 H_2 代入式(14.2-3)，即可求得 $T_{ws\lim}$，然后再按下式求得相应条件下有压满流段(包括尾水管)的极限长度。

$$T_{ws\lim}=\frac{Q_0}{gh_0}\int_0^{L_{P\lim}}\frac{\mathrm{d}l}{F(l)} \tag{14.2-5}$$

更精确一点的计算可以用弹性水锤的计算公式代替刚性水锤计算公式，ΔH 和 $T_{ws\lim}$ 表示式要复杂得多。应该指出的是，上述计算的前提假定是水锤压力的极值和瞬时波高 ΔZ 同时发生，并且按相应的极值公式计算。

14.2.2　适用条件

变顶高尾水隧洞在解决过渡过程中尾水管进口断面最小绝对压力满足规范要求有着极为重要的作用。但从工程实际的角度来看，其适用范围仍有一定的限制，主要表现在尾水道的长度和下游水位的变幅。

当地下电站采用尾部开发方式，其尾水道通常在150m左右，尾水管进口断面最小绝对压力可采用适当降低机组安装高程或增大尾水道断面面积等方法来解决，没有必要采用变顶高或无压尾水洞的型式。

当地下电站采用首部开发方式，其尾水道很长时，若采用变顶高的体型，即使顶坡为2%～3%，长度为600m，则尾水洞出口断面高度在进口断面基础上增高了12～18m，尾水道越长，增加的高度越多，导致出口断面高度太大，既增加了工程量又不利于尾水洞的围岩稳定，因此长尾水道水电站设置尾水调压室仍是解决调保参数和机组稳定运行问题的必要工程措施。

当地下电站采用中部开发方式，或首部开发，但尾水道并不太长，则有必要比较无压尾水洞、变顶高尾水隧洞以及设置尾水调压室的各种方案。若下游水位变幅不大，或洪水期历时很短，则采用无压尾水洞方案优点明显。整个尾水洞高度不大，水流惯性加速时间减小很多，有利于机组的调保参数和稳定运行。若下游水位变幅大，则采用变顶高尾水隧洞方案比较有利。变顶高尾水隧洞除了能有效地解决尾水管进口断面最小绝对压力之外，最大优点是对下游水位没有限制。但随着下游水位升高，有压满流段越来越长，水流惯性加速度时间将明显增加，势必对机组稳定运行带来影响，因此有必要与设置尾水调压室方案做全面的、仔细的技术经济比较。

14.2.3 研究的问题

变顶高尾水隧洞是一种新的体型结构，目前已有越南和平水电站、彭水水电站、三峡地下电站和向家坝水电站等工程实例，因此在借鉴和运用时必须深入研究变顶高尾水隧洞的有关问题。

1）尾水洞洞长。随着下游水位升高，有压满流段增长。尽管其平均流速也逐渐减小，但水流惯性加速时间比起设置调压室方案或无压尾水洞方案会增大，尾水洞全长呈有压流时可达极大值，无疑给机组稳定运行带来影响。

2）顶坡的大小，虽然顶坡越大，对尾水管进口断面最小绝对压力越有利，但增加了工程量，不利于尾水洞围岩稳定。顶坡放缓，不仅上述的矛盾互相转换，而且在恒定流时水面与管顶纵剖面线成一个很小的夹角，将导致分界面扰动和“拍击”洞顶。并且在过渡过程中可能产生滞气和明满流交替现象，形成巨大的气水锤压力，因此合理确定顶坡是十分关键的问题。

3）在甩部分负荷的过渡过程中，明满流分界面也来回运动，运动的快慢和衰减的程度可能对机组稳定运行有一定的影响。这种影响与无压尾水洞或设置尾水洞调压室有所不同，不仅改变作用于水轮机的水头，而且改变有压满流段 T_{ws} 值的大小。

4）变顶高尾水隧洞出口刚淹没条件下甩全负荷，尾水洞部分洞顶可能出现负压，这一点与无压尾水洞和有压尾水洞也是不同的。尽管混凝土衬砌能承受较大的负压，但以不产生水柱中断或负压脱流为前提。

上述问题是设计中应该注意的问题，只要弄清了变顶高尾水隧洞的工作机理，采用理论分析、数模计算和模型试验相结合的方法，逐步优化和完善体型，就能发挥变顶高尾洞的重要作用。

第 15 章　机组负荷变化、导叶接力器、调速器及电网特性

15.1　机组负荷变化

机组在稳定状态运行时，当进行正常操作和外界负荷发生变化时，机组将从一个稳定状态过渡到另一个稳定状态。

根据水轮机微机调速器对水轮发电机组的调节与控制情况，可将水轮发电机组简单地分为三种稳定状态——正常运行、空载、停机等待，各运行工况间的转换过程见图 15.1-1。

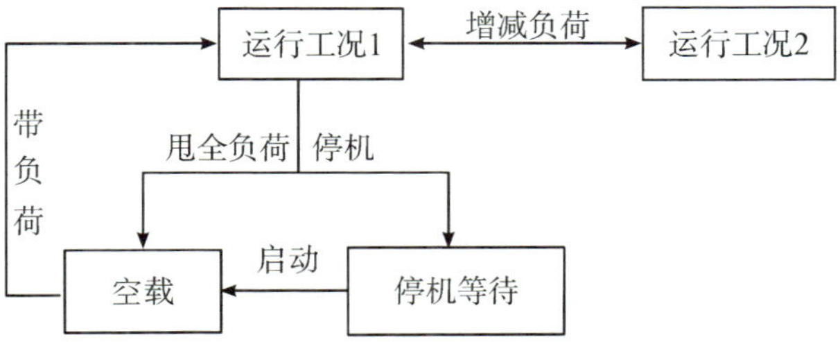

图 15.1-1　水轮发电机组各运行工况间的转换过程图

由图 15.1-1 可知，水轮发电机组运行工况转换过程有启动、运行机组增减负荷、发电机从电网切除时的甩负荷及停机。

机组负荷变化的主要形式有正常开停机、正常增减负荷、一次调频自动增减负荷、二次调频增减负荷(类似正常增减负荷)、事故及紧急停机等。机组正常开停机、正常增减负荷、二次调频增减负荷、紧急停机按钮由人工在中控室远方或调速器电气柜现地操作完成，其操作时机和操作过程可人为控制，表现为“可控工况”。一次调频自动增减负荷、突甩负荷等为电网端负荷变化对机组调节系统的扰动，具有突发性，表现为“不可控工况”。导致水轮发电机组负荷变化的几种类型及扰动点见图 15.1-2。

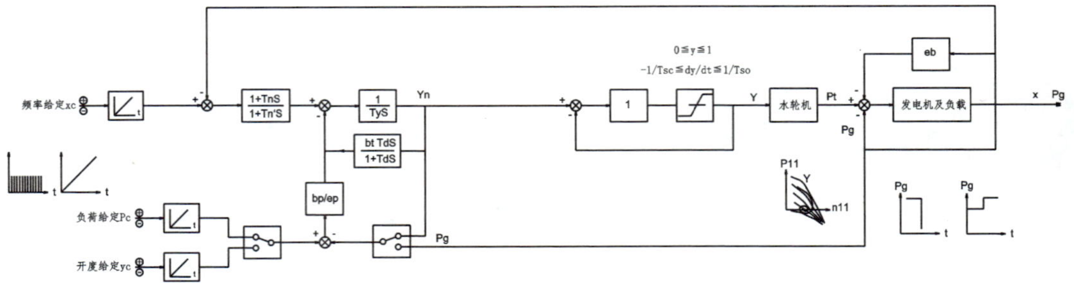

图 15.1-2　水轮发电机组负荷扰动示意图

15.1.1　机组启动

机组启动是一种使机组从静止状态转入转动，随后使之同步和将发电机并入电网的过程。当机组开机时，希望转速能够尽快地使机组由零上升至额定转速，以便快速并网，又要避免超调。通常采用的开机规律有开环开机、闭环开机及“开环+闭环”的开机规律。

机组启动开环阶段接力器开启规律见图 15.1-3，其中：y_0 为启动开度，T_k 为导叶开启时间；闭环阶段转速给定 $n_{给}$ 也按直线变化规律，t_c 定义为转速给定增启时间即转速给定从 0 直线增加到额定转速的时间。

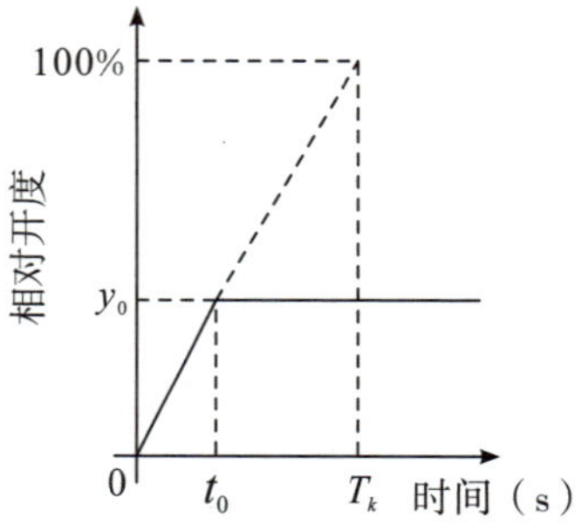

图 15.1-3　机组启动开环阶段接力器开启规律

机组启动过程中未并入电网，水轮发电机负荷阻力矩为零，即 $M_g=0$。在开环开机阶段给定接力器行程 y 随时间的变化，无需引入调速器方程；在闭环开机阶段引入频率控制模式下的调速器方程。

15.1.2　机组正常增减负荷

机组正常增减负荷是指机组在并网后，由运行人员在中控室或调速器柜发出增减负荷操作指令，机组进行正常增减负荷。为避免机组快速增减负荷造成过大扰动，增减负荷设积分环节，即增减负荷按斜坡函数输入调节系统中。

机组正常增减负荷变化规律见图 15.1-4。

机组正常增减负荷的幅度范围从零到机组最大负荷。对快速增负荷，将影响水力系统的过渡过程状态，因此增负荷时间应根据共水力单元的机组台数及对水力扰动的限制分析计算确定。

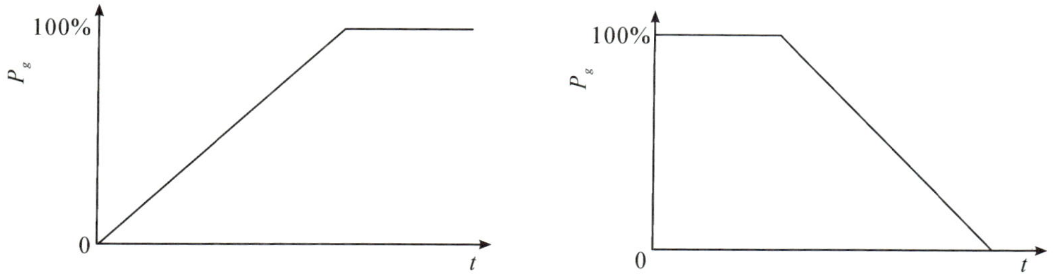

图 15.1-4 机组正常增减负荷变化规律

当一个水力单元有多台水轮发电机组时，为减少对共水力单元机组正常增负荷的限制约束，在计算时可按共水力单元总机组台数同时正常增负荷最不利条件考虑。

15.1.3 事故停机及紧急停机

(1)事故停机

机组事故停机是指电力系统事故导致发电机出口开关跳闸，调速器以最快时间停机至空载，机组最后维持在空载开度，额定转速运行。

(2)紧急停机

机组紧急停机是指由于机组机械或电气事故或油压装置低油压或紧急停机按钮启动，调速器以最快时间关机至 0 开度，机组转速为 0。

机组事故停机和紧急停机的负荷变化规律相同，只是发电机负荷为 0 时，机组的转速和开度不同，水轮机的出力有所不同。机组事故停机和紧急停机的负荷变化规律见图 15.1-5。

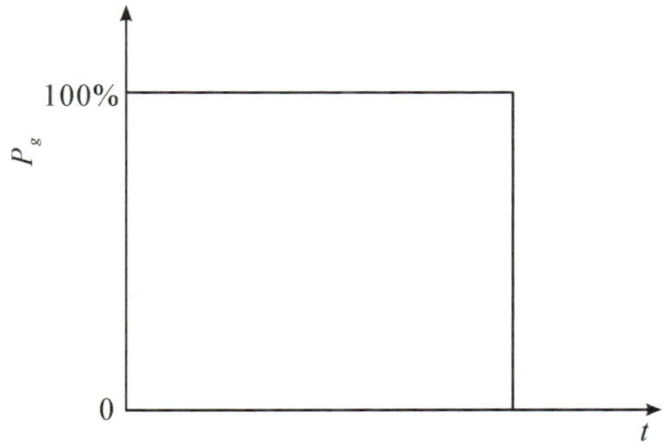

图 15.1-5 机组事故停机和紧急停机负荷变化规律

15.1.4 机组在电网中负荷突变(一次调频)

电网频率的稳定性和准确性，是供电质量的重要指标，并取决于电网的容量及调频特性。在大电网中，频率变化指标被严格地限制在±0.2Hz 或±0.5Hz，电网容量越大，要求频率偏差限制在越小的范围内。为维持电网频率稳定，我国电网要求发电机组必须共同参与电网一次调频。所谓一次调频就是依靠水轮发电机组调速系统自动完成调频任务，不需要人为干预。当电网频率发生变化时，参与一次调频的水轮发电机组通过自身的调速系统控制机组负荷变化，以维持电网频率的稳定，当电网频率下降超过频率变化限制时，需要通过二次调频使系统回调到正常范围。图 15.1-6 给出了一次调频（$a-a_1$ 为一次调频）和二次调频的关系（a_1-a_2 为二次调频）。

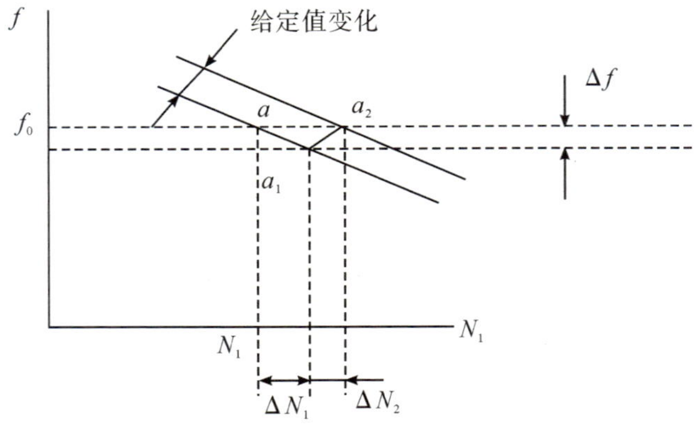

图 15.1-6　一次调频、二次调频示意图

图 15.1-6 给出的一次调频过程中负荷变化规律用公式可以表示为：

$$f/L=b_p$$

式中：f——频率变化相对值；

L——负荷变化相对值；

b_p——永态转差率。

当永态转差率为 4%，电网频率突降 0.5Hz，一次调频控制功能将自动使机组负荷突然增加 25%。

因此，当永态转差系数越小，电网频率变化越大，机组承担突变负荷也越大。

由于一次调频作用，使机组在电网运行中存在两种负荷突变方式：一为突增负荷，二为突减负荷。机组突减负荷最大值为机组突甩额定负荷。根据《水利水电工程调压室设计技术规范》（SL 655—2014）中 5.2“调压室的涌波计算”的规定：调压室最高、最低涌浪按从 2/3 负荷突增至满负荷等工况确定。因此，机组在电网中负荷突变规律按突增 1/3 额定负荷确定，机组在电网中负荷突变规律见图 15.1-7。

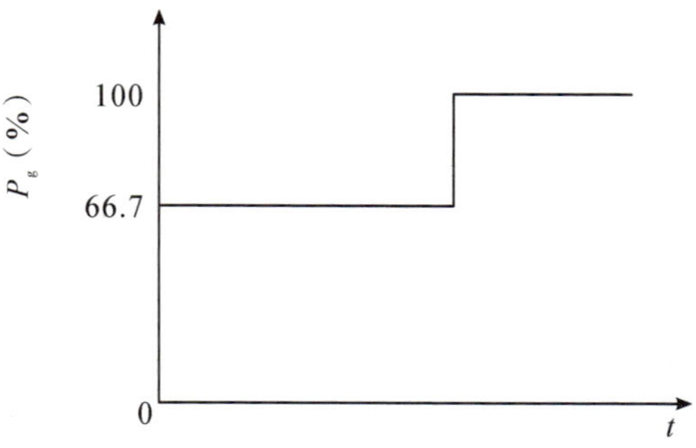

图 15.1-7　机组突增 1/3 负荷变化规律

15.1.5　机组负荷变化组合

机组负荷变化组合是指在电站运行中可能出现的机组正常增减负荷、事故停机及紧急停机和机组在电网中负荷突变几种不同类型负荷变化的组合。

在正常机组操作过程中，大量存在机组正常增负荷过程中或正常增负荷完成后某段时间内突然甩全负荷，或在甩全负荷完成后某段时间内机组要继续开机增负荷并又在一段时间后突甩全负荷。这两种负荷组合见图 15.1-8 和图 15.1-9。

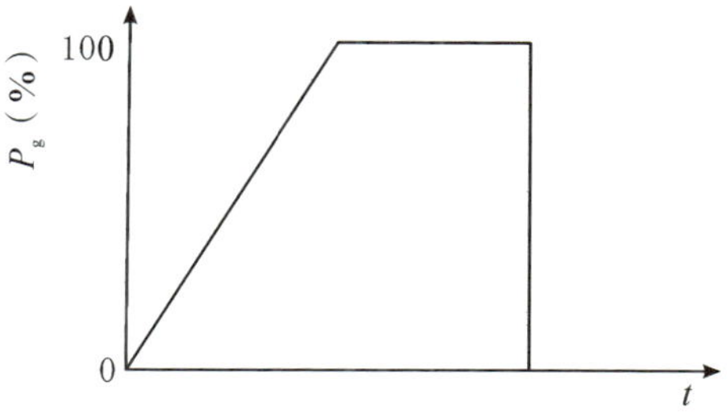

图 15.1-8 先缓增后甩

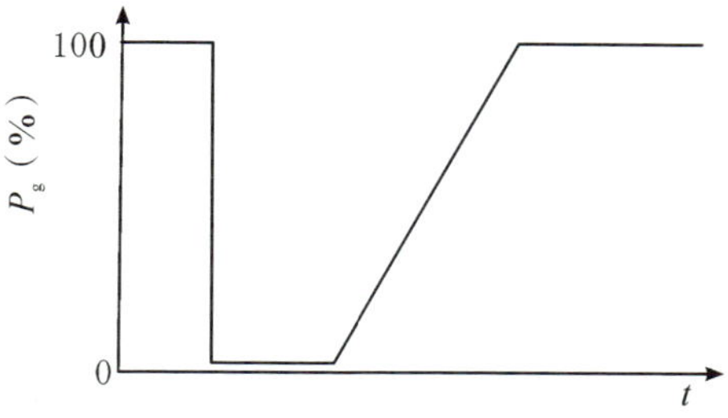

图 15.1-9 先突甩后增又突甩

在自动运行机组过程中，大量存在机组处于一次调频运行状态，由于电网频率变化导致机组负荷突变，在负荷突变过程中又出现故障突然甩全负荷，这种典型负荷组合如图 15.1-10 所示。

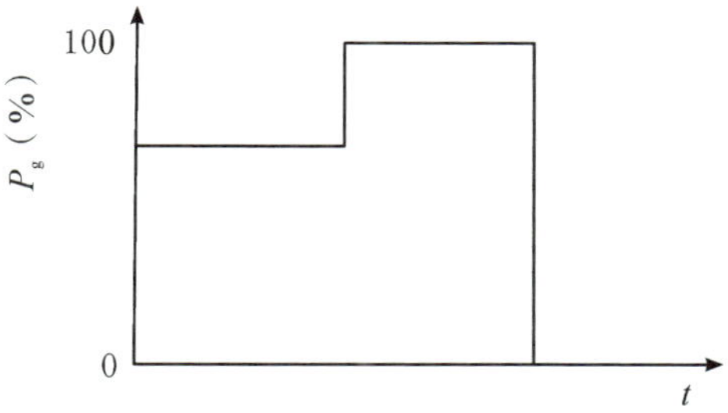

图 15.1-10 先突增后甩

由于机组正常增负荷的速率可以人为设定控制，负荷突增及突甩负荷的时间是不可以人为控制的。对图 15.1-10 所示工况，可人为控制甩负荷后的机组开机时间，完全可避免由于不正确开机时间与意外发生甩负荷组合产生不利的水力过渡过程。因此，一般负荷组合工况以图 15.1-8 和图 15.1-10 作为典型负荷组合工况进行分析计算。

15.2 接力器关闭和开启规律

在调节保证计算中，接力器关闭和开启规律非常重要，也是调节保证计算值的重要保证措施，该关闭规律一旦确定，在今后机组任何情况下均要保证该规律不被破坏。

通常接力器关闭有一段和多段关闭规律，多段关闭规律主要由机械液压装置或机械电气转换装置的切换来实现，这两类装置由于机械液压和电气回路也存在故障的可能，并不能完全保证设定的关闭规律不被破坏。因此，制定接力器关闭规律非常重要。

考虑现在电站水力系统复杂、机组特性曲线、GD^2 等最终特性参数变化因素，一般在前期可研阶段调保设计中，接力器调节规律按一段关闭规律拟定。在后期施工详图阶段，需要根据最终的水力系统布置，机组真机特性曲线等参数对前期关闭规律进行进一步的复核计算及优化。

15.3 调速器

15.3.1 调速器 PID 调节规律

对于串联 PID 型调速器，T. 斯坦因推荐调速器最优调节参数按照以下公式计算：

$$T_n = 0.5T_w \tag{15.3-1}$$

$$T_d = 3T_w \tag{15.3-2}$$

$$b_t = 1.5T_w / T_a \tag{15.3-3}$$

串联 PID 型调速器与并联 PID 型调速器调节参数比例增益 K_p，积分增益 K_i 和微分增益 K_d 之间有如下关系式：

$$\begin{cases} K_p = \dfrac{1}{b_t}(1 + T_n / T_d) \\ K_i = 1/(b_t \cdot T_d) \\ K_d = \dfrac{T_n}{b_t} \end{cases} \tag{15.3-4}$$

在实际电站运行调试中，将会取不同加速时间常数 T_n、缓冲时间常数 T_d、暂态转差系数 b_t 值进行空载工况和负荷工况的试验，根据试验录波数据，最终确定调速器空载及负载工况的 PID 参数。

15.3.2 调速器不动时间、接力器反应时间

一般现代电站采用微机电液调速器，调速器不动时间、接力器反应时间均可参考按 0.15s 选取。

15.4 电网自调节系数

电网自调节系数在机组并网运行时是非常重要的技术参数。在电站带孤网负荷运行时，负荷的性质对系统稳定性有一定的影响。在研究水力—机械系统的稳定性过程中，负荷的特性以一个参数负荷自调整系数 e_g 表示。一般来说，电热负荷的自调整系数为负值，如 −1，水泵风机等负荷的自调整系数为正值，如 1 等。即使孤网也不是一种单纯的负荷，总是一种混合的负荷，所以一般难以预测负荷自调整系数。

为了便于计算，电网自调节系数取值为：机组并入电网中，功率频率自调节系数为 2（根据有关文献，电网功率频率自调节系数为 1～3，孤网功率频率自调节系数为 1），脱离电网的空载工况，功率频率自调节系数为 0。

一般小波动计算时通常设定负荷自调节系数为 0，即按在孤网条件计算。

第16章 调节保证设计中重点技术问题

16.1 计算工况选择

为了研究电站过渡过程特性，为水工结构设计和机组选型提供可靠的依据，需要进行过渡过程数值计算研究甚至模型试验。无论是数值计算还是模型试验，都要拟定工况，以确定上下游水位、机组出力、水头及流量等，从而尽可能得出各种参数的极值，以研究这些极值是否满足结构和规范的要求。

由于机组运行范围、上下游水位变化范围是有界限的、连续的，其中工况点是无限的。因此，需要根据目标参数来确定有限的控制工况来计算分析。一般将水电站过渡过程计算分为大波动、小波动和水力干扰。

(1)大波动工况

大波动工况主要考虑机组在系统或机组故障时突甩负荷和机组在规定时间增负荷工况、机组在开机带负荷过程中或在系统中部分负荷运行时由于一次调频突增负荷过程中又出现突甩负荷等工况，并根据电站水位、机组水头和负荷大小不同，组合成不同的计算工况，用于求解不同工况下的蜗壳最大动水压力、尾水管真空度、机组最大转速升高率、调压室最高最低涌浪、上游管道最低压力的极值和明满流水位极值等。

(2)小波动工况

小波动工况主要考虑机组在电网中突变5%负荷的机组频率稳定特性和机组突甩额定负荷至空载的空载频率稳定特性，并根据电站水位、机组水头和负荷大小不同，组合成不同的计算工况，用于求解机组在电网中的大负荷频率稳定特性和机组脱离电网后的空载稳定特性。

(3)水力干扰工况

水力干扰工况主要在同一水力单元中，一台机组正常运行，另一台及多台增减负荷对机组出力、转速等参数的影响，并根据电站水位、机组水头和负荷大小不同，组合成不同的计算工况，用于求解在水力干扰条件下机组性能参数的变化。

16.1.1 相关资料

水电站过渡过程计算分析所需的相关资料主要有：

1)水位资料。

水库上下游校核洪水位、设计洪水位、正常蓄水位以及死水位等;下游水位与流量关系;典型年份的水库来水和用水资料;电站的运行方式,明确上下游水位可能的组合方式。

2)水头资料。

水电站特征水头(毛水头或净水头),最高水头,加权平均水头,额定水头和最低水头以及水头保证率。

3)机组资料。

包括机组转动惯量、额定转速、运行范围内的特征水头及流量;水轮机额定出力;水轮机转轮进口直径、出口直径;水轮机模型综合特性曲线(包括飞逸特性曲线);接力器行程和水轮机导叶的开度关系曲线等。

4)引水发电系统资料。

引水发电系统的平面布置图、沿管线纵剖面图,以及管道的断面型式、尺寸和长度等管道参数;压力水道的衬砌方式和材料;压力水道的糙率、进出水口和岔管等参数;调压室的详细结构图纸;闸门井通气孔的结构尺寸。

5)电气主接线的连接方式,电网自调节能力等。

6)水电站在系统中所占规模及在系统中的作用与地位。

16.1.2 工况选择原则

大波动过渡过程是指调速器为开环运行产生的过渡过程。按事先给定规律启闭水轮机导叶,在水电站运行条件、引水发电管道系统体型参数和水轮发电机组有关机电参数确定的条件下,计算分析并确定沿管线的最大/最小动水压力分布(包括蜗壳最大动水压力和尾水管进口最小动水压力)、机组转速最大值、调压室最高最低涌浪、作用在调压室阻抗板上的最大双向压差、压力引水道沿程最小压力分布等目标参数,并优化导叶启闭规律,为输水系统的水力设计、结构设计提供参考依据。

小波动过渡过程是指在负荷阶跃变化条件下,调速器闭环运行产生的过渡过程。计算分析的目标参数主要有机组转速进入±0.2%带宽的调节时间(小型水电站可以放宽到±0.4%)、机组最大转速偏差、振荡次数及衰减度等。对于带调压室的水电站还需要对调压室的稳定断面面积进行校核,为水轮发电机组、调速器的招标设计提供参考依据。

水力干扰过渡过程是指在分组供水布置方式下,突甩或突增负荷的机组所引起的管道压力和流量的变化对正常运行机组产生干扰的过渡过程。计算分析的目标参数主要有正常运行机组出力变幅、周期,超出力和欠出力的经历时间和电量的分析,特别是超10%出力的运行时间等,保证运行机组的安全性和稳定性,为水轮发电机组设置最大出力或过载能力提供参考依据。

16.1.3 大波动工况

根据2013年10月水电水利规划设计总院关于《水电站输水发电系统调节保证设计专

题报告编制暂时规定(试行)》中的相关规定及要求,为实现输水发电系统设计的技术经济合理性,在进行水力过渡过程大波动计算时,将计算工况分为设计工况和校核工况。

设计工况为在电站正常运用范围内不利的水力过渡过程计算边界条件下,电站正常运用(包括开停机、增减负荷、正常工况转换以及稳定运行等状态)或正常运用时考虑一个偶发事件(设备故障、电力系统故障等)引起的过渡工况;校核工况为在上述正常运用条件下考虑两个相互独立的偶发事件引起的过渡工况。在调节保证设计过程中一般不考虑 3 个独立的偶发事件或设备故障叠加引起的过渡过程工况。

1)机组最大转速升高率的控制工况:额定水头、额定出力条件下机组甩负荷。与上下游水位无关,主要与导叶关闭规律及机组 GD^2 相关。

2)蜗壳最大动水压力、机组上游侧沿管线最大动水压力分布、上游调压室最高涌浪水位的可能控制工况。

①设计工况。

a. 上游设计洪水位或正常蓄水位,下游对应设计洪水位或正常蓄水位同水力单元的所有机组甩额定负荷。

b. 下游最低尾水位,最高水头下同水力单元的所有机组甩额定负荷。

c. 在正常蓄水位下,由于水轮机流量特性曲线的影响或采用折线关闭规律,最大水击压力不一定出现在最高水头或额定水头甩额定负荷,而有可能出现在这两个特征水头之间的某水头甩额定负荷。

②校核工况。

a. 上下游校核洪水位,同水力单元的所有机组甩额定负荷。

b. 上下游校核洪水位(设计洪水位,正常蓄水位),同水力单元的($n-1$)台机组正常运行,一台机组从空载增全负荷,在流入调压室流量最大(调压室涌浪最高)时刻同水力单元的所有机组同时甩全部负荷。

c. 上下游校核洪水位(设计洪水位,正常蓄水位),同水力单元的所有机组突增 1/3 负荷,在流入调压室流量最大(调压室涌浪最高)时刻所有机组同时甩全部负荷。

d. 上下游校核洪水位(设计洪水位,正常蓄水位),一台机组甩全部负荷,在流入调压室流量最大(调压室涌浪最高)时刻,另外机组相继甩全部负荷。

3)蜗壳最小动水压力、机组上游侧沿管线最小动水压力分布、上游调压室最低涌浪水位的可能控制工况。

①设计工况。

a. 上库死水位,对应下游死水位同水力单元的所有机组甩全部负荷。

b. 上库死水位,对应下游死水位同水力单元的一台机组由空载增全部负荷,另外机组正常运行。

②校核工况。

a. 上库死水位，对应下游死水位同水力单元的所有机组甩全部负荷，在流出调压室流量最大(调压室涌浪最低)时刻一台机组由空载增至全部负荷。

b. 上库死水位，对应下游死水位同水力单元的一台机组增全部负荷，在流出调压室流量最大(调压室涌浪最低)时刻另外机组相继增全部负荷。由于增负荷工况为可控工况，相继增负荷时间可以控制避开最不利的叠加时间。

4)尾水管及下游侧沿管线最大动水压力分布、下游调压室最高涌浪的可能控制工况：

①设计工况。

a. 下游最高尾水位，所有机组甩全部负荷。

b. 下游最高尾水位，所有机组增负荷。

②校核工况。

a. 上库死水位，对应下游死水位同水力单元的所有机组甩全部负荷，在流出调压室流量最大(调压室涌浪最低)时刻一台机组由空载增至全部负荷；

b. 上库死水位，对应下游死水位同水力单元的一台机组增全部负荷，在流出调压室流量最大(调压室涌浪最低)时刻另外机组相继增全部负荷。由于增负荷工况为可控工况，相继增负荷时间可以控制避开最不利的叠加时间。

5)尾水管及下游侧沿管线最小动水压力分布、下游调压室最低涌浪的可能控制工况。

①设计工况。

下游最低尾水位，机组额定水头甩负荷。根据下游水位与流量关系，应考虑共尾水系统的一台机组、两台机组…n 台机组甩负荷。

②校核工况。

a. 上、下游校核洪水位(设计洪水位，正常蓄水位)，同水力单元的($n-1$)台机组正常运行，一台机组从空载增全部负荷，在流入调压室流量最大(调压室涌浪最高)时刻 4 台机组同时甩全部负荷。

b. 上、下游校核洪水位(设计洪水位，正常蓄水位)，同水力单元的所有机组突增 1/3 负荷，在流入调压室流量最大(调压室涌浪最高)时刻 4 台机组同时甩全部负荷。

c. 上、下游校核洪水位(设计洪水位，正常蓄水位)，一台机组甩全部负荷，在流入调压室流量最大(调压室涌浪最高)时刻，另外机组相继甩全部负荷。

16.1.4 小波动工况

机组小波动稳定计算主要考虑两类工况：

1)机组在 90%额定负荷工况下发生 5%的阶跃负荷扰动，考核并网后大负荷机组调节稳定性能。

2)机组从额定负荷甩负荷至空载运行，考核脱离电网后机组空载调节稳定性能。

16.1.5 水力干扰工况

水电站为联合供水方式和分组供水方式时，才存在水力干扰工况，对于单管单机布置型式的水电站不存在水力干扰。

对电站水力干扰的研究还要考虑电站并网运行方式，分功率调节和频率调节两种，在这两种运行方式下，分别计算水力干扰工况：

1)在几种特征水头下，同一水力单元的(1,2,3…)台机组甩全部负荷，其他(n－1,2,3…)机组带全部负荷正常运行。

2)在几种特征水头下，同一水力单元的(1,2,3…)台机组增全部负荷，其他(n－1,2,3…)机组带全部负荷正常运行。

16.2 工程技术措施探讨

当调节保证计算结果不能满足相应的规范和设计要求时，必须采取相应的工程技术措施，以达到技术上可行、经济上合理。

16.2.1 可行性研究、招标设计、施工设计、调试和运行阶段

不同的工程阶段可采取不同的工程措施。

在可行性研究阶段和招标设计阶段，在地质条件和土建结构可行的前提下，可以通过对调压室的位置、型式以及尺寸进行调整，对隧洞的长短、洞径以及机组安装高程，发电机的飞轮力矩等进行适当调整，使各控制参数满足要求。在施工设计阶段，有效的工程措施只能通过导叶启闭规律的优化和阻抗孔口尺寸的优化来实现。在机组安装调试和运行阶段，可采取的工程措施只能是限制运行条件，如对开机时间和出力的限制等。

(1)优化压力管道参数

水流惯性时间常数与压力管道长度和最大流速成正比，通过增大引水隧洞洞径来减小洞内流速或缩短压力管道，可以减小水流惯性时间常数，从而改善调保参数。因此，在引水发电系统设计时，可以根据地形和地质条件，尽量采取短压力管道的布置方案。对洞径和长度进行技术经济比较，在可不设置调压室或不过多增加投资的情况下，可以考虑适当增大压力管道的洞径，使其技术可行，经济合理。

(2)优化机组转动惯量

水轮发电机组转动惯量GD^2越大，机组的最大转速上升率越小。GD^2与最大转速上升率的平方成反比，随着水轮发电机组GD^2的增大，最大转速上升率减少的趋势将放缓；同时随着GD^2的增大，机组的造价也将增加，厂房尺寸也有可能增加。因此，在条件允许的前提下，可适当增大GD^2，以满足转速上升率的要求。

(3)优化机组安装高程

水轮机装机高程不仅取决于允许的吸出高度，更取决于尾水管进口真空度。在安装高程的选择计算时，需要进行水力过渡过程复核计算以确保机组在各种运行工况下不产生水柱分离现象，使尾水管进口真空度控制在允许的范围内。在条件允许的情况下，可适当降低

安装高程；对于高海拔地区，还需要对允许的真空度安装 8－▽/900 进行修正。

(4)优化导叶关闭规律

合理地选择导叶关闭规律，可有效地控制水击压力和机组转速上升率。在电站的实际运行过程中，导叶通常采用直线关闭、两段折线关闭或三段折线的关闭方式(不含接力器缓冲段)，如三峡右岸地下电站哈电机组采用三段折线关闭。

显然，导叶关闭时间越长，水击压力越小，但机组转速上升率越大；反之，关闭时间越短，水击压力越大，但机组转速上升率越小。因此，需要合理地选择导叶关闭时间，协调水机压力和转速升高之间的矛盾，以满足调节保证设计要求。如三峡左岸电站优化导叶关闭规律，消除了阿尔斯通机组小开度异常振动现象。

(5)限制运行条件

对于长引水且采用一洞多机方案，如一洞四机布置方案，由于干扰工况下调节保证计算难以过关，为保证引水发电系统的安全稳定运行，通常会对机组启停机间隔时间和运行条件进行限定。

16.2.2 其他工程措施

(1)设置调压阀

是否设置调压室应综合考虑地形地质条件以及工程的经济性和技术可行性。当引水系统较长时，且地质条件不好或不适合布置调压室或考虑经济性时，通常可在厂内布置条件允许的情况下，可采用调压阀来取代调压井，部分以调压阀代替调压井的工程实例见表 16.2-1。一般来说，电站接入大网，这种方式是可行的；但对于小网，有一定的风险。

表 16.2-1　以调压阀代替调压井的工程应用

参数	电站					
	杨村	普胡	阿莱蒙舒	威尔蒙特	阿勒泰	塔贝拉
机组台数	3	3	1	1	3	3
单机容量(MW)	22.68	18	58.2	32.9	2×45＋20	477
额定转速(r/min)	500	600(1号，2号机)，375(3号机)	300	600	333，500	107.14
设计水头(m)	119.0	68(1号，2号机)，44(3号机)	162.15	240.8	158.5	109.72
最高水头(m)	132.9			244.8	173.5	
最低水头(m)	115.8			222.8	150.6	
T_w	25s	25s	管长 8km	管长 5km	14.6a	
国家	中国四川	中国援巴	澳大利亚	澳大利亚	中国新疆	巴基斯坦
状态	投运	投运	富士供货投运	富士供货投运	设计中	福伊特供货设计中

是否可以采用调压阀来取代调压井，需要经过详细的技术经济比较。通常在厂房蜗壳层设调压阀，调压阀与蜗壳相连。调压阀的作用是当机组甩负荷或事故停机时在机组导叶快速关闭的同时，调压阀快速开启，将机组关闭时需减少的流量从调压阀排出，待机组关闭后再缓慢关闭调压阀；当机组正常增减负荷和正常停机时调压阀保持关闭状态。一方面，由于引水系统内的流量变化得以缓慢进行，从而消减了水压上升值；另一方面，由于机组仍然是快速关闭的，从而保证了速率上升值也不会过高。因此，调压阀既能在机组甩负荷或事故停机时限制水电站引水系统的压力升高和机组速率上升，又在机组正常操作运行中保证了电站生产运行的安全性。但是，由于机组正常增减负荷时调压阀处于关闭状态，小波动工况调压阀不参与调节，这对调速器的调节能力提出了更高的要求。

当 $T_w/T_a>0.4$ 时，小波动的调节品质初步判断不好。电站的小波动稳定性与机组运行工况点密切相关，当水轮机在并网前后空载运行时，由于开度较小，工况点本身的稳定性较差；而且在机组空载工况时，没有负载的自调节作用，整个系统的稳定性也较差，这对调速器的要求比较高。因此，需要在充分分析接入电网特性的基础上，根据主机厂家提供的技术参数，采用数值模拟的方法进行机组调节保证计算分析，对运行稳定性和调节品质进行分析，重点关注小波动工况分析，来确定是否可采用调压阀来替代调压井，以确保机组和引水系统的安全稳定运行。

(2)变顶高尾水隧洞取代尾水调压室

对于中低水头、大流量的水电站，在下游尾水系统不是很长，但是又必须设置调压室的情况下，可以尝试采用变顶高尾水隧洞的设计方案。其可以有效地取代尾水调压室的作用，保证电站的调保参数和运行的稳定性、调节品质。

变顶高尾水隧洞特别适合于下游水位变幅大，尾水道长度为150～600m的情况。

(3)变顶高尾水系统与闸门井相结合的布置方式取代尾水调压室

彭水水电站位于乌江干流下游，重庆市辖区彭水县城上游11km处，下距乌江河口涪陵区约142km，系乌江干流开发仅次于构皮滩水电站的大型工程。彭水水电站是重庆电网调峰、调频的主力电站。彭水水电站装设5台单机额定容量350MW混流式水轮发电机组，电站设计水头67m，最高水头81.6m，最低水头53.6m，极端最低水头36.9m，单机最大过水流量580m^3/s。由于地质条件的限制，地下厂房只能采用中部开发方式。1号机组对应的流道总长达1080m左右，其最大水流加速时间 T_w 值高达6.65s。根据调压室设计规范的规定，上、下游均需设置调压室，其工程代价大。另外，彭水水电站下游水位变幅大(校核尾水位266.5m，最低通航水位211.5m)，给引水发电管道系统设计带来困难。鉴于上述特点，彭水水电站尾水系统采用变顶高尾水隧洞加闸门井来取代尾水调压室，而对引水系统则采取加大洞径取消上游调压室的方案。结果表明，设置闸门井在各种工况下对降低尾水出口的真空度有利，小波动工况只要闸门井容积取值恰当可很快稳定，调节保证计算满足要求。

(4)变顶高尾水系统与阻尼井相结合的布置方式取代尾水调压室

三峡地下电站位于三峡水利枢纽右岸白岩尖山体中，共装6台单机容量700MW的混流式水轮发电机组，在电力系统中承担调峰任务。单机容量巨大、机组引用流量大(单机最大引用流量达991.8m^3/s)、额定水头低，其输水系统水流惯性时间较长(T_w为4.7～5.4s)。根据常规设计，需要设置尾水调压室，否则，在机组甩负荷的过渡过程中，尾水管真空度严重超标将导致机组剧烈振动和空蚀破坏，危及机组安全可靠运行和整个厂房的结构安全。但三峡地下电站下游围岩具有山体单薄、块体强发育等工程特点，不能设置大型调压室。鉴于上述特点和要求，首次提出了地下电站巨型机组尾水系统采用变顶高尾水隧洞与阻尼井组合的结构模式，解决了三峡地下电站由于地质原因不能设置大型尾水调压室的重大技术难题，以保证机组调节保证参数满足规程规范要求。

第六篇

水力机械辅助设备系统

第17章 技术供水系统

17.1 概述

水电站技术供水的作用主要是解决运行中机电设备的冷却和润滑问题。为发电机/发电电动机的空气冷却器和轴承冷却器、水轮机/水泵水轮机的轴承冷却器、水冷式变压器冷却器、水冷式空压机冷却器、油压装置集油箱冷却器、水冷式变频器、水冷式空调设备等提供冷却水，为水轮机/水泵水轮机主轴密封提供密封润滑水，为水内冷发电机组提供二次循环冷却水，为深井泵轴承提供润滑水等。

冷却和润滑供水，宜组成同一个技术供水系统，当冷却水的水质达不到润滑水的水质要求时可单独设置润滑水的供水系统。

技术供水系统的组成包括水源、水的净化、供水泵（水泵供水时）、管网、阀件、监控及保护装置等。技术供水系统管网组成应简单、可靠、便于运行和维护。

技术供水系统设计的主要任务是根据工程的特点和设计条件，按照有关技术标准和规程规范所规定的设计方法和原则，合理选择技术供水系统的供水方案及主要设备型式，计算和选择供水泵（水泵供水时）、滤水器和主要阀门等主要供水设备的技术参数，配套确定供水系统的其他设备，提出设备及管路系统的具体布置要求。通过合理的技术供水系统设计，全面满足各用水设备对水量、水压、水质和水温的要求。

技术供水系统设计所依据的基本资料由相关设计专业提供。电站主要动能参数（包括装机规模、特征水头、上下游水位等）及运行特点由规划专业提供；电站河流泥沙特性（含沙量、级配和矿物质成分等）、河流水质特性、水温资料由水文、水保专业提供；电站枢纽布置总体方案由水工专业提供。

17.2 用水设备对供水的要求

为确保机电设备的安全、稳定和高效运行，水电站各种用水设备对供水的水量、水压、水温、水质均有一定的要求。

17.2.1 用水量要求

为满足机电设备的冷却和润滑要求，需为各用水设备提供合适的用水量。用水量过大将造成水能损失，用水量过小将影响设备的安全稳定运行和使用效率。工程实施阶段的机电设备用水量参数最终由制造厂提供。工程前期设计阶段，在未获取制造厂提供的设备用水量数据前，过去一般根据有关设计手册的计算公式进行估算或参考相似机电设备的用水量进行设计。

17.2.1.1　机组用水量估算公式

《水电站水力机械设计手册》关于水轮发电机组及其他机电设备的用水量计算公式数量较多，公式中参数较多且需要确定一些边界条件，使用起来比较复杂，不太方便，而且对于大型机组，按经验公式计算的机组冷却用水量与厂家提供的数值相比，明显偏大。

参考相似机组的用水量进行设计是比较快捷有效的方法，但有时相似机组的样本较少，套用的机组用水量可能存在较大偏差；或缺少相似机组的用水量，无法采用此方式确定机组用水量。

为提高设计工作效率，有必要对近 20 年国内投入运行的主要水电站机组用水量进行分析总结，提出一个简单实用的估算公式，供水电站工程前期设计阶段参考使用。

长江设计院近 20 年设计投入运行的主要水电站机组设计用水量见表 17.2-1，部分水电站机组用水量明细见表 17.2-2。

表 17.2-1　长江设计院近 20 年设计投入运行的主要水电站机组设计用水量一览表

序号	电站名称	机组型式	单机容量(MW)	单机总用水量(m^3/h)	单位兆瓦用水量($m^3/(h·MW)$)
1	三峡左岸电站	混流式	700	1440	2.06
	三峡右岸电站	混流式	700	1850	2.64
	三峡地下电站	混流式	700	2100	3.00
2	构皮滩(1～3 号机组)	混流式	600	2000	3.33
	构皮滩(4 号、5 号机组)	混流式	600	1600	2.67
3	水布垭	混流式	460	1570	3.41
4	彭水	混流式	350	1180	3.37
5	亭子口	混流式	275	1147	4.17
6	沐若(马来西亚)	混流式	236	853	3.61
7	木星土	混流式	60	283	4.72
8	寺坪	混流式	30	320	10.67
9	银盘	轴流式	150	630	4.20
10	高坝洲	轴流式	84	520	6.19
11	大龙潭	轴流式	10	268	26.8
12	王甫洲	贯流式	27.25	270	9.91
13	陶岔	贯流式	25	175	7.00
14	兴隆	贯流式	10	163	16.30
15	缅甸伊江上游水电项目施工电源电站	冲击式	33	292	8.85

表 17.2-2　　长江设计院近 20 年设计的部分水电站机组用水量明细表　　(单位：m^3/h)

序号	电站名称	单机总用水量	空气冷却器用水量	推力冷却水量	上导冷却水量	下导冷却水量	水导冷却水量	主轴密封水量
构皮滩	2000	1583	304	30	36	36	11	
水布垭	1570	798	650	40	60	10	12	
彭水	1180	1000	102	30	18	20	10	
亭子口	1147	990	120	3	推力含	18	16	
沐若	853	503	226	48	52	24	不用水	
银盘	630	465	120	14	14	6	11	
合计	7380	5339	1522	165	180	114	60	
比例(%)	100	72.3	20.6	2.2	2.4	1.5	1	

分析表 17.2-1 中各机组单位兆瓦用水量数据可得出如下基本结论：

1)机组单位兆瓦用水量指标随着单机容量的增大而减小。

2)同一电站相同机组，国外厂家供货的机组用水量较小，如三峡水电站和构皮滩水电站。

3)较早投入运行的水电站机组单位兆瓦用水量较大，如王甫洲水电站和寺坪水电站。

4)小机组单位兆瓦用水量指标特别高，如大龙潭水电站和兴隆水电站。

基于上述基本结论，在水电站前期设计阶段，直接参考表 17.2-1 确定机组用水量有时存在一定困难。在对表 17.2-1 中机组用水量和近 20 年国内投入运行的其他部分水电站机组用水量进行分析的基础上，总结的机组冷却润滑总用水量估算公式如下：

$$Q = K(2.5N_j + 300) \tag{17.2-1}$$

式中：N_j——机组额定功率(MW)。

K——经验系数，与机组额定功率有关。当 N_j 为 10～50MW 时，K 取 0.6～1，功率小的取小值，功率大的取大值；当 N_j 为 50～600MW 时，K 取 1；当 N_j 为 600～1000MW 时，K 取 1～0.85，功率小的取大值，功率大的取小值。

按上述公式对表 17.2-1 和国内投入运行的其他部分水电站机组用水量进行验算，大多数是基本符合本公式的。因此，在水电站前期设计阶段，按本公式估算机组用水量是完全可行的。对于大中型立式机组，按本公式计算确定机组冷却和润滑总水量后，发电机空气冷却器、推力轴承和机组导轴承三部分用水量大致可按 7 ∶ 2 ∶ 1 的比例进行设计(参考表 17.2-2)，其中导轴承包括上导、下导和水导(含主轴密封用水)三部分，为简化计算，三部分用水量可按基本相等进行设计。

额定功率小于 10MW 的水电机组用水量可参考国内已投入运行的相似机组用水量确定。

17.2.1.2　其他机电设备用水量

水电站其他机电设备用水量，包括水冷式变压器冷却水量、水冷式空压机冷却水量和深井泵润滑用水量等，工程实施阶段以供货厂家提供的正式数据为准。工程前期设计阶段，可按有关设计手册推荐的方法或参考相似设备的参数确定。

长江设计院设计投入运行的部分水电站水冷式主变压器的冷却水量见表17.2-3，设计相似水冷式主变压器冷却供水系统时可参考。

表17.2-3　水冷式主变压器冷却水量表

序号	电站名称	机组型式	单机容量(MW)	单台主变容量(MVA)	单台用水量(m^3/h)	单位容量用水量($m^3/(h·MVA)$)
1	三峡左岸	混流式	700	280×3	360	0.43
2	构皮滩	混流式	600	223×3	350	0.52
3	亭子口	混流式	275	310	135	0.44
4	葛洲坝二江	轴流式	125	150	120	0.80
5	葛洲坝二江	轴流式	170	200	120	0.60
6	万安	轴流式	113	150	135	0.90

17.2.2　水温要求

供水水温是技术供水系统设计中的一个重要条件，一般按夏季经常出现的最高水温考虑。经常出现的水温与很多因素有关，如取水的水源、取水深度、当地气温变化等。

水轮发电机组的空气冷却器和各轴承冷却器、水冷式变压器冷却器等的进水温度宜按25℃设计。如果超过25℃，应向制造厂提出要求。如果水源最高温度常年低于20℃，进水温度宜按20℃设计。

17.2.3　水压要求

为达到冷却器的冷却效果，进入冷却器的冷却水需要一定的水压，以保证必要的流速和水量。技术供水系统的水压应根据冷却器的水力压降、管路系统水力压降和管路出口背压(尾水反压)三部分确定。机组冷却器进口水压一般为0.2～0.6MPa。水压的上限是从冷却器强度要求提出的，机组招标文件中应明确提出水压上限及试验要求。在自流供水系统中，水压的下限经过试验，可以低于0.2MPa，但要足以克服冷却器内部压降及排水管路的水头损失，保证通过机组运行所需的流量。

水轮机主轴工作密封供水压力与水轮机运行水头正相关，水轮机运行水头越高，要求的主轴密封供水压力也越高。银盘水电站水轮机运行水头范围13～35.12m，其主轴工作密封供水压力要求为0.15～0.4MPa；彭水水电站水轮机运行水头范围52～81.6m，其主轴工作密封供水压力要求为0.3～0.5MPa；水布垭水电站水轮机运行水头范围147～203m，其主轴工作密封供水压力要求为0.9～1.2MPa。有的高水头水电站和多泥沙水电站的混流式水轮机采用一种新型的无接触主轴密封，不需要提供密封润滑水，如马来西亚沐若水电站水轮机运行水头范围287～324m，其水轮机主轴密封采用此种结构。

17.2.4 水质要求

水电站的用水设备对水质有一定的要求。总体而言，水中不能含有悬浮物；对多泥沙河流要特别注意防止水草与泥沙联合作用堵塞管路；当冷却水源存在影响供水可靠性的水生生物时，应考虑相应的措施。

不同用水设备对水质有不同的要求。水轮发电机组空气冷却器和轴承冷却器对水质的要求：保证管道不被堵塞和腐蚀，供水效果良好；在一般情况下，河水经过滤水器过滤可达到要求，对滤水器过滤精度(过滤网眼尺寸)通常要求为 2～5mm。水轮机主轴密封对水质的要求：保证不磨损主轴，设备安全运行，密封使用寿命长；一般采用清洁水作为主水源，主滤水器后取水经过精滤作为备用水源，高精过滤器过滤精度(过滤网眼尺寸)通常要求为 0.05～0.1mm。

循环供水方式的技术供水系统，采用清洁水作为水源。

发电机定子线棒冷却水应为电离水或软化水，其系统应由软化水循环供水系统和软化水补给系统组成。软化水循环系统设备应设 2 套(1 套工作，另外 1 套备用)。循环供水系统设备由发电机厂家配套供货。

17.2.5 水的净化设施要求

技术供水水质通过水源的选择和水的净化处理来满足要求。水净化设施的设计应满足下列技术要求：

1)取水口应设置拦污栅，拦污栅栅条的间距应根据水中漂浮物的大小确定，其净间距宜为 30～40mm。过栅流速与供水管经济流速有关，过栅流速宜为 0.5～2m/s，最高不宜超过 3m/s。

2)滤水器的滤网应采用不锈钢制作。网孔直径宜为 2～5mm，有特殊要求时，过滤精度可适当提高。滤水器内水的过网流速不宜大于 0.5m/s。对主轴密封润滑水，应设置高精度过滤器。

3)对多泥沙河流水电站，可考虑水力旋流器、沉淀池、坝前斜管取水口等除沙方案，经技术经济分析选取。

17.3 供水方案选择

17.3.1 水源及取水方式

17.3.1.1 水源

技术供水水源的选择是决定供水系统是否安全可靠、经济合理的关键。在选择水源时必须全面考虑，根据电站的具体条件进行详细的分析论证，从各种可能的方案中选出技术先进、运行可靠、操作维护简便和经济合理的方案。

水源的选择在技术上需综合考虑电站的型式、布置方案与水头范围等因素，力求取水可靠、水量充足、水温适当、水质符合要求，确保机组等用水设备安全可靠运行。

技术供水系统除主水源外，还应有可靠的备用水源或备用水路，防止因供水中断而停机。

采用单元自流供水系统或水泵尾水取水时，可设联络总管，起互为备用作用。当厂房距拦河坝较近时，可用坝前取水作为备用。

当采用水轮机顶盖取水供水方式时，可用水泵尾水取水、中间水池供水、自流减压供水作为备用。

主轴密封供水应有可靠的备用水源，若有黑启动要求时，主轴密封供水应满足黑启动要求。

一般情况下，均采用水电站所在的河流作为供水系统的主水源和备用水源。只有在河水不能满足用水设备的用水要求时，才考虑其他水源方案，如清洁水循环供水方案、地下取水方案、市政供水管网供水方案及靠近水电厂的小溪取水方案等。

17.3.1.2　取水方式

技术供水水源的取水通常有上游取水和下游取水两种方案。根据取水口位置的不同，上游取水有坝前取水、压力钢管取水和蜗壳取水三种方式，下游取水有尾水管取水、尾水洞取水和尾水渠取水三种方式。

坝前取水方式一般在河床式、坝内式和坝后式电站用得较多，进水口距厂房较远时（如引水式电站）不宜采用此种取水方式。坝前取水口的设置要考虑水温和水深的关系，同时还要考虑水中泥沙含量和初期发电等要求，可在不同高程和不同平面位置上布置几个取水口，以满足各种情况的取水要求。

对坝前取水口的供水系统，兼作消防水源且又无其他消防水源时，水库最低水位以下的全厂取水口应不少于2个。

采用压力钢管或金属蜗壳取水方式时，为防止取水管路进气、悬浮物流入，取水口位置应设在圆形壳断面的斜上方。常规机组装有进水阀时，取水口宜设在进水阀的后面。抽水蓄能机组装有进水阀时，取水口宜设在进水阀的前面。

混凝土蜗壳的取水口一般设在蜗壳进口附近断面外侧的中上部，以防悬浮物堵塞。

下游取水口不应设在机组冷却水排出口附近，以免水温过高，影响冷却效果。对于多泥沙、多漂浮物的河道，宜从尾水管或尾水洞取水。

对从尾水取水的水泵供水系统，水泵取水口应低于最低水位0.5m，并淹没水泵叶轮。

采用坝前取水、压力钢管取水或尾水管取水时，对取水管路上的第一道工作阀门应有检修和更换的措施。通常采用如下措施之一，在特殊情况下可采取综合措施。

1)坝前取水口设置1个可以封堵取水口的法兰；

2)取水口设在电站进水口检修门的下游；

3)在取水口设置专门的检修闸门；

4)取水管第一道工作阀门前装设全不锈钢检修阀门。

布置于水库或前池最低水位以下的取水口，其顶部应低于最低水位0.5m。对冰冻地区，取水口应布置在最厚冰层以下，并采取防冻措施。

从蜗壳、压力钢管或长尾水管（洞）中取水的供水系统，应考虑机组过渡过程压力上升对设备的影响。

取水口应设置拦污栅，可设压缩空气或压力水吹污管或其他清污设施，或考虑双倍的过流面积。取水口拦污栅应及时进行清污，否则将影响供水效果。葛洲坝水电站 1 号机组投入运行初期，由于取水口没有及时清污造成了大面积堵塞情况。

取水口拦污栅的栅距应合适，过小会造成拦污栅的堵塞过大，可能会造成水泵、滤水器或者阀门的堵塞。如三峡左岸电站投入运行后，部分机组技术供水蜗壳取水口因拦污栅栅距偏小经常出现堵塞情况，经检修部门加大栅距的改造，效果明显。

17.3.1.3 水源及取水方式选择实例

(1)混流式机组

三峡左岸坝后式电站每台机组设有 1 个蜗壳取水口，相邻 2 台(3 台)机组取水口通过管道连通，互为备用。三峡右岸坝后式电站和地下厂房电站每台机组设有 1 个蜗壳取水口，相邻 2 台机取水口通过管道连通，互为备用。

构皮滩地下厂房电站每台机组设 1 个压力钢管取水口和 1 个蜗壳取水口，互为备用。

水布垭地下厂房电站每台机组尾水管设有 2 个取水口，互为备用。

彭水地下厂房电站每台机组设 1 个压力钢管取水口和 1 个蜗壳取水口，互为备用。

隔河岩水电站上游小机组尾水取水作为主水源，大电站下游尾水取水作为备用水源。

丹江口坝后式电站厂房机组压力钢管取水作为主水源，坝前取水作为备用水源。

亭子口坝后式电站厂房每台机组蜗壳设 1 个取水口，相邻 2 台机组取水口相互连通，互为备用。

沐若长引水式地面厂房电站每台机组设有 2 个尾水取水口，互为备用。

云南尼汝河木星土水电站机组技术供水系统采用下游尾水取水的集中供水方案，2 个取水口互为备用。

湖北保康寺坪引水式地面厂房电站每台机组在压力钢管上设置 1 个取水口，2 台机组取水口连通，互为备用。

(2)轴流式机组

葛洲坝、万安、高坝洲和银盘 4 个河床式电站每台机组均设有坝前取水口和蜗壳取水口作为技术供水水源，互为备用。

湖北恩施大龙潭水电站(长引水式地面厂房)，每台机组在压力钢管上设置 1 个取水口，3 台机组取水口连通，互为备用。

(3)贯流式机组

兴隆水电站每台机组坝前设置 2 个取水口，互为备用。

陶岔水电站每台机组上游流道内设 1 个取水口、2 台机组取水口通过管道连通，互为备用。

王甫洲水电站每台贯流式机组采用水泵加压清洁水循环供水方式，水源为储水罐清洁水。

(4)冲击式机组

湖北五峰锁金山水电站装设3台15MW冲击式机组，采用水池集中供水方案，水池水源以溪水为主，水源不足时，由水泵向水池补充水量，水泵从下游取水。

缅甸伊江上游水电项目施工电源电站(以下简称“缅甸电源电站”)装设3台33MW冲击式机组，采用单机单元水泵供水方案。从电站尾水渠取水，设置2个取水口。

17.3.2　供水方式

17.3.2.1　供水方式综述

水电站技术供水方式根据电站水头、上下游水位及变幅、水源类型、厂房布置型式、机组单机容量和结构型式、其他用水设备的分布及要求等条件进行选择。可采用的技术供水方式主要如下：

(1)自流供水方式

当电站水头、水质和水温均符合要求，或水质经简单净化能满足要求时，一般都采用从上游取水的自流供水方式。该供水方式由于电站水头合适，完全通过自流方式给电站用水设备提供技术供水，布置简单、供水可靠、运行维护方便，是设计和运行最理想的供水方式。

(2)自流减压供水方式

当电站水头较高，其供水水压超过了用水设备的承压能力时，为保证用水设备安全，必须有可靠的减压措施。常在上游取水口后的供水管路上装设减压阀降低供水压力，即采用自流减压供水方式。

(3)水泵和自流混合供水方式

水泵和自流混合供水方式属于电站上游取水方案中的一种供水方式，在电站技术供水系统中设置了水泵供水和自流供水两种方式，并联切换运行。当电站水头较低，水压不能满足供水要求时，采用水泵加压供水方式；当电站水头较高，水压满足供水要求时，自动切换至自流供水方式。

(4)水泵供水方式

水泵供水方式，即在技术供水系统中设置水泵，从电站的上游或下游取水，由水泵直接供水的方式。高水头电站从下游取水，低水头电站既可以从上游取水也可以从下游取水。从上游取水时，可减少水泵扬程，运行比较经济。

(5)中间水池供水方式

在电站布置条件允许且经济合理时，可考虑中间水池供水方式，以取得较为稳定的供水压力和满足水质要求。水池补水可根据电站实际条件，采用水泵补水或自流补水。

有下列情况之一的，经过技术经济论证可采用中间水池供水方式：

1）库水位变化较大，不易得到稳定的供水压力。

2）水中含沙量过大，需进行沉砂处理（沉砂池兼作中间水池）。

3）设有消防水池可兼作中间水池的。

中间水池应有排污管、排水阀、溢流道，冰冻地区还应设有保温设施。中间水池的有效容积，作为机组冷却供水时，应保证至少连续供水 10～15min；兼作消防蓄水池时，应满足消防水量要求，且应考虑中间水池的检修措施。

(6)顶盖取水供水方式

顶盖取水供水方式是利用混流式水轮机转轮上迷宫漏水取水作为机组技术供水的水源。此方式须经过水轮机模型和真机试验，取水流量和水压完全满足供水要求才能采用，且须经过水轮机制造厂的认可。

成功采用顶盖取水方式的供水系统具有水质清洁、节省能耗、运行安全可靠、管理方便的特点，是最为节能的一种理想供水方式。

(7)小机组尾水余压供水方式

小机组尾水余压供水方式，就是利用同一枢纽的小机组或专门设置的技术供水机组发电后的尾水余压向大机组提供技术供水的一种方式。一些水利枢纽本身建有保安自备电厂或小机组发电系统，如其尾水余压满足大机组技术供水要求，且投资不大，应是一种较好的方案。专门设置技术供水机组的方案设计及布置较为复杂，投资较高，一般不宜采用。但该方案可以较好地利用电站剩余水头发电，从提高节能效果出发，可作为中、高水头大容量机组技术供水系统的比选方案。

(8)循环供水方式

一些电站的河水水质较差（比如漂浮物较多，或者泥沙含量很大），达不到技术供水水质要求，易堵塞供水管道，需采用循环供水方式。另外，大型发电机定子水内冷采用二次循环冷却供水方式。循环供水方式主要有下列 4 种类型：

1）灯泡贯流机组闭式循环供水方式。

一些灯泡贯流机组技术供水采用闭式循环供水方式。其流程为：由水泵将清洁水加压通过机组冷却器，带走机组运行中产生的热量，升温的水经过冷却夹套把热量传给河水，降温的水回到水泵进水管，循环使用。供水管路损失的水由供水系统中配置的储水罐自动补水。

2）水冷却器置于尾水渠的循环供水方式。

一些河水水质较差的中小型机组采用水冷却器置于尾水渠的循环供水方式，该方式分为敞开式和密闭式两种。

敞开式的流程为：由水泵将循环水池的清洁水抽至机组冷却器，带走机组运行中产生的热量，升温的水通过置于机组尾水渠的水冷却器把热量传给河水，降温的水回到敞开的循环水池，循环使用。

密闭式循环供水系统不设循环水池，设置一个水箱，水箱排水管接入水泵吸水管。水箱中的清洁水作为系统第一次充水和平时补充用水。水箱一般设在高处且与大气连通，但除水箱以外的整个循环供水系统处于封闭状态。

3）机组技术供水采用二次冷却循环供水方式。

一些多泥沙河流的水电站机组技术供水采用二次冷却循环供水方式，其流程为：一次冷却水循环使用，由水泵将清洁水池中的水抽至机组空气冷却器和轴承冷却器并带走其产生的热量，升温的清洁水进入热交换冷却器与二次冷却水进行热交换，二次冷却水带走热量直接排至下游，降温后的清洁水回到清洁水池，循环使用。

4）发电机定子水内冷二次冷却循环供水方式。

发电机定子水内冷采用二次冷却循环供水方式，其流程为：一次冷却水循环使用，由水泵将纯水装置中的纯水抽至定子线棒的空芯股线并带走线棒产生的热量，升温的纯水进入热交换冷却器与二次冷却水进行热交换，二次冷却水带走热量直接排至下游，降温后的纯水经过纯水处理装置，再进入空芯股线形成水冷却循环系统。

17.3.2.2　根据电站水头范围选择供水方式

1）当工作水头为 15～70m 时，宜采用自流供水方式。

湖北清江高坝洲水电站轴流转桨式机组，最高水头 40m，最低水头 22.3m，极限最低水头 16m，采用自流供水方式。

湖北清江大龙潭水电站轴流转桨式机组，最高水头 36m，最低水头 21.48m，采用自流供水方式。

2）当最小工作水头小于 15m，低水头段不满足自流供水水压要求时，宜采用水泵和自流混合供水方式。

葛洲坝水电站轴流转桨式机组，最高水头 27m，最低水头 8.8m；重庆乌江银盘水电站轴流转桨式机组，最高水头 35.12m，最低水头 13m；江西赣江万安水电站轴流转桨式机组，最高水头 32.3m，最低水头 15m，极限最低水头 12.0m，初期运行的极限最低水头 7.8m；南水北调中线渠首陶岔水电站贯流式机组，极端最高水头 24.86m，最高水头 22.66m，最低水头 6m。

上述 4 座水电站的最低水头均小于 15m，电站低水头段不能满足自流供水水压要求。因此，均采用了水泵和自流混合供水方式。设计方案为：当水头 $H<15$m 时，采用水泵加压供水方式；当水头 $H\geqslant15$m 时，采用自流供水方式。两种供水方式的分界水头可根据运行试验情况调整，水泵的投切根据分界水头整定值自动控制。

万安水电站根据实际运行情况，自流和水泵供水的分界水头整定为 20m。葛洲坝水电站低水头段技术供水运行试验表面，水头 12m 时仍能满足自流供水要求。

3）当工作水头小于 15m 时，宜采用水泵供水方式。

湖北汉江兴隆水电站最高水头 7.15m，最低水头 1.6m，采用上游取水的水泵供水方式。

4)当工作水头为70～160m时,宜采用自流减压供水方式。

三峡水电站最高水头113m,最低水头71m;彭水水电站最高水头81.6m,最低水头52m;丹江口水电站最高水头80.3m,最低水头57m;四川嘉陵江亭子口水电站最高水头85.4m,最低水头62.13m;湖北保康南河寺坪水电站最高水头83m,最低水头61m。

上述5座水电站的运行水头均为61～113m,是自流减压供水的理想水头范围,电站技术供水均采用自流减压供水方式。

5)工作水头大于160m时,宜采用水泵供水方式。也可经技术经济比较,择优选择自流减压供水、水池供水或小机组尾水余压供水等方式。

构皮滩水电站最高水头200m,最低水头144m。600MW机组技术供水系统设计方案为:采用技术供水机组(小机组)尾水取水供水为主水源,压力钢管取水自流减压(二级减压)供水为备用水源。由于多种原因,小机组尾水余压供水方案一直没有投入运行。600MW机组投入运行以来使用的技术供水方式为压力钢管取水的自流减压供水方式。

水布垭水电站最高水头203m,最低水头147m,机组技术供水系统采用尾水管取水的水泵供水方式。

马来西亚沐若水电站最高水头324m,最低水头287m,机组技术供水系统采用下游取水的水泵供水方式。

湖北五峰锁金山水电站最高水头610.4m,最低水头583m,机组技术供水系统采用水池供水方式。

缅甸电源水电站最高水头483m,最低水头431m,机组技术供水系统采用下游取水的水泵供水方式。

6)工作水头大于100m的混流式机组,可考虑采用顶盖取水的供水方式。为确保机组供水安全,可用水泵尾水取水、中间水池供水、自流减压供水作为备用。

国内鲁布革、漫湾和姚河坝等大、中型水电站成功采用了顶盖供水方式,其运行水头最高已超过300m,最低平均水头为93m。

水布垭水电站最高水头203m,最低水头147m,机组技术供水系统设计了水泵供水方式和顶盖取水方式两种方案。水轮机顶盖设置了泄压(取水)管,通过阀门与管道一路接入技术供水总管,另一路引至下游尾水。如经过试验,其流量、压力满足机组技术供水的要求,则应以顶盖取水作为机组技术供水水源。如顶盖取水的流量、压力不能满足机组技术供水的要求,顶盖泄压水通过排水管直接排至尾水管。机组投产发电以来,一直投入运行的是下游取水的水泵供水方式,顶盖取水方式没有经过试验,也没有运行过。建议电厂择机进行试验。

7)水电站工作水头变化范围较大,单一的供水方式不能满足水压力和水量的要求或不经济时,可采用水泵、自流、自流减压、顶盖取水等方式的组合供水。

17.3.2.3 通过技术经济比较选择供水方式

(1)比选原则

综上所述,当电站工作水头 $H\leqslant160$m 时,一般可根据其所处的水头段分别选择自流减压供水、自流供水、水泵和自流混合供水或水泵供水方式,可不经过详细技术经济比较选择供水方式。当电站工作水头大于 160m 时,宜采用水泵供水方式,或经技术经济比较优选其他供水方式。

技术供水方案的比选包括水源及取水方式、供水方式、设备及管路配置方式三部分内容。其重点是进行供水方式的比较和选择。

技术经济比选以技术比较为主,同时考虑运行维护检修方便和经济指标的优劣。选定的方案首先应确保供水系统安全可靠运行,在此前提下力求做到布置顺畅、运行维护检修方便、节省投资。

(2)主要技术供水方式的特点及比选内容

1)水泵供水方式。

超低水头和高水头电站的技术供水系统大多数采用水泵供水方式。该方式技术上比较成熟,有定型产品,运行比较可靠。但设备及管路布置、维护检修较为复杂,且占用空间较大。

2)自流减压供水方式。

自流减压供水方式设备布置简单,运行维护方便,国内净水头 70～200m 水电站多数采用自流减压供水方式,且使用的上限水头有逐步提高的趋势。构皮滩水电站最高水头 200m,实际运行采用的是二级减压的自流减压供水方式。

基于节能的要求,水电行业设计规范规定的自流减压供水方式使用的水头上限比实际投入运行的水头上限要低得多,具体规定如下:

①《水力发电厂机电设计规范》(DL/T 5186—2004)中为 70～120m;

②《水利水电工程机电设计技术规范》(SL 511—2011)中为 70～120m;

③《水力发电厂水力机械辅助设备系统设计技术规定》(NB/T 35035—2014)中为 70～160m。

也就是说,当电站工作水头大于 160m 时,如果要选择自流减压供水方式,需要与水泵供水方式进行技术经济比较。技术经济比较包括如下 4 个方面的内容:运行可靠性的比较;设备布置及运行维护方便性的比较;设备、阀门及管路投资比较;自流减压供水消耗水能损失的发电收益与水泵供水的用电费用比较。

3)顶盖取水方式。

顶盖取水方式是利用水轮机转轮上迷宫漏水取水供水。如电站水头适当、厂家设计有保证,成功使用后的主要优点是水源可靠、系统简单、操作方便且运行成本超低。

中高水头段的混流式机组可考虑采用顶盖取水供水方式,但需要与水泵供水方式和自流减压供水方式进行技术经济比较，且需要注意如下事项：

①顶盖取水只有少数水轮机制造厂有经验，少数电站有成功运行经验，应谨慎选用。

②采用顶盖取水供水方式须经水轮机制造厂同意，水压和水量由制造厂保证，经过真机试验确定。

③对于水头变幅大、功率变幅大的机组，一些工况的顶盖取水不能满足供水要求，需要采用其他方式供水。整个技术供水系统要按混合供水方式设计和运行。

④为确保机组安全稳定运行，即使运行工况变化不大的机组，也应设置备用水源。

(3)因地制宜，灵活选择其他供水方式

可根据电站设计条件和机组制造厂设计经验，因地制宜，灵活选择中间水池供水、循环冷却供水和小机组尾水余压供水等供水方式。

湖北五峰锁金山水电站装设3台15MW冲击式机组，采用以溪水水源为主、水泵补水为辅的水池集中供水方案。电站运行十几年后，由于溪水水源随环境变化日趋枯竭、水池拦污栅和滤水器易堵塞、水泵供水能力不足且陈旧等，电站对供水系统进行了改造。水池进水口增设了自动清污机，更换了滤水器和水泵，并对管网进行了改造。改造后的技术供水系统为水池自流供水和水泵直接供水的双路联合供水方式，运行良好，经济效益显著。

王甫洲水电站贯流式机组采用清洁水循环供水方式。供水程序为：水泵从清洁水储水罐取水，将水抽至机组冷却器吸收热量，经过一个与河水直接接触的冷却夹套后重新返回水泵形成循环供水回路，而冷却水的热量则通过冷却夹套由河水带走。

隔河岩水电站最高水头121.5m，最低水头80.7m。机组技术供水设计方案为下游取水的单机单元水泵供水方案，运行情况良好。后经电厂在枢纽已建成投入运行的小机组上试验，其尾水流量和水压可满足大电站机组技术供水要求。通过改造，在小机组尾水池引供水管至大电厂技术供水总管作为主水源，但仍保留原方案设备及管路作为备用水源。

17.3.2.4 特大型电站技术供水方案中的设备研究

一般水电站的技术供水系统设计是根据电站的基本参数和运行特点，经技术经济比较合理选择供水方式，配置成熟的设备。但对于特大型水电站，在进行技术供水方式技术经济综合方案比较时，一定要考虑各比选方案中所需的主要设备是否有先进可靠的现成设备，如果没有可靠的设备作为技术支撑，所选择方案可能是不可行的。因此，特大型水电站的技术供水系统设计中往往要配套进行主要设备的研究。三峡水电站的技术供水系统设计就是如此开展的。

三峡水电站水轮发电机组单机容量700MW，是当时世界领先水平，且机组台数众多(审定的装机规模1820MW，左岸电站装机14台，右岸电站装机12台)。机组技术供水系统是机组最重要的辅助系统之一，其特点如下：

(1)上游库水位变幅大

三峡电站水库实行分期蓄水方式，正常蓄水位按初期(156m)和后期(175m)两种方式运行，防洪限制水位也按初期(135m)和后期(145m)两种方式运行。根据水库的运行水位变化，从初期防洪限制水位到后期正常蓄水位，上游库水位变幅最大达到40m。

(2)水轮发电机组用水量大

700MW水轮发电机组每台机组单元供水量为1800～2200m^3/h。

(3)防泥沙和漂浮物的要求高

洪水期长江水中含有一定的泥沙和大量的漂浮物，必须考虑机组技术供水防泥沙和漂浮物的技术问题。

(4)用水部门多且分布位置高差大

供水部位达7～8处之多，最高用水部位与最低用水部位的高低差为18m，其工作水压变化范围要求较宽。

由上述特点可知，三峡水电站技术供水系统的复杂性和技术难度远大于其他电站，且没有现成的技术、成果可以照搬照套。

为了解决三峡水电站机组技术供水可靠性和自动化监测等问题，保证三峡水电站技术供水安全可靠及各项指标的要求，1997年10月，受三峡总公司的委托，长江设计院与有关单位共同承担了国家重点科技项目(攻关)计划“机组水系统特殊设备研制”专题，专题共分三个子题：“新型可调式射流泵”“大口径减压阀”“全自动滤水器”。自1997年10月开始，经过将近三年的研究，于2000年8月完成了科研合同规定的各项攻关目标内容。经专家评审，三个子题研究的供水设备是三峡水电站技术供水系统的重要组成部分。其研究成果技术是成熟的，成果具有创新性，属国内领先并达到国际先进水平。

新型可调式射流泵、大口径减压阀和全自动滤水器等特殊设备的研制成功，为三峡水电站技术供水系统供水方式的合理选择奠定了坚实的技术基础。

三峡水电站技术供水系统审定的设计方案为射流泵和自流减压混合供水，可以充分利用这两种主供水设备的特点，提高供水系统的供水范围，以适应上游水库水位的大幅度变化。根据三峡水电站的水头条件和主供水设备的运行特性，当电站水头处在61(初期最低水头)～80.6m(额定水头)低水头范围时，应以自流减压供水为主，射流泵供水作为备用；当电站水头处于80.6(额定水头)～113m(后期最高水头)高水头范围时，应以射流泵供水为主，自流减压供水作为备用。

在供水系统设备采购阶段，考虑大型射流泵运行经验少、供货厂家单一、价格高等因素，三峡总公司决定：射流泵暂不采购，设备基础和预埋管路接口保留。机组投入运行时，技术供水采用的是自流减压供水方式，2台减压阀(1台工作，1台备用)。后根据电厂运行经验，改造为自流两级减压供水方式运行。

17.3.3 设备及管路配置方式

在技术供水水源和供水方式选定后，如何恰当确定主要设备及管路配置方式，主要取决于电站的单机容量和机组台数。通常有单元供水、集中供水和分组供水3种配置方式。

(1)单元供水

每台机组单独设置取水口、供水设备及管路，自成体系，独立运行。此种配置方式的优点是机组间互不干扰，易实现自动化，便于运行和维护。

大型电站机组技术供水一般采用单机单元供水方式。如三峡、构皮滩、水布垭、彭水、沐若、亭子口、葛洲坝、银盘、万安、高坝洲等水电站均采用单机单元供水方式。

中小型电站机组技术供水也有采用单机单元供水方式的，如王甫洲、陶岔、兴隆、寺坪、大龙潭等水电站。

(2)集中供水

全电站所有用水设备都由共用的取水设备和干管供水。这种设备及管路配置方式便于集中布置，运行、维护比较方便，适用于中、小型电站。

云南尼汝河木星土水电站 2 台 60MW 机组采用集中供水方式。全电站 2 台机组配置一套供水系统。

湖北五峰锁金山水电站 3 台 15MW 冲击式机组采用水池集中供水方式。

(3)分组供水

当电站的机组台数较多时，采用集中供水，管道过长可能导致供水不均匀；或管道直径过大给布置带来困难。采用单元供水，设备数量又过多。此时，可将机组分成若干组，每组构成一个完整的供水系统。这些特点既减少了设备又方便了运行。

17.3.4 正反向运行方式

机组技术供水系统的正反向运行方式，是指通过阀门将机组冷却器供水管路切换为排水管路，排水管路切换为供水管路运行，一般采用定期切换的正反向运行方式。切换阀门一般由 4 个电动控制阀门组成，也可采用 1 个电控四通阀进行切换控制。

机组技术供水系统正反向运行的作用是防止泥沙、杂质和微生物堵塞供排水管(特别是冷却器的供排水管)。万安水电站技术供水冷却器管路上的正反向切换阀每月切换 2 次，效果较好。葛洲坝水电站技术供水系统设置了正反向运行的回路，对防止泥沙淤堵和抑制水生物的生长起到了一定的作用。但葛洲坝水电站 2 号机组投入运行初期，由于缺乏经验，技术供水管路系统没有正反向切换运行，造成了水导冷却水管因大量泥沙淤积而被堵。

机组技术供水系统的管路是否需要设计成能正反向运行的管网，取决于水源的含沙量和水生生物性质及含量。设计技术供水系统时，宜遵循如下原则：

1)对于多泥沙或含有阻碍顺畅供水水生生物的河流，采用河水作为技术供水水源的系统，应采用正反向运行方式。

2)新设计的水电站，在条件许可的情况下技术供水系统应尽可能设计为能正反向运行的方案。

3)对于含沙量少、水库库容大、厂房布置特别困难的电站，技术供水系统可不必选用正反向运行方式，而采用单向供水方式即可。

长江委设计院设计的葛洲坝、三峡、沐若、亭子口、万安、高坝洲、寺坪、大龙潭等水电站的技术供水系统采用正反向运行方式。构皮滩、水布垭、彭水、银盘、木星土、陶岔、兴隆、锁金山等水电站的技术供水系统采用单向运行方式。

17.3.5 环管供水方式

大、中型水轮发电机组空气冷却器和轴承冷却器的技术供水管路系统设计中，为提高供水效能，一般采用环管供水方式。环管供水方式主要有如下3种。

(1)环管加半环管供水方式

这种供水方式主要应用在水轮发电机组空气冷却器的供水方案中。具体布置方案为：各个空气冷却器的供水支管接供水环管，排水支管接排水环管；供水半环管约180°对称与供水环管相接，排水半环管约180°对称与排水环管相接；供水总管居中与供水半环管相接，排水总管居中与排水半环管相接，形成环管双路对称供水方式。这种供水方式的优点是各冷却器水量分配比较均衡，但是需要增加管路投资。葛洲坝、构皮滩、银盘水电站的发电机空气冷却器技术供水采用此种方式，水布垭水电站的发电机空气冷却器和推力轴承冷却器也采用此种供水方式。

(2)环管供水方式

大、中型水轮发电机组空气冷却器和轴承冷却器的技术供水大多数采用环管供水方式。具体布置方案为：各冷却器的供水支管接供水环管，排水支管接排水环管；供水总管与供水环管相接，排水总管与排水环管相接；环管按是否封闭有封闭式布置和断开式布置之分，按是否变径有同径和变径之分。这种供水方式与环管加半环管方式相比，优点是节省了半环管的管路投资，但各冷却器水量分配均衡性要差一些。

三峡水电站机组空气冷却器的技术供水采用断开式布置的变径环管供水方式，从供、排水总管与环管连接的三通开始，两边的环管管径减小，直至最后一个冷却器。三峡水电站机组轴承冷却器的技术供水采用断开式布置的同径环管供水方式。银盘水电站发电机导轴承冷却器、亭子口水电站发电机空气冷却器的技术供水均采用封闭式布置的同径环管供水方式。

(3)半环管供水方式

有的水电站机组轴承因冷却器较少，采用了半环管供水方式。如银盘、亭子口水电站水轮发电机推力轴承采用镜板泵的外循环冷却方式，两个油冷却器在机坑内对称布置，采用半环管供水方式。

17.4 供水设备及管路选择

17.4.1 水泵选择

(1)水泵型式

技术供水系统的供水水泵一般采用卧式离心泵或立式管道离心泵。

长江委设计采用的水泵和自流混合供水方式、水泵供水方式部分电站技术供水水泵参数见表 17.4-1。

表 17.4-1　　长江委设计的部分电站技术供水水泵参数表

电站	供水方式	水轮机最小工作水头(m)	水泵类型	额定扬程(m)	额定流量(m^3/h)
葛洲坝大江	水泵和自流混合	8.3	卧式离心泵	16	1260
银盘	水泵和自流混合	13	立式管道离心泵	10	500
万安(5 号机组)	水泵和自流混合	12	卧式离心泵	16	1260
陶岔	水泵和自流混合	6	立式管道离心泵	15	240
兴隆	水泵供水	1.8	立式管道离心泵	32	200
水布垭	水泵供水	147	立式管道离心泵	32	1600
沐若	水泵供水	287	立式管道离心泵	35	900
木星土	水泵供水	377.4	立式管道离心泵	45	300

(2)水泵扬程

水泵扬程应满足各供水对象的进口水压要求，克服其管路损失并留有适当的余量。根据水泵及管路的具体布置情况(包括取水口和排水口位置)，对不同供水对象的供水管路按《水电站机电设计手册》(水力机械)中的公式分别进行计算。上游取水、下游排水的水泵加压供水方案，最小运行水头与水泵扬程之和应克服供排水管路损失并留有适当的余量。下游取水、下游排水的水泵供水方案，水泵扬程应克服供排水管路损失并留有适当的余量。

例如：银盘水电站机组正常运行水头范围为 13～35.12m，最低工作水头小于 15m，根据规范规定并参考国内同类大型轴流机组的运行经验，采用水泵和自流混合供水方式。如按规定，水泵扬程略留余量，取 5m 左右即可；考虑到机组投入运行后，在满足机组安全稳定运行的前提下，拓展最低水头以下的运行范围，有利于电站安全度汛和提高电站经济效益，因此，水泵额定扬程选为 10m。水泵的投切根据电站水头整定值自动控制。

(3)水泵生产率

水泵生产率应根据系统供水总量和工作水泵的台数确定。应考虑水泵运行工作点在高效区运行，并联运行的水泵应考虑管路特性的影响。水泵的工作流量应有 7%～10%的裕量，水泵扬程应按此流量进行计算选择，同时电机功率按水泵最大轴功率选配后应留有 10%以上的裕量。

(4)水泵台数

水泵台数的选择与水泵供水配置方式有关。水泵供水方式，宜优先采用单机单元供水系统，每台机组单元可设 1～2 台工作水泵，1 台备用水泵。采用分组供水或集中供水方式的供水系统，工作水泵的配置数量，大型水电站宜为机组台数的倍数，中型水电站宜不少于 2

台。备用水泵台数可为工作水泵台数的1/3～1/2，但不少于1台。

17.4.2 滤水器选择

(1)滤水器型式

一般应选用自动反冲洗滤水器，经滤水器过滤后的水质应满足各用户的要求。滤水器的排污采用定时、压差、手动切换的控制方式，滤水器自动清污时仍向机组正常供水。

(2)滤水器生产率

滤水器的生产率应大于总用水量，且不宜小于总用水量的110%。

例如：银盘水电站机组单机功率150MW，厂家要求的1台机组总供水量为630m^3/h，与国内同类机组相比，用水量明显偏小。而且滤水器在供水过程中会出现不同的堵塞情况，其工作流量会减小。考虑上述两个因素，滤水器设计流量的选择应留有足够余量，以满足机组各种运行工况的技术供水要求。因此，在滤水器招标采购文件中对其设计流量和管径作了如下规定：设计工作流量≥800m^3/h，最小工作流量(堵塞发信号时最小流量值)≥650m^3/h，进、出管直径350mm。根据供货厂家资料，该滤水器的最大设计流量可达1040m^3/h。

(3)滤水器台数

一个供水单元宜至少选择2台滤水器，至少1台备用，且备用滤水器的台数不少于工作滤水器的1/2。每台滤水器的生产率应相等，且不宜大于2100m^3/h。

17.4.3 主要阀门选择

1)应根据工作特性、介质条件、工作压力、重要程度及工作环境等因素选用合适的阀门。与上、下游水库水源相连的第一个阀门应选用不锈钢阀门，必要时采用双不锈钢阀门。

2)阀门的直径应满足供水或排水流量的要求，阀门的公称直径宜与管路的公称直径一致。

3)阀门的公称压力应不小于阀门使用时可能承受的最大水压力(含水锤压力)，且宜留有适当的裕量。

4)自动操作阀宜采用水力控制阀、电动阀、液压阀等，正反向供水切换阀可采用电动四通阀。

5)减压阀的选择应注意如下事项：

①根据减压阀进、出口工作压力范围选择减压阀主要参数，如公称直径、流量、减压比等。

②减压阀的减压比不宜超过4倍，对于大口径减压阀，减压比不宜超过3倍，否则宜采用2级减压方式。

构皮滩水电站最高水头200m，采用二级减压的供水方式。

三峡水电站最高水头113m，设计方案为一级减压的供水方式，机组供水减压阀公称直径450mm，主变供水减压阀公称直径250mm。投入运行初期，在库水位135～139m条件下运行情况总体比较稳定，仅 13 号机组主变供水减压阀有 1 台出现过失灵，开启后没有流量。随着运行时间的增长以及运行水头的即将升高，减压阀失灵的危险也在增加，减压阀失灵后无论是供水压力升高还是供水流量中断都将严重威胁机组的安全。同时，水头升高后，减压阀减压比将进一步增大，振动和噪声都会增加至行业标准不能允许的程度，这个问题已在 6 号机组技术供水系统压力调整试验中得到证实，并且将使减压阀产生严重的空蚀。

根据减压阀、流量计及管路布置情况，增加二级减压阀可以采用如下方案：在保持阀门和管道尺寸不变的前提下，将 450mm 的电磁流量计移位，在电磁流量计位置上布置原减压阀，在原减压阀的位置上布置等比例减压阀（减压比 1.5∶1），同时将拆下的 450mm 电磁流量计安装在技术供水总管上。此方案既达到了二级减压的目的，又保持了原设备布置，而且工程量最少。三峡左岸电站技术供水系统已改造，均采用二级减压阀供水方案，运行效果良好。

③减压阀的口径不宜大于 500mm，当公称直径大于 500mm 时，应进行必要的试验研究。

④自流减压供水系统采用的自动减压阀（装置）应动作准确、稳定可靠，其流量恒定特性和压力稳定特性应符合设计要求。

⑤减压阀应有稳流稳压能力，当采用减压阀供水且其减压比较大时，宜采用带反馈回路的活塞式减压阀。

⑥减压阀的直径应按工作压力、工作压差、泄放最大流量及设计流量要求计算选定，并留有足够裕量。

6)泄压阀的公称直径，应按阀后允许升高的压力值和泄压阀出口压力值及泄放的最大流量等条件核算；泄压阀出口背压较大时，应选用背压式泄压阀。泄压阀宜选择全开式，回座速度应考虑水锤因素。

7)当采用水泵供水时，水泵出口应装设止回阀。若供排水管路较长时，应考虑正常停泵或事故断电时产生的水锤压力。必要时应选用缓闭型止回阀、泵控阀、压力波控制阀或液控蝶阀。

17.4.4 主要管路选择

1)管壁厚度应满足介质压力与材料许用应力的要求，还应考虑结构刚度所需的最小壁厚要求。当采用碳钢材料时还应考虑 1～3mm 的腐蚀和磨损厚度裕度，对于埋设管路应取大值。

2)供水管内的流速，宜在 1.0～3.0m/s 范围内选用。当有防止水生生物要求、防泥沙淤积或自流减压供水时，可适当加大流速至 3～7m/s。

供水系统各供排水管路管径选择要适当，不能太大，否则将产生不良后果。过去设计的一些电站，供水系统管路偏大的原因有二：一是根据经验公式计算的机组用水量往往偏大，或设备供应商由于设计保守，提供的机组各冷却器用水量较大；二是设计时管径选择偏大。而机组实际运行时的冷却水量明显小于设计用水量，这样势必会造成两种结果：要么用水量偏大,明显超过实际需要量,造成能量的浪费;要么造成阀门长期处于小开度运行,易造成阀门的损坏和运行时产生噪音。如果供水系统为水泵供水方案,水泵将长期运行在非设计运行区域的较差工况,易造成水泵的损坏。

三峡左岸电厂供水系统运行中就出现过"空气冷却器进出干管管径设计过大,阀门开度过小,引起阀门和管路空蚀严重"的问题。

机组厂商空气冷却器供水管径设计裕度过大,在实际运行中很多阀门开度都较小(不到40%),管道噪声及振动比较大,水流在阀门后脱流,管壁空蚀严重。曾发现空气冷却器供水管道在阀门出口区域出现严重空蚀,形成约 220mm×120mm 的明显凹坑,管路最薄处已不足 2mm。同时,振动还导致小开度的阀门在运行中自行关闭,造成冷却水中断的风险。

在后续的右岸和地下电站机组供水系统设计当中,根据机组厂商供水要求,结合电站供水系统布置,针对机组不同用水部门的要求,对管径进行水量和压力分配估算。在管路布置中,总管与支管连接采用平顺过渡方式,保持管中流速相等的原则并灵活运用。通过采用异径管连接改变管径大小,管中流速平滑过渡,满足各支管的进口与出口总内压降基本相等,收到了良好的效果。

3)埋设钢管应采用焊接方式连接,宜选用不锈钢钢管、无缝钢管、加厚焊接钢管。

有经济条件的电站,应尽量选用不锈钢管。三峡水电站技术供水系统管路(包括法兰、弯头等连接件及管件)全部采用不锈钢材料。亭子口水电站技术供水系统,直径 200mm 及以下管路采用全不锈钢钢管,直径 200mm 以上管路采用无缝钢管内衬不锈钢钢管。

已投入运行的大多数水电站,出于经济方面的考虑,普遍采用普通碳素钢埋管,一旦出现问题,很难处理。如万安水电站技术供水系统供排水预埋管道为普通碳素钢管,锈蚀严重并出现漏水,不好处理。

17.5　自动化及元件配置基本要求

17.5.1　自动化设计内容

1)实现技术供水系统自动化。

2)对技术供水系统的水压、水温、水量、水流和水位进行自动监测。

3)为技术供水系统的安全运行提供保护、报警信号。

17.5.2　自动化基本要求

1)技术供水系统机组段的控制,应随同机组的启动同步投入运行,随机组的停机而退出;备用水源自动投入时,应同时发出报警信号。

2)当采用水泵集中供水时,技术供水系统的控制,应随启动机组的台数,对应投入供水泵的台数,并能随机组的停机而退出运行;备用供水泵与主供水泵应能任意互换,备用泵自动投入时,应同时发出报警信号。全厂机组停机后,技术供水系统宜退出。

当水泵集中供水系统的控制按压力或流量控制方式设计时,应随任意一台机组启动而投入任意一台供水泵以建立控制压力或流量，以后按供水压力的升降或流量整定值自动投入或退出任意给定顺序的供水泵。

3)采用顶盖取水方式的供水系统，因取水能随机组启动而投入，已能符合技术供水系统机组段自动化的要求，但当其为调相运行设置的备用水源时，其自动化应符合本条第1)款要求。

4)当油压装置集油箱有冷却供水要求时，宜随同机组自动控制设计，人工调节冷却水量。

17.5.3　自动化配置基本要求

1)每台机组的主供水管上宜装能自动操作的工作阀门，必要时可装设手动旁路切换检修阀门。

2)总供水管路应设有压力和温度监测仪表。

3)滤水器前后应配置压差监视信号器，或设置时间继电器，压差信号器整定值应小于4m，当压力超过此值时应能报警，时间继电器整定时间根据运行情况而定。

4)在冷却排水总管上宜设置流量监测装置。根据需要，可在推力轴承冷却器管路上装设流量仪表。当测流装置要求水流不能含有气泡时，可布置在进水总管上。

5)供水系统的中间水池应设有水位信号器；进水管路应装设随水位变化而自动调节的阀门和断水保护信号装置。

6)对水温需要监测的冷却器，其进出口应设置冷却水温度计或温度信号计。

7)推力轴承、空气冷却器、上下导轴承和水导轴承各自冷却器的排水管路上宜设置水流监视仪表或示流信号器，有条件时配置流量变送器，将信号送至计算机监控系统。

8)水轮机/水泵水轮机主轴密封润滑主供水，应能随机组启停自动投入和停止。当主供水源发生故障时，密封备用水源应能在2～3s内自动投入，并同时发出报警信号。应同时设置压力信号器和示流信号器，对于抽水蓄能电站还应满足黑启动要求。

9)自流减压和顶盖取水供水系统中，宜能自动发出压力过高、过低信号。泄压阀的启跳压力宜为减压阀出口压力的1.05～1.1倍，回座压力宜为减压阀出口压力的0.95倍。

10)水冷变压器冷却水的投入应先于变压器的运行投入，排水管路上应装设示流信号器，进水管上宜装有监视压力的信号装置。

11)水冷式空压机供水应能随空压机启停自动投入和停止，排水管路上宜设示流信号器。

12)与设备及人身安全有关的信号应送至电站中控室。

17.6　主要设备及管路布置

17.6.1　水泵及滤水器布置

1)水泵布置应便于安装、运行和维护。

2)采用集中供水方式时,应将水泵集中布置。

3)采用单元供水方式时,水泵宜布置在各机组段内。

4)水泵房内应有运行巡回、维护通道;其净宽不应小于1.2m;出入水泵房交通应顺畅方便。尾水位以下的水泵房须考虑防淹措施和安全出口。

5)离心泵的安装高程应满足空蚀裕量或允许吸出高度的要求。离心泵宜采用负几何安装高度,当几何安装高度为正时,有底阀可在水泵上部注水启动,无底阀可用抽真空设备在水泵的顶部抽真空启动,水泵抽气时间宜为5～10min。

6)泵房内应有检修场地,泵房顶部应埋设吊环。当水泵台数较多,且部件重量较大时,应设置简单的起重设备。

7)对并联运行的水泵,型号、参数和特性曲线应尽量相同,应使汇合点前各台泵的管路特性一致。不同型号参数的水泵不宜并联运行,当必须采用时应进行稳定性的分析和绘制并联运行曲线。

8)对于高扬程大流量的水泵出口应设足够的支撑。

9)滤水器应布置在便于检修、操作的位置。对大尺寸滤水器,有吊芯检修需要时还应留有足够的空间高度,其上方顶板应预埋吊环。

10)滤水器的冲污水应直接排至尾水渠(洞),当冲污清洗机会少及耗水量较小时可排至集水井。

11)对于减压供水方式,若水质较差时,滤水器可布置在减压阀之前。

17.6.2　阀门布置

1)阀门应设在便于操作和拆修的地方。阀门的直径较大,操作轮高于地面2m以上时,宜设置固定式或移动式操作平台。对电动操作阀门应考虑防潮问题;对液压操作阀门应尽量缩短操作管路的长度。

2)阀门的操作手轮上应标明开关方向。公称直径300mm以上的阀门或长柄阀附近应有足够的操作和拆装场地,顶部宜埋设检修拆装用吊环。

3)旋启式止回阀可水平或垂直安装。水平安装时,阀盖朝上;垂直安装时,水流方向应自下而上。升降式止回阀应水平安装。

4)大直径阀门依靠前后管子支持荷载时,靠近阀件前后的管子应有牢固的支墩和管架。

5)阀门坑内应设排水管,坑内阀门连接管宜设不锈钢伸缩节。

6)装有自动减压阀、顶盖取水的供水系统,在减压阀、顶盖取水后应装设泄压阀或其他排至下游的安全泄水设施,以保证用水设备的安全。

7)自尾水管(洞)或尾水渠取水的水泵供水系统,取水管上宜设有排出气体措施和检修用不锈钢阀门。

17.6.3　管道及仪表布置

1)技术供水系统管网应布置合理、整齐美观、便于运行和维护。

2)技术供水系统管网的布置及阀件的配置,应使各分支管路流量的分配符合系统设计的要求,各管路节点的压力分布合理,正常运行时最高部位不出现真空,最低部位不出现超过规定的水压。

3)供水排水管路应与电气设备分开布置,且不得布置在电气设备的上方。若布置有困难,应采取必要的防水措施。

4)对于全厂联络总管,应根据机组投产顺序情况增设必要的隔断阀。贯穿全厂的供水管路应有分段检修措施。

5)供排水管宜采取明敷方式布置,其运行维护通道宽度宜不小于0.8m,当管路跨步困难时应设置踏步梯子。对于采用碳钢材料的明管,应涂防锈底漆及规定颜色的面漆。当采用埋管时,宜采用不锈钢管,采用碳钢时均应进行防锈、防腐处理。

6)布置需要且有条件时,可将管路设在管沟内或专设的管路廊道内。管沟的宽度和深度应满足检修需要,管路与沟底的净距不宜小于300mm,管沟底面应有1‰~5‰的排水坡度,坡向排水地漏口,管沟应有活动盖板。

7)平行敷设的管路应紧凑和满足检修要求。沿墙布置的管路,管件和墙间的净距不宜小于100mm,管与管之间的净距不应小于25mm。当口径大于50mm时,宜采用法兰连接,采用法兰连接时,相邻管子的法兰,应错开布置。当管壁外包有隔热防结露层时,应预留包扎所需空间。

8)技术供水泵出口处的总管或管路最高点上应设置足够容量的自动排气阀,在管路的最低点应设有排空设施。

9)明敷管路应用结构合理的支架或吊架支承,水泵附近的管路、管件、阀门等的重量不应由泵体承受。

10)有自由端的明敷管路不应设置伸缩节。当两端都固定且必须布置伸缩节时,应核算伸缩长度,选择合适的伸缩节。

11)管路布置应避免沉积泥沙,对于埋设的供水总管及联络管应设冲洗设施。埋设在混凝土中的钢管,应多布置成直管,少用弯头,巡边布置。跨越伸缩缝的有压埋设管路,在伸缩缝处应做套管或包扎弹性垫层等过缝处理。

12)在空气湿度和温差较大的水电站,供水与排水管路表面应采取防结露措施。对高海拔严寒地区,室外管路应有防寒结冰措施。

13)示流器、压力表和温度计等应布置在容易观察到的位置上。有条件时,各用户的示流器、压力表、温度计等宜集中布置。

14)水轮发电机组及水冷式变压器冷却器排水,应排至下游尾水渠或尾水管。对有冰冻影响的,为防止排水管口结冰,出水口高程应在最低尾水位及最大可能冰厚以下。

15)供水管路系统有需排空积水或积气的部位应装设检修排水或排气阀门。

16)建设在多泥沙河流的电站,对于管路系统中布置位置较低的管路和设备宜设置排污阀或排污措施;排水管口要布置在水流区,防止泥沙淤积。

17)管路敷设安装后,应进行严密性耐压试验或严密性试验。

对于埋设管路,在浇筑混凝土前进行严密性耐压试验时,压力管路应不低于1.25倍额定工作压力,且不低于0.4MPa,试压30min应无渗漏。

对于明敷管路及设备应进行严密性试验,试验压力为实际工作压力,保持8h,无渗漏现象。

17.7　供水系统原理图

1)当供水方案和主要设备及管路确定后,应根据电站厂房布置、主要供水设备及用水部门相对布置位置绘制供水系统原理图。

2)供水系统原理图为单线原理图,不需要按比例绘制,但应根据厂房总体相对布置表达清楚,设备及管线连接简单明了。

3)机组技术供水系统和主变冷却水供水系统及其他供水系统宜绘制在一张图上。

4)系统原理图中设备、阀门及仪表等应按《水利水电工程制图标准 水力机械图》(SL 73.4—2013)、《水电水利工程水力机械制图标准》(DL/T 5349—2006)等规定的图例绘制。图中应编制图例表。

5)系统原理图应标明各管路的管径和主要管路的控制高程。

6)图中应编制主要设备表,包括设备型号规格及数量。

7)图中应标明主要供水设备、取水管口、排水管口和上下游水位的主要控制高程。

8)系统图中应标示出主用设备和备用设备,并应编制相应的系统操作控制说明。

17.8　供水系统设计流程

水电站供水系统设计包括从设计资料的输入到成果输出的全过程,主要流程如下:

1)接受设计任务。

2)向相关土建和动能专业及主要设备制造厂索取水电站相关设计资料。

3)确定水电站供水系统的工作范围及与相关专业之间的接口。

4)确定水电站技术供水系统的供水方案,拟定设备及管路布置方案。

5)选择主要供水设备参数及管路规格和材料。

6)配套选择供水系统的主要阀门及仪表等。

7)确定供水系统设备及管路布置。

8)绘制供水系统原理图。

9)向土建专业提出供水系统设计要求,结合电站机电设备布置填图完成主要设备布置。

10)向供电和电气控制专业提出设备供电要求及设备自动控制操作说明。

11)向造价专业提出供水系统设备材料费用清单。

第 18 章 排水系统

18.1 概述

水电站排水系统包括厂内排水系统和厂外排水系统。厂内排水系统包括机组检修排水系统、厂内渗漏排水系统、水轮机顶盖排水系统。厂外排水系统包括大坝排水系统、地下厂房周岩排水系统和厂区排水系统等。

排水系统设计的主要任务是根据工程的特点和设计条件，按照有关技术标准和规程规范所规定的设计方法和原则，合理选择各排水系统的排水方式及水泵型式，计算和选择水泵主要参数，配套确定排水系统的其他设备，确定集水井尺寸及控制水位，并对设备及管路系统提出具体布置要求。

排水系统的设计应遵循安全可靠、维修方便、经济合理的原则。

大、中型水电站的机组检修排水系统和厂内渗漏排水系统应分开设置。小型水电站的机组检修排水系统和厂内渗漏排水系统宜分开设置，经技术经济论证，排水系统也可共用一套排水设备，但应有防止尾水倒灌水淹厂房的措施。对于地下厂房水电站，机组检修排水系统和厂内渗漏排水系统应分开设置。

排水系统应根据水中泥沙和杂物含量等因素设置合适的排污设施。集水井应设清污通道，宜埋设清扫淤泥的供水、供气管路接口；集水井面积应满足水泵布置和集水井清污要求；集水井布置潜水排污泵作为排水泵的，可不另设专门的清污泵；集水井布置其他类型的水泵（如深井泵）作为排水泵的，宜另设一台便于操作的潜水排污泵作为清污泵；机组检修排水廊道宜设置清污用的吹扫气管和水管。

排水系统设计所依据的基本资料由设备制造厂和相关设计专业提供。水轮机参数及流道图、顶盖排水量由制造厂提供；枢纽及厂房布置、厂内水工建筑物渗漏水量、大坝廊道渗水量由水工专业提供；船闸排水量及排水要求由航建专业提供；电站尾水位流量关系由水文专业提供；电站引水发电系统上下游闸门型式、结构、止水长度及漏水量由金结专业提供。

18.2 机组检修排水系统

18.2.1 排水量确定

1）机组检修排水量由尾水位以下的机组输水发电系统流道（包括引水洞、压力钢管、蜗壳、尾水管、尾水洞等)内积水量以及上游闸门(进水阀)、下游闸门和非检修机组尾水管排水阀的漏水量组成。

2)计算机组检修流道排水量的下游尾水位通常可按 1 台机组检修,其他机组在额定功率下运行时的下游尾水位确定。当经常存在与其他下泄流量重叠时,应按相应尾水位确定。

3)机组输水发电系统流道的积水量按水轮机流道图和厂房布置图计算。

4)上、下游闸门的漏水量应根据金结专业提供的资料计算确定,取下列两者中的大值:金结专业提供的闸门漏水量以及按金结专业提供的闸门止水长度或闸门尺寸、分节情况计算的闸门漏水量。

钢制密封平板闸门的漏水量,上游为 0.5～1L/(s・m),下游为 1～3L/(s・m),含沙量大的水电站宜取大值。

5)水轮机进水阀的漏水量按阀门止水长度和单位止水长度漏水量计算。漏水量一般可取 0.3～0.8L/(s・m)。水头高的取大值,水头低的取小值;蝶阀取大值,球阀取小值。

6)非检修机组尾水管排水阀(一般为盘形阀)的漏水量按止水长度和单位止水长度漏水量计算,漏水量一般可取 0.5～1L/(s・m)。

18.2.2 排水方式选择

机组检修排水可采用间接排水或直接排水方式。

采用间接排水方式时,流道中的积水通过尾水管排水阀和排水管排至排水廊道(或排水总管)和检修集水井,再通过水泵排至下游。采用直接排水方式时,流道中的积水通过尾水管排水阀、排水管和水泵直接排至下游。

检修排水采用连通各台机组尾水管的排水管道方案时,连通管道的直径应满足水泵排水量的要求,并有防淤措施。

大型水电站一般采用间接排水方式,中小型水电站一般采用直接排水方式。中型水电站如采用间接排水方式,应论证设置排水廊道(或排水总管)、集水井以及在投资和工程量方面的合理性。

机组检修排水一般应直接排至下游尾水。有长尾水隧洞的地下式水电站的机组检修排水,可经过技术经济比较,优选下列排水方案之一:

1)当尾水管与尾水隧洞间设有闸门,且尾水隧洞检修另有排水系统时,常将机组检修水排向尾水隧洞。

2)当有 2 条以上尾水隧洞时,可相互交叉地将 1 台机组的检修水排向另一条尾水隧洞内。

3)对于设有尾水调压室,且调压室后的尾水隧洞检修另有排水系统时,机组检修水宜排至调压室闸门后,且排水管出口高程宜高于正常尾水位。

4)通过设置专门的排水管路廊道或竖井与已有廊道、隧洞结合,排至厂外。

机组检修排水设计应在水轮机进水管或蜗壳底部设通向尾水管的排水管和阀门,使流道内高于下游尾水位的积水自流排出。当排水水头较高时,应设置消能及防震措施。为排干尾水管内的积水，在尾水管侧壁最低处应设有排水口和排水阀，排水口应设拦污栅(网)，排水管应有防止泥沙淤堵措施。

水轮机蜗壳排水阀的直径宜按蜗壳进口直径的1/20～1/10估算(混凝土蜗壳可按进口断面面积推算)，大容量高水头机组取小值、小容量低水头机组取大值。尾水管排水阀的直径应按满足排出流量的要求确定。

对于冲击式机组，若检修时不要求排水，可不设机组检修排水系统，但应考虑尾水管检修时的排水措施。

18.2.3 集水井和排水廊道设计要求

大型水电站选用间接排水方式时，宜设置排水廊道，其断面尺寸不宜小于2.0m×1.5m。廊道的一端或中间应布置集水井，集水井及其进人门应为承压结构，集水井及廊道端部应设通气管(通气管应至下游最高水位以上，无条件时，可在通气管路上装设复合式进、排气阀)。

集水井的有效容积宜按不小于1台排水泵15min的排水量确定，可计入利用排水廊道的部分容积，但计入集水井有效容积的排水廊道积水高度不宜超过0.5m。工作泵启动水位与水泵停泵水位之间的容积为集水井有效容积。

当排水廊道中工作地点至出口的距离超过60m时，应至少增设1个出口，其中1个可兼作清污吊物井用。对于尾水位特别高的水电站，安全出口布置高程，应根据具体情况考虑。

为满足机组检修期间水泵的自动运行要求，应根据厂房布置尺寸和所选水泵尺寸，考虑合理的水泵排水时间和停泵时间，确定检修集水井水泵停泵水位、工作泵启动水位、备用泵启动水位、报警水位等控制水位。

检修集水井的吊物孔应设密封盖板，与检修集水井相通的电缆管的地面出口应封堵。在集水井、排水廊道非清污期间，密封盖板应安装就位，确保密封，以免水淹厂房。

在检修集水井、排水廊道清污过程中，应保障相关部位的可靠照明、水泵启动排水正常和井上井下及时联系措施，确保清污人员安全。

集水井达到报警水位时应报警，运行人员应采取措施，防止水淹厂房。

18.2.4 排水泵选择

(1)排水泵型式选择

1)间接排水宜采用深井泵、潜水泵或离心泵。深井泵底座高程低于最高检修尾水位时，泵底座应密封或采用其他防淹措施。

2)直接排水宜采用离心泵或潜水泵(干式安装)。采用离心泵时，不宜设置底阀，如水泵位置高于最低排水位时，应设真空泵满足启动充水要求，其吸水时间宜取5～10min。对于中小型水电厂，也可采用自吸式离心泵。

(2)排水泵台数选择

机组检修排水泵的台数不应少于2台，不设置备用泵。当选用2台水泵时，每台泵的流量均应大于上游闸门(进水阀)、下游闸门和非检修机组尾水管排水阀总的漏水量。当选用3台及以上水泵时,宜有1台泵的流量大于上游闸门(进水阀)、下游闸门和非检修机组尾水管排水阀总的漏水量。

(3)排水泵参数选择

1)机组检修排水泵的设计流量,应按排除1台机组检修排水量及所需排水时间确定。首次排空流道积水的排水时间宜取4～6h。对于有长尾水洞或长引水钢管的电站,如需要排除洞(管)内的积水,排水时间可适当加长至8～12h或更长。

2)检修排水泵的扬程可按1台机组检修,其他机组满负荷运行时的尾水位确定。当经常存在与其他下泄流量重叠的情况时,应按相应尾水位确定。

在特殊情况下,考虑洪水期偶尔事故处理,可按下游设计洪水位校核,如下游洪水位相差很大,也可把水位抽至作业位置高程以下一定高度的水面校核。对埋深较大的地下和抽水蓄能水电站及有特殊要求的水电站,排水泵扬程也可按最高尾水位校核。

18.3　厂内渗漏排水系统

18.3.1　厂内渗漏水量确定

1)下列项目应计入厂内渗漏水量:

①厂房水工建筑物的渗水量;

②水轮机机坑渗漏水量;

③水泵润滑水量;

④水冷式空压机的冷却排水量;

⑤水冷式变频器的冷却排水量;

⑥水冷式变压器的空载冷却排水量;

⑦其他必须排入集水井的水量。

2)厂房水工建筑物的渗漏水量应由厂房设计专业提供,其他渗漏水量可参照已建条件相似的水电站和制造厂家资料估算。

3)水轮机顶盖排水泵由水轮机制造厂配套提供,大型机组的排水泵宜双重备用。顶盖排水泵应采用单独的吸水管,不得共用,顶盖排水宜直接排至下游。

4)厂房围岩渗漏水有条件直接排往下游时,不应排至厂内集水井。

5)厂外排水系统应单独设置并布置在厂外,不得排至厂内渗漏集水井。

18.3.2　渗漏集水井设计要求

集水井的有效容积,宜按汇集30～60min厂内总渗漏水量确定。有条件时,宜适当加大集水井有效容积。地下厂房集水井有效容积宜适当加大。

渗漏排水集水井应能收集厂内最低层的漏水,集水井报警水位应低于最低层的交通廊道、操作廊道及布置有永久设备场地的地面高程。

集水井汇集不能自流排出的厂内渗漏水，用水泵抽排至厂外。

应合理设置集水井工作泵启动水位、备用泵启动水位、停泵水位和报警水位。报警水位至不允许淹没的厂房部位之间，应留有一定的安全距离。停泵水位至集水井底的距离按水泵厂家要求确定。水泵启动水位和报警水位中相邻两水位的距离一般不小于 0.3～0.5m。如受集水井高度限制，备用泵启动最高水位可兼作报警水位。

集水井至少应设置一级油水分离井，并设置油污处理装置。含油污的水不得直接排至电站尾水渠。

对于抽水蓄能水电站，调相压气的排气管宜直接排至集水井，且集水井盖板上应有足够的泄压孔口。

18.3.3 渗漏排水泵选择

(1)排水泵型式选择

渗漏排水宜选用深井泵或潜水泵。

(2)排水泵台数选择

工作泵的台数应综合考虑排水量、排水时间、水泵排水容量及布置条件等因素确定，一般设置 1～2 台工作泵。

备用泵的总排水量不宜小于工作泵总排水量的 50%，对地下厂房可适当加大备用泵的排水容量。备用泵的流量、扬程宜与工作泵相等。

对于汛期尾水位变幅较大且持续时间较长的水电站和多泥沙水电站，可增设汛期专用渗漏排水泵和加大渗漏排水集水井容积。

(3)排水泵参数选择

渗漏排水泵直接排水至下游尾水或尾水隧洞或尾水管时，应根据尾水位变幅范围，在设计洪水位与全电站机组满负荷运行时的尾水位之间选择一个合适的尾水位作为计算额定扬程的条件，按该尾水位与集水井最低水位之差加上管道水力损失来确定水泵额定扬程，水泵最大扬程应按最高尾水位校核。水泵排水至其他高于最高尾水位的位置时，其扬程应按排水管高程(在排水管最高高程和排水管出水管口高程之间选择一个合适的高程)与集水井最低水位之差加上管道水力损失确定。

渗漏排水工作泵的流量应按集水井的有效容积、渗漏水量和排水时间确定。排水时间宜取 20～30min。

对于具有长尾水洞的地下式水电厂，渗漏排水宜直接排至下游最高尾水位以上。经过技术经济论证，渗漏水也可排往尾水隧洞，但应保证尾水隧洞检修时渗漏排水能正常运行。如设有尾水调压室，应排至尾水调压室闸门后，且排水管出口高程宜高于最高尾水位。

18.3.4 关于渗漏井和检修井之间设置连通阀的问题

在大、中型水电站的排水系统设计中，当机组检修排水系统与厂房渗漏排水系统分开设置时，为防止水电站投入运行后的厂房渗漏水量大幅超过设计值而导致水淹厂房的事故发生，可采用在两个集水井适当位置设置连通管和隔断阀的措施。在隔断阀打开期间，应严密监视集水井水位，采取有效措施防止事故发生。

构皮滩水电站厂内渗漏集水井与检修集水井之间设有直径400mm的连通管路和隔断阀，在紧急情况下可以手动打开隔断阀(布置在交通廊道)，启动检修泵排水。

三峡左岸电站厂房内渗漏集水井与检修集水井之间设有直径800mm的连通管路和蝶阀，在紧急情况下可以手动打开阀门(布置在两个集水井之间的阀室中)启动检修泵排水。

三峡左岸电站排水系统渗漏集水井和检修集水井设置连通阀的原因是：在国外机组采购合同执行过程中，机组厂商在机组设计联络会上提出的水轮机主轴密封的漏水量较大，远远超出当初机组厂商提出的正常值。由于当时在国内，没有700MW机组的运行经验，对各方面性能还不太了解，国外厂商提出的要求需要在排水系统设计上予以满足。对此，经综合研究分析，认为在渗漏集水井和检修集水井之间装设连通阀，当水轮机主轴密封在实际运行中漏水量确实很大，超出厂房渗漏排水设备的排水能力时，可打开渗漏集水井与检修集水井连通阀，启动检修排水系统的水泵进行排水，以保证电站安全。

18.3.5 关于渗漏排水的环保要求

随着经济社会的发展和对民生的关注，国内电站设计的环保要求也被提上了议事日程。《水力发电厂水力机械辅助设备系统设计技术规定》(NB/T 35035—2014)对厂内渗漏排水系统的环保要求为："集水井至少应设置一级油水分离井，并设置油污处理装置。含油污的水不得直接排至电站尾水渠。"

因此，在电站设计初期，就应考虑水电站集水井的清污和油水分离装置的设置方案，以避免技施设计阶段因增加设备造成设备及管路布置的困难。

马来西亚沐若电站为了满足业主对渗漏集水井排放水水质的要求，在渗漏集水井的上部设置一套油水分离装置，其处理含油污水的能力为$10m^3/h$。经过油水分离装置后，渗漏排放水的含油量可控制在不大于5mg/L，满足环保要求。

陶岔渠首水电站是南水北调渠首工程，该枢纽担负向北京、天津、河南、河北等省(直辖市)的输水任务，是南水北调中线工程的重要组成部分。为确保南水北调水源水质，对电站厂内渗漏排水系统和机组检修排水系统重新进行了设计。厂内渗漏水主要由水工渗漏水、生产生活排水及机电设备渗漏水等组成。因此，为确保电站下游水质，经综合考虑，将电站渗漏排水系统的排水和检修集水井潜水排污泵的排水改排至生活营地，经净化合格后排至南排河。

18.4 船闸检修排水系统

18.4.1 基本资料

船闸检修排水系统设计所需的基本资料如下：

1)船闸闸室、输水管道检修排水量、漏水量及排水时间要求。

2)船闸检修时的上下游水位。

3)船闸布置图。

4)水泵等排水设备资料。

18.4.2 集水井设计要求

1)集水井数量按航建专业提出的船闸检修排水要求确定。

2)集水井的有效容积，宜按汇集30～60min船闸检修期间的渗漏水量确定。根据船闸闸室检修期间上下游闸门漏水量、输水道单独检修期间上下游闸门(阀门)漏水量分别计算集水井的有效容积，取两者的大值。

3)为满足船闸检修期间水泵的自动运行要求，应根据集水井尺寸和所选水泵尺寸，考虑合理的水泵排水时间和停泵时间，确定集水井水泵停泵水位、工作泵启动水位、备用泵启动水位、报警水位等控制水位。

18.4.3 排水泵选择

(1)排水泵型式选择

排水泵宜采用潜水泵或深井泵。考虑深井泵需要润滑水，且为了集水井清污，还需设置专门的清污泵，推荐优先选用潜水排污泵。

(2)排水泵台数选择

每个集水井的排水泵不应少于2台，不设置备用泵。当选用2台水泵时，每台泵排水量均应大于上、下游闸门的总漏水量。当选用3台及以上水泵时，其中宜有一台泵的流量大于上、下游闸门的总漏水量。

(3)排水泵参数选择

1)排水泵的设计流量应按船闸检修集水井有效容积、排水量、漏水量及所需排水时间确定。排水时间按下列规定确定：

①船闸闸室检修时积水排空时间由航建专业提供，一般取24～48h。

②船闸输水廊道检修时积水排空时间由航建专业提供，一般取6～12h。

③船闸闸室和输水廊道检修期间排闸门、阀门漏水时，排水时间一般取0.5h左右。

2)排水泵的扬程应按船闸检修水位、排水管高程(在排水管最高高程和排水管出水管口高程之间选择一个合适的高程)两者中的大值与集水井最低水位之差加上管路损失确定。

18.5　厂外排水系统

18.5.1　渗漏排水量确定

厂外排水系统包括大坝排水系统、地下厂房周岩排水系统和厂区排水系统等。宜根据水工专业提供的排水量及排水要求分别设立独立的排水系统。

18.5.2　渗漏集水井容积确定

渗漏集水井的有效容积，宜按汇集 30～60min 渗漏水量确定。有条件时，宜适当加大集水井有效容积。

应合理设置集水井工作泵启动水位、备用泵启动水位、停泵水位和报警水位等控制水位。

18.5.3　渗漏排水泵选择

(1)排水泵型式选择

排水泵宜选用潜水泵或深井泵。由于深井泵需要清洁润滑水源，电站厂外条件有限，很难满足要求，宜优先选用潜水泵。

(2)排水泵台数选择

1)渗漏排水泵的台数应不少于 2 台，工作泵的台数应按排水量确定。

2)排水系统应设置备用泵，备用泵的总排水量应不少于工作泵总排水量的 50%。备用泵的流量、扬程宜与工作泵相等。

(3)排水泵参数选择

1)排水泵的扬程应按排水管高程(在排水管最高高程和排水管出水管口高程之间选择一个合适的高程)与集水井最低水位之差加上管道水力损失确定。排水管出口直接排入下游尾水的，水泵扬程按最高尾水位复核。

2)渗漏排水工作泵的流量应按集水井的有效容积、渗漏水量和排水时间确定，排水时间宜取 30min 左右。

18.6　水泵、阀门和管路设计

在选择水泵参数时(特别是并联运行的水泵)应考虑管路特性的影响。水泵的流量和扬程均应满足使用条件，水泵的工作流量应有 7%～10%的裕量，同时电动机功率除按水泵最大功率选配后应留有 10%以上的裕量。

对并联运行的水泵，型号、参数和特性曲线应尽量相同，并使汇合点前各台泵的管路特性一致。不同型号参数的水泵不宜并联运行，当必须采用时，应进行稳定性的分析和绘制并联运行曲线。

长轴深井泵在启动前应向轴承内灌注润滑清水，防止烧坏轴瓦，注水时间根据制造厂要求确定。

深井泵不宜抽取多泥沙水，当必须采用时，应在轴承结构上考虑防泥沙措施。

应根据工作特性、介质条件、工作压力、重要程度及工作环境等因素选用合适的阀门，与水库相连且排水管经常位于水下高程的第一个阀门应选用不锈钢阀门。

阀门的直径应满足排水流量的要求，阀门的公称直径宜与管路的公称直径一致。

阀门的公称压力应不小于阀门使用时可能承受的最大水压力（含水锤压力）。

自动操作阀宜采用水力控制阀、电动阀、液压阀等。

水泵出口应装设止回阀、复合式排气阀。若管路较长，应考虑正常停泵或事故断电时产生的水锤压力。必要时应选用缓闭型止回阀、泵控阀、压力波控制阀或液控蝶阀。

管壁厚度应满足介质压力与材料许用应力的要求，还应考虑结构刚度所需的最小壁厚要求。当采用碳钢材料时还应考虑 1～3mm 的腐蚀和磨损厚度裕度，对于埋设管路应取大值。

埋设钢管应采用焊接方式连接，宜选用不锈钢钢管、无缝钢管、加厚焊接钢管。

18.7 自动化及元件配置基本要求

厂内渗漏排水设备应自动操作，集水井应设置水位信号装置和报警装置，宜设两种不同型号的水位信号装置，且应有一路信号远送至中控室。

集水井水位信号器应远离水泵进口处，防止水泵工作时水位波动影响信号器，并应布置在便于维修检查的集水井进人孔附近。

当渗漏排水泵采用深井泵，且深井泵的轴承采用水润滑时，润滑水管上宜设自动控制供水阀和示流信号器。

水轮机顶盖排水设备应能自动运行。顶盖应设置水位监视信号装置，当水位达到规定的水位上限时应向中控室发出报警信号。

检修排水可按手动控制设计，检修排水第一次抽空后，渗漏积水的排出应按自动运行方式设计。

厂房内最低设备层应设有防淹水位信号器。

与设备及人身安全有关的信号应送至水电厂中控室。

18.8 主要设备及管路布置

水泵及管路布置应根据水电站的具体条件，便于安装运行和维护并使管路最短。

相邻两泵组的净距与墙壁的净距，应能满足拆、装泵组的需要。电动机容量小于 55kW 时，其净距不应小于 0.8m；电动机容量大于 55kW 时，其净距应相应加大。

水泵房内应有运行巡回、维护通道；其净宽不应小于 1.2m；出入水泵房交通应顺畅、方便。尾水位以下的水泵房须考虑防淹措施和安全出口。

泵房内应有检修场地。布置在厂房下层的水泵房，有条件利用主厂房吊车起吊设备的，设备顶部应留有足够尺寸的吊物孔。其他泵房顶部应埋设吊环；当水泵台数较多，且部件重量较大时，应设置简单的起重设备。

水泵吸水管口距集水井底的距离宜为 0.8～1.5d（d 为吸水管吸入口直径），但不应小于 0.25m；吸水管口的最小淹没深度应大于 0.5m；吸水管口外缘之间的距离应大于 2.0～3.0d。对深井泵的吸水管除满足上述要求外，最低水位应高出第一个叶轮 0.3m 以上。

阀门应设在便于操作和拆修的地方。阀门的直径较大，操作轮高于地面 2m 以上时，宜设置固定式或移动式操作平台。对电动操作阀门应考虑防潮问题，对液压操作阀门应尽量缩短操作管路的长度。

旋启式止回阀可水平或垂直安装。水平安装时，阀盖朝上；垂直安装时，水流方向应自下而上。升降式止回阀应水平安装。

大直径阀门依靠前后管子支持荷载时，靠近阀门前后的管子应有牢固的支墩或管架。

阀门坑内应设排水管，坑内阀门连接管应设不锈钢伸缩节，便于阀门安装和拆卸。

对于有冰冻的水电厂，排水管出口宜设在最低尾水位和最大冰层厚度以下，但应设防止尾水倒灌进厂设施。

明敷管路：①明敷管路应用结构合理的支架或吊架支承。②明敷管路应力求整齐美观；应设有运行维护的通道，通道宜大于 0.8m；跨步困难时应设置踏步梯子。③沿墙布置的管路，管件和墙间的净距不宜小于 100mm，管与管之间的净距不应小于 25mm。当口径大于 50mm 时，宜采用法兰连接，采用法兰连接时相邻管子的法兰应错开布置。④对于高扬程大流量的水泵出口应设足够的支撑。⑤有自由端的明敷管路不应设置伸缩节。当两端都固定且必须布置伸缩节时，应核算伸缩长度，选择合适的伸缩节。⑥与尾水渠相连的管口应加装法兰片。

管路敷设安装后，应进行严密性耐压试验或严密性试验。

对于埋设管路，在浇筑混凝土前应进行严密性耐压试验，压力管路应不低于 1.25 倍额定工作压力，且不低于 0.4MPa，试压 30min 应无渗漏。

对明敷管路及设备应进行严密性试验，试验压力为实际工作压力，保持 8h，无渗漏现象。

管路布置应避免沉积泥沙，埋设在混凝土中的钢管，应多布置成直管，少用弯头，巡边布置；焊接接头应焊牢固。跨越伸缩缝的有压埋设管路，在伸缩缝处应设套管或包扎弹性垫层等过缝处理。

对高海拔严寒地区，室外管路应有防寒结冰措施。

压力表、压力开工和示流器等应布置在容易观察到的位置上。

当排水管路采用埋管时，宜采用不锈钢钢管。当采用碳钢时均应进行防锈、防腐处理。

18.9　排水系统原理图

当排水设备及排水方式确定后，应根据枢纽、厂房布置情况及各排水部位相对位置绘制排水系统图。

排水系统图为单线原理图，不需要按比例绘制，但应将相对位置表达清楚，管线连接简单明了。

厂内机组检修排水和厂内渗漏排水两个系统宜绘制在一张图上。船闸检修排水系统应单独绘制系统图。大坝排水系统、地下厂房周岩渗漏排水系统和厂区排水系统等宜单独绘制系统图。

系统原理图中设备、阀门及仪表等应按《水利水电工程制图标准 水力机械图》(SL 73.4—2013)、《水电水利工程水力机械制图标准》(DL/T 5349—2006)等规定的图例绘制。图中应编制图例表。

系统图应标明各管路的管径和主要管路的控制高程。

图中应编制主要设备表，包括设备型号、规格及数量。

图中应标注排水泵房、集水井和排水廊道的主要控制高程。

系统图中应标明停泵水位、工作泵启动水位、备用泵启动水位及报警水位等控制水位。

系统图中应编制操作说明。操作说明主要包括：水泵、阀门的启停程序，集水井水位控制及报警要求，集水井和排水廊道的清污规定，运行维护人员的安全注意事项等。

18.10 排水系统设计流程

水电站排水系统设计包括从设计资料的输入到成果输出的全过程，主要流程如下：

1)接受设计任务；

2)向厂房、金结、航建及设备制造厂索取水电站相关设计资料；

3)确定水电站排水系统的设计范围；

4)确定水电站排水系统的组成及排水方式；

5)确定集水井有效容积及控制尺寸；

6)选择水泵型式及主要参数；

7)进行管路系统水力损失计算，确定管路规格；

8)选择排水系统阀门；

9)选择排水系统自动化元件；

10)确定排水系统设备及管路布置方案；

11)绘制排水系统原理图；

12)向土建专业提出排水系统设计要求；

13)向造价专业提出排水系统设备材料费用清单。

第19章 压缩空气系统

19.1 概述

水电站压缩空气系统包括油压装置用气、机组制动用气、维护检修用气、封闭母线微正压用气、常规机组压水调相用气、水泵水轮机压水调相和水泵启动过程压水用气等。

水电站压缩空气系统的用气项目如下：

1)水轮机调节系统及进水阀操作系统的油压装置用气；

2)机组停机时制动用气；

3)维护检修及吹污清扫用气；

4)发电机封闭母线微正压用气；

5)常规机组作调相运行时转轮室充气压水及补气；

6)水泵水轮机压水调相和水泵充气压水启动用气；

7)水轮机主轴检修密封围带用气；

8)机组轴承气封用气；

9)水轮机强迫补气用气；

10)灯泡贯流式机组发电机舱密闭增压散热用气；

11)在寒冷地区闸门、拦污栅等处吹冰防冻用气。

压缩空气系统设计的主要任务是根据工程的特点和设计条件，按照有关技术标准和规程规范所规定的设计方法和原则，合理选择压缩空气系统的组成方式，计算和选择空压机、储气罐主要参数，配套选择压缩空气系统的其他设备，并对设备及管路系统提出具体布置要求。

压缩空气系统由空压机、储气罐、空气干燥机及空气过滤器等附属设备、供气管网、测量及控制元件和用气设备四部分组成。

按照压缩空气各用户所需的工作压力、供气质量及所处的位置，可对某用户单独设置供气系统或对若干用户建立综合供气系统。当采用综合供气系统时，空压机的总生产率、储气罐的总容积应按几个用户可能同时工作时所需的最大耗气量确定。

长江设计院设计的电站中，压缩空气系统共用空压机、储气罐的情况有：水布垭、隔河岩、沐若、寺坪、葛洲坝大江、银盘、高坝洲、大龙潭、陶岔和兴隆水电站的机组制动和维护检修共用空压机;丹江口、木星土和锁金山水电站机组制动与维护检修共用空压机和储气罐;三峡左、右岸电站的机组启动供气系统与微正压供气系统共用空压机。

在一个压缩空气系统中,至少应设 2 台空压机,其中 1 台备用。单独设置的维护检修压缩空气系统应设 2 台空压机,每台机的生产率为系统所需生产率的 50%。检修用压缩空气系统,可不设备用空压机。

设置压缩空气系统,应保证水轮发电机组等设备的正常运行及操作需要,并尽量使压缩空气系统简化。选择空压机和储气罐数量时,应便于布置。

电站的压缩空气系统,宜设置移动式低压空压机,以利于厂区各处临时性用气。

压缩空气系统按照其最高工作压力,宜划分为高压、中压和低压 3 个压力范围:$10\text{MPa} \leqslant P_N < 100\text{ MPa}$ 为高压;$1.6\text{MPa} \leqslant P_N < 10\text{MPa}$ 为中压;1.6MPa 以下为低压。

水电站不宜选用 10MPa 及以上压缩空气系统,一般设置中压气系统和低压气系统。中压气系统中,空压机直接向储气罐供气,其额定工作压力宜高于储气罐额定压力 0.5MPa 左右;直接向油压装置压力罐供气的储气罐,其额定压力宜高于压力罐额定油压 0.5MPa 以上。低压气系统中,空压机的额定工作压力宜高于储气罐额定压力 0.5MPa 左右。减压阀两侧设备的压力关系按减压比确定。

气系统设计所依据的基本资料由设备制造厂和相关设计专业提供。调速系统油压装置和进水阀油压装置型号及参数、发电机制动闸容积及耗气量、水轮机流道尺寸由制造厂提供;发电机封闭母线微正压供气系统供气量、压力范围及供气质量要求由电气专业根据厂家资料提供;厂房布置总体方案由水工专业提供。

19.2 油压装置供气系统

19.2.1 供气压力和供气方式选择

目前新建的大中型水电站油压装置额定压力一般为 6.3MPa。油压装置供气方式有一级压力供气和二级压力供气两种。供气压力根据油压装置额定压力和供气方式确定。

(1)一级压力供气

压缩空气自储气罐直接向油压装置压力罐供气。为保证供气质量,应与空压机配套选用空气干燥机。

(2)二级压力供气

空压机的额定工作压力一般取压力罐额定压力的 1.5 倍左右,但不低于 1.2 倍,压缩空气自储气罐经减压后向油压装置压力罐供气。

三峡水电站油压装置供气系统供气对象为水轮机调速系统油压装置。为保证油压装置有高品质的供气气源,其供气方式采用二级压力供气,采用 10MPa 高压设备制气和储气,再经减压阀减压至 7.5MPa 向水轮机调速系统油压装置供气,按同时为 4 台油压装置供气设计。

19.2.2　空压机及储气罐选择

向油压装置供气的空压机总容量宜按单独供气系统要求计算，即按全部空压机都投入运行，在 2～4h 内使 1 台机组油压装置压力罐内的标准空气容积的气压达到额定值来确定。

油压装置供气系统的空压机至少应设 2 台，其中有 1 台备用。在首次向储气罐充气时，备用空压机应同时工作。

储气罐的容积宜按压力罐内油面上升 150～250mm 时所需要的运行补气量确定。

为了提高空气质量，储气罐后的供气管道中应安装空气过滤器。

空气干燥机的生产率应大于 1 台空压机的生产率，空气过滤器的生产率应大于压力罐的补气量。

19.3　机组制动供气系统

19.3.1　机组制动用气量计算

机组制动用气量，传统的计算方法是按 120s 制动过程连续耗气计算，详见《水电站机电设计手册·水力机械》第十章式(10-1)。大中型水电站的运行经验表明，此方法计算的用气量远大于机组实际制动时的用气量，增加了设备投资。

机组制动用气量比较准确的计算方法是按充满所需制动全部机组制动闸和供气管道的容积(压缩空气)计算。为确保制动可靠，考虑制动系统存在漏气可能，空压机生产率、储气罐容积应留有足够的余量。

机组制动用气量宜根据制造厂提供的资料计算。前期设计阶段也可参考相似运行机组的用气量确定。

19.3.2　气源设置

机组制动用气，可由厂内低压气系统供给，或设置单独的供气系统。前一种情况，应具有备用气源或备用空压机；后一种情况，应设 2 台空压机，其中 1 台工作，1 台备用。应设置制动专用储气罐及专用供气管道，也可从中压系统减压供给，但应满足气量及压力要求。

19.3.3　主要设备选择

机组制动用空压机的容量，应按可能同时制动的机组总耗气量和恢复储气罐工作压力的时间确定。恢复储气罐工作压力时间宜取 10～15min。

机组制动用储气罐的总容积，应按同时制动的机组总耗气量及允许的最低制动压力值确定。即储气罐的总容积应保证在空压机不启动，可能同时制动机组制动总耗气后，罐内气压保持在最低制动气压以上。制动前后允许的压力降，一般取 0.1～0.2MPa。

当供气管道的输气能力不能满足远离气源的机组制动要求时，为了稳压和减少气压损失，在远离气源的机组段应设置制动用储气罐。

19.4　维护检修供气系统

当使用风动工具检修机组、金属结构及其他设备和用压缩空气除尘、吹污时，应按同时使用的风动工具耗气量计算，但不考虑维护吹扫与其他用户同时用气。

维护检修用气是持续的，宜由空压机的连续工作来满足。空压机的生产率应满足可能同时工作的风动工具等用气量。

按稳压要求选择维护检修用储气罐。可利用调相储气罐兼作或专设维护检修用气储气罐。

19.5 发电机封闭母线微正压供气系统

19.5.1 气源设置

封闭母线微正压用气量在厂内低压气系统所占的比重较小时，宜由厂内的低压压缩空气系统经过减压后供给，并应能自动补气。

电站机组台数较多或封闭母线较长，其微正压用气量较大时，宜单独设置供气系统。

19.5.2 主要设备选择

储气罐的容积宜按封闭母线 20～30min 补气量设计，其额定压力宜取 0.8MPa 左右，补气时的压力降按 0.5MPa 左右计算。

设置独立的封闭母线微正压供气系统时，空压机台数不少于 2 台，其中 1 台备用。工作空压机的容量，应按储气罐从补气压力下限恢复到额定压力的时间确定，恢复储气罐工作压力时间宜取 10～15min。

为确保补气质量，应在供气总管上设置空气干燥机和空气过滤器，其生产率应大于空压机的总生产率。也可要求在封闭母线厂家供货的补气柜系统中设置空气干燥机和空气过滤器。

封闭母线补气控制柜(包括减压阀、自动补气阀及管道等)由封闭母线厂家配套设计并供货。

银盘水电站空压机房配置的空气干燥机对空气进行初步干燥，供气干管中的空气经封闭母线补气控制柜配套的空气干燥机再干燥后减压供给封闭母线。

19.6 常规机组压水调相供气系统

19.6.1 气源设置

大型机组压水调相耗气量较大，宜采用中压压缩空气系统。

19.6.2 主要设备选择

压水调相用储气罐的总容积，应按 1 台机组首次压水过程的耗气量和压水后储气罐内的剩余压力值确定。此剩余压力值应比压水至规定的下限水位时尾水管内可能最大压力至少高 0.1MPa。

压水调相过程应在短时间内供给足够的气量，使水迅速脱离转轮，压水至规定的下限水位，宜仅由储气罐来满足此要求，压水过程宜取 0.5～2min。

空压机的总容量，应按 1 台机组首次压水后恢复储气罐工作压力并同时补给已经调相运行机组的漏气量确定。恢复储气罐工作压力的时间宜取 15～45min。对于调相运行机组台数较少或调相运行机会不多的水电站，恢复储气罐工作压力的时间可适当延长，但不宜超过 60min。

调相用空压机不应少于 2 台。空压机容量选定后，应核算储气罐压力恢复实际所用时间。调相给气压水后，调相用空压机宜同时工作。

19.6.3 管道及阀门

压水调相供气总管、支管，至每台机组的分支管或环管的管径及管件阻力应按计算和经验选取。

调相运行中转轮室经常性地补充漏气宜由接入转轮室支管上设置的管径较小的旁通管供给。

调相压气主管路上应设置自动操作的针形阀或球阀。

19.7 水泵水轮机压水调相和水泵启动过程压水供气系统

19.7.1 系统配置方式

以水轮机或水泵转向作同步调相运行时，为减少机组的功率损耗及在水泵启动工况时，为减小启动力矩，宜利用压缩空气将水泵水轮机转轮室中的水压离转轮，使转轮在空气中运转。

压水用压缩空气系统，宜由空压机、储气罐及配管、阀门等组成单独系统。其配置方式宜分 3 种：

(1)单元方式

对 1 台水泵水轮机设置 1 套压缩空气系统。

(2)共用方式

对 N 台($N\geqslant 2$)水泵水轮机设置 1 套共用的压缩空气系统。

(3)组合方式

对 N 台($N\geqslant 2$)水泵水轮机，空压机是共用的，而储气罐则是每台水泵水轮机单独设置。储气罐之间可以各自独立，也可以装设连通阀门。

要压低水面，应有足够的给气量，使水尽量迅速脱离转轮。从压水开始至尾水管内的水面降到规定水位为止的一次压水操作过程，宜仅由储气罐供气。此后的漏气补给和在一定时间内恢复储气罐压力，由空压机负担。

1 次压水操作的时间宜取 1min。

压水中压供气系统设计时，应根据制造厂资料和经验合理确定下压水位和机组漏气量，空压机排气量和储气罐容量选择应留有裕量，确保压水成功。

19.7.2 主要设备选择

1)储气罐总容积的选择应符合如下要求：

①计算转轮室和尾水管内的实际充气体积。

②在尾水管中,压缩空气将水位压至转轮下的最优距离为0.7～1.0倍的尾水管进口直径,最终应根据制造厂资料和经验合理确定下压水位。

③压低水面到规定水位时,尾水管内的最大压力应按可能最高尾水位确定。

④储气罐内允许最低压力应按尾水管内的最大压力加0.3MPa计算。

⑤储气罐的总容积应是在空压机不启动,储气罐的压力保持在正常工作压力下限值到允许最低压力值之间能够完成2次压水操作的容积。

⑥调相压水系统宜设1个平衡气罐,其容积选择不宜小于1台机组压水罐总容积的50%。

⑦调相压气主管路上应设置自动操作的针形阀或球阀。

2)空压机总容量选择应按如下要求:

①空压机的总容量,应按照压缩空气系统的配置方式比较下列两种情况取大值:1台(单元方式)或全部水泵水轮机完成1次压水操作后,在规定时间内能够使储气罐压力恢复到正常工作压力下限值时所需的容量和能够补给1台(单元方式)或全部水泵水轮机在压水操作完成后的漏气量所需的容量。

②储气罐的压力恢复时间宜取60～120min。单元方式取小值,共用方式取大值。

3)压水操作总次数。

无论是单元供气方式、共用供气方式还是组合供气方式,储气罐均应按2次压水进行设计。为防止气罐出现过低温现象,气罐设计时应复核连续2次压水后的罐内温度,保证容器在低温下的安全。

4)应根据压缩空气系统的装置方式和选用的空压机台数,设置备用空压机。

19.8 其他供气系统

19.8.1 空气围带用气

水轮机主轴检修密封充气,不宜设置专用空气压缩装置,宜从制动供气干管或其他供气干管引来。

水泵水轮机主轴检修密封充气,当制动供气干管压力不满足要求或从中压系统减压供气有困难时,可设置专用空气压缩装置。

19.8.2 水轮机强迫补气

当水轮机强迫补气采用压缩空气时,因耗量大,应根据制造厂提供的资料单独设置压缩空气系统。系统中应设置稳压储气罐和至少1台备用空压机。

亭子口水电站根据水轮机采购合同要求,在水轮机顶盖、底环和基础环上均预留有补压缩空气的管道,并引至电站主厂房水轮机层内,与已安装的部分供气总管连接。其他供气设备及管路均预留位置及通道,视机组运行状况而定。

在三峡工程施工过程中,由于三峡水电站机组的运行稳定性自始至终是设计、制造和使用部门关注的首要课题。对提高水轮机运行的稳定性提出了一些技术措施，其中之一就是从水轮机顶盖和底环向转轮叶片进口处补入压缩空气。经综合分析比较，特别是在能满足设备布置的前提下，补气方案采用配置独立的供气系统，在机组启动过程中进行补气。

三峡水电站机组启动过程的供气系统设置5台压力为1.2MPa、生产率为20m^3/min的空压机和1个压力1.2MPa、容量5m^{3}的稳压罐。5台空压机，其中4台工作，1台备用。配置独立的供气系统方案，可满足上游库水位175m所需的气压，同时该补气系统可以兼顾机组封闭母线微正压装置补气的需要，左岸14台机组微正压装置需供气量为3m^3/min，其供气量占机组启动过程供气量的比重较小，不影响机组启动过程的补气供气量。

由于三峡水电站机组运行初期，对机组的稳定性等方面认识不足，认为向水轮机顶盖和底环转轮叶片进口处补入压缩空气有作用，实际使用效果不太明显。该系统一直没有使用。

19.8.3　贯流发电机舱密封增压补气

当灯泡贯流水轮发电机组发电机舱采用密封增压通风冷却方式时，宜由设置在外部的专用压缩空气系统经过减压后供给，并应能自动补气。

19.9　压缩空气系统的布置

19.9.1　空压机室设计要求

1)空压机室宜远离中控室。空压机、储气罐宜集中布置在专用房间内。

2)室内面积和高度应满足运行、维护和检修要求。

3)宜根据需要采取隔音措施。

4)空压机室的地板载荷，必要时应考虑储气罐水压试验的要求。

5)室内顶部宜埋设吊钩或设置吊孔，供安装和检修设备使用。

6)室内地面应有一定坡度，并设排水沟，便于排水。

7)空压机室门和窗应向外开，并有良好的通风、防潮、防尘和防冻设施。

19.9.2　设备布置要求

1)空压机应选用有基础的固定式，应有牢固的基础，且不与其他基础相接，以防振动，且宜布置在实体混凝土上。

2)空压机的吸风口，应布置在比较阴凉、空气比较清洁和干燥处，应防止吸入易爆气体。

3)室外储气罐宜布置在环境温度变化较小处，避免直接日晒。在寒冷地区，储气罐的排污管和排污阀应有防冻措施。

4)空压机与墙之间的净距不宜小于1m，空压机之间的净距不宜小于1.5m，配电盘到空压机的净距应不小于1.5m。为敷设管道方便，储气罐应装在离墙0.7m以外处。

19.9.3　管路布置要求

1)厂内供气主管道宜与水、油系统管道沿厂房排列布设，在各机组段引出到机组的支管。

2)储气罐的进气管应装在其下部，排气管应装在其上部。

3)应在管道的最低处装设集水器和放水阀。

4)管道长度超过 40m 且无拐弯时应装设伸缩节。

5)排气管口应布置在安全环保的位置。

6)空压机的排污管、气水分离器排污管应排入电站油水分离池。

19.10 提高压缩空气质量的措施

1)宜采用如下措施提高压缩空气清洁度：

①设置空气过滤器。

②空压机在开、停机时能自动排污，在运行中能按照要求排污。

③储气罐采用串联运行方式；储气罐下部进气，上部排气。

④在储气罐内壁涂防锈漆。

2)必要时宜采用如下措施提高压缩空气干燥度：

①采用热力法、物理法及化学法等方法干燥压缩空气。

②采用热力干燥法时，为保证减压阀正常工作，应在中压减压阀前设置相应压力的空气过滤器。

③加强空压机排气、冷却和气水分离环节。

④在减压阀后应设置气水分离器，分离出压缩空气所析出的水分和油分。

⑤在中压压缩空气系统中设置自动干燥器。

19.11 压缩空气系统原理图

当供气方式及供气设备确定后，应根据枢纽、厂房布置情况及各供气对象相对位置绘制压缩空气供气系统原理图。

压缩空气系统图为单线原理图，不需要按比例绘制，但应将供气对象和供气设备的相对位置表达清楚，管线连接简单明了。

压缩空气供气系统原理图将供气对象数量和独立供气系统设置情况绘制在一张图上或几张图上。

系统原理图中设备、阀门及仪表等应按《水利水电工程制图标准 水力机械图》(SL 73.4—2013)、《水电水利工程水力机械制图标准》(DL/T 5349—2006)等规定的图例绘制。图中应编制图例表。

图中应编制主要设备表，包括设备型号、规格及数量。

图中应分系统列出空压机、储气罐的压力整定值及报警压力。

图中应进行适当的文字标注，说明设备、仪表单元、阀门及管道的名称、规格及作用。

19.12 压缩空气系统设计流程

水电站压缩空气系统设计包括从设计资料输入到成果输出的全过程，主要流程如下：

1)接受设计任务。

2)向设备制造厂、厂房及电气专业索取水电站相关设计资料。

3)确定压缩空气系统的设计范围。

4)确定压缩空气系统的组成及供气方式。

5)选择空压机、储气罐等主要设备参数。

6)进行管路系统计算,确定管路规格。

7)选择压缩空气系统自动化元件。

8)确定压缩空气系统设备及管路布置方案。

9)绘制压缩空气系统原理图。

10)向土建、电气专业提出压缩空气系统设计要求。

11)向造价专业提出压缩空气系统设备材料费用清单。

第20章 透平油和绝缘油系统

20.1 概述

水电站油系统包括透平油系统和绝缘油系统两部分。透平油系统主要供机组轴承润滑用油和调速系统、进水阀和液压阀等操作用油。绝缘油系统主要供变压器、电抗器等电气设备用油。两个系统应分开设置。

(1)油系统的主要作用

油系统的主要作用如下：

1)接受新油；

2)储备净油；

3)给设备供油、排油；

4)向运行设备添油；

5)油的监督、维护和取样化验；

6)油的净化处理；

7)废油的收集及处理。

油系统设计的主要任务是根据工程的特点和设计条件，按照有关技术标准和规程规范所规定的设计方法和原则，合理选择油系统的组成方式，计算和选择油罐、油泵和油处理设备的主要参数，配套确定油系统的其他设备，并对设备及管路系统提出具体布置要求。

(2)油系统组成

油系统主要由如下设备及管道组成。

1)油罐；

2)油处理设备：精过滤机、压力滤油机、滤纸烘箱、真空净油机、油过滤器等；

3)输油添油设备：油泵、移动油车等；

4)油化验设备：化验仪器、药物等；

5)油吸附设备：硅胶吸附器；

6)管网：油系统设备及用户连接起来的管道系统；

7)测量及控制元件：温度信号器、压力控制器、油位信号器、油混水信号器等。

(3)油系统设计满足的要求

油系统设计应满足下列要求：

1)油污处理的全部工艺要求；

2)系统连接简明，操作程序清楚，应尽量减少管路及阀门；

3)净油和污油宜有各自独立的油泵、油罐及管路等；

4)通过全厂供、排油管对各用油设备供油、排油和添油，个别部位可借助油泵和临时管路供油、排油；

5)能方便地接受新油和排出污油；

6)油处理系统宜为手动操作，应在机组各用油部位设有油位信号器、油温信号器和油混水信号器。

应按黏度选用透平油，压力大和转速低的设备宜选用黏度大的透平油；反之选用黏度小的透平油。机组润滑用油和调速系统等操作用油宜选用同一牌号透平油。应考虑当地气温和绝缘油的凝固点选用绝缘油。

油系统设计所依据的基本资料由设备制造厂和相关设计专业提供。水轮机、发电机、调速系统油压装置和进水阀油压装置用油量及油质要求由制造厂提供；主变压器用油量及油质要求由电气专业根据厂家资料提供。

20.2　方案选择

20.2.1　供油方案选择

水电站油系统一般采用集中供油方案。新油或运行油经集中处理合格后储存在净油罐中，水轮发电机组及变压器等用油设备调试前将合格油注入。净油注入后，如果设备长时间不投入运行，在投入运行前应对油质进行检测，不满足油质要求的，应进行机旁过滤使油质合格后，设备方能投入运行。

油系统用油设备的供油、排油方式一般有固定管道输油方式和油槽车输油方式。

(1)固定管道输油方式

在油罐和用油设备之间设有固定的供油、排油总管和支管，需供油或排油时，通过油泵和管路直接注油或排油。

水布垭水电站一台机组(含油压装置)总用油量为 35m^3。根据审查意见，为保障地下厂房安全和机组检修时的快速排油要求，在厂内仅设 2 个 18m^3 的(机组最大用油部件推力轴承油量 15m^3)中间油罐和油处理设备。按规范配置的油罐及处理设备设在厂外。机组大修整台机组排油和注油时，须使用油槽车运输。

银盘水电站绝缘油罐及油处理室布置在离主变压器较远的位置，其供排油需要使用油槽车运输。

(2)油槽车输油方式

在油罐和用油设备之间不设置固定的供、排油管,需供油或排油时,通过油槽车和油泵进行注油或排油。

水电站油系统一般采用固定管道输油方式,由于安全、厂房布置或多电站集中供油等,油罐布置位置离用油设备较远时,才采用油槽车输油方式。

沐若水电站透平油与绝缘油系统接受新油、油过滤、向设备供油、设备回油时所有管路的连接均采用软管和活接头连接。

三峡左岸电站、右岸电站和地下电站共装设 32 台单机容量为 700MW 的机组,电源电站安装 2 台 50MW 机组。电站主变压器、高压并联电抗器中性点小电抗器数量很多。经综合分析比较并考虑节省投资,三峡电站绝缘油系统的油库及油处理室等设在原大象溪油库的汽油罐区,通过对其进行改造,建成三峡工程绝缘油库,采用集中的油处理方式。改造后的大象溪绝缘油库的供油对象为整个三峡工程机组相配套的升压变压器、电抗器等油浸设备。主变、电抗器等用油设备检修前后排油和注油时,绝缘油的运输均需要通过油槽车进行。选用 2 辆 20t 油槽车。油槽车配置油泵、油罐呼吸器、进人门以及油位指示等附属设施。

三峡左岸电站透平油系统管路布置,在主厂房内通过供、排油干管分别引至机组用油点处设活接头,通过软管与机组供、排油管的活接头相连。电站经过一段时间的使用后,由于布置比较宽敞,电站通过改造分别在机组各用油管路接口处加装了管路和固定油泵,直接用油泵向油罐进行排油。三峡右岸电站透平油系统的设计吸收了左岸电站的改造经验,直接将管路引至设备用油处,并形成一个整体管路系统,可通过阀门切换进行供、排油操作,使用较方便。

20.2.2 油系统设置

大中型水电站一般应设独立完整的透平油系统和绝缘油系统。两个系统分别设置净油罐、运行油罐、油泵和油净化设备等。两个系统统一配置油化验设备。油再生装置不宜设置。

中心油务所和特大型水电站以外的水电站宜配置简易分析化验设备。

当水电站离社会供油点较近且交通便利时,两个系统均可只设简单的油系统设备。

梯级水电站,可集中设置中心油务所。中心油务所内至少应按梯级水电站中最大一台机组(或变压器)的用油量配置储油和油净化处理设备。中心油务所的油化验设备宜按全分析项目配置。中心油务所应配置油槽车等运输设备。梯级内不设中心油务所的各电站可只设置透平油中间油罐和添油罐,油净化设备宜不设置或简化设置。

具有多座电站的大型水利枢纽,宜设置绝缘油中心油务所。布置位置相近的电站宜共用透平油罐及油处理设备。

三峡水电站设置的绝缘油中心油务所满足左岸电站、右岸电站、右岸地下电站和电源电站全部主变压器和电抗器的用油要求。地下电站离右岸电站较近，其机组用油通过管线廊道中的油管道，直接将右岸电站油罐中的油送至地下电站各机组。

根据水电站所处的位置、设计条件和业主意见，绝缘油系统可简化设置，可不设油罐，但应配置必要的净油设备。

电站运行的实践表明，随着主变质量和国产化程度的不断提高，主变需排油检修的情况越来越少，因此，绝缘油罐使用的概率较低。有的电站设计按业主要求没有设置绝缘油罐，甚至不设绝缘油系统。在特殊情况下，变压器如需检修，可返厂进行。

亭子口水电站仅由主变压器供货商配套提供了高真空净油设备一套，不配置油罐及其他设备；木星土水电站没有设置绝缘油系统；陶岔、兴隆水电站绝缘油系统不设置净油罐和运行油罐，仅设置油泵和净油机，采用机旁过滤方式进行油处理。葛洲坝大江电站右导墙公路桥下厂外绝缘油罐室和油处理室由于基本不使用，在后期改造时全部拆除，但对油处理设备进行了更新换代。

20.3 设备及管路选择

20.3.1 设备用油量的计算

1)机组用油量应按制造厂资料确定。无制造厂资料时，宜按容量和尺寸相近的同型机组或经验公式进行估算。

2)电器设备的用油量应根据变压器和电抗器等设备制造厂的资料确定。

3)管网充油量应根据管网的规格和长度计算确定。

4)备用油量，对于透平油系统应取最大一台机组用油量的 1.1 倍；对于绝缘油系统应取最大一台变压器充油量的 1.1 倍，对于容量大于 125MVA 的大型变压器宜取 1.05 倍。

20.3.2 油罐容积和数量的确定

1)储备净油的净油罐，容积应按最大一台机组（或变压器）用油量的 110%确定。净油罐宜设置 1 个。当油罐容积较大不易布置时，可设置 2 个或 2 个以上的净油罐，其总容积不变。单个油罐总容积应符合防火规程规范的要求。

2)用于接受新油、检修时设备排油或油的净化处理的运行油罐，其容积应按最大一台机组（或变压器）用油量的 110%确定。运行油罐宜设置 2 个，每个运行油罐的容积为总容积的一半。当油罐容积较大不易布置时，宜设置 2 个以上的运行油罐，其总容积不变。

根据葛洲坝水电站透平油系统改造的经验，对于机组台数较多的水电站，尤其是有多台大型轴流机组的水电站，在选择油罐容积时，应充分考虑机组同时检修的台数，以确定透平油罐的容积和个数。建议 10 台机组以上的大型水电站，宜按 2 台机组同时检修设置运行油罐。

一些大型水电站主变压器由于受运输条件的限制，往往采用单相变压器组的型式，即 1 台机组的主变压器由 3 台结构独立的单相变压器组成。在这种情况下，如何确定净油罐和运行油罐的容积，有关规程规范并没有明确的规定。根据三峡、构皮滩和水布垭等水电站的设计经验，建议按如下原则进行设计。

①对于特大型水电站或梯级水电站的中心油务所，运行油罐与净油罐的容积均可按 2 台机组的主变压器总用油量的 110％确定。

三峡水电站设有绝缘油中心油务所，规模满足三峡左岸电站、右岸电站、地下电站以及电源电站的主变压器、电抗器等设备用油的储存和油处理要求。电站安装 32 台 700MW 机组和 2 台 50MW 机组，其中 700MW 机组采用单相变压器。考虑其主变压器和电抗器数量多达 100 多台，绝缘油系统运行油罐和净油罐的容量均按 2 台 700MW 机组 6 台单相变压器总用油量的 110％考虑，选用 4 只 $60m^3$ 净油罐和 4 只 $60m^3$ 运行油罐。

②装机 5 台及以上的大型电站，绝缘油系统运行油罐和净油罐的容量均可按 1 台机组主变压器总用油量的 110％考虑。

构皮滩水电站装设 5 台 600MW 混流式机组，主变压器采用单相变压器。每台机组 3 台单相变压器的总用油量为 $86m^3$，绝缘油系统配置 2 个 $60m^3$ 净油罐和 2 只 $60m^3$ 运行油罐。

③装机 4 台及以下的大型水电站，绝缘油系统运行油罐和净油罐的容量均可按 1～2 台单相变压器用油量的 110％考虑。

水布垭水电站装设 4 台 460MW 混流式机组，主变压器采用单相变压器。1 台单相变压器的用油量为 $33m^3$，油罐容积按 2 台单相变压器用油量的 110％考虑，设置 $40m^3$ 运行油罐和净油罐各 2 个。

3）中间油罐：对于透平油系统，油罐室不在厂房内或油罐室在厂房内布置位置较高时，为了检修方便，可在厂内设置中间油罐，其容积应根据机组最大用油部件的充油量确定，油罐个数不宜少于 2 个。

4）贮存净油作为设备自流添油用的重力加油箱，其容积应视设备的添油量而定，宜取 0.5～$1.0m^3$。重力加油箱形成的油压宜大于 0.2MPa。

丹江口水电站设计在 2 号、5 号机组段桥式起重机梁旁各装设一个 $0.5m^3$ 的重力加油箱，实际未装，根据运行人员反映，本电站机组（混流式水轮机）在运行中补充油量不大，1 台机组每年补充油量 500～1000kg（包括甩油），一般 2～3 个月才加一次油，正常情况一年左右加一次油，因而本电站可利用机组停机机会补充油，故不要求装设重力加油箱。

5）当不设置重力加油箱时，可设置设备添加油用的移动油车，其容积应满足添油量的需要。

随着设备质量的不断提高，水轮发电机组在运行过程中需要补油的情况比较少，即使需要补油，其量也较小。因此，现阶段电站设计中，一般不设重力加油箱，透平油系统配置 1 台 $0.5m^3$ 的移动油车即可。

6）灯泡贯流式机组的重力油箱一般分成 2 个独立的部分：一部分给转轮轮毂补油，另一部分向机组轴承循环提供润滑油。轴承润滑油重力油箱的容积应按油泵故障时，机组仍能安全连续运行 5～10min 的用油量确定。

7)收集液压操作元件漏油的集油箱,应由机组制造厂成套供货。

8)可适当设置若干小油桶以便存放空压机油、润滑脂(黄油)及废油等。

9)根据油系统的总用油量,兼顾厂房布置及节约成本的需要,油罐容积可按非标设计。银盘水电站厂内透平油系统设置6个$28m^3$的非标油罐,直径按$30m^3$油罐设计,油罐高度减少0.3m。厂外绝缘油系统设置4个$35m^3$的非标油罐,直径按$40m^3$油罐设计,油罐高度减少0.45m。

10)在条件允许时,可将机组轴承用油和调速系统用油分开设置,各自采用独立的油罐和管道。

11)油罐应设有油位显示器或压力信号器、进人孔及内外扶梯、进出油管口、事故排油管口、呼吸器及接口、验油口、基础螺栓螺母及吊耳。

20.3.3　油泵选择

油泵应满足输油量及扬程的要求,对于排油油泵,应校核其吸程。透平油或绝缘油系统的油泵不宜少于2台。向设备充排油使用的油泵,其容量宜保证在4～6h内充满机组最大一个用油部件或在6～8h内充满最大一台变压器。接受新油的油泵,其容量应保证在油槽车允许的停车时间内将油卸完,20t以下的油槽车停车时间宜取2h,20～40t的油槽车停车时间宜取4h。

20.3.4　滤油机选择

1)滤油机宜选用压力滤油机和真空净油机,透平油系统生产率按8h内能过滤最大一台机组的用油量确定,绝缘油系统按在24h内过滤最大一台变压器的用油量确定。计入压力滤油机更换滤纸时间,应将其生产率减小30%。装机4台及4台以上时,透平油系统压力滤油机不宜少于2台。

2)在确保滤油质量的前提下,可选用滤芯式精密滤油机替代传统的压力滤油机(需要配套选用滤纸及烘箱,且应布置在专用房间内),以方便油系统设备布置及使用。银盘水电站厂内透平油系统和厂外绝缘油系统各配置了2台精密滤油机。

3)500kV及以上电压等级变压器的油处理设备还应按上述第1)条规定选择高真空净油机。变压器真空注油用真空净油机可由变压器制造厂配套供货,或根据主变厂的要求选择。

20.3.5　油管及阀门的选择

1)油系统供、排油管和油处理室中的油管应选用不锈钢钢管;调速系统和自动化元件的操作油管应选用紫铜管或不锈钢钢管。油处理设备与油直接接触的油道管宜采用不锈钢材料制作。

丹江口水电站透平油供、排油管设计采用聚氯乙烯塑料管,运行后发现这种管子由于温度变化而引起的轴线变形很大;冬季收缩,夏季伸长,使管道弯曲,同时加上加工工艺不过关,不易保证质量,且容易老化,现电厂已全部换成渗铝钢管,运行情况尚好。

2)采用软管连接时,可选用金属软管、耐油橡胶管,并采用标准活接头。

3)供、排油总管管径可根据油的黏度和所推荐的油管中平均流速计算确定。支管可根据设备的接头尺寸确定。

4)应对最远一台机组或变压器,计算管道中的压力损失,并校核油泵的扬程、吸程和设备的充、排油时间。

5)经常操作的阀门宜采用不锈钢球阀或不锈钢截止阀,事故排油阀可选用闸阀。油罐管口法兰及管路法兰应与阀门法兰压力等级及管径统一。

20.4 主要设备及管路布置

20.4.1 防火、采暖和通风要求

油系统布置设计应符合《建筑设计防火规范》(GB 50016—2014)及《水电工程设计防火规范》(GB 50872—2014)的有关规定。

油罐室和油处理室的采暖、通风要求应符合《水力发电厂厂房采暖通风与空气调节设计技术规定》(DL/T 5165—2002)的有关规定。

20.4.2 油罐室布置要求

1)油罐室可布置在厂房内或厂房外。应设有事故油池或挡油坎。在进人门处设置挡油坎时,挡油坎内的有效容积不小于最大油罐的容积与灭火水量之和(若采用水消防时)。当设事故油池时,油池的高度宜高于1.8m,并设有合理的排油措施,油池内应设通气孔及进人孔。

2)油罐室的高度应满足油罐顶部检修进人及消防水喷雾(若采用水消防时)的净空要求。如油罐顶部空间偏小,进人孔出入困难时,可在上层楼板开孔,但开孔后的楼板应进行防火处理。当采用水喷雾灭火时,油罐顶部应有大于1.2m的净空。油罐基础高度不宜小于1m。

3)透平油油罐室布置在厂内时,宜布置在水轮机层及以下,且在安装场设供、排油管的接头。

4)厂外绝缘油油罐宜布置在变电站附近、交通方便和安全处,油罐可布置在室内或露天场地。布置在露天场地时,其周围应设有不低于1.8m的围墙,并有良好的排水措施。露天油罐不应布置在高压输电线路下方,且水平距离应大于电杆(塔)高度的1.2倍。

5)油罐宜成列布置,应使油位易于观察,进人孔出入方便,阀门便于操作。

6)事故后的废油不得任意排放。

20.4.3 油处理室布置要求

1)油处理室应靠近油罐室布置,其面积视油处理设备的数量和尺寸而定。

2)油处理室内应有足够的维护和运行通道,2台设备之间净距应不小于1.5m,设备与墙之间的净距应不小于1.0m。

3)油处理室宜设计成固定式设备和固定管路系统或移动式设备及用软管连接的管路系统。

4)当电站设有滤纸烘箱时，应布置在专用房间内，烘箱的电源开关不应放在室内，否则应采用防爆电器。

5)油处理室地面应易清洗，并设有排污沟，排污沟内积液应通过专门的设施处理。

20.4.4 管路敷设要求

1)主厂房内油管路应与水、气管路的布置统一考虑，应便于操作维护且整齐美观。油管路应与电气设备及电缆分开布置，如有困难时，应采取隔离措施。

油管与电缆交错时，应是电缆走上层，油管走下层，且它们之间的净距不应小于 0.15m。油罐室和油处理室的管路和阀门一般沿墙壁布置，离地面 1.0～1.5m，离墙壁面净距约 0.2m。

2)油管宜尽量明敷，如布置在管沟内，管沟应有排水设施。当管路穿墙柱或穿楼板时，应留有孔洞或埋设套管。

3)应在管路的最低部位装设排油接头。

4)在油处理室和其他临时需要连接油净化处理设备和油泵处，应装设连接软管用的接头，接头口径宜统一规格为直径 50mm。

5)露天油管路宜敷设在专门管沟内。

6)油管路应采用法兰连接，垫片采用耐油材料。

7)变压器和油开关的固定供、排油管应分别设置。

8)油管路应避开长期积水处，布置集油箱处应有排水措施。

9)在油管上或油处理设备上宜布置有监测油流的压力表或示流器。

10)对于全厂联络总管，应根据机组投产顺序情况增设必要的隔断阀。

20.5 油系统原理图

1)当油系统设备及供油方式确定后，应根据枢纽、厂房布置情况及各供油对象相对位置绘制油系统原理图。

2)油系统原理图为单线原理图，不需要按比例绘制，但应将用油设备和油处理设备的相对位置表达清楚，管线连接简单明了。

3)透平油系统和绝缘油系统应分别绘制系统原理图。

4)透平油系统当厂内设有中间油罐及油处理室，且厂外设有油罐室和油处理室时，两部分应分别绘制系统原理图。

5)系统原理图中设备、阀门及仪表等应按《水利水电工程制图标准 水力机械图》(SL 73.4—2013)、《水电水利工程水力机械制图标准》(DL/T 5349—2006)等规定的图例绘制。图中应编制图例表。

6)图中应编制主要设备表，包括设备型号、规格及数量。

7)图中应对接受新油、油过滤、设备供排油、油罐事故排油及油取样等流程列出操作说明。

8)图中应进行适当的文字标注,说明设备、仪表单元、阀门及管道的名称、规格及作用。

20.6 油系统设计流程

水电站油系统设计包括从设计资料输入到成果输出的全过程,主要流程如下:

1)接受设计任务;

2)向设备制造厂、厂房及电气专业索取水电站相关设计资料;

3)确定油系统的组成及供油方式;

4)选择油罐、油泵、滤油机等主要设备参数;

5)进行管路系统计算,确定管路规格;

6)确定油系统设备及管路布置方案;

7)绘制油系统原理图;

8)向土建、电气专业提出油系统设计要求;

9)向造价专业提出油系统设备材料费用清单。

第21章　水力监测系统

21.1　概述

水电站水力监测的目的是为了保障电站的安全经济运行，同时为评价已投入运行机组的性能提供必要的基础资料。因此，水力监测系统设计应满足水轮发电机组安全可靠经济运行、自动控制及试验测量的要求。

水力监测系统设计的主要任务是根据电站规模、输水系统特性、机组机型、自动化程度以及某种特殊需要，选定水力监视测量项目。配置水力监测系统所需的各种仪器仪表装置及选定其量程和精度等级。合理布置测点位置，选择水力监视测量仪器仪表的布置地点及管路配置。

21.2　监测方案选择

21.2.1　测量项目选择

大中型水电站应设置的测量项目包括电站测量项目和每台机组的测量项目。应设置的电站测量项目有上游水位、下游水位、电站水头、水库水温、拦污栅前后压差、厂房防淹水位等。应设置的每台机组测量项目有：蜗壳或配水环管进口压力、顶盖压力、尾水管进口和出口压力、水轮机/水泵水轮机工作水头/扬程、水轮机/水泵水轮机的尾水管进口压力脉动、工作门平压等。

大中型水电站机组宜设置的选择性测量项目如下：止漏环进口和出口压力、肘管压力和压力脉动、尾水管测流（水泵水轮机）、水轮机/水泵水轮机的流量、转轮与活动导叶之间的压力及压力脉动、效率、蜗壳进口压力脉动、蜗壳末端压力、水环压力（水泵水轮机底环处）、调压室水位、机组噪音、振动及摆动测量等。

当电站设有水轮发电机组状态在线监测系统时，其水力监测项目设计应结合机组状态在线监测要求统筹考虑。

21.2.2　测量方案及设备选择

（1）水位监测

1）直读水尺刻度可按实际高程标注，最小刻度为1cm。

2)采用计算机监控或要求对上、下游水位实现遥测时,宜选用数字式水位测量装置、电容式压力传感水位计或其他类型的水位传感器。

(2)水温测量

1)常规水库水温测量可选用移动式温度计,量程宜为0～50℃。

2)抽水蓄能电站宜分别在上、下游水库设置深水温度计(传感器),量程宜为0～50℃。

3)温度测量误差宜不大于±0.5℃。

(3)拦污栅前后压差监测

1)根据自动化程度和现场布置条件,可分别选用浮子式遥测液位计、双波纹管差压计和差压变送器等水位传感器。对污物较多的,宜选用差压变送器。

2)压差信号整定应分故障信号和停机信号。其中故障信号的整定值宜为0.8～4m水头压差,对于低水头灯泡贯流式机组,其整定值可适当降低。事故信号的整定值以拦污栅的设计最大荷载为上限。

(4)蜗壳压力及脉动监测

压力与脉动监测应分别设置,压力采用压力表测量,压力脉动采用压力变送器测量。

(5)水轮机顶盖压力及脉动监测

1)测点位置宜设不少于2个压力变送器,采用模拟量输出方式,利用计算机监视转轮与顶盖之间的压力及压力脉动。

2)压力与脉动监测应分别设置,压力测量宜选用真空压力表。

(6)水轮机止漏环进、出口压力监测

1)测点位置宜设不少于2个压力变送器,采用模拟量输出方式,利用计算机监视转轮与顶盖之间的压力及压力脉动。

2)表计宜选用压力表或真空压力表。

(7)尾水管进口压力监测

1)在锥管进口断面分别设置压力与脉动测点。

2)测量表计宜选用压力真空表,其量程上限应根据可能产生的压力确定。对于可逆式水泵水轮机机组,应考虑水泵突然断电时最大压力升高值。

3)压力脉动测量点方位应与模型水轮机测量点方位一致。宜采用压力脉动传感器测量。

(8)尾水管肘管压力监测

1)在肘管中间断面设置压力脉动测点,压力采用压力表测量,压力脉动宜采用压力变送器测量。

2)对于可逆式水泵水轮机组,应对肘管压力进行监测,宜在进口、中间和出口选取3个测量断面进行压力监测。

(9)蜗壳测流

1)蜗壳测流装置的率定方法可采用水锤法、超声波法、流速仪法及热力学法,也可采用模型试验确定的系数进行换算。

2)蜗壳测流断面宜在45°处选取。

3)表计宜选用差压计,或差压变送器。

(10)超声波测流

1)采用多声道(8声道、4声道等)测流在钢管直管段测流,直管段应有足够的长度。

2)外插式传感器及内嵌式传感器所配的穿缆器应有足够的强度,压力钢管开孔处宜补强。

(11)尾水管测流

1)对于抽水蓄能水电站,除应设置压力钢管测流或蜗壳测流外,水泵工况宜采用尾水管测流。

2)宜选用差压法。

3)表计宜选用差压计及差压变送器。

(12)其他

1)对于水头大于450m的水电站,宜采用热力学法测效率,测温断面应为蜗壳进口直管段与尾水管出口,温度计的精度不低于±0.001℃,分辨率不低于±0.003℃,压力测量装置精度不低于0.1%。每个测量断面引出管不少于2根。

2)当精度要求不高时,可采用流速仪法测流。

21.3　监测系统的布置

(1)水位测量

1)上游水位测量部位应选在水流较平稳且便于观测处,其测量范围应低于死水位和高于校核水位。

2)调压室水位的测量范围应能满足过渡过程最低涌浪及最高涌浪大的测量要求。

3)下游水位测量部位宜选在尾水出口水面较稳定处,其测量范围应能满足最低尾水及最高尾水测量要求。可布置在尾水平台,有条件时,也可采用压力式传感器布置在厂房内。

4)冲击式机组应布置在尾水坑内,并有防冲措施。

5)抽水蓄能水电站上、下游水库应分别设有不少于2套水位测量装置,其中1套为浮子式。

6)厂房防淹水位计不少于3套,并有防误动措施。

(2)拦污栅前后压差监测

1)选用差压仪表时,仪表应布置在上游最低水位以下。对于坝后式、河床式电站,差压发送器可布置在坝内廊道或主厂房水轮机层，二次仪表可布置在中控室。

2)抽水蓄能水电站宜在上、下游水库拦污栅后分别设置水位传感器。

(3)蜗壳压力及脉动监测

1)蜗壳进口压力及脉动测点应布置在蜗壳进口直段适当断面上，并按45°方向对称布置4点。

2)蜗壳末端压力测点应布置在靠近蜗壳尾部最小断面处，可布置3点。

3)压力表或压力变送器宜布置在水轮机层。

(4)顶盖压力及脉动监测

压力脉动传感器宜布置在顶盖测点处，其他仪表宜布置在水轮机层。

(5)水轮机止漏环进、出口压力监测

压力脉动传感器宜布置在顶盖测点处，其他仪表宜布置在水轮机层。

(6)尾水管锥管进口压力监测

1)测点宜布置在锥管距转轮出口$0.3D_1$～$0.7D_1$(D_1为水轮机转轮直径)处，应对称布置4个测点。

2)压力脉动传感器宜布置在锥管测点处，压力表宜布置在锥管进人门旁。

(7)尾水管肘管及尾水管出口压力监测

1)对于可逆式水泵水轮机组，应对肘管压力进行监测，宜在进口、中间和出口选取3个测量断面，进口断面应对称布置4个测点，其他断面宜对称布置2～4个测点。在肘管中间断面设置压力脉动测点，宜采用压力脉动传感器进行测量。

2)尾水管出口断面上的压力测点宜不少于5点。

3)压力脉动传感器宜布置在肘管测点处，其他仪表宜布置在水轮机层或尾水廊道。

(8)流量测量

1)蜗壳测流。

①蜗壳测流断面宜在45°处选取。宜取3个测点，应分别布置在蜗壳顶部、外侧和下部45°处。

②仪表宜布置在水轮机层。

2)水锤法测流。

①采用水锤法测流时，其测定应布置在压力钢管的直管段部分，两测量断面的距离不宜小于管道断面最大尺寸的2倍。每个断面上应对称布置4个测点。

②水锤测流装置接口宜布置在廊道内。

3)超声波测流。

①在压力钢管直管段适当部位预埋探头，采用8声道测流时，直管段长度不宜小于5倍的钢管直径；采用4声道测流时，直管段长度不宜小于10倍的钢管直径。当探头布置在有

压长尾水洞上时，其直管段长度不宜小于 2 倍的管道直径。

②移动式超声波测流装置，宜靠近测量部位施测。

4)尾水管测流。

①宜在尾水管进、出口之间选取 2 个测流断面，每个断面宜布置 3～4 个测点。

②仪表装置宜布置在水轮机层。

21.4　监测仪表及管路系统

21.4.1　水力监测仪表要求

1)所有仪器应经计量部门率定、校验合格，并注明检验日期。

2)仪表的量程应能满足可能承受的最大压力，此压力应是最大工作水头(扬程)与水锤上升值之和。

3)在稳定负荷(指所测压力每秒变化不大于仪表满刻度的 1%)下，被测压力的最大值不宜超过仪表满量程的 3/4。

4)在波动负荷(指所测压力每秒变化大于仪表满刻度的 1%)下，被测压力的最大值不宜超过仪表满量程的 2/3。

5)差压计、压力变送器、差压变送器量程的上限应按被测压力最大值选定。

21.4.2　仪表布置与信号传送

1)水力监测仪表宜集中布置在被测对象附近，电信号送至中控室或发电机层机组仪表盘。

2)直读式表计安装高度应便于观察和有足够的照明。

3)所有仪表均应标明其用途。

21.4.3　管材与管径选择

1)测压管应选用不锈钢钢管、铜管或具有其他抗锈蚀涂层的无缝钢管等。

2)测压管管径随机组容量及尺寸大小有所不同。水头低、尺寸大时，管径可适当增大；水头高、尺寸小时，管径可适当减少，且应满足强度要求。对于不锈钢钢管，直径应不小于 10mm，壁厚应不小于 1.5mm。

3)当水质腐蚀性较强、含泥沙较多时，管径应适当加大，管壁应适当加厚。

4)埋管管径宜比明管管径大。

近十年投产发电的大中型水电站测压管大多数采用直径 25mm 或直径 20mm 的不锈钢钢管，管壁厚度一般为 3mm。如三峡、彭水、亭子口、沐若和银盘水电站的测压管采用直径 25mm 不锈钢钢管，构皮滩、水布垭、兴隆和陶岔水电站的测压管采用直径 20mm 不锈钢钢管。

21.4.4　管线布置要求

1)测量系统预埋管路宜直线布置，避免倒坡。

2)宜减少测压管路接头,被测部位宜采取补强措施。

3)测压管路安装完毕应按规定做水压试验。

4)在施工过程中所有测点及管口均应临时封堵严密。

5)水中含泥沙较多的,应采取防止泥沙淤堵措施。

6)管路系统应有良好的排气措施。

7)对于需要打压预埋的蜗壳,与之相连的测压嘴、管接头及管路应有防拉断及打断措施。

8)所有测点的测头宜用不锈钢制作。

9)所有仪表阀门宜采用不锈钢材料。

21.5 监测系统原理图

1)当监测系统项目、设备及布置方式确定后,应根据枢纽、厂房布置情况及各测点、仪表布置位置绘制监测系统原理图。

2)监测系统原理图为单线原理图,不需要按比例绘制,但应将测点和仪表的布置位置表达清楚,管线连接简单明了。

3)监测系统图宜采用网格方式绘制,网格的上端从左到右分格标明监测项目,网格的左端从上到下分格标明监测项目的测点位置和仪表位置,在对应的网格中绘制各监测项目的简图。

4)系统原理图中设备、阀门及仪表等应按《水利水电工程制图标准 水力机械图》(SL 73.4—2013)、《水电水利工程水力机械制图标准》(DL/T 5349—2006)等规定的图例绘制。图中应编制图例表。

5)图中应编制主要设备表,包括设备规格及数量。

21.6 监测系统设计流程

水电站监测系统设计包括从设计资料输入到成果输出的全过程,主要流程如下:

1)接受设计任务;

2)确定水电站和机组的监测项目;

3)选择监测系统的主要设备参数;

4)确定监测系统设备及管路布置方案;

5)绘制监测系统原理图;

6)向土建、电气专业提出监测系统设计要求;

7)向造价专业提出监测系统设备材料费用清单。

第22章　厂内起重设备

22.1　概述

水电站的主要机电设备在安装和维护检修过程中，都需要使用起重设备。水电站厂内使用的起重设备主要包括桥式起重机、门式起重机和起重葫芦等。

主厂房起重机的型式主要取决于主厂房的结构，封闭式屋顶的厂房几乎都采用桥式起重机，露天或活动屋顶厂房通常采用门式或半门式起重机。GIS室一般设置电动双梁或单梁桥式起重机，水泵房、机修间等机电设备室可根据安装检修需要设置手拉葫芦或电动葫芦。

有的水电站由于受地形条件和下游尾水位等条件的限制，主厂房安装场不设进场公路，进出厂房的设备和材料吊运通过安装场上游或下游的吊物竖井进行，在这种情况下需要在安装场设置电动平板车承担进出吊物竖井全部设备和材料的转运任务。

银盘水电站主厂房为半地下式厂房，由于下游洪水位较高，安装场无法设置进场公路。主厂房安装场设有1台电动平板车，承担从坝顶吊物竖井进出的全部设备和材料的转运任务。需要进厂的设备和材料用坝顶门机吊至停在吊物竖井底部的平板车上，平板车将设备和材料从吊物竖井运至主厂房安装场，再由主厂房桥机吊至安装或放置地点。需要出厂的设备和材料的吊运程序与进厂程序相反。

国内水电站主厂房一般为封闭式屋顶厂房，主厂房桥式起重机（以下简称“桥机”）是安装场设备卸车吊运、水轮发电机组安装和检修的主要起重设备。因此，本章专门讨论主厂房桥机的选型、布置及试验等问题。

主厂房桥机选型设计的主要任务是根据电站机组型式、主要部件结构特点及起吊重量等条件，按照有关技术标准和规程规范所规定的设计方法和原则，合理选择桥机的型式、台数和主要参数，提出桥机具体布置要求。

桥机选型设计所依据的基本资料由设备制造厂和相关设计专业提供。水轮发电机组主要部件的吊装方式及重量由制造厂提供；在工程前期设计阶段，如缺少制造厂的资料，可参考相似机组的资料进行设计；电站枢纽布置及厂房总体结构方案由水工专业提供。

22.2 型式及台数选择

22.2.1 桥机型式选择

22.2.1.1 桥机类型及选择综述

主厂房桥机分为双小车桥机和单小车桥机两种，各有优缺点。水轮发电机组主要部件无翻身等特殊吊装要求时，两者均可选用。

三峡左岸电站安装14台700MW混流式机组，主厂房主桥机选用2台1200/125t单小车桥机。

构皮滩水电站安装5台600MW混流式机组，主厂房主桥机选用2台375/80t+375/80t双小车桥机。

水布垭水电站安装4台460MW混流式机组，主厂房选用2台300/50t+300/50t双小车桥机。

银盘水电站安装4台150MW轴流式机组，水轮机转轮在安装场组装过程中不需要翻身，主厂房选用2台320/50t单小车桥机。

22.2.1.2 技术经济综合比较

桥机型式一般经技术经济综合比较后择优选择，总起重量相同的两种型式桥机技术经济综合比较主要包括下述三个方面的内容：

(1)桥机设备投资比较

桥机设备投资比较主要由桥机总重量决定，在一般情况下双小车桥机总重量略小于单小车桥机总重量。

(2)土建投资比较

土建投资的比较主要由厂房高度决定，在一般情况下双小车桥机所需的厂房高度略小于单小车桥机所需的厂房高度。

(3)桥机运行灵活性比较

双小车桥机与单小车桥机相比，安装场卸车、起吊中小部件的灵活性较高，起吊机组最重部件，需使用3根平衡梁，起吊工作略为不便。

22.2.1.3 安装轴流机组(转轮需翻身)的主厂房桥机选择

水电站装设大型轴流转桨式机组，且转轮装配过程中需要翻身的，应选择双小车桥机。水电站装设中小型轴流转桨式机组，且转轮装配过程中需要翻身的，如选择双钩单小车桥机，其副钩起重量、副钩与主钩的距离应满足转轮翻身要求。

葛洲坝大江电站安装14台125MW轴流转桨式机组，水轮机转轮在安装场组装过程中需要翻身，主厂房主桥机选用2台260/50t+260/50t双小车桥机。

高坝洲水电站安装3台84MW轴流转桨式机组，水轮机转轮在安装场组装过程中需要翻身，主厂房桥机选用 1 台 200/40t+200/40t 双小车桥机。

大龙潭水电站安装 3 台 10MW 轴流转桨式机组，水轮机转轮在安装场组装过程中需要翻身，主厂房桥机选用 1 台 80/20t 单小车桥机。

22.2.1.4　安装贯流机组的主厂房桥机选择

安装贯流式机组的主厂房宜选用双钩单小车桥机，其副钩起重量应满足转轮等部件翻身要求。

陶岔水电站安装 2 台 25MW 贯流式机组，主厂房桥机选用 1 台 125/32t 单小车桥机。

兴隆水电站安装 4 台 10MW 贯流式机组，主厂房桥机选用 1 台 125t+32t 单小车（主、副钩各设一台小车）桥机。

22.2.2　桥机台数选择

1）主厂房桥机的台数，应根据主厂房布置、机组台数和机电设备最重件的吊运方式，并考虑卸货、安装进度和检修的需要，经技术经济比较确定。

2）机组台数为 3 台及以下时，一般选用 1 台桥机。

高坝洲水电站、缅甸电源电站、大龙潭水电站均安装 3 台机组，三峡电源电站、木星土水电站、寺坪水电站、陶岔水电站均安装 2 台机组，这些水电站主厂房均配置 1 台桥机。

3）机组台数为 4 台时，一般选用 2 台或 1 台桥机，按最大部件的起吊重量选择桥机总的额定起重量。

水布垭水电站、隔河岩水电站、亭子口水电站、沐若水电站、银盘水电站均装机 4 台，这些水电站主厂房均配置 2 台起重量相等的桥机。王甫洲水电站、兴隆水电站装机 4 台，主厂房均配置 1 台桥机。

4）机组台数为 4 台以上时，宜采用 2 台起重量相等的桥机或采用 1 台主桥机，另装 1 台起重量较小的副桥机，这样可以提高机动性，加快安装、检修进度。

彭水电站装机 5 台，主厂房配置 2 台起重量相等的桥机；万安水电站初期装机 4 台，预留 1 台，主厂房配置 1 台大桥机和 1 台小桥机；丹江口水电站装机 6 台，主厂房配置 2 台起重量相等的桥机。

5）机组台数较多（一般指 5 台及以上）的特大型电站，可选 2 台主桥机，另配 1 台或 2 台起重量较小的副桥机。

乌东德左、右岸电站各安装 6 台 850MW 混流式机组，左、右岸主厂房各配置 2 台主桥机（1 台为双梁 1300t/160t 单小车桥机，1 台为三梁 1300t/160t+160t 起重量不等的双小车桥机）和 1 台双小车副桥机（160/25t+160/25t）。

三峡左岸电站安装 14 台 700MW 混流式机组，主厂房配置 2 台 1200/125t 单小车主桥机和 2 台 125t+125t 双小车副桥机。

构皮滩水电站安装 5 台 600MW 混流式机组，主厂房配置 2 台 375/80t+375/80t 双小车主桥机和 1 台 50/10t 单小车副桥机。

葛洲坝大江电站安装 14 台 125MW 轴流转桨式机组，主厂房配置 2 台 260/50t+260/50t 双小车主桥机和 2 台 30/5t 单小车副桥机。

22.3 主要参数选择

22.3.1 额定起重量

桥机额定起重量为其设计允许起吊的最大重量，按机组最重部件的重量和吊具重量(包括平衡梁、吊轴及其他专用吊具)之和确定，宜留有适当的安全裕量。水电站主厂房桥机的额定起重量，一般取决于发电机转子的重量；低水头大容量轴流转桨式机组，桥机额定起重量通常由转轮带轴和支持盖整体起吊控制；灯泡贯流式机组，桥机起重量一般由吊装整体导水机构或转子控制。

22.3.2 跨度

桥机跨度是指桥机运行轨道轴线间的垂直距离，它是由主厂房的跨度决定的。主厂房的跨度一般取决于水轮机蜗壳或发电机定子的控制尺寸和厂房布置。主厂房的跨度应保证在施工安装期间，安装场或机组段组装的所有部件都能吊入相应的机坑进行安装；在机组检修期间，保证任何一台机组的最大起重件都能从机坑中吊出并运送至安装场对应工位。桥机的跨度一般可按每隔 0.5m 为一档选取。

22.3.3 起升高度

桥机吊钩上、下极限位置之间的距离称为起升高度。主钩的上极限位置通常由吊运水轮机转轮带轴或发电机转子带轴所必需的高度来确定。主钩的下极限位置必须满足从机坑内(或水轮机进水阀吊孔中心)将水轮机转轮(或进水阀)分别吊运至安装场的要求。副钩的下极限位置应满足埋设部件的安装和检修的需要，通常按吊运和安装座环的要求选定，有时还需要满足吊装尾水管里衬与吊运水泵及廊道内其他设备的要求。选择起升高度时只要满足吊装要求即可，不应随意增加起升高度，以免增加起重机小车卷筒的长度。

22.3.4 工作速度

(1)起升速度

在起升机构电动机额定转速下，起吊部件上升的速度称为起升速度。水电站主厂房桥机采用的起升速度取值范围一般为：主钩 1～8m/min，副钩 4～12.5m/min，电动葫芦 5～16m/min。

起重量大者取小值，起重量小者取大值。

大型水电站主厂房桥机一般要求起升机构实现交流变频无级调速，最高起升速度与最低起升速度之比通常为 10 倍，特殊的为 20 倍，如三峡水电站和乌东德水电站主厂房主桥机主起升机构 400t 以下起重量工况，乌东德水电站主厂房主桥机副起升机构 50t 以下起重量工况。长江设计院设计的部分大型水电站主厂房桥机工作速度见表 22.3-1。

表 22.3-1　　　长江设计院设计的部分大型水电站主厂房桥机工作速度表

电站	桥机型号	主起升机构	副起升机构	主小车运行机构	副小车运行机构	大车运行机构	16t电动葫芦
三峡地下电站	1200/125t—29.5m	1.5～0.15，3.0～0.15（＜400t）	4～0.4，8～0.8（＜30t）	8.5～0.85	13～1.3	22～2.2	
乌东德	1300/160t—29.3m	1.5～0.15，3.0～0.15（＜400t）	4～0.4，8～0.4（＜50t）	8.5～0.85	22～2.2	22～2.2	
	160t+160t—29.3m	4～0.4，8～0.8（＜50t）		22～2.2		56～5.6	
构皮滩	375/80/15t+375/80/15t—23.5m	2～0.2	4～0.4	8.5～0.85		22～2.2	
	50/10t—23.5m	5～0.5	10～1	32～3.2		63～6.3	
水布垭	300/50t/16t+300/50t/16t—20m	2～0.2	4～0.4	8.5～0.85		22～2.2	起升6，运行20
银盘	320/50/16t—28m	2～0.2	4～0.4	8.5～0.85		22～2.2	起升7，运行20

(2)运行速度

在运行机构电动机额定转速下，起重机大车或小车行走的速度称为运行速度。水电站主厂房桥机采用的运行速度取值范围一般为：大车 16～63m/min，小车 6～32m/min，电动葫芦 20m/min 左右。

跨度小，小车行走速度取小值，反之取大值；厂房长度大者大车行走速度取大值，反之取小值。

大型水电站主厂房桥机一般要求大小车运行机构实现交流变频无级调速，最高运行速度与最低运行速度之比通常为 10 倍。

22.3.5　工作级别

起重机的工作级别是表明工作繁重程度的参数，影响着起重机各机构的零部件、电动机和电气设备的强度、磨损与发热等。工作级别由机构荷载特性（荷载率）和工作忙闲程度（工作时间率）决定。

水电站主厂房起重机的特点是利用率低，在机组安装检修时，工作强度虽大，但起吊荷载往往比额定起重量小得多，除吊运发电机转子、水轮机转轮带轴外，厂内起重机经常处在低负荷下工作；另一特点是吊运主要部件时，要求速度慢、准确而又平稳地移动设备至安装部位。

水电站起重机整机的工作级别宜取 A3～A4，行走机构和起升机构的工作级别一般取 M3～M5。长江设计院设计的部分大型水电站桥机的工作级别见表 22.3-2。

表 22.3-2　　长江设计院设计的部分大型水电站桥机的工作级别表

电站	桥机型号	整机	主起升机构	副起升机构	小车运行机构	大车运行机构	电动葫芦
三峡地下电站	1200/125t－29.5m	A3	M3	M5	M4/M5（主/副）	M4	—
乌东德	1300/160t－29.3m	A3	M4	M5	M5/M5（主/副）	M4	—
	160t＋160t－29.3m	A4	M5	—	M4	M4	—
构皮滩	375/80/15t＋375/80/15t－23.5m	A3	M3	M5	M4	M4	M4
	50/10t－23.5m	A5	M4	M4	M4	M4	—
水布垭	300/50/16t＋300/50/16t－20m	A3	M3	M5	M4	M4	M4
银盘	320/50/16t－28m	A3	M4	M4	M3	M3	M4

22.4　桥机布置及试验

22.4.1　桥机布置

(1)单层布置与双层布置

水电站主厂房桥机从厂房立面图(横剖面图、纵剖面图)看，有单层布置与双层布置两种布置方式。两种布置方式选择的一般原则如下：

1)主厂房配置 2 台桥机(包括 2 台起重量相等的桥机方案或采用 1 台主桥机，另装 1 台起重量较小的副桥机方案)均采用单层布置方式。

水布垭、隔河岩、亭子口、沐若、丹江口、银盘电站主厂房均配置 2 台起重量相等的桥机，采用单层布置方式。万安电站主厂房配置 1 台主桥机和 1 台副桥机，采用单层布置方式。

2)主厂房配置 2 台主桥机和 1 台副桥机方案的，一般采用单层布置方式。

乌东德左、右岸电站主厂房各布置 2 台主桥机和 1 台副桥机，采用单层布置方式；构皮滩电站主厂房布置 2 台主桥机和 1 台副桥机，采用单层布置方式。

3)主厂房配置 2 台主桥机和 2 台副桥机方案的，一般采用双层布置方式。

三峡左、右岸电站主厂房各布置 2 台主桥机和 2 台副桥机，采用双层布置方式，主桥机布置在下层，副桥机布置在上层。葛洲坝大江电站主厂房各布置 2 台主桥机和 2 台副桥机，采用双层布置方式，主桥机布置在上层，副桥机布置在下层。

(2)平面布置

1)单层轨道布置2台主桥机和1台副桥机,为保障安装场卸货及机组大部件吊装的顺利进行,一般将副桥机布置在安装场一侧,主桥机布置在机组段一侧。

构皮滩电站,1台50/10副桥机布置在安装场一侧,2台375/80/15t+375/80/15t主桥机布置在机组段一侧。为了不影响主桥机安装场起吊大部件,在安装场端部设有副桥机机库,必要时副桥机可停在机库中。

乌东德左、右岸电站主厂房分别布置3台桥机。布置方案为:左、右岸电站从进场大门往副安装场方向,桥机的布置顺序依次为:带160t副钩的1300t三梁桥机(副钩靠进场大门侧)、不带副钩的1300t双梁桥机、160t/160t桥机(副安装场侧)。由于两侧分别设有160t副钩或160t副桥机,因此,桥机主梁下部均不设电动葫芦。

2)单层轨道布置2台起重量相等的桥机,为起吊厂房两端部布置及临时放置的设备、材料及小部件,一般在每台桥机的外侧(2台桥机并车后的相对位置)主梁下部分别设置1台电动葫芦。如水布垭、彭水和亭子口电站均采用此种布置方式。

3)单层轨道布置1台主桥机和1台副桥机方案,为保障安装场卸货及机组大部件吊装的顺利进行,一般将副桥机布置在安装场一侧,主桥机布置在机组段一侧。在特殊情况下,可采用反向布置方式,如万安电站。万安电站在20世纪90年代初期建设时,安装投产了4台机组,5号机组预留机坑,2005年底5号机组投产发电。为方便5号机组施工安装(包括浇筑混凝土),主桥机布置在安装场一侧,副桥机布置在机组段一侧。

4)主厂房配置1台桥机方案,为起吊厂房两端部布置及临时放置的设备、材料及小部件,一般在桥机一侧主梁下部设置1台电动葫芦。如陶岔电站,在位于安装场一侧主梁下布置1台10t电动葫芦;兴隆电站,在位于机组段一侧主梁下布置1台10t电动葫芦。

22.4.2　桥机试验

主厂房桥机在安装后,应进行无负荷、1.25倍额定起重量的静负荷和1.1倍额定起重量的动负荷试验。当进行上述静、动负荷试验确有困难时,可用减小滑轮组倍率的方法对起升机构、制动机构进行动负荷试验。双小车桥机的2台小车可分别进行动负荷试验。

左岸电站主厂房选用2台1200/125t单小车桥式起重机,是当时水电站起重量最大的单小车桥式起重机,采用全负荷试验(用钢锭作试重块)。刘家峡、五强溪、隔河岩、岩滩、水口、二滩、小浪底、大朝山等电站的桥式起重机在工地均只采用减小滑轮组倍率的方法对起升机构进行动负荷试验。

第23章 水力机械辅助设备及参数一览表

长江设计院设计的主要电站水力机械辅助设备系统主要设备及参数如表 23-1 至表 23-5 所示。

表 23-1　长江设计院设计的主要电站技术供水系统基本情况一览表

序号	电站名称	单机用水量 (m^3/h)	供水方式	主要设备	主要阀门	设备布置
1	三峡左岸	1800 (含主变 360)	单机单元自流减压供水方式，正反向运行，2 台或 3 台机蜗壳取水连通互为备用	$DN400$，$P_N1.6$MPa 全自动滤水器，2 台工作，1 台备用。173m^3/h 纯水供水装置	减压阀 1 用 1 备，机组 $DN450$，主变 $DN250$；机组 $DN500$ 正反切换阀门组	下游副厂房内分 5 层布置
2	构皮滩	1950/2350 (含主变 350)	压力钢管取水的供水机组尾水供水方式，蜗壳取水的单机单元自流减压供水方式；单向运行	5 台 1000kW 卧轴混流机组；$DN500$，$P_N4.0$ 和 $P_N2.5$MPa 滤水器各 1 台	机组 $DN500$，主变 $DN200$ 减压阀组($P_N4/2.5$)各 1 套；机组 $DN500$ 半球阀和电动半球阀各 2 个	供水机组布置在 3 号施工支洞内，自流减压供水设备布置在机组段水轮机层
3	水布垭	1570	单机单元水泵供水方式，单向运行，尾水管取水	$DN450$ 滤水器 2 台；$Q1600$，$H32$ 便拆式立式离心泵 2 台	$DN450$ 偏心半球阀 3 个，$DN450$ 电动偏心半球阀 4 个，换成闸阀	主要供水设备及管路布置在机组段水轮机层

续表

序号	电站名称	单机用水量 (m^3/h)	供水方式	主要设备	主要阀门	设备布置
4	彭水	1180	单机单元自流减压供水方式，单向运行，蜗壳取水	DN400，P_N1.6MPa 滤水器 2 台	2 台 DN400 减压阀；DN400 电动偏心半球阀 12 个	主要供水设备及管路布置在机组段水轮机层
5	隔河岩	1 号组、2 号组：444，3 号组、4 号组：721	下游取水单机单元水泵供水方案，正反向运行。改造后小机组尾水池供水方式	离心泵 2 台，1 号、2 号：Q485，H39；3 号、4 号：Q685，H43。DN300 电动旋转式滤水器 2 台	DN300、P_N1.0MPa 电动闸阀 12 个，DN300 闸阀 5 个，DN300 止回阀 2 个	水轮机层布置滤水器，正反向供水阀门及管路；下层布置有水泵、阀门及管路
6	亭子口	1282（含主变 135）	单机单元自流减压双向供水方式；蜗壳取水、两机连通、互为备用	DN350，P_N1.6MPa 滤水器 2 台	机组 DN350 水控减压阀 2 台，电动偏心半球阀 11 个；主变 DN150 减压阀 2 台，双向供水转阀 1 台	下副厂房水轮机层及以下 3 层，分别布置机组供水减压阀、主变供水减压阀、滤水器和供水阀组
7	沐若	853	单机单元水泵供水方式，每台机 2 个尾水取水口	Q900，H35 便拆式管道离心泵 2 台；DN350，P_N1.0MPa 滤水器 2 台	DN350 电动偏心半球阀 8 个，DN350 偏心半球阀 3 个	上游副厂房进水阀层布置水泵及相关阀门，水轮机层布置滤水器及相关阀门
8	丹江口	1200	单机单元自流减压供水方式，正反向运行，主水源取自压力钢管，备用水源取自坝前	DN250 旋转式滤水器 2 台	DN250 减压阀 2 台（已退出运行），DN250 电动阀 2 台	技术供水室布置在机组段上游副厂房的下层，高程位于发电机层以下
9	木星土	283	全电站 2 台机集中供水方式，共设 2 个尾水取水口	DN300，P_N1.6MPa 滤水器 2 台，Q300，H45 离心泵 3 台	DN300 手动闸阀 6 个，DN200 电动闸阀 2 个	技术供水室布置在安装场段水轮机层

续表

序号	电站名称	单机用水量（m^3/h）	供水方式	主要设备	主要阀门	设备布置
10	寺坪	320	单机单元自流减压供水方式，2台机钢管取水管连通	DN200，P_N1.6MPa 滤水器 2 台	DN200 减压阀 2 个	滤水器及减压阀布置在水轮机层上游副厂房
11	葛洲坝二江	含主变：大机 1742，小机 1230	单机单元自流水泵混合供水方式，坝前和蜗壳取水连通互备，系统正反向运行	Q972～1440，H20～13.4 离心泵 2 台；DN500 滤水器 2 台；复波伞式换热器 3 台	DN500 电动闸阀 9 个，闸阀 3 个，电动蝶阀 1 个；DN450 液压闸阀 4 个，闸阀 1 个	供水室布置在机组段下游副厂房水轮机层的下层
	葛洲坝大江	1110	同二江电站	Q1260，H16 离心泵 2 台；DN500，Q2120 滤水器 2 台；板式换热器 3 台	液压闸阀 1 个 DN600，4 个 DN400；电动闸阀 5 个 DN500，4 个 DN350；DN500 闸阀 3 个	同二江电站
12	银盘	630	单机单元自流水泵混合供水方式，坝前和蜗壳取水管连通互为备用	Q500，H10 便拆式管道离心泵 2 台；DN350，P_N1.0MPa 滤水器 2 台	DN350 电动偏心半球阀 4 个，偏心半球阀 6 个，多功能止回阀 2 个，蝶阀 5 个	供水室布置在机组段下游副厂房水轮机层
13	万安 1～4 号机组	1372（含主变）	单机单元自流水泵混合供水方式，坝前和蜗壳取水管连通互为备用，系统正反向运行	Q972～1440，H13 离心泵 2 台；DN350 滤水器 2 台	DN350 电动阀	供水室布置在机组段下游副厂房水轮机层
	万安 5 号机组	1243（含主变）		Q1260，H16 离心泵 2 台；DN450 滤水器 2 台	P_N1.0MPa 电动阀：3 个 DN500，DN450、DN400、DN350 各 4 个	
14	高坝洲		单机单元自流水泵混合供水方式，坝前和蜗壳取水管连通互为备用，系统正反向运行	Q506，H17.6 便拆式离心泵 2 台；DN300 滤水器 2 台	DN300 水控阀 6 个，DN250 水控阀 4 个	供水室布置在机组段下游副厂房水轮机层的下层

续表

序号	电站名称	单机用水量 (m^3/h)	供水方式	主要设备	主要阀门	设备布置
15	大龙潭	268	单机单元自流供水方式，进水阀前钢管取水，3台机管取水连通互为备用	DN200滤水器2台	DN200水控阀7个	供水室布置在机组段上游副厂房水轮机层
16	王甫洲		水泵加压清洁水循环供水方式，灯泡头双层壳冷却器冷却水	加压泵2台，膨胀水箱1个		
17	陶岔	175	单机单元自流水泵混合供水方式，上游机组流道取水管连通互为备用	Q240，H15管道离心泵2台，DN200滤水器2台	DN250偏心半球阀2个，DN200水控阀2个	下游副厂房
18	兴隆	163	单机单元水泵供水方式，上游2个取水管连通互为备用	Q200，H32管道离心泵2台，DN150滤水器2台	DN200电动偏心半球阀和多功能水泵控制阀各2个	供水主要设备布置在下游副厂房最低层
19	锁金山	243	$500m^3$水池供水方案，以溪水补水为主，水泵下游取水补水为辅	2台10SH-6型水泵		供水池设在厂房左侧，水泵布置在厂房下游侧506.45m高程的水泵房内
20	缅甸电源	292	水泵单元供水方式，尾水渠取水，1号机组1个取水口，2、3号机组共用1个取水口	Q320，H32立式管道离心泵2台；DN250，P_N1.0MPa滤水器1台	DN200电磁水力控制阀2个，DN250闸阀4个	技术供水设备布置于下游副厂房最低层

注：(1)“主要设备”栏中设备参数前的大型字母Q表示流量(m^3/h)，H表示扬程(m)。如“Q500，H10”表示额定流量$500m^3/h$，额定扬程10m；“Q972～1440，H20～13.4”表示水泵流量范围为972～$1440m^3/h$，扬程范围为20～13.4m。

(2)“主要设备”和“主要阀门”栏中DN的单位为mm，如DN500表示设备的公称直径为500mm。

表 23-2　　长江设计院设计的主要电站排水系统基本情况一览表

序号	电站名称	检修排水量(m^3)	检修漏水量(m^3/h)	机组检修排水水泵参数	厂房总渗漏水量(m^3/h)	集水井有效容积(m^3)	厂房渗漏排水水泵参数	厂内集水井排污泵参数	厂外排水系统情况
1	三峡左岸	20350	1850	6 台 S-900-69	302	302	3 台 S-550-68	2 台 Q-125-55	厂房廊道排水:2 台深井泵 左厂坝段廊道排水:4 台深井泵
2	构皮滩	22000	650	5 台 S-650-90	230	150	3 台 S-650-90	2 台 Q-108-60	厂区排水:2 台 S-650-90, 大坝廊道排水:3 台 Q-250-66
3	水布垭	34500	610	4 台 S-1250-90	230	150	3 台 S-450-90	2 台 Q-100-100	厂房围岩等厂外排水采用潜水泵
4	彭水	26380	972	5 台 S-1000-87	300	300	3 台 S-550-108	2 台 Q-150-85	厂房围岩等厂外排水采用潜水泵
5	隔河岩	4100	800	2 台 S-1000-46	100	75	2 台 S-340-42	1 台泥浆泵	
6	亭子口	9000	433	3 台 S-1000-52	140	115	3 台 S-400-53	2 台 Q-150-53	表孔消力池采用深井泵排水,大坝及升船机室等采用潜水泵排水
7	沐若	4800	550	3 台 Q-330-30 (干式安装)	100	50	2 台 Q-200-30, 油水分离 装置 1 套	检修泵房 清污排水 1 台 Q-25-8	坝体排水:3 台 Q-200-25
8	丹江口	4241	571	20H×2 型 深井泵 2 台	85		SD12×2 型 深井泵 2 台		
9	木星土	98	40	2 台 Q-70-40	50	25	2 台 Q-250-40		
10	寺坪	250	170	2 台 Q-200-22	30	30	2 台 Q-130-30		
11	葛洲坝二江	26298		5 台 S-1000-50	100		3 台 S-230-45	1 台 W-430-48.5	
	葛洲坝大江	20458		11 台 S-1000-46	260		3 台 S-370-46	3 台 H-180-60	

续表

序号	电站名称	检修排水量(m^3)	检修漏水量(m^3/h)	机组检修排水水泵参数	厂房总渗漏水量(m^3/h)	集水井有效容积(m^3)	厂房渗漏排水水泵参数	厂内集水井排污泵参数	厂外排水系统情况
12	银盘	15100	1120	4 台 S-1250-50	120	140	3 台 S-400-48 3 台 G-400-25	2 台 Q-100-55	船闸检修排水:8 台 Q-280-67,大坝及右岸边坡排水均采用潜水泵
13	万安	9318	1091	5 台 S-1000-46	80	92	2 台 S-230-45	2 台射流泵, 2 台离心泵	大坝廊道排水设 2 台潜水泵,底孔消力池护坦排水设 2 台深井泵
14	高坝洲			2 台 S-1000-40			2 台 S-185-48	2 台 Q-150-40	大坝、升船机室采用潜水泵排水
15	大龙潭	400	220	2 台 Q-250-30 (干式安装)	20	20	2 台 Q-70-32		大坝廊道排水:2 台 Q-80-35
16	王甫洲	10000	1150	2 台 S-1500-24	150	60	2 台 S-550-34		
17	陶岔			2 台 S-900-32	150	75	2 台 S-500-75	2 台 Q-100-80	
18	兴隆	7153	279	2 台 S-650-32	150	60	2 台 S-450-30	2 台 Q-80-35	船闸检修排水:2 台 S-450-30
19	锁金山			机组检修排水系统未设置			电站渗漏排水采用自流排水方式		
20	缅甸电源	60		2 台 Q-5-10 (移动式)		2 个集水井 1m×1m×0.6m	2 台 Q-5-10 (移动式)		大坝渗漏排水:2 台 Q-130-27

注:水泵参数各栏中水泵台数后面的 3 个参数分别表示水泵型式、额定流量(m^3/h)和额定扬程(m);水泵型式意义:S 为深井泵,Q 为潜水排污泵,W 为排污泵,H 为灰渣泵,G 为管道离心泵。如“6 台 S-900-69”表示 6 台深井泵,额定流量 $900m^3/h$,额定扬程 69m。

表 23-3　　长江设计院设计的主要电站压缩空气系统主要设备一览表

序号	电站名称	制动空压机	制动储气罐	维修空压机	维修储气罐	油压装置空压机	油压装置储气罐	其他供气空压机	其他供气储气罐
1	三峡左岸	3 台 3.48-0.8	2 个 15-0.8	2 台 22.86-0.8	1 个 15-0.8	3 台 3.1-10	2 个 4-10	机组启动补气及封闭母线供气 4 台 20-1.2	机组启动补气 2 个 6-1.2；封母 2 个 6-1.2
2	构皮滩	2 台 5.15-0.85	2 个 6-0.8	2 台 8-0.8	1 个 6-0.8	3 台 1.67-8	2 个 4-8		
3	水布垭	3 台 3.45-0.8	2 个 4-0.8	与制动共空压机	1 个 2-0.8	2 台 1.3-7	2 个 3-7	封闭母线供气 4 台 4.95-1.3	封闭母线供气 2 个 5-1.0
4	彭水	2 台 3-0.8	2 个 6-0.8	1 台 10-0.8	1 个 3-0.8	2 台 2-8	2 个 4-8	微正压供气装置由封闭母线厂家配套供货	
5	隔河岩	2 台 10-0.8	2 个 3-0.8	与制动系统共用	1 个 1.5-0.8	2 台 1.15-10	2 个 4-6.9		
6	亭子口	2 台 2-0.8	2 个 5-0.8	2 台 8-0.8	1 个 5-0.8	2 台 2-7.5	2 个 3-7.5	封闭母线供气 2 台 3-0.8	封闭母线供气 2 个 8-0.8
7	沐若	3 台 3-0.8	2 个 4-0.8	与制动系统共用	1 个 2-0.8	2 台 2-8	2 个 5-7		
8	丹江口	2 台 3-0.8	1 个 3-0.8	与制动系统共用	与制动系统共用	2 台 0.9-4	1 个 3-4	开关站 4 台 1-6	开关站 3 个 3-6
9	木星土	2 台 4-0.8	2 个 1.5-0.8	与制动系统共用	与制动系统共用	2 台 0.3-6.3	2 个 1-6.3		
10	寺坪	2 台 3-0.8	2 个 2-0.8	与制动系统共用	1 个 1-0.8	2 台 0.28-4.5	1 个 1.5-4.5		
11	葛洲坝二江	2 台 3-0.8	2 个 7-0.8	1 台 10-0.8	1 个 3-0.8	6 台 1-6	1 个 3-6	空气断路器供气 3 台 3-22	空气断路器供气 2 个 2-20
	葛洲坝大江	3 台 10-0.8	3 个 7-0.8	与制动系统共用	1 个 3-0.8	2 台 3-6	2 个 3-6	空气断路器供气 3 台 1-25	空气断路器供气 2 个 1-25，2 个 3-3.5

续表

序号	电站名称	制动空压机	制动储气罐	维修空压机	维修储气罐	油压装置空压机	油压装置储气罐	其他供气空压机	其他供气储气罐
12	银盘	2 台 3.45-0.85	2 个 4-0.8	与制动系统共用	1 个 2-0.8	2 台 3.92-8	2 个 4-7	封闭母线供气 3 台 3.45-0.85	封闭母线供气 2 个 4-0.8
13	万安	2 台 3-0.8	2 个 6-0.8	2 台 10-0.8	1 个 1.5-0.8	4 台 1-6	2 个 3-5.88	调相 2 台 16-4.9	调相 2 个 20-4.9
14	高坝洲	4 台 3.5-0.86	2 个 3-0.8	与制动系统共用	1 个 1.5-0.8	2 台 1-6.9	1 个 1.5-6.3		
15	大龙潭	2 台 3-0.8	2 个 3-0.8	与制动系统共用	1 个 1-0.8	2 台 0.3-4.5	1 个 1.6-4.5		
16	王甫洲	与油压装置共用	1 个 2-1.5	2 台 1.9-0.8	1 个 3-0.8	2 台-8	1 个 3-8		
17	陶岔	3 台 3-0.8	2 个 3-0.8	与制动系统共用	1 个 3-0.8	2 台 1.3-8	1 个 1.5-8		
18	兴隆	3 台 3-0.8	2 个 3-0.8	与制动系统共用	1 个 1-0.8	2 台 1-8	2 个 1.5-8		
19	锁金山	2 台-1.9-0.8	2 个 3-0.8	与制动系统共用	与制动系统共用	2 台 WP4300	1 个 1-10		
20	缅甸电源	2 台 3-0.8	2 个 3-0.8	1 台 3-0.8	1 个 1.5-0.8	2 台 1.3-8	2 个 1.5-8		

注:(1)各空压机栏中台数后面的 2 个参数分别表示生产率(m^3/min)和排气压力(MPa),如“3 台 3.48-0.8”表示 3 台空压机,生产率为 3.48m^3/min,排气压力为 0.8MPa。

(2)各储气罐栏中个数后面的 2 个参数分别表示储气罐容积(m^3)和工作压力(MPa),如“2 个 3-0.8”表示 2 个储气罐,容积为 3m^3,排气压力为 0.8MPa。

表 23-4　　长江设计院设计的主要电站油系统主要设备一览表

序号	电站名称	透平油油罐	透平油油泵	透平油滤油机	透平油系统其他设备	绝缘油油罐	绝缘油油泵	绝缘油滤油机	绝缘油系统其他设备
1	三峡左岸	5 个 $50m^3$	3 台 24-0.36	2 台 T-9-6.0， 4 台 L-9-1.5	3 台 5kW 烘箱， 1 台 $0.5m^3$ 移动油车	8 个 $60m^3$	6 台 18-0.36	3 台 GZ-12-0.5， 4 台 L-9-0.5	3 台 5kW 烘箱，2 辆 20t 油槽车，1 套全分析油化验设备
2	构皮滩	4 个 $40m^3$	3 台 18-0.36	2 台 L-9-0.5， 1 台 Z-9-0.5， 1 台 Z-3-0.5	2 台 10kW 烘箱， 1 台 $0.5m^3$ 移动油车	4 个 $60m^3$	2 台 18-0.36， 2 台 9-0.36	1 台 GZ-9-0.5， 1 台 GZ-12-0.5， 2 台 L-9-0.5	2 台 10kW 烘箱， 1 台 $0.5m^3$ 移动油车
3	水布垭	厂内 2 个 $18m^3$， 厂外 4 个 $20m^3$	4 台 12-0.6	2 台 T-6-0.5， 2 台 J-6-0.5	1 台 $0.5m^3$ 移动油车	4 个 $40m^3$	3 台 12-0.6	1 台 GZ-6-0.5， 1 台 Z-6-0.5， 1 台 J-6-0.5	
4	彭水	厂内 2 个 $18m^3$， 厂外 4 个 $25m^3$	4 台 18-0.36	2 台 T-9-0.5， 2 台 L-9-0.5	3 台 5kW 烘箱， 1 台 $0.5m^3$ 移动油车	4 个 $50m^3$	3 台 18-0.36	1 台 GZ-9-0.5， 1 台 Z-9-0.5， 1 台 L-9-0.5	1 台 $0.5m^3$ 移动油车
5	隔河岩	5 个 $10m^3$	3 台 3.3-0.32	3 台 L-6-0.3	2 台 10kW 烘箱， 1 台 $0.5m^3$ 移动油车	4 个 $60m^3$	3 台 18-0.36	1 台 GZ-6， 1 台 Z-6， 2 台 L-9-0.3	2 台 10kW 烘箱， 1 台 $0.5m^3$ 移动油车
6	亭子口	4 个 $20m^3$	3 台 9-0.33， 1 台 20-0.25	2 台 L-7.2-0.3， 1 台 T-6-0.5	2 台 1.2kW 烘箱， 2 台 $0.5m^3$ 移动油车	无	无	主变厂家配套 1 台高真空净机	
7	沐若	厂外 4 个 $20m^3$	2 台 12-0.6	2 台 T-9-0.5， 1 台 J-9-0.5	2 台 $0.5m^3$ 移动油车	4 个 $35m^3$	3 台 12-0.6	1 台 GZ-9-0.5， 1 台 J-9-0.5	

续表

序号	电站名称	透平油油罐	透平油油泵	透平油滤油机	透平油系统其他设备	绝缘油油罐	绝缘油油泵	绝缘油滤油机	绝缘油系统其他设备
8	丹江口	1 个 $25m^3$ 2 个 $12m^3$	2 台 18-0.36	2 台 L-6-		4 个 $40m^3$	1 台 18-0.36， 1 台 3.3-0.33	1 台 L-6-	1 台 $0.3m^3$ 移动油罐，2 套油再生装置
9	木星土	2 个 $8m^3$	2 台 3-0.4	2 台 T-2-， 1 台 L-1.8-	1 台 5kW 烘箱， 1 台 $0.5m^3$ 移动油车	无	无	无	
10	寺坪	2 个 $15m^3$	2 台 5-0.33	1 台 T-3-0.5， 1 台 L-3-0.5	1 台 1kW 烘箱， 1 台 $0.5m^3$ 移动油车	1 个 $25m^3$	无	1 台 Z-3-0.5	
11	葛洲坝二江	6 个 $60m^3$	2 台 29-0.36， 2 台 18-0.36， 1 台 25-1	3 台 L-9-0.3， 1 台 Z-9-0.35	2 个 $1.5m^3$ 重力加油箱	5 个 $70m^3$， 1 个 $4m^3$ 活动式油罐	3 台 18-0.6， 1 台 6-0.5	2 台 Z-9-1， 2 台 L-9-0.5	1 台 $0.3m^3$ 移动油车，1 套全分析油化验设备，1 套油再生设备
11	葛洲坝大江	7 个 $60m^3$	2 台 18-0.36， 3 台 25-1	3 台 L-9-0.3， 1 台 Z-9-0.35	3 个 $2m^3$ 的重力加油箱，1 台 $Q=65m^3/h$ 真空泵	主变:4 个 $45m^3$， 联变:4 个 $70m^3$，	6 台 29-0.36， 2 台 5-0.33	5 台 L-9-0.3， 2 台 Z-9-0.35， 1 台 GZ-6-	每个油处理室设 1 台 $Q=65.0m^3/h$，极限真空 0.075 MPa 真空泵
12	银盘	6 个 $28m^3$	2 台 18-0.6	1 台 T-12-0.5， 2 台 J-12-0.5	1 台 $0.5m^3$ 移动油车	4 个 $35m^3$	2 台 18-0.6	1 台 GZ-6-0.5， 1 台 GZ-6-1， 2 台 J-6-0.5	
13	万安	3 个 $40m^3$， 2 个 $30m^3$， 1 个 $25m^3$	2 台 29-0.36， 1 台 18-0.36	2 台 L-9-， 1 台 Z-6-	2 台烘箱	6 个 $35m^3$	2 台 18-0.36， 1 台 5-0.33	1 台 Z-3， 1 台 L-6-	1 台 $0.3m^3$ 移动油车，2 台滤纸烘箱

续表

序号	电站名称	透平油油罐	透平油油泵	透平油滤油机	透平油系统其他设备	绝缘油油罐	绝缘油油泵	绝缘油滤油机	绝缘油系统其他设备
14	高坝洲	4 个 25m³	1 台 18-0.36，2 台 9-0.33	1 台 L-6-，2 台 T-6-	1 个 0.5m³ 的重力加油箱，1 台 0.5m³ 移动油车	4 个 25m³	3 台 9-0.33	2 台 Z-6，1 台 L-6-	
15	大龙潭	2 个 15m³	2 台 5-0.35	1 台 L-3-，1 台 T-3-	1 台 0.3m³ 移动油车	2 个 10m³	2 台 5-0.35	1 台 Z-2-，1 台 L-3-	
16	王甫洲	2 个 15m³，1 个 30m³	2 台 5-0.33	1 台 L-6-，1 台 Z-6-	1 台 0.5m³ 移动油车，2 台 10kW 烘箱	2 个 10m³，1 个 20m³	2 台 5-0.33	1 台 Z-6-，1 台 L-6-	2 台 10kW 烘箱
17	陶岔	4 个 15m³	2 台 3.3-0.32	1 台 L-3-，2 台 Z-3-	1 台 0.5m³ 移动油车	无	2 台 5-0.33	2 台 GZ-3-	
18	兴隆	2 个 20m³	2 台 3.3-0.33	2 台 L-3-，1 台 Z-3-	1 台 0.5m³ 移动油车	无	3 台 3.3-0.33	2 台 GZ-6-，1 台 L-3-	
19	锁金山	2 个 3m³，1 个 6m³	2 台 3.3-0.33	1 台 L-3-，1 台 Z-3-		2 个 8m³，1 个 16m³	2 台 3.3-0.33	1 台 L-3-	
20	缅甸电源	2 个 8m³	2 台 3-0.33	1 台 L-1.8-，1 台 T-1-	1 台 0.5m³ 移动油车	2 个 20m³	2 台 3-0.33	1 台 GZ-1-，1 台 L-1.8-	1 台 0.5m³ 移动油车

注：(1)“透平油油泵”和“绝缘油油泵”栏中油泵台数后面的 2 个参数分别表示流量(m^3/h)和压力(MPa)，如“3 台 24-0.36”表示 3 台，流量 $24m^3/h$，压力 0.36MPa；表中除葛洲坝二江电站的“1 台 25-1”螺杆泵、葛洲坝大江电站的“3 台 25-1”螺杆泵和亭子口电站的“1 台 20-0.25”潜油泵外，其他油泵均为齿轮油泵。

(2)“透平油滤油机”和“绝缘油滤油机”栏中滤油机台数后面的 3 个参数分别表示滤油机型式、公称流量(m^3/h)和工作压力(MPa)；滤油机型号的意义：T 为透平油过滤机，L 为压力滤油机，J 为精密滤油机，GZ 为高真空净油机，Z 为真空净油机；如“2 台 T-6-0.5”表示 2 台透平油过滤机，公称流量 $6m^3/h$，工作压力 0.5MPa。

表 23-5 长江设计院设计的主要电站主厂房桥机主要参数

序号	电站名称	机组型式	单机容量(MW)	机组台数	机组大件	大件重量(t)	桥机型号	桥机台数	跨度(m)	起升高度(m)	总功率(kW)	重量(t)	备注
1	三峡左岸	混流式	700	14	转子	1780	1200t+125t	2	33.6	34/37			三梁四轨主、副小车
							125t+125t	2	34	47			1 台桥机限定起重量 125t
2	三峡右岸		700	12	转子	1850	1200t+125t	2	33.6	34/37	813	813	三梁四轨主、副小车
							125t+125t	2	34	47		194	1 台桥机限定起重量 125t
3	三峡地下电站		700	6	转子	1890	1200t+125t	2	29.5	34/37	813	770	三梁四轨主、副小车
4	三峡电源电站		50	2	转子带轴	170	125t+125t	1	13.5	25			带 10t 电葫芦 1 台
5	构皮滩		600	5	转子	1300	375/80t+375/80t	2	23.5	35/35	400	300	1 台桥机带 15t 电葫芦 1 台
							50/10t	1	23.5	45/45	108		
6	水布垭		460	4	转子	950	300/50t+300/50	2	20	35/35	360	270	1 台桥机带 16t 电葫芦 1 台
7	彭水		350	5	转子	1017	350/50t+350/50t	2	27	34/34	380	300	1 台桥机带 15t 电葫芦 1 台
8	隔河岩		300	4	转子	795	250/50t+250/50t	2	22	32.5			1 台桥机带 10t 电葫芦 1 台
9	亭子口		275	4	转子	715	250/50t+250/50t	2	27.1	33/33	283	240	1 台桥机带 16t 电葫芦 1 台
10	沐若		236	4	转子带轴	564	350/50t	2	22.5	33/33	165		1 台桥机带 10t 电葫芦 1 台
11	丹江口		150	6	转子带轴	614	350/75t	2	21	24/25	130	224	1 台桥机带 10t 电葫芦 1 台
12	木星土		60	2	转子	110	125/30t	1	14.8	23/26			带 10t 电葫芦 1 台
13	寺坪		30	2	转子带轴	110	125/25t	1	15.5	25/35			带 10t 电葫芦 1 台

续表

序号	电站名称	机组型式	单机容量(MW)	机组台数	机组大件	大件重量(t)	桥机型号	桥机台数	跨度(m)	起升高度(m)	总功率(kW)	重量(t)	备注
14	葛洲坝二江	轴流转桨式	170/125	2/5	转轮翻身	350	300/50t+300/50t	1	27	25.5		272	带10t电葫芦1台，1台桥机限定起重量500t
					转子带轴	892	250/50t+250/50t	1	27	32/32		257	带10t电葫芦1台
15	葛洲坝大江		125	14	转轮翻身	256	260/50t+260/50t	2	27				1台桥机带10t电葫芦1台
							30/5t	2	25				
16	银盘		150	4	转子	505	320/50t	2	28	35/35	204	180	1台桥机带16t电葫芦1台
17	万安		105/113	4/1	转子带轴	580	300/50t+300/50t	1	24	25.5			带10t电葫芦1台
							20/5t	1	24	26/8	35		
18	高坝洲		84	3	转子	330	200/40t+200/40t	1	19				
19	大龙潭		10	3	转子带轴	70	80/20t	1	15.5	23/32			
20	王甫洲	灯泡贯流式	27.25	4	导水机构	180	100/20t+100/20t	1	19.5	33/33			桥机限定起重量170t
21	陶岔		25	2	导水机构	78	125/32t	1	17.5	36/36	195	73	带10t电葫芦1台
22	兴隆		10	4	导水机构	110	125+32t	1	19.5	41/43	86	139	主、副小车结构，带10t电葫芦1台
23	锁金山	冲击式	15	3	转子	35	40/10t	1	10.5	16/			
24	缅甸电源		33	3	转子	110	125/25t	1	16.5	18/18	113		带10t电葫芦1台

附 录

附录1　工程建设时间节点

各工程建设时间节点见表1.1。

表1.1　各工程建设时间节点

水轮发电机组类型	电站名称	时间节点
混流式水轮发电机组	丹江口	1958年9月，丹江口工程开工
		1959年12月26日，丹江口工程截流
		1967年下闸蓄水
		1968年10月1日，丹江口水电站首台机组发电
		1973年9月25日，丹江口水电站全部6台机组并网运行
		2005年4月29日，丹江口水利枢纽大坝加高工程得到国务院正式批复
		2005年9月26日，丹江口水利枢纽大坝加高工程开工
		2010年3月31日，丹江口大坝需要加高的54个坝段全部从原来的162m加高到176.6m的设计高程
		2010年4月21日，大坝加高后首台机组发电
		2013年4月，大坝加高后全部6台机组改造完毕
	隔河岩	1986年12月，隔河岩工程经国家计委批准兴建
		1987年，隔河岩工程开工
		1987年12月15日，隔河岩工程截流
		1993年4月10日，隔河岩工程下闸蓄水
		1993年6月4日，隔河岩水电站首台机组发电
		1996年，隔河岩工程竣工验收
	三峡	1919年，孙中山先生在《建国方略之二——实业计划》中最早提出建设三峡工程的设想
		1950年初，长江水利委员会(原长江流域规划办公室)正式在武汉成立
		1953年，毛泽东主席在听取长江干流及主要支流修建水库规划的介绍时，希望在三峡修建水库。他指着地图上的三峡说："先修那个三峡大坝怎么样?!"
		1956年，毛泽东主席在武汉畅游长江后写下了"更立西江石壁，截断巫山云雨，高峡出平湖"的著名诗句
		1990年7月，以邹家华为主任的国务院三峡工程审查委员会成立
		1992年4月3日，全国人大第七届第五次会议通过《关于兴建长江三峡工程的决议》，决定将兴建三峡工程列入国民经济和社会发展十年规划
		1993年1月，国务院三峡工程建设委员会成立，李鹏总理兼任建设委员会主任
		1993年9月27日，中国长江三峡工程开发总公司正式挂牌成立
		1994年12月14日，国务院总理李鹏宣布：三峡工程正式开工

续表

水轮发电机组类型	电站名称	时间节点
混流式水轮发电机组	三峡	1997 年 11 月 8 日，三峡工程大江截流成功
		2002 年 3 月 17 日，三峡工程首台水站发电机组转轮吊装成功
		2002 年 11 月 7 日，世界上最大的水轮发电机组转子在三峡工地成功吊装
		2003 年 6 月 1 日零时，三峡工程正式下闸蓄水
		2003 年 7 月 10 日，三峡左岸电站首台(2 号)机组发电
		2005 年 9 月 16 日，三峡左岸电站 14 台 70 万 kW 机组全部并网运行
		2006 年 5 月 20 日，三峡大坝最后一方混凝土浇筑完毕
		2007 年 6 月 11 日，三峡右岸电站首台(22 号)机组正式并网发电
		2008 年 10 月 29 日，三峡大坝左右岸电站 26 台 70 万 kW 巨型水电机组全部投产
		2010 年 10 月，三峡水库首次达到 175m 正常蓄水位
		2011 年 5 月 24 日，三峡地下电站首台(32 号)机组正式并网发电
		2012 年 7 月 4 日，三峡最后一台(总 32 台)70 万 kW 巨型机组正式交付投产
	彭水	2004 年 12 月 22 日，彭水工程截流
		2005 年 9 月 28 日，彭水工程正式开工
		2008 年 1 月 12 日，彭水水电站下闸蓄水
		2008 年 2 月 6 日，彭水水电站首台机组(4 号)并网发电
		2008 年 12 月 16 日，彭水水电站最后一台机组(5 号)并网发电
	亭子口	2009 年 11 月 25 日，亭子口工程开工
		2010 年 1 月 23 日，亭子口工程截流
		2013 年 6 月 18 日，亭子口工程下闸蓄水
		2013 年 8 月 9 日，亭子口水电站首台机组并网发电
	水布垭	2002 年 1 月，水布垭工程开工
		2002 年 10 月，水布垭工程截流
		2006 年 10 月，水布垭工程导流洞下闸
		2007 年 4 月，水布垭工程放空洞下闸
		2007 年 7 月，水布垭水电站首台机组投产发电
		2008 年 8 月，水布垭水电站 4 台机组全部并网运行
	构皮滩	2003 年 12 月，构皮滩工程正式开工
		2004 年 11 月 16 日，构皮滩工程截流
		2008 年 11 月 29 日，构皮滩工程下闸蓄水
		2009 年 7 月 31 日，构皮滩工程首台机组(5 号)发电
		2010 年 8 月，构皮滩水电站 5 台机组全部投产发电

续表

水轮发电机组类型	电站名称	时间节点
混流式水轮发电机组	沐若	2008 年 10 月 1 日，沐若工程正式开工
		2010 年 5 月 1 日，沐若工程实现截流
		2013 年 9 月 21 日，沐若工程下闸蓄水
		2014 年 11 月，沐若工程首台机组发电
		2015 年，沐若水电站 4 台机组全部并网运行
		2016 年 9 月，沐若水电站举行电站正式启用仪式
	木星土	2007 年 7 月 15 日，木星土工程正式开工
		2011 年 1 月，木星土工程成功截流
		2012 年 12 月，木星土水电站两台机组先后投产发电
	乌东德	2015 年 12 月 24 日，乌东德工程正式开工
轴流式水轮发电机组	葛洲坝	1970 年末，开始兴建
		1972 年底，主体工程暂停施工
		1974 年，长办提出修改初步设计，经审查批准
		1974 年 10 月，恢复主体工程施工
		1981 年 1 月，大江截流工程胜利合龙
		1981 年 6 月，三江航道和 2、3 号船闸通航
		1981 年 7 月，二江电站第 1 台机组并网发电
		1986 年 6 月，大江电站第 1 台机组和 500kV 变电站投产
		1988 年 9 月，大江 1 号船闸试航成功
		1988 年 12 月，电站 21 台机组全部建成投产
		1985 年 4 月，二江、三江工程由国家验收委员会进行竣工验收
		1991 年 11 月，国家验收委员会对大江工程进行竣工验收
	万安	1960 年 5 月，开工
		1961 年末，停工
		1978 年 2 月，批准复工兴建，又暂缓建设
		1981 年，再一次恢复建设
		1989 年 10 月，船闸通航
		1989 年 11 月，截流
		1990 年 11 月 13 日，第一台机组投产发电
		1992 年 12 月 13 日，4 台机组全部投产
		1996 年 1 月，通过国家竣工验收
		2002 年 8 月，利用预留机坑续装了 5 号机组
		2006 年 2 月 10 日，5 号机组投入商业运行

续表

	电站名称	时间节点
轴流式水轮发电机组	高坝洲	1993年,工程开始前期准备
		1996年10月,一期工程截流
		1998年10月,二期工程截流
		1999年12月,首台机组并网发电
		2000年7月,3台机组全部投产
		2008年3月,通过国家竣工验收
	银盘	2011年4月,首台机组发电
		2011年底,4台机组全部投产
	金沙	2015年9月,金沙水电站可行性研究报告通过水电水利规划设计总院审查
		2016年8月11日,国家发改委正式核准金沙江金沙水电站项目
		2016年9月3日,金沙水电站厂坝工程开工
灯泡贯流式水轮发电机组	王甫洲	1995年2月开工,2000年11月首台机组发电,2001年12月全部机组投产发电
	兴隆	2009年2月开工,2013年7月首台机组发电,2014年6月全部机组投产发电
	陶岔	2009年12月开工,2014年12月投产
冲击式水轮发电机组	缅甸电源电站	2008年3月,前期工程开工
		2009年11月,工程截流
		2011年2月18日,导流洞下闸
		2011年8月31日,首台机组启动
		2011年9月29日,末台机组投产
	美纳斯电站	2012年3月,工程开工
		2017年7月,引水系统贯通
		2018年3月,首台机组计划发电时间
	扎拉水电站	2015年4月,正常蓄水位选择专题报告通过水电水利规划设计总院审查
		2016年8月,装机容量及机组台数选择专题报告通过水电水利规划设计总院咨询
		2017年2月,可研报告通过水电水利规划设计总院审查

附录 2 混流式水轮机主要控制尺寸、重量、材料

水轮机模型主要参数统计见表 2.1。

表 2.1 水轮机模型主要参数统计表

电站名称及机组		真机转轮直径 D_1(m)	模型转轮进口直径 D_1(mm)	模型转轮出口直径 D_2(mm)	转轮叶片数(个)	活动导叶数(个)	导叶分布圆直径(mm)	固定导叶数(个)	活动导叶高度(mm)	至导叶中心尾水管高度(mm)
丹江口（改造后）		5.758	337.46	350	15	24	375.1	12(6号为23)	80.58	
隔河岩		5.74	305.82	300	13	24	353.69	23	82.45	
三峡左岸	VGS	9.4								
	阿尔斯通	9.8								
三峡右岸	东电	9.88	367.1882	350	13	24	411.414	23	104.164	1114.944
	阿尔斯通	9.424	391	350	15	24	437.5	23+1	103.91	1093.73
	哈电	10.248	372.2	366	15	24	414.28	24	107.5	1090.0
三峡地下	东电	9.88	367.1882	350	13	24	411.414	23	104.164	1300.0
	天阿	9.6(D_2)	362.32	350	15	24	437.5	24	103.91	1276.0
	哈电	10.248	371.5	366	15	24	414.28	24	108.75	1268.8
彭水		7.68(D_2)	350.28	349.92		24	397.4	24	117.25	1190.0
亭子口		6.703	357.47	352.83	13	24	406.0	23	113.06	1105.0
水布垭		5.97	420.47	350.84	13	22	474.0	22	79.6	1408.0
构皮滩		7.0	420.0	368.92	16	24	495.6	23	76.65	1423.0
沐若		3.85(D_1)	450.0	327.3	17	24	517.5	23	63.0	1227.3
乌东德	福伊特	9.075	388.2	341.8	15	28	440.0	27	88.0	1352.0
	阿尔斯通	9.185	394.45	350.0	15	24	454.03	24	87.25	1451.53

导叶相对高度、导叶分布圆相对直径统计见表 2.2。

表 2.2 导叶相对高度、导叶分布圆相对直径统计表

电站名称及机组	最高水头(m)	额定水头(m)	额定转速(r/min)	转轮直径(m)	导叶相对高度	分布圆相对直径
丹江口	80.3	63.5	100	5.758 5.972(D_2)	0.2388D_1	1.1115D_1
隔河岩	121.5	103.0	136.4	5.74	0.27091D_1	1.15645D_1

续表

电站名称及机组		最高水头(m)	额定水头(m)	额定转速(r/min)	转轮直径(m)	导叶相对高度	分布圆相对直径
三峡左岸	VGS	113.0	80.6	75.0	9.4		
	阿尔斯通	113.0	80.6	75.0	9.8		
三峡右岸	东电	113.0	85.0	75.0	9.88	$0.28368D_1$	$1.1204D_1$
	阿尔斯通	113.0	85.0	71.4	$9.6(D_2)$	$0.26575D_1$	
	哈电	113.0	85.0	75.0	10.248	$0.28882D_1$	$1.11306D_1$
三峡地下	东电	113.0	85.0	75.0	9.88	$0.28368D_1$	$1.12045D_1$
	天阿	113.0	85.0	71.4	$9.6(D_2)$	$0.2868D_1$	$1.2075D_1$
	哈电	113.0	85.0	75.0	10.248	$0.29273D_1$	$1.113058D_1$
彭水		81.6	67.0	85.4	$7.68(D_2)$	$0.33473D_1$	$1.13452D_1$
亭子口		85.4	73.0	100	6.703	$0.31628D_1$	$1.13576D_1$
水布垭		203.0	183.5	150	5.97	$0.18931D_1$	$1.12731D_1$
构皮滩		200.0	175.5	125	7.0	$0.1825D_1$	$1.18D_1$
沐若	324.0	300.0	300	$3.85(D_1)$	$0.14D_1$	$1.15D_1$	
	324.0	300.0	300	$2.8(D_2)$	$0.19249D_2$	$1.58112D_2$	
木星土(长短叶片)	410.5	384.0	600	$2.1(D_1)$	$0.10857D_1$	$1.14476D_1$	
	410.5	384.0	600	$1.2426(D_2)$	$0.18348D_2$	$1.93465D_2$	
乌东德	福伊特	163.4	137.0	90.91	$8.545D_2$	$0.25746D_2$	$1.2873D_2$
	阿尔斯通	163.4	137.0	93.75	$8.15D_2$	$0.24929D_2$	$1.29723D_2$

蜗壳控制尺寸统计见表 2.3。

表 2.3　　蜗壳控制尺寸统计表

电站名称及机组		包角(°)	转轮直径(m)	蜗壳进口相对直径	$+X/-X$ 相对尺寸	$+Y/-Y$ 相对尺寸	机组中心与蜗壳中心相对距离
丹江口							
隔河岩		345	5.74	$1.39373D_1$	$1.85819D_1/$ $1.63816D_1$	$1.33527D_1/$ $1.78016D_1$	
三峡左岸	VGS		9.4				
	阿尔斯通		9.8				
三峡右岸	东电	335	9.88	$1.2551D_1$	$1.89271D_1/$ $1.55921D_1$	$1.26134D_1/$ $1.71925D_1$	$1.2652D_1$
	阿尔斯通		$9.6(D_2)$	$1.30302D_2$	$1.9536D_2/$ $1.62208D_2$	$1.34531D_2/$ $1.82954D_2$	$1.30208D_2$
	哈电		10.248				

续表

电站名称及机组		包角(°)	转轮直径(m)	蜗壳进口相对直径	+X/−X 相对尺寸	+Y/−Y 相对尺寸	机组中心与蜗壳中心相对距离
三峡地下	东电	345	9.88	$1.2551D_1$	$1.89271D_1$/$1.55921D_1$	$1.261345D_1$/$1.7193D_1$	$1.2652D_1$
	天阿	345	9.938	$1.24774D_1$	$1.88168D_1$/$1.5594D_1$	$1.27454D_1$/$1.7627D_1$	$1.25781D_1$
	哈电		10.248	$1.21D_1$	$1.84944D_1$/$1.48468D_1$	$1.22736D_1$/$1.68911D_1$	$1.21957D_1$
彭水		345	7.68(D_2)	$1.2679D_2$	$1.9306D_2$/$1.5717D_2$	$1.256D_2$/$1.7837D_2$	$1.3077D_2$
亭子口		345	6.703	$1.298D_1$	$1.9857D_1$/$1.6496D_1$	$1.3159D_1$/$1.861D_1$	$1.3369D_1$
水布垭		345	5.97	$1.1558D_1$	$1.732D_1$/$1.4732D_1$	$1.2175D_1$/$1.6195D_1$	$1.2061D_1$
构皮滩		345	7.0	$1.1429D_1$	$1.699D_1$/$1.5037D_1$	$1.2662D_1$/$1.6477D_1$	$1.1429D_1$
沐若		345	3.85	$0.88312D_1$	$1.60202D_1$/$1.42149D_1$	$1.22571D_1$/$1.5679D_1$	$1.182D_1$
乌东德	福伊特	340.1	9.705	$1.185D_1$	$1.7538D_1$/$1.4856D_1$	$1.2086D_1$/$1.6578D_1$	$1.224D_1$
	阿尔斯通	345	9.185	$1.252D_1$	$1.8153D_1$/$1.5596D_1$	$1.2882D_1$/$1.7417D_1$	$1.2825D_1$

尾水管尺寸统计分析见表2.4。

表2.4　　尾水管尺寸统计分析

电站名称及机组		转轮直径(m)	至导叶中心相对高度	相对长度	出口相对净宽度	出口相对高度	支墩宽度(m)	支墩鼻端至中心相对距离
丹江口		5.758	$2.3967D_1$	$4.7933D_1$	$2.7787D_1$		2.2	
隔河岩		5.74	$2.83972D_1$	$4.46865D_1$	$2.83972D_1$	$1.22823D_1$	2.2	
三峡左岸	VGS	9.4						
	阿尔斯通	9.8						
三峡右岸	东电	9.88	$3.03644D_1$	$5.06073D_1$	$2.7551D_1$	$1.25506D_1$	2.45×2	$1.51822D_1$
	阿尔斯通	9.6(D_2)						
	哈电	10.248	$2.9274D_1$	$4.879D_1$	$2.63466D_1$	$1.21D_1$	2.45×2	
三峡地下	东电	9.88	$3.5425D_1$	$6.9332D_1$	$1.82188D_1$	$2.1255D_1$	无支墩	
	天阿	9.938	$3.5218D_1$	$6.89272D_1$	$1.8114D_1$	$2.11312D_1$	无支墩	
	哈电	10.248	$3.4153D_1$	$6.68423D_1$	$1.75644D_1$	$2.04918D_1$	无支墩	

续表

电站名称及机组		转轮直径(m)	至导叶中心相对高度	相对长度	出口相对净宽度	出口相对高度	支墩宽度(m)	支墩鼻端至中心相对距离
彭水(地下厂房)		7.68(D_2)	3.3975D_2	5.6535D_2	ϕ1.7123D_2	ϕ1.7123D_2	无支墩	
亭子口		6.703	3.0907D_1	5.15D_1	2.64807D_1	1.25213D_1	2.55	1.51902D_1
水布垭(地下厂房)		5.97	3.35D_1	6.449D_1	1.608D_1	1.8929D_1	无支墩	
构皮滩(地下厂房)		7.0	3.3886D_1	7.5715D_1	1.4286D_1	2.2143D_1	无支墩	
沐若		3.85	2.7273D_1	4.73756D_1	2.42867D_1	1.24667D_1	无支墩	
乌东德	福伊特	9.705	3.6753D_1	6.749D_1	1.23647D_1	2.3699D_1	无支墩	
	阿尔斯通	9.185	7.154D_1	7.154D_1	1.3065D_1	2.504D_1	无支墩	

注:从表中可以看出,明厂房水轮机尾水管高度一般在2.7D_1至3.1D_1之间,地下电站水轮机尾水管高度一般在3.35D_1至3.65D_1之间。

附录 3 采用混流式机组水电站水轮机主要部件尺寸、重量统计

三峡左岸电站水轮机主要部件尺寸及重量见表 3.1。

表 3.1 三峡左岸电站水轮机主要部件尺寸及重量

主要部件名称	VGS 水轮机		阿尔斯通水轮机	
	尺寸	重量(t)	尺寸	重量(t)
蜗壳	沿 X 轴线宽度为 33.4m，蜗壳进口直径 ϕ12.4m，最大钢板厚度 56mm，分节数 29，2 个凑合节	791	蜗壳进口直径 ϕ12.4m，最大钢板厚度 53mm，分节数 29，4 个凑合节	755
锥管	ϕ9.615m，高 9.56m			
座环	48 边形，ϕ14.57m，高 4.755，上下环板厚度 0.19m，固定导叶数 24	382	ϕ15.67m，高 4.64m，上下环板厚度 0.23m，固定导叶数 23	390
底环	ϕ12.4m×ϕ10.6m×高 0.51m	85	ϕ13.28m×ϕ10.6m 高 0.695m	110
基础环	ϕ10.22m×ϕ9.615m×高 3.38m	47	ϕ13.59m×ϕ9.8m×高 4.47m	115
转轮	最大直径 ϕ10.07m，D_1 = 9.95m，D_2 = 9.525m，总高度 5.401m，叶片数 13	434	D_1 = 10.428m，D_2 = 9.8m，最大直径 ϕ10.6m，总高度 5.062m，叶片数 15	445
转轮上冠	ϕ8.48m×3.01m			
转轮下环	ϕ10.07m×2.29m			
叶片	“X”形叶片 13 个			
止漏环	厚 40mm，热套			
主轴	水机端法兰外径 4.16m，滑转子外径 4.1m，滑转子段轴身直径 3.8m/3.49m，其余轴身直径 3.8m/3.54m，主轴长 6.3m		外径 ϕ4.0m，内径 ϕ3.765m，长度 5.93m	100.6
顶盖	ϕ12.785m×高 2.275m	290	ϕ13.67m×高 3.055m	380
导叶	上轴径 0.42m，中轴径 0.53m，下轴径 0.45m，瓣体高 2.818m，瓣体长 1.54m，总高为 5.386m	9.6	长 5.6m，宽 1.176m，高 0.58m，总高 5.6m	9.5
控制环	ϕ9.836m×ϕ7.335m×高 1.718m			
导叶接力器	ϕ0.95m×行程 0.976m	20/个	ϕ10.5m×行程 1.07m	20/个

三峡右岸电站水轮机主要部件尺寸及重量见表3.2。

表3.2　　三峡右岸电站水轮机主要部件尺寸及重量

主要部件名称	东电水轮机		哈电水轮机		阿尔斯通水轮机	
	尺寸	重量(t)	尺寸	重量(t)	尺寸	重量(t)
蜗壳	进口直径ϕ12.4m。最大钢板厚度60mm，凑合节4。15号采用直埋，17号、18号采用垫层	831.2	进口直径ϕ12.4m，最大钢板厚度53mm，凑合节2，采用充压保温浇筑	780	进口直径ϕ12.4m，最大钢板厚度67mm，凑合节4，25号、26号采用垫层，其他采用充压保温浇混凝土	755
锥管	ϕ9.452m，高9.896m					
座环	ϕ14.91m×ϕ10.05m，座环高4.95m，固定导叶数23	428.6	ϕ15.8m×ϕ13.29m，座环高4.64m，上下环板厚度0.23m。固定导叶数23+1	378.5	ϕ15.8m×ϕ13.29m，座环高4.64m。固定导叶数23	390
底环	ϕ12.22m×ϕ10.009m×高0.61m	87.35	ϕ13.28m×ϕ10.6m×高0.695m	155	ϕ13.28m×ϕ10.6m×高0.695m	110
基础环	ϕ10.21m×ϕ9.502m×高1.737m	28	ϕ13.59m×ϕ9.8m×高4.47m	85	ϕ13.59m×ϕ9.8m×高4.47m	115
转轮	ϕ10.0m×5.23m，D_2=9.88m无泄水锥	473.2	ϕ10.444m×5.29m，D_2=10.248m	440	ϕ10.6m×5.08m，D_2=9.6m	460
转轮上冠	ϕ8.43m×3.675m					
转轮下环	ϕ10.0m×2.133m					
叶片	"X"型叶片13个					
止漏环	厚40mm，热套					
主轴	法兰外径4.16m，滑转子外径4.1m，轴身直径3.8m/3.52m，主轴长5.649m	108.2	外径ϕ4.0m，内径ϕ3.765m，长度5.93m	110.0	外径ϕ4.0m，长度6.65m	110.0
顶盖	ϕ12.65m×ϕ4.166m×高2.333m	294	ϕ13.67m×高3.055m	300	ϕ13.67m×高3.055m	380

续表

主要部件名称	东电水轮机		哈电水轮机		阿尔斯通水轮机	
	尺寸	重量(t)	尺寸	重量(t)	尺寸	重量(t)
导叶	上轴径 0.42m，中轴径 0.53m，下轴径 0.45m，瓣体高 2.801m，瓣体长 1.53m，总高度为 5.469m	9.7	总高 5.73m，宽 1.73m，高 0.6m	10.5	总高 5.6m，宽 1.716m，高 0.56m	9.5
控制环	ϕ9.84m×ϕ7.315m×高 1.732m					
导叶接力器	ϕ0.96m×行程 0.96m	21.2	ϕ1.05m×行程 1.16m	20	ϕ1.05m×行程 1.07m	20

三峡地下电站水轮机主要部件尺寸及重量见表 3.3。

表 3.3　　三峡地下电站水轮机主要部件尺寸及重量

主要部件名称	东电水轮机		哈电水轮机		阿尔斯通水轮机	
	尺寸	重量(t)	尺寸	重量(t)	尺寸	重量(t)
蜗壳					弹性垫层埋入混凝土	
座环	高度 4.95m	428.6			分 6 瓣	每瓣 80
底环	ϕ12.22m×高 0.61m	87.35	外径 13.26m，高 0.72m	132	ϕ13.26m，高 0.72m	130
基础环						
转轮	标称 ϕ9.88m，最大 ϕ10.0m，高 5.3m	473.12	最大 ϕ10.6m，高 5.245m	450	标称 ϕ9.6m，最大 ϕ11.0m，高 4.939m	463
叶片	13 个“X”形叶片		15 个叶片			
顶盖	ϕ12.65m×高 2.333m	325	外径 13.67m，高 2.368m	325	ϕ13.67m×高 2.39m	340
控制环	最大 ϕ9.786m，内径 7.55m，高 1.718m	55				
导叶	瓣体高 2.801m，总高为 5.469m	9.7			瓣体高 2.85m，总高 5.7m	10.1
固定导叶						
主轴	法兰 ϕ4.16m，滑转子 ϕ4.1m，轴身 ϕ3.8m，长 5.649m	108.5	轴身 ϕ4.0m，内径 ϕ3.765m、上端法兰内径 ϕ2.8m，下端法兰内径 ϕ2.6m，长 5.93m	101	ϕ4.015m，长 6.15m	107

隔河岩水电站水轮机主要部件尺寸及重量见表3.4。

表3.4　隔河岩水电站水轮机主要部件尺寸及重量表

部件名称	分件(瓣)数	部件尺寸	部件净重(t)
尾水管锥管里衬			
座环	4	23个固定导叶	
底环			
基础环			
蜗壳(含延伸段)			
机坑里衬			
顶盖			
导叶	24个活动导叶		
接力器			
导叶操作机构	导叶分布圆直径 ϕ6638mm		
水导轴承			
转轮	上冠、13个叶片、下环组焊成整体	转轮直径 D_1 5.74m，外形尺寸6.023m×3.337m	87
水轮机主轴		长7.909m，轴领 ϕ1.9m，轴身 ϕ1.8m	
盘形排水阀	3	ϕ0.8m	
主轴自然补气管道		DN350	
顶盖平压管道		DN300	

水布垭水电站水轮机主要部件尺寸及重量见表3.5。

表3.5　水布垭水电站水轮机主要部件尺寸及重量表

部件名称	分件(瓣)数	部件尺寸	部件净重(t)
尾水管锥管里衬		进口直径5.004m，高度17.927m	55
座环	2	含基础环为：ϕ8.745m，高3.098m	79
底环	4		18.7
基础环	2		76
蜗壳(含延伸段)		蜗壳进口直径6.9m	
机坑里衬		内径8.1m，高度67.3m	
顶盖	2		87.5
导叶	22	高1.129m，分布圆直径6.73m	

续表

部件名称	分件(瓣)数	部件尺寸	部件净重(t)
接力器			
水导轴承			
转轮		名义直径 ϕ5.97m,高度 3.098m	118
水轮机主轴		ϕ1.8m,内径 ϕ1.35m,长度 4.95m,法兰外径 ϕ2.8m	68
顶盖平压管道		设有 4 根 ϕ0.25m 泄压(取水)管	

彭水水电站水轮机主要部件尺寸及重量见表 3.6。

表 3.6　　彭水水电站水轮机主要部件尺寸及重量表

部件名称	分件(瓣)数	部件尺寸	部件净重(t)
尾水管锥管里衬		进口直径 ϕ7.874m,高 12.5m	93
座环	4	外径 ϕ11.74m,高 4.25m	224
底环	4	外径 ϕ9.8m,高 0.415m	65.4
基础环	4	外径 ϕ10.48m,高 1.82m	40
蜗壳(含延伸段)	24	进口直径 ϕ9.89m	330
机坑里衬		内径 11m,高 6m	53
顶盖	4	外径 ϕ10.3m,高 2.15m	160
导叶	24	1.235m×0.29m×4.892m	154.1
导叶操作机构(含导叶)			200
接力器	2	5.17m×1.2m×1.2m	12.8
水导轴承		0.48m×0.4m	35.2
转轮	1	8.12m×4.917m	238
水轮机主轴	1	ϕ2.1m,长 4.615m	80
盘形排水阀	3	ϕ0.8m	
主轴自然补气管道		DN350	
顶盖平压管道		DN300	

亭子口水电站水轮机主要部件尺寸及重量见表 3.7。

表 3.7　　亭子口水电站水轮机主要部件尺寸及重量表

部件名称	分件(瓣)数	部件尺寸	部件净重(t)
尾水管锥管里衬			
座环	4	外径 ϕ9.86m,内径 ϕ8.47m,高度 2.428m	120
底环	2	外径 ϕ8.46m,高度 0.4m	23

续表

部件名称	分件(瓣)数	部件尺寸	部件净重(t)
基础环		外径 ϕ7.2m，高度 0.4m	20
蜗壳(含延伸段)		蜗壳进口直径 8.7m	315
机坑里衬	6	外径 ϕ9.31m，钢板厚度 15mm	33
顶盖	2	外径 ϕ8.9m，高度 1.485m	73.4
导叶	24	瓣体高 2.118m，总高 3.778m	整铸不锈钢
导叶操作机构(含导叶)			
接力器		1.1m×1.1m×3.5m	7.8
水导轴承			
转轮	1	标称 ϕ6.703m，最大 ϕ6.848m，高 4.351m	161
水轮机主轴	1	法兰 ϕ2.95m，轴身 ϕ2.03m，长 5.425m	66
盘形排水阀		ϕ0.6m	
主轴自然补气管道			
顶盖平压管道		6 根 DN300 汇总为 2 根 DN500 总管	

构皮滩水电站水轮机主要部件尺寸及重量见表 3.8。

表 3.8　　构皮滩水电站水轮机主要部件尺寸及重量表

部件名称	分件(瓣)数	部件尺寸	部件净重(t)
尾水管锥管里衬			
座环	4	ϕ12m×ϕ9.4m×2.48m	242
底环	2	ϕ9.38m×ϕ7.16m×0.55m	30
基础环	2	ϕ9.2m×ϕ6.34m×1.14m	46
蜗壳(含延伸段)		进口直径 ϕ7.101m，最大厚度 46mm	362
机坑里衬		机坑里衬内径 ϕ10m	
顶盖	4	ϕ9.65m×ϕ9.6m×2.1m	45
导叶	24 个	瓣体高度 1.26m，总高 3.6m	3.3t/个
导叶操作机构(含导叶)			
接力器	2	活塞直径 ϕ0.7m，行程 720mm	10.8t/个
水导轴承			
转轮	散件	外形尺寸约 ϕ7.128m×2.876m	145
水轮机主轴		直径 ϕ2.2m×5.8m，法兰 ϕ3.1m/ϕ3.34m	105.06
盘形排水阀			
主轴自然补气管道			
顶盖平压管道			

沐若水电站水轮机主要部件尺寸及重量见表 3.9。

表 3.9　沐若水电站水轮机主要部件尺寸及重量表

部件名称	分件(瓣)数	部件尺寸	部件净重(t)
尾水管锥管里衬			
座环	1	座环与基础环为一体结构，采用钢板焊接。外径 6.5m，内径 4.91m，高 2.09m。固定导叶 22+1	63
底环	1	外径 4.9m，内径 3.93m，高 0.4m	28.8
蜗壳(含延伸段)		进口 ϕ3.0m/ϕ3.4m，最大厚度 50mm，末端厚度 25mm	95
机坑里衬		内径 5.6m，高 7.0m，厚 15mm	19
顶盖	1	外径 5.37m，高 1.205m	59
导叶		635mm×260mm×2150mm，瓣体高 539mm	0.625t/个
导叶操作机构(含导叶)		包括导叶、连杆、操作环等	24.8
接力器		活塞直径 500mm，行程 462mm	4.1t/个
水导轴承		筒式自润滑 ϕ1.39m/ϕ1.115m×0.61m	9
转轮	1	D_1=3.85m，H=1.35m，最大外径 3.935m	32
水轮机主轴		ϕ1.1m，转轮法兰 ϕ1.71m，发电机法兰 ϕ1.68m，长 5.25m	35.6
盘形排水阀			
主轴自然补气管道			
顶盖平压管道		6 根 DN150 泄压管	

乌东德水电站水轮机主要部件尺寸及重量见表 3.10。

表 3.10　乌东德水电站水轮机主要部件尺寸及重量表

部件	名称	单位	福伊特	阿尔斯通
转轮	最大外径	mm	9900	9400
	进口直径 D_1	mm	9705	9185
	出口直径 D_2	mm	8545	8150
	喉部直径 D_{th}	mm	8400	8149
	转轮进口高度	mm	2200	2030
	转轮总高度	mm	4965	4255
	叶片数	个	15	15
	单个叶片重量	t	~14.5	13.5
	上冠重量	t	~88.5	100
	上冠尺寸(最大外径×高度)	mm	ϕ8500×3085	8680×2785
	下环重量	t	~94.5	55

续表

部件	名称		单位	福伊特	阿尔斯通
转轮	下环尺寸(最大外径×高度)		mm	ϕ9900×2455	ϕ9400×1911
	转轮总重量		t	～422	359
尾水管	里衬重量		t	～293	421
	锥管	高度	mm	10140	14360
		进口直径	mm	8585	ϕ8177
		出口直径	mm	10360	ϕ11203
		重量	t	～80	138
	肘管	高度	mm	20080	16425
		进口直径	mm	ϕ10360	ϕ11203
		出口尺寸	mm	16900×5720	12263×9833
		重量	t	～218	283
基础环	外形尺寸(外径×内径×高度)		mm	ϕ10070×ϕ8585×3205	ϕ12060×ϕ8235×1350
	分瓣数			2	2
	总重量		t	～60	74
座环	外形尺寸(外径×内径×高度)		mm	ϕ14620×ϕ9376×4300	ϕ15186×ϕ11730×6070
	固定导叶				
	固定导叶数		个	27	24(含舌板)
	高度		mm	2210	2044
	上、下环板				
	厚度			240	270
	总重量		t	～448	440
蜗壳	材料			S690QL/Q690E/B780CF	B780CF 或等同
	进口处钢板厚度		mm	68	66
	末端钢板厚度		mm	32	22
	最厚钢板厚度		mm	68	68
	总重量		t	～736	741
活动导叶	导叶数量		个	28	24
	导叶及竖轴尺寸(长×宽×高)		mm	4935×1303×470	4742×1470×306
	导叶瓣体高度		mm	2200	2032
	导叶分布圆直径		mm	11000	10572
	单个导叶重量		t	～5.9	8
	导叶操作机构总重(包括导叶、连杆、操作环等)		t	～287	314

续表

部件	名称	单位	福伊特	阿尔斯通
控制环	外形尺寸(外径×高)	mm	9960×9000×1500	8530×1750
	总重量	t	～52	46
接力器	型式及个数		直缸双作用/2	直缸双作用/2
	单个接力器重量	t	～19.5	9.5
	总重量	t	～39	19
主轴	主轴长度	mm	6165	5900
	主轴外径×内径	mm	ϕ3620×ϕ3320	ϕ3500×ϕ3200
	重量	t	～120	124
底环	外形尺寸(外径×内径×高度)	mm	ϕ11940/ϕ9370×515	11720×9470×760
	总重量	t	～74	98
顶盖	最大直径	mm	ϕ12630	12150
	外形尺寸(外径×高度)	mm	ϕ12630×2590	12150×2410
	总重量	t	～320	328
总重量及尺寸	水轮机总重量	t	～3260	3535
	水轮机转动部件重量	t	～560	522

附录 4　混流式水轮机主要部件材料

三峡左岸水轮机主要部件分瓣数及材料见表 4.1。

表 4.1　　三峡左岸水轮机主要部件分瓣数及材料

主要部件名称	VGS		阿尔斯通	
	分瓣数量	材料	分瓣数量	材料
蜗壳	延伸段分 5 节，包角段分 31 节，29～31 节带在座环上，2 个凑合节	NK-HITEN610U_2 钢板		钢板 ADB610D
锥管	不锈钢+ASTM A36			
转轮		铸钢 ASTM S743M Gr CA-6NM，叶片采用 VOD 精炼		叶片为 ASTM A743 CA6NM，上冠、下环为 ZG06Cr13Ni4Mo
止漏环		ASTM A240 UNS S41500 钢板卷焊，热套		
主轴		中空锻焊，水机端法兰为半法兰盲孔结构，电机端法兰为内法兰结构。2 个法兰及滑转子段轴身为锻造，材料 ASTM A668 CL. D，其余段轴身为 S355N 钢板卷焊结构，材料为钢板 S355N		ASTM A668 ClassE
顶盖	4/4	顶盖法兰 S355N-Z25，其余主板 ASTM A516 Gr70，导叶中轴轴座为 ZG20SiMn，Q235C	4/4	Q235C
座环	6/6	上下环板 A516M Gr. 485		上下环板 S355J2G3/Z35
底环	4/4	铸焊结构	6/6	上下环板 TSTE355-Z35
导叶	24/24	ASTM A743M Gr CA-6NM，VOD 精炼		
基础环	4/4			

三峡右岸水轮机主要部件分瓣数及材料见表 4.2。

表 4.2　　三峡右岸水轮机主要部件分瓣数及材料

主要部件名称	东电水轮机		哈电水轮机		阿尔斯通水轮机	
	分瓣数量	材料	分瓣数量	材料	分瓣数量	材料
蜗壳	延伸段分为 5 节，包角段分 31 节，其中 29～31 节装在座环上，4 个凑合节	NK-HITEN610U2 钢板	分节数 27，凑合节 4 个	NK-HITEN610U2 钢板	分节数 28，凑合节 2 个	NK-HITEN 610U2 钢板
锥管		不锈钢＋Q235B		不锈钢＋Q235B		不锈钢＋Q235B
转轮		铸钢 ASTM S743M Gr CA-6NM，叶片采用 VOD 精炼		叶片为 ASTM A743 CA6NM，上冠、下环为 ZG06Cr13Ni4Mo		ASTM A743 CA6NM
止漏环		ASTM A240 UNS S41500 钢板卷焊，热套				
主轴		中空锻焊，水机端法兰为半法兰盲孔结构，电机端法兰为内法兰结构。2 个法兰及滑转子段轴身为锻造，材料 ASTM A668 CL. D，其余段轴身为钢板卷焊结构，材料为钢板 S355N		ASTM A668 ClassE		
座环	6/6	A516＋Q235B	6/6	TSTE355 Z35＋SM490B＋610U2	6/6	SM490 B，A537 Cl1
顶盖	2/2	顶盖法兰 S355N-Z25，其余主板 ASTM A516 Gr70，导叶中轴轴座为 ZG20SiMn	4/4	Q235B＋A240 S41500	2/2	SM400B，A516Gr60，A216 WCC

续表

主要部件名称	东电水轮机		哈电水轮机		阿尔斯通水轮机	
	分瓣数量	材料	分瓣数量	材料	分瓣数量	材料
底环	2/2	铸焊结构	6/6	上下环板 TSTE355-Z35		
基础环	4/4	Q235B		Q235B		Q235B
导叶	24/24	ZG06Cr13Ni5Mo，VOD 精炼				

三峡地下电站水轮机主要部件分瓣数及材料见表 4.3。

表 4.3　　三峡地下电站水轮机主要部件分瓣数及材料

主要部件名称	东电水轮机		哈电水轮机		阿尔斯通水轮机	
	分瓣数量	材料	分瓣数量	材料	分瓣数量	材料
蜗壳	6/6	ADB610D		ADB610D、B610CF	28 节	ADB610D、B610CF
座环		下环板 ASTM A516 Gr 485-Z25，23 个固定导叶 ASTM A516 Gr485，过渡板和舌板 JFE-HITEN610U2 钢板		上、下环板 S355J2 G3-Z35	6/6	上、下环板 S355J2G3-Z35
底环						
基础环						
转轮				ASTM A743 GrCA-6NM		ASTM A743 Gr CA-6NM
叶片				15 个叶片	15 个叶片	
顶盖						
支持盖						
控制环						
导叶						
固定导叶						
主轴						

乌东德水电站水轮机主要部件材料见表4.4。

表4.4　乌东德水电站水轮机主要部件材料

名称		福伊特	阿尔斯通
转轮铸件(上冠)		ZG04Cr13Ni4Mo	ZG04Cr13Ni4Mo
转轮铸件(下环)		ZG04Cr13Ni4Mo	ZG04Cr13Ni4Mo
转轮铸件(叶片)		ZG04Cr13Ni4Mo	ZG04Cr13Ni4Mo
抗撕裂钢板	座环上、下环板	S355J2G3-Z35	S355J2G3-Z35
	顶盖外法兰	S355J2G3-Z35	S355J2G3-Z35
固定导叶		S500Q	S460N
蜗壳钢板		S690QL/ B780CF	B780CF
蜗壳过渡板			B610C
主轴、法兰锻件		锻25MnSX	锻25MnSX S355J2G3-Z35
活动导叶(电渣熔铸)		ZG04Cr13Ni4Mo	ZG04Cr13Ni4Mo

其他水电站水轮机主要部件材料见表4.5。

表4.5　其他水电站水轮机主要部件材料

部件名称	材料					
	隔河岩	水布垭	彭水	亭子口	构皮滩	沐若
尾水管锥管里衬				Q235B		
座环	23个固定导叶,上、下环为厚160进口抗撕裂钢板	Q235B	16MnR－Z35＋Q345B	上、下环板:Q345C Z35;固定导叶:S420N或Q345C	TSTE355－Z35/SM490B	座环上、下环板为抗撕裂16MnR-Z25型钢板,固定导叶B610CF
底环		Q235B	Q235B	Q235B	Q235B	Q235B
基础环		Q235B		Q235B		
蜗壳(含延伸段)	钢板厚大于40,采用进口SM50B钢板,钢板厚等于或小于40,采用国产16Mn钢板	WBD620 ADB610D	$610V_2$	ADB610D或B610CF	S500M	B610CF

续表

部件名称	材料					
	隔河岩	水布垭	彭水	亭子口	构皮滩	沐若
顶盖		Q235B/Q345B	Q235	Q235	Q235	Q235
导叶	ZG0Cr13Ni4Mo	ASTM A743 CA6NM 不锈钢整体铸造	上、下轴头 ZG0Cr13Ni4Mo，导叶体 0Cr13-Ni5Mo	ASTM A743 CA6 NM	06Cr13Ni5Mo	24 个导叶，ZG0Cr13Ni-4Mo
水导轴承		ASTM A743 CA6NM 不锈钢铸焊		巴氏合金		Q235+20SiMn+巴氏合金
转轮	ASTM A743 CA6NM 不锈钢(等同 ZG0-Cr13Ni4Mo)	ASTM A668 Gr. D	ZG0Cr13Ni4Mo	ASTM A743 Gr CA-6NM	ZG0Cr13Ni4Mo VOD 精炼不锈钢铸件	叶片数 17，铸钢 0Cr-13Ni4Mo
水轮机主轴	20SiMn	20SiMn	20SiMn	20Mn5N 分段锻造	20SiMn	20SiMn 锻造

附录 5　轴流式水轮机主要控制尺寸、重量及材料

水轮机模型主要参数统计见表 5.1。

表 5.1　水轮机模型主要参数统计

电站名称及机组			真机转轮直径 D_1(m)	模型转轮直径(mm)	轮毂比	转轮叶片数(个)	活动导叶数(个)	导叶分布圆直径(mm)	固定导叶数(个)	活动导叶高度(mm)	底环平面至桨叶中心相对高度
葛洲坝大机			11.3	460	0.4	4	32	533.6	17	184	$0.2088D_1$
葛洲坝小机	125MW		10.2	460	0.44	5	32	533.6	17	184	$0.21569D_1$
	146MW	哈电	10.2	460	0.44	5	32	533.6	17	184	$0.21569D_1$
		东电	10.2	460	0.44	5	32	533.6	17	184	$0.21569D_1$
	150MW	哈电	10.2	400	0.415	5	32	464.0	17	160	$0.21569D_1$
		东电	10.2	350	0.415	5	32	404.9	17	140	$0.21569D_1$
万安	100MW		8.5		0.5	6	32		15		$0.2085D_1$
	113MW		8.5	350	0.43	5	24	405.59	15	131.6	$0.2085D_1$
高坝洲			5.8	350	0.49	5	24	431.9	12	24	$0.26D_1$
银盘			8.6	460	0.448	6	28	552	12	172.5	$0.26D_1$
金沙			10.65	380	0.43	5	24	463.6	14	139.0	$0.15668D_1$

导叶相对高度、导叶分布圆相对直径统计见表 5.2。

表 5.2　导叶相对高度、导叶分布圆相对直径统计表

电站名称及机组			最高水头(m)	额定水头(m)	额定转速(r/min)	转轮直径(m)	导叶相对高度	分布圆相对直径
葛洲坝大机			27.0	18.6	54.6	11.3	$0.4D_1$	$1.1593D_1$
葛洲坝小机	125MW		27.0	18.6	62.5	10.2	$0.4D_1$	$1.1569D_1$
	146MW	哈电	27.0	18.6	62.5	10.2	$0.4D_1$	$1.1569D_1$
		东电	27.0	18.6	62.5	10.2	$0.4D_1$	$1.1569D_1$
	150MW	哈电	27.0	18.6	62.5	10.2	$0.4D_1$	$1.1569D_1$
		东电	27.0	18.6	62.5	10.2	$0.4D_1$	$1.1569D_1$
万安	100MW		32.3	22.0	76.9	8.5	$0.375D_1$	$1.16D_1$
	113MW		32.3	22.0	76.9	8.5	$0.376D_1$	$1.159D_1$
高坝洲			40.0	32.5	125	5.8	$0.4D_1$	$1.234D_1$
银盘			35.12	26.5	83.3	8.6	$0.375D_1$	$1.2D_1$
金沙			26.8	16.8	57.7	10.65	$0.36579D_1$	$1.22D_1$

蜗壳控制尺寸统计见表 5.3。

表 5.3　　蜗壳控制尺寸统计表

序号	电站名称	型式	支墩	包角(°)	进口相对宽度	进口相对高度	单个支墩宽度(m)	座环下平面至蜗壳底板距离	座环上平面至蜗壳顶板距离
1	葛洲坝二江	"T"形断面	双支墩	180	$2.6275D_1$	$1.4408D_1$	2.75	$0.7222D_1$	$0.3167D_1$
2	葛洲坝大江	"T"形断面	双支墩	180	$2.6275D_1$	$1.348D_1$	2.75	$0.6098D_1$	$0.3363D_1$
3	葛洲坝大机	"T"形断面	双支墩	180	$2.7611D_1$	$1.4027D_1$	3.0	$0.7682D_1$	$0.2345D_1$
4	万安水电站	"T"形断面	双支墩	180	$2.5648D_1$	$1.389D_1$	2.5	$0.825D_1$	$0D_1$
5	高坝洲水电站	"T"形断面	单支墩	210	$2.8277D_1$	$1.7216D_1$	2.8	$0.9776D_1$	$0.3448D_1$
6	乐滩水电站	"T"形断面	双支墩	210	$2.702D_1$	$1.7D_1$	2.8	$0.9167D_1$	$0.3833D_1$
7	银盘水电站	"T"形断面	双支墩	210	$2.905D_1$	$1.6319D_1$	2.8	$1.0404D_1$	$0.2172D_1$
8	桐子林水电站	"T"形断面	双支墩	216	$2.7723D_1$	$1.4852D_1$	2.78	$0.8426D_1$	$0.2584D_1$
9	枕头坝水电站	"T"形断面	双支墩	225	$2.8915D_1$	$1.6343D_1$	2.9	$1.049D_1$	$0.2103D_1$
10	大藤峡水电站	"T"形断面	双支墩	225	$2.8915D_1$	$1.5558D_1$		$1.1149D_1$	$0.064D_1$
11	金沙水电站	"T"形断面	双支墩	216	$2.811D_1$	$1.7151D_1$	2.85	$1.1171D_1$	$0.2321D_1$

尾水管尺寸统计见表 5.4。

表 5.4　　尾水管尺寸统计

电站名称及机组	型式	支墩	至底环平面高度(m)	长度(m)	出口宽度(m)	出口高度(m)	单个支墩宽度(m)
葛洲坝 125MW 机组	弯肘形	双支墩	$2.412D_1$	$4.5D_1$	$2.7353D_1$	$1.3177D_1$	2.25
葛洲坝 170MW 机组	弯肘形	双支墩	$2.4D_1$	$4.5D_1$	$2.6991D_1$	$1.3131D_1$	2.5
葛洲坝 146MW 机组	弯肘形	双支墩	$2.412D_1$	$4.5D_1$	$2.7353D_1$	$1.3177D_1$	2.25
葛洲坝 150MW 机组	弯肘形	双支墩	$2.412D_1$	$4.5D_1$	$2.7353D_1$	$1.3177D_1$	2.25
万安 100MW 机组	弯肘形	双支墩	$2.3D_1$	$4.5D_1$	$2.6353D_1$	$1.2D_1$	2.5
万安 105MW 机组	弯肘形	双支墩	$2.3D_1$	$4.5D_1$	$2.6353D_1$	$1.2D_1$	2.5
万安 113MW 机组	弯肘形	双支墩	$2.3D_1$	$4.5D_1$	$2.6353D_1$	$1.2D_1$	2.5
高坝洲	弯肘形	单支墩	$2.71386D_1$	$4.7672D_1$	$3.138D_1$	$1.3103D_1$	2.6
银盘	弯肘形	双支墩	$2.731D_1$	$4.8837D_1$	$3.0465D_1$	$1.325D_1$	2.6
金沙	弯肘形	双支墩	$2.6734D_1$	$4.841D_1$	$2.8946D_1$	$1.371D_1$	2.7

注：从表中可以看出，厂房水轮机尾水管高度一般为 $2.3D_1$～$2.7D_1$，近期建设的轴流式水轮机尾水管高度一般为 $2.65D_1$ 左右。

主要部件尺寸、重量见表 5.5。

水轮机主要部件分瓣数及材料见表 5.6。

表 5.5　　主要部件尺寸、重量

主要部件名称	葛洲坝 176MW 水轮机		葛洲坝 129MW 水轮机		金沙水电站		高坝洲水电站		银盘水电站	
	尺寸	重量	尺寸	重量	尺寸	重量	尺寸	重量	尺寸	重量
座环	φ17.1×φ14.26×6.22	总重 289	φ15.6×φ12.74×5.8	总重 256	φ17.15 × 0.84(座环上环)	总重 424			φ13.75×φ11.17×4.74	总重 230
底环	φ13.8×φ11.388×0.6	66.5	φ12.5	60	φ14.54×0.72	104			φ11.14×φ8.865×0.445	40
转轮室中环	φ12.04×φ11.3×1.798	195(含上环)	φ10.2×1.4	163(含上环)		56.9			φ11.57×φ8.377×3.1	77
转轮室下环	φ12.15×φ11.002×2.5	195(含上环)		163(含上环)		56.9				
顶盖	φ14.62×φ11.42×1.615	136	φ13.1	101	φ 15.05×1.6	176			φ11.8×1.245	120
支持盖	φ11.78 × φ5 × 2.67	166.5	φ10.58	141.3	φ 11.2×3.7	152			φ9.29×3.045	95
控制环	φ9.36 × φ7.75 × 1.1	46.5			φ9.88×0.63	62			φ8.7×1.17	30
转轮	φ11.3	468	φ10.2	421	φ10.65	421			φ8.6	256
转轮体	φ4.52×2.75	115	φ4.488×2.425	101	φ4.5795×2.82				φ3.87	83
叶片	7.97×3.89	40		22.5		31.5			4.766 × 2.487 × 3.108	13.35
导叶	7.12 × 1.464 × φ0.43	7.5	总长 6.26	6.57	1.801 × 0.46 × 6.285	8.7			1.237 × 1.24 × 5.255(本体 3.225)	4.5
主轴	φ2.55×7.5	102	φ1.62×φ1.29×12.25	113	φ2.85×7.72	101			φ1.55×7.59	76

表 5.6 水轮机主要部件分瓣数及材料

主要部件名称	葛洲坝 176MW 水轮机		葛洲坝 129MW 水轮机		金沙水电站		银盘水电站	
	分瓣数量	材料	分瓣数量	材料	分瓣数量	材料	分瓣数量	材料
座环上环	8/8	A3 钢板	8/8	A3 钢板	6	S355J2G3-Z35、Q345-B	4/4	ZG20SiMn+Q345-C
底环	4/4	ZG20SiMn	4/4		4	Q235-B	4/4	ZG20SiMn
基础环	4/4	ZG20SiMn	4/4		4			
转轮室中环	4/4	1 号机组：ZG0Cr13+A3； 2 号机组：1Cr18Ni9Ti+A3	4/4	3 号机组：1Cr18Ni9Ti+A3； 其他机组：0Cr13Ni5Mo	2	0Cr19Ni10	4/4	ZG0Cr13Ni4Mo
转轮室下环	4/4	1 号机组：ZG0Cr13+A3， 2 号机组：1Cr18Ni9Ti+A3	4/4		2	0Cr19Ni10		
顶盖	4/4	A3 钢板	4/4	A3 钢板	4	Q235-B-Z35， Q235-BQ345-B	4/4	Q235-B
支持盖	4/4	A3 钢板	4/4	A3 钢板	2	Q235-BQ345-B	4/4	Q235-B
控制环	4/4	A3 钢板	4/4	A3 钢板	2	Q235-B	2	Q235-B
转轮体	1	ZG20SiMn	/	ZG20SiMn	/	ZG20SiMn	/	ZG20SiMn
叶片	4	ZG0Cr13Ni6Mo	5	ZG0Cr13Ni4Mo	5	ZG06Cr13Ni4Mo	5	ZG0Cr13Ni4Mo
导叶	32	ZG20SiMn	32	钢板焊接件	24	0Cr13Ni5Mo+ 锻钢 25MnSX	28	ZG0Cr13Ni4Mo
主轴	1	锻钢 18MnMoNb	1	锻钢 18MnMoNb	1	锻 20SiMn	/	锻钢 20SiMn

附录6　附图

长江设计院设计的部分水电站励磁系统结构见附图A至附图K。

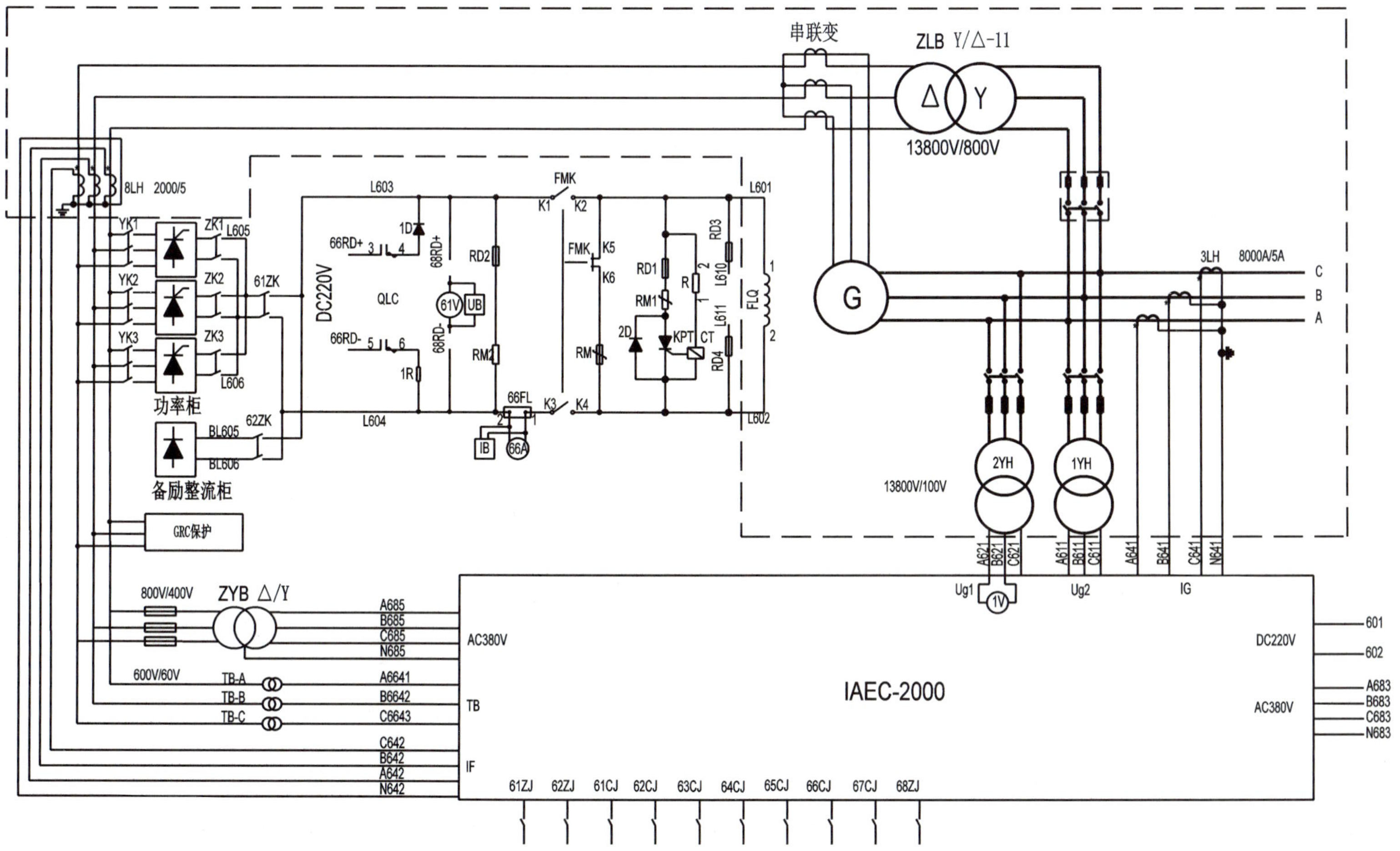

附图A　葛洲坝电站励磁系统配置图

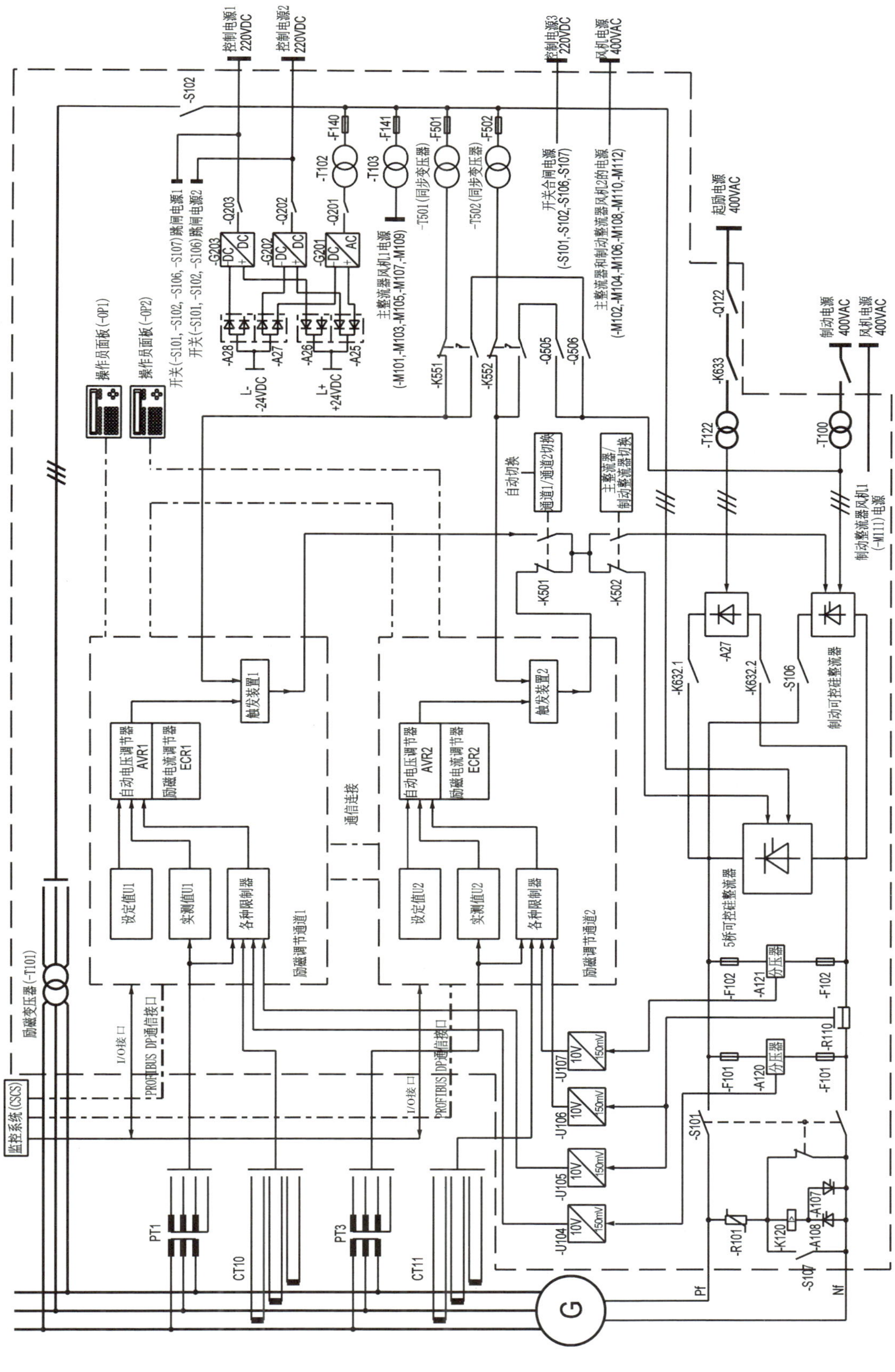

附图B 三峡左岸电站励磁系统配置图

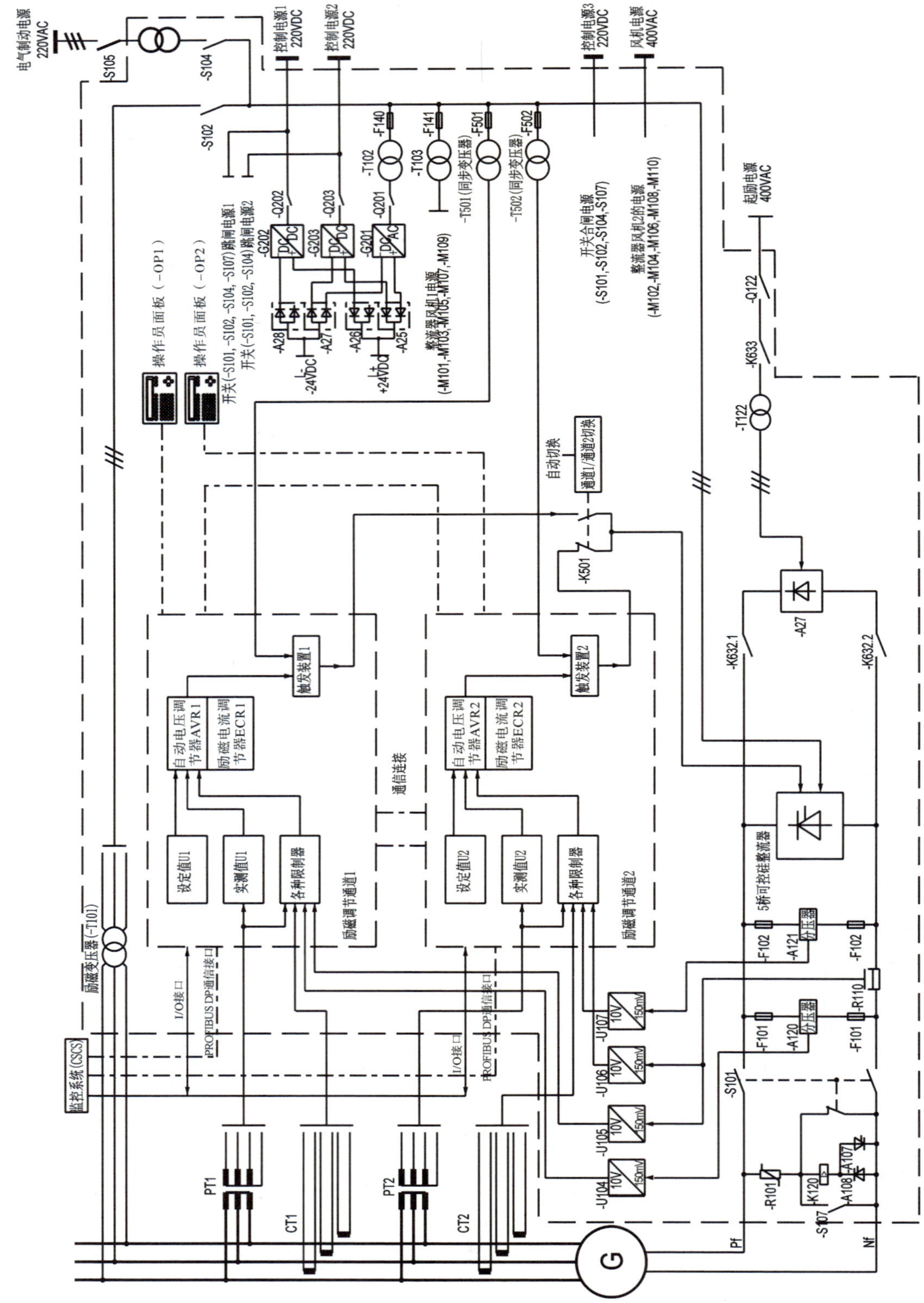

附图C 三峡右岸电站励磁系统配置图

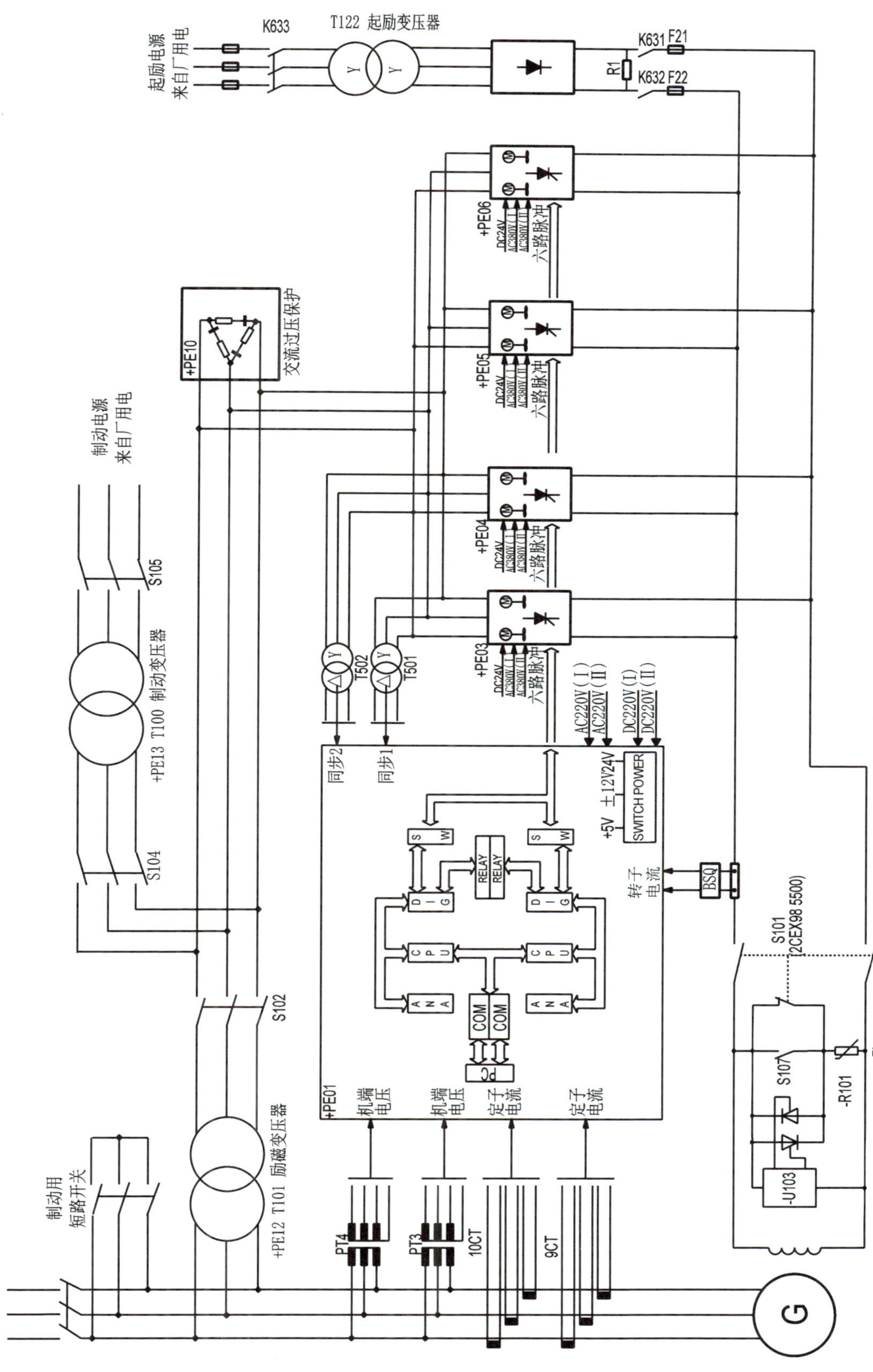

附图D-1 三峡地下电站励磁系统配置图（厂家一）

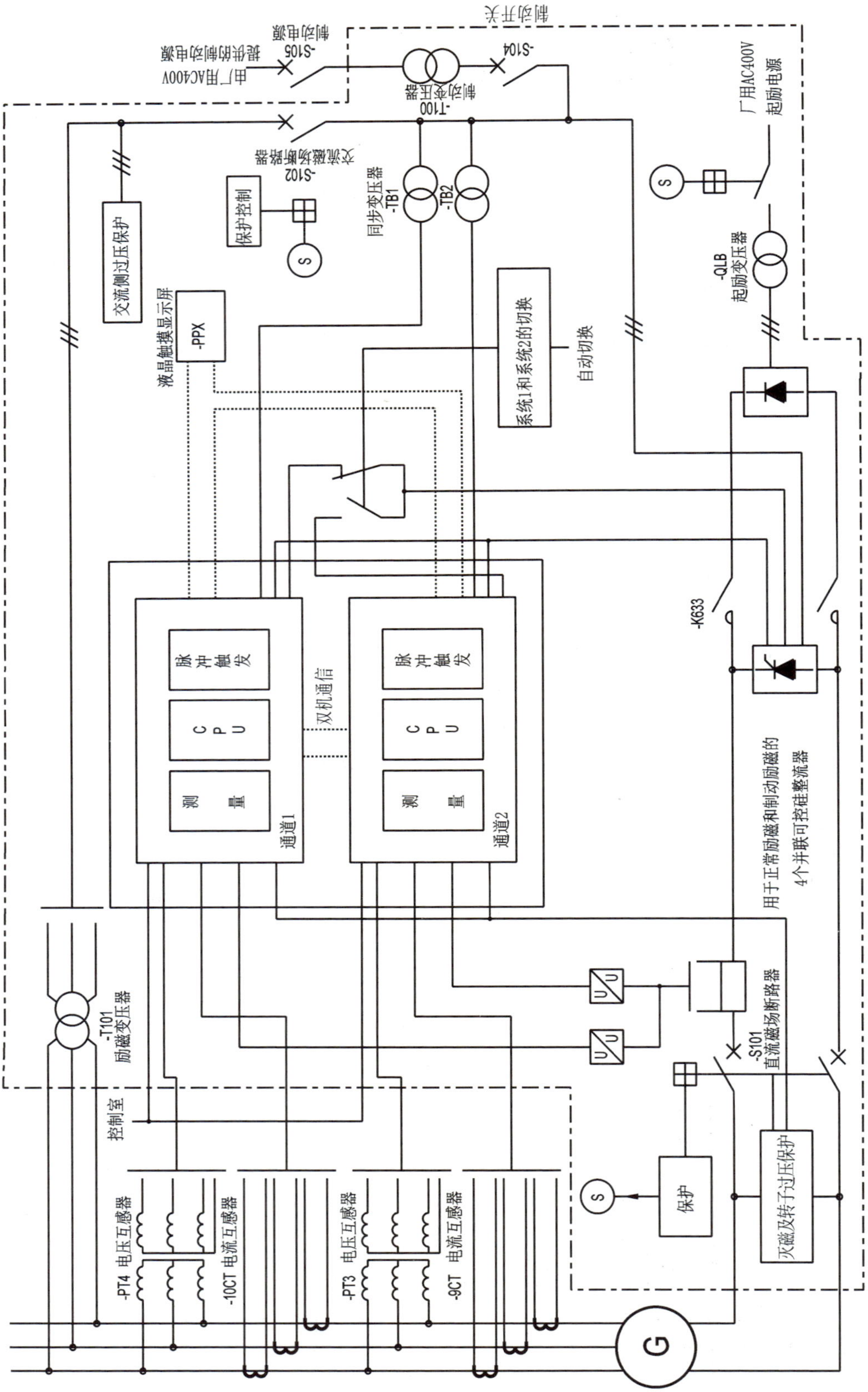

附图D-2　三峡地下电站励磁系统配置图（厂家二）

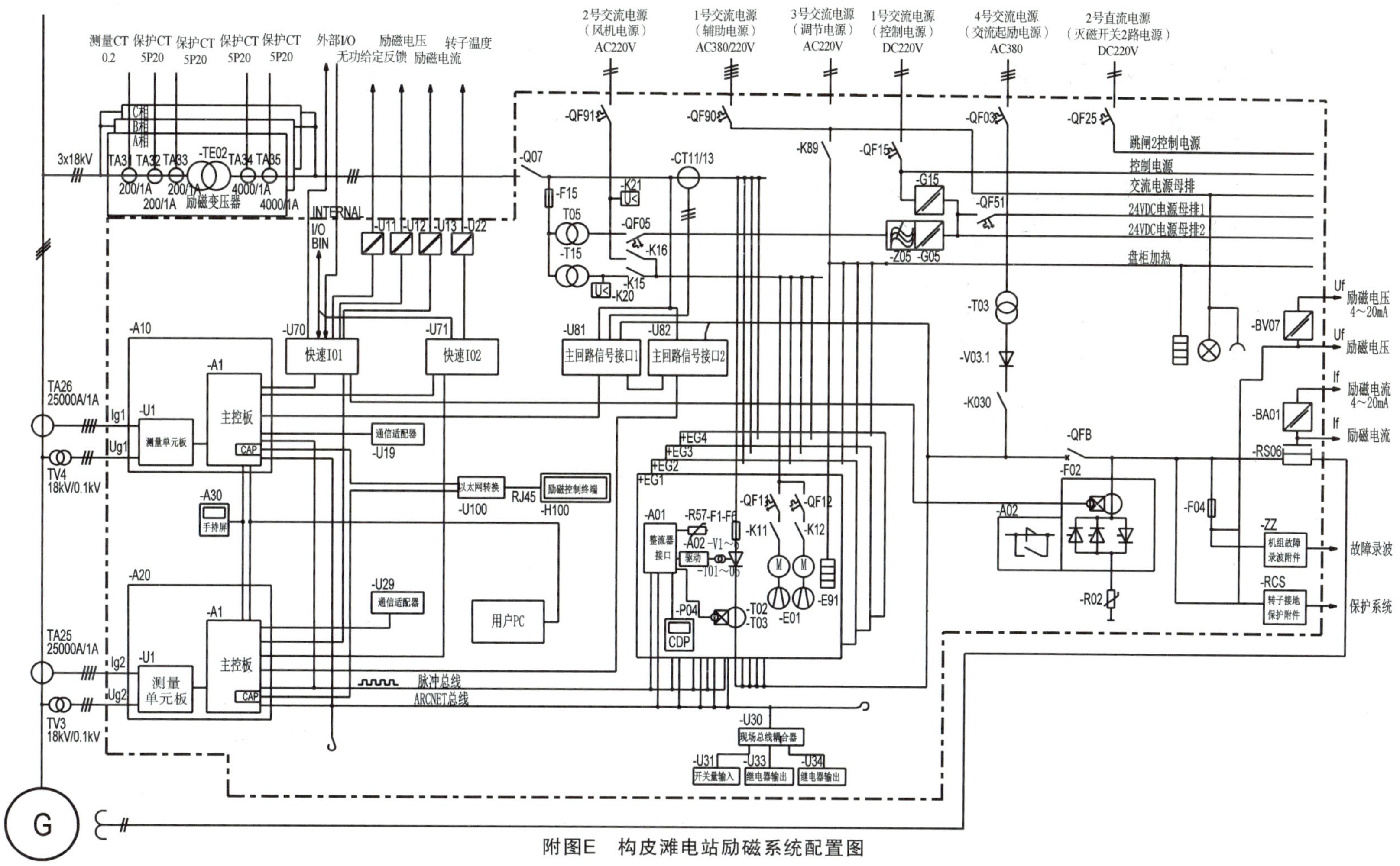

附图E　构皮滩电站励磁系统配置图

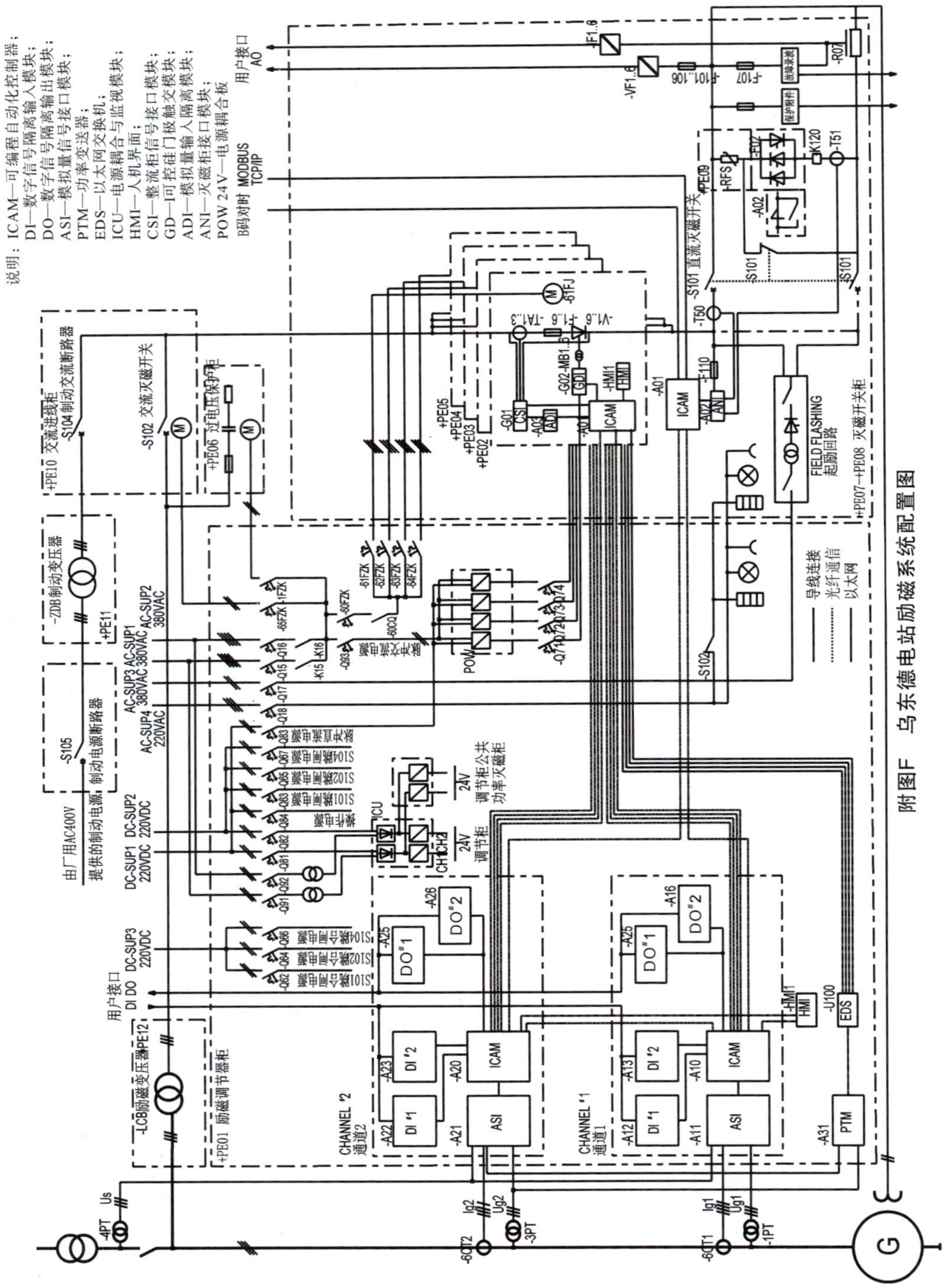

附图F　乌东德电站励磁系统配置图

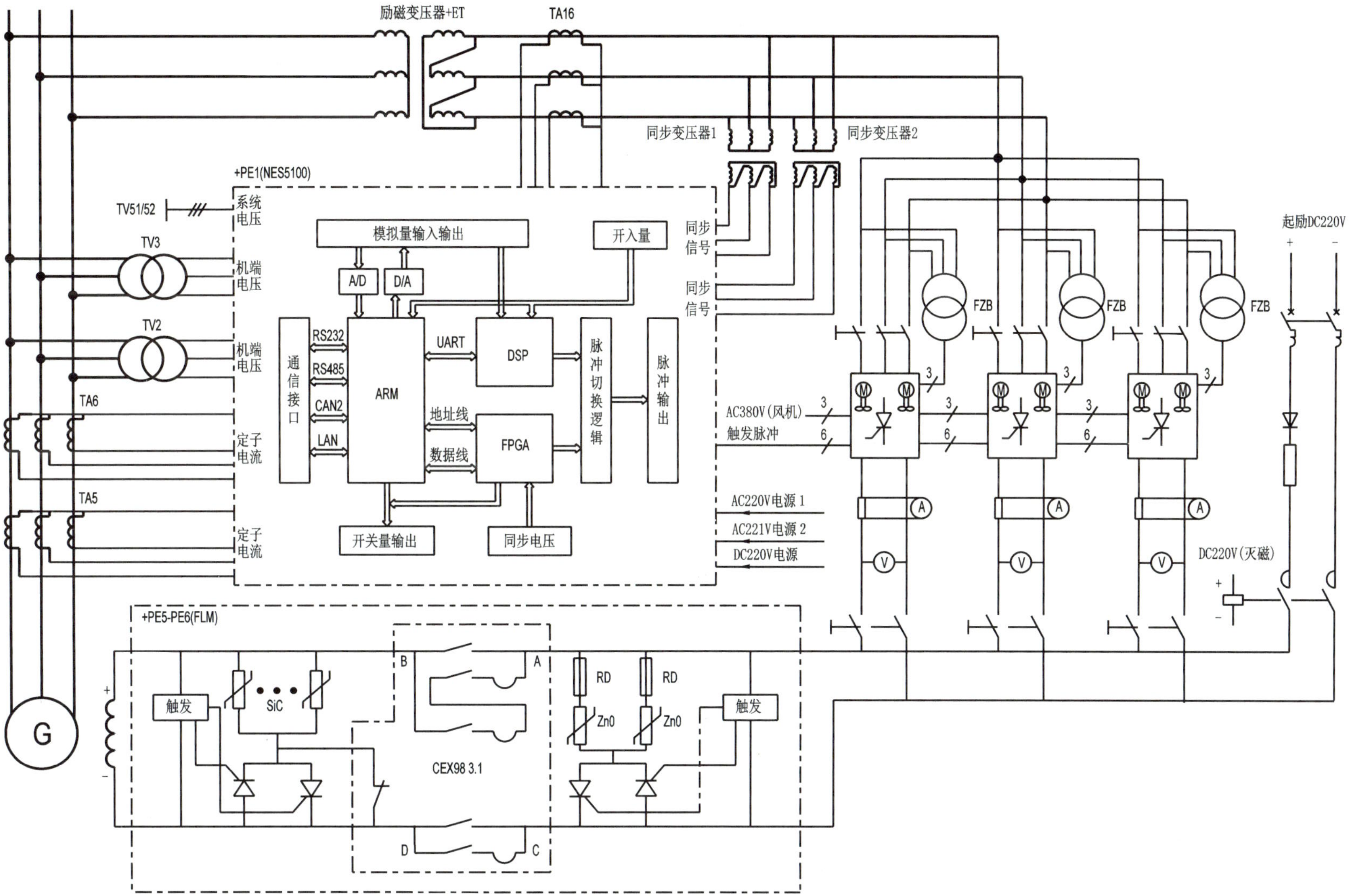

附录G 彭水电站励磁系统配置图

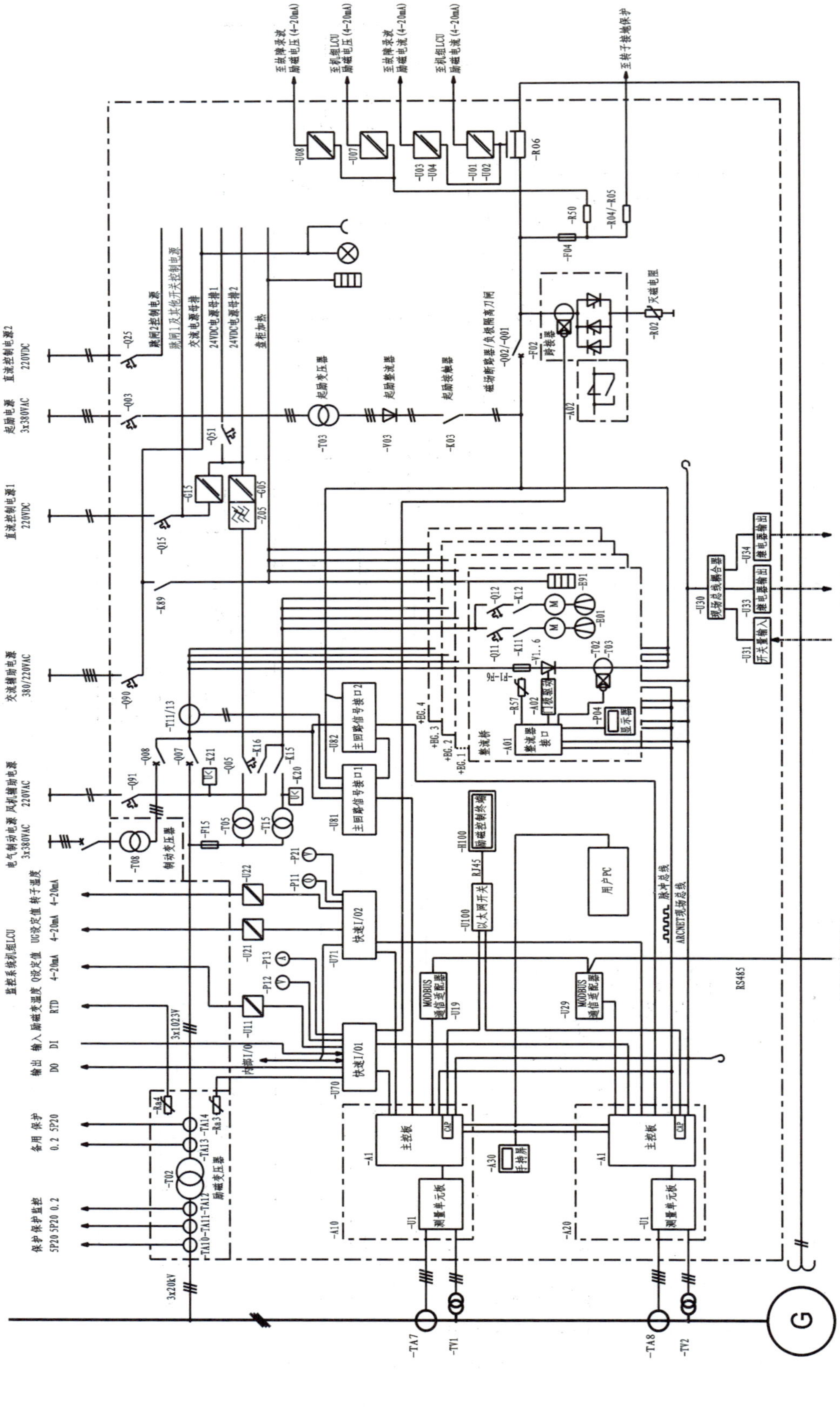

附图H 水布垭电站励磁系统配置图

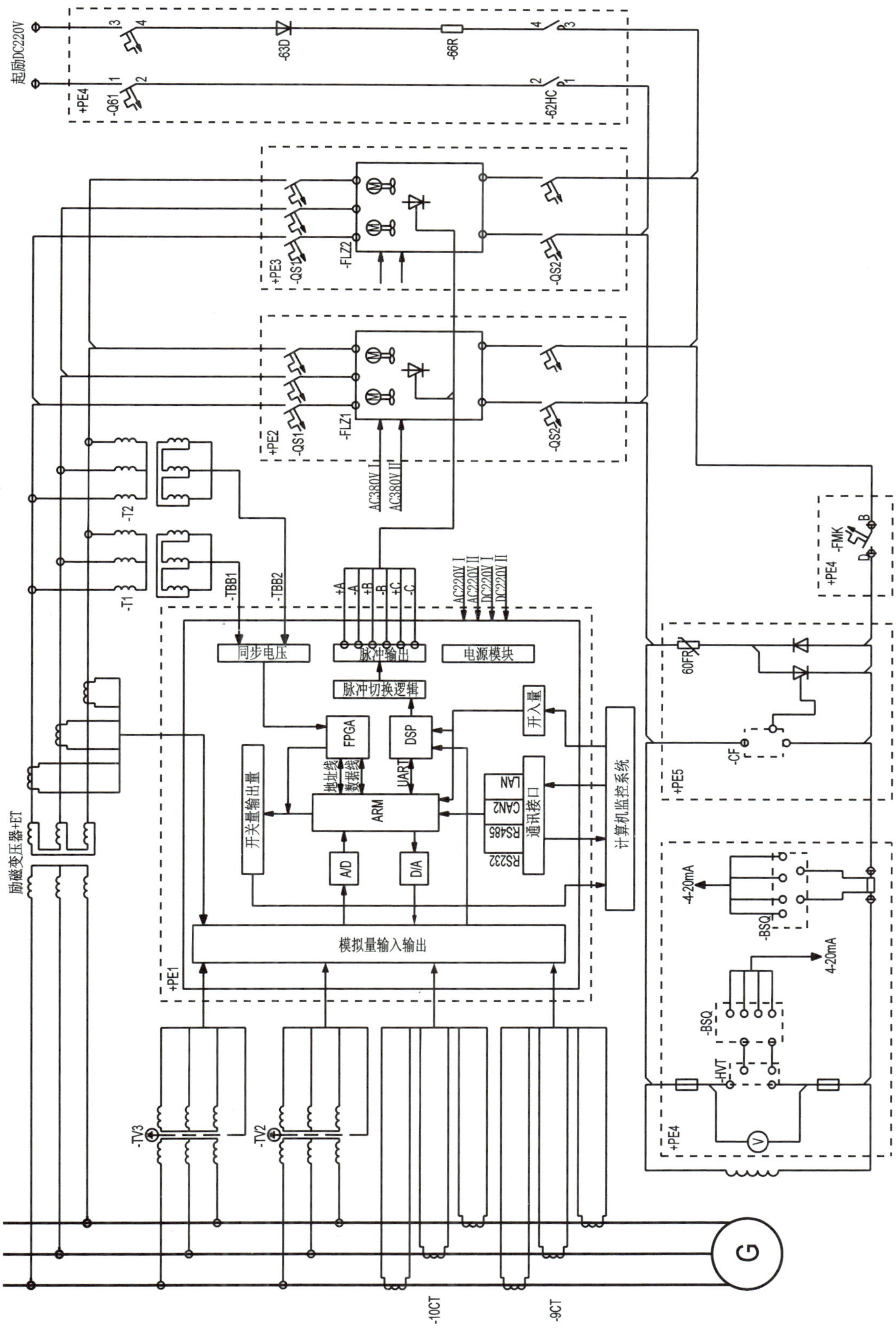

附录I 银盘电站励磁系统配置图

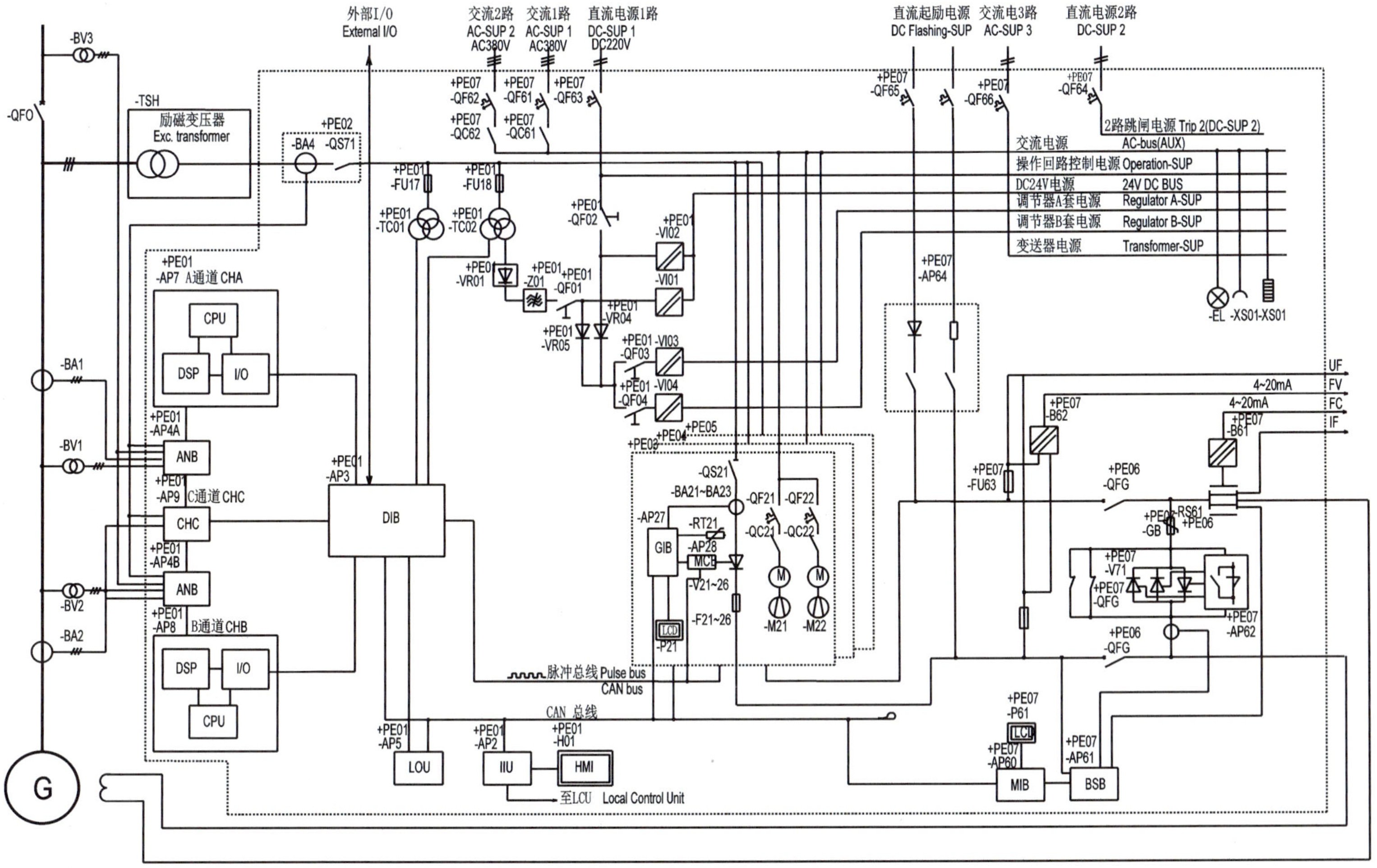

ANB	模拟量总线板	Analogue data bus board	HMI	人机界面	Human-maching interfafce	LCD	液晶显示屏	Liquid crystal display	PE03	1#功率柜	Rectifier cubicle 1	PE02	进线柜	Cable-in cubicle
DIB	开关量总线板	Digital data bus board	GIB	功率柜智能板	Rectifier intelligent board	BSB	变送器板	Transducer board	PE04	2#功率柜	Rectifier cubicle 2	AP64	起励单元	Flashing unit
LOU	单片机系统板	SCM system board	MIB	灭磁柜智能板	De-excitation intelligent board	MCB	脉冲板	Pulse board	PE05	3#功率柜	Rectifier cubicle 3			
IIU	智能I/O板	Intelligent I/O board	ANC	C通道板	Channel C board	PE01	调节柜	Regulator cubicle	PE07	灭磁电阻柜	Non-linear resistant cubicle			
									PE06	灭磁开关柜	F.C.B cubicle			

附录J　亭子口电站励磁系统配置图

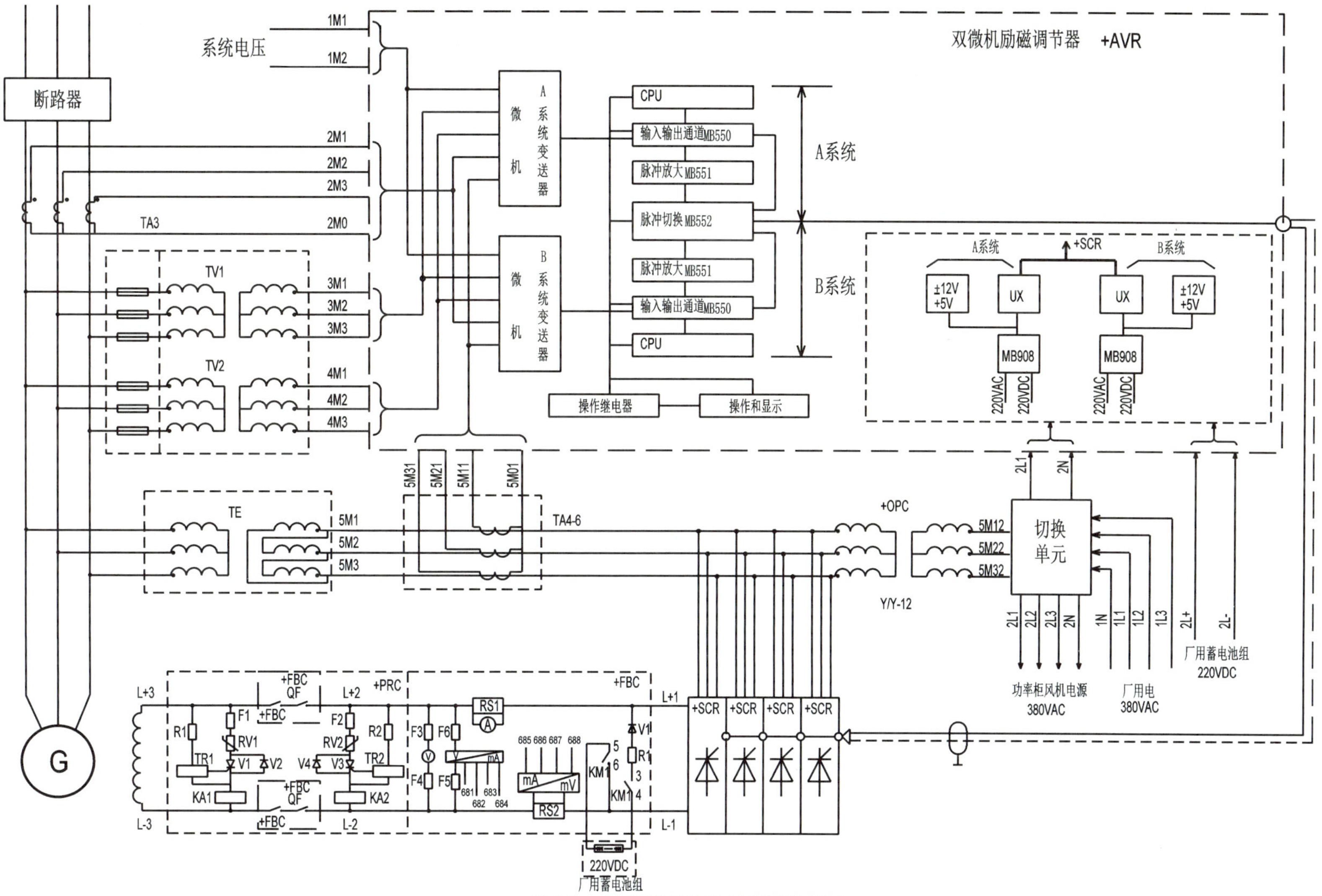

附录K 高坝洲电站励磁系统配置图